W0255188

Wichtige Werte

Betrag und Einheit	Benennung	Formelzeichen oder Kurzzeichen	Herleitung des Wertes
Allgemein			
57,3 Grad (57° 18′)	≈ 1 Radiant	rad	$180°/\pi$
$3,44 \cdot 10^3$ Minuten (des Bogens)	≈ 1 Radiant		
$2,06 \cdot 10^5$ Sekunden (des Bogens)	≈ 1 Radiant		
0,0174 rad	≈ 1 Grad	°	$\pi/180°$
$2,91 \cdot 10^{-4}$ rad	≈ 1 Minute (des Bogens)	′	
$4,85 \cdot 10^{-6}$ rad	≈ 1 Sekunde (des Bogens)	″	
10^{-10} m	= 1 Ångström	Å	
10^{-6} m	= 1 Mikrometer	μm	
$2,998 \cdot 10^8$ m/s	Lichtgeschwindigkeit im Vakuum	c	
$9,80$ m/s²	Gravitationsbeschleunigung an der Erdoberfläche	g	Gm_E/r_E^2
$6,670 \cdot 10^{-11}\,\mathrm{N\,m^2/kg^2}$	Gravitationskonstante	G	
1 N	= 1 kgm/s²		
Astronomie			
$3,084 \cdot 10^{18}$ cm	≈ 1 Parallaxensekunde	parsek	
$9,46 \cdot 10^{17}$ cm	≈ 1 Lichtjahr	Lj	
$1,49 \cdot 10^{13}$ cm	≈ 1 Astronomische Einheit (≡ Radius der Erdumlaufbahn)	A.E.	
≈ 10^{80}	Anzahl der Nukleonen		
≈ 10^{26} m	Radius	des Universums	
≈ 10^{11}	Anzahl der Galaxien		
≈ $3 \cdot 10^{-18}$ (m/s)/m	Fluchtgeschwindigkeit der Nebel		
≈ $1,6 \cdot 10^{11}$	Anzahl der Sterne		
≈ 10^{21} m	Durchmesser	des Milchstraßensystems	
≈ $8 \cdot 10^{41}$ kg	Masse		
$6,96 \cdot 10^8$ m	Radius		
$2,14 \cdot 10^6$ s	Dauer einer Umdrehung	der Sonne	
$1,99 \cdot 10^{30}$ kg	Masse		
$1,49 \cdot 10^{11}$ m	Radius der Umlaufbahn		
$6,37 \cdot 10^6$ m	mittlerer Radius		
$5,98 \cdot 10^{24}$ kg	Masse		
5520 kg/m³	mittlere Dichte	der Erde	
$3,16 \cdot 10^7$ s	≈ 1 Jahr (Dauer eines Umlaufs)		
$8,64 \cdot 10^4$ s	24 h (Dauer einer Umdrehung)		
$3,84 \cdot 10^8$ m	Radius der Umlaufbahn		
$1,74 \cdot 10^6$ m	Radius		
$7,34 \cdot 10^{22}$ kg	Masse	des Mondes	
$2,36 \cdot 10^6$ s	Dauer eines Umlaufs		

Berkeley Physik Kurs

Band 1

MECHANIK

Berkeley Physik Kurs

Band 1   Mechanik

Band 2   Elektrizität und Magnetismus

Band 3   Schwingungen und Wellen

Band 4   Quantenphysik

Band 5   Statistische Physik

Band 6   Physik und Experiment

Aus dem Programm Physik

Atome, Moleküle, Festkörper
von A. Beiser

Phänomene und Konzepte der Elementarteilchenphysik,
von O. Nachtmann

Probability and Heat. Fundamentals of Thermostatistics,
von F. Schlögl

Charles Kittel / Walter D. Knight / Malvin A. Ruderman
A. Carl Helmholz / Burton J. Moyer

MECHANIK

5., verbesserte Auflage

Mit 530 Bildern

1. Auflage 1973

2., durchgesehene Auflage 1975
   Nachdruck 1977

3., vollständig neubearbeitete Auflage 1979
   1. Nachdruck 1982
   2. Nachdruck 1984
   3. Nachdruck 1985

4., durchgesehene Auflage 1986
   Nachdruck 1988

5., verbesserte Auflage 1991
   Nachdruck 1994

Deutsche Ausgabe

Wissenschaftliche Beratung und Bearbeitung ab der 3. Auflage: Prof. Dr. *Roman Sexl*
Verlagsredaktion: *Alfred Schubert*

ISBN 978-3-642-63500-7   ISBN 978-3-642-58195-3 (eBook)
DOI 10.1007/978-3-642-58195-3

Geleitwort

Eines der wichtigsten Probleme, das die Universitäten heute zu lösen haben, ist die Ausbildung der Studenten in den Anfangssemestern. Je stärker der Dozent mit Forschungsaufgaben betraut wurde, um so mehr ergab sich häufig eine „schleichende Entwertung der Lehrtätigkeit'' — so der Philosoph *Sidney Hook.* Neue Wissenserkenntnisse und -strukturen als Ergebnisse der Forschung weckten zusätzlich den Wunsch nach einer Überprüfung der Curricula. Dies gilt insbesondere für die Naturwissenschaften.

Aus diesen Gründen habe ich sehr gerne das Geleitwort zum Berkeley Physik Kurs übernommen. Dieser Kurs mit dem Ziel, die enormen Umwälzungen in der Physik während der letzten hundert Jahre widerzuspiegeln, ist ein bedeutender Beitrag zur Curriculumentwicklung für den ersten Studienabschnitt. Viele Wissenschaftler an der vordersten Front der physikalischen Forschung haben an dem Berkeley Physik Kurs mitgewirkt, und die National Science Foundation hat ihn durch einen Zuschuß an die Educational Services Incorporated gefördert. Er wurde außerdem an der University of California in Berkeley während einiger Semester mit Studenten im ersten Studienabschnitt erfolgreich erprobt. So hoffe ich, daß dieser Kurs, der in didaktischer Hinsicht einen merklichen Fortschritt darstellt, in breitem Umfang eingesetzt werden wird.

Die University of California hat mit Freude die Rolle des Gastgebers für die interuniversitäre Gruppe, die diesen neuen Kurs verantwortlich entwickelte, übernommen. Wir freuen uns auch darüber, daß eine Anzahl unserer Studenten freiwillig an der Erprobung des Kurses mitwirkte. Die finanzielle Unterstützung durch die National Science Foundation und die Zusammenarbeit mit Educational Services Incorporated schätzen wir sehr. Die größte Genugtuung bereitete uns aber wohl das starke Interesse, das eine beträchtliche Anzahl unserer Fakultätsmitglieder der Curriculumentwicklung für den ersten Studienabschnitt entgegenbrachte. Die Tradition von Forschung und Lehre ist alt und ehrwürdig; die Arbeit an dem neuen Physik Kurs zeigt, daß diese Tradition auch heute noch an der University of California gepflegt wird.

Clark Kerr

Vorwort zum Berkeley Physik Kurs

Dieser Kurs ist ein zweijähriger Physiklehrgang für Studenten mit naturwissenschaftlich-technischen Hauptfächern. Es war das Ziel der Autoren, die Physik so weit wie möglich aus der Sicht des Physikers darzustellen, der auf dem jeweiligen Gebiet forschend arbeitet. Wir haben versucht, einen Kurs zu gestalten, der die Grundsätze der Physik klar und deutlich herausstellt. Insbesondere sollten die Studenten frühzeitig mit den Ideen der speziellen Relativitätstheorie, der Quantenmechanik und statistischen Physik vertraut gemacht werden, dies aber so, daß alle Studenten mit den in der Sekundarstufe II erworbenen Physikkenntnissen angesprochen werden. Eine Vorlesung über Höhere Mathematik sollte gleichzeitig mit diesem Kurs gehört werden.

In den letzten Jahren wurden in den USA verschiedene neue Physiklehrgänge für Colleges geplant und entwickelt. Angesichts der Neuentwicklung in Naturwissenschaft und Technik und der steigenden Bedeutung der Wissenschaft im Primar- und Sekundarbereich der Schulen erkannten viele Physiker die Notwendigkeit neuer Physikkurse. Der Berkeley Physik Kurs wurde durch ein Gespräch zwischen *Philip Morrison*, der jetzt am Massachusetts Institute of Technology tätig ist, und *C. Kittel* Ende 1961 begründet. Wir wurden dann durch *John Mays* und seine Kollegen von der National Science Foundation und durch *Walter C. Michels*, dem damaligen Vorsitzenden der Commission on College Physics, unterstützt und ermutigt. Ein provisorisches Komitee unter dem Vorsitz von *C. Kittel* führte den Kurs durch das Anfangsstadium.

Ursprünglich gehörten dem Komitee *Luis Alvarez, William B. Fretter, Charles Kittel, Walter D. Knight, Philip Morrison, Edward M. Purcell, Malvin A. Ruderman* und *Jerrold R. Zacharias* an. Auf der ersten Sitzung im Mai 1962 in Berkeley entstand in groben Zügen der Plan für einen völlig neuen Lehrgang in Physik. Wegen dringender anderweitiger Verpflichtungen einiger Komiteemitglieder war es nötig, das Komitee im Januar 1964 neu zu bilden; es besteht jetzt aus den Unterzeichnern dieses Vorworts. Auf Beiträge von Autoren, die dem Komitee nicht angehören, nehmen die Vorworte zu den einzelnen Bänden Bezug.

Die von uns entwickelte Rohkonzeption und unsere Begeisterung dafür hatten einen maßgeblichen Einfluß auf das Endprodukt. Diese Konzeption umfaßte die Themen und Lernziele, von denen wir glaubten, sie sollten und könnten allen Studenten naturwissenschaftlicher und technischer Studienrichtungen in den ersten Semestern vermittelt werden. Es war aber niemals unsere Absicht, einen Kurs zu entwickeln, der nur besonders begabte oder weit fortgeschrittene Studenten anspricht. Wir beabsichtigen, die Grundlagen der Physik aus einer unvorbelasteten Gesamtsicht darzustellen; Teile des Kurses werden daher vielleicht dem Dozenten gleichermaßen neu erscheinen wie dem Studenten.

Die fünf Bände des Berkeley Physik Kurses sind

1. Mechanik (*Kittel, Knight, Ruderman*)
2. Elektrizität und Magnetismus (*Purcell*)
3. Schwingungen und Wellen (*Crawford*)
4. Quantenphysik (*Wichmann*)
5. Statistische Physik (*Reif*)

Bei der Erarbeitung des Manuskriptes war jedem Autor freigestellt, den für sein Thema geeigneten Stil und die ihm passend erscheinenden Methoden zu wählen.

In Vorbereitung zu dem vorliegenden Kurs stellte *Alan M. Portis* ein neues physikalisches Einführungspraktikum zusammen, das nun unter der Bezeichnung Berkeley Physics Laboratory (Berkeley Physik Praktikum) läuft. Da der Physik Kurs sich im wesentlichen mit den Grundprinzipien der Physik befaßt, werden manche Lehrer der Ansicht sein, er befasse sich nicht ausreichend mit experimenteller Physik; das Laborpraktikum ermöglicht jedoch die Durchführung eines reichhaltigen Programms an Experimenten, das das theoretisch-experimentelle Gleichgewicht des gesamten Lehrgangs garantieren soll.

Die Finanzierung des Kurses wurde von der National Science Foundation ermöglicht, beträchtliche indirekte Unterstützung kam aber auch von der University of California. Die Geldmittel wurden von Educational Services Incorporated (ESI), einer gemeinnützigen Organisation zur Curriculumentwicklung, verwaltet. Im besonderen sind wir *Gilbert Oakley, James Aldrich* und *William Jones* von ESI für ihre tatkräftige und verständnisvolle Unterstützung verpflichtet. ESI hat eigens in Berkeley ein Büro eingerichtet, das unter der kompetenten Führung von Mrs. *Minty R. Maloney* steht und bei der Entwicklung des Lehrgangs und des Laborpraktikums eine große Hilfe ist.

Zwischen der University of California und unserem Programm bestand keine offizielle Verbindung, doch ist uns von dieser Seite verschiedentlich wertvolle Hilfe gewährt worden. Dafür danken wir den Direktoren des Physik Departments, *August C. Helmholz* und *Burton J. Moyer*; den wissenschaftlichen und nichtwissenschaftlichen Mitarbeitern des Departments; *Donald Coney* und vielen anderen von unserer Universität. *Abraham Olshen* half uns sehr bei der Bewältigung organisatorischer Probleme in der Anlaufzeit.

Hinweise auf Fehler und Verbesserungsvorschläge nehmen wir immer gern entgegen.

Eugene D. Commins
Frank S. Crawford, Jr.
Walter D. Knight
Philip Morrison
Alan M. Portis

Edward M. Purcell
Frederick Reif
Malvin A. Ruderman
Eyvind H. Wichmann
Charles Kittel, Vorsitzender

Berkeley, California

Vorwort zur zweiten englischen Auflage des Bandes 1

Band 1 des Berkeley Physik Kurses wurde in gebundener Form nunmehr sieben Jahre lang benützt. Vor einigen Jahren wurde die Notwendigkeit einer Neuauflage klar, nachdem jeder von uns den Kurs in Berkeley einigemale unterrichtet hatte. Aufgrund dieser Erfahrung und von Gesprächen mit Kollegen in Berkeley und in anderen Institutionen haben wir Änderungen durchgeführt, die das Buch für Einführrungskurse besser geeignet machen sollen.

Wir haben dabei versucht, die Neuerungen des Berkeley Physik Kurses beizubehalten, wie die Heranziehung neuerer Forschungsthemen und die Einbeziehung von Problemen, die früher als zu schwierig für Einführungskurse erachtet wurden. Kapitel 15 und einige der weiterführenden Probleme wurden ausgelassen, da sie in Kursen dieses Niveaus nicht oft verwendet wurden. Die wichtigste Änderung war die völlige Neufassung des Kapitels 8 über die Bewegung starrer Körper. Dieses Kapitel ist nun einfacher und dadurch für Anfängerkurse besser geeignet. Die Reihenfolge der Darstellung ist gleichgeblieben, nur wurden Kapitel 3 und 4 ausgetauscht, da das Vertrautsein mit den üblichen Anwendungen der Newtonschen Bewegungsgesetze den Hintergrund für ein besseres Verständnis der Galilei-Transformationen bilden soll. Schließlich haben wir einige mathematische Anhänge hinzugefügt, da Studenten immer wieder Schwierigkeiten, speziell mit Differentialgleichungen, hatten.

Die folgenden Hinweise für Dozenten geben Anregungen für den Gebrauch dieses Buches bei Vorlesungen. Es enthält wesentlich mehr Material als in einem einsemestrigen Kurs verwendet werden kann, so daß eine Auswahl erforderlich ist. Ein Einführrungskurs sollte auch in enger Zusammenarbeit mit einem Praktikum stehen und die Neuauflage des Berkeley Physik Praktikums von Allan Portis und Hugh Young enthält Praktikumsbeispiele, die zu jedem Mechanikkurs passen.

Vielen Kollegen verdanken wir Hilfe und Kritik. Besonders danken wir Miss Miriam Machlis für ihre Hilfe bei der Vorbereitung dieser Neuauflage.

A. Carl Helmholz
Burton J. Moyer

Hinweise für Dozenten

Dieser Band soll als Begleitmaterial neben Vorlesungen dienen. Grundkenntnisse der Differentialrechnung sind dabei Voraussetzung. Differentialgleichungen werden in den mathematischen Anhängen der Kapitel 3 und 7 behandelt. Da in der Mechanik nur wenige Arten von Differentialgleichungen erforderlich sind, kann der Student sie leicht einzeln erlernen.

Eine Liste von Filmen finden Sie am Ende des Buches. Eine vollständigere Liste enthält der Resource Letter „Physics Films" der Commission on College Physics. In den letzten Jahren sind auch viele „Single-Concept-Filme" entstanden, von denen einige sich zur Erläuterung spezieller Themen eignen.

Die Übungen, die bei dieser Neuauflage hinzugefügt wurden, sind zumeist einfacher als die früheren Übungen. Wir haben aber keine einfachen Zahlenbeispiele aufgenommen, obwohl diese oft wertvoll sind, um dem Studenten Vertrauen in seine Kenntnisse zu geben. Derartige Beispiele kann aber der Dozent leicht selbst zusammenstellen oder anderen Büchern entnehmen. Gerade die Beispiele eignen sich besonders gut, um einen Kurs individuell zu gestalten. Einige Bücher mit Beispielen und andere Bücher über Mechanik werden im Anhang angegeben.

Für den Einführungsteil eines Physik-Kurses enthält dieses Buch zuviel Material und der Dozent sollte nicht versuchen, es vollständig zu behandeln. Viele Einführungskurse beinhalten die spezielle Relativitätstheorie nicht; die ersten neun Kapitel geben eine zusammenhängende Einführung in die klassische Mechanik. Sogar der Inhalt dieser Kapiteln ist aber zu umfangreich für die neun bis zehn Wochen, die der Mechanik üblicherweise gewidmet werden. Wir machen daher einige Vorschläge für eine minimale Stoffauswahl. Manchmal ist es nicht wünschenswert, elektrische oder magnetische Probleme im Anfangskurs zu behandeln. Das Buch kann auch in dieser Weise benützt werden, doch finden die Studenten zumeist die Probleme der Elektrizitätslehre interessant. Bei der Auswahl des Stoffes sollten Sie stets berücksichtigen, daß eine gute Behandlung weniger Kapitel besser als eine oberflächliche Behandlung eines großen Stoffgebietes ist. Die weiterführenden Probleme sollen den talentierten Studenten einige Anregungen geben und können vielleicht auch in späteren Kursen herangezogen werden.

Wir kommen nun zum Inhalt der einzelnen Kapiteln.

Kapitel 1 (Einleitung). Dieses Kapitel ist kein unentbehrlicher Teil der Mechanik, enthält aber interessanten Lesestoff und eine Einführung in den Gebrauch von Größenordnungen.

Kapitel 2 (Vektoren). Die Sprache der Vektoren ist in der Physik sehr nützlich. Das Vektorprodukt und die Beispiele über magnetische Kräfte, bei denen v und B nicht normal stehen, kann ausgelassen werden. Erst in Kapitel 6 brauchen wir das Vektorprodukt, es kann dann nachgeholt werden. Das Skalarprodukt wird oft verwendet, besonders in Kapitel 5 über Arbeit und Energie, so daß seine Einführung wünschenswert ist. Auch erlaubt es die Lösung einiger interessanter Probleme. Der Abschnitt über die Ableitung von Vektoren ist nützlich, die Behandlung der Einheitsvektoren $\hat{r}$ und $\hat{\theta}$ kann aber auf später verschoben werden. Die Kreisbewegung soll auf die Dynamik vorbereiten.

Kapitel 3 (Die Newtonschen Bewegungsgleichungen). Dieses lange Kapitel enthält viele Anwendungen. Die Newtonschen Gesetze werden in der üblichen Form eingeführt und angewendet. Der Abschnitt über elektrische und magnetische Kräfte kann vollständig ausgelassen oder aber auf den Fall eingeschränkt werden, daß das magnetische Feld normal zur Geschwindigkeit steht. Die Impulserhaltung wird als Konsequenz des dritten Newtonschen Gesetzes hergeleitet. Die kinetische Energie wird bei Stoßproblemen erwähnt, aber erst in Kapitel 5 systematisch eingeführt. Den meisten Studenten ist sie aus dem Gymnasium bekannt, sie kann aber notfalls ausgelassen werden.

Kapitel 4 (Bezugssysteme und die Galilei-Transformation). Dieses Kapitel ist unkonventionell. Viele Physiker finden die Einführung der Galilei-Transformation wünschenswert und sie bietet auch eine gute Vorbereitung auf die Transformation der Koordinaten in der speziellen Relativitätstheorie. Für Nichtphysiker und Kurzkurse kann das Kapitel ausgelassen werden. Beschleunigte Bezugssysteme und Scheinkräfte sollten allerdings kurz erwähnt werden, dazu genügen aber die ersten Seiten des Kapitels.

Kapitel 5 (Die Erhaltung der Energie). Arbeit und kinetische Energie werden eingeführt, zuerst in einer Dimension und dann in drei Dimensionen. Das Skalarprodukt ist hier erforderlich, der Gebrauch von Linienintegralen kann aber vermieden werden. Die potentielle Energie wird ausführlich behandelt. In kürzeren Kursen kann die Behandlung konservativer Kraftfelder und des elektrischen Potentials ausgelassen werden. Dieses Kapitel ist insgesamt aber sehr wichtig, und sollte ausführlich diskutiert werden.

Kapitel 6 (Die Erhaltung von Impuls und Drehimpuls).
Dieses Kapitel behandelt wieder Stöße und führt das Massenmittelpunktsystem ein. Der Massenmittelpunkt ist bei starren
Körpern wichtig. Obwohl dieser Begriff oft benützt wird,
kann er in einer kurzen Version des Kurses ausgelassen werden. Die Einführung des Drehimpulses und des Drehmoments
erfordert das Vektorprodukt. Wurde es früher ausgelassen,
kann es hier nachgeholt werden, da die Studenten bereits
ein höheres Niveau erreicht haben. Die Erhaltung des Drehimpulses wird oft als besonders interessantes Thema betrachtet.

Kapitel 7 (Der harmonische Oszillator). Hier sollte der
mathematische Anhang vorweggenommen werden, falls die
Studenten Schwierigkeiten mit Differentialgleichungen
haben. Das Federpendel und das mathematische Pendel
sind einfache Beispiele von Schwingungen. Die Abschnitte
über die Mittelwerte der kinetischen und der potentiellen
Energie, die Bewegung mit Reibung und die erzwungenen
Schwingungen können ausgelassen werden. Im Praktikum
sind viele Beispiele zur Schwingungslehre angegeben. Die
weiterführenden Themen über den anharmonischen Oszillator und die erzwungenen Schwingungen sind für fortgeschrittene Studenten wichtig.

Kapitel 8 (Elementare Dynamik starrer Körper). Die Autoren
glauben, daß eine einführende Behandlung starrer Körper
für alle Studenten wertvoll ist. Drehmoment und Winkelbeschleunigung um eine feste Achse sind einfache Begriffe und
geben dem Studenten Verbindungen mit der realen Welt.
Die einfache Behandlung des Kreisels ist wertvoll, die Einführung von Hauptachsen, nicht-diagonalen Trägheitsmomenten
und rotierenden Koordinatensystemen sollte wahrscheinlich
zumeist ausgelassen werden.

Kapitel 9 ($(1/r^2)$-Kräfte). Zentralkräfte sind sehr wichtig.
Die Berechnung des Potentials innerhalb und außerhalb
kugelförmiger Massen kann ausgelassen werden. Auch die
Integration der r-Gleichung ist vielleicht zu langwierig und
kann ebenfalls entfallen. Das weiterführende Problem ist
interessant. Vieles kann in diesem Kapitel gekürzt werden,
aber die Mühe, es ausführlich zu studieren, lohnt sich. Das
Zweikörperproblem und der Begriff der reduzierten Masse
sind nützlich, können aber jedenfalls ausgelassen werden.

Kapitel 10 (Die Lichtgeschwindigkeit). In diesem Kapitel
behandeln wir einige Methoden zur Bestimmung der Lichtgeschwindigkeit. Dieses Thema ist zur Behandlung der

Mechanik nicht erforderlich und kann vielleicht zum Selbststudium benutzt werden. Das Michelson-Morley-Experiment
ist auf diesem Niveau der überzeugendste Hinweis auf die
Notwendigkeit einer Abänderung der Galilei-Transformation.
Der Dopplereffekt wird wegen seines Zusammenhangs mit
der Flüchtgeschwindigkeit entfernter Galaxien behandelt,
und das Kapitel schließt mit einem Abschnitt über die Lichtgeschwindigkeit als Höchstgeschwindigkeit für materielle
Körper und das Versagen der Newtonschen Gleichung für
die kinetische Energie. Eine oberflächliche Behandlung
dieses Kapitels genügt als Grundlage der speziellen Relativitätstheorie.

**Kapitel 11 (Spezielle Relativitätstheorie und die Lorentz-
Transformation).** In diesem Kapitel wird die Lorentz-
Transformation hergeleitet und auf die wichtigsten Probleme,
die Längenkontraktion und die Zeitdilatation, angewendet.
Die Transformation der Geschwindigkeit wird abgeleitet und
einige Beispiele angegeben. Dieses Kapitel ist die Grundlage
der folgenden und sollte daher ausführlich behandelt werden.

Kapitel 12 (Relativistische Dynamik: Impuls und Energie).
Die Ergebnisse von Kapitel 11 werden benützt, um die Notwendigkeit einer Neudefinition des Impulses und der Energie
zu zeigen und um zu $E = mc^2$ vorzudringen. Die Beziehung
zu Experimenten der Hochenergiephysik und der Kernphysik
sollte betont werden. Die Studenten haben zwar nur oberflächliche Kenntnisse der Kernphysik, diese Beispiele sind
aber gerade heute so wichtig, daß sie leicht zu behandeln
sind. Der Abschnitt über Teilchen ohne Ruhemasse wird die
Antwort auf manche Fragen bringen.

Kapitel 13 (Probleme der relativistischen Dynamik). Wir
werden einige Beispiele zu den im vorigen Kapitel entwickelten Methoden behandeln, darunter die Vorteile des Massenmittelpunktsystems. Dies kann in einem Kurzkurs ausgelassen
werden. Dieses Kapitel kann auch als Zusatzlektüre für Kurse
über spezielle Relativitätstheorie dienen.

Kapitel 14 (Das Äquivalenzprinzip). In den letzten Jahren
wurde die allgemeine Relativitätstheorie ein wesentliches
Thema physikalischer Forschung und dieses Kapitel könnte
eine erste Einführung darstellen. Für das Studium der speziellen Relativitätstheorie sind diese Themen nicht erforderlich,
aber viele Studenten interessiert der Unterschied zwischen
träger und schwerer Masse, die meisten werden auch von den
Tests der allgemeinen Relativitätstheorie gehört haben.

Hinweise für Studenten

Das erste Jahr des Physikstudiums ist bei weitem das schwierigste. Denn in diesem Jahr ist die Anzahl der neu auftretenden Begriffe, Denkvorstellungen und Methoden viel größer als in späteren Studienjahren. Ein Student, der die in diesem ersten Band behandelten physikalischen Grundtatsachen völlig verstanden hat, hat damit gleichzeitig die meisten gefährlichen Klippen des Physikstudiums hinter sich gebracht; dies gilt auch dann, wenn er diese Grundtatsachen noch nicht mühelos auf kompliziertere Problemstellungen anwenden kann.

Was sollte aber ein Student tun, der mit den Übungen nicht zu Rande kommt und trotz zweimaligen Lesens Teile des Kurses nicht versteht? Zunächst ist es da angebracht, den betreffenden Sachverhalt in dem Physiklehrbuch der Sekundarstufe II nachzulesen und den PSSC-Physikband zu studieren (deutsche Ausgabe: Verlag Vieweg, Braunschweig, 1973). Er kann auch andere Physiklehrbücher zu Rate ziehen, die noch einfacher und elementarer als dieses Buch sind; die Aufgaben die in diesen Büchern vorkommen, verdienen besondere Beachtung. Eine für das Selbststudium hervorragend geeignete Einführung in die Infinitesimalrechnung geben *Daniel Kleppner* und *Norman Ramsey* im Lehrprogramm Differential- und Integralrechnung (Verlag Chemie, Weinheim, 1972). Dieses Handbuch bringt in kurzer Zeit die Analysiskenntnisse vom Stand Null auf den hier benötigten Stand.[1]

---

[1] A.d.Ü.: Deutsche Leser seien auch auf Wygodski „Höhere Mathematik griffbereit" (Verlag Vieweg, Braunschweig, 1973) verwiesen.

Einheiten und Symbole

Einheiten

Jede ausgereifte Wissenschaft verfügt über eigene Spezialeinheiten für häufig vorkommende Größen. Der *Morgen* beispielsweise ist für einen Agronomen eine ganz natürliche Flächeneinheit. Das MeV oder *Millionen Elektronvolt* ist die natürliche Energieeinheit des Kernphysikers, während der Chemiker die *Kilokalorie* und der Starkstromingenieur die *Kilowattstunde* als Energieeinheit bevorzugt benützen. Nach Meinung vieler theoretischer Physiker wählt man die Einheiten am besten so, daß die Lichtgeschwindigkeit gleich Eins wird. Der forschende Naturwissenschaftler verliert selten seine Zeit damit, von einem Einheitensystem in ein anderes umzurechnen; viel wichtiger ist es ihm, die Spur eines Faktors 2 oder eines Plus- bzw. Minuszeichens in seinen Rechnungen zu verfolgen. Er gibt sich auch selten mit dem Für und Wider des einen oder anderen Einheitensystems ab, denn aus solchen Diskussionen ist noch nie ein wesentliches Forschungsergebnis entsprungen.

In der physikalischen Forschung und Literatur sind zwei Einheitensysteme gebräuchlich: Das Gaußsche CGS-System und das Internationale Einheitensystem SI [1]). Jeder Naturwissenschaftler und Ingenieur, der ohne Schwierigkeiten Zugang zur physikalischen Literatur haben will, muß mit beiden Einheitensystemen vertraut sein.

In diesem Buch verwenden wir das SI-System. Da eine Durchsicht der wichtigsten Physikzeitschriften zeigt, daß in der Forschung zumeist CGS-Einheiten verwendet werden, haben wir die notwendigen Umrechnungsfaktoren im Anhang zu diesem Buch angegeben.

Physikalische Konstanten

Näherungswerte physikalischer Konstanten und wichtige numerische Größen sind auf dem vorderen und hinteren Vorsatz dieses Bandes abgedruckt. Weitere und genauere Werte physikalischer Konstanten enthält *B. N. Taylor, W. H. Parker, D. N. Ladenburg*, Rev. Mod. Phys. **41**, 375 (1969).

Zeichen und Symbole

Im allgemeinen haben wir uns an die in der physikalischen Literatur gebräuchlichen Symbole und Abkürzungen gehalten, die meisten von ihnen sind ohnehin durch internationale Übereinkunft festgelegt. In einigen wenigen Fällen haben wir aus didaktischen Gründen andere Bezeichnungen gewählt.

Das Symbol $\sum_{j=1}^{n}$ oder $\sum_{j}$ gibt an, daß der rechts von $\sum$ stehende Ausdruck über alle j von $j = 1$ bis $j = n$ summiert werden soll. Die Schreibweise $\sum_{i,j}$ gibt eine Doppelsummation über alle i und j an. $\sum_{i,j}'$ oder $\sum_{\substack{i,j \\ i \neq j}}$ bedeutet schließlich eine Summation über alle Werte von i und j mit Ausnahme von $i = j$.

Größenordnung

Unter dem Hinweis auf die Größenordnung versteht man gewöhnlich „etwa innerhalb eines Faktors 10". Häufige Größenordnungsabschätzungen kennzeichnen die Arbeits- und Sprechweise des Physikers, ein sehr nützlicher Berufsbrauch, der allerdings dem Studienanfänger enorme Schwierigkeiten bereitet. Wir stellen beispielsweise fest, daß 10^4 die Größenordnung der Zahlen 5500 und 25 000 ist. Die Größenordnung der Elektronenmasse 10^{-30} kg, ihr genauer Wert hingegen $(0{,}910\,72 \pm 0{,}000\,02) \cdot 10^{-30}$ kg.

Oft begegnen wir auch der Feststellung, daß eine Lösung bis auf Glieder der Ordnung x^2 oder E genau ist, welche Größen dies auch immer sein mögen. Man schreibt dafür auch $O(x^2)$ bzw. $O(E)$. Diese Aussage meint, daß Glieder mit höheren Potenzen (z. B. x^3 oder E^2), die in der vollständigen Lösung auftreten, unter gewissen Umständen im Vergleich zu den in der Näherungslösung vorhandenen Gliedern vernachlässigt sind.

---

[1]) A.d.Ü.: Das SI-System ist entsprechend dem „Gesetz über Einheiten im Meßwesen" vom 2. Juli 1969 und der „Ausführungsverordnung zum Gesetz über Einheiten im Meßwesen" vom 26. Juni 1970 für das gesamte Meßwesen in der Bundesrepublik Deutschland vorgeschrieben. Der Vorteil dieses Einheitensystems liegt darin, daß alle Einheiten kohärent sind.

Das griechische Alphabet

A	α	Alpha
B	β	Beta
Γ	γ	Gamma
Δ	δ	Delta
E	ϵ	Epsilon
Z	ζ	Zeta
H	η	Eta
Θ	$\theta\ \vartheta$	Theta
I	ι	Jota
K	κ	Kappa
Λ	λ	Lambda
M	μ	My
N	ν	Ny
Ξ	ξ	Xi
O	o	Omikron
Π	π	Pi
P	ρ	Rho
Σ	σ	Sigma
T	τ	Tau
Υ	υ	Ypsilon
Φ	$\phi\ \varphi$	Phi
X	χ	Chi
Ψ	ψ	Psi
Ω	ω	Omega

Griechische Buchstaben, die nur sehr selten als Symbole
Verwendung finden, sind grau unterlegt; meist sind sie
lateinischen Buchstaben so ähnlich, daß sie sich als Symbole nicht eignen.

Vorsätze zur Kennzeichnung dezimaler Vielfacher oder Bruchteile von Einheiten

Die Tabelle zeigt für einige gebräuchliche Vorsätze die
Kurzzeichen und deren Bedeutung

Vorsatz	Kurzzeichen	Bedeutung
Tera	T	10^{12} Einheiten
Giga	G	10^{9} Einheiten
Mega	M	10^{6} Einheiten
Kilo	k	10^{3} Einheiten
Milli	m	10^{-3} Einheiten
Mikro	μ	10^{-6} Einheiten
Nano	n	10^{-9} Einheiten
Piko	p	10^{-12} Einheiten

Inhaltsverzeichnis

1.	**Einleitung**	1
1.1.	Das Universum	1
1.2.	Die Rolle der Theorie	1
1.3.	Geometrie und Physik	3
1.4.	Übungen	9
1.5.	Das Rüstzeug der Experimentalphysik	9

2.	**Vektoren**	15
2.1.	Sprache und Begriff: Vektoren	15
2.2.	Vektoraddition	16
2.3.	Produkte von Vektoren	19
2.4.	Ableitung von Vektoren	25
2.5.	Invarianten	29
2.6.	Übungen	31
2.7.	Mathematischer Anhang	33

3.	**Die Newtonschen Bewegungsgleichungen**	37
3.1.	Die Newtonschen Gesetze	37
3.2.	Kräfte und Bewegungsgleichungen	38
3.3.	Bewegung eines Teilchens in einem homogenen Gravitationsfeld	39
3.4.	Das Newtonsche Gravitationsgesetz	40
3.5.	Elektrische und magnetische Kräfte auf ein geladenes Teilchen	41
3.6.	Die Erhaltung des Impulses	49
3.7.	Kontaktkräfte: Reibung	51
3.8.	Übungen	53
3.9.	Weiterführendes Problem	55
3.10.	Mathematischer Anhang	56
3.11.	Historische Anmerkung: Die Erfindung des Zyklotrons	57

4.	**Bezugssysteme und die Galilei-Transformation**	62
4.1.	Inertialsysteme und beschleunigte Bezugssysteme	62
4.2.	Absolute und relative Beschleunigung	67
4.3.	Absolute und relative Geschwindigkeit	71
4.4.	Die Galilei-Transformation	71
4.5.	Übungen	76
4.6.	Weiterführende Probleme	78
4.7.	Mathematischer Anhang	83

5.	**Die Erhaltung der Energie**	84
5.1.	Die Erhaltungssätze der Physik	84
5.2.	Definition der Begriffe	84
5.3.	Konservative Kräfte	93
5.4.	Die Leistung	103
5.5.	Übungen	103
5.6.	Historische Anmerkung: Die Entdeckung der Planeten Ceres und Neptun	105

6.	**Die Erhaltung von Impuls und Drehimpuls**	107
6.1.	Innere Kräfte und Impulserhaltung	107
6.2.	Der Massenmittelpunkt (Schwerpunkt)	107
6.3.	Systeme mit veränderlicher Masse	112
6.4.	Die Erhaltung des Drehimpulses	114
6.5.	Übungen	121

7.	**Der Harmonische Oszillator**	124
7.1.	Das Federpendel	124
7.2.	Das einfache Pendel	125
7.3.	Elektrische Schwingkreise	130
7.4.	Auslenkung eines Systems aus der Gleichgewichtslage	130
7.5.	Die mittlere kinetische und potentielle Energie	131
7.6.	Reibung	131
7.7.	Der gedämpfte harmonische Oszillator	133
7.8.	Erzwungene Schwingungen	135
7.9.	Das Superpositionssystem	136
7.10.	Übungen	137
7.11.	Weiterführende Probleme	138
7.12.	Mathematischer Anhang	144

8.	**Elementare Dynamik starrer Körper**	149
8.1.	Die Bewegungsgleichungen	149
8.2.	Drehimpuls und kinetische Energie	149
8.3.	Trägheitsmomente	150
8.4.	Drehung um feste Achsen: Zeitabhängigkeit der Bewegung	153
8.5.	Drehung um feste Achsen: Verhalten des Drehimpulses	157
8.6.	Trägheitsmomente, Hauptachsen und die Eulerschen Gleichungen	158
8.7.	Übungen	162

9.	**$(1/r^2)$-Kraftgesetz**	**165**
9.1.	Potentielle Energie und Kraft zwischen einer Punktmasse und einer Kugelschale	165
9.2.	Potentielle Energie und Kraft zwischen einer Punktmasse und einer Vollkugel	168
9.3.	Die Selbstenergie	169
9.4.	Bewegungsgleichung und Umlaufbahnen	171
9.5.	Übungen	180
9.6.	Weiterführendes Problem	181
10.	**Die Lichtgeschwindigkeit**	**183**
10.1.	Die Lichtgeschwindigkeit als Naturkonstante	183
10.2.	Messungen der Lichtgeschwindigkeit	183
10.3.	Die Lichtgeschwindigkeit in relativ zueinander bewegten Inertialsystemen	190
10.4.	Der Dopplereffekt	196
10.5.	Die Grenzgeschwindigkeit	197
10.6.	Schlußfolgerungen	198
10.7.	Übungen	199
11.	**Spezielle Relativitätstheorie und die Lorentz-Transformation**	**201**
11.1.	Grundannahmen	201
11.2.	Die Lorentz-Transformation	201
11.3.	Die Längenkontraktion	202
11.4.	Die Zeitdilatation	205
11.5.	Das Geschwindigkeits-Additionstheorem	210
11.6.	Übungen	213
12.	**Relativistische Dynamik: Impuls und Energie**	**215**
12.1.	Impulserhaltung und die Definition des relativistischen Impulses	215
12.2.	Die relativistische Energie	218
12.3.	Die Transformation von Impuls und Energie	220
12.4.	Die Äquivalenz von Masse und Energie	221
12.5.	Transformation der zeitlichen Impulsänderung	225
12.6.	Die Konstanz der Ladung	227
12.7.	Übungen	227
12.8.	Weiterführendes Problem	228
12.9.	Historische Anmerkung: Die Beziehung zwischen Masse und Energie	229
13.	**Probleme der relativistischen Dynamik**	**231**
13.1.	Beschleunigung eines relativistischen Teilchens durch ein konstantes longitudinales elektrisches Feld	231
13.2.	Beschleunigung durch ein transversales elektrisches Feld	232
13.3.	Geladenes Teilchen im Magnetfeld	233
13.4.	Das Mittelpunktsystem und Energieschwellen	235
13.5.	Übungen	239
13.6.	Historische Anmerkung: Das Synchrotron	239
14.	**Das Äquivalenzprinzip**	**243**
14.1.	Träge und schwere Masse	243
14.2.	Die schwere Masse der Photonen	245
14.3.	Die Perihelverschiebung des Merkur	248
14.4.	Das Äquivalenzprinzip	249
14.5.	Gravitationswellen	249
14.6.	Übungen	250
14.7.	Historische Anmerkung: Die Pendel von Newton	250
Literatur		**251**
Filmliste		**253**
Sachwortverzeichnis		**255**

1. Einleitung

1.1. Das Universum

Die Welt erscheint uns unermeßlich in ihrer Vielfalt. Dennoch ist es möglich, über einige ihrer Größen zahlenmäßige Angaben herzuleiten. Wir wollen uns hier nicht darum kümmern, wie diese ermittelt wurden und mit welchen Ungenauigkeiten sie behaftet sind. Das erstaunlichste an solchen Zahlen ist vielleicht schon ihre bloße Kenntnis. Beginnen wir mit dem

Radius des Universums. Aus astronomischen Beobachtungen schließen wir auf 10^{26} m oder 10^{10} Lichtjahre als eine charakteristische Länge, die wir ungenau als Radius des Universums bezeichnen. Der Wert ist etwa um den Faktor 3 unbestimmt. Zum Vergleich betragen die Entfernung Erde–Sonne $1{,}5 \cdot 10^{11}$ m und der Erdradius $6{,}4 \cdot 10^6$ m.

Die Anzahl der Atome im Universum. Man nimmt an, daß die Gesamtanzahl der Protonen und Neutronen im Universum in der Größenordnung 10^{80} liegt. Dieser Wert ist bis auf den Faktor 100 genau. Die Sonne besteht aus 10^{57} und die Erde aus $4 \cdot 10^{51}$ Nukleonen. Wir würden somit im Universum $10^{80}/10^{57}$ $(= 10^{23})$ Sterne erhalten, die die gleiche Masse wie unsere Sonne haben. (Dieser Wert stimmt größenordnungsmäßig mit der *Loschmidtschen Zahl* überein.) Man nimmt an, daß der größte Teil der Masse des Alls in den Sternen konzentriert ist. Alle bekannten Sterne haben Massen, die 0,01...100-mal so groß wie die unserer Sonne sind.

Das Leben als das komplexeste Phänomen im All. Der Mensch, der eine der komplexeren Lebensformen darstellt, setzt sich aus etwa 10^{16} Zellen zusammen. Eine Zelle gilt als eine elementare physiologische Einheit, die aus ungefähr $10^{12}...10^{14}$ Atomen besteht. Man nimmt an, daß in jeder Zelle aller Tier- oder Pflanzenarten wenigstens eine lange Molekülkette DNS (Desoxyribonukleinsäure) existiert. Die DNS-Ketten in einer Zelle enthalten alle zur Bildung eines Menschen, eines Vogels, einer Bakterie oder eines Baumes notwendigen chemischen Instruktionen oder genetischen Informationen. In einem DNS-Molekül, das aus $10^8...10^{10}$ Atomen besteht, kann die Anordnung der Atome sich bereits von Individuum zu Individuum unterscheiden; stets ist sie von Gattung zu Gattung unterschiedlich.[1]) Über 10^6 Gattungen sind auf unserem Planeten beschrieben und benannt worden.

Leblose Materie tritt ebenfalls in vielen Formen auf. Protonen, Neutronen und Elektronen verbinden sich zu etwa 100 verschiedenen chemischen Elementen und zu mehr als 10^3 Isotopen. Die einzelnen Elemente wiederum bilden wahrscheinlich mehr als 10^6 bisher analysierte

chemisch verschiedene Verbindungen; zu diesen zählen wir die ungeheure Anzahl der flüssigen und festen Lösungen und Legierungen hinzu, deren physikalische Eigenschaften sehr empfindlich von der prozentualen Zusammensetzung abhängen können.

Den Naturwissenschaften gelang es, diese Fakten über das Universum zu erfahren, die Sterne zu klassifizieren und ihre Massen, Zusammensetzungen, Entfernungen und Geschwindigkeiten abzuschätzen, die Organismen in Gattungen einzuteilen und ihre genetischen Beziehungen zu entwirren, anorganische Kristalle, biochemische Stoffe und neue chemische Elemente zu synthetisieren, die Spektrallinien der Atome und Moleküle über einen Frequenzbereich von $100...10^{20}$ Hz zu messen und neue Elementarteilchen im Labor zu erzeugen.

Diese Fortschritte der Naturwissenschaft verdanken wir Menschen mit unterschiedlichsten Temperamenten und Fähigkeiten, geduldigen, hartnäckigen, erfinderischen, energischen, faulen, glücklichen, engstirnigen und manuell geschickten. Manche zogen es vor, nur einfachste Apparate zu verwenden; andere erfanden und bauten große und komplizierte Instrumente. Die meisten dieser Menschen hatten nur weniges gemeinsam: Sie waren ehrlich und haben die Beobachtungen tatsächlich gemacht, über die sie berichteten. Sie schrieben ihre Ergebnisse auch in einer Form auf, die es anderen ermöglichte, die Experimente und Beobachtungen zu wiederholen.

1.2. Die Rolle der Theorie

Die Beschreibung des Universums in Abschnitt 1.1 als unermeßlich und komplex ist einseitig, denn theoretisches Verständnis läßt manche Teile des Weltbildes wesentlich einfacher erscheinen. Wir haben ein bemerkenswertes Verständnis einiger zentraler und wichtiger Aspekte der Welt erlangt. Die unten aufgezählten Gebiete gehören zusammen mit der Relativitätstheorie und der statistischen Mechanik vielleicht zu den größten geistigen Leistungen der Menschheit.

1. Die Gesetze der klassischen Mechanik (Band 1) gestatten es, mit erstaunlicher Genauigkeit die Bewegung der verschiedenen Teile des Sonnensystems (einschließlich der Kometen und Asteroiden) vorauszubestimmen, und haben zur Voraussage und Entdeckung neuer Planeten geführt. Diese Gesetze bieten ferner eine Vorstellung über die Entstehungsweise der Sterne und Galaxien und liefern – zusammen mit den Strahlungsgesetzen – eine theoretische Begründung des beobachteten Zusammenhangs zwischen Masse und Leuchtkraft der Sterne. Die Anwendungen der Gesetze der klassischen Mechanik in der Astronomie gehören zwar zu den schönsten, doch sind die Anwendungen der Mechanik in der Technik und den Ingenieurwissenschaften wohl die praktisch wichtigsten. Die Weltraum-

---

[1]) Den Begriff *Gattung* können wir grob so definieren, daß zwei Populationen dann zu verschiedenen Gattungen gehören, wenn wir einige beschreibbare Unterschiede zwischen ihnen feststellen können und sie sich nicht natürlich miteinander kreuzen.

forschung unserer Zeit und die Satellitentechnik bauen auf verfeinerten Anwendungen der Gesetze der klassischen Mechanik und der Gravitation auf.

2. Die Gesetze der Quantenmechanik (Band 4) liefern eine sehr gute Beschreibung atomarer Phänomene. Für einfache Atome konnten Voraussagen gemacht werden, die mit dem Experiment auf 10^{-5} genau oder besser übereinstimmen. Wenden wir die Gesetze der Quantenmechanik auf makroskopische Ereignisse an, so stimmen sie in ausgezeichneter Näherung mit den Gesetzen der klassischen Mechanik überein. Die Quantenmechanik liefert im Prinzip eine präzise theoretische Basis für die gesamte Chemie sowie für einen großen Teil der Physik, aber oftmals können wir die Gleichungen nicht mit existierenden oder bisher in der Entwicklung stehenden Rechenanlagen lösen. Auf einigen Gebieten scheinen sich nahezu alle Probleme einer direkten, auf den Grundgesetzen der Physik beruhenden Behandlung zu entziehen.

3. Die Gesetze der klassischen Elektrodynamik, die außer im atomaren Bereich eine ausgezeichnete Erfassung aller elektrischen und magnetischen Effekte gestatten, bilden die Grundlage der Elektrotechnik. Elektrische und magnetische Effekte im atomaren Bereich werden exakt durch die Quantenelektrodynamik beschrieben. Die klassische Elektrodynamik behandeln wir in den Bänden 2 und 3; einige Aspekte der Quantenelektrodynamik berühren wir in Band 4 — eine vollständige Behandlung muß auf einen späteren Kurs zurückgestellt werden.

4. Ein spezielleres Beispiel ist die Funktionsweise des genetischen Codes, d.h. der Informationsspeicherung in Zellen. Die Molekularbiologie hat gezeigt, daß selbst die Informationsspeicher der Zellen einfachster Lebewesen die besten heute erhältlichen Computer übertreffen[1]. In nahezu allem Leben auf unserem Planeten wird die gesamte genetische Information in DNS-Molekülen gespeichert. Ein linearer Doppelstrang, der aus 4 verschiedenen Molekülgruppen aufgebaut wird, die — je nach Organismus — $10^6 \ldots 10^9$ mal hintereinander angereiht sind, enthält die Erbinformation. Einfache Regeln, die in den Bildern 1.1 bis 1.6 erläutert sind, bestimmen Zusammenhang und Reduplikation des Doppelstranges.

Die in den obigen Beispielen erwähnten physikalischen Gesetze und deren theoretisches Verständnis unterscheiden sich in ihrem Charakter von den direkten Ergebnissen aus experimentellen Beobachtungen. Diese Gesetze fassen die wesentlichen Teile einer großen Anzahl von Beobachtungen zusammen und ermöglichen es, gewisse Arten von

____

[1] A.d.Ü.: Dies trifft heute für die Informationsspeicherung auf Magnetbändern oder Platten nicht mehr zu.

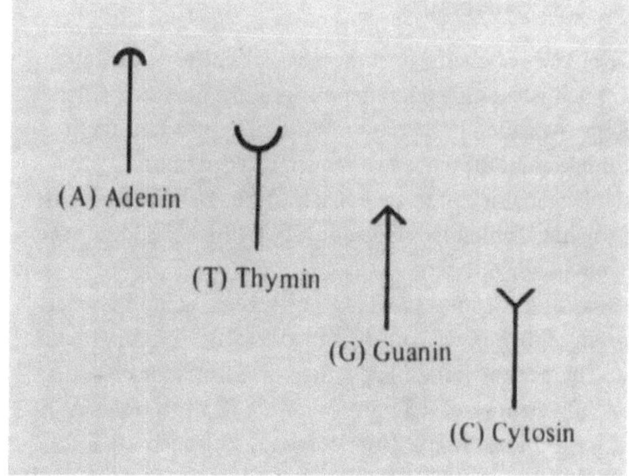

Bild 1.1. Schematische Darstellung der vier Nukleotidbasen, aus denen ein DNS-Molekül abgeleitet wird

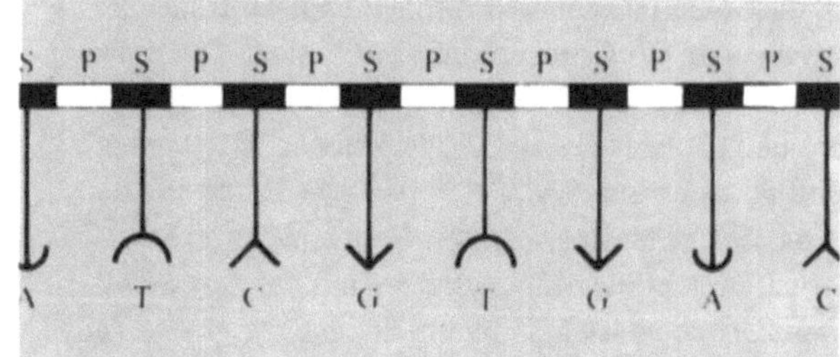

Bild 1.2. Die Nukleotide sind mit Zuckergruppen S verbunden, die wiederum abwechselnd mit Phosphatgruppen P eine Kette bilden. Das gesamte DNS-Molekül besteht ...

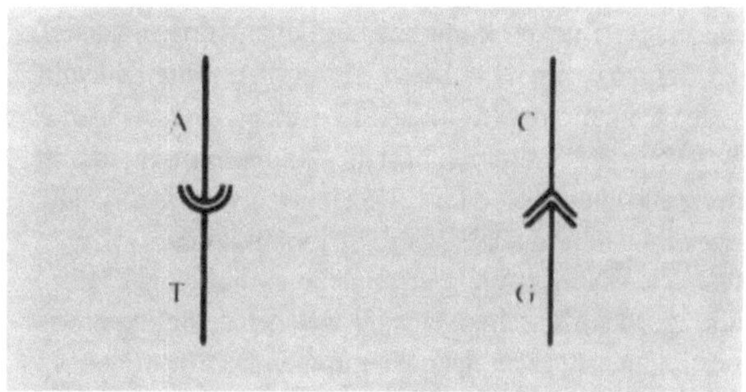

Bild 1.3. ... aus einer spiralförmigen Doppelkette. Die beiden Stränge sind durch Wasserstoffbrücken zwischen den Adenin- und Thymingruppen oder den Guanin- und Cytosingruppen verbunden

Vorhersagen erfolgreich zu treffen, die in der Praxis nur durch die Komplexität des Systems begrenzt sind. Oftmals geben sie den Anstoß zu neuen und ungewöhnlichen Experimenten. Obwohl die Gesetze der theoretischen Physik meistens prägnant formuliert werden können[1], erfordert ihre Anwendung oft eine langwierige mathematische Analyse und Berechnung.

____

[1] Der erste Satz in einem kurzen Taschenbuch lautet: „Diese Vorträge behandeln die gesamte Physik." _R. Feynman_, "Theory of fundamental processes" (W. A. Benjamin, New York, 1961).

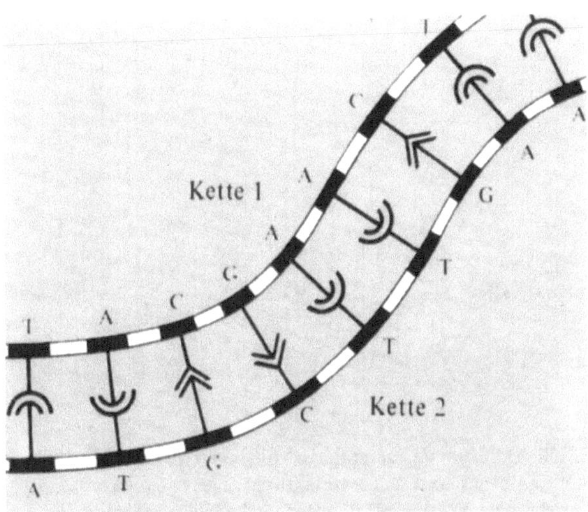

Bild 1.4. Die gesamte genetische Information der Zelle ist durch die Reihenfolge bestimmt, in der die Nukleotidbasen auftreten

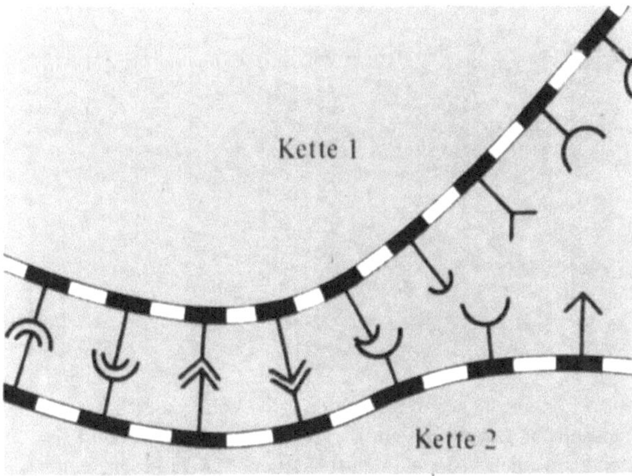

Bild 1.5. Erneuert sich die Zelle, so spaltet sich jedes DNS-Molekül in zwei getrennte Ketten. Jede freie Kette bildet eine Komplementärkette aus dem vorhandenen Zellenmaterial, ...

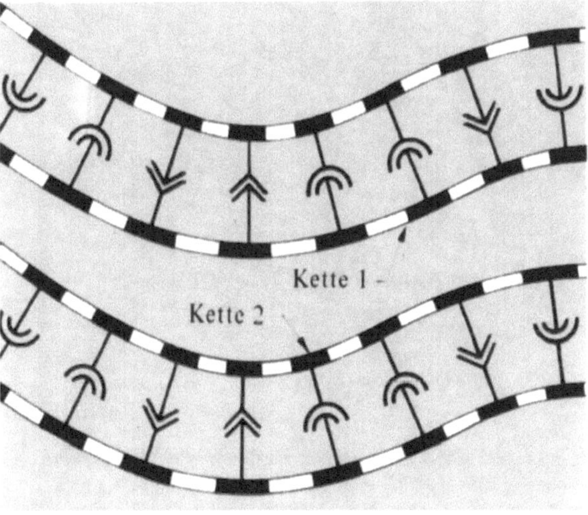

Bild 1.6. ... um zwei *identische* neue DNS-Moleküle zu erzeugen

Die fundamentalen Gesetze der Physik haben noch einen anderen Aspekt. Jene Gesetze, die wir zu verstehen gelernt haben, sind von erstaunlicher Einfachheit und Schönheit[1]. Das bedeutet nicht, daß die Experimentalphysik überflüssig geworden ist, denn ein Gesetz wird im allgemeinen nur nach gewissenhaftem und sinnvollem Experimentieren entdeckt. Andererseits wären wir sehr überrascht, wenn zukünftige Darstellungen der theoretischen Physik unschöne und umständliche Elemente enthielten. Die ästhetische Qualität der bisher entdeckten physikalischen Gesetze prägt unsere Erwartungen bezüglich der noch unbekannten Gesetze. Wir neigen dazu, eine Hypothese attraktiv zu nennen, wenn sie sich durch ihre Einfachheit und Eleganz aus einer großen Anzahl denkbarer aber inkorrekter Theorien hervorhebt.

In diesem Band werden wir uns bemühen, einige physikalische Gesetze unter Betonung des Aspektes der Einfachheit und Eleganz aufzustellen. Wir werden nebenbei versuchen, einen Eindruck von guter Experimentalphysik zu vermitteln, obwohl sich dies in einem Lehrbuch schwer verwirklichen läßt; das Labor ist der natürliche Ort dafür.

1.3. Geometrie und Physik

Die Sprache der Physik ist die Mathematik; sie liefert die Einfachheit und Kompaktheit des Ausdrucks, die wir für eine vernünftige Diskussion der physikalischen Gesetze und ihrer Konsequenzen benötigen. Diese Sprache hat spezielle Regeln. Durch Befolgen der Regeln können nur korrekte Aussagen gemacht werden: Die Quadratwurzel von 2 ist $1{,}414\ldots$ oder $\sin 2\alpha = 2 \sin \alpha \cos \alpha$.

Wir dürfen derartige Wahrheiten nicht mit exakten physikalischen Aussagen verwechseln. Die Frage, ob das gemessene Verhältnis aus Umfang und Durchmesser eines „physikalischen" Kreises wirklich $3{,}14159\ldots$ beträgt, ist eine Frage des Experiments und nicht der Überlegung. Geometrische Messungen gehören zu den Grundlagen der Physik, und wir müssen solche Fragen erst experimentell entscheiden, bevor wir zur Beschreibung der Natur die euklidische oder eine andere Geometrie benutzen. Hier taucht sicherlich eine Frage bezüglich des Universums auf: Gelten für physikalische Messungen die euklidischen Axiome und Theoreme?

Wir können ohne aufwendige Mathematik nur einige einfache Aussagen über die experimentellen Eigenschaften des Raums machen. Das wohl bekannteste Theorem der

---

[1] „Ein sicherer Weg zum Fortschritt scheint darin gegeben zu sein, daß wir uns beim Aufstellen der Gleichungen (einer neuen Theorie) vom Aspekt der Ästhetik leiten lassen; tiefe Einsicht ("sound insight") in das Problem ist dabei Voraussetzung." *P. A. M. Dirac*, Scientific American **208** (5), 45–53 (1963). Die meisten Physiker glauben allerdings, daß für sie – mit Ausnahme der ganz Großen unserer Zeit wie *Einstein, Dirac* oder ein Dutzend anderer – die Wirklichkeit für derart kühne Angriffe zu subtil ist.

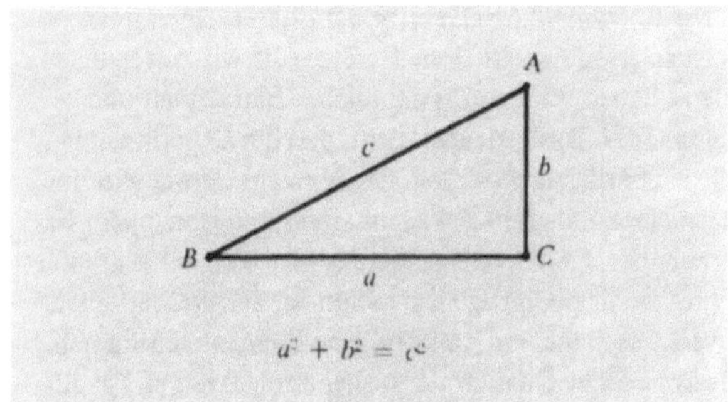

Bild 1.7. Beschreiben die Axiome der eukldischen Geometrie, aus denen der Satz des Pythagoras sich logisch herleiten läßt, die physikalische Welt exakt? Nur das Experiment kann eine Antwort liefern

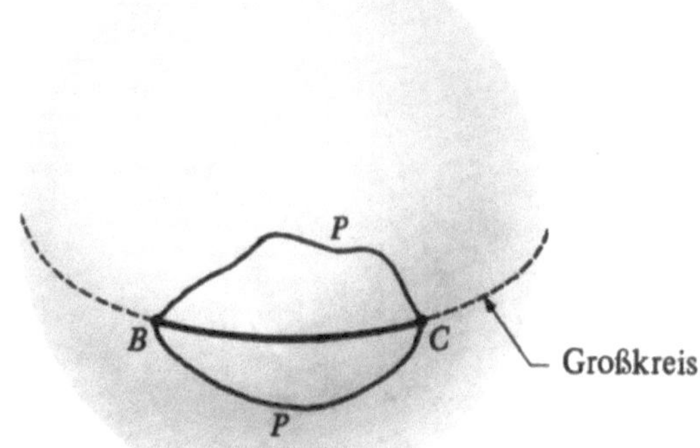

Bild 1.8. Der kürzeste „geradlinige" Abstand zwischen den Punkten B und C auf einer Kugel verläuft entlang des Großkreises durch diese Punkte und nicht entlang irgendeines anderen Weges P

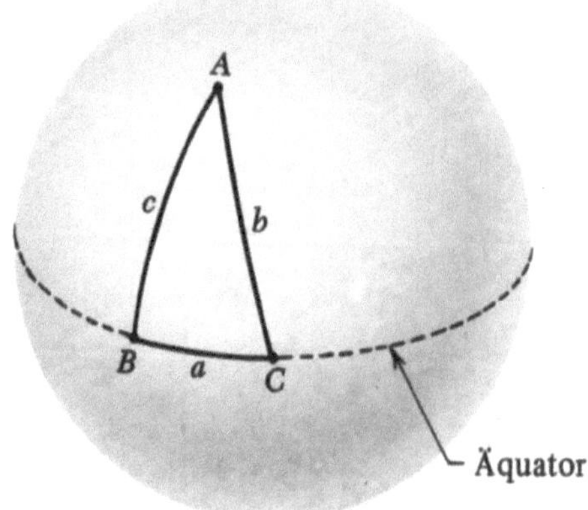

Bild 1.9. Zu gegebenen drei Punkten ABC könnten die zweidimensionalen Lebewesen ein Dreieck mit „geraden Linien" als Seiten konstruieren. Sie würden feststellen, daß für kleine rechtwinklige Dreiecke $a^2 + b^2 \approx c^2$ gilt und daß die Winkelsumme des Dreiecks geringfügig größer als 180° ist

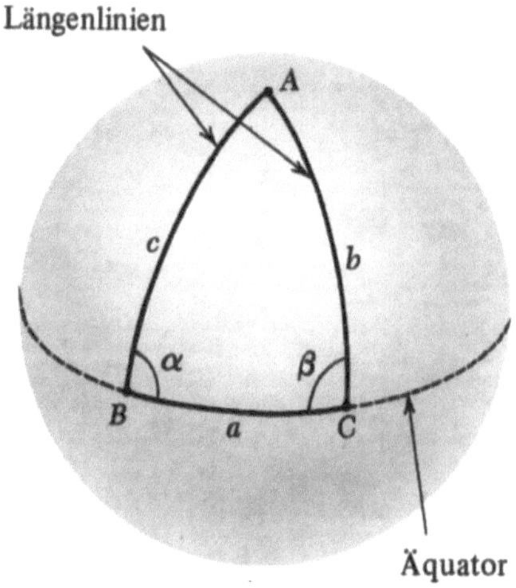

Mathematik ist der Satz des Pythagoras (Bild 1.7): *In einem rechtwinkligen Dreieck ist das Hypotenusenquadrat gleich der Summe der Kathetenquadrate.* Trifft dies auch in der Physik zu? Könnte es anders sein? Bloßes Nachdenken über diese Frage führt zu keinem Ergebnis; dazu müssen wir auf das Experiment zurückgreifen. Wir führen hier nicht ganz lückenlose Argumente an, da wir noch nicht in der Lage sind, mit der Mathematik des gekrümmten dreidimensionalen Raumes zu arbeiten.

Versetzen wir uns einmal in die Lage zweidimensionaler Lebewesen, deren Universum eine Kugeloberfläche sei. Ihre Mathematiker haben ihnen die Eigenschaften von Räumen mit drei oder mehr Dimensionen beschrieben, aber sie können sich diese ebenso schlecht vorstellen, wie wir einen vierdimensionalen Raum zu zeichnen vermögen. Wie können sie feststellen, ob sie auf einer gekrümmten Oberfläche leben? Eine Möglichkeit besteht darin, die Axiome der ebenen Geometrie zu prüfen, indem sie einige der euklidischen Sätze experimentell zu bestätigen versuchen. Sie werden gerade Linien als kürzesten Weg zwischen irgendwelchen zwei Punkten B und C auf einer Kugeloberfläche konstruieren. Wir würden eine derartige Verbindung als Kreisbogen (Abschnitt eines *Großkreises*) bezeichnen.

Danach könnten sie Dreiecke konstruieren, um den Satz des Pythagoras zu prüfen. Für ein sehr kleines Dreieck, dessen Seiten klein im Vergleich zum Kugelradius sind, gilt der Satz mit großer aber nicht völliger Genauigkeit; bei einem großen Dreieck treten meßbare Abweichungen auf.

Sind B und C Punkte auf dem Äquator der Kugel, so bildet der Abschnitt des Äquators von B nach C die sie verbindende „Gerade" (Bilder 1.8 bis 1.10). Die kürzeste Verbindung von C auf dem Äquator zum Nordpol A ist eine Linie, die den Äquator BC unter einem rechten Winkel schneidet. Wir erhalten ein rechtwinkliges Dreieck mit $b = c$. Der Satz des Pythagoras gilt aber nicht, da sich $c^2 \neq b^2 + a^2$ ergibt und die Summe der Innenwinkel des Dreiecks stets größer als 180° ist. Somit sind die zwei-

Bild 1.10. Bei größeren Dreiecken würde die Winkelsumme zunehmend größer als 180° werden. Im dargestellten Fall, mit B und C auf dem Äquator und A am Pol, sind α und β rechte Winkel. Augenscheinlich gilt $a^2 + b^2 \neq c^2$, da $b = c$

dimensionalen Bewohner ohne äußere Hilfe in der Lage, durch Messungen auf der gekrümmten Oberfläche zu beweisen, daß ihre Welt tatsächlich gekrümmt ist.

Die Bewohner können allerdings noch immer behaupten, daß die Gesetze der ebenen Geometrie ihre Welt ausreichend beschreiben und daß die Schwierigkeit im Meßstab liegt, der zur Messung der kürzesten Verbindung benutzt wurde und so die gerade Linie definiert. Sie könnten sagen, daß die Meßstäbe keine konstante Länge haben, sondern bei der Verschiebung von einem Ort der Oberfläche an einen anderen schrumpfen oder sich dehnen [1]. Nur wenn durch fortgesetzte Messungen auf verschiedene Art bestätigt wird, daß stets die gleichen Ergebnisse gelten, ist offensichtlich, daß die einfachste Erklärung für das Versagen der euklidischen Geometrie in der Krümmung der Oberfläche begründet liegt.

Die Axiome der ebenen Geometrie sind in dieser gekrümmten zweidimensionalen Welt keine selbstverständlichen Wahrheiten. Wir sehen, daß die tatsächliche Geometrie des Universums einen Zweig der Physik darstellt, den wir experimentell erforschen müssen. Wir brauchen gewöhnlich nicht die Gültigkeit der euklidischen Geometrie zur Beschreibung von Messungen in unserer eigenen dreidimensionalen Welt in Frage zu stellen, da sie eine so gute Näherung der Geometrie des Universums bildet, daß irgendwelche Abweichungen in praktischen Messungen nicht auftreten. Damit ist jedoch die Anwendbarkeit der euklidischen Geometrie nicht selbstverständlich oder gar exakt. *Carl Friedrich Gauß,* der große Mathematiker des neunzehnten Jahrhunderts, schlug vor, die euklidische Flachheit des dreidimensionalen Raumes durch Messung der Summe der Innenwinkel eines großen Dreiecks zu prüfen; er bemerkte, daß im gekrümmten dreidimensionalen Raum die Summe der Winkel eines *genügend großen* Dreiecks von 180° meßbar verschieden sein muß.

Gauß [2] benutzte in den Jahren 1821 bis 1823 Vermessungsinstrumente, um das Dreieck zwischen Brocken, Hohehagen und Inselsberg exakt auszumessen (Bild 1.11). Die größte Seite des Dreiecks hatte eine Länge von ungefähr 100 km. Die gemessenen Innenwinkel betrugen

$$86°13'58,366''$$
$$53°\ 6'45,642''$$
$$40°39'30,165''$$
$$\overline{180°00'14,173''}$$

(Wir haben keine Angabe über die Genauigkeit dieser Werte gefunden; wahrscheinlich sind die beiden letzten Dezimalstellen nicht signifikant.) Da die Vermessungsinstrumente

---

[1] Siehe dazu *R.* und *H. Sexl,* Weiße Zwerge, Schwarze Löcher, Hamburg 1975

[2] *C. F. Gauß,* „Werke", Band 9, hierzu besonders die Seiten 299, 300, 314 und 319. Die gesammelten Werke von *Gauß* geben ein bemerkenswertes Beispiel dafür, wieviel ein begabter Mensch in einem Leben bewerkstelligen kann.

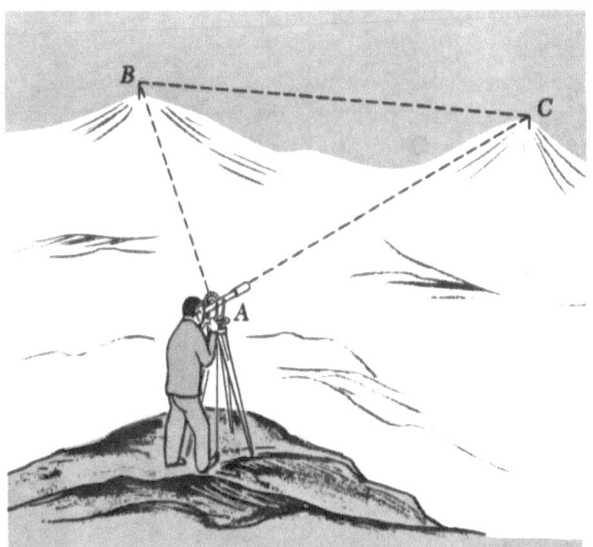

Bild 1.11. *Gauß* bestimmte die Winkel eines Dreiecks mit den Eckpunkten auf drei Bergspitzen und fand innerhalb der Meßgenauigkeit keine Abweichung von 180°

in allen drei Eckpunkten *lokal* horizontal aufgestellt wurden, waren diese drei horizontalen Ebenen nicht parallel. Eine berechnete Korrektur des *sphärischen Exzesses* von 14,853 Bogensekunden muß von der Winkelsumme abgezogen werden. Die so korrigierte Summe

$$179°59'59,320''$$

weicht um 0,680'' von 180° ab. *Gauß* nahm an, daß diese Abweichung innerhalb des Beobachtungsfehlers lag und schloß daraus, daß der Raum mit der Genauigkeit der Beobachtungen euklidisch ist.

Wir sahen in einem früheren Beispiel, daß die euklidische Geometrie ein kleines Dreieck auf der zweidimensionalen Kugel angemessen beschreibt, die Abweichungen aber mit zunehmender Seitenlänge offenkundiger werden. Um zu sehen, ob unser eigener Raum tatsächlich flach ist, müssen wir sehr große Dreiecke vermessen, deren Eckpunkte durch die Erde und entfernte Sterne oder sogar Galaxien gebildet werden. Hier taucht jedoch eine Schwierigkeit auf: Unsere Lage ist durch die der Erde festgelegt, und wir können uns noch nicht frei mit Meßstäben im Raum bewegen, um astronomische Dreiecke zu vermessen. Wie können wir die Gültigkeit der euklidischen Geometrie bei Messungen im Weltraum prüfen?

Abschätzungen der Raumkrümmung. *Planetarische Vorhersage.* Eine erste untere Schranke von $3 \cdot 10^{15}$ m für den Krümmungsradius des Universums folgt bereits aus astronomischen Beobachtungen im Sonnensystem. Zum Beispiel wurden die Lagen der Planeten Neptun und Pluto durch Berechnungen bestimmt, bevor sie optisch durch Teleskopbeobachtungen bestätigt wurden. Geringe Störungen der Umlaufbahnen bekannter Planeten führten zur Entdeckung von Neptun und Pluto in unmittelbarer Nähe der für sie berechneten Lagen. Wir können leicht einsehen, daß ein geringer Fehler in den geometrischen Gesetzen diese Koinzidenz unmöglich gemacht hätte. Der entfernteste Planet im Sonnensystem ist Pluto. Seine Umlaufbahn hat einen durchschnittlichen Radius von $6 \cdot 10^{12}$ m; die Genauigkeit der Übereinstimmung zwischen den vorhergesagten und beobachteten Lagen führt auf einen Krümmungsradius des Raums von wenigstens $5 \cdot 10^{15}$ m. Ein unendlicher Krümmungsradius (flacher Raum) läßt sich ebenfalls mit diesen Daten vereinbaren. Es würde uns zu weit von unserer gegenwärtigen Absicht abbringen, die numerischen Einzelheiten zu diskutieren, die zu der Schätzung von $5 \cdot 10^{15}$ m führen, oder präzise zu formulieren, was wir unter der Krümmung eines dreidimensionalen Raums verstehen. Uns muß das zweidimensionale Analogon der Kugeloberfläche an dieser Stelle als Ersatzvorstellung genügen.

Trigonometrische Parallaxe (Bild 1.12). Ein anderes Experiment wurde von *Schwarzschild*[1]) vorgeschlagen. In zwei 6 Monate auseinanderliegenden Beobachtungen ändert sich die Lage der Erde relativ zur Sonne um $3 \cdot 10^{11}$ m (Durchmesser der Erdumlaufbahn). Wir beobachten zu diesen beiden Zeitpunkten einen Stern und messen die Winkel α und β. Im flachen Raum ist die Summe der Winkel α und β stets kleiner als $180°$, nähert sich aber diesem Wert für sehr ferne Sterne. Die Hälfte der Abweichung von $\alpha + \beta$ von $180°$ bezeichnen wir als *trigonometrische Parallaxe*. Im gekrümmten Raum muß $\alpha + \beta$ nicht unbedingt stets kleiner als $180°$ sein.

Wir kehren zu unseren zweidimensionalen, auf einer Kugeloberfläche lebenden Astronomen zurück, um zu erfahren, wie sie aus einer Messung der Summe $\alpha + \beta$ entdecken, daß ihr Raum gekrümmt ist. Aus der Diskussion des Dreiecks *ABC* wissen wir, daß $\alpha + \beta = 180°$ ist, wenn der Stern ein Viertel des Umfangs entfernt liegt. Ist der Stern näher, gilt $\alpha + \beta < 180°$; liegt er weiter entfernt, dann ist $\alpha + \beta > 180°$ (Bild 1.13). Der Astronom braucht nur Sterne in wachsender Entfernung zu beobachten und $\alpha + \beta$ zu messen, um festzustellen, wann die Summe über $180°$ hinausgeht. Der gleiche Versuch zur Bestimmung der Raumkrümmung gilt innerhalb unseres dreidimensionalen Raums.

Bisher hat keine astronomische Beobachtung eine Summe $\alpha + \beta > 180°$ ergeben (nach Berücksichtigung einer Korrektur infolge der Sonnenbewegung um den Mittelpunkt der Galaxis). Mit Werten für $\alpha + \beta < 180°$ bestimmen wir durch Dreiecksmessung die Entfernung nahegelegener Sterne. Werte kleiner als $180°$ können bis zu einer Entfernung von $3 \cdot 10^{18}$ m beobachtet werden[2]), womit die Grenze für Winkelmessungen mit

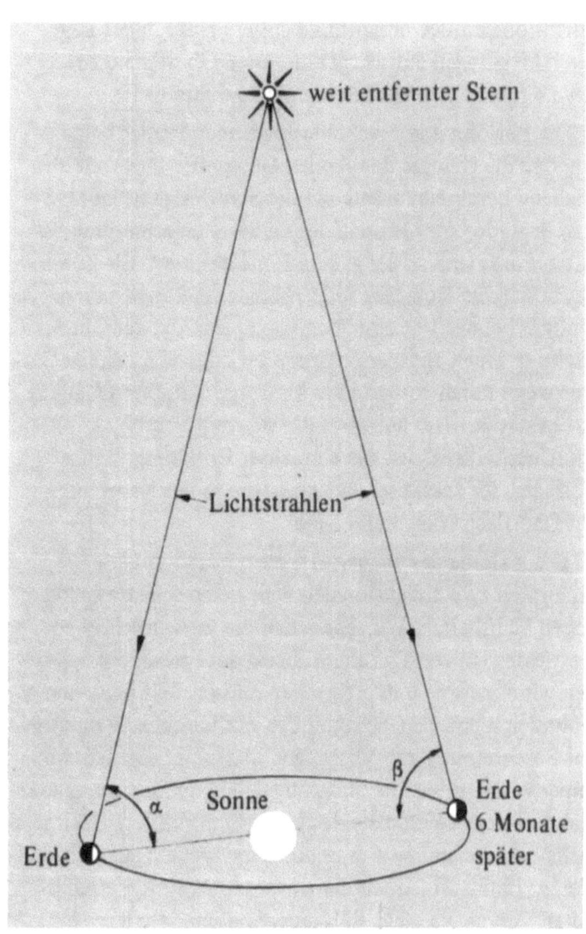

Bild 1.12. *Schwarzschilds* Experiment überprüft, ob in einer Ebene $\alpha + \beta < 180°$ ist. Die *Parallaxe* eines Sterns ist definiert als $\frac{1}{2}(180° - \alpha - \beta)$

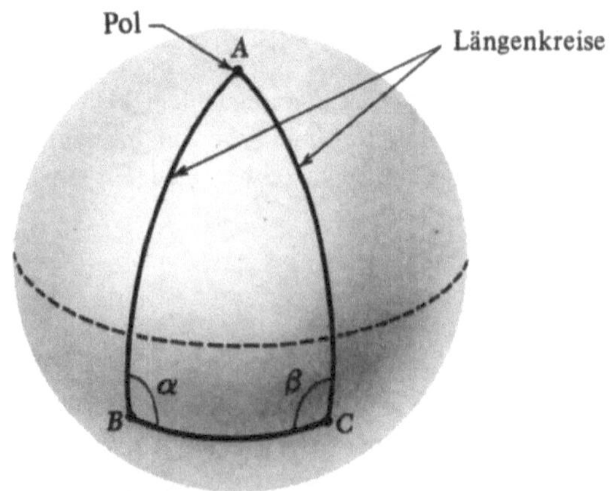

Bild 1.13. Bei diesem Dreieck mit *B* und *C* unterhalb des Äquators gilt $\alpha + \beta > 180°$, was nur wegen des gekrümmten zweidimensionalen „Raums" auftreten kann. Ein ähnliches Argument können wir auf den dreidimensionalen Raum anwenden. Der Krümmungsradius des hier gezeigten zweidimensionalen Raums ist gleich dem Kugelradius

---

1) *K. Schwarzschild*, Vierteljahresschrift der astronomischen Gesellschaft" **35**, 337 (1900).

2) Man könnte einwenden, daß die Entfernungsmessungen selbst die Anwendbarkeit der euklidischen Geometrie voraussetzen. Jedoch stehen andere Methoden der Entfernungsmessung zur Verfügung, die in der moderneren Astronomieliteratur beschrieben werden.

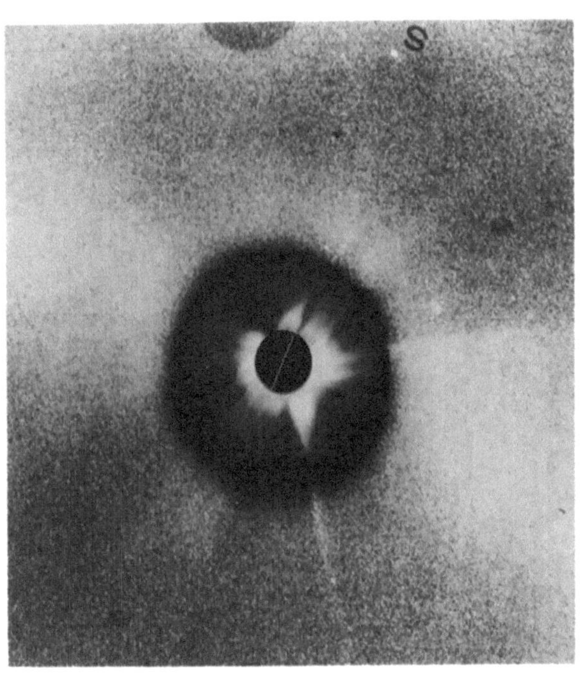

Bild 1.14. Die Sonnkorona während der Sonnenfinsternis am
7. März 1970. Die Infrarotaufnahme zeigt rechts über dem Buchstaben *S* den Stern 4. Größe ϕ im Sternbild des Wassermanns.
Im größeren, unscharf abgebildeten Verdunklungscheibchen ist
eine Photographie der Sonnenfinsternis von Gordon Newkirk
eingeblendet. (Infrarotaufnahme *Carl Lilliequist* und *Ed Schmahl*
mit finanzieller Unterstützung durch das Department of Astrogeophysics, University of Colorado)

äußerst schwer zu erhalten. Schwierige, mit größter Sorgfalt durchgeführte Beobachtungen an Sternen, die während einer Sonnenfinsternis in der Nähe des Sonnenrandes sichtbar sind (Bild 1.14), haben bestätigt, daß Lichtstrahlen geringfügig gekrümmt werden, wenn sie genügend nahe am Sonnenrand oder an irgendeinem anderen ähnlich massiven Stern vorbeistreifen. Ein sonnennaher Strahl besitzt einen sehr geringen Ablenkungswinkel von nur $1{,}75''$ (Bild 1.15). Von der Sonne fast verdeckte Sterne würden demnach, wenn wir sie tagsüber sehen könnten, so erscheinen, als ob sie sich geringfügig aus ihrer normalen Lage verschoben hätten. Dies besagt lediglich, daß sich das Licht in der Nähe der Sonne auf einer gekrümmten Bahn bewegt; die Aussage fordert nicht die eindeutige Interpretation, daß der Raum um die Sonne gekrümmt ist. Nur mit genauen Messungen, die wir mit Meßstäben aus verschiedenen Materialien in der Nähe der Sonnenoberfläche durchführen müßten, könnten wir direkt feststellen, ob ein gekrümmter Raum die zweckmäßigste und natürlichste Beschreibung darstellt. Noch eine Beobachtung weist auf die Möglichkeit eines gekrümmten Raums hin (Bild 1.16). Die Umlaufbahn des sonnennächsten Planeten,

den heutigen Teleskopen erreicht ist. Wir können hieraus nicht direkt folgern, daß der Krümmungsradius des Raumes mehr als $3 \cdot 10^{18}$ m betragen muß, da für einige Arten gekrümmter Räume andere Argumente gelten. Es ergibt sich schließlich, daß der Krümmungsradius (durch Dreiecksmessungen bestimmt) größer als $6 \cdot 10^{17}$ m sein muß.

Am Anfang des Kapitels 1 sagten wir, daß mit dem Universum eine charakteristische Länge in der Größenordnung von 10^{26} m $= 10^{10}$ Lichtjahren verknüpft ist. Wir könnten diese Länge als Radius des Universums auffassen, wir könnten sie aber auch als Krümmungsradius des Raums deuten. Diese Fragen untersucht die *Kosmologie* (s. Literaturverzeichnis). Wir fassen unser Wissen über den Krümmungsradius des Raums in der Aussage zusammen, daß er nicht kleiner als 10^{26} m ist und daß wir nicht wissen, ob der Weltraum nicht doch auch im Großen euklidisch ist.

Die obigen Beobachtungen beziehen sich auf den mittleren Krümmungsradius des Raums und berücksichtigen nicht die „Unebenheiten", die man in der unmittelbaren Nachbarschaft einzelner Sterne vermutet und die eine örtliche Rauheit des ansonsten flachen oder leicht gekrümmten Raums bewirken. Experimentelle Daten, die diese Frage betreffen, sind selbst für die Nachbarschaft unserer Sonne

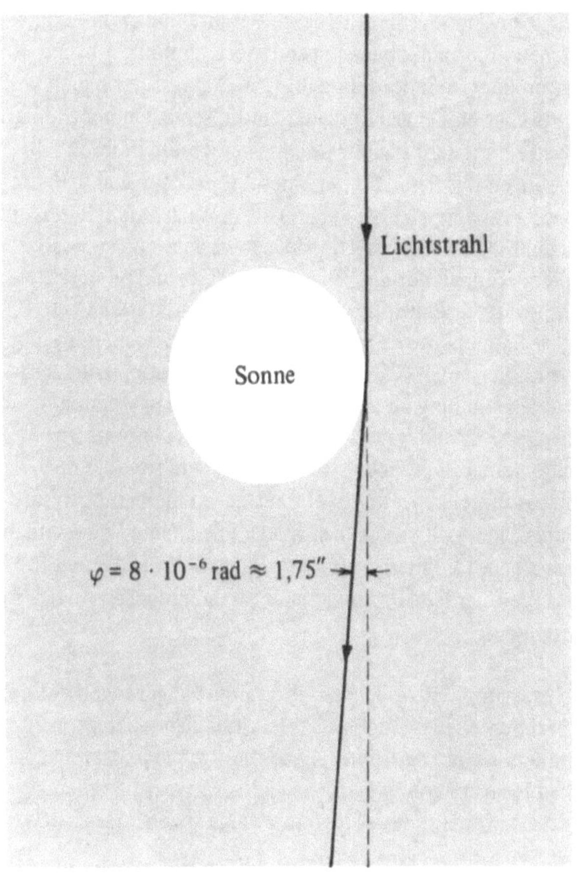

Bild 1.15. *Einstein* sagte 1917 die Lichtablenkung durch die Sonne voraus; sie wurde wenig später durch Beobachtung bestätigt

Merkur, weicht geringfügig von der Bahn ab, die aus den Newtonschen Gesetzen der universellen Gravitation und der Bewegung folgt, sogar nachdem bestimmte kleine Korrekturen der speziellen Relativitätstheorie in die berechnete Umlaufbahn mit einbezogen werden. Könnte dies die Auswirkung eines gekrümmten Raums in Sonnennähe bedeuten? Zur Beantwortung einer derartigen Frage müßten wir wissen, wie eine mögliche Krümmung die Bewegungsgleichungen des Merkurs beeinflußt, und das beinhaltet mehr als nur Geometrie (siehe dazu Kapitel 14).

In einer Reihe berühmter Veröffentlichungen gab *Einstein* (1915) eine Theorie der Gravitation und Geometrie, die allgemeine Relativitätstheorie, die in quantitativer Übereinstimmung mit den Beobachtungen gerade der beiden oben beschriebenen Effekte stand. In den letzten Jahren konnten sowohl diese beiden Effekte als auch ein neuer von *Shapiro* vorhergesagter Einfluß der Gravitation auf Licht mit einer Genauigkeit von 1 % gemessen werden. Trotz der noch immer geringen Anzahl der Belege ist die allgemeine Theorie wegen ihrer grundlegenden Einfachheit weltweit akzeptiert worden.

Geometrie im mikroskopischen Bereich. Wir schlossen aus astronomischen Messungen, daß die euklidische Geometrie eine außerordentlich gute Beschreibung von Längen-, Flächen- und Winkelmessungen liefert, zumindest bis zu Längen der Größenordnung 10^{26} m. Aber bisher haben wir nichts über die Anwendung der euklidischen Geometrie zur Beschreibung sehr kleiner Gebilde gesagt, die in ihren Abmessungen mit den 10^{-10} m eines Atoms oder den 10^{-14} m eines Kerns vergleichbar sind. Die Frage nach der Gültigkeit der euklidischen Geometrie müssen wir letzten Endes so stellen: Können wir die subatomare Welt sinnvoll beschreiben, wenn wir in ihr die Gültigkeit der euklidischen Geometrie annehmen? Können wir diese Frage bejahen, so gibt es zur Zeit keinen Grund, die euklidische Geometrie nicht als gute Näherung zu akzeptieren. Wir werden in Band 4 sehen, daß die Theorie der atomaren und subatomaren Phänomene bisher zu keinen Paradoxien führte, die ihr Verständnis erschweren. Viele Tatsachen bleiben noch unverstanden, doch scheinen sich aus ihnen keine Widersprüche zu ergeben. In diesem Sinne hat die euklidische Geometrie die experimentelle Prüfung hinab bis zu mindestens 10^{-15} m bestanden.

Invarianz. Wir wollen nun einige der Folgerungen aus der experimentellen Gültigkeit der euklidischen Geometrie zusammenfassen. Die *Homogenität* und *Isotropie* des Euklidischen Raums kann in Form zweier Invarianzprinzipien ausgedrückt werden, die wiederum zwei grundlegende Erhaltungssätze zur Folge haben.

Invarianz gegenüber Translation. Hierunter verstehen wir die Homogenität unseres Raums, d.h., er ist in jedem Punkt gleichgeartet. Bewegt sich ein Gegenstand ohne zu rotieren,

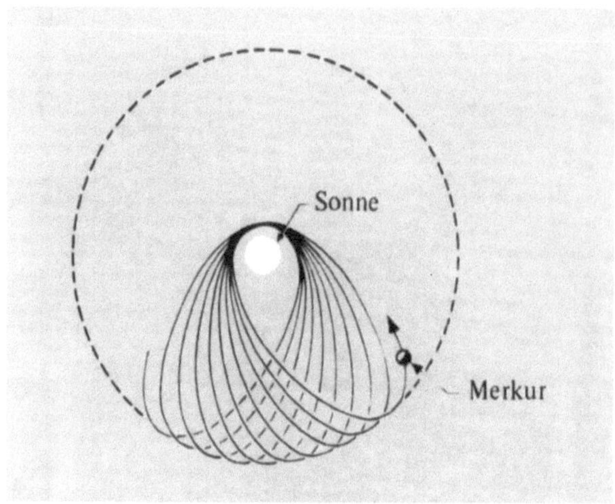

Bild 1.16. Die Präzession der Bahn des Merkurs, wie sie nach der allgemeinen Relativitätstheorie erwartet wird. Die Umlaufbahn liegt in der Papierebene, ihre Exzentrizität haben wir zur Veranschaulichung stark übertrieben dargestellt. Ohne Präzession würde das Bild eine stationäre Ellipse wiedergeben.

so ändern sich seine Größe und seine geometrischen Eigenschaften nicht. Wir nehmen auch an, daß sich die physikalischen Eigenschaften eines Körpers, wie beispielsweise seine Trägheit oder die Kräfte zwischen seinen Atomen, bei Verschiebungen im leeren Raum nicht ändern. So bleibt die Eigenfrequenz einer Stimmgabel oder auch das Spektrum eines Atoms bei Verschiebungen unverändert.

Invarianz bezüglich Rotation. Aus Experimenten wissen wir, daß der Raum mit großer Genauigkeit isotrop ist, so daß es keine bevorzugte Richtung gibt; Gegenstände bleiben bei einer Rotation unverändert. Es ist durchaus möglich, sich einen flachen anisotropen Raum vorzustellen. Zum Beispiel könnte die Lichtgeschwindigkeit in einer bestimmten Richtung doppelt so groß wie in einer anderen Richtung rechtwinklig zur ersten sein. Im leeren Raum ist kein derartiger Effekt bekannt. In Kristallen stoßen wir jedoch auf viele *anisotrope* Eigenschaften. In der Umgebung schwerer Sterne und anderer Quellen intensiver Schwerefelder kennt man allerdings Effekte, die als geringfügige Abweichungen von der Homogenität und Isotropie des Raums gedeutet werden können.

Die Eigenschaft der Invarianz bezüglich Translation führt zur *Erhaltung des Impulses*, Invarianz gegenüber Rotation führt auf die *Erhaltung des Drehimpulses*. Diese Themen behandeln wir in den Kapiteln 4 und 6. Den Begriff der Invarianz entwickeln wir in Kapitel 2 und am Ende von Kapitel 4.

Die vorangehende ausführliche Diskussion über Geometrie und Physik ist ein Beispiel für die Art der Fragen, die Physiker über grundlegende Eigenschaften unseres Universums stellen. Auf diesem einführenden Niveau werden wir derartige Fragen jedoch nicht weiter behandeln.

1.4. Übungen

1. *Das bekannte Universum.* Schätzen Sie mit den Angaben im Text:
   a) Die Gesamtmasse des bekannten Universums.
      Lösung: Ungefähr 10^{53} kg.
   b) Die durchschnittliche Dichte der Materie im Universum.
      Lösung: Ungefähr 10^{-19} kg/m^3; das entspricht 100 Wasserstoffatomen/cm^3.
   c) Das Verhältnis des Radius des bekannten Universums zum Protonenradius. (Nehmen Sie den Protonenradius zu 10^{-15} m und die Protonenmasse zu $1{,}7 \cdot 10^{-27}$ kg an.)

2. *Signale durch ein Proton hindurch.* Schätzen Sie die Zeit, die ein sich mit Lichtgeschwindigkeit ausbreitendes Signal benötigt, um den Protonendurchmesser, $2 \cdot 10^{-15}$ m, zurückzulegen.

3. *Entfernung des Sirius.* Die Parallaxe eines Sterns ist als die Hälfte des Winkels definiert, den die Verbindungsstrecken vom Stern zu den Scheitelpunkten der Erdumlaufbahn um die Sonne bilden (Bild 1.12). Die Parallaxe des Sirius beträgt $0{,}371''$. Bestimmen Sie seine Entfernung von der Erde in Metern, Lichtjahren und Parsec. (Benutzen Sie die Tafel im Innern des Einbands.)
   Lösung: $8{,}3 \cdot 10^{16}$ m; 8,8 Lichtjahre; 2,7 Parsec.

4. *Größe der Atome.* Bestimmen Sie mit Hilfe der in der Tabelle angegebenen Avogadroschen Zahl und Ihrer Schätzung der durchschnittlichen Dichte gewöhnlicher fester Körper überschlägig den Durchmesser eines Atoms.

5. *Der vom Mond gebildete Winkel.* Nehmen Sie eine Millimeterskala und versuchen Sie bei guten Sichtverhältnissen folgendes Experiment: Halten Sie die Skala mit gestrecktem Arm und messen Sie den Monddurchmesser. Messen Sie den Abstand der Skala von Ihrem Auge. (Der Radius der Mondumlaufbahn beträgt $3{,}8 \cdot 10^8$ m, der Mondradius $1{,}7 \cdot 10^6$ m.)
   a) Welches Ergebnis haben Sie bei geglückter Durchführung des Experiments erhalten?
   b) Wenn Sie nicht in der Lage waren, die Messung durchzuführen, berechnen Sie aus den obigen Daten den Öffnungswinkel des Mondes.
      Lösung: $9 \cdot 10^{-3}$ rad.
   c) Wie groß ist umgekehrt der von der Erde gebildete Winkel, vom Mond aus betrachtet?
      Lösung: $3{,}4 \cdot 10^{-2}$ rad.

6. *Alter des Universums.* Ausgehend vom oben gegebenen Radius des Universums können Sie das Alter des Universums unter der Annahme berechnen, daß die weitestentfernten Sterne sich von uns mit einer mittleren Geschwindigkeit $0{,}6\,c = 1{,}8 \cdot 10^8$ m/s entfernt haben.
   Lösung: $2 \cdot 10^{10}$ Jahre.

7. *Winkel in einem sphärischen Dreieck.* Berechnen Sie die Winkelsumme für das in Bild 1.10 gezeigte Dreieck, wobei A am Pol liegen soll und a der Kugelradius sei. Um den Winkel bei A zu bestimmen, überlegen Sie, welchen Wert a hätte, wenn dieser Winkel 90° wäre.

1.5. Das Rüstzeug der Experimentalphysik

Die folgenden Photographien zeigen einige der Apparate und Maschinen, die aktiv zum Fortschritt der Physik beitragen.

Bild 1.17
Ein KMR-Labor (KMR kernmagnetische Resonanz) zur Untersuchung chemischer Strukturen (*ASUC-Photo*)

Bild 1.18. Ein Laborant im KMR-Labor bringt hier eine Probe in den Meßkopf des veränderlichen Temperaturreglers, in dem die Probe rotiert (*Esso-Research*)

Bild 1.19. Untersuchung von KMR-Spektren: Eine Probe zwischen den Polschuhen eines Elektromagneten, die zur Ausmittelung von Magnetfeldvariationen schnell rotiert. (*Esso Research*)

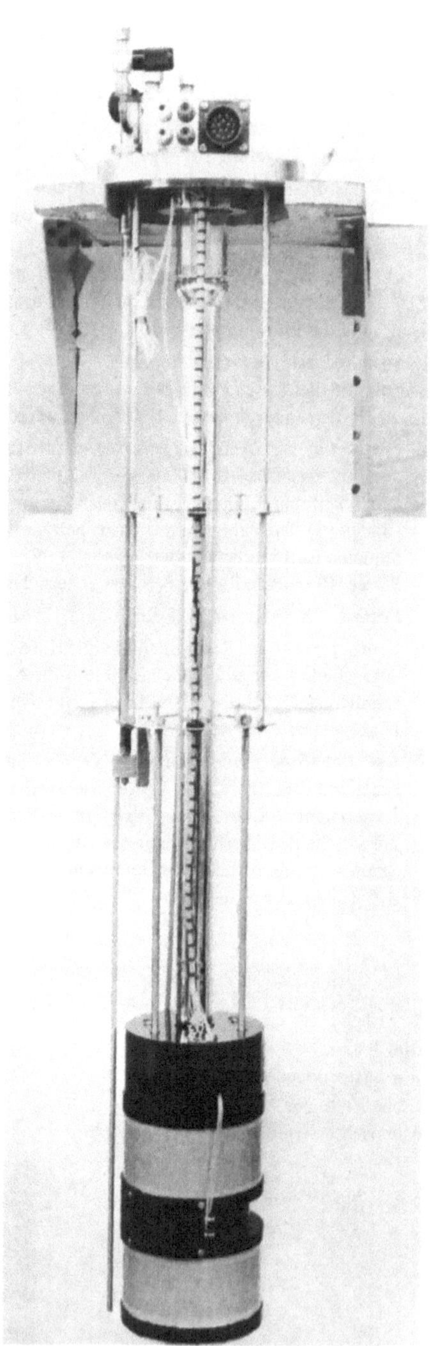

Bild 1.20. Ein Magnet aus supraleitendem Draht zur Anwendung bei tiefen Temperaturen. Die gezeigten Spulen sind so dimensioniert, daß sie ein Magnetfeld von 5,4 T zeigen. Ein derartiger Apparat bildet das Herzstück eines modernen Tieftemperaturlabors. (*Varian Associates*)

Bild 1.21. Das Europäische Kernforschungszentrum CERN bei Genf verfügt über zwei große Beschleuniger und über Speicherringe, in denen Elementarteilchen stundenlang aufbewahrt werden können und gegeneinander kreisen. Das Bild zeigt die Kreuzungsstelle von zwei Speicherringen, an der die Teilchen zusammenstoßen und Materie in Energie umgewandelt wird.

Bild 1.22. 100-m-Radioteleskop in Bad Münstereifel, Effelsberg, betrieben vom Max-Planck-Institut für Radioastronomie, Bonn (Photographie G. Hutschenreiter, MPIfR, Bonn)

Bild 1.23. Das in Richtung Zenit weisende 200-Zoll-Hale-Teleskop in der Südansicht. (*Mount Wilson and Palomar Observatories*)

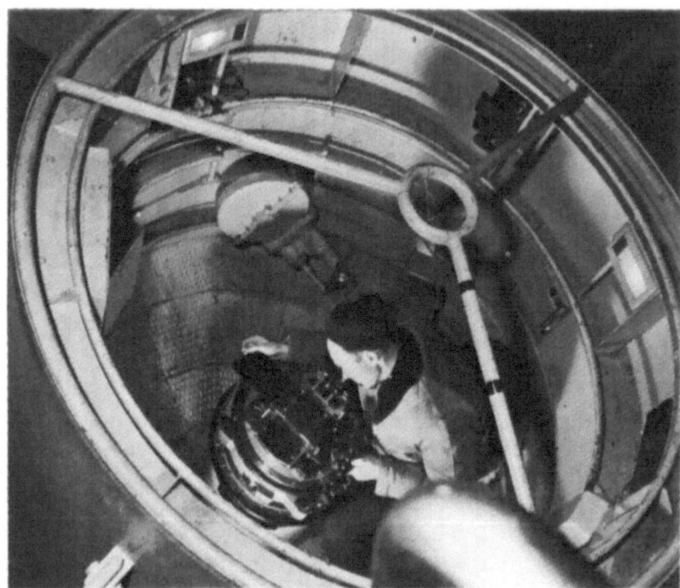

Bild 1.24. Beobachter in der Primärfokus-Kabine beim Auswechseln des Films im 200-Zoll-Hale-Teleskop. (*Mount Wilson and Palomar Observatories*)

Bild 1.25. Reflexionsoberfläche des 200-Zoll-Spiegels im Hale-Teleskop und Beobachter in der Primärfokus-Kabine. (*Mount Wilson and Palomar Observatories*)

Bild 1.26. NGC 4594 Spiralnebel im Virgo, Kantenansicht; 200-Zoll-Photo. (*Mount Wilson and Palomar Observatories*)

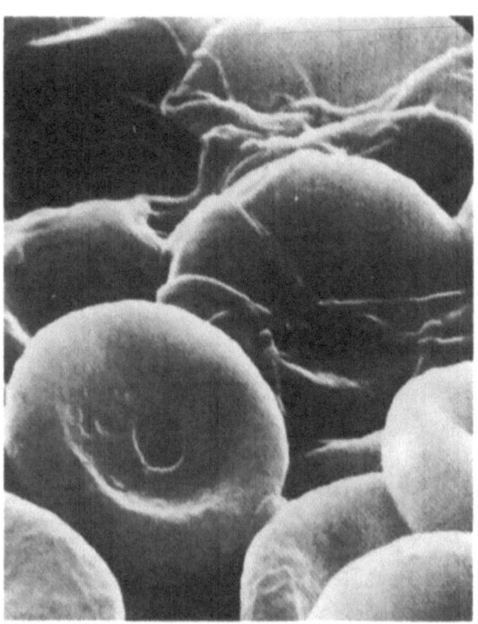

Bild 1.27. Menschliche rote Blutkörperchen bei 15 000 facher Vergrößerung im Rasterelektronen-Mikroskop. Die scheibenförmigen Objekte sind rote Blutkörperchen, die von einem Netz von Fibrinfasern verbunden werden. Beachten Sie die realistische, dreidimensionale Wirkung des Bildes. (Photographie *Th. Hayes*, Univ. of California)

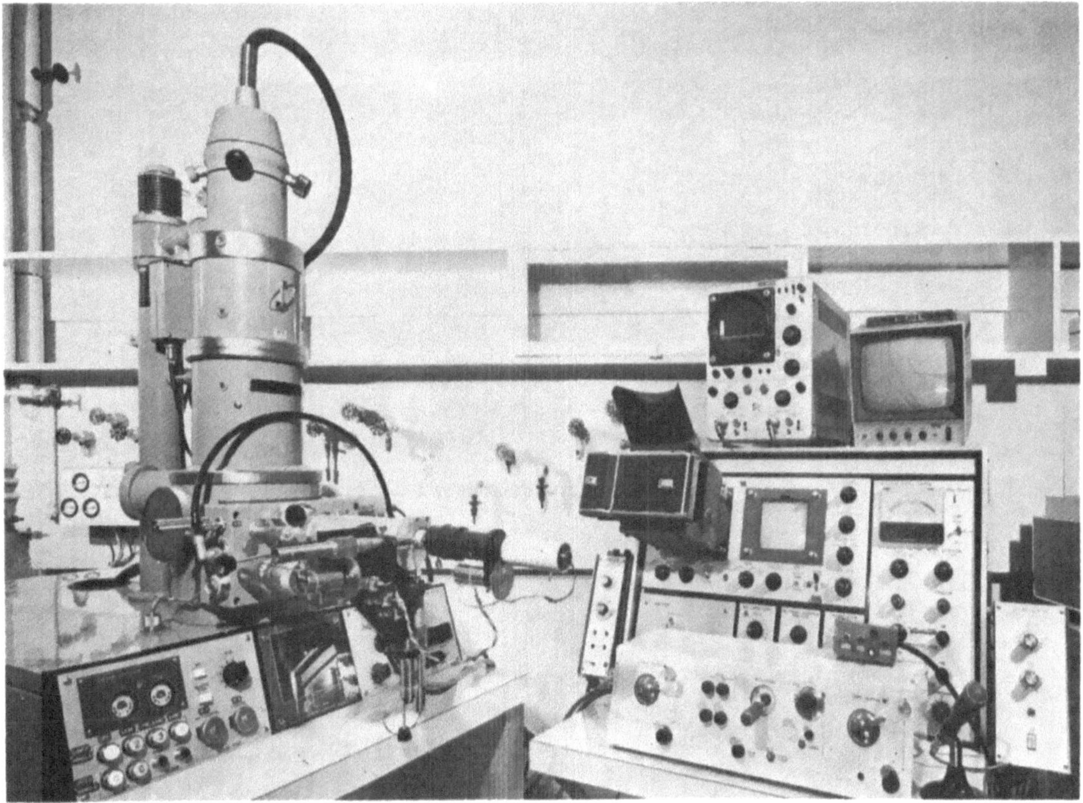

Bild 1.28. Ein Rasterelektronen-Mikroskop mit Elektronenoptik (links) und Ausgabe-Einheit in Form eines Oszillographen (rechts). Hilfseinrichtungen sind ein piezoelektrischer Mikromanipulator, Videoschirm und Videorecorder, Polaroidkamera und Kontrolloszillograph. (Photographie *Th. Hayes*, Univ. of California)

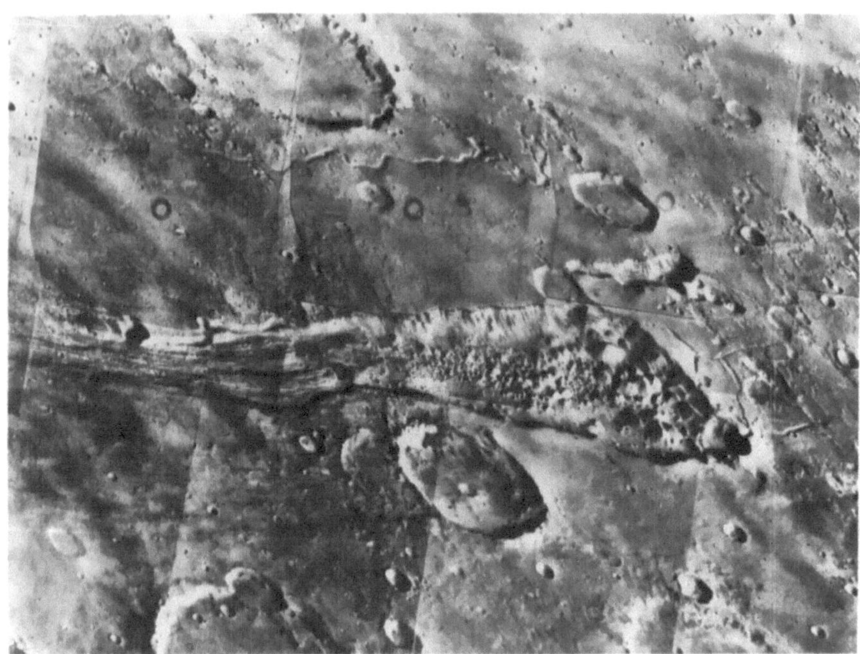

Bild 1.29. Die Aufnahmen der Vikingsonde weisen darauf hin, daß am Mars früher Wasser existiert hat

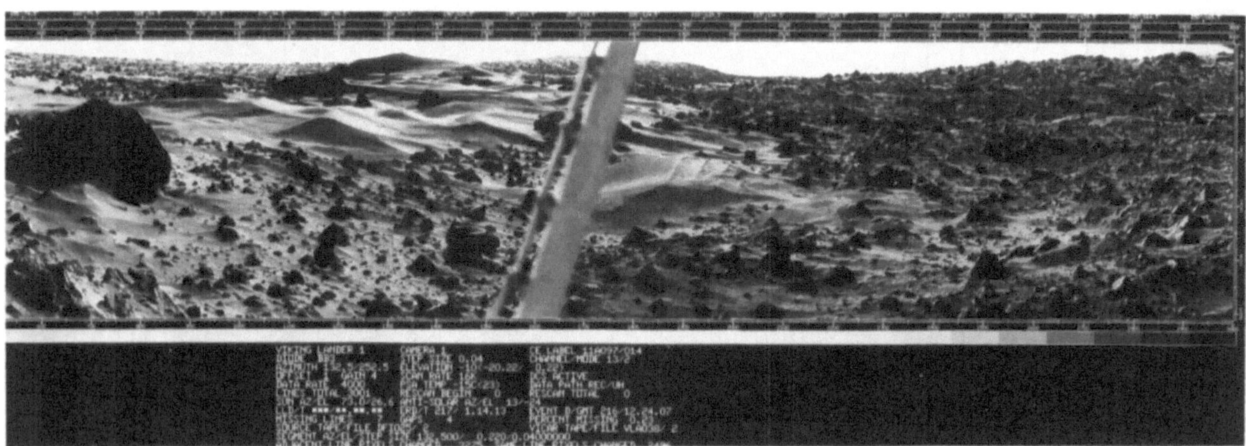

Bild 1.30. Dünenlandschaft am Mars. Diese Landschaft ist vielen Wüstengebieten der Erde sehr ähnlich

2. Vektoren

2.1. Sprache und Begriff: Vektoren

Die Sprache ist ein wesentlicher Bestandteil des abstrakten Denkens. Es ist schwierig, klar und leicht über komplizierte und abstrakte Begriffe in einer Sprache nachzudenken, der dafür der geeignete Wortschatz fehlt. Um neue wissenschaftliche Begriffe auszudrücken, erfinden wir neue Wörter und erweitern damit bereits vorhandene Sprachen. Viele solcher Wörter haben ihre Wurzeln in der griechischen oder in der lateinischen Sprache. Wenn ein Wort für den wissenschaftlichen Sprachschatz von wesentlicher Bedeutung ist, kann es in viele moderne Sprachen eingehen. So heißt *Vektor* auf französisch *vecteur,* auf englisch *vector* und BEKTOP im Russischen.

Unter dem Wort *Vektor* verstehen wir eine Größe, die sowohl *Richtung* als auch *Betrag* aufweist und mit anderen Vektoren nach wohldefinierten Regeln zusammengesetzt wird.[1] In der Physik werden wir immer wieder auf Größen stoßen, die Betrag und Richtung haben, wie z.B. Geschwindigkeit, Kraft, elektrische Feldstärke, magnetisches Dipolmoment. Wir müssen daher eine Sprache und Techniken entwickeln, um derartige Größen zu behandeln. Obgleich die Vektoranalysis ein Zweig der Mathematik ist, soll sie wegen ihrer physikalischen Bedeutung doch in dieser Einführung besprochen werden.

Vektornotation. Symbole sind die Elemente der Sprache der Mathematik. In der Kunst der mathematischen Analyse ist daher die Technik des richtigen Gebrauchs einer Notation wesentlich. Die Vektorschreibweise hat zwei nützliche Eigenschaften:

1. Die Formulierung eines physikalischen Gesetzes mit Hilfe von Vektoren ist von der Wahl des Koordinatensystems unabhängig. Die Vektorschreibweise ist eine Sprache, deren Sätze auch ohne Einführung von Koordinaten physikalischen Inhalt haben.

2. Die Vektorschreibweise ist kurz. Viele physikalische Gesetze erhalten eine einfache und durchsichtige Form, die verborgen bleibt, wenn diese Gesetze in einem besonderen Koordinatensystem geschrieben werden.

Obwohl es bei der Lösung von Aufgaben oft wünschenswert erscheint, in einem speziellen Bezugssystem zu arbeiten, formulieren wir die Gesetze der Physik wo immer möglich vektoriell. Für manche komplizierteren Gesetze, die sich so nicht schreiben lassen, gelingt noch eine tensorielle Fassung. Ein *Tensor* ist eine Verallgemeinerung eines Vektors und damit der Vektor ein Spezialfall des Tensors. Die uns geläufige

Vektoranalysis verdanken wir größtenteils den Arbeiten von *Josiah Willard Gibbs* und *Oliver Heaviside* (Ende des 19. Jahrhunderts).

Wir halten uns an folgende Vektorschreibweise (Bilder 2.1 bis 2.4): Vektoren werden durch fettgedruckte Buchstaben, z.B. **A**, wiedergegeben, während der Betrag durch Kursivdruck *A* oder Betragszeichen |**A**| gekennzeichnet ist. Einen Vektor vom Betrage 1 nennen wir Einheitsvektor und schreiben ihn mit dem Zeichen ^, z.B. $\hat{A}$, gelesen „A Dach". Wir fassen die Schreibweise eines Vektors in der folgenden Identität zusammen:

$$\mathbf{A} \equiv \hat{A} A.$$

Die Anwendung von Vektoren auf physikalische Problemstellungen setzt meist die Gültigkeit der euklidischen Geometrie voraus. Ist die zugrunde gelegte Geometrie nicht euklidisch, gibt es möglicherweise keine einfache und eindeutige Additionsvorschrift für zwei Vektoren. In den gekrümmten Räumen der allgemeinen Relativitätstheorie gilt die allgemeinere Sprache der metrischen Differentialgeometrie.

Wir haben den Vektor als eine Größe mit Betrag und Richtung kennengelernt. Diese Eigenschaft gilt unabhängig

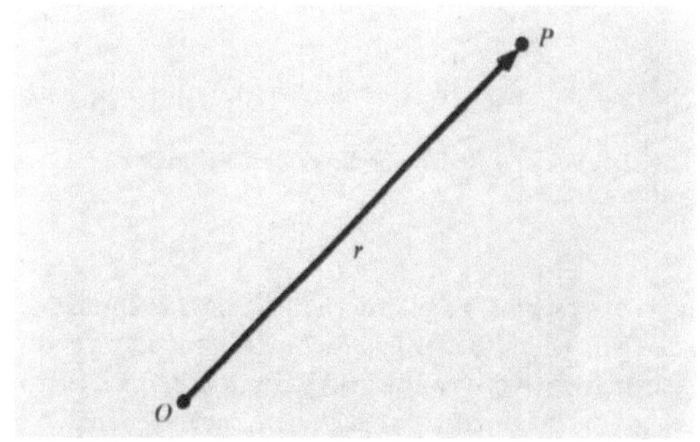

Bild 2.1. Der Vektor **r** stellt den Ort des Punktes *P* relativ zum Ursprung *O* dar

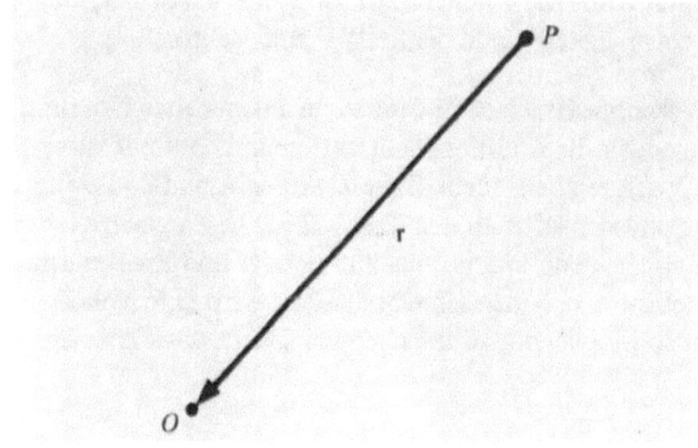

Bild 2.2. Der Vektor **−r** hat den gleichen Betrag wie **r**, aber die entgegengesetzte Richtung

---

[1] Diese Bedeutung des Wortes *Vektor* folgt aus einer natürlichen Erweiterung eines früheren Sprachgebrauchs in der Astronomie, wo Vektor eine fiktive gerade Linie bezeichnete, die einen in elliptischer Bahn kreisenden Planeten mit dem Brennpunkt oder dem Zentrum der Ellipse verbindet. Die Regeln der Vektoraddition finden Sie im Abschnitt 2.2.

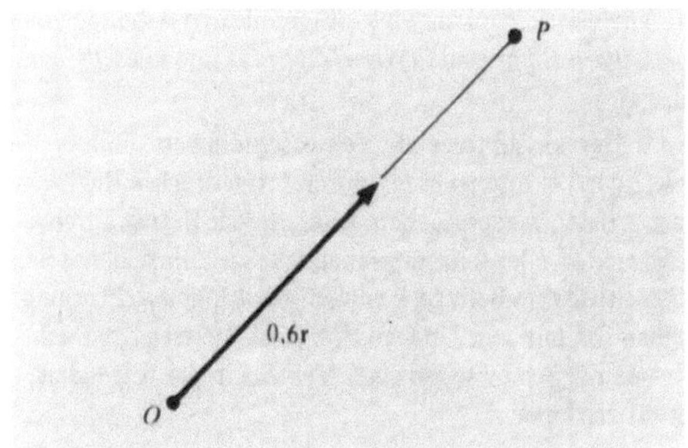

Bild 2.3. Der Vektor 0,6 r liegt richtungsgleich zu r und hat den
Betrag 0,6 *r*

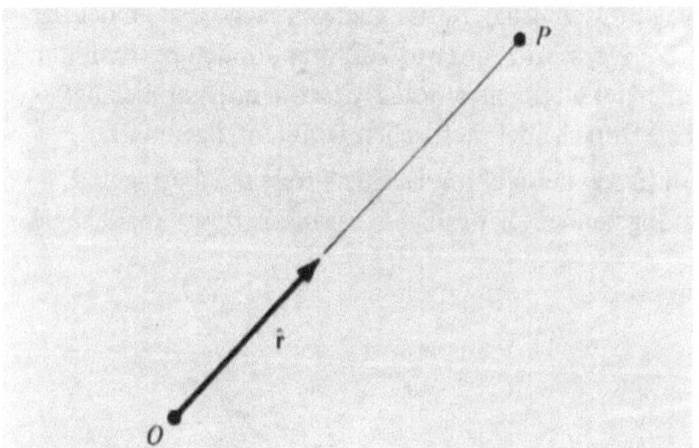

Bild 2.4. Der Vektor $\hat{r}$ ist der Einheitsvektor in Richtung *r*,
also gilt: r = $\hat{r}r$

vom Bezugssystem.[1]) Es gilt jedoch nicht die Umkehrung,
daß alle Größen mit Betrag und Richtung notwendig Vektoren sein müssen. Wir kommen im Abschnitt über die Kreisbewegung darauf zurück. Als *Skalar* bezeichnen wir eine
Größe, die nicht richtungsabhängig ist, also keine räumliche
Orientierung besitzt. Der Betrag eines Vektors z.B. ist ein
Skalar; die *x*-Koordinate eines festen Punkts dagegen nicht,
weil ihr Wert von der Richtung abhängt, in der die *x*-Achse
gewählt wird. Die Temperatur *T* ist wieder ein Skalar, die
Geschwindigkeit **v** und die Kraft **F** sind Vektoren.

Vektorgleichheit. Mit der soeben entwickelten Notation
können wir die Addition, Subtraktion und Multiplikation
von Vektoren behandeln. Zwei Vektoren **A** und **B**, die ähnliche physikalische Größen (z.B. Kräfte) beschreiben, werden als gleich definiert, wenn ihre Beträge und Richtungen
übereinstimmen, man schreibt dies als **A** = **B**. Ein Vektor
ist nicht notwendigerweise räumlich fixiert, obwohl er sich

auf eine räumlich fixierte Größe beziehen kann. Zwei Vektoren lassen sich auch dann vergleichen, wenn sie als Maß
zweier räumlich und physisch getrennter Größen dienen.
Wüßten wir nicht aus experimenteller Erfahrung, daß in
guter Näherung, außer vielleicht für astronomische Abmessungen, der physikalische Raum euklidisch ist, dann dürften
wir nicht ohne weiteres zwei räumlich getrennte Vektoren
vergleichen.

2.2. Vektoraddition

Ein Vektor wird geometrisch durch eine gerichtete Strecke
dargestellt, deren Länge in geeignet gewählten Einheiten
gleich dem Betrag des Vektors ist. Die Konstruktion der
Summe zweier Vektoren entnehmen wir den Bildern 2.5 bis
2.8. Diese Konstruktion ist als *Parallelogrammgesetz der
Vektoraddition* bekannt. Wir erhalten die Summe **A** + **B**
durch Parallelverschiebung von **B** derart, daß sich das Ende
von **B** und die Spitze von **A** berühren. Die Vektorsumme
A + **B** entspricht dann der Verbindung zwischen dem Ende
von **A** und der Spitze von **B**. Aus der Figur folgt **A** + **B** = **B** + **A**,
d.h., bei der Addition von Vektoren gilt das kommutative
Gesetz.

Die Subtraktion von Vektoren veranschaulichen die
Bilder 2.9 und 2.10.

Für die Vektoraddition gilt auch das assoziative Gesetz
A + (**B** + **C**) = (**A** + **B**) + **C** (Bild 2.11). Die Summe einer endlichen Anzahl von Vektoren ist also unabhängig von der
Reihenfolge, in der sie addiert werden. Aus **A** − **B** = **C** erhält
man durch Addition von **B** auf beiden Seiten **A** = **B** + **C**.
Vektoren können in jeder Weise wie Zahlen addiert und
subtrahiert werden. Ist *k* ein Skalar, so gilt

$$k(\mathbf{A} + \mathbf{B}) = k\mathbf{A} + k\mathbf{B}\,, \tag{2.1}$$

d.h. für die Multiplikation mit einem Skalar gilt das distributive Gesetz.

**Wann läßt sich eine physikalische Größe als Vektor dar-
stellen?** Wir führten die Vektorsprache ein, um Verschiebungen im euklidischen Raum zu beschreiben. Darüber hinaus
gibt es andere physikalische Größen mit den gleichen Ver-
knüpfungsgesetzen und Invarianzeigenschaften wie die der
Verschiebungen. Solche Größen können also durch Vektoren
beschrieben werden. Eine Größe muß als Vektor zwei Bedingungen erfüllen:

1. Für die Addition muß das Parallelogrammgesetz gelten.
2. Betrag und Richtung der Größe müssen unabhängig von
   der Wahl des Koordinatensystems sein.

---

[1]) Wir setzen voraus, daß man die Richtung eines Vektors definieren
kann. Wir können sie beispielsweise auf Laborkoordinaten oder
auf die Fixsterne beziehen.

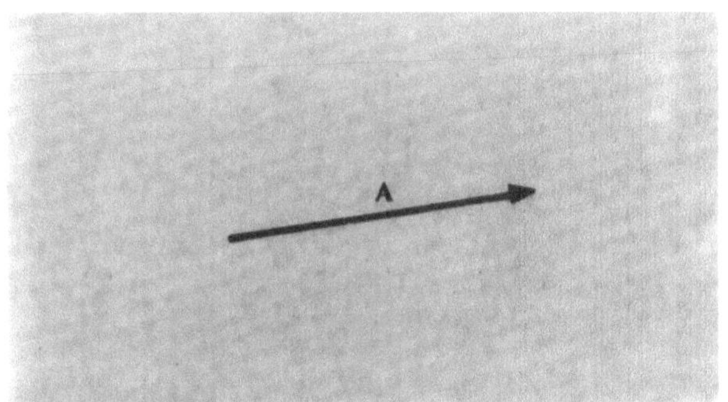

Bild 2.5. Der Vektor **A**

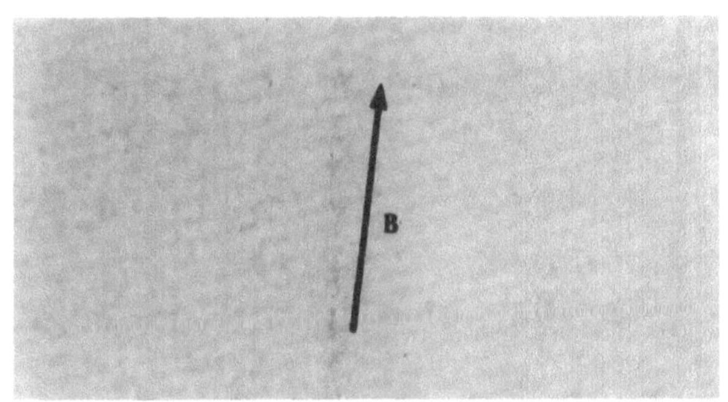

Bild 2.6. Der Vektor **B**

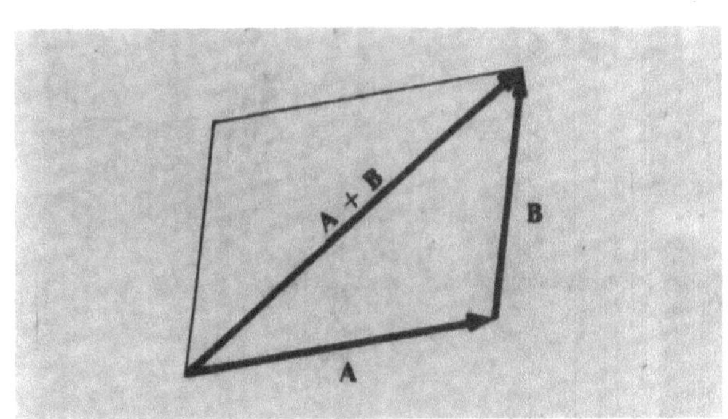

Bild 2.7. Die Vektorsumme **A + B**

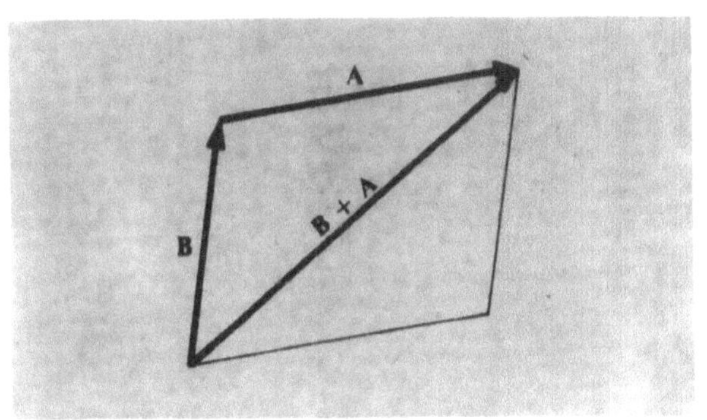

Bild 2.8. Die Vektorsumme **B + A** ist gleich **A + B**

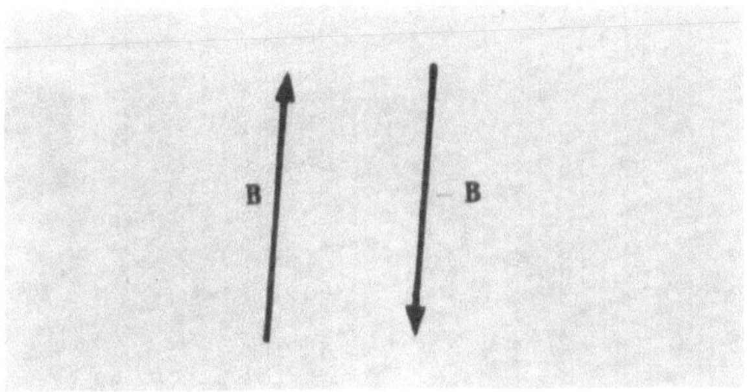

Bild 2.9. Die Vektoren **B** und **– B**

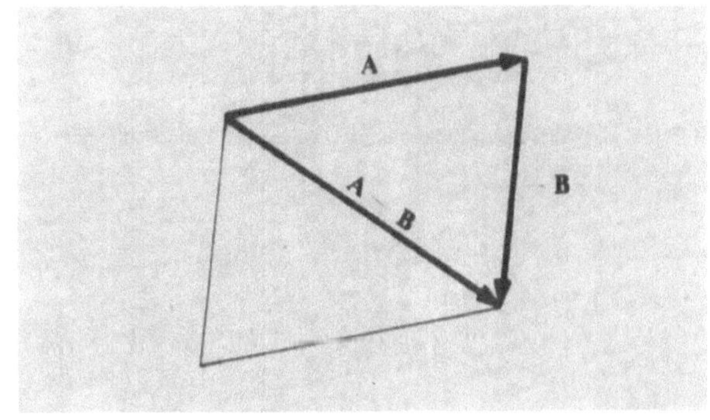

Bild 2.10. Die Vektorsubtraktion **A – B**

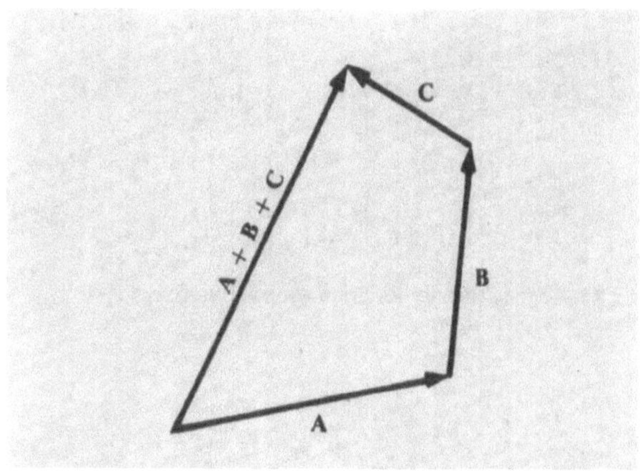

Bild 2.11. Die Summe dreier Vektoren: **A + B + C**. Überzeugen Sie sich selbst, daß die Summe gleich **B + A + C** ist.

Endliche Drehungen sind keine Vektoren. Nicht alle Größen mit Betrag und Richtung sind notwendigerweise Vektoren. So hat z.B. die Rotation eines starren Körpers um eine feste Achse im Raum einen Betrag (den Rotationswinkel) und eine Richtung (die Richtung der Achse). Trotzdem lassen sich zwei beliebige Rotationen nicht vektoriell addieren, außer bei unendlich kleinen Rotationswinkeln. Das ist leicht einzusehen, wenn wir z.B. um zwei zueinander senkrechte Rotationsachsen jeweils eine Rotation um 90° ausführen. Betrachten wir ein einfaches Objekt, z.B. ein

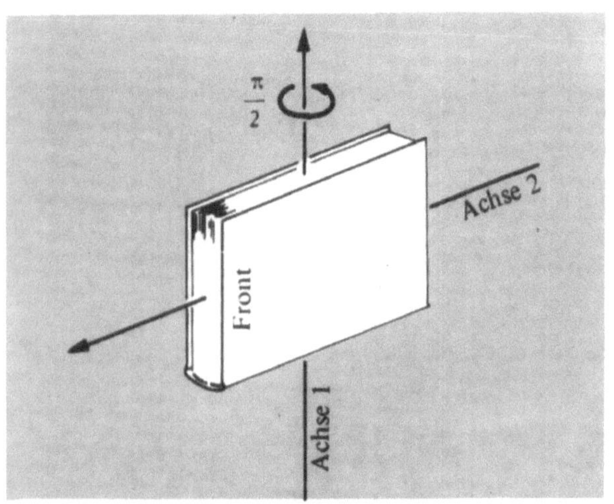

Bild 2.12. Ursprüngliche Lage des Buches. Es wird jetzt um $\pi/2$ um Achse 1 gedreht.

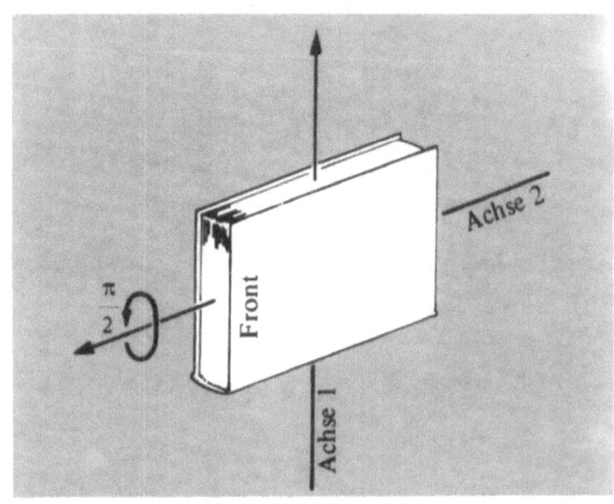

Bild 2.15. Ursprüngliche Lage des Buches

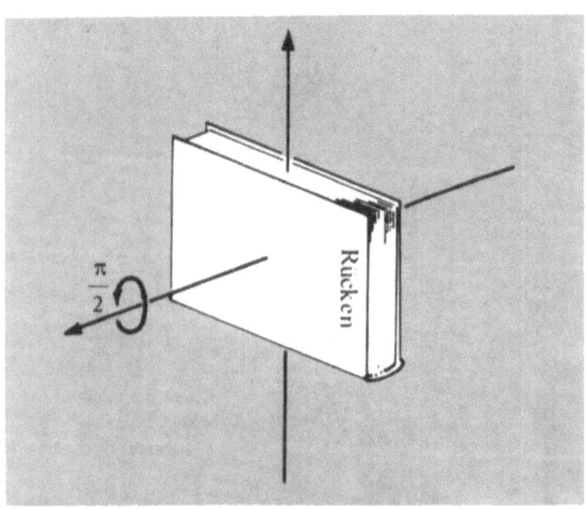

Bild 2.13. Lage nach einer Rotation von $\pi/2$ um Achse 1

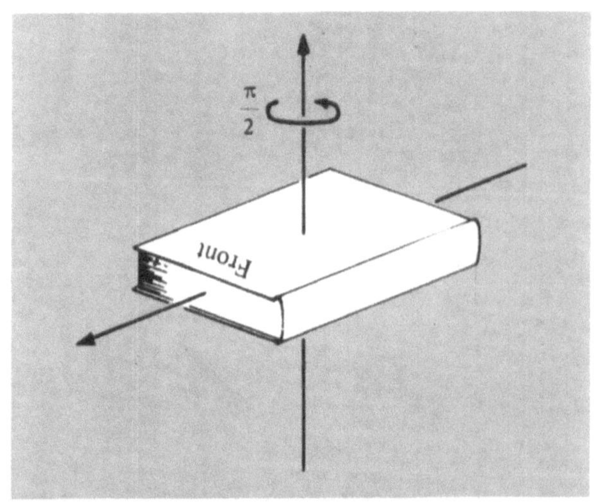

Bild 2.16. Orientierung nach einer Drehung von $\pi/2$ um Achse 2

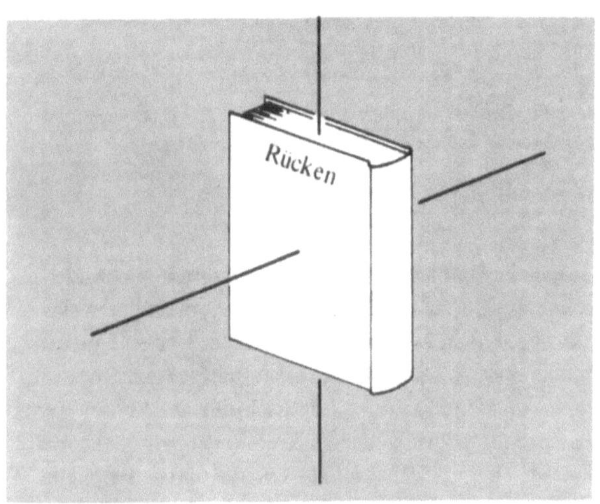

Bild 2.14. Lage nach einer anschließenden Rotation von $\pi/2$ um Achse 2

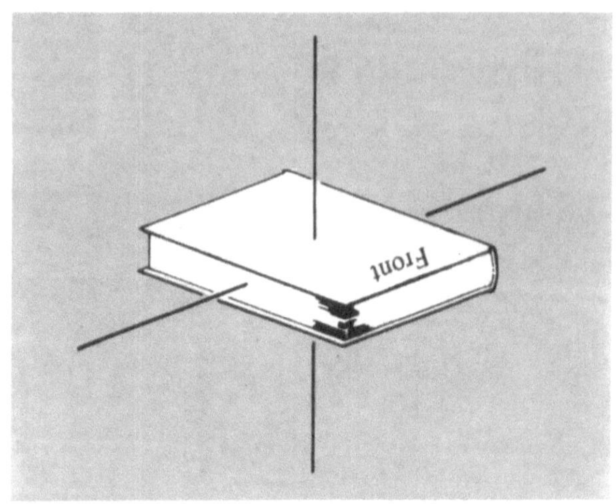

Bild 2.17. Endlage nach anschließender Rotation von $\pi/2$ um Achse 1

Buch wie in den Bildern 2.12 bis 2.17. Nach der ersten Rotation finden wir die Lage wie in Bild 2.13 vor, nach der folgenden Drehung die wie in Bild 2.14. Lassen wir das gleiche Objekt aus seiner Ausgangslage (Bild 2.12) die Rotationen in umgekehrter Reihenfolge durchlaufen, erhalten wir über die Zwischenlage (Bild 2.16) die Endlage von Bild 2.17. Die räumliche Lage ist aber jetzt nicht die gleiche wie in Bild 2.14. Offensichtlich ist die Addition nicht kommutativ. Obwohl Rotationen Betrag und Richtung haben, ist es nicht möglich, sie vektoriell zu addieren. Damit fehlt ihnen eine wesentliche Eigenschaft des Vektors.

2.3. Produkte von Vektoren

Während die Summe zweier Vektoren stets ein Vektor sein muß, ist es fraglich, wie das Produkt zweier Vektoren zu erklären ist. Es gibt zwei sinnvolle Definitionen des Produkts. Beide Produkte genügen dem distributiven Gesetz der Multiplikation: Das Produkt aus Vektor $\mathbf{A}$ und Vektorsumme $(\mathbf{B} + \mathbf{C})$ ist gleich der Summe der Produkte aus $\mathbf{A}$ und $\mathbf{B}$ und aus $\mathbf{A}$ und $\mathbf{C}$. Die erste Produktdefinition führt auf einen Skalar, die zweite auf einen Vektor. Beide Produkte erweisen sich in der Physik als sehr nützlich. Andere theoretisch mögliche Definitionen eines Vektorprodukts sind dagegen wenig vernünftig. So ist z.B. AB, das Produkt der Beträge der Vektoren $\mathbf{A}$ und $\mathbf{B}$, keine sinnvolle Definition eines Vektorprodukts, da aus der Beziehung $\mathbf{D} = \mathbf{B} + \mathbf{C}$ im allgemeinen *nicht* folgt $AD = AB + AC$; m.a.W., das distributive Gesetz ist nicht erfüllt. Das allein macht AB als Definition eines Produkts aus $\mathbf{A}$ und $\mathbf{B}$ ungeeignet.

Das Skalarprodukt zweier Vektoren. Das Skalarprodukt von $\mathbf{A}$ und $\mathbf{B}$ ist definiert als das Produkt aus den Beträgen der Vektoren $\mathbf{A}$ und $\mathbf{B}$ und dem Kosinus des von ihnen eingeschlossenen Winkels. Das Ergebnis ist ein Skalar. Nach der Schreibweise

$$\boxed{\mathbf{A} \cdot \mathbf{B} \equiv AB \cos(\mathbf{A}, \mathbf{B})} \qquad (2.2)$$

wird das Skalarprodukt auch Punktprodukt genannt (lies „A Punkt B"). Wir erkennen, daß in die Definition des Skalarprodukts kein Koordinatensystem eingeht und daß wegen $\cos(\mathbf{A}, \mathbf{B}) = \cos(\mathbf{B}, \mathbf{A})$ das kommutative Gesetz

$$\mathbf{A} \cdot \mathbf{B} = \mathbf{B} \cdot \mathbf{A} \qquad (2.3)$$

gilt (Bild 2.18).

Liegt der Winkel zwischen $\mathbf{A}$ und $\mathbf{B}$ im Bereich $\frac{\pi}{2}$ bis $\frac{3\pi}{2}$, so werden $\cos(\mathbf{A}, \mathbf{B})$ und $\mathbf{A} \cdot \mathbf{B}$ negativ. Aus $\mathbf{A} = \mathbf{B}$ folgt $\cos(\mathbf{A}, \mathbf{B}) = 1$ und damit

$$\mathbf{A} \cdot \mathbf{B} = A^2 = |\mathbf{A}|^2. \qquad (2.4)$$

Verschwindet das Produkt $\mathbf{A} \cdot \mathbf{B}$ mit $A, B \neq 0$, so sind die Vektoren normal zueinander (*orthogonal*). Beachten Sie die Beziehung $\cos(\mathbf{A}, \mathbf{B}) = \hat{\mathbf{A}} \cdot \hat{\mathbf{B}}$, d.h., das Skalarprodukt zweier Einheitsvektoren ergibt den Kosinus des von ihnen einge-

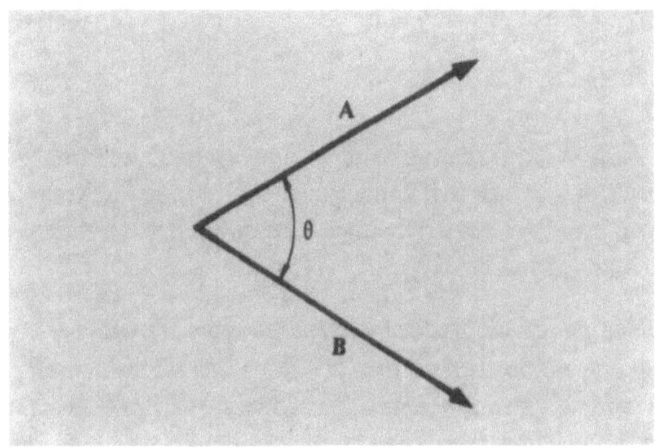

Bild 2.18. Zur Bildung von $\mathbf{A} \cdot \mathbf{B}$ verschieben wir die Vektoren $\mathbf{A}$ und $\mathbf{B}$ an einen gemeinsamen Ausgangspunkt

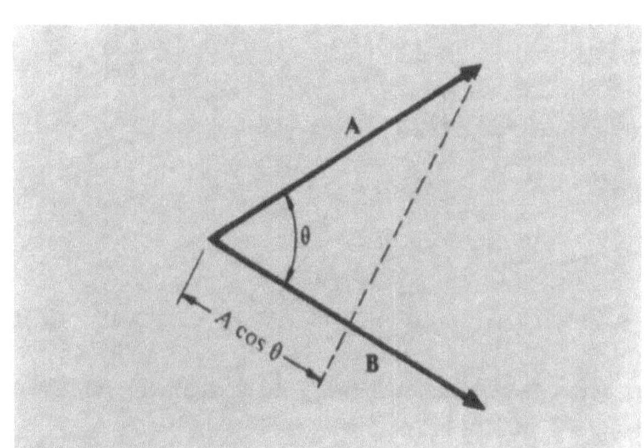

Bild 2.19. $B(A \cos \theta) = \mathbf{A} \cdot \mathbf{B}$

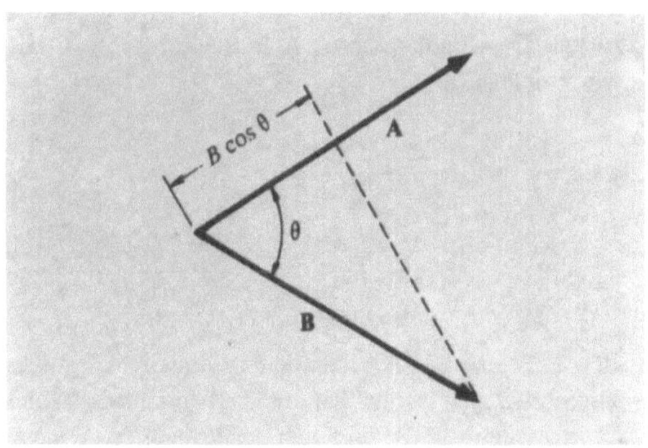

Bild 2.20. $A(B \cos \theta) = \mathbf{A} \cdot \mathbf{B}$. Der griechische Buchstabe θ bezeichnet hier den Winkel zwischen $\mathbf{A}$ und $\mathbf{B}$

schlossenen Winkels (Bilder 2.19 und 2.20). Die Projektion von **B** auf **A** ist

$$B \cos(\mathbf{A}, \mathbf{B}) = B\,\hat{\mathbf{A}} \cdot \hat{\mathbf{B}} = \mathbf{B} \cdot \hat{\mathbf{A}} \tag{2.5}$$

mit $\hat{\mathbf{A}}$ als Einheitsvektor in Richtung **A**. Für die Projektion von **A** auf **B** folgt entsprechend

$$A \cos(\mathbf{A}, \mathbf{B}) = \mathbf{A} \cdot \hat{\mathbf{B}}. \tag{2.6}$$

Zum Skalarprodukt existiert keine inverse Operation. Aus $\mathbf{A} \cdot \mathbf{X} = b$ läßt sich keine eindeutige Lösung für **X** angeben. Die Division durch einen Vektor können wir nicht sinnvoll definieren.

Komponenten, Beträge und Richtungskosinusse. $\hat{\mathbf{x}}, \hat{\mathbf{y}}$ und $\hat{\mathbf{z}}$ seien die drei orthogonalen Einheitsvektoren eines kartesischen Koordinatensystems (Bild 2.21). Ein beliebiger Vektor **A** läßt sich dann als

$$\mathbf{A} = A_x\,\hat{\mathbf{x}} + A_y\,\hat{\mathbf{y}} + A_z\,\hat{\mathbf{z}} \tag{2.7}$$

schreiben, wobei A_x, A_y und A_z die Komponenten von **A** heißen (Bild 2.22). Es ist einfach zu zeigen, daß $A_x = \mathbf{A} \cdot \hat{\mathbf{x}}$ ist, da

$$\mathbf{A} \cdot \hat{\mathbf{x}} = A_x\,\hat{\mathbf{x}} \cdot \hat{\mathbf{x}} + A_y\,\hat{\mathbf{y}} \cdot \hat{\mathbf{x}} + A_z\,\hat{\mathbf{z}} \cdot \hat{\mathbf{x}} = A_x$$

wegen

$$\hat{\mathbf{y}} \cdot \hat{\mathbf{x}} = 0 = \hat{\mathbf{z}} \cdot \hat{\mathbf{x}}$$

$$\hat{\mathbf{x}} \cdot \hat{\mathbf{x}} = 1.$$

Der Betrag von **A** läßt sich durch die Komponenten in der Form

$$A = \sqrt{\mathbf{A} \cdot \mathbf{A}} = \sqrt{(A_x\,\hat{\mathbf{x}} + A_y\,\hat{\mathbf{y}} + A_z\,\hat{\mathbf{z}}) \cdot (A_x\,\hat{\mathbf{x}} + A_y\,\hat{\mathbf{y}} + A_z\,\hat{\mathbf{z}})}$$

$$= \sqrt{A_x^2 + A_y^2 + A_z^2} \tag{2.8}$$

ausdrücken. Den Einheitsvektor $\hat{\mathbf{A}}$ in Richtung von **A** können wir schreiben

$$\hat{\mathbf{A}} = \hat{\mathbf{x}}\,\frac{\hat{\mathbf{x}} \cdot \mathbf{A}}{A} + \hat{\mathbf{y}}\,\frac{\hat{\mathbf{y}} \cdot \mathbf{A}}{A} + \hat{\mathbf{z}}\,\frac{\hat{\mathbf{z}} \cdot \mathbf{A}}{A}$$

$$= \hat{\mathbf{x}}\,\frac{A_x}{A} + \hat{\mathbf{y}}\,\frac{A_y}{A} + \hat{\mathbf{z}}\,\frac{A_z}{A}. \tag{2.9}$$

Aus Bild 2.23 und Gl. (2.9) lesen wir ab, daß die Kosinusse der Winkel zwischen **A** und den drei Achsenrichtungen gleich A_x/A, A_y/A und A_z/A sind oder auch gleich $\hat{\mathbf{x}} \cdot \hat{\mathbf{A}}, \hat{\mathbf{y}} \cdot \hat{\mathbf{A}}$ und $\hat{\mathbf{z}} \cdot \hat{\mathbf{A}}$. Sie heißen *Richtungskosinusse* von $\hat{\mathbf{A}}$, und ihre Quadratsumme ist gleich Eins.

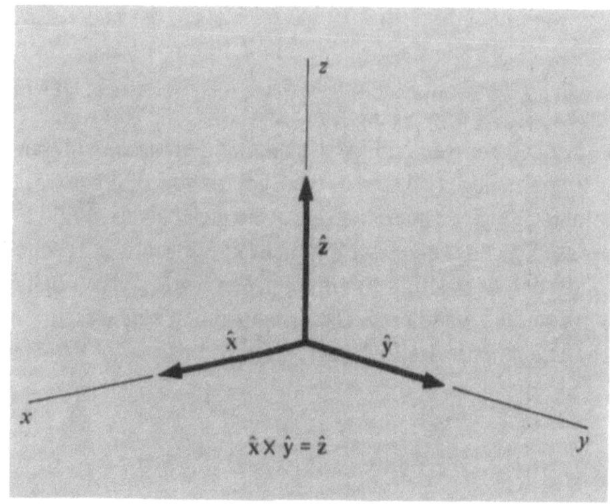

Bild 2.21. Kartesische orthogonale Einheitsvektoren $\hat{\mathbf{x}}, \hat{\mathbf{y}}, \hat{\mathbf{z}}$

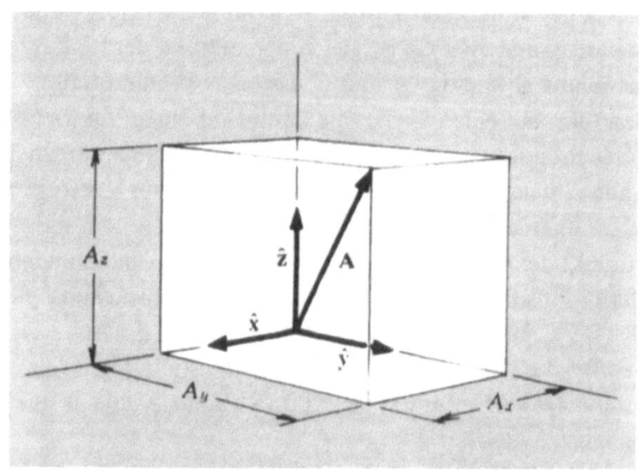

Bild 2.22. $\mathbf{A} = \hat{\mathbf{x}}\,A_x + \hat{\mathbf{y}}\,A_y + \hat{\mathbf{z}}\,A_z$

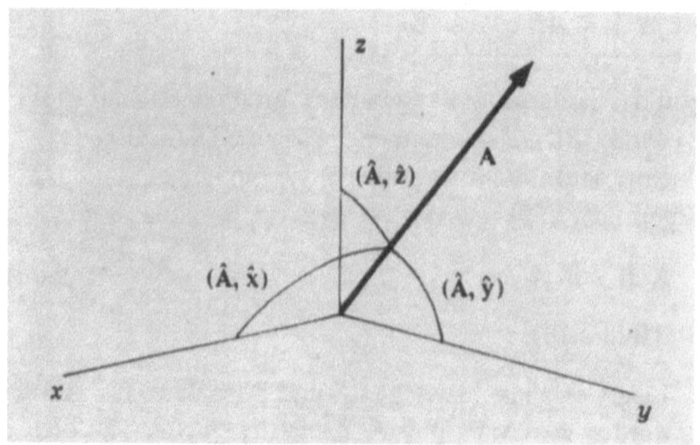

Bild 2.23. Die Richtungskosinusse beziehen sich auf die angegebenen Winkel

Anwendungen des Skalarprodukts:

1. Der Kosinussatz. Es sei $\mathbf{A} - \mathbf{B} = \mathbf{C}$ (Bilder 2.24 und 2.25). Bilden wir auf beiden Seiten das Skalarprodukt der Ausdrücke mit sich selbst, so ergibt sich

$$(\mathbf{A} - \mathbf{B}) \cdot (\mathbf{A} - \mathbf{B}) = \mathbf{C} \cdot \mathbf{C} \qquad (2.10)$$

oder

$$A^2 + B^2 - 2\mathbf{A} \cdot \mathbf{B} = C^2 \,,$$

was genau die bekannte trigonometrische Beziehung

$$\boxed{A^2 + B^2 - 2AB \cos(\mathbf{A}, \mathbf{B}) = C^2} \qquad (2.11)$$

ergibt.

Der Kosinus des Winkels zwischen den beiden Vektoren beträgt

$$\cos(\mathbf{A}, \mathbf{B}) = \cos\theta_{AB} = \frac{\mathbf{A} \cdot \mathbf{B}}{AB}$$

wie in Gl. (2.2) (siehe Bilder 2.24 und 2.25).

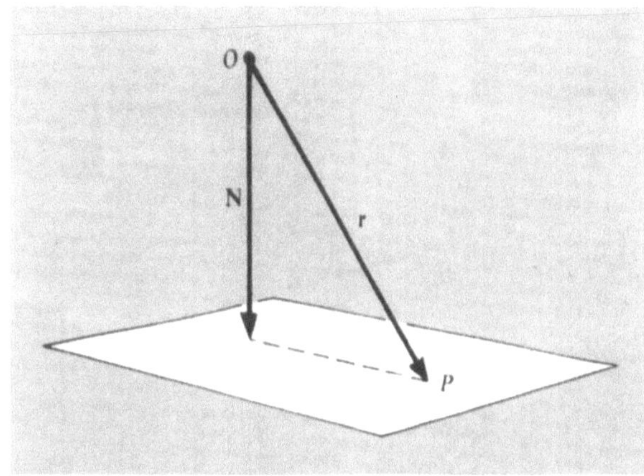

Bild 2.26. Die Ebenengleichung; $\mathbf{N}$ ist die Normale auf die Ebene vom Ursprung O. Die Ebenengleichung ist $\mathbf{N} \cdot \mathbf{r} = N^2$

2. Die Ebenengleichung. Wir bezeichnen mit $\mathbf{N}$ die Normale zu einer Ebene von einem außerhalb liegenden Punkt O (Bild 2.26). Der Vektor $\mathbf{r}$ verbindet O mit einem beliebigen Punkt P der Ebene. Die Projektion von $\mathbf{r}$ auf $\mathbf{N}$ muß stets gleich N sein. Folglich kann die Ebene durch die Gleichung

$$\boxed{\mathbf{r} \cdot \mathbf{N} = N^2} \qquad (2.12)$$

beschrieben werden. Um die Übereinstimmung dieses kompakten Ausdrucks mit der bekannten Formel aus der analytischen Geometrie für die Gleichung einer Ebene

$$ax + by + cz = 1$$

zu beweisen, schreiben wir $\mathbf{N}$ und $\mathbf{r}$ in ihren Komponenten im kartesischen Koordinatensystem, verwenden also N_x, N_y, N_z und x, y, z. Damit erhält Gl. (2.12) die Form

$$(\hat{\mathbf{x}}x + \hat{\mathbf{y}}y + \hat{\mathbf{z}}z) \cdot (\hat{\mathbf{x}}N_x + \hat{\mathbf{y}}N_y + \hat{\mathbf{z}}N_z) = N^2 \qquad (2.13)$$

oder

$$x\,\frac{N_x}{N^2} + y\,\frac{N_y}{N^2} + z\,\frac{N_z}{N^2} = 1 \,.$$

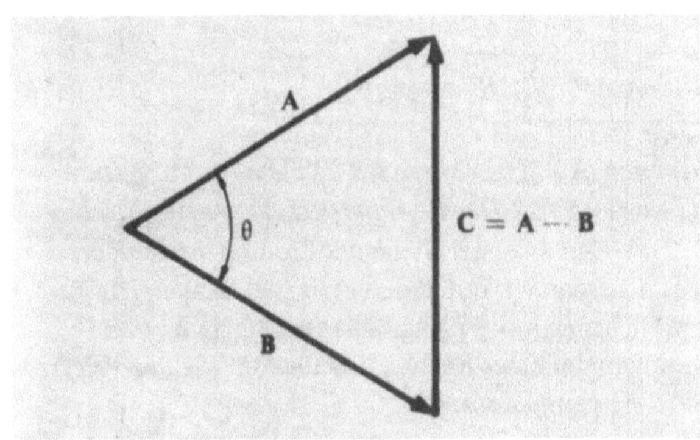

Bild 2.24. $\mathbf{C} \cdot \mathbf{C} = C^2 = (\mathbf{A} - \mathbf{B}) \cdot (\mathbf{A} - \mathbf{B})$
$\qquad\qquad = A^2 + B^2 - 2\mathbf{A} \cdot \mathbf{B}$
$\qquad\qquad = A^2 + B^2 - 2AB \cos\theta$

3. Elektrische und magnetische Feldstärke in einer elektromagnetischen Welle. Betrachten wir den Einheitsvektor $\hat{\mathbf{k}}$ in der Ausbreitungsrichtung einer ebenen elektromagnetischen Welle im freien Raum (Bild 2.27). Im Band 3 werden wir zeigen, daß die Vektoren der elektrischen und magnetischen Feldstärke $\mathbf{E}$ und $\mathbf{B}$ in einer Ebene senkrecht zu $\hat{\mathbf{k}}$ liegen. Diese geometrische Bedingung können wir durch die Gleichungen

$$\hat{\mathbf{k}} \cdot \mathbf{E} = 0; \quad \hat{\mathbf{k}} \cdot \mathbf{B} = 0; \quad \mathbf{E} \cdot \mathbf{B} = 0 \qquad (2.14)$$

ausdrücken.

4. Die Leistung. Aus der Schulphysik (siehe auch Kapitel 5) wissen wir, daß die Leistung, die eine Kraft $\mathbf{F}$ an einem mit der Geschwindigkeit $\mathbf{v}$ sich bewegenden Massen-

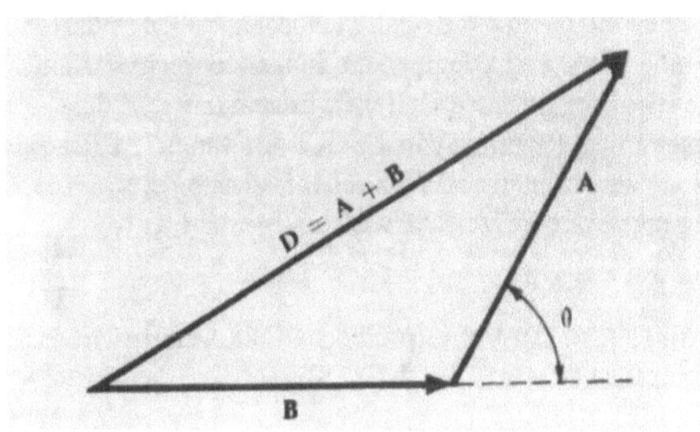

Bild 2.25. $\mathbf{D} \cdot \mathbf{D} = D^2 = (\mathbf{A} + \mathbf{B}) \cdot (\mathbf{A} + \mathbf{B})$
$\qquad\qquad\qquad = A^2 + B^2 + 2AB \cos\theta$

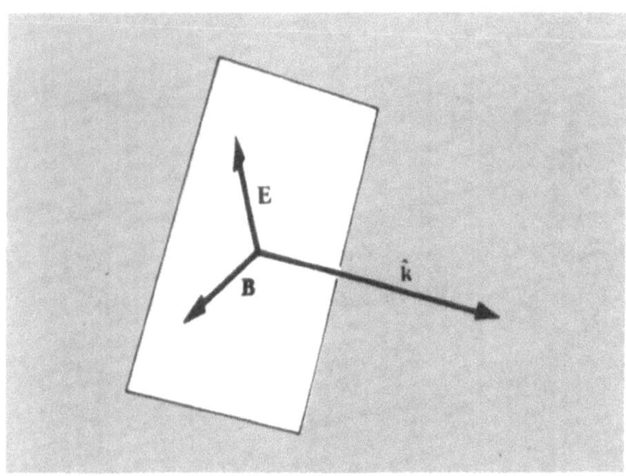

Bild 2.27. Elektrische und magnetische Felder einer ebenen
elektrischen Welle im freien Raum stehen senkrecht auf der
Ausbreitungsrichtung $\hat{\mathbf{k}}$. Folglich gilt $\hat{\mathbf{k}} \cdot \mathbf{E} = \hat{\mathbf{k}} \cdot \mathbf{B} = 0$; $\mathbf{E} \cdot \mathbf{B} = 0$.

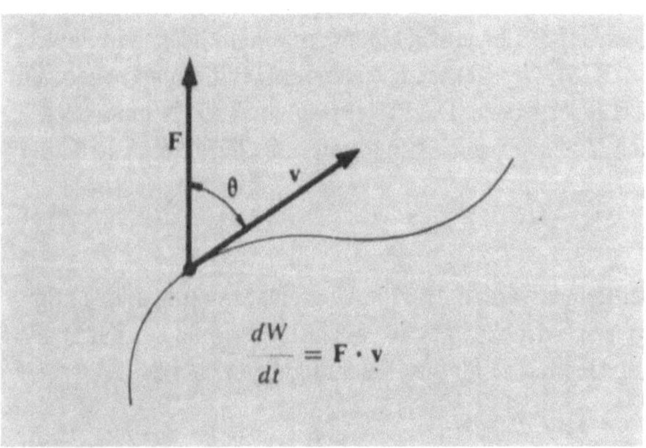

Bild 2.28. Die von einer Kraft $\mathbf{F}$ an einem bewegten Teilchen
erbrachte Leistung ist gleich dem Skalarprodukt aus $\mathbf{F}$ und der
Geschwindigkeit $\mathbf{v}$ des Teilchens.

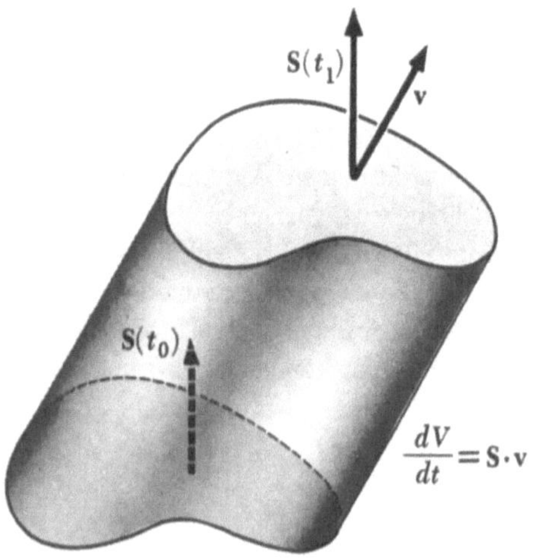

Bild 2.29. Die Volumenerzeugungsgeschwindigkeit dv/dt einer
Fläche $\mathbf{S}$, die mit der Geschwindigkeit $\mathbf{v}$ bewegt wird

punkt verrichtet, gleich $Fv \cos(\mathbf{F}, \mathbf{v})$ ist. Wir erkennen dies
als das Skalarprodukt

$$\mathbf{F} \cdot \mathbf{v} .$$

Schreiben wir die sekundlich verrichtete Arbeit, also die
Leistung, als dW/dt, dann folgt (Bild 2.28)

$$\frac{dW}{dt} = \mathbf{F} \cdot \mathbf{v} . \tag{2.15}$$

5. Das von einer bewegten Fläche überstrichene Volumen.
Wir ordnen einer ebenen Fläche der Größe S einen Vektor $\mathbf{S}$
zu, der normal zur Fläche steht und dessen Betrag gleich S
ist.[1]) Bewegt sich die Fläche mit der Geschwindigkeit $\mathbf{v}$, so
überstreicht sie in der Zeit dt ein Volumen dV, das wir berechnen wollen. Bild 2.29 zeigt, daß die Fläche einen Zylinder der Grundfläche S und der „schrägen Höhe" $v\,dt$ überstreicht. Sein Volumen ist

$$dV = \mathbf{S} \cdot \mathbf{v}\, dt \quad \text{oder} \quad \frac{dV}{dt} = \mathbf{S} \cdot \mathbf{v} . \tag{2.16}$$

Das Vektorprodukt. In der Physik verwenden wir eine
weitere Definition für das Produkt zweier Vektoren. Das
Vektorprodukt $\mathbf{A} \times \mathbf{B} = \mathbf{C}$ definieren wir als einen Vektor
senkrecht zur von $\mathbf{A}$ und $\mathbf{B}$ aufgespannten Ebene und
mit dem Betrage $AB\,|\sin(\mathbf{A}, \mathbf{B})|$; also gilt

$$\boxed{\mathbf{C} = \mathbf{A} \times \mathbf{B} = \hat{\mathbf{C}} AB\,|\sin(\mathbf{A}, \mathbf{B})| .} \tag{2.17}$$

Wir lesen $\mathbf{A} \times \mathbf{B}$ als „A Kreuz B". Der Richtungssinn
von $\mathbf{C}$ wir durch die *Rechte-Hand-Regel* festgelegt (siehe
Bild 2.31). Den an erster Stelle des Produkts stehenden
Vektor $\mathbf{A}$ drehen wir durch den kleinsten Winkel, der ihn
in eine Richtung mit $\mathbf{B}$ bringt. Die Richtung von $\mathbf{C}$ entspricht dann der einer Rechtsschraube, die wie der Vektor $\mathbf{A}$
in Bild 2.31 gedreht wird.

Wir wollen diese Regel für den Richtungssinn von $\mathbf{C}$ in
noch anderer Weise verdeutlichen: Die Vektoren $\mathbf{A}$ und $\mathbf{B}$
werden zunächst an ihren Enden zusammengefügt. Dadurch
spannen sie ein Parallelogramm auf. Der Vektor $\mathbf{C}$ steht
senkrecht auf diesem, d.h., das Vektorprodukt $\mathbf{A} \times \mathbf{B}$ ist
sowohl zu $\mathbf{A}$ wie zu $\mathbf{B}$ orthogonal (Bild 2.30). Wir drehen $\mathbf{A}$
durch den kleineren der beiden möglichen Winkel in die
Richtung von $\mathbf{B}$ und krümmen die Finger der rechten Hand
in die Richtung, in der $\mathbf{A}$ gedreht wurde; dann zeigt der
Daumen in die Richtung von $\mathbf{C} = \mathbf{A} \times \mathbf{B}$ (Bild 2.31). Beachten Sie, daß wegen dieser Vorzeichenfestlegung $\mathbf{B} \times \mathbf{A}$ das
entgegengesetzte Vorzeichen wie $\mathbf{A} \times \mathbf{B}$ erhält, also

$$\mathbf{B} \times \mathbf{A} = -\mathbf{A} \times \mathbf{B} \tag{2.18}$$

gilt (Bild 2.32). Das Vektorprodukt erfüllt mithin nicht das
kommutative Gesetz. Aus Gl. (2.18) folgt, daß das Vektor-

---

[1]) Der Richtungssinn von $\mathbf{S}$ ist gesondert festzulegen.

produkt eines Vektors mit sich selbst, $\mathbf{A} \times \mathbf{A}$, verschwindet. Für das Vektorprodukt gilt jedoch das distributive Gesetz:

$$\mathbf{A} \times (\mathbf{B} + \mathbf{C}) = \mathbf{A} \times \mathbf{B} + \mathbf{A} \times \mathbf{C}.$$

Den etwas aufwendigen Beweis finden Sie in jedem Buch über Vektoranalysis.

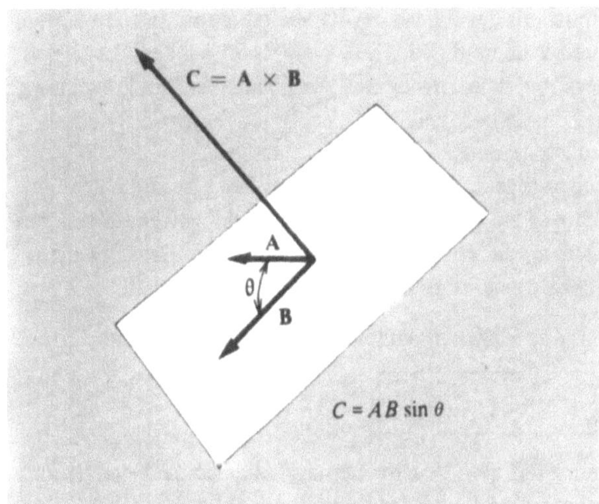

Bild 2.30. Das Vektorprodukt $\mathbf{C} = \mathbf{A} \times \mathbf{B}$

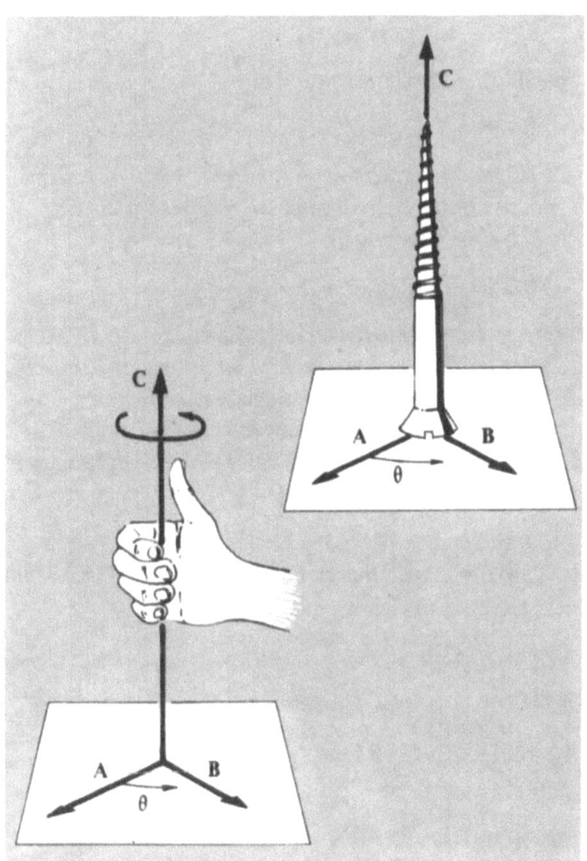

Bild 2.31. Oben: Die Rechtsschrauben-Regel. Unten: Dieselbe Regel als Rechte-Hand-Regel.

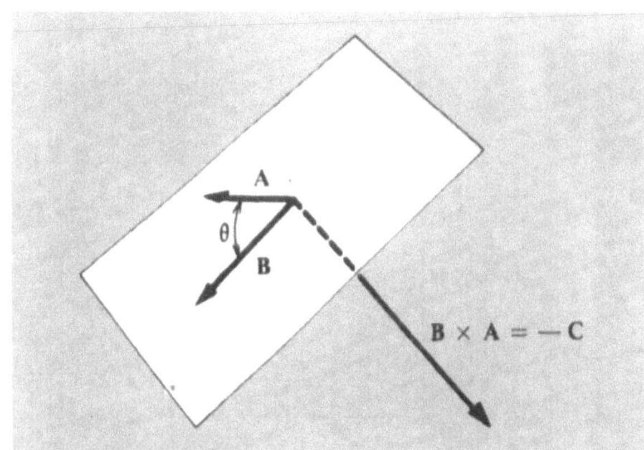

Bild 2.32. Das Vektorprodukt $\mathbf{B} \times \mathbf{A}$ ist entgegengesetzt zu $\mathbf{A} \times \mathbf{B}$

Das Vektorprodukt in kartesischen Koordinaten. Mit Hilfe des Vektorprodukts könnten wir nun auch die Sinusse der Winkel bestimmen, die ein Vektor mit den Koordinatenachsen einschließt, es ist jedoch einfacher, sie aus den Kosinussen zu berechnen. Eine oft verwendete Beziehung erhalten wir aber, wenn wir das Vektorprodukt durch die Komponenten der Vektoren ausdrücken:

$$\begin{aligned}
\mathbf{A} \times \mathbf{B} &= (\hat{\mathbf{x}} A_x + \hat{\mathbf{y}} A_y + \hat{\mathbf{z}} A_z) \times (\hat{\mathbf{x}} B_x + \hat{\mathbf{y}} B_y + \hat{\mathbf{z}} B_z) \\
&= (\hat{\mathbf{x}} \times \hat{\mathbf{y}}) A_x B_y + (\hat{\mathbf{x}} \times \hat{\mathbf{z}}) A_x B_z + (\hat{\mathbf{y}} \times \hat{\mathbf{x}}) A_y B_x \\
&\quad + (\hat{\mathbf{y}} \times \hat{\mathbf{z}}) A_y B_z + (\hat{\mathbf{z}} \times \hat{\mathbf{x}}) A_z B_x + (\hat{\mathbf{z}} \times \hat{\mathbf{y}}) A_z B_y,
\end{aligned}$$

wobei wir die Beziehungen $\hat{\mathbf{x}} \times \hat{\mathbf{x}} = \hat{\mathbf{y}} \times \hat{\mathbf{y}} = \hat{\mathbf{z}} \times \hat{\mathbf{z}} = 0$ benutzt haben. Ist $\hat{\mathbf{x}} \times \hat{\mathbf{y}}$ gleich $\hat{\mathbf{z}}$ oder $-\hat{\mathbf{z}}$? Wir wählen $\hat{\mathbf{x}} \times \hat{\mathbf{y}} = +\hat{\mathbf{z}}$ und konstruieren die Koordinatenachsen entsprechend. Das entstehende *rechtshändige Koordinatensystem* wird in der Physik zumeist verwendet. Wir werden ausschließlich damit arbeiten.

Mit $\hat{\mathbf{x}} \times \hat{\mathbf{z}} = -\hat{\mathbf{y}}, \hat{\mathbf{y}} \times \hat{\mathbf{z}} = \hat{\mathbf{x}}$ erhalten wir

$$\begin{aligned}
\mathbf{A} \times \mathbf{B} &= \hat{\mathbf{x}}(A_y B_z - A_z B_y) + \hat{\mathbf{y}}(A_z B_x - A_x B_z) \\
&\quad + \hat{\mathbf{z}}(A_x B_y - A_y B_x).
\end{aligned} \tag{2.19}$$

Wir halten fest: Wenn die Indizes eines Summanden in der Reihenfolge xyz oder einer zyklischen Vertauschung hiervon stehen, dann tritt der Summand mit positivem Vorzeichen im Vektorprodukt auf, anderenfalls mit negativem Vorzeichen. Gl. (2.19) läßt sich in Form einer Determinante schreiben

$$\mathbf{A} \times \mathbf{B} = \begin{vmatrix} \hat{\mathbf{x}} & \hat{\mathbf{y}} & \hat{\mathbf{z}} \\ A_x & A_y & A_z \\ B_x & B_y & B_z \end{vmatrix}, \tag{2.20}$$

diese Darstellung ist leichter zu behalten.

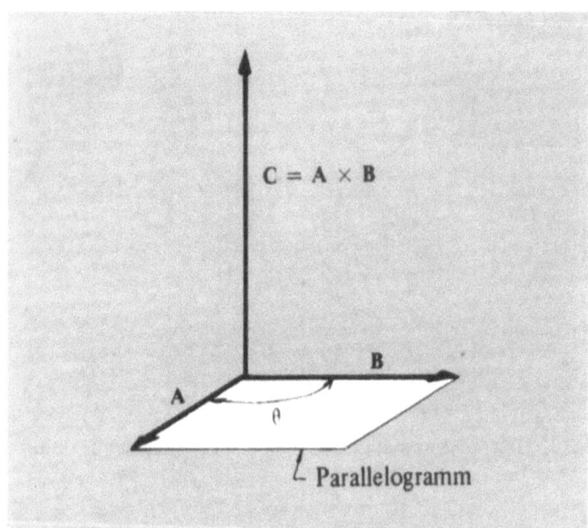

Bild 2.33. Die Vektorfläche des Parallelogramms ist
$\mathbf{C} = \mathbf{A} \times \mathbf{B} = AB \, |\sin \theta| \, \hat{\mathbf{C}}$

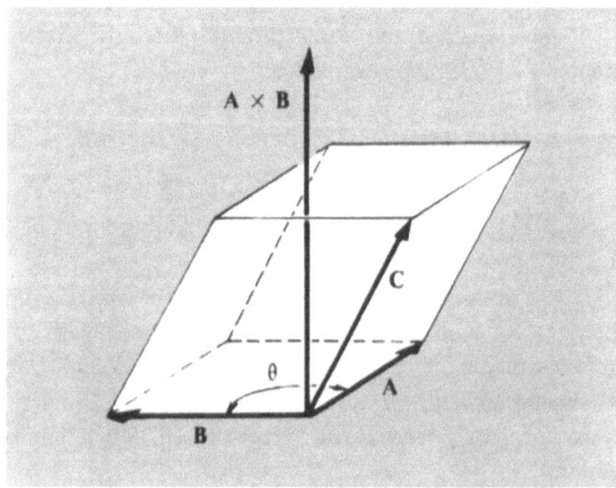

Bild 2.34. $\mathbf{A} \times \mathbf{B} \cdot \mathbf{C}$ = Grundfläche $\times$ Höhe = Volumen des Parallelepipeds

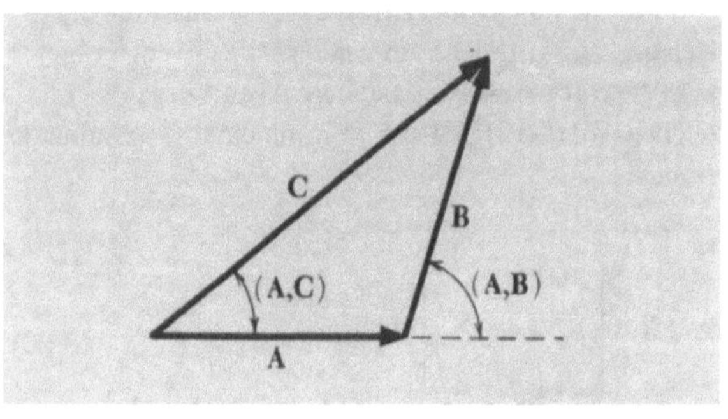

Bild 2.35. Der Sinussatz. Es ist $\sin(\mathbf{A}, \mathbf{B}) = \sin[\pi - (\mathbf{A}, \mathbf{B})]$

Anwendungen des Vektorprodukts. In den folgenden Abschnitten behandeln wir mehrere Anwendungen des Vektorprodukts.

1. Die Fläche eines Parallelogramms. Der Betrag des Vektorprodukts $\mathbf{A} \times \mathbf{B}$,

$$|\mathbf{A} \times \mathbf{B}| = AB \, |\sin(\mathbf{A}, \mathbf{B})|$$

stimmt mit der Fläche des Parallelogramms mit den Seiten $\mathbf{A}$ und $\mathbf{B}$ überein (Bild 2.33). Die Richtung des Vektorprodukts $\mathbf{A} \times \mathbf{B}$ ist orthogonal zur Ebene des Parallelogramms. Wir können uns daher $\mathbf{C} = \mathbf{A} \times \mathbf{B}$ als *Vektorfläche* des Parallelogramms denken. Da wir den Seiten $\mathbf{A}$ und $\mathbf{B}$ Vorzeichen gegeben haben, ordnen wir der Vektorfläche eine Richtung zu. Es gibt viele physikalische Anwendungen, bei denen es von Vorteil ist, einer Fläche eine Richtung zuzuweisen, wie wir das auf S. 22 bereits getan haben.

2. Das Volumen eines Parallelepipeds. Die skalare Größe

$$\boxed{|(\mathbf{A} \times \mathbf{B}) \cdot \mathbf{C}| = V}$$

stimmt mit dem Volumen eines Parallelepipeds der Grundfläche $|\mathbf{A} \times \mathbf{B}|$ und der Kantenhöhe $\mathbf{C}$ überein (Bild 2.34). Wenn die drei Vektoren $\mathbf{A}$, $\mathbf{B}$ und $\mathbf{C}$ in derselben Ebene liegen, ist das Volumen gleich null. Umgekehrt gilt: Drei Vektoren liegen dann und nur dann in der gleichen Ebene, wenn $(\mathbf{A} \times \mathbf{B}) \cdot \mathbf{C}$ verschwindet.

Aus Bild 2.34 erkennen wir, daß

$$\mathbf{A} \cdot (\mathbf{B} \times \mathbf{C}) = (\mathbf{A} \times \mathbf{B}) \cdot \mathbf{C}$$

ist, so daß *Punkt und Kreuz im gemischten Produkt oder Spatprodukt ohne Änderung des Ergebnisses vertauscht werden können*, daß jedoch

$$\mathbf{A} \cdot (\mathbf{B} \times \mathbf{C}) = -\mathbf{A} \cdot (\mathbf{C} \times \mathbf{B})$$

gilt. Ein gemischtes Produkt ändert seinen Wert nicht, wenn wir die Anordnung der Vektoren zyklisch vertauschen, aber sein Vorzeichen kehrt sich um, sobald dieser Zyklus geändert wird. Zyklische Vertauschungen von ABC sind BCA und CAB, antizyklische Vertauschungen von ABC dagegen BAC und ACB.

3. Der Sinussatz. Wir betrachten das durch $\mathbf{C} = \mathbf{A} + \mathbf{B}$ (Bild 2.35) definierte Dreieck und bilden das Vektorprodukt beider Seiten der Gleichung mit $\mathbf{A}$:

$$\mathbf{A} \times \mathbf{C} = \mathbf{A} \times \mathbf{A} + \mathbf{A} \times \mathbf{B}.$$

Wegen $\mathbf{A} \times \mathbf{A} = 0$ folgt sofort

$$AC \, |\sin(\mathbf{A}, \mathbf{C})| = AB \, |\sin(\mathbf{A}, \mathbf{B})|$$

oder

$$\frac{\sin(\mathbf{A}, \mathbf{C})}{B} = \frac{\sin(\mathbf{A}, \mathbf{B})}{C}, \tag{2.21}$$

das ist der *Sinussatz für Dreiecke.*

4. Das Drehmoment. Dieser Begriff ist aus den meisten Einführungskursen bekannt und besonders bei der Diskussion der Bewegung starrer Körper von Bedeutung (siehe Kapitel 8). Das Drehmoment bezieht sich auf einen festen Punkt und kann als Vektorprodukt

$$\mathbf{N} = \mathbf{r} \times \mathbf{F} \qquad (2.22)$$

geschrieben werden, wobei $\mathbf{r}$ der Vektor vom betrachteten Punkt zum Angriffspunkt der Kraft ist. Bild 2.36 zeigt, daß $\mathbf{N}$ senkrecht auf $\mathbf{r}$ und auf $\mathbf{F}$ steht. Der Betrag von $\mathbf{N}$ ist $rF\sin\alpha$, wobei $r\sin\alpha$ der Normalabstand des Punktes (O in Bild 2.36) von $\mathbf{F}$ ist. Das Bild zeigt, daß $r\sin\alpha = r'\sin\alpha'$ ist, so daß Betrag und Richtung des Drehmoments nicht davon abhängen, zu welchem Punkt entlang $\mathbf{F}$ der Vektor $\mathbf{r}$ zeigt.

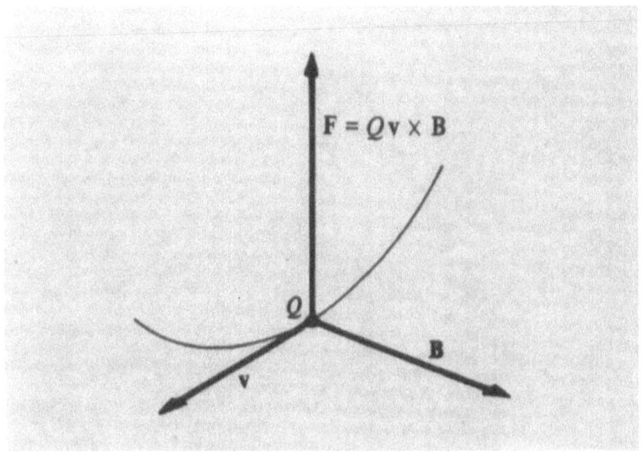

Bild 2.37. Kraft auf eine positive Ladung im magnetischen Feld

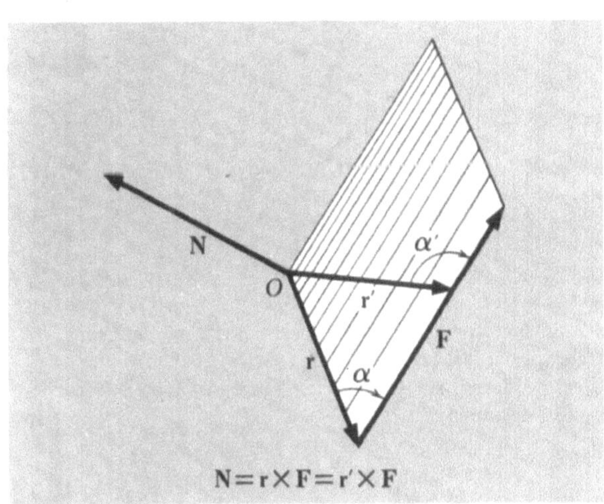

Bild 2.36. Das Drehmoment als Vektorprodukt

2.4. Ableitung von Vektoren

Die Geschwindigkeit $\mathbf{v}$ eines Teilchens ist ein Vektor, ebenfalls seine Beschleunigung $\mathbf{a}$. Den Vektor von einem festen Punkt O zum Teilchen bezeichnen wir als dessen Ortsvektor $\mathbf{r}(t)$ (Bild 2.38). Mit fortschreitender Zeit bewegt sich das Teilchen weiter, und sein Ortsvektor ändert sich nach Betrag und Richtung (Bild 2.39). Er gibt damit den Ort des Teilchens als Funktion der Zeit an. Dessen Geschwindigkeit ist nichts anderes als ein Maß für die Ände-

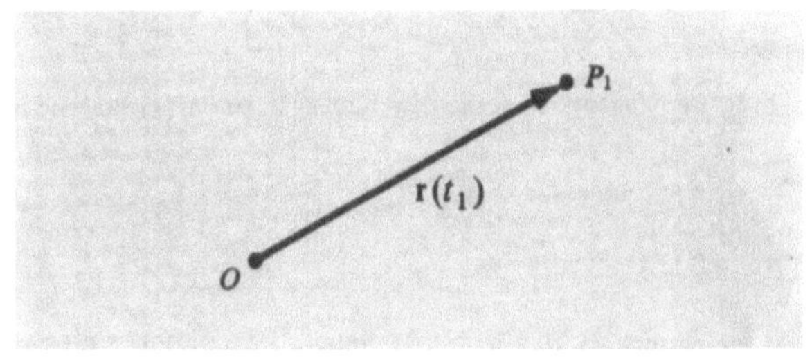

Bild 2.38. Die Lage P_1 eines Teilchens zur Zeit t_1 bezüglich des festen Ursprungs in Punkt O wird beschrieben durch den Vektor $\mathbf{r}(t_1)$.

5. Kraftwirkung auf eine Ladung in einem magnetischen Feld. Die Kraftwirkung auf eine bewegte elektrische Punktladung im magnetischen Feld $\mathbf{B}$ ist proportional der zur Geschwindigkeit der Ladung senkrechten Komponente von $\mathbf{B}$ (Bild 2.37). Diese Beziehung wird in einfacher Weise durch das Vektorprodukt[1]

$$\mathbf{F} = Q\mathbf{v} \times \mathbf{B} \qquad (2.23)$$

ausgedrückt. Q ist jeweils die Ladung des Teilchens. In Band 2 wird Gl. (2.23) ausführlich besprochen.

rung des Ortsvektors in der Zeit. Die Differenz der beiden Ortsvektoren $\mathbf{r}(t_1)$ und $\mathbf{r}(t_2)$

$$\Delta\mathbf{r} = \mathbf{r}(t_2) - \mathbf{r}(t_1)$$

ist selbst wieder ein Vektor (Bild 2.40), der durch t_1 und t_2 vollständig bestimmt ist, sofern wir $\mathbf{r}$ als (Vektor-)Funktion einer einzigen skalaren Variablen t betrachten können. $\Delta\mathbf{r}$ stellt nach Bild 2.41 die Sehne $\overline{P_1 P_2}$ dar. Richtungsgleich mit $\Delta\mathbf{r}$ ist der Vektor

$$\frac{\Delta\mathbf{r}}{\Delta t},$$

---

[1] In CGS-Einheiten gilt

$$\mathbf{F} = \frac{Q}{c}\,\mathbf{v} \times \mathbf{B},$$

wobei c die Lichtgeschwindigkeit ist.

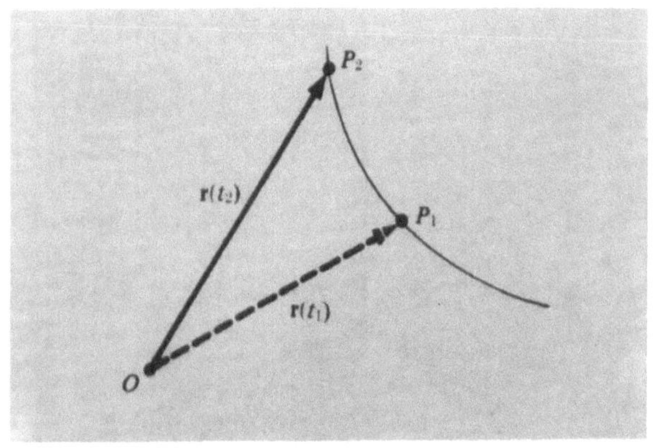

Bild 2.39. Das Teilchen ist zur Zeit t_2 zum Punkt P_2 vorgerückt

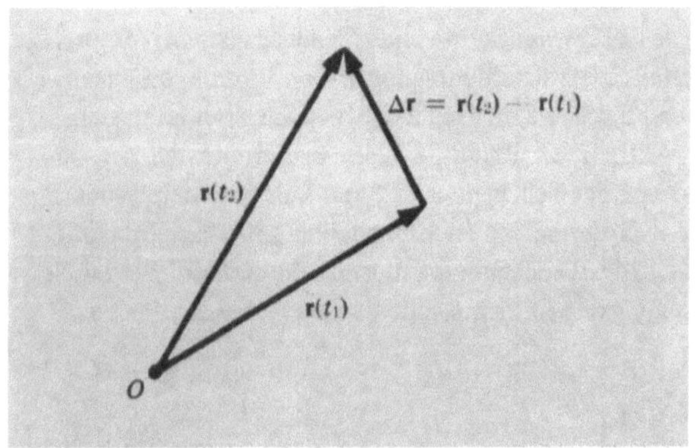

Bild 2.40. Der Vektor $\Delta\mathbf{r}$ ist die Differenz zwischen $\mathbf{r}(t_2)$ und $\mathbf{r}(t_1)$

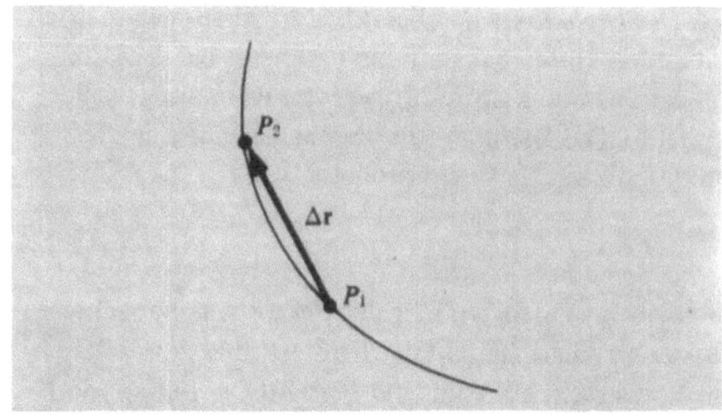

Bild 2.41. $\Delta\mathbf{r}$ ist die Sekante der Bahnkurve des Teilchens zwischen den Punkten P_1 und P_2

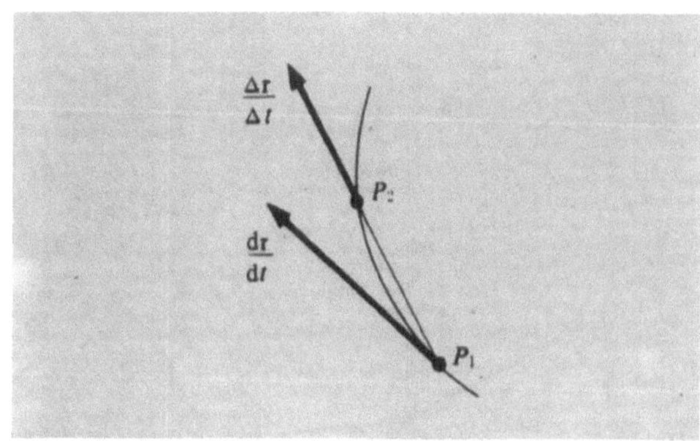

Bild 2.42. Für $\Delta t = t_2 - t_1 \to 0$ nähert sich der mit der Sehne richtungsgleiche Vektor $\Delta\mathbf{r}/\Delta t$ dem Geschwindigkeitsvektor $d\mathbf{r}/dt$ in P_1, dessen Richtung mit der Tangente an die Bahnkurve in P_1 übereinstimmt.

aber um $\frac{1}{\Delta t}$ gestreckt. Strebt Δt gegen 0, so nähert sich P_2 dem Punkt P_1 und damit die Sehne $\overline{P_1 P_2}$ der Tangente in P_1. Das bedeutet, auch der Vektor

$$\frac{\Delta\mathbf{r}}{\Delta t} \quad \text{nähert sich} \quad \frac{d\mathbf{r}}{dt}$$

einem Tangentenvektor an die Kurve in P_1 (Bild 2.42).

Geschwindigkeit. Der Vektor

$$\frac{d\mathbf{r}}{dt} = \lim_{\Delta t \to 0} \frac{\Delta\mathbf{r}}{\Delta t},$$

heißt *die Ableitung von* $\mathbf{r}$ *nach der Zeit* t. Die Geschwindigkeit $\mathbf{v}(t)$ ist definitionsgemäß gleich

$$\mathbf{v}(t) \equiv \frac{d\mathbf{r}}{dt}. \tag{2.24}$$

Der Betrag der Geschwindigkeit $v = |\mathbf{v}|$, die *Schnelligkeit* des Teilchens, ist ein Skalar. In Komponenten ausgedrückt schreiben wir

$$\mathbf{r}(t) = x(t)\,\hat{\mathbf{x}} + y(t)\,\hat{\mathbf{y}} + z(t)\,\hat{\mathbf{z}} \tag{2.25}$$

und

$$\boxed{\frac{d\mathbf{r}}{dt} = \mathbf{v} = \frac{dx}{dt}\,\hat{\mathbf{x}} + \frac{dy}{dt}\,\hat{\mathbf{y}} + \frac{dz}{dt}\,\hat{\mathbf{z}} = v_x\,\hat{\mathbf{x}} + v_y\,\hat{\mathbf{y}} + v_z\,\hat{\mathbf{z}}} \tag{2.26}$$

$$v = |\mathbf{v}| = \sqrt{v_x^2 + v_y^2 + v_z^2},$$

wobei wir angenommen haben, daß sich die Einheitsvektoren im Lauf der Zeit nicht ändern, so daß

$$\frac{d\hat{\mathbf{x}}}{dt} = 0 = \frac{d\hat{\mathbf{y}}}{dt} = \frac{d\hat{\mathbf{z}}}{dt}.$$

Der Ort eines Teilchens ist zu jeder Zeit t durch den Ortsvektor $\mathbf{r}(t)$ gegeben. Dann können wir $\mathbf{r}(t)$ in der Form

$$\mathbf{r}(t) = r(t)\,\hat{\mathbf{r}}(t)$$

darstellen. Der Skalar $r(t)$ bezeichnet die Länge des Vektors und $\hat{\mathbf{r}}(t)$ den Einheitsvektor in Richtung $\mathbf{r}$. Die Ableitung von $\mathbf{r}(t)$ nach der Zeit ist definiert als

$$\frac{d\mathbf{r}}{dt} = \frac{d}{dt}\,[r(t)\,\hat{\mathbf{r}}(t)] \tag{2.27}$$

$$= \lim_{\Delta t \to 0} \frac{r(t+\Delta t)\,\hat{\mathbf{r}}(t+\Delta t) - r(t)\,\hat{\mathbf{r}}(t)}{\Delta t}\ .$$

Durch Umformen des Zählers erhalten wir

$$\left[r(t) + \frac{dr}{dt}\,\Delta t\right]\left[\hat{\mathbf{r}}(t) + \frac{d\hat{\mathbf{r}}}{dt}\,\Delta t\right] - r(t)\,\hat{\mathbf{r}}(t)$$

$$= \Delta t\left[\frac{dr}{dt}\,\hat{\mathbf{r}} + r\,\frac{d\hat{\mathbf{r}}}{dt}\right] + (\Delta t)^2\left[\frac{dr}{dt}\,\frac{d\hat{\mathbf{r}}}{dt}\right]\ .$$

Beim Grenzübergang $\Delta t \to 0$ kann der letzte Term auf der rechten Seite vernachlässigt werden, und wir erhalten

$$\mathbf{v} = \frac{d\hat{\mathbf{r}}}{dt} = \frac{dr}{dt}\,\hat{\mathbf{r}} + r\,\frac{d\hat{\mathbf{r}}}{dt}\ . \tag{2.28}$$

Gl. (2.28) ist ein Beispiel für das allgemeine Gesetz der Ableitung eines Produktes aus einem Skalar $u(t)$ und einem Vektor $\mathbf{b}(t)$:

$$\frac{d}{dt}\,a\mathbf{b} = \frac{da}{dt}\,\mathbf{b} + a\,\frac{d\mathbf{b}}{dt}\ . \tag{2.29}$$

Der zweite Anteil an der Geschwindigkeit in Gl. (2.28) stellt die Änderung der Richtung, der erste die Längenänderung des Vektors $\mathbf{r}$ dar.

Da wir Gl. (2.28) oft benötigen werden, drücken wir hier $\mathbf{v}$ durch einen Einheitsvektor $\hat{\mathbf{r}}$ in radialer Richtung und einen darauf senkrechten Einheitsvektor $\hat{\theta}$ aus.

Um die Bedeutung dieser Einheitsvektoren klar zu machen, betrachten wir die Bewegung eines Massenpunkts auf einer Kreisbahn. In diesem Fall ändert sich der Einheitsvektor $\hat{\mathbf{r}}$ während Δt um $\Delta\hat{\mathbf{r}}$, wie Bild 2.43 zeigt. Wenn Δt gegen Null geht, nimmt $\Delta\hat{\mathbf{r}}$ die Richtung des Einheitsvektors $\hat{\theta}$ an (Bild 2.44).

Wenn Δt und daher auch $\Delta\theta$ gegen Null gehen, wird der Betrag

$$|\Delta\hat{\mathbf{r}}| = |\hat{\mathbf{r}}|\,\Delta\theta = \Delta\theta$$

(da $|\hat{\mathbf{r}}| = 1$) und der Vektor $\Delta\hat{\mathbf{r}}$ bzw. das Verhältnis $\Delta\hat{\mathbf{r}}/\Delta t$ nehmen die Werte

$$\Delta\hat{\mathbf{r}} = \Delta\theta\,\hat{\theta} \qquad \frac{\Delta\hat{\mathbf{r}}}{\Delta t} = \frac{\Delta\theta}{\Delta t}\,\hat{\theta}$$

an. Gehen wir zum Limes $\Delta t \to 0$ über, so erhalten wir

$$\frac{d\hat{\mathbf{r}}}{dt} = \frac{d\theta}{dt}\,\hat{\theta}. \tag{2.30}$$

Ähnliche Argumente (Bild 2.45) zeigen

$$\frac{d\hat{\theta}}{dt} = -\frac{d\theta}{dt}\,\hat{\mathbf{r}}\ . \tag{2.31}$$

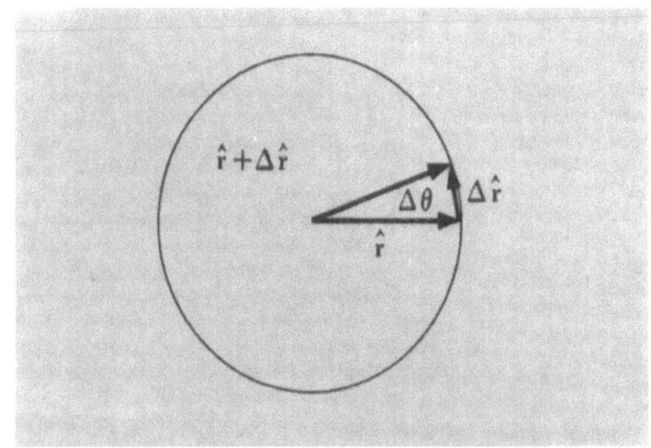

Bild 2.43. $\Delta\hat{\mathbf{r}}$ ist die Änderung des Einheitsvektors $\hat{\mathbf{r}}$

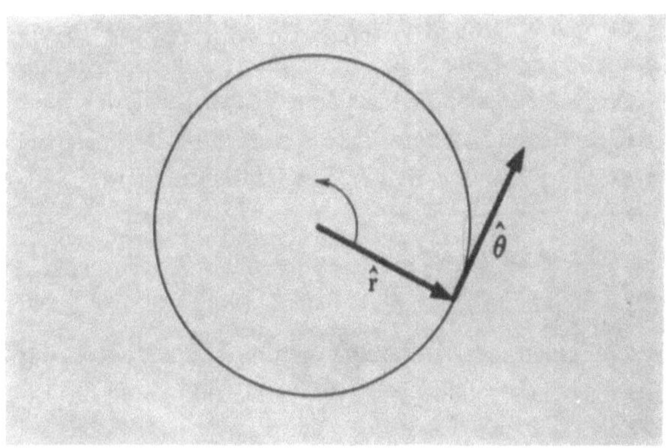

Bild 2.44. Der Einheitsvektor $\hat{\theta}$ steht normal auf $\hat{\mathbf{r}}$ und zeigt in Richtung zunehmenden θ

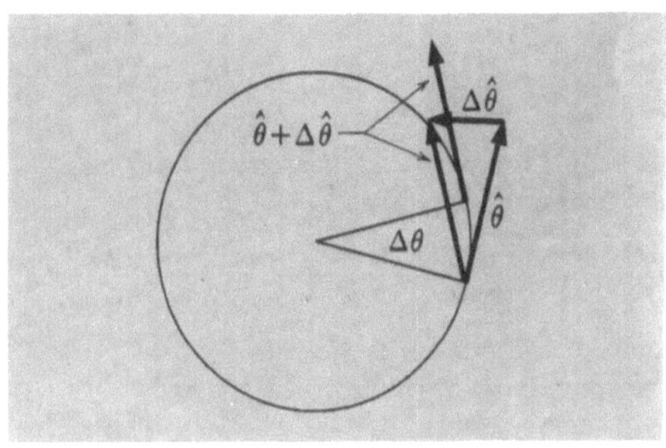

Bild 2.45. $\Delta\hat{\theta}$ ist die Änderung des Einheitsvektors $\hat{\theta}$

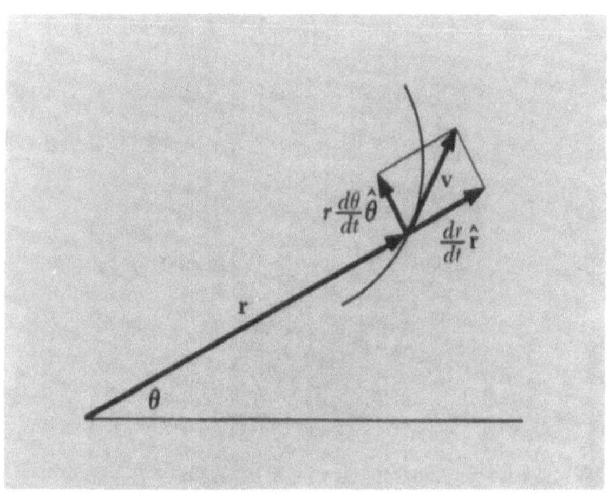

Bild 2.46. Die Komponenten des Geschwindigkeitsvektors,
ausgedrückt durch $\hat{\mathbf{r}}$ und $\hat{\theta}$

Wenn sich nun ein Massenpunkt in der Ebene auf beliebiger Bahn bewegt (Bild 2.46), so besteht sein Geschwindigkeitsvektor $\mathbf{v}$ zu jeder Zeit aus dem Vektor $(dr/dt)\cdot\hat{\mathbf{r}}$ in radialer Richtung und dem Vektor $r\,d\hat{\mathbf{r}}/dt = (r\,d\theta/dt)\,\hat{\theta}$ in transversaler Richtung. Gl. (2.28) entspricht daher

$$\mathbf{v} = \frac{d\mathbf{r}}{dt} = \frac{dr}{dt}\,\hat{\mathbf{r}} + r\frac{d\theta}{dt}\,\hat{\theta} \; . \tag{2.32}$$

Beschleunigung. Die Beschleunigung ist ein Vektor, der sich zu $\mathbf{v}$ ebenso verhält, wie $\mathbf{v}$ zu $\mathbf{r}$. Wir definieren die Beschleunigung durch

$$\mathbf{a} \equiv \frac{d\mathbf{v}}{dt} = \frac{d^2\mathbf{r}}{dt^2} \; . \tag{2.33}$$

Aus Gl. (2.26) erhalten wir in kartesischen Koordinaten

$$\mathbf{a} = \frac{d\mathbf{v}}{dt} = \frac{d^2x}{dt^2}\,\hat{\mathbf{x}} + \frac{d^2y}{dt^2}\,\hat{\mathbf{y}} + \frac{d^2z}{dt^2}\,\hat{\mathbf{z}} \; . \tag{2.34}$$

In Kapitel 9 werden wir $\mathbf{a}$ auch in $\mathbf{r}$ und θ ausgedrückt benötigen; aus Gl. (2.32) folgt

$$\frac{d\mathbf{v}}{dt} = \frac{d^2r}{dt^2}\,\hat{\mathbf{r}} + \frac{dr}{dt}\frac{d\hat{\mathbf{r}}}{dt} + \frac{dr}{dt}\frac{d\theta}{dt}\,\hat{\theta} + r\frac{d^2\theta}{dt^2}\,\hat{\theta} + r\frac{d\theta}{dt}\frac{d\hat{\theta}}{dt} \; .$$

Mit den Gln. (2.30) und (2.31) können wir $d\hat{\mathbf{r}}/dt$ und $d\hat{\theta}/dt$ eliminieren und erhalten

$$\mathbf{a} = \frac{d\mathbf{v}}{dt} = \frac{d^2r}{dt^2}\,\hat{\mathbf{r}} + \frac{dr}{dt}\frac{d\theta}{dt}\,\hat{\theta} + \frac{dr}{dt}\frac{d\theta}{dt}\,\hat{\theta} + r\frac{d^2\theta}{dt^2}\,\hat{\theta} - r\left(\frac{d\theta}{dt}\right)^2\,\hat{\mathbf{r}} \; .$$

Umordnen der Terme liefert schließlich

$$\mathbf{a} = \left[\frac{d^2r}{dt^2} - r\left(\frac{d\theta}{dt}\right)^2\right]\hat{\mathbf{r}} + \frac{1}{r}\left[\frac{d}{dt}\left(r^2\frac{d\theta}{dt}\right)\right]\hat{\theta} \tag{2.35}$$

Dieser Ausdruck kann auf die Kreisbewegung, besonders aber auf die Bewegung eines Teilchens in einem Zentralfeld angewendet werden (Kap. 9).

● **Beispiel:** *Die Kreisbewegung.* Dieses Beispiel (Bild 2.47) ist besonders wichtig, da die Kreisbewegung in Physik und Astronomie sehr häufig auftritt. Wir werden daher explizite Ausdrücke für die Geschwindigkeit und Beschleunigung eines Teilchens herleiten, das sich mit konstantem Geschwindigkeitsbetrag auf einem Kreis mit Radius r bewegt. Eine Kreisbahn kann durch

$$\mathbf{r}(t) = r\,\hat{\mathbf{r}}(t) \tag{2.36}$$

beschrieben werden, wobei r konstant ist und der Einheitsvektor $\hat{\mathbf{r}}$ gleichförmig rotiert.

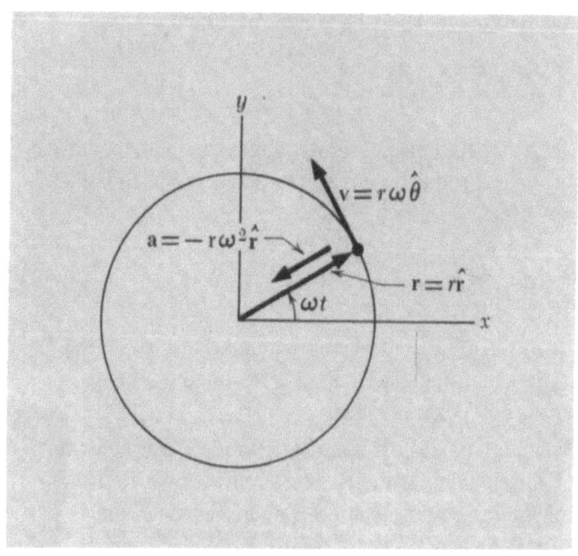

Bild 2.47. Ein Teilchen bewegt sich mit konstanter Geschwindigkeit auf einem Kreis mit dem Radius r. Die konstante Winkelgeschwindigkeit ist ω. Geschwindigkeit $\mathbf{v}$ und Beschleunigung $\mathbf{a}$ werden in den Gln. (2.36) bis (2.45) hergeleitet.

Wir können dieses Problem auf zwei Arten behandeln: In Polarkoordinaten unter Verwendung der Gln. (2.32) und (2.35), oder in kartesischen Koordinaten mit festen Achsenrichtungen $\hat{\mathbf{x}}$ und $\hat{\mathbf{y}}$ unter Verwendung der Gln. (2.26) und (2.34).

Methode 1: Da r konstant ist, erhalten wir aus Gl. (2.32)

$$\mathbf{v} = (r\,d\theta/dt)\,\hat{\theta} \; .$$

Man bezeichnet die Winkelgeschwindigkeit $d\theta/dt$ üblicherweise mit dem griechischen Buchstaben ω. Sie wird in rad/s gemessen [1]. Hier ist ω konstant und es gilt einfach $\mathbf{v} = r\,\omega\,\hat{\theta}$, so daß wir für den Betrag der Geschwindigkeit

$$v = \omega r \tag{2.37}$$

erhalten.

---

[1] Siehe dazu den mathematischen Anhang S. 34

Die Beschleunigung berechnen wir aus Gl. (2.35) und erhalten für konstantes r und $\omega = d\theta/dt$

$$\mathbf{a} = -r\,\omega^2\,\hat{\mathbf{r}}. \tag{2.38}$$

Der Betrag der Beschleunigung ist daher konstant; die Beschleunigung ist stets auf den Kreismittelpunkt hin gerichtet.

Methode 2: In kartesischen Koordinaten schreiben wir den Ortsvektor des Teilchens zu einem beliebigen Zeitpunkt t in der Form der Gl. (2.25)

$$\mathbf{r}(t) = r\cos\omega t\,\hat{\mathbf{x}} + r\sin\omega t\,\hat{\mathbf{y}}. \tag{2.39}$$

Aus Gl. (2.26) erhalten wir bei konstantem r für die Geschwindigkeit

$$\mathbf{v} = \frac{d\mathbf{r}}{dt} = -\omega r\sin\omega t\,\hat{\mathbf{x}} + \omega r\cos\omega t\,\hat{\mathbf{y}}. \tag{2.40}$$

Daraus berechnen wir den Geschwindigkeitsbetrag

$$v = \sqrt{\mathbf{v}\cdot\mathbf{v}} = \omega r\sqrt{\sin^2\omega t + \cos^2\omega t} = \omega r \tag{2.41}$$

in Übereinstimmung mit Gl. (2.37). Da das Skalarprodukt $\mathbf{v}\cdot\mathbf{r}$ verschwindet, steht $\mathbf{v}$ senkrecht auf $\mathbf{r}$.

Gemäß Gl. (2.34) finden wir die Beschleunigung als Zeitableitung der Geschwindigkeit $\mathbf{v}$. Die Ableitung von Gl. (2.40) ergibt

$$\begin{aligned}
\mathbf{a} = \frac{d\mathbf{v}}{dt} &= -\omega^2 r\cos\omega t\,\hat{\mathbf{x}} - \omega^2 r\sin\omega t\,\hat{\mathbf{y}} \\
&= -\omega^2(r\cos\omega t\,\hat{\mathbf{x}} + r\sin\omega t\,\hat{\mathbf{y}}) \\
&= -\omega^2\mathbf{r} = -\omega^2 r\hat{\mathbf{r}}.
\end{aligned} \tag{2.42}$$

Dies stimmt mit Gl. (2.38) der ersten Methode überein. Die Beschleunigung hat den konstanten Betrag $a = \omega^2 r$ und ist wegen des Faktors $-\hat{\mathbf{r}}$ auf den Kreismittelpunkt hin gerichtet. Mit $v = \omega r$ aus Gl. (2.41) finden wir für den Betrag der Beschleunigung

$$a = \frac{v^2}{r}\,. \tag{2.43}$$

Diese Beschleunigung heißt *Zentripetalbeschleunigung* und dürfte noch aus der Physik des Gymnasiums bekannt sein.

Die Kreisfrequenz ω hängt mit der gewöhnlichen Frequenz f in einfacher Weise zusammen. In der Zeit t überstreicht der Vektor $\hat{\mathbf{r}}$ aus Gl. (2.39) den Bogen ωt. Die Frequenz f ist aber definiert als die Anzahl der Zyklen, die je Zeiteinheit durchlaufen werden. Da in einem Umlauf der Bogen 2π beträgt, erhalten wir

$$2\pi f = \omega.$$

Die *Periode* T der Bewegung ist definiert als die für einen vollen Umlauf benötigte Zeit. Aus Gl. (2.39) entnehmen wir, daß für sie $\omega T = 2\pi$ oder

$$T = \frac{2\pi}{\omega} = \frac{1}{f}$$

gelten muß.

Betrachten wir dazu ein Zahlenbeispiel: Die Frequenz f betrage 60 Schwingungen je Sekunde oder 60 Hz. Dann erhalten wir für die Periode T den Wert

$$T = \frac{1}{f} = \frac{1}{60\ \mathrm{s}^{-1}} \approx 0{,}017\ \mathrm{s}$$

und für die Kreisfrequenz

$$\omega = 2\pi f \approx 377\ \mathrm{rad/s}.$$

Bei einer Kreisbahn mit dem Radius $r = 10$ cm ergibt sich die Geschwindigkeit v zu

$$v = \omega r \approx 377\cdot 10\ \mathrm{cm/s} \approx 38\ \mathrm{m/s}$$

und die Beschleunigung a in jedem Punkt der Umlaufbahn ist

$$a = \omega^2 r \approx (3{,}8\cdot 10^2)^2\cdot 10\ \mathrm{cm/s^2} \approx 10^4\ \mathrm{m/s^2}.$$

In Kapitel 4 werden wir an einem Beispiel zeigen, daß die aus der Erdrotation resultierende Beschleunigung eines Punktes am Äquator etwa $3{,}4\ \mathrm{cm/s^2}$ beträgt. ●

2.5. Invarianten

Wir haben bereits erwähnt, daß die Unabhängigkeit der physikalischen Gesetze von der Wahl der Koordinaten ein wesentlicher Zug der Physik und auch ein wesentlicher Grund für die Benützung von Vektoren ist. Betrachten wir den Betrag eines Vektors in zwei verschiedenen Koordinatensystemen, die gegeneinander verdreht sind (Bild 2.48). Es gilt

$$\mathbf{A} = A_x\hat{\mathbf{x}} + A_y\hat{\mathbf{y}} + A_z\hat{\mathbf{z}}$$

bzw.

$$\mathbf{A} = A_x'\hat{\mathbf{x}}' + A_y'\hat{\mathbf{y}}' + A_z'\hat{\mathbf{z}}'$$

Da $\mathbf{A}$ gleich bleibt, muß A^2 unverändert bleiben:

$$A_x^2 + A_y^2 + A_z^2 = A_x'^2 + A_y'^2 + A_z'^2\,.$$

Der Betrag eines Vektors ist also in allen kartesischen Koordinatensystemen gleich, die sich nur durch eine starre Drehung ihrer Koordinatenachsen unterscheiden. Man sagt, daß A^2 *invariant* unter Drehungen des Koordinatensystems

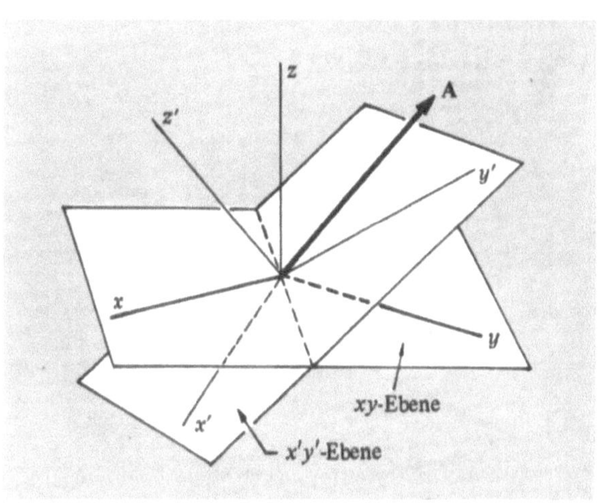

Bild 2.48. Der Vektor $\mathbf{A}$ läßt sich in xyz- oder in $x'y'z'$-Koordinaten darstellen, die aus xyz durch beliebige Rotation hervorgehen. Wir sagen A^2 ist eine Forminvariante bezüglich der Rotation. Das bedeutet $A_x^2 + A_y^2 + A_z^2 = A_{x'}^2 + A_{y'}^2 + A_{z'}^2$.

ist, und nennt derartige Größen *Forminvariante*. Übung 20 erlaubt es, die Invarianz von A^2 explizit zu überprüfen. Der Definition nach ist auch das Skalarprodukt eine Forminvariante, ebenso der Betrag eines Vektorprodukts. Wir haben dabei angenommen, daß keine Maßstabsänderungen vorgenommen wurden, nur dann bleibt die Länge der Einheit bei dem Wechsel des Koordinatensystems ungeändert.

Wir sprechen bisweilen von einer skalaren Ortsfunktion – z.B. der der Temperatur $T(x, y, z)$ im Punkte (x, y, z) – als einem *skalaren Feld*. Ähnlich sprechen wir bei einem Vektor, dessen Wert eine Funktion des Ortes ist – wie z.B. die Geschwindigkeit $\mathbf{v}(x, y, z)$ am Ort (x, y, z) – von einem *Vektorfeld*. Ein großer Teil der Vektoranalysis beschäftigt sich mit skalaren Feldern und Vektorfeldern und speziell mit vektoriellen Differentialoperationen, die wir in Band 2 ausführlich behandeln.

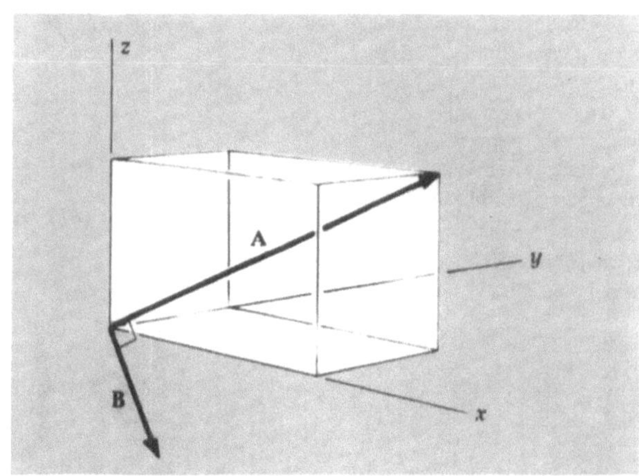

Bild 2.50. Der Vektor **B** liegt in der xy-Ebene und steht senkrecht auf **A**

● **Beispiele elementarer Vektoroperationen.** Betrachten wir den Vektor (Bild 2.49)

$$\mathbf{A} = 3\hat{\mathbf{x}} + \hat{\mathbf{y}} + 2\hat{\mathbf{z}}.$$

a) Gesucht ist die Länge von **A**. Wir bilden A^2:

$$A^2 = \mathbf{A} \cdot \mathbf{A} = 3^2 + 1^2 + 2^2 = 14,$$

woraus $A = \sqrt{14}$ folgt.

b) Gesucht ist die Länge der Projektion von **A** auf die xy-Ebene. Der Projektionsvektor ist $3\hat{\mathbf{x}} + \hat{\mathbf{y}}$; seine Länge ergibt sich zu $\sqrt{3^2 + 1^2} = \sqrt{10}$.

c) Welcher Vektor in der xy-Ebene steht senkrecht auf **A**? Der gesuchte Vektor habe die Form

$$\mathbf{B} = B_x\hat{\mathbf{x}} + B_y\hat{\mathbf{y}}$$

(Bild 2.50) und genüge der Bedingung $\mathbf{A} \cdot \mathbf{B} = 0$ bzw. nach Einsetzen

$$(3\hat{\mathbf{x}} + \hat{\mathbf{y}} + 2\hat{\mathbf{z}}) \cdot (B_x\hat{\mathbf{x}} + B_y\hat{\mathbf{y}}) = 0.$$

Wir erhalten

$$3B_x + B_y = 0 \quad \text{oder} \quad \frac{B_y}{B_x} = -3.$$

Zur Bestimmung der Länge des Vektors **B** reichen die Angaben der Aufgabenstellung nicht aus.

d) Gesucht ist der Einheitsvektor in Richtung **B**. Es muß gelten

$$\hat{B}_x^2 + \hat{B}_y^2 = 1$$

oder

$$\hat{B}_x^2 (1^2 + 3^2) = 10\,\hat{B}_x^2 = 1.$$

Daraus folgt

$$\mathbf{B} = \sqrt{\tfrac{1}{10}}\,\hat{\mathbf{x}} - \sqrt{\tfrac{9}{10}}\,\hat{\mathbf{y}} = \frac{\hat{\mathbf{x}} - 3\hat{\mathbf{y}}}{\sqrt{10}}\ .$$

e) Gesucht ist das Skalarprodukt von **A** mit dem Vektor $\mathbf{C} = 2\hat{\mathbf{x}}$ (Bild 2.51). Wir können direkt ablesen $(2) \cdot (3) = 6$.

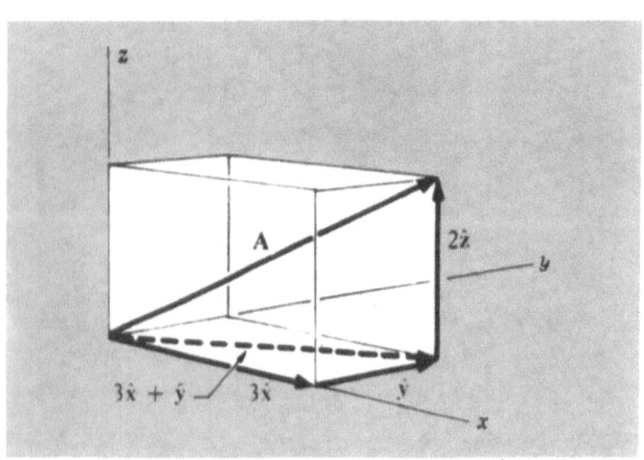

Bild 2.49. Der Vektor $\mathbf{A} = 3\hat{\mathbf{x}} + \hat{\mathbf{y}} + 2\hat{\mathbf{z}}$ und seine Projektion auf die xy-Ebene

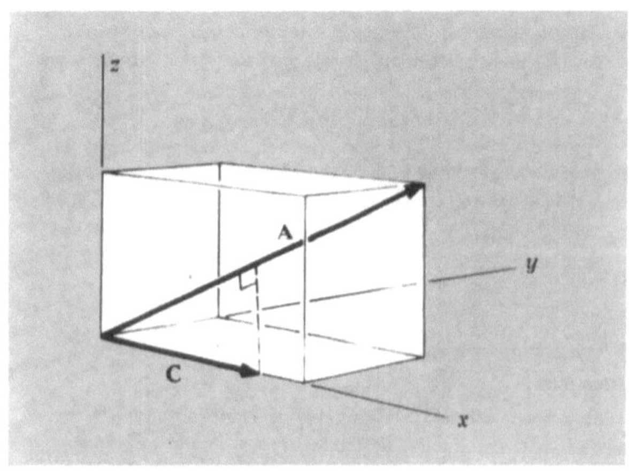

Bild 2.51. Projektion von $\mathbf{C} = 2\hat{\mathbf{x}}$ auf den Vektor **A**. $\mathbf{A} \cdot \mathbf{C} = $ (Projektion von **C** auf **A**) mal A.

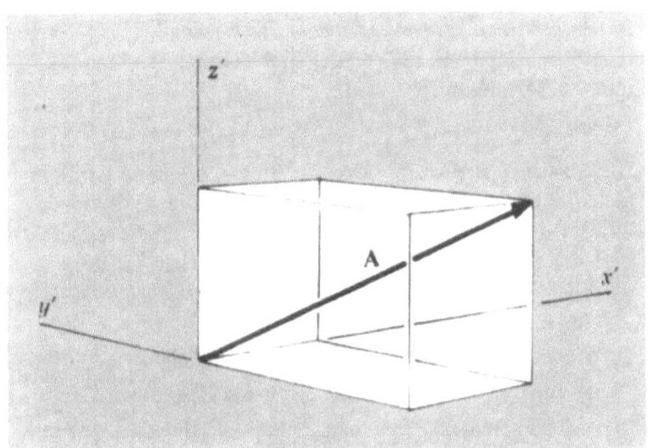

Bild 2.52. Das Bezugssystem x', y', z' wird aus dem System
x, y, z durch Rotation von $+\pi/2$ um die z-Achse erzeugt

f) Wir suchen die Form von **A** und **C** in einem Bezugssystem, das
aus dem alten durch Rotation um die z-Achse mit dem Rotationswinkel $\frac{\pi}{2}$ gegen den Uhrzeigersinn entstanden ist (Bild 2.52).
Zwischen den neuen Einheitsvektoren $\hat{x}', \hat{y}', \hat{z}'$ und den alten
$\hat{x}, \hat{y}, \hat{z}$ besteht dann die Beziehung

$$\hat{x}' = \hat{y}; \quad \hat{y}' = -\hat{x}; \quad \hat{z}' = \hat{z}.$$

An die Stelle von $\hat{x}$ ist nun $-\hat{y}'$ gerückt, und x' nimmt den
Platz von $+y$ ein, so daß sich

$$\mathbf{A} = \hat{x}' - 3\hat{y}' + 2\hat{z}'; \quad \mathbf{C} = -2\hat{y}'$$

ergibt.

g) Wie groß ist das Skalarprodukt $\mathbf{A} \cdot \mathbf{C}$ in dem neuen Koordinatensystem? Aus dem Ergebnis von f) erhalten wir $(-3) \cdot (-2) = 6$,
genau wie vorher.

h) Gesucht ist das Vektorprodukt $\mathbf{A} \times \mathbf{C}$. Wir erhalten in dem
ursprünglichen System

$$\begin{vmatrix} \hat{x} & \hat{y} & \hat{z} \\ 3 & 1 & 2 \\ 2 & 0 & 0 \end{vmatrix} = 4\hat{y} - 2\hat{z}.$$

Durch Bildung der Skalarprodukte läßt sich leicht bestätigen,
daß dieser Vektor senkrecht sowohl zu **A** wie zu **C** ist.

i) Bilden Sie den Vektor $\mathbf{A} - \mathbf{C}$ (Bild 2.53). Wir erhalten

$$\mathbf{A} - \mathbf{C} = (3-2)\hat{x} + \hat{y} + 2\hat{z} = \hat{x} + \hat{y} + 2\hat{z}.$$

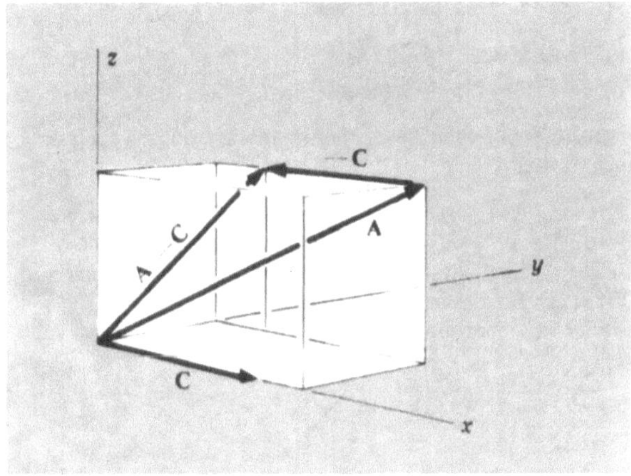

Bild 2.53. Der Vektor $\mathbf{A} - \mathbf{C}$

2.6. Übungen

1. *Ortsvektoren.* Die x-Achse zeige nach Osten, die y-Achse nach
   Norden und die z-Achse aufwärts. Welche Vektoren entsprechen
   folgenden Punkten:
   a) 10 km Nordost und 2 km aufwärts,
   b) 5 m Südost und 5 m nach unten,
   c) 1 cm Nordwest und 6 cm aufwärts.

   Bestimmen Sie den Betrag jedes Vektors und den zugehörigen
   Einheitsvektor.

2. *Vektorkomponenten.* Bestimmen Sie im Koordinatensystem
   des vorhergehenden Problems die Koordinaten folgender Ortsvektoren:
   a) Vom Ursprung zu einem Punkt in der Horizontalebene, der
      im Abstand 5 m in südöstlicher Richtung liegt,
   b) eines Punktes im Abstand von 15 m vom Ursprung, der in
      Richtung WWN liegt und dessen Ortsvektor unter dem
      Winkel 45° nach oben zeigt.

3. *Addition von Vektoren.* Zeichnen Sie das Ergebnis der folgenden Vektoradditionen:
   a) Addieren Sie einen Vektor von 2 cm Länge und Richtung
      Ost zu einem zweiten von 3 cm Länge mit Richtung Nordwest.
   b) Addieren Sie einen Vektor der Länge 8 cm in Richtung Ost
      zu einem der Länge 12 cm in Richtung Nordwest.
   c) Vergleichen Sie die Ergebnisse von a) und b) und formulieren
      Sie einen Satz über die Addition von Vektoren, die Mehrfache
      eines zweiten Paares sind.

4. *Multiplikation mit einem Skalar.* Gegeben sind zwei Vektoren
   $\mathbf{A} = 2{,}0$ cm mit der Richtung 70° östlich von Nord und
   $\mathbf{B} = 3{,}5$ cm mit der Richtung 130° östlich von Nord.
   Benutzen Sie für die folgenden Lösungen zweckmäßigerweise
   Polarkoordinatenpapier.
   a) Zeichnen Sie die oben beschriebenen Vektoren und zwei
      weitere von 2,5-facher Länge.
   b) Multiplizieren Sie **A** mit -2 und **B** mit $+3$ und bilden Sie
      die Vektorsumme.
      Lösung: 9,4 cm bei 150°.
   c) Zeichnen Sie einen Punkt 10 cm nördlich des Ursprungs.
      Suchen Sie Mehrfache von **A** und **B**, deren Vektorsumme
      gleich dem Vektor vom Ursprung zu diesem Punkt ist.
   d) Lösen Sie b) und c) analytisch.

5. *Skalar- und Vektorprodukt zweier Vektoren.* Gegeben sind
   zwei Vektoren $\mathbf{a} = 3\hat{x} + 4\hat{y} - 5\hat{z}$ und $\mathbf{b} = -\hat{x} + 2\hat{y} + 6\hat{z}$.
   Berechnen Sie mit Hilfe der Vektorrechnung:
   a) Die Länge beider Vektoren;
      Lösung: $a = \sqrt{50}; \quad b = \sqrt{41};$
   b) das Skalarprodukt $\mathbf{a} \cdot \mathbf{b}$;
      Lösung: $-25;$
   c) den von ihnen eingeschlossenen Winkel;
      Lösung: 123,5°;
   d) die Richtungskosinusse beider Vektoren;
   e) die Vektorsumme und -differenz $\mathbf{a} + \mathbf{b}$ und $\mathbf{a} - \mathbf{b}$;
      Lösung: $\mathbf{a} + \mathbf{b} = 2\hat{x} + 6\hat{y} + \hat{z};$
   f) das Vektorprodukt $\mathbf{a} \times \mathbf{b}$;
      Lösung: $34\hat{x} - 13\hat{y} + 10\hat{z}.$

6. *Vektoralgebra.* Gegeben sind zwei Vektoren durch die Beziehungen $\mathbf{a} + \mathbf{b} = 11\hat{\mathbf{x}} - \hat{\mathbf{y}} + 5\hat{\mathbf{z}}$ und $\mathbf{a} - \mathbf{b} = -5\hat{\mathbf{x}} + 11\hat{\mathbf{y}} + 9\hat{\mathbf{z}}$:

   a) Bestimmen Sie $\mathbf{a}$ und $\mathbf{b}$.

   b) Bestimmen Sie den von $\mathbf{a}$ und $(\mathbf{a} + \mathbf{b})$ eingeschlossenen Winkel mit Hilfe der Vektorrechnung.

7. *Zusammensetzung von Geschwindigkeiten.* In ruhendem Wasser kann ein Mann ein Boot mit 8 km/h rudern.

   a) Mit welcher Geschwindigkeit und in welche Richtung rudert er, wenn er einen Fluß quer zur Strömungsrichtung kreuzt, der mit 3 km/h fließt?

   b) In welche Richtung muß er rudern, um bei der Überquerung des Flusses nicht abgetrieben zu werden? Wie groß ist seine Geschwindigkeit relativ zum Ufer?

8. *Zusammensetzung von Geschwindigkeiten.* Der Pilot eines Flugzeugs möchte einen Punkt 400 km östlich seiner gegenwärtigen Position erreichen. Ein Wind bläst mit einer Geschwindigkeit von 60 km/h von Nordwest. Berechnen Sie seine vektorielle Geschwindigkeit unter Berücksichtigung der Windgeschwindigkeit, wenn er seinen Bestimmungsort in 40 min erreichen muß.

   Lösung: $\mathbf{v} = (588\hat{\mathbf{x}} + 42\hat{\mathbf{y}})$ km/h; $\hat{\mathbf{x}} = $ Ost, $\hat{\mathbf{y}} = $ Nord.

9. *Vektoroperationen; der relative Lagevektor.* Aus einer gemeinsamen Quelle werden zwei Teilchen emittiert. Nach einer bestimmten Zeit haben sie folgende Punkte erreicht:

   $\mathbf{r}_1 = 4\hat{\mathbf{x}} + 3\hat{\mathbf{y}} + 8\hat{\mathbf{z}}$; $\mathbf{r}_2 = 2\hat{\mathbf{x}} + 10\hat{\mathbf{y}} + 5\hat{\mathbf{z}}$.

   a) Skizzieren Sie die Lage beider Teilchen, und geben Sie die Verschiebung $\mathbf{r}$ des zweiten Teilchens relativ zum ersten an.

   b) Bestimmen Sie den Betrag jedes der drei Vektoren mit Hilfe des Skalarprodukts.

   Lösung: $r_1 = 9{,}4$; $r_2 = 11{,}3$; $r = 7{,}9$.

   c) Berechnen Sie die eingeschlossenen Winkel zu allen möglichen Paaren aus den drei Vektoren.

   d) Berechnen Sie die Projektion von $\mathbf{r}$ auf $\mathbf{r}_1$.

   Lösung: $-1{,}2$.

   e) Berechnen Sie das Vektorprodukt $\mathbf{r}_1 \times \mathbf{r}_2$.

   Lösung: $-65\hat{\mathbf{x}} - 4\hat{\mathbf{y}} + 34\hat{\mathbf{z}}$.

10. *Größte Annäherung zweier Teilchen.* Zwei Teilchen 1 und 2 wandern entlang der x- bzw. y-Achse mit den Geschwindigkeiten $\mathbf{v}_1 = 2\hat{\mathbf{x}}$ cm/s und $\mathbf{v}_2 = 3\hat{\mathbf{y}}$ cm/s. Zum Zeitpunkt $t = 0$ befinden sie sich bei $x_1 = -3$ cm, $y_1 = 0$; $x_2 = 0$, $y_2 = -3$ cm.

    a) Der Vektor $\mathbf{r}_2 - \mathbf{r}_1$ gibt die Lage des Teilchens 2 relativ zum Teilchen 1 an. Bestimmen Sie ihn als Funktion der Zeit.

    Lösung: $\mathbf{r} = [(3 - 2t)\hat{\mathbf{x}} + (3t - 3)\hat{\mathbf{y}}]$ cm.

    b) Wann und wo haben die Teilchen den geringsten Abstand voneinander?

    Lösung: $t = 1{,}15$ s.

11. *Raumdiagonalen eines Würfels.* Wie groß ist der Winkel zwischen zwei sich schneidenden Raumdiagonalen eines Würfels? (Eine *Raumdiagonale* verbindet zwei Ecken und verläuft durch das Innere des Würfels. Eine *Flächendiagonale* verbindet ebenfalls zwei Ecken, läuft aber über eine Fläche des Würfels.)

12. *Bedingung für $\mathbf{a} \perp \mathbf{b}$.* Zeigen Sie, daß $\mathbf{a}$ dann senkrecht zu $\mathbf{b}$ steht, wenn $|\mathbf{a} + \mathbf{b}| = |\mathbf{a} - \mathbf{b}|$ ist.

13. *Parallele und orthogonale Vektoren.* Bestimmen Sie x und y so, daß die Vektoren $\mathbf{A} = x\hat{\mathbf{x}} + 3\hat{\mathbf{y}}$ und $\mathbf{B} = 2\hat{\mathbf{x}} + y\hat{\mathbf{y}}$ beide normal auf $\mathbf{C} = 5\hat{\mathbf{x}} + 6\hat{\mathbf{y}}$ stehen. Zeigen Sie, daß $\mathbf{A}$ und $\mathbf{B}$ parallel sind. Gilt auch in 3 Dimensionen, daß zwei Vektoren die normal auf einen dritten stehen, notwendig parallel sind?

14. *Das Volumen eines Parallelepipeds.* Bestimmen Sie das Volumen eines Parallelepipeds, das von den drei Vektoren $\hat{\mathbf{x}} + 2\hat{\mathbf{y}}$, $4\hat{\mathbf{y}}$ und $\hat{\mathbf{y}} + 3\hat{\mathbf{z}}$ aufgespannt wird.

    Lösung: 12.

15. *Gleichgewicht der Kräfte.* Drei Kräfte $\mathbf{F}_1, \mathbf{F}_2$ und $\mathbf{F}_3$ wirken gleichzeitig auf ein punktförmiges Teilchen. Die resultierende Kraft $\mathbf{F}_R$ ist einfach die Vektorsumme der Kräfte. Das Teilchen befindet sich im Gleichgewicht, wenn $\mathbf{F}_R$ verschwindet.

    a) Zeigen Sie, daß im Gleichgewichtszustand die drei Vektoren ein Dreieck bilden.

    b) Kann für $\mathbf{F}_R = 0$ einer der drei Vektoren außerhalb der Ebene liegen, die von den anderen beiden aufgespannt wird?

    c) Auf ein an einem Faden hängendes Teilchen wirkt eine senkrecht nach unten gerichtete Kraft von 10 N. Der Faden ist aus der Vertikalen um 0,1 rad ausgelenkt, und die Fadenspannung beträgt 15 N; das Teilchen kann so nicht im Gleichgewicht sein. Welche dritte Kraft wäre für den Gleichgewichtszustand erforderlich? Ist die Lösung eindeutig?

16. *Die Verschiebungsarbeit.* Zwei konstante Kräfte $\mathbf{F}_1 = (\hat{\mathbf{x}} + 2\hat{\mathbf{y}} + 3\hat{\mathbf{z}})$ N und $\mathbf{F}_2 = (4\hat{\mathbf{x}} - 5\hat{\mathbf{y}} - 2\hat{\mathbf{z}})$ N wirken zusammen auf ein Teilchen, das sich vom Punkt $A\,(20, 15, 0)$ m zum Punkt $B\,(0, 0, 7)$ m bewegt.

    a) Welche Arbeit in J wird an dem Teilchen verrichtet? Die Arbeit (siehe Kapitel 5) ergibt sich aus $\mathbf{F} \cdot \mathbf{r}$, wobei $\mathbf{F}$ die Resultierende (hier $\mathbf{F} = \mathbf{F}_1 + \mathbf{F}_2$) und $\mathbf{r}$ die Auslenkung ist.

    Lösung: -48 J.

    b) Nehmen wir an, dieselben Kräfte wirken, aber die Bewegung geht diesmal von $\mathbf{B}$ nach $\mathbf{A}$. Welche Arbeit wird dann an dem Teilchen verrichtet?

    c) Berechnen Sie die Arbeit der beiden Kräfte einzeln.

17. *Das Drehmoment um einen Punkt.* Das Drehmoment $\mathbf{N}$ einer Kraft $\mathbf{F}$ um einen gegebenen Punkt ergibt sich aus $\mathbf{r} \times \mathbf{F}$, wobei $\mathbf{r}$ der Vektor vom gegebenen Punkt zum Angriffspunkt von $\mathbf{F}$ ist. Gegeben ist eine Kraft $\mathbf{F} = (-3\hat{\mathbf{x}} + \hat{\mathbf{y}} + 5\hat{\mathbf{z}})$ N, die am Ort $(7\hat{\mathbf{x}} + 3\hat{\mathbf{y}} + \hat{\mathbf{z}})$ m angreift. Beachten Sie, daß $\mathbf{F} \times \mathbf{r} = -\mathbf{r} \times \mathbf{F}$ gilt

    a) Wie groß ist das Drehmoment um den Ursprung? (Geben Sie das Ergebnis für $\mathbf{N}$ als Linearkombination von $\hat{\mathbf{x}}, \hat{\mathbf{y}}$ und $\hat{\mathbf{z}}$ an.)

    Lösung: $(14\hat{\mathbf{x}} - 38\hat{\mathbf{y}} + 16\hat{\mathbf{z}})$ Nm.

    b) Wie groß ist das Drehmoment um den Punkt $(0, 10, 0)$?

    Lösung: $(-36\hat{\mathbf{x}} - 38\hat{\mathbf{y}} - 14\hat{\mathbf{z}})$ Nm.

18. *Geschwindigkeit und Beschleunigung: Vektordifferentiation.* Bestimmen Sie die Geschwindigkeit und Beschleunigung eines Massenpunkts mit dem Ortsvektor (t ist die Zeit)

    a) $\mathbf{r} = 16t\hat{\mathbf{x}} + 25t^2\hat{\mathbf{y}} + 33\hat{\mathbf{z}}$

    b) $\mathbf{r} = 10 \sin(15t) \cdot \hat{\mathbf{x}} + 35t\hat{\mathbf{y}} + \exp(6t) \cdot \hat{\mathbf{z}}$

    (Ableitungen finden Sie im Mathematischen Anhang am Ende des Kapitels)

19. *Zufällige Bewegung.* Ein Teilchen beschreibt im Raum einen Weg der aus N gleichen Teilschritten besteht, jeder von der Länge s. Die Richtung jedes Teilschritts im Raum ist völlig zufällig, d.h., zwischen zwei beliebigen Schritten besteht keinerlei Beziehung oder Korrelation. Die gesamte Verschiebung ist dann

$$\mathbf{S} = \sum_{i=1}^{N} \mathbf{s}_i\,.$$

Zeigen Sie, daß für das mittlere Verschiebungsquadrat zwischen Anfangs- und Endposition $\langle S^2 \rangle = Ns^2$ gilt, wobei $\langle\,\rangle$ den Mittelwert bezeichnet. [*Hinweis:* Die Annahme, daß die Richtung jedes Teilschritts von der Richtung jedes anderen unabhängig ist, bedeutet, daß $\langle \mathbf{s}_i \cdot \mathbf{s}_j \rangle$ für alle $i \neq j$ verschwindet.]

20. *Invarianz.* Betrachten Sie einen Vektor **A** in einem kartesischen Koordinatensystem mit den Einheitsvektoren $\hat{\mathbf{x}}$, $\hat{\mathbf{y}}$ und $\hat{\mathbf{z}}$. Dieses System wird um den Winkel θ um die z-Achse verdreht.

   a) Drücken Sie die neuen Einheitsvektoren $\hat{\mathbf{x}}'$, $\hat{\mathbf{y}}'$ und $\hat{\mathbf{z}}'$ durch $\hat{\mathbf{x}}, \hat{\mathbf{y}}, \hat{\mathbf{z}}$ und θ aus.

   b) Finden Sie die Relationen zwischen den alten und den neuen Koordinaten des Vektors **A**.

   c) Zeigen Sie, daß $A_{x'}'^2 + A_{y'}'^2 + A_{z'}'^2 = A_x^2 + A_y^2 + A_z^2$.

   (Das entsprechende Problem einer allgemeinen Drehung im Dreidimensionalen ist kompliziert. Man kann z.B. die neun Richtungskosinusse benutzen, unter denen sechs Relationen bestehen; drei davon drücken die Orthogonalität der Achsenrichtungen aus, die anderen drei besagen, daß die Quadratsumme von Richtungskosinussen stets gleich Eins ist.)

2.7. Mathematischer Anhang

Zeitableitungen, Geschwindigkeit und Beschleunigung.
Die Dynamik behandelt die Bewegung von Teilchen und Körpern. Dabei verändern sich die Größen, die wir zur Beschreibung der betrachteten Systeme verwenden, im Laufe der Zeit. Zur Diskussion der Bewegung eines Systems werden wir zumeist kartesische Koordinaten x, y, z, aber auch Polarkoordinaten und Zylinderkoordinaten benutzen. Diese Koordinatensysteme sind am Ende dieses Abschnitts beschrieben.

Zur Festlegung der Bewegung eines Systems müssen wir die drei Koordinaten x, y, z als Funktionen der Zeit angeben. Bild 2.54 zeigt z.B. x als Funktion von t. Die Veränderungen von x werden durch den Anstieg dieser Kurve charakterisiert. Zwischen A und B nimmt x gleichmäßig zu und der Anstieg der Kurve, also der Tangens des Winkels zwischen Kurve und t-Achse, ist konstant. Zwischen B und C ist die Kurve parallel zur t-Achse, der Anstieg ist gleich Null. Hier ändert sich x nicht, was den Zusammenhang zwischen dem Anstieg und der Geschwindigkeit in der x-Richtung andeutet. Zwischen C und D ist der Anstieg

negativ und x nimmt ab. Bei D geht der Anstieg durch Null und wird anschließend positiv. In Gl. (2.26) haben wir die Geschwindigkeit in x-Richtung durch dx/dt definiert, was genau der Definition des Anstiegs entspricht. Es ist wesentlich, daß die Geschwindigkeitskomponente in einer beliebigen Richtung positiv oder negativ sein kann.

Die Dimension der Geschwindigkeit ist Länge dividiert durch Zeit, in SI-Einheiten also m/s.

Es wäre sehr aufwendig, jede Bewegung graphisch darzustellen. Üblicherweise gibt man daher nur den funktionellen Zusammenhang zwischen x, y, z und der Zeit t an. Eine derartige Relation ist beispielsweise $x = vt$. Hierbei ist $dx/dt = v$, die Geschwindigkeit ist daher die Konstante v. Ein anderes Beispiel ist $x = \frac{1}{2} a t^2$; wir erhalten $dx/dt = at = v$. Welcher Graph ergibt sich, wenn man die Geschwindigkeit v als Funktion der Zeit aufträgt? Welche Steigung hat diese Kurve? Diese Steigung haben wir bereits in Gl. (2.33) diskutiert und wissen, daß sie die Beschleunigung in der x-Richtung angibt, $d^2x/dt^2 = dv/dt = a$.

Beim Differenzieren ist es wichtig, nicht die Kettenregel zu vergessen. Beispielsweise ist die Ableitung eines Produkts gleich der Ableitung des ersten Faktors mal den anderen Faktoren plus der Ableitung des zweiten Faktors mal den anderen Faktoren usw.

Berechnen Sie als Beispiel die Geschwindigkeit und die Beschleunigung für folgende Bewegung:

$$x = 35t \qquad\qquad x = 5\cos 8t \qquad\qquad x = t^2 \sin 6t$$
$$y = \tfrac{1}{2} A t^2 \qquad\qquad y^2 = 25t \qquad\qquad y = t^{\frac{1}{2}} \tan 5t$$
$$z = \tfrac{1}{2} C t^4 + \tfrac{1}{4} D t^3 \qquad z = 7\,\mathrm{e}^{-t} \qquad\qquad z = A \ln t\,.$$

Dabei werden Sie die Ableitungen der Winkelfunktionen benötigen, z.B.

$$
\begin{aligned}
\frac{d}{dt} \sin t &= \lim_{\Delta t \to 0} \frac{\sin(t + \Delta t) - \sin t}{\Delta t} \\
&= \lim_{\Delta t \to 0} \frac{\sin t \cos \Delta t + \cos t \sin \Delta t - \sin t}{\Delta t} \\
&= \lim_{\Delta t \to 0} \frac{\sin t + \cos t\, \Delta t - \sin t}{\Delta t} \\
&= \cos t\,. \qquad\qquad\qquad (2.44)
\end{aligned}
$$

$\sin \Delta t$ und $\cos \Delta t$ finden Sie in den Gln. (2.49) und (2.50). Ebenso zeigt man

$$\frac{d}{dt} \cos t = - \sin t\,. \qquad\qquad (2.45)$$

Um $\sin \omega t$ zu differenzieren, setzen wir $\omega t = z$:

$$\frac{d}{dt} \sin \omega t = \frac{d}{dz} \sin z \, \frac{dz}{dt} = \omega \cos z = \omega \cos \omega t\,. \qquad (2.46)$$

Ferner gilt

$$\frac{d}{dt} \tan t = \frac{d}{dt} \frac{\sin t}{\cos t} = \frac{\cos t}{\cos t} + \frac{\sin t \sin t}{\cos^2 t} = \frac{1}{\cos^2 t}$$

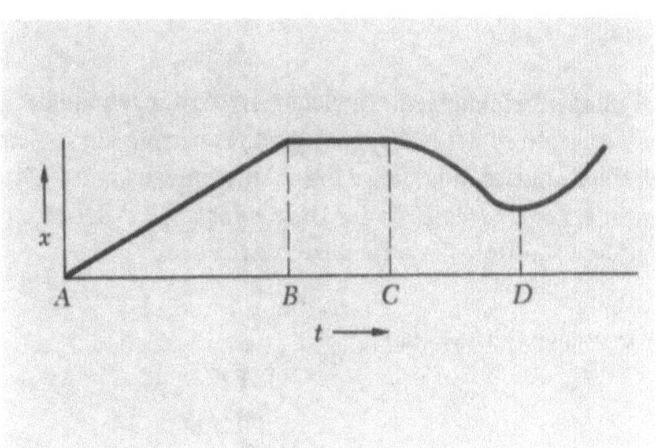

Bild 2.54. Graph von x als Funktion von t

Winkel. Zur Beschreibung der Kreisbewegung eines Teilchens (S. 28) sind Winkel zweckmäßig. Die Winkelgeschwindigkeit ist die Ableitung des Drehwinkels nach der Zeit, wobei man sie als Vektor mit Richtung parallel zur Drehachse definiert. Als natürliche Einheit des Winkels wird in der Physik stets der Radiant (rad) benützt. Bei einem Winkel von 1 rad ist die Länge des Kreisbogens gerade gleich dem Kreisradius. Da der Kreisumfang 2π mal dem Radius ist, entspricht dem vollen Kreis 2π rad oder $360°$. 1 rad entspricht daher $360°/2\pi = 57{,}3°$. Winkelgeschwindigkeiten werden in rad/s gemessen. Die Geschwindigkeit einer Kreisbewegung erhält man aus der Winkelgeschwindigkeit durch Multiplikation mit dem Kreisradius (siehe Gl. (2.37)). Die Einheit rad ist dimensionslos.

Einige Beispiele zur Winkelmessung:

1. Wie vielen rad entsprechen $90°$, $240°$ und $315°$?

2. Welche Winkelgeschwindigkeit hat eine Bewegung mit $\theta = t/5$, wobei θ in rad gemessen wird? Wie vielen Grad pro Sekunde entspricht dies?

3. Ein Teilchen bewegt sich auf einem Kreis mit 15 cm Radius mit einer Geschwindigkeit $v = 5$ cm/s. Bestimmen Sie die Winkelgeschwindigkeit.

Die Funktion e^x. Welche Funktion ist gleich ihrer eigenen Ableitung? Die Potenzreihe einer derartigen Funktion kann man leicht erraten:

$$1 + x + \frac{x^2}{2!} + \frac{x^3}{3!} + \frac{x^4}{4!} + \frac{x^5}{5!} + \frac{x^6}{6!} + \frac{x^7}{7!} + \ldots + \frac{x^n}{n!} + \ldots .$$

Leiten wir dies nach x ab, so ergibt der erste Term Null, der zweite 1, der dritte x, der vierte $x^2/2!$ usw. Die Ableitung ist daher tatsächlich gleich der Funktion, die wir mit e^x bezeichnen wollen. Um e zu bestimmen, setzen wir $x = 1$ und erhalten

$$e^1 = e = 1 + 1 + 1/2 + 1/3! + 1/4! + \ldots = 2{,}7183 \ldots .$$

Man kann zeigen, daß

$$e^{x+y} = e^x \cdot e^y$$

gilt. Man könnte vermuten, daß auch 10^x eine Funktion ist, die ihrer eigenen Ableitung gleicht. Die Rechnung zeigt jedoch

$$\lim_{\Delta x \to 0} \frac{10^{x+\Delta x} - 10^x}{\Delta x} = \lim_{\Delta x \to 0} \frac{10^x 10^{\Delta x} - 10^x}{\Delta x}$$

$$= \lim_{\Delta x \to 0} \frac{10^x(10^{\Delta x} - 1)}{\Delta x}$$

$$= 10^x \cdot 2{,}30\ldots = 2{,}30\ldots \cdot 10^x{}^{1)} .$$

---

[1]) Der Faktor $2{,}30\ldots$ ist der natürliche Logarithmus von 10. Sei $10^{\Delta x} = 1 + \alpha$, wobei Δx und α klein sind. Dann ist

$\log_e 10^{\Delta x} = 2{,}30 \ldots \log_{10} 10^{\Delta x} = 2{,}30 \ldots \Delta x$

$\log_e(1 + \alpha) = \alpha$.

Daher ist $\alpha = 2{,}30 \ldots \Delta x$. Mit einer Logarithmentafel können Sie dieses Ergebnis überprüfen.

Die Zahl e ist daher durch die Forderung

$$\frac{de^x}{dx} = e^x \tag{2.47}$$

eindeutig charakterisiert. Einer der Gründe für die Bedeutung von e in der Physik ist das häufige Auftreten von Gleichungen der Form $dy/dx = ky$, bei denen die Ableitung ein konstantes Vielfaches der Funktion selbst ist. Schreiben wir dies als $dy/k\,dx = y$ und setzen wir $kx = z$ dann wird einfach $dy/dz = y$. Nach Gl. (2.47) erfüllt $y = e^z = e^{kx}$ diese Gleichung. Damit haben wir eine Lösung der Gleichung $dy/dx = kx$ gefunden.

Einige Eigenschaften von e^x sind: $e^0 = 1$, $e^{-\infty} = 0$, $e^1 = e$; $e^x \approx 1 + x$ für kleine x. Die Reihe für e^x ähnelt den Reihen für $\sin x$ und $\cos x$. Tatsächlich ist

$$e^{i\theta} = 1 + i\theta + \frac{(i\theta)^2}{2!} + \frac{(i\theta)^3}{3!} + \frac{(i\theta)^4}{4!} + \frac{(i\theta)^5}{5!}$$

$$= 1 - \frac{\theta^2}{2!} + \frac{\theta^4}{4!} - \frac{\theta^6}{6!} + i\theta - \frac{i\theta^3}{3!} + \frac{i\theta^5}{5!} - \frac{i\theta^7}{7!} \ldots \tag{2.48}$$

und daher

$$e^{i\theta} = \cos\theta + i\sin\theta .$$

Dieses Theorem werden wir in Kapitel 7 verwenden.

Bei der Herleitung von Gl. (2.44) verwendeten wir $\sin\Delta\theta \approx \Delta\theta$ und $\cos\Delta\theta \approx 1$, für kleine $\Delta\theta$. Sie können dies mittels einer Tabelle leicht überprüfen, wobei aber alle Winkel im Bogenmaß ausgedrückt sein müssen. Die obigen Näherungen sind der Beginn der bekannten Reihenentwicklungen

$$\sin\theta = \theta - \frac{\theta^3}{3!} + \frac{\theta^5}{5!} - \frac{\theta^7}{7!} \ldots \tag{2.49}$$

$$\cos\theta = 1 - \frac{\theta^2}{2!} + \frac{\theta^4}{4!} - \frac{\theta^6}{6!} \ldots \tag{2.50}$$

Für kleine θ, beispielsweise $\theta = 0{,}1$ ist der zweite Term in der Reihenentwicklung des Sinus $\theta^3/6 = 1/6000$, also 600 mal kleiner als der Erste. Für kleine θ kann die Reihenentwicklung daher nach dem ersten Term abgebrochen werden.

Reihenentwicklungen. In vielen Anwendungen muß man eine Funktion in der Nähe eines Punktes berechnen, in dem man die Funktion und einige ihrer Ableitungen kennt. Dazu dient die *Taylor Reihe*. In der Umgebung eines Punktes x_0 kann die Funktion $f(x)$ zumeist in der Form

$$f(x) = f(x_0) + (x - x_0)\left[\frac{df(x)}{dx}\right]_{x=x_0}$$

$$+ \frac{1}{2}(x - x_0)^2 \left[\frac{d^2 f(x)}{dx^2}\right]_{x=x_0} + \ldots \tag{2.51}$$

ausgedrückt werden. Dabei ist das Verhältnis des dritten Terms zum zweiten

$$\frac{\frac{1}{2}(x-x_0)^2 \left[\dfrac{d^2 f(x)}{dx^2}\right]_{x=x_0}}{(x-x_0)\left[\dfrac{df(x)}{dx}\right]_{x=x_0}} \approx (x-x_0) \,,$$

falls alle Ableitungen etwa von der gleichen Größenordnung sind. Falls $x-x_0$ klein gegen 1 ist, können wir daher näherungsweise schreiben

$$f(x) = f(x_0) + (x-x_0)\left(\frac{df}{dx}\right)_{x=x_0} \,. \tag{2.52}$$

Z.B. seien $y = Ax^5$ und $y_0 = Ax_0^5$ bekannt. Um y in $x = x_0 + \Delta x$ zu berechnen, verwenden wir

$$\left(\frac{dy}{dx}\right)_{x_0} = 5Ax_0^4 \quad (x-x_0)\left(\frac{df}{dx}\right)_{x_0} = \Delta x\, 5Ax_0^4$$

und erhalten

$$y = Ax_0^5 + 5Ax_0^4\,\Delta x \ldots \tag{2.53}$$

Für Potenzfunktionen gilt

$$(a + bx)^n = a^n \left(1 + \frac{bx}{a}\right)^n$$

und die Binominalentwicklung liefert daher

$$a^n\left(1+\frac{bx}{a}\right)^n = a^n\left[1 + n\left(\frac{bx}{a}\right) + \frac{n(n-1)}{2!}\left(\frac{bx}{a}\right)^2 \right.$$
$$\left. + \frac{n(n-1)(n-2)}{3!}\left(\frac{bx}{a}\right)^3 \ldots\right]. \tag{2.54}$$

Für kleine bx/a können wir alle Terme bis auf $n(bx/a)$ vernachlässigen. Wenden wir dies auf die oben betrachtete Funktion an, so ist

$$y = A(x_0 + \Delta x)^5 = Ax_0^5\left(1 + \frac{\Delta x}{x_0}\right)^5 = Ax_0^5\left(1 + 5\,\frac{\Delta x}{x_0}\ldots\right)$$
$$= Ax_0^5 + 5Ax_0^4\,\Delta x \ldots$$

Dies stimmt mit Gl. (2.53) überein.

Beweisen Sie folgende Beziehungen für $x \ll 1$:

$$\frac{1}{\sqrt{1-x}} = 1 + \tfrac{1}{2}x \ldots \qquad \sqrt[3]{1+x} = 1 + \tfrac{1}{3}x \ldots$$

$$\sqrt{1+x} = 1 + \tfrac{1}{2}x \ldots \qquad \frac{1}{\sqrt[3]{1+x}} = 1 - \tfrac{1}{3}x \ldots$$

$$\sqrt{1-x} = 1 - \tfrac{1}{2}x \ldots$$

Vektoren und Kugelkoordinaten. In Kugelkoordinaten ist die Lage eines Teilchens durch die Größen r, θ und φ gegeben. Hierbei ist r der Betrag des Vektors $\mathbf{r}$ vom Ursprung zu dem Teilchen, θ ist der Winkel zwischen $\mathbf{r}$ und der polaren Achse z und φ der Winkel zwischen der x-Achse

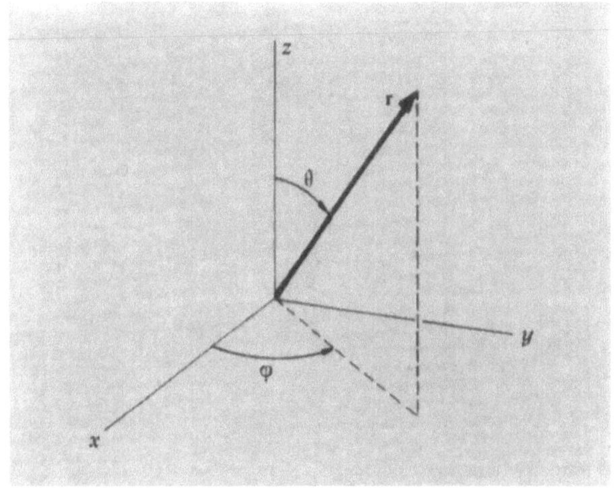

Bild 2.55. Kugelkoordinaten

und der Projektion von $\mathbf{r}$ auf die xy-Ebene (Bild 2.55). Wir betrachten θ in dem Bereich $0 \leqslant \theta \leqslant \pi$. Der Betrag der Projektion von $\mathbf{r}$ auf die xy-Ebene ist gleich $r\sin\theta$. In kartesischen Koordinaten erhalten wir für die Lage eines Teilchens

$$x = r\sin\theta\cos\varphi; \quad y = r\sin\theta\sin\varphi; \quad z = r\cos\theta. \tag{2.55}$$

a) Gegeben ist ein Teilchen bei $\mathbf{r}_1 \equiv (r_1, \theta_1, \varphi_1)$ und ein zweites bei $\mathbf{r}_2 \equiv (r_2, \theta_2, \varphi_2)$. θ_{12} ist der Winkel zwischen $\mathbf{r}_1$ und $\mathbf{r}_2$. Bestimmen Sie das Skalarprodukt $\hat{\mathbf{r}}_1 \cdot \hat{\mathbf{r}}_2 = \cos\theta_{12}$ in Abhängigkeit von $\hat{\mathbf{x}}$, $\hat{\mathbf{y}}$ und $\hat{\mathbf{z}}$. Beweisen Sie damit die Gültigkeit der Beziehung

$$\cos\theta_{12} = \sin\theta_1\sin\theta_2\cos(\varphi_1 - \varphi_2) + \cos\theta_1\cos\theta_2 \tag{2.56}$$

unter Anwendung der trigonometrischen Identität

$$\cos(\varphi_1 - \varphi_2) \equiv \cos\varphi_1\cos\varphi_2 + \sin\varphi_1\sin\varphi_2. \tag{2.57}$$

Dies ist hier ein eindrucksvolles Beispiel für die Wirksamkeit vektorieller Methoden. [Versuchen Sie, Gl. (2.57) auf anderem Wege zu finden!]

b) Leiten Sie entsprechend aus dem Vektorprodukt einen Ausdruck für $\sin\theta_{12}$ ab.

Die orthogonalen Zylinderkoordinaten ρ, φ und z sind durch $x = \rho\cos\varphi$; $y = \rho\sin\varphi$ und $z = z$ definiert (Bild 2.56). Für zweidimensionale Anwendungen reduziert sich das System auf ρ und φ allein. Wir benützen auch oft die Bezeichnungen r und θ statt ρ und φ (siehe auch die folgenden Formeln).

Wichtige Formeln aus der analytischen Geometrie

Gerade in der xy-Ebene:	$ax + by = 1$
Gerade durch den Ursprung der xy-Ebene:	$y = ax$
Ebene im Raum:	$ax + by + cz = 1$
Ebene durch den Ursprung:	$ax + by + cz = 0$

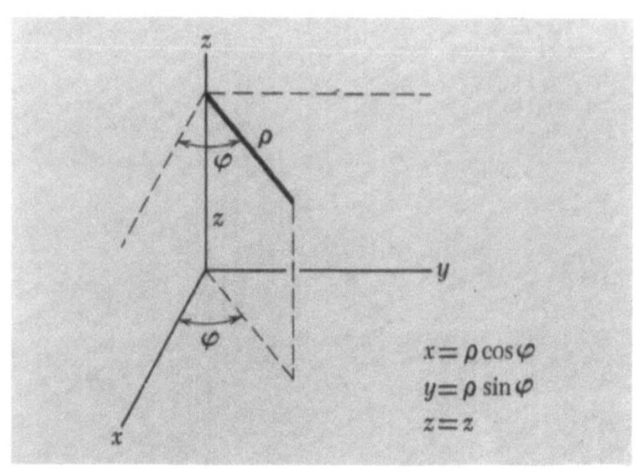

Bild 2.56. Zylinderkoordinaten

Nützliche Vektoridentitäten

$$\mathbf{A} \cdot \mathbf{B} = A_x B_x + A_y B_y + A_z B_z\,; \tag{2.58}$$

$$\mathbf{A} \times \mathbf{B} = \hat{\mathbf{x}}\,(A_y B_z - A_z B_y) + \hat{\mathbf{y}}\,(A_z B_x - A_x B_z)$$
$$+ \hat{\mathbf{z}}\,(A_x B_y - A_y B_x)\,; \tag{2.59}$$

$$(\mathbf{A} \times \mathbf{B}) \times \mathbf{C} = (\mathbf{A} \cdot \mathbf{C})\,\mathbf{B} - (\mathbf{B} \cdot \mathbf{C})\,\mathbf{A}\,; \tag{2.60}$$

$$\mathbf{A} \times (\mathbf{B} \times \mathbf{C}) = (\mathbf{A} \cdot \mathbf{C})\,\mathbf{B} - (\mathbf{A} \cdot \mathbf{B})\,\mathbf{C}\,; \tag{2.61}$$

$$(\mathbf{A} \times \mathbf{B}) \cdot (\mathbf{C} \times \mathbf{D}) = (\mathbf{A} \cdot \mathbf{C})\,(\mathbf{B} \cdot \mathbf{D}) - (\mathbf{A} \cdot \mathbf{D})\,(\mathbf{B} \cdot \mathbf{C})\,; \tag{2.62}$$

$$(\mathbf{A} \times \mathbf{B}) \times (\mathbf{C} \times \mathbf{D}) = [\mathbf{A} \cdot (\mathbf{B} \times \mathbf{D})]\,\mathbf{C} - [\mathbf{A} \cdot (\mathbf{B} \times \mathbf{C})]\,\mathbf{D}\,; \tag{2.63}$$

$$\mathbf{A} \times [\mathbf{B} \times (\mathbf{C} \times \mathbf{D})] = (\mathbf{A} \times \mathbf{C})\,(\mathbf{B} \cdot \mathbf{D}) - (\mathbf{A} \times \mathbf{D})\,(\mathbf{B} \cdot \mathbf{C})\,. \tag{2.64}$$

	Kartesische Koordinaten	Polarkoordinaten
Kreis, Mittelpunkt im Ursprung	$x^2 + y^2 = r_0^2$	$r = r_0$
Ellipse	$\dfrac{x^2}{a^2} + \dfrac{y^2}{b^2} = 1$ Mittelpunkt im Ursprung	$\dfrac{1}{r} = \dfrac{1 - e\cos\theta}{a}$ Brennpunkt im Ursprung; $e < 1$
Parabel	$y^2 = mx$ Scheitel im Ursprung	$\dfrac{1}{r} = \dfrac{1 - \cos\theta}{a}$ Brennpunkt im Ursprung
Hyperbel	$\dfrac{x^2}{a^2} - \dfrac{y^2}{b^2} = 1$ Mittelpunkt im Ursprung	$\dfrac{1}{r} = \dfrac{1 - e\cos\theta}{a}$ Brennpunkt im Ursprung; $e > 1$

3. Die Newtonschen Bewegungsgleichungen

3.1. Die Newtonschen Gesetze

In diesem Kapitel behandeln wir die Newtonschen Bewegungsgleichungen anhand einiger Beispiele, die Sie mit dem Inhalt dieser Gleichungen vertraut machen sollen. In Kapitel 4 gehen wir dann auf die Wahl von Inertialsystemen und auf die Galilei Transformation ein. Zum Verständnis der Feinheiten dieser Überlegungen sind die direkten Anwendungen der Bewegungsgleichungen, die wir hier besprechen, eine gute Vorübung.

Erstes Newtonsches Gesetz: Ein Körper verharrt im Zustand der Ruhe oder der gleichförmigen Bewegung (keine Beschleunigung), falls keine äußeren Kräfte auf ihn wirken, d.h.,

$$\mathbf{a} = 0 \qquad \text{falls} \qquad \mathbf{F} = 0.$$

(Wir werden hier die wissenschaftstheoretischen Fragen bezüglich des Inhalts der Newtonschen Gesetze — ob beispielsweise das erste Gesetz im zweiten enthalten ist — nicht betrachten [1]).

Zweites Newtonsches Gesetz: Die zeitliche Änderung des Impulses eines Körpers ist proportional zur äußeren Kraft, die auf den Körper wirkt. Der Impuls ist als $m\mathbf{v}$ definiert, wobei m die Masse und $\mathbf{v}$ der Geschwindigkeitsvektor ist, so daß

$$\mathbf{F} = k\frac{d}{dt}(m\mathbf{v}) = km\frac{d\mathbf{v}}{dt} = km\mathbf{a},$$

wobei wir im dritten und vierten Term m als konstant angenommen haben. Wir wählen die Einheiten so, daß der Proportionalitätsfaktor $k = 1$ wird. Wird m in Kilogramm (kg) und $\mathbf{a}$ in (Meter pro Sekunde) pro Sekunde (m/s^2) gemessen, dann ergibt sich $\mathbf{F}$ in Newton (N). 1 N ist daher die Kraft, die der Masse $m = 1$ kg die Beschleunigung $\mathbf{a} = 1$ m/s^2 erteilt.

Wir schreiben also

$$\mathbf{F} = \frac{d}{dt}m\mathbf{v} \tag{3.1}$$

und für $dm/dt = 0$

$$\mathbf{F} = m\mathbf{a}. \tag{3.2}$$

Die Annahme konstanter Masse m schränkt unsere Überlegungen auf nichtrelativistische Probleme mit $v \ll c$ ein. Wir behandeln die spezielle Relativitätstheorie in den Kapiteln 10 bis 14 und die Abhängigkeit der Masse von der Geschwindigkeit in Kapitel 12. Aber auch bei einigen

anderen Problemen, wie fallenden Ketten und bei Raketen, treten veränderliche Massen auf (siehe Kapitel 6). In zahlreichen interessanten Problemen ist aber m konstant.

Drittes Newtonsches Gesetz: Bei der Wechselwirkung zweier Körper ist die Kraft $\mathbf{F}_{21}$, die Körper 1 auf Körper 2 ausübt, entgegengesetzt gleich der Kraft $\mathbf{F}_{12}$ von Körper 2 auf Körper 1 [1]).

$$\mathbf{F}_{12} = -\mathbf{F}_{21}. \tag{3.3}$$

Dieses Gesetz wird sich als Grundlage der Impulserhaltung erweisen. Die endliche Ausbreitungsgeschwindigkeit von Kräften, die die spezielle Relativitätstheorie zur Folge hat, macht manche Anwendungen des obigen Gesetzes schwierig, wie wir in Kapitel 4 sehen werden.

Es ist zu betonen, daß die Kräfte $\mathbf{F}_{12}$ und $\mathbf{F}_{21}$ auf zwei *verschiedene* Körper wirken und bei den Anwendungen des zweiten Newtonschen Gesetzes nur die Kraft auf den jeweils betrachteten Körper heranzuziehen ist. Die entgegengesetzt gleiche Kraft beeinflußt dann die Bewegung des anderen Körpers (siehe Übung 1 im Abschnitt 3.8).

Wir betrachten nun einige Anwendungsbeispiele. Falls Sie noch nie Differentialgleichungen gelöst haben, sollten Sie den Mathematischen Anhang 3.10 zu diesem Kapitel zusammen mit den folgenden Beispielen lesen.

Die kräftefreie Bewegung. Dieser einfache Fall entspricht dem ersten Newtonschen Gesetz. Aus

$$m\frac{d\mathbf{v}}{dt} = \mathbf{F} = 0 \tag{3.4}$$

ersehen wir unmittelbar, daß die Geschwindigkeit $\mathbf{v}$ konstant sein muß. Dies bedeutet, daß sowohl der Betrag als auch die Richtung des Vektors $\mathbf{v}$ konstant sein müssen. Bewegt sich eine Masse dagegen mit konstantem Geschwindigkeitsbetrag auf einer Kreisbahn, so ändert sich die Richtung der Geschwindigkeit ständig, so daß diese Bahn für $\mathbf{F} = 0$ nicht möglich ist.

Ist die konstante Geschwindigkeit $\mathbf{v}$ gleich Null, so ruht die Masse m. Für nicht-verschwindende Geschwindigkeit

$$\mathbf{v} = \frac{d\mathbf{r}}{dt} = \mathbf{v}_0 \tag{3.5}$$

können wir diese Gleichung integrieren und erhalten

$$\mathbf{r} = \mathbf{v}_0 t + \mathbf{r}_0, \tag{3.6}$$

wobei $\mathbf{r}_0$ der Wert von $\mathbf{r}$ für $t = 0$ ist. Diese Gleichung läßt sich auch leicht in kartesischen Koordinaten schreiben.

---

[1]) Siehe dazu z.B. Ernst Mach, „Die Mechanik in ihrer Entwicklung, historisch-kristisch dargestellt", oder W. Stegmüller, „Theorie und Erfahrung", Springer, Berlin 1970

[1]) Wir bezeichnen die Kraft, die Körper j auf Körper i ausübt, mit $\mathbf{F}_{ij}$.

3.2. Kräfte und Bewegungsgleichungen

Von viel größerer Bedeutung ist die Bewegung unter der Wirkung einer äußeren Kraft $\mathbf{F}$. Nach dem zweiten Newtonschen Gesetz

$$\mathbf{F} = m\mathbf{a} = m\,\frac{d^2\mathbf{r}}{dt^2} \qquad (3.7)$$

wird der Körper in diesem Fall eine beschleunigte Bewegung ausführen. Durch schrittweise Integration der *Bewegungsgleichung* (3.7) können wir Geschwindigkeit und Lage des Körpers als Funktionen der Zeit bestimmen.

Um diese Gleichung lösen zu können, müssen wir die Gesamtkraft $\mathbf{F}$ auf den Körper als Funktion seines Orts und seiner Geschwindigkeit kennen. Im allgemeinen wird $\mathbf{F}$ auch explizit von der Zeit abhängen. Wegen der Abhängigkeit von $\mathbf{F}$ von allen diesen Variablen ist die Lösung der Bewegungsgleichung oft schwierig. Glücklicherweise ist bei vielen wichtigen Problemen die Kraft zeitlich konstant und von der Geschwindigkeit unabhängig.

In der Physik kennt man mehrere unterschiedliche Arten von Kräften: Gravitationskräfte, elektrische und magnetische Kräfte sowie die starke, aber kurzreichweitige Kernkraft sind einige der wichtigsten. Diese Kräfte üben die Körper aufeinander aus, auch wenn sie sich getrennt voneinander im leeren Raum befinden. Erfährt ein Körper durch Gravitations-Wechselwirkungen [1] mit anderen Körpern eine Kraft, so sagen wir, daß er sich im *Gravitationsfeld* dieser Körper befindet. Wenn ein elektrisch geladenes Teilchen eine Kraft durch eine Ladungsanordnung in der Umgebung erfährt, so betrachten wir es als in einem *elektrischen Feld* befindlich.

In vielen Problemen der technischen Mechanik sprechen wir von *Kontaktkräften,* wie beispielsweise der Spannung in einer Schnur, die einen Pendelkörper trägt. Oft sind sowohl Felder als auch Kontaktkräfte vorhanden, z.B. bei der Bewegung einer Masse in einem Gravitationsfeld, die von einer gespannten Schnur getragen wird. Die Quantenphysik wird zeigen, daß auch die Kontaktkräfte schließlich auf Felder zurückgeführt werden können, da sie durch elektrische Wechselwirkungen zwischen atomaren Teilchen entstehen. Für die folgenden Anwendungen ist es aber meist zweckmäßiger, diese Kräfte einfach als gegebene Kontaktkräfte zu betrachten. In der Welt der Atome haben wir es aber stets mit Feldern zu tun, da die *Berührung* zweier Körper im atomaren Bereich ihren üblichen, einfachen Sinn verliert.

Einheiten. In diesem Abschnitt unterbrechen wir kurz die Behandlung der Bewegungsgleichungen, um die Frage der Einheiten zu besprechen. Dabei gehen wir zunächst auf das Einheitensystem der Mechanik ein und verschie-

ben die Besprechung elektrischer und magnetischer Einheiten auf später.

Zur Beschreibung von Bewegungen sind Einheiten von Länge und Zeit erforderlich. Die Zeiteinheit, die *Sekunde,* war ursprünglich als Teil des Jahres definiert, wobei die Dauer des Jahres aus astronomischen Messungen bestimmt wurde. Die steigende Genauigkeit physikalischer Messungen machte aber eine Neudefinition erforderlich, so daß die Sekunde nunmehr durch die Schwingungen eines atomaren Systems, des Cäsiumatoms, bestimmt wird. Genauer gesagt, ist die Sekunde das 9 192 631 770 fache der Schwingungsdauer des Cäsiumatoms. Von experimentellen Details abgesehen, entspricht diese Definition der Benutzung einer alten Penduhr, bei der man festlegt, daß einer Sekunde soundsoviele Pendelschwingungen entsprechen sollen.

Die Einheit der Länge, das *Meter,* war früher durch den Abstand zweier Markierungen auf dem Pariser Urmeter festgelegt. Auch diese Definition genügt den heutigen Genauigkeitsansprüchen nicht mehr, da z. B. die Breite der Rillen auf dem Meßstab stört. Als Standard verwendete man von 1954 bis 1983 die Wellenlänge des roten Lichts von ^{86}Kr, wobei 1 Meter 1 650 763,73 Wellenlängen entspricht. Seit 1983 ist das Meter definiert als die Länge der Strecke, die Licht im Vakuum während der Dauer von 1/299 792 458 Sekunden durchläuft. In der physikalischen Forschung wird zumeist das cm als Längeneinheit verwendet, die Umrechnung ist jedoch in diesem Fall einfach (leider nicht bei allen Einheiten!).

Das zweite Newtonsche Gesetz behandelt auch Massen und Kräfte. Müssen wir für beide Größen Einheiten festlegen? Die Antwort ist nein. Wir können eine der beiden Einheiten festlegen und die andere Einheit durch das zweite Newtonsche Gesetz definieren. Historisch wurde zuerst die Masseneinheit festgelegt und die Einheit der Kraft davon abgeleitet. Die Einheit der Masse ist das Kilogramm, wobei das Urkilogramm in Paris aufbewahrt wird. Da der Vergleich zweier Massen einfach durchzuführen ist, hat man darauf verzichtet, die Masseneinheit auf atomare Standards zurückzuführen (man könnte das Kilogramm dazu als Vielfaches der Masse eines bestimmten Atoms festlegen). In der Forschung wird zumeist das Gramm (10^{-3} kg) als Masseneinheit verwendet.

Wir werden in der Folge das Meter, die Sekunde und das Kilogramm als Einheiten der Länge, der Zeit und der Masse verwenden und die Einheiten anderer Größen, wie Kraft, Impuls, Energie und Leistung davon ableiten. Dieses Einheitensystem ist durch internationale Vereinbarungen festgelegt und heißt „SI-System", wobei SI für „Système International" steht.

Allerdings hat sich das SI-System in der Forschungspraxis der Physik noch nicht völlig durchsetzen können. Hier verwendet man zumeist das CGS-System, das auf Zentimeter, Sekunde und Gramm aufgebaut ist. Der Unterschied mag Ihnen zunächst geringfügig erscheinen.

---

[1] Die Bezeichnung „Wechselwirkung" veranschaulicht den Inhalt des dritten Newtonschen Gesetzes, wonach Kräfte immer auf beide beteiligte Körper wirken.

Wesentliche Differenzen treten aber bei elektrischen und magnetischen Einheiten auf und werden dort betrachtet. Umrechnungstabellen zwischen SI- und CGS-Einheiten finden Sie auf dem hinteren Vorsatz dieses Buches.

Dimensionen. Bei der Behandlung schwieriger Probleme ist es wichtig, sich davon zu überzeugen, daß die Einheiten auf den beiden Seiten einer Gleichung tatsächlich miteinander übereinstimmen. Wenn Sie z.B. eine Weglänge berechnen und als Ergebnis 17 kg erhalten, so haben Sie sicher irgendwo einen Fehler gemacht. Überlegungen dieser Art nennt man *Dimensionsbetrachtungen*. In der Mechanik beruhen sie auf dem Vergleich der Dimensionen von Masse, Länge und Zeit auf beiden Seiten einer Gleichung.

Was ist die Dimension der Kraft? Gemäß Gl. (3.7) ist Kraft gleich Masse mal Beschleunigung, Beschleunigung ist Geschwindigkeit pro Zeit, Geschwindigkeit ist Länge dividiert durch Zeit. Bezeichnen wir Masse mit M, Länge mit L und Zeit mit T so ist

$$[\text{Kraft}] = [\text{Masse}]\,[\text{Beschleunigung}] = [M]\,[L]\,[T]^{-2},$$

$$[\text{Beschleunigung}] = \frac{[L]}{[T]\,[T]} = [L]\,[T]^{-2},$$

$$[\text{Geschwindigkeit}] = \frac{[L]}{[T]} = [L]\,[T]^{-1}.$$

(Dabei haben wir Dimensionsüberlegungen wie üblich durch eckige Klammern angedeutet; es kommt also dabei nicht auf das Übereinstimmen der Zahlenwerte auf den beiden Seiten dieser Gleichungen, sondern lediglich auf die Dimensionen an.)

Als Beispiel einer Dimensionsbetrachtung nehmen wir an, daß eine Rechnung auf Kraft = $\frac{3}{5}\,\rho\,v^2$ führt, wobei ρ eine Dichte, also Masse pro Volumen, und v ein Geschwindigkeit ist. Die Dimensionsbetrachtung kann keine Aussagen bezüglich des Faktors $\frac{3}{5}$ machen, der als reine Zahl dimensionslos ist. Wie steht es aber mit ρv^2?

$$\rho = [M]\,[L]^{-3}, \qquad v^2 = [L]^2\,[T]^{-2}.$$

Daher gilt $\rho v^2 = [M]\,[L]^{-3}\,[L]^2\,[T]^{-2} = [M]\,[L]^{-1}\,[T]^{-2}$, wogegen die Kraft die Dimension $[M]\,[L]\,[T]^{-2}$ hat, wie wir soeben gesehen haben. In der Ableitung muß daher ein Fehler enthalten sein. ρv^2 hat nicht die Dimension einer Kraft, sondern die eines Drucks, also einer Kraft pro Fläche.

3.3. Bewegung eines Teilchens in einem homogenen Gravitationsfeld

Wir kommen nun zu einigen Anwendungen des zweiten Newtonschen Gesetzes. Wenn wir uns auf ein Labor beschränken, das klein im Vergleich zur Erde ist, so können wir die Gravitationskraft auf ein Teilchen durch einen konstanten, senkrecht nach unten gerichteten Vektor

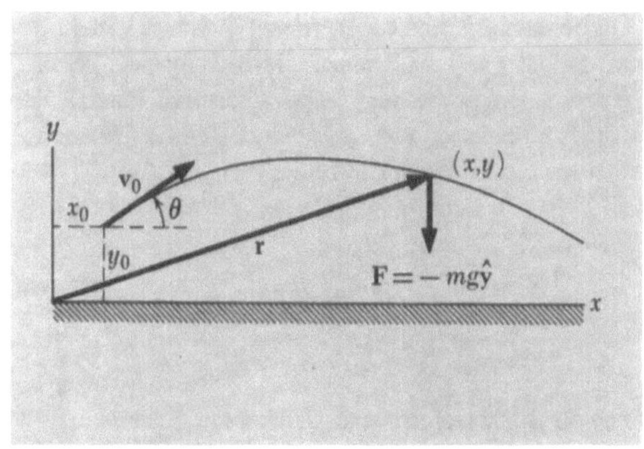

Bild 3.1. Bewegung eines Teilchens, das in (x_0, y_0) mit Geschwindigkeit v_0 unter dem Winkel θ abgeschossen wird.

Momentaner Ortsvektor: $\mathbf{r} = x\hat{\mathbf{x}} + y\hat{\mathbf{y}}$

Beschleunigungsvektor: $\dfrac{d^2\mathbf{r}}{dt^2} = \dfrac{d^2x}{dt^2}\,\hat{\mathbf{x}} + \dfrac{d^2y}{dt^2}\,\hat{\mathbf{y}} = -g\hat{\mathbf{y}}$

nähern. Da die Kraft eine Gravitationsbeschleunigung [1] g bewirkt, ist ihr Betrag gleich mg. Der Kraftvektor ist daher gleich $\mathbf{F} = -mg\,\hat{\mathbf{y}}$, wobei Bild 3.1 die Orientierung der Koordinatenachsen zeigt.

Falls wir Reibungskräfte vernachlässigen können, ergibt sich die Bewegungsgleichung aus dem zweiten Newtonschen Gesetz (3.7) zu

$$m\left[\hat{\mathbf{x}}\,\frac{d^2x}{dt^2} + \hat{\mathbf{y}}\,\frac{d^2y}{dt^2}\right] = -mg\,\hat{\mathbf{y}}.$$

Da die Einheitsvektoren aufeinander orthogonal stehen, können wir die Gleichung sofort in ihre Komponenten zerlegen

$$\frac{d^2y}{dt^2} = -g, \qquad \frac{d^2x}{dt^2} = 0. \tag{3.8}$$

Die Integration dieser beiden Gleichungen ergibt x und y als Funktionen von t (siehe Mathematischen Anhang 3.9). Mit den in Bild 3.1 gezeigten Anfangsbedingungen, also Anfangsgeschwindigkeit $v_0 \cos\theta$ und $v_0 \sin\theta$ in x- und y-Richtung, erhalten wir als Lösungen

$$x = x_0 + (v_0 \cos\theta)\,t$$
$$y = y_0 + (v_0 \sin\theta)\,t - \tfrac{1}{2}\,g t^2. \tag{3.9}$$

Verschiedene Spezialfälle, wie der Fall eines Teilchens aus der Höhe h, können durch geeignete Wahl der Anfangsbedingungen untersucht werden und führen auf bekannte Ergebnisse (siehe Übungen 2 und 4).

---

[1] g wird meist gleich $9{,}80$ m/s^2 gesetzt. Genauere Werte finden Sie in Tabelle 4.1

Aus der analytischen Geometrie ist Ihnen vielleicht bekannt, daß Gl. (3.9) die Parameterdarstellung einer Parabel ist, wobei t der entlang der Parabel variierende Parameter ist. Durch Elimination von t aus den obigen Gleichungen können wir dies auch explizit zeigen:

$$y - \left(y_0 + \frac{v_0^2 \sin^2\theta}{2g} \right)$$
$$= -\frac{g}{2v_0^2 \cos^2\theta} \left[x - \left(x_0 + \frac{v_0^2 \sin\theta \cos\theta}{g} \right) \right]^2 .$$

Dies ist die Standardform einer Parabel mit Scheitel in

$$x_1 = x_0 + \frac{v_0^2 \sin\theta \cos\theta}{g}$$
$$y_1 = y_0 + \frac{v_0^2 \sin^2\theta}{2g} .$$

Die Parabel ist nach unten geöffnet und weist eine vertikale Symmetrieachse auf. Falls der Luftwiderstand vernachlässigbar wäre, würde die Rechnung die Bahn eines Geschosses korrekt beschreiben. Tatsächlich ist die Rechnung nur für große Massen und kleine Geschwindigkeiten eine gute Näherung (siehe Übung 20).

Aus der Lage des Parabelscheitels entnehmen wir, daß die maximale Wurfhöhe

$$h = y_1 - y_0 = \frac{v_0^2 \sin^2\theta}{2g}$$

beträgt. Die Wurfweite, nach der das Geschoß wieder auf seine Ausgangshöhe zurückkehrt, ist

$$R = 2(x_1 - x_0) = \frac{2v_0^2 \sin\theta \cos\theta}{g} = \frac{v_0^2 \sin 2\theta}{g} . \quad (3.10)$$

● **Beispiel.** *Maximale Wurfweite.* Unter welchem Winkel muß ein Körper abgeschossen werden, damit die Wurfweite R möglichst groß wird? Ein derartiges Maximum von $R(\theta)$ muß existieren, da bei kleinem θ das Geschoß bald wieder den Grund berührt und bei großem θ lediglich nach oben fliegt. Um das Problem analytisch zu lösen, bestimmen wir das Maximum aus $dR/d\theta = 0$. Mit Gl. (3.10) erhalten wir

$$\frac{dR}{d\theta} = \frac{v_0^2}{g} 2\cos 2\theta = 0$$
$$2\theta = \frac{\pi}{2} \qquad \text{und daher} \qquad \theta = \frac{\pi}{4} = 45° .$$

3.4. Das Newtonsche Gravitationsgesetz

Wir haben uns bisher auf die Näherung eines homogenen Gravitationsfeldes beschränkt. Was geschieht, wenn der Abstand der beiden gravitativ wechselwirkenden Massen groß im Verhältnis zum Durchmesser der Massen ist? Das Newtonsche Gravitationsgesetz besagt dann:

Ein Teilchen mit Masse m_1 zieht jede andere Masse m_2 im Universum mit der Kraft

$$\boxed{ \mathbf{F} = -\frac{Gm_1 m_2}{r^2}\, \hat{\mathbf{r}} } \qquad (3.11)$$

an, wobei $\hat{\mathbf{r}}$ der Einheitsvektor in Richtung von m_1 nach m_2 ist. G ist die Newtonsche Gravitationskonstante

$$G = 6{,}67 \cdot 10^{-11} \ \text{Nm}^2/\text{kg}^2 .$$

Beachten Sie, daß $\mathbf{F}$ die Kraft auf m_2 ist. Das negative Vorzeichen besagt, daß die Kraft anziehend ist und den Abstand r der beiden Massen zu verringern trachtet.

Die Gravitationskraft in eine *Zentralkraft*: Sie wirkt in Richtung der Verbindungslinie der beiden Punktmassen. Das klassische Experiment zur Bestimmung des Wertes von G ist das von *Cavendish*. Wir werden später sehen (Kapitel 9), daß eine kugelsymmetrische Massenverteilung das gleiche Gravitationsfeld aufweist wie ein Teilchen mit derselben Gesamtmasse in ihrem Mittelpunkt.

Newton kannte den Wert von G nicht. Er kannte aber das $(1/r^2)$-Gesetz — er hatte es ja entdeckt — und wußte, daß auf der Erdoberfläche

$$mg = \frac{Gm\,m_e}{r_e^2} \qquad (3.12)$$

gilt, wobei m_e und r_e die Masse bzw. der Radius der Erde sind. Daraus konnte er Gm_e bestimmen und die Anziehungskraft der Erde als Funktion des Abstands vom Erdmittelpunkt berechnen

$$F = \frac{Gm\,m_e}{r^2} = \frac{Gm\,m_e}{r_e^2}\, \frac{r_e^2}{r^2} = mg\left(\frac{r_e}{r} \right)^2 .$$

Man weiß auch aus sehr genauen Experimenten, daß träge Masse und Gravitationsmasse eines Körpers gleich sind (siehe Kapitel 14). Das bedeutet, daß für einen bestimmten Körper der Wert der Masse m in der obigen Gravitationskraft-Gleichung derselbe ist wie im zweiten Newtonschen Gesetz $\mathbf{F} = m \cdot \mathbf{a}$. Die Masse in der Gravitationsgleichung wird *schwere Masse* und die Masse im zweiten Newtonschen Gesetz *träge Masse* genannt. Die klassischen Experimente für die Gleichheit der beiden Massen wurden von *Eötvös* durchgeführt. Neuere Messungen stammen von *R. H. Dicke*[1] und *P. G. Roll, R. Krotkov* und *R. H. Dicke*[2]. Das Eötvös Experiment wird in Kapitel 14 beschrieben, wir haben sein Ergebnis in Gl. (3.12) bereits vorweggenommen.

[1] Scientific American **205**, 84 (1961)
[2] Ann. Phys. (N.Y.) **26**, 442 (1964)

● **Beispiel:** *Satellit auf einer Kreisbahn.* Ein Satellit befindet sich auf einer konzentrischen Kreisbahn um die Erde in der Äquatorebene. Welchen Radius r muß die Kreisbahn haben, damit der Satellit einem auf der Erde stehenden Beobachter feststehend erscheint? Eine Voraussetzung dafür ist: Der Satellit muß gleichsinnig mit der Erdrotation umlaufen.

In einer Kreisbahn ist die Anziehungskraft entgegengesetzt gleich der Zentrifugalkraft:

$$G \frac{m_e \cdot m_s}{r^2} = m_s \omega^2 r. \qquad (3.13)$$

m_e ist die Erdmasse, m_s die Masse des Satelliten. Durch Umstellung von Gl. (3.13) erhalten wir:

$$r^3 = G \frac{m_e}{\omega^2} = G \frac{m_e T^2}{(2\pi)^2}, \qquad (3.14)$$

wobei T die Umlaufzeit ist. In unserem Problem soll die Winkelgeschwindigkeit ω des kreisenden Satelliten gleich der Winkelgeschwindigkeit ω_e der rotierenden Erde sein. Die Winkelgeschwindigkeit der Erde ist

$$\omega_e = \frac{2\pi}{1 \text{ Tag}} = \frac{2\pi}{8{,}64 \cdot 10^4} \text{ s}^{-1} = 7{,}3 \cdot 10^{-5} \text{ s}^{-1}.$$

Mit $\omega = \omega_e$ erhält man aus Gl. (3.14)

$$r^3 \approx \frac{(6{,}67 \cdot 10^{-11})\,(5{,}98 \cdot 10^{24})}{(7{,}3 \cdot 10^{-5})^2} \text{ m}^3 \approx 75 \cdot 10^{21} \text{ m}^3$$

oder

$$r \approx 4{,}2 \cdot 10^7 \text{ m}.$$

Der Radius der Erde beträgt $6{,}38 \cdot 10^6$ m. r ist rund ein Zehntel der Entfernung Erde – Mond. ●

3.5. Elektrische und magnetische Kräfte auf ein geladenes Teilchen

In diesem Abschnitt untersuchen wir die Wirkung elektrischer und magnetischer Kräfte auf ein geladenes Teilchen. Derartige Kräfte werden in vielen Experimenten gemessen und sollen in Band 2 im Detail behandelt werden. Hier wollen wir die Grundlagen dieses wichtigen Teils der Mechanik kurz besprechen [1].

Gleichnamige elektrische Ladungen stoßen sich bekanntlich ab, wobei die Kraft entlang der Verbindungslinie der beiden Ladungen gerichtet ist. Die Abstoßung nimmt mit dem Quadrat der Entfernung der beiden Ladungen ab und ist dem Produkt der Ladungen proportional. Dies ist der Inhalt des Coulombschen Gesetzes, das in SI-Einheiten lautet

$$\boxed{\; F = k \frac{Q_1 Q_2}{r^2}, \qquad \mathbf{F} = k \frac{Q_1 Q_2}{r^2}\, \hat{\mathbf{r}}. \;} \qquad (3.15)$$

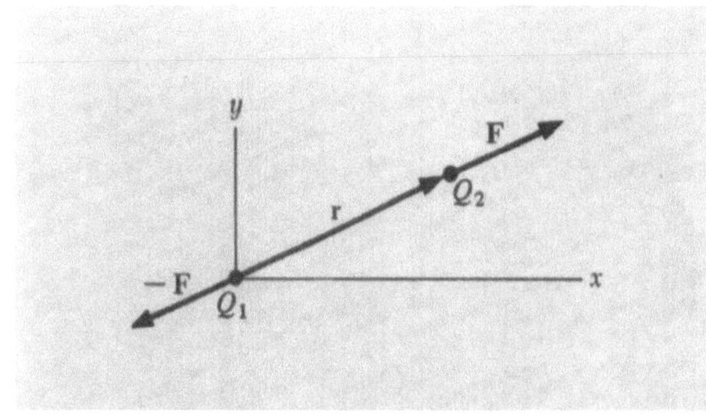

Bild 3.2. Das Coulombsche Gesetz:

$$\mathbf{F} = k \frac{Q_1 Q_2}{r^2}\, \hat{\mathbf{r}} = k \frac{Q_1 Q_2}{r^3}\, \mathbf{r}$$

Dabei zeigt der Einheitsvektor $\hat{\mathbf{r}}$ zur Punktladung Q_2, auf die die im Ursprung befindliche Ladung Q_1 die Kraft $\mathbf{F}$ ausübt. Bild 3.2 zeigt diese Situation und erinnert daran, daß die Kraft $-\mathbf{F}$ auf Q_1 wirkt.

Der in Gl. (3.15) enthaltene Proportionalitätsfaktor $k = 1/4\pi\epsilon_0$ ist durch

$$k = \frac{1}{4\pi\epsilon_0} = 8{,}988 \cdot 10^9 \text{ Nm}^2/\text{C}^2$$

gegeben und hat die Dimension

$$[\text{Kraft}]\,[\text{Länge}]^2\,[\text{Ladung}]^{-2}.$$

Die Einheit der Ladung, das Coulomb (C) wird in SI-Einheiten auf dem Weg über die elektrische Stromstärke, das Ampere (A) definiert, wobei 1 C = 1 As (Amperesekunde) ist. Nach Festlegung der Ladungseinheit ist der Proportionalitätsfaktor in Gl. (3.15) – ebenso wie die Gravitationskonstante G im Gravitationsgesetz – experimentell zu bestimmen, wobei man den angegebenen Wert erhält [1]. Die Schreibweise $1/4\pi\epsilon_0$ ist historisch bedingt, ϵ_0 heißt elektrische Feldkonstante.

Die Ladung Q_p des Protons ist die *Elementarladung*. Sie wird zumeist mit e bezeichnet:

$$e = +\,1{,}602\,10 \cdot 10^{-19} \text{ C}.$$

Die Ladung des Elektrons ist $-e$. Die abstoßende Kraft zwischen zwei Protonen im Abstand 10^{-14} m beträgt

$$F = k \frac{e^2}{r^2} \approx 9{,}0 \cdot 10^9 \frac{(1{,}6 \cdot 10^{-19})^2}{(10^{-14})^2} \approx 2{,}3 \text{ N}.$$

Proton und Elektron ziehen einander an, da sie entgegengesetzte Ladungen tragen.

---

[1] Wir werden uns dabei auf die Bewegung von Teilchen in *gegebenen* elektrischen und magnetischen Feldern beschränken. Die Berechnung dieser Felder sei der Elektrodynamik vorbehalten.

[1] Das Coulombsche Gesetz kann auch zur Definition der Ladungseinheit herangezogen werden, wenn man den Proportionalitätsfaktor zu $k = 1$ festlegt. Dies geschieht bei den in der Forschung vielfach üblichen CGS-Einheiten. Siehe den Anhang zu diesem Buch.

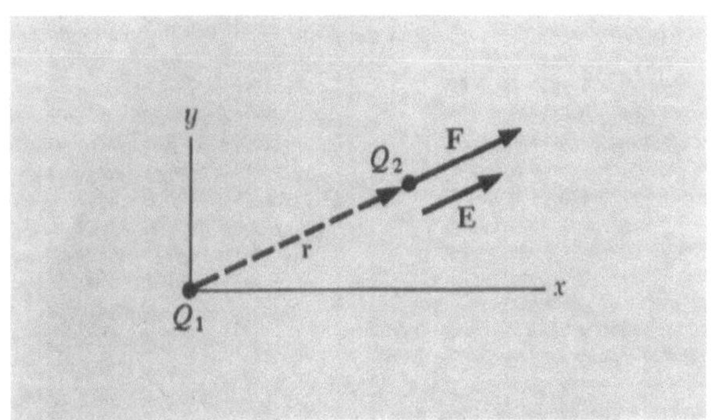

Bild 3.3. Zum Begriff der elektrischen Feldstärke **E**.
$\mathbf{E} = (kQ_1/r^2)\,\hat{\mathbf{r}}$, $\mathbf{F} = Q_2\mathbf{E}$

Das elektrische Feld. Wirkt eine elektrische Kraft auf ein geladenes Teilchen, so sagen wir, daß sich das Teilchen in einem elektrischen Feld befindet. Das Feld und die entsprechende Kraft auf das Teilchen werden durch andere Ladungen hervorgerufen, die sich in der Umgebung befinden. Wir definieren die *elektrische Feldstärke* durch die Beziehung

$$\mathbf{F} = Q\mathbf{E}, \qquad (3.16)$$

wobei Q die „Testladung" ist, auf die die Kraft **F** wirkt. Der Feldstärkevektor **E** gibt daher die Kraft pro Einheitsladung am Ort der Testladung an.

In Bild 3.3 zeigen wir nochmals die Situation des Bildes 3.2, wobei wir aber nunmehr den Standpunkt einnehmen, daß die Kraft **F** auf Q_2 durch das elektrische Feld **E** der Ladung Q_1 entsteht. In diesem Fall ist der Vektor **E** gegeben durch

$$\mathbf{E} = k\,\frac{Q_1}{r^2}\,\hat{\mathbf{r}} \qquad (3.17)$$

und die Kraft $\mathbf{F} = Q_2\mathbf{E}$ ist dieselbe wie in Gl. (3.15). Die volle Bedeutung des Feldbegriffs wird aber erst in der Elektrodynamik (Band 2) hervortreten. Er ist besonders nützlich, wenn man die Kräfte auf geladene Teilchen berechnen muß, die von geladenen Kugeln oder Ebenen oder auch von zeitlich veränderlichen Magnetfeldern hervorgerufen werden.

Die Dimension der elektrischen Feldstärke ist Kraft pro Ladung, also N/C. Wir werden später sehen, daß dies auch in der (üblicheren) Form Volt pro Meter, also V/m, ausgedrückt werden kann, da

$$1 \text{ N/C} = 1 \text{ V/m}.$$

Magnetfelder und die Lorentzkraft. Bisher haben wir nur *statische* Situationen betrachtet, bei denen sich die Ladungen weder relativ zueinander noch im Bezug auf den Beobachter bewegen. Wir können die Kraft dann in

der Form $\mathbf{F}_{el} = Q\mathbf{E}$ schreiben. Auf bewegte Ladungen kann aber noch eine zusätzliche Kraft wirken, die normal zur Bewegungsrichtung steht, wie die Experimente zeigen. Derartige Kräfte nennt man *magnetische Kräfte*. Einen Bereich, in dem solche geschwindigkeitsabhängigen Kräfte wirken, nennt man ein *Magnetfeld*. Experimente zeigen, daß die *magnetische Feldstärke* **B** mit der Kraft auf eine Ladung Q gemäß

$$\boxed{\mathbf{F}_{mag} = Q\mathbf{v} \times \mathbf{B}} \qquad (3.18)$$

zusammenhängt. Dabei ist **v** die Geschwindigkeit des Teilchens. Das Vektorprodukt bewirkt, daß $\mathbf{F}_{mag}$ wie gewünscht normal auf **v** ist und definiert auch Richtung und Betrag des magnetischen Feldstärke-Vektors **B**. **B** steht stets normal zur Richtung der Kraft $\mathbf{F}_{mag}$. Die entsprechenden Zusammenhänge sind in Bild 3.4 für **B** senkrecht zu **v** gezeigt. Wenn ein stromführender Draht in Richtung von **v** anstelle der bewegten Ladung tritt, so wird auch die Richtung der Kraft auf diesen Draht durch das Bild gegeben.

Die Kraftwirkung auf eine bewegte Ladung kann auch zur Bestimmung der Stärke eines Magnetfelds dienen, so daß Gl. (3.18) auch die Einheit der magnetischen Feldstärke festlegt. Diese Einheit ist das Tesla (T) [1]. Wirkt auf die Ladung $Q = 1$ C, die sich in einem magnetischen Feld mit der Geschwindigkeit $v = 1$ m/s normal zur Richtung der Feldstärke bewegt, die Kraft $F = 1$ N, so herrscht dort die magnetische Feldstärke $B = 1$ T. Die Größenordnung des Erdmagnetfelds ist etwa 10^{-4} T.

Die Gesamtkraft auf ein geladenes Teilchen ist gleich der Vektorsumme aus der elektrischen und der magne-

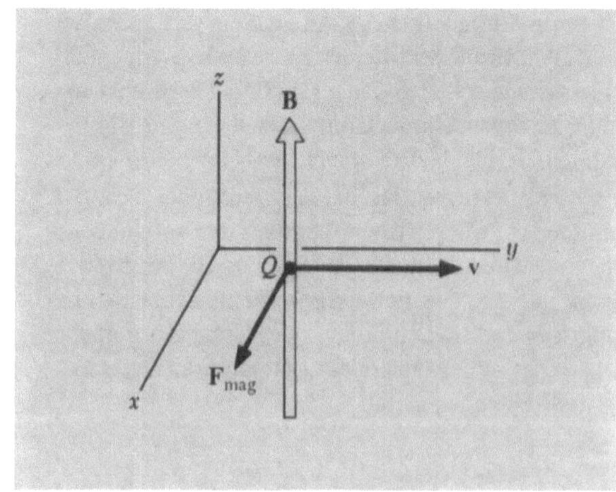

Bild 3.4. Die magnetische Kraft $\mathbf{F}_{mag} = Q\mathbf{v} \times \mathbf{B}$

[1] *N. Tesla* (1856–1943) wurde in Jugoslawien geboren und wanderte nach Amerika aus, wo er bedeutende Erfindungen auf dem Gebiet des Drehstroms machte.

tischen Kraft. Diese Kraft wird meist als *Lorentzkraft* bezeichnet [1]. Nach den Gln. (3.16) und (3.18) ist

$$\mathbf{F} = Q\mathbf{E} + Q\mathbf{v} \times \mathbf{B}. \tag{3.19}$$

Zahlreiche Probleme der Physik und Technik können mit Gl. (3.19) und dem zweiten Newtonschen Gesetz $\mathbf{F} = m\mathbf{a}$ behandelt werden. Ein wichtiger Teil der Geschichte der Physik war der Weg zu diesen Gleichungen, die wir in Band 2 noch eingehend diskutieren müssen.

Für die folgenden Überlegungen werden wir einige Zahlenwerte benötigen:

Lichtgeschwindigkeit $\quad c = 2{,}9979 \cdot 10^8$ m/s
Masse des Elektrons $\quad m_e = 0{,}9108 \cdot 10^{-30}$ kg
Masse des Protons $\quad m_p = 1{,}6724 \cdot 10^{-27}$ kg

Bevor wir zu Beispielen übergehen, bemerken wir noch, daß die Dimension der magnetischen Feldstärke gemäß Gl. (3.18) $[\text{N}]\,[\text{s}]\,[\text{C}]^{-1}\,[\text{m}]^{-1}$ beträgt.

Ein geladenes Teilchen in einem gleichförmigen konstanten elektrischen Feld. Für die Kraft auf eine Ladung Q mit der Masse m in einem (räumlich) gleichförmigen und (zeitlich) konstanten elektrischen Feld gilt nach Gl. (3.16)

$$\mathbf{F} = m\mathbf{a} = Q\mathbf{E}. \tag{3.20}$$

Daher ist die Beschleunigung der Ladung gleich

$$\mathbf{a} = \frac{d^2\mathbf{r}}{dt^2} = \frac{Q}{m}\,\mathbf{E}.$$

Dieses Ergebnis ähnelt der Bewegungsgleichung $\mathbf{F} = -mg\,\hat{\mathbf{y}}$ im gleichförmigen Schwerefeld nahe der Erdoberfläche, wobei der Einheitsvektor $\hat{\mathbf{y}}$ vom Erdmittelpunkt weggerichtet ist. Im Gravitationsfeld lautet die Bewegungsgleichung

$$m\mathbf{a} = -mg\,\hat{\mathbf{y}} \quad \text{oder} \quad \mathbf{a} = -g\,\hat{\mathbf{y}}.$$

Die Lösung von Gl. (3.20) kann man durch Probieren oder durch Integrieren der Gleichung nach der Zeit finden:

$$\mathbf{r}(t) = \frac{Q\mathbf{E}}{2m}\,t^2 + \mathbf{v}_0 t + \mathbf{r}_0. \tag{3.21}$$

Dabei ist $\mathbf{r}_0$ die Anfangslage und $\mathbf{v}_0$ die Anfangsgeschwindigkeit des Teilchens zur Zeit $t = 0$. Differenzieren von Gl. (3.21) liefert die Geschwindigkeit als Funktion der Zeit

$$\mathbf{v}(t) = \frac{d\mathbf{r}}{dt} = \frac{Q\mathbf{E}}{m}\,t + \mathbf{v}_0. \tag{3.22}$$

Die Anfangsgeschwindigkeit zur Zeit $t = 0$ ist also tatsächlich gleich $\mathbf{v}_0$.

● **Beispiele:** *1. Longitudinale Beschleunigung eines Protons.* Ein Proton wird durch ein elektrisches Feld $E_x = 3 \cdot 10^4$ V/m aus der Ruhelage 1 ns (= 10^{-9} s) lang beschleunigt. Wie groß ist die Endgeschwindigkeit (Bild 3.5)?

Die Geschwindigkeit erhalten wir aus Gl. (3.22):

$$\frac{d\mathbf{r}}{dt} = \frac{e}{m_p}\,\mathbf{E}t + \mathbf{v}_0;$$

für unser Problem vereinfacht sich dies auf [1]

$$v_x(t) = \frac{e}{m_p}\,E_x t, \quad v_y = v_z = 0,$$

da wir $\mathbf{v} = 0$ für $t = 0$ vorgegeben haben. Somit beträgt die Endgeschwindigkeit bei $t = 1 \cdot 10^{-9}$ s

$$v_x = \frac{(1{,}6 \cdot 10^{-19}\,\text{C})\,(3{,}0 \cdot 10^4\,\text{V/m})\,(1 \cdot 10^{-9}\,\text{s})}{2 \cdot 10^{-27}\,\text{kg}} \approx 2{,}4 \cdot 10^3\ \text{m/s}$$
●

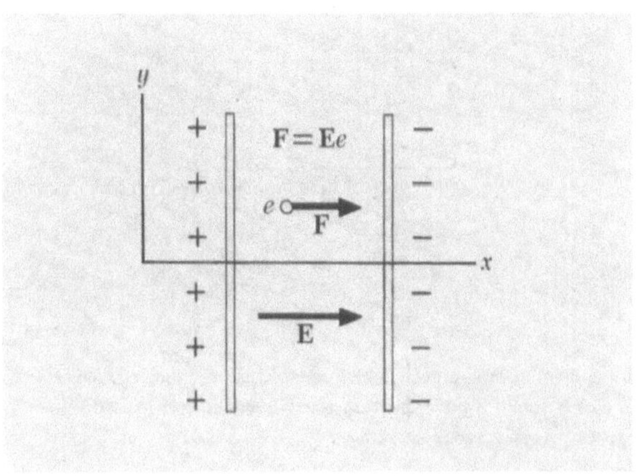

Bild 3.5. Longitudinalbeschleunigung eines Protons im elektrischen Feld zwischen zwei Metallplatten

● *2. Longitudinale Beschleunigung eines Elektrons.* Ein anfangs ruhendes Elektron wird auf einer Strecke von 1 cm durch ein elektrisches Feld von $3 \cdot 10^4$ V/m, das in die negative x-Richtung zeigt, beschleunigt. Wie groß ist die Endgeschwindigkeit?

Aus Gl. (3.22) erhalten wir mit der Ladung $-e$ und der Elektronenmasse m

$$v_x(t) = -\frac{e}{m}E_x t, \quad x(t) = -\frac{e}{2m}E_x t^2.$$

Wir eliminieren t in v_x, indem wir t^2 durch x ausdrücken. Dazu bilden wir v_x^2, stellen die Faktoren um und erhalten

$$v_x^2 = \left(\frac{e}{m}E_x t\right)^2 = \left(\frac{2e}{m}E_x\right)\left(\frac{e}{2m}E_x t^2\right) = -\frac{2e}{m}E_x x$$

$$v_x^2 \approx \frac{-2\,(1{,}6 \cdot 10^{-19}\,\text{C}) \cdot (-3 \cdot 10^4\,\text{V/m}) \cdot (10^{-2}\,\text{m})}{10^{-30}\,\text{kg}} \approx 10^{14}\ \text{m}^2/\text{s}^2.$$

---

[1] Die Gleichung ist eine Vektorgleichung, die sich mit $\mathbf{E} = (E_x, 0, 0)$ und $\mathbf{v}_0 = 0$ auf die drei Komponentengleichungen

$$\frac{dx}{dt} = \frac{e}{m}E_x t, \quad \frac{dy}{dt} = 0, \quad \frac{dz}{dt} = 0$$

zurückführen läßt.

---

[1] *H. A. Lorentz* hat wesentliche Voruntersuchungen zur Relativitätstheorie geleistet. Manchmal wird auch die magnetische Kraft allein als Lorentzkraft bezeichnet.

Die Endgeschwindigkeit beträgt daher näherungsweise

$$|v_x| = 10^7 \text{ m/s}.$$

Dies ist $\frac{1}{30}$ der Lichtgeschwindigkeit, so daß wir relativistische Effekte außer Betracht lassen können (Genauigkeit 0,1 %).   •

• 3. Transversale Beschleunigung eines Elektrons. Nach dem Verlassen des beschleunigenden Feldes E_x aus dem Beispiel 2 tritt der Elektronenstrahl in ein Gebiet der Länge $l = 1$ cm ein, in dem ein transversal ablenkendes Feld $E_y = -3 \cdot 10^3$ V/m wirkt. Unter welchem Winkel zur x-Achse verläßt der Elektronenstrahl das Ablenkgebiet (Bild 3.6)? Dies entspricht einem im Erdschwerefeld horizontal abgeschossenen Körper.

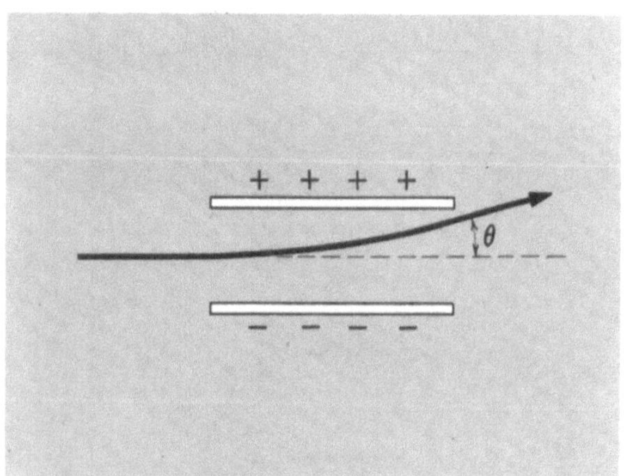

Bild 3.6. Ablenkung eines Elektronenstrahls in einem transversalen elektrischen Feld. Der in unserem Beispiel berechnete Winkel ist hier stark vergrößert gezeigt.

Da das Feld keine x-Komponente hat, bleibt die x-Komponente der Geschwindigkeit konstant. Die Zeit τ, in der das Elektron das Ablenkgebiet durchläuft, erhalten wir aus

$$v_x \tau = l$$

oder, mit $v_x = 10^7$ m/s,

$$\tau = \frac{l}{v_x} = \frac{0,01 \text{ m}}{10^7 \text{ m/s}} = 10^{-9} \text{ s}.$$

Die während dieser Zeit erreichte Transversalgeschwindigkeit v_y beträgt

$$v_y = -\frac{e}{m} E_y \tau \approx \frac{-1,6 \cdot 10^{-19} \text{ C}}{10^{-30} \text{ kg}} (-3 \cdot 10^3 \text{ V/m}) \cdot 10^{-9} \text{ s}$$

$$\approx 5 \cdot 10^5 \text{ m/s}.$$

Den Winkel θ, den der Endgeschwindigkeitsvektor mit der x-Achse bildet, erhalten wir aus $\tan \theta = v_y/v_x$, so daß sich

$$\theta = \arctan\left(\frac{v_y}{v_x}\right) \approx \arctan\left(\frac{5 \cdot 10^5}{10^7}\right) = \arctan 0,05$$

ergibt. Für kleine Winkel können wir mit θ im Bogenmaß angenähert

$$\theta \approx \arctan \theta$$

schreiben. Also ist $\theta = 0,05$ rad.

Durch Berechnen des nächsten Terms in der Reihenentwicklung von $\arctan \theta$ können wir den Fehler der Näherung abschätzen. Mathematische Tafeln geben die Reihenentwicklungen der trigonometrischen Funktionen wieder. So findet man [1]

$$\arctan x = x - \frac{x^3}{3} + \frac{x^5}{5} - \frac{x^7}{7} + \dots \quad \text{für } x^2 < 1.$$

Der Ausdruck $x^3/3$ für $x = 0,05$ ist um den Faktor $x^2/3 = 0,05^2/3 \approx 10^{-3}$ kleiner als das erste Glied x, d.h., der Fehler beträgt nur 0,1 %. Dieser Fehler kann vernachlässigt werden, wenn er kleiner als die Meßungenauigkeit von θ ist. Für kleine Winkel gilt auch $\sin \theta \approx \theta$ und $\cos \theta \approx 1 - \frac{1}{2}\theta^2$.   •

Geladenes Teilchen in einem konstanten Magnetfeld. Für die Bewegungsgleichung eines geladenen Teilchens der Masse m und der Ladung Q in einem konstanten Magnetfeld erhalten wir

$$m\frac{d^2\mathbf{r}}{dt^2} = m\frac{d\mathbf{v}}{dt} = Q\mathbf{v} \times \mathbf{B}. \tag{3.23}$$

Das Magnetfeld wirke in z-Richtung:

$$\mathbf{B} = \hat{\mathbf{z}}B.$$

Dann gilt nach der Vektorproduktregel

$$[\mathbf{v} \times \mathbf{B}]_x = v_y B, \quad [\mathbf{v} \times \mathbf{B}]_y = -v_x B,$$
$$[\mathbf{v} \times \mathbf{B}]_z = 0.$$

Somit ergibt sich aus Gl. (3.23) [2]

$$\dot{v}_x = \frac{Q}{m} v_y B, \quad \dot{v}_y = -\frac{Q}{m} v_x B, \quad \dot{v}_z = 0. \tag{3.24}$$

Wie wir sehen, ist die Geschwindigkeitskomponente in Richtung des magnetischen Feldes, entlang der z-Achse, konstant.

Wir können eine weitere Eigenschaft der Bewegung direkt einsehen: Die kinetische Energie [3]

$$E_k = \frac{1}{2} m v^2 = \frac{1}{2} m \mathbf{v} \cdot \mathbf{v}$$

ist konstant

$$\frac{dE_k}{dt} = \frac{1}{2} m (\dot{\mathbf{v}} \cdot \mathbf{v} + \mathbf{v} \cdot \dot{\mathbf{v}})$$
$$= m\mathbf{v} \cdot \dot{\mathbf{v}} = m\mathbf{v} \cdot \left(\frac{Q}{m}\mathbf{v} \times \mathbf{B}\right) \equiv 0 \tag{3.25}$$

da $\mathbf{v} \times \mathbf{B}$ senkrecht auf $\mathbf{v}$ steht. Somit *bewirkt ein Magnetfeld keine Änderung der kinetischen Energie eines freien Teilchens.*

---

[1] Z.B. in Höhere Mathematik griffbereit (Friedr. Vieweg & Sohn, Braunschweig) S. 558

[2] Wie in der Physik üblich, bezeichnen wir Zeitableitungen durch Punkte über den Symbolen.

[3] Wir nehmen an, daß Ihnen die kinetische Energie aus dem Schulunterricht bekannt ist. Ihre Bedeutung wird auf S. 87 systematisch diskutiert.

Wir suchen nach Lösungen[1]) für die Bewegungsgleichungen (3.24) in der Form

$$v_x(t) = v_1 \sin \omega t, \qquad v_y(t) = v_1 \cos \omega t,$$
$$v_z = \text{const.} \tag{3.26}$$

Die Projektion dieser Bewegung auf die xy-Ebene ist ein Kreis, dessen Radius wir berechnen werden. Differenzieren von Gl. (3.26) liefert zunächst

$$\frac{dv_x}{dt} = \omega v_1 \cos \omega t, \qquad \frac{dv_y}{dt} = -\omega v_1 \sin \omega t.$$

Setzen wir dies in die Bewegungsgleichung (3.24) ein, so folgt

$$\omega v_1 \cos \omega t = \frac{QB}{m} v_1 \cos \omega t,$$

$$-\omega v_1 \sin \omega t = -\frac{QB}{m} v_1 \sin \omega t.$$

Diese Gleichungen sind erfüllt, wenn

$$\omega = \frac{QB}{m} \equiv \omega_c \tag{3.27}$$

gilt. Diese Gleichung definiert die *Zyklotronfrequenz* ω_c als die Frequenz der Kreisbewegung eines Teilchens in einem Magnetfeld. Die Bewegungsgleichungen sind dabei für *beliebige* Werte von v_1 gelöst; v_1 bestimmt jedoch den Radius der Kreisbewegung.

Die Zyklotronfrequenz kann auch elementar hergeleitet werden. Die nach innen gerichtete magnetische Kraft QBv_1 liefert die notwendige Zentripetalbeschleunigung für die Kreisbewegung des Teilchens. Der Betrag der Zentripetalbeschleunigung ist v_1^2/r oder $\omega_c^2 r$, da $\omega_c r = v_1$. Daher muß gelten

$$QBv_1 = m\,\omega_c\,v_1 = m\omega_c^2 r \quad \text{oder} \quad \omega_c = \frac{QB}{m} \ .$$

Der Radius der Kreisbewegung ergibt sich zu $r = mv_1/QB$ (Bild 3.7).

Welche Form hat die vollständige Bahnkurve des Teilchens? Ihre Projektion auf die xy-Ebene ist ein Kreis, wie wir sehen werden. In der z-Richtung bewegt sich das

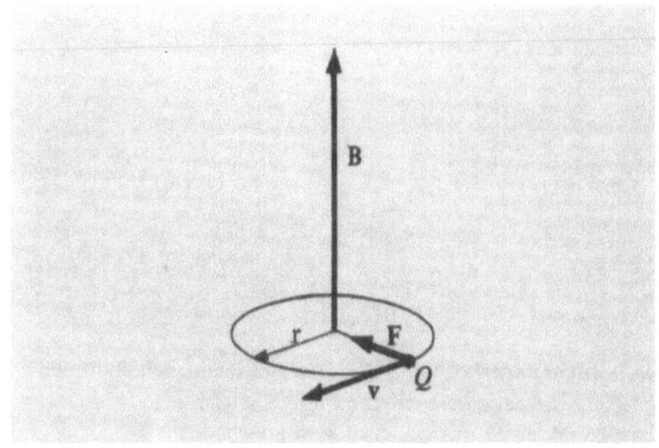

Bild 3.7. Eine positive Ladung Q mit der Anfangsgeschwindigkeit v senkrecht zum konstanten Magnetfeld **B** beschreibt mit der konstanten Geschwindigkeit v_1 eine Kreisbahn mit dem Radius $r = mv_1/QB$.

Teilchen einfach mit konstanter Geschwindigkeit v_z (die natürlich auch gleich Null sein kann), da die Kraft keine z-Komponente aufweist. Integration von Gl. (3.26) mit $\omega = \omega_c$ liefert die Bahn

$$x = x_0 + \frac{v_1}{\omega_c} - \frac{v_1}{\omega_c} \cos \omega_c t$$

$$y = y_0 + \frac{v_1}{\omega_c} \sin \omega_c t \tag{3.28}$$

$$z = z_0 + v_z t,$$

wobei wir die Integrationskonstanten mit $x_0 + v_1/\omega_c$, y_0 und z_0 bezeichnet haben.

Gl. (3.28) beschreibt die x, y-Komponenten einer Kreisbewegung mit dem Radius

$$r_c = \frac{v_1}{\omega_c} = \frac{mv_1}{QB} \tag{3.29}$$

und dem Kreismittelpunkt in $(x_0 + v_1/\omega_c, y_0)$, der eine gleichförmige Bewegung in der z-Richtung mit der Geschwindigkeit v_z überlagert ist. Für $t = 0$ beginnt diese Bewegung in $z = z_0$. Die Bahnkurve ist daher eine Schraubenlinie, deren Achse parallel zu **B** ist, in diesem Fall also parallel zur z-Achse (Bild 3.8). Der Radius r_c heißt *Zyklotronradius*.

Das Produkt aus der magnetischen Feldstärke und dem Zyklotronradius beträgt

$$Br_c = \frac{mv_1}{Q} \ . \tag{3.30}$$

Diese wichtige Beziehung gilt auch für relativistische Teilchen, wie wir noch sehen werden. Mit ihrer Hilfe kann man den Impuls mv_1 (oder die relativistische Verallgemeinerung dieser Größe) für beliebig rasch bewegte geladene Teilchen bestimmen (Bild 3.9).

---

[1]) Gl. (3.25) besagt, daß E_k eine Konstante ist; wir müssen daraus schließen, daß $|v|$ ebenfalls konstant ist. Aufgrund dieses Resultats suchen wir eine Lösung, die eine gleichförmige Kreisbewegung wiedergibt, in der die x- und y-Geschwindigkeitskomponenten sinusförmig mit der Phasendifferenz $\pi/2$ zueinander sind. Es ist bequem, QB/m als eine einzige Konstante mit der Dimension einer inversen Zeit anzugeben, wie Sie sich leicht aus Gl. (3.24) überlegen können. Wir erwarten eine Lösung, die eine Rotation beinhaltet, bei der diese Konstante mit der Kreisfrequenz ω in enger Beziehung steht.

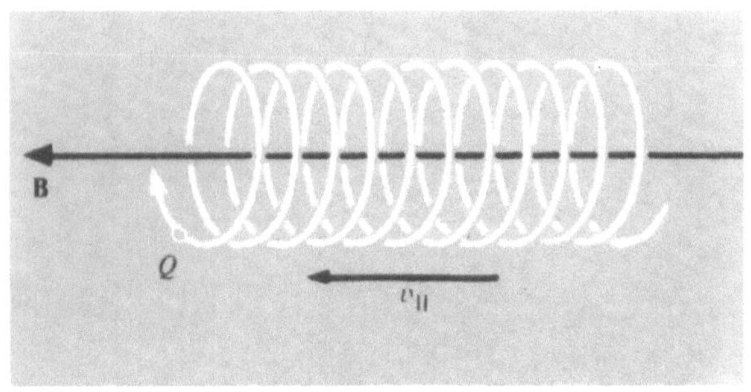

Bild 3.8. Eine positive Ladung Q beschreibt in einem homogenen Magnetfeld **B** eine Spirale mit konstanter Ganghöhe. Die Geschwindigkeitskomponente $v_\parallel$ parallel zu **B** ist konstant.

Dimensionen. Zur Überprüfung einer Rechnung sollten Sie stets die Dimensionen auf beiden Seiten des Endergebnisses überprüfen. Dies ist eine einfache Möglichkeit, grobe Fehler aufzudecken. Wir wollen dies hier für Gl. (3.30) durchführen. Für die linke Seite ist

$$[Br_c] = [M]\,[L]\,[T]^{-2}\,[Q]^{-1}\,[L]^{-1}\,[T]\,[L] \tag{3.31}$$
$$= [M]\,[L]\,[T]^{-1}\,[Q]^{-1},$$

für die rechte Seite

$$\left[\frac{mv_1}{Q}\right] = [M]\,[L]\,[T]^{-1}\,[Q]^{-1}. \tag{3.32}$$

Die Dimensionen stimmen daher überein.

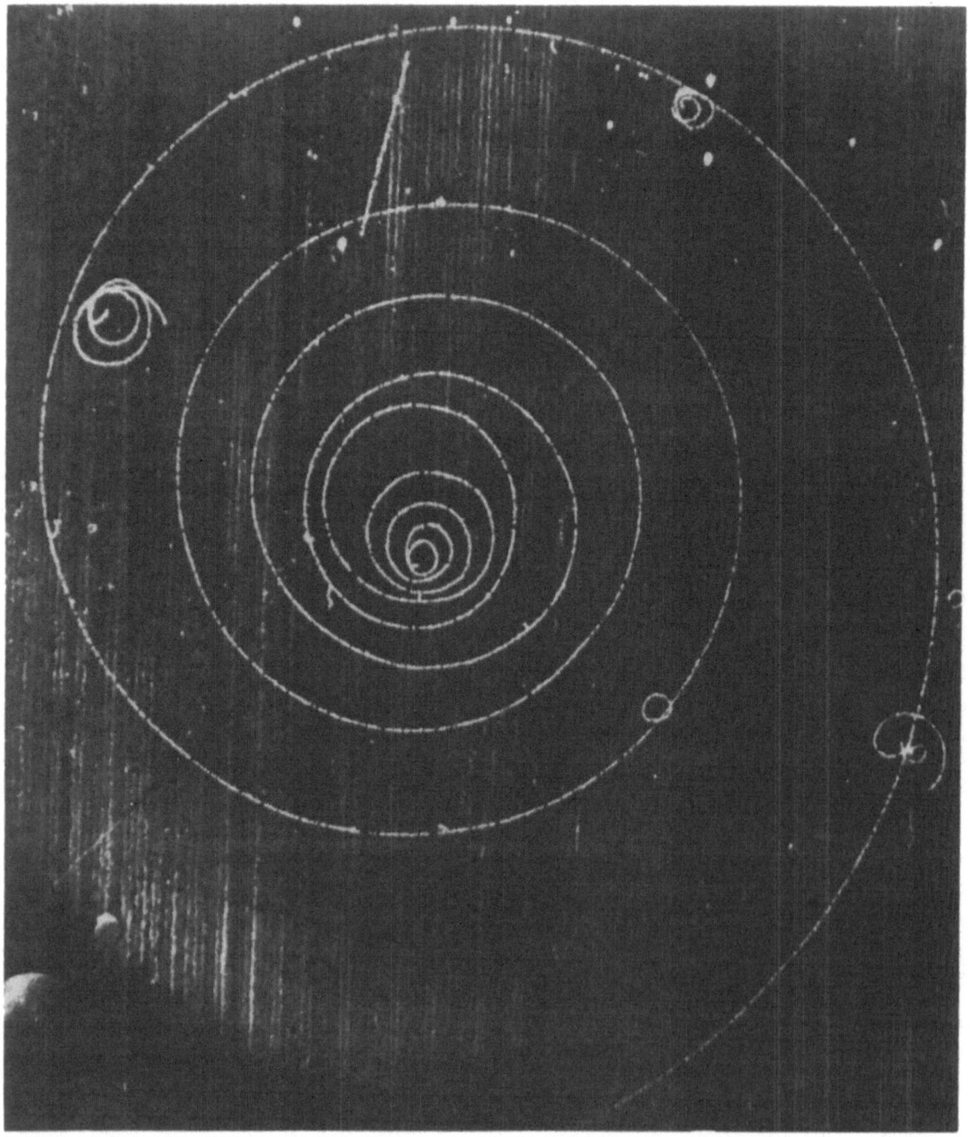

Bild 3.9
Photographie eines schnellen Elektrons in einem Magnetfeld, in der Wasserstoffblasenkammer aufgenommen. Das Elektron tritt unten links ein. Es wird langsamer, da es durch die Ionisation von Wasserstoffmolekülen Energie verliert. Während das Elektron langsamer wird, verringert sich sein Krümmungsradius im Magnetfeld, daher die spiralförmige Umlaufbahn. (*Lawrence Radiation Laboratory*)

● **Beispiele:** *1. Zyklotronfrequenz.* Welche Zyklotronfrequenz hat ein Elektron in einem Magnetfeld von 1 T (Felder von 1 T bis 1,5 T sind für Elektromagnete mit Eisenkern typisch).

Aus Gl. (3.27) folgt

$$\omega_c = \frac{eB}{m} \approx \frac{(1,6 \cdot 10^{-19})\,(1,0)}{10^{-30}} \approx 1,6 \cdot 10^{11}\ \text{s}^{-1}.$$

Die entsprechende Frequenz f_c ist

$$f_c = \frac{\omega_c}{2\pi} \approx 3 \cdot 10^{10}\ \text{Hz},$$

das entspricht einer elektromagnetischen Wellenlänge im freien Raum

$$\lambda_c = \frac{c}{f_c} \approx \frac{3 \cdot 10^8\ \text{m/s}}{3 \cdot 10^{10}\ \text{s}^{-1}} = 0,01\ \text{m}.$$

Die Gyrofrequenz $\omega_c\,(\text{p})$ eines Protons ist in dem gleichen Magnetfeld um den Faktor 1/1836, dem Verhältnis Elektronenmasse zu Protonenmasse, geringer. Für ein Proton erhalten wir in einem Feld von 1 T:

$$\omega_c\,(\text{p}) = \frac{m}{m_{\text{p}}}\ \omega_c\,(\text{e}) \approx \frac{2 \cdot 10^{11}}{2 \cdot 10^3}\ \text{s}^{-1} = 10^8\ \text{s}^{-1}.$$

Ein Elektron weist zu einem Proton einen entgegengesetzten Rotationssinn auf, da ihre Ladungen unterschiedliche Vorzeichen haben. ●

● *2. Gyroradius.* Wie groß ist der Radius der Zyklotronumlaufbahn eines Elektrons mit der senkrecht zu **B** gerichteten Geschwindigkeit 10^6 m/s in einem Feld von 1 T?

Mit Gl. (3.29) erhalten wir für den Gyroradius

$$r = \frac{v_1}{\omega_c} \approx \frac{10^6\ \text{m/s}}{2 \cdot 10^{11}\ \text{s}^{-1}} = 5 \cdot 10^{-6}\ \text{m}.$$

Der Gyroradius eines Protons der gleichen Geschwindigkeit ist um das Verhältnis m_{p}/m größer:

$$r \approx 5 \cdot 10^{-6}\ \text{m} \cdot 2 \cdot 10^3 = 0,01\ \text{m}.$$ ●

180°-magnetische Fokussierung. Ein Strahl geladener Teilchen mit unterschiedlichen Massen und Geschwindigkeiten tritt in den Bereich eines gleichförmigen Magnetfelds **B** ein, das normal auf dem Strahl steht. Die Teilchen werden mit einem aus $Br = mv_1/Q$ berechneten Krümmungsradius abgelenkt, wobei v_1 die Geschwindigkeit normal zu **B** ist. Untersuchen wir den Strahl an irgendeiner Stelle, z.B. nach einer Ablenkung von $180°$, so finden wir ihn in der Bahnebene ausgebreitet, da den unterschiedlichen Teilchenmassen und Geschwindigkeiten verschiedene Krümmungsradien entsprechen (Bild 3.10).

Diesen Effekt nutzen wir im *Impulsselektor* aus, einer Vorrichtung, die dazu dient, einen Strahl von Teilchen mit nahezu gleichen Impulsen zu erhalten, wenn alle diese Teilchen die gleiche Ladung Q haben. Ein Vorteil in der Anwendung der $180°$-Ablenkung liegt darin, daß Teilchen mit gleichem Impuls, die jedoch unter einem geringfügig unterschiedlichen Winkel durch einen Spalt eintreten, nach $180°$ angenähert fokussiert sind.

Die Genauigkeit der Fokussierung ist ein rein geometrisches Problem, wie die Bilder 3.11a und 3.11b zeigen.

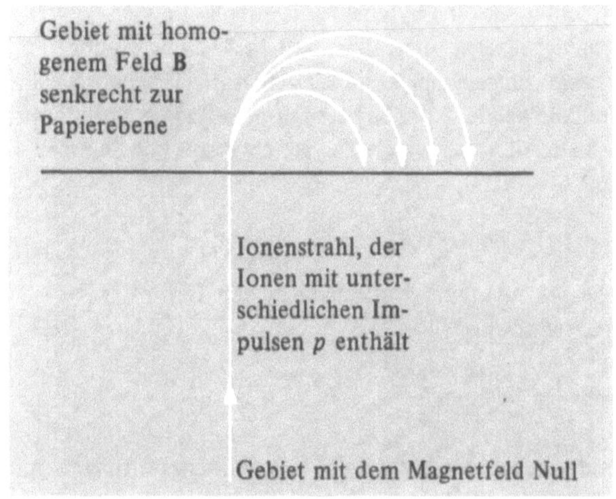

Bild 3.10. Magnetfeld als Impulsselektor

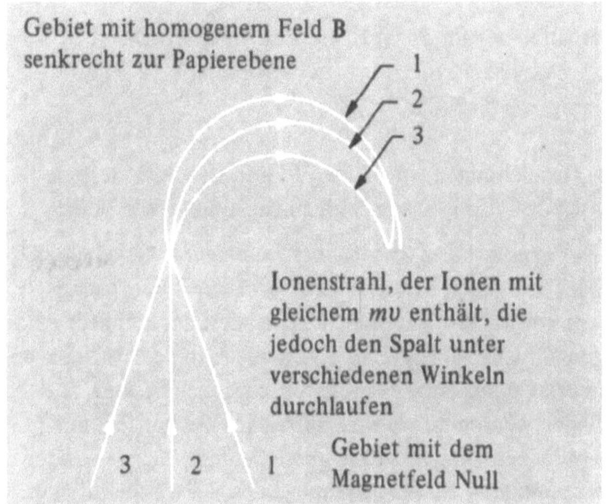

Bild 3.11a. 180°-Fokussierung in einem Magnetfeld. Ionen mit gleichen Impulsen aber unterschiedlichen Richtungen werden nahe zusammen fokussiert.

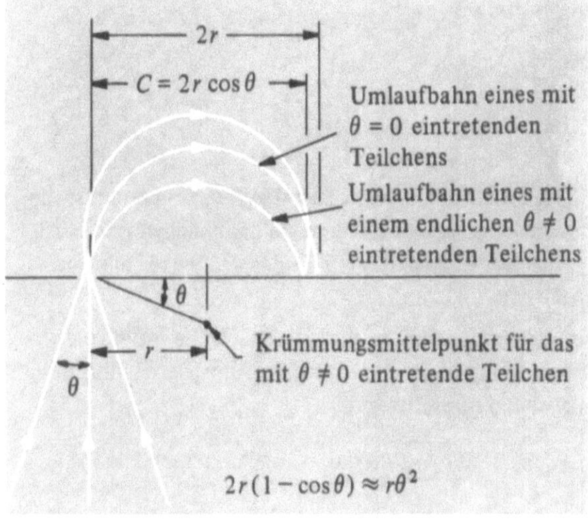

Bild 3.11b. Das Bild zeigt die Einzelheiten der Fokussierung im 180°-Geschwindigkeitsfilter.

Betrachten Sie eine Flugbahn, die anfangs um den Winkel θ von der idealen Flugbahn abweicht. Die Entfernung zwischen Eingangsspalt und Zielgebiet des Teilchens wird durch die Sehne C des Kreises mit dem Radius r bestimmt. Die Längendifferenz zwischen Durchmesser und Sehne beträgt

$$2r - C = 2r(1 - \cos\theta) \approx r\theta^2,$$

wobei wir für kleine θ die ersten beiden Terme der Reihenentwicklung

$$\cos\theta = 1 - \frac{\theta^2}{2!} + \frac{\theta^4}{4!} - \cdots$$

benutzt haben. Messen wir das Fokussierungsvermögen bezüglich des Winkels durch

$$\frac{2r - C}{2r} \approx \frac{1}{2}\theta^2,$$

so erhalten wir für $\theta = 0{,}1 \approx 6°$ den Wert

$$\frac{2r - C}{2r} \approx 5 \cdot 10^{-3}.$$

Die Abweichungen von C von $2r$ sind also sehr klein, so daß die 180°-Ablenkung tatsächlich fokussierend wirkt.

Das Prinzip der Zyklotronbeschleunigung. Geladene Teilchen bewegen sich in einem normalen Zyklotron in einem konstanten Magnetfeld angenähert auf spiralförmigen Umlaufbahnen (Bild 3.12), wie es in der historischen Anmerkung am Ende des Kapitels beschrieben wird. Die Teilchen werden durch ein elektrisches Wechselfeld nach jedem halben Umlauf (π rad) beschleunigt. Zur periodischen Beschleunigung muß die Frequenz des elektrischen Feldes gleich der Zyklotronfrequenz der Teilchen sein.

Die Zyklotronfrequenz ω_c beträgt für Protonen in einem magnetischen Feld $B = 1$ T

$$\omega_c = 10^8 \, \text{s}^{-1}$$

oder

$$f_c = \frac{\omega_c}{2\pi} \approx 10^7 \, \text{Hz} = 10 \, \text{MHz}.$$

Im Bereich nichtrelativistischer Geschwindigkeiten ist die Frequenz von der Teilchenenergie unabhängig. Bild 3.13 zeigt die Wellenlänge des HF-Feldes (c/f) als Funktion von B.

Bei jedem Umlauf erfährt das Teilchen aus dem elektrischen Wechselfeld eine Energiezufuhr. Der Radius der Umlaufbahn nimmt wegen

$$r_c = \frac{v}{\omega_c} = \frac{\sqrt{2E_k/m_p}}{\omega_c}$$

mit der Energie E_k zu. Die Energie eines nichtrelativistischen Protons in einem konstanten Magnetfeld wird durch

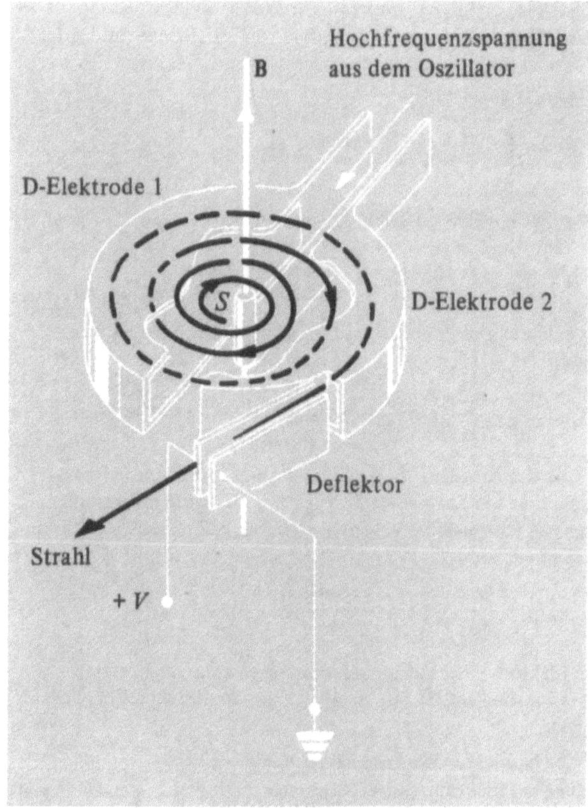

Bild 3.12. Schnittbild eines konventionellen Zyklotrons für niedrige Energien, das aus der Ionenquelle S, den hohlen Beschleunigungselektroden (D-Elektrode 1, D-Elektrode 2) und dem Deflektor besteht. Der gesamte Aufbau befindet sich in einem homogenen vertikalen Magnetfeld **B** (nach oben gerichtet). Die Ebene der Teilchenumlaufbahn liegt horizontal, sie ist gleich der mittleren Elektrodenebene. Das beschleunigende elektrische HF-Feld ist auf den Spalt zwischen den Elektroden beschränkt.

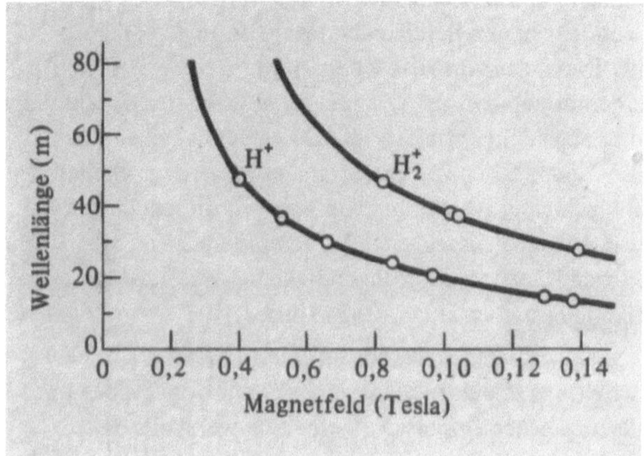

Bild 3.13. Resonanzbedingungen im ersten Zyklotron (mit 11 Zoll Durchmesser). Auf der Vertikalen ist die Wellenlänge der HF-Spannungsversorgung für die beschleunigenden Elektroden (D-Elektroden) aufgetragen. Die Kurven geben den theoretischen Verlauf für H⁺ und H₂⁺-Ionen wieder; die Kreise stellen experimentell gemessene Werte dar. (*Lawrence* und *Livingstron*, Phys. Rev. 40, 19, 1932).

den Außenradius des Zyklotrons begrenzt:
Für $\omega = 1 \cdot 10^8 \, \text{s}^{-1}$ und $r_\text{c} = 0,5$ m erhalten wir
$v = \omega_\text{c} \, r_\text{c} \approx 5 \cdot 10^7 \, \text{m/s}$ oder[1])

$$E_\text{k} = \tfrac{1}{2} \, m_\text{p} v^2 \approx 10^{-27} \, \text{kg} \, (5 \cdot 10^7 \, \text{m/s})^2 = 2,5 \cdot 10^{-12} \, \text{J}.$$

Diese Energie ist in der Praxis für die Arbeitsweise eines konventionellen Zyklotrons hinreichend nichtrelativistisch.

3.6. Die Erhaltung des Impulses

Der Erhaltungssatz für den Impuls und seine Bedeutung bei Stößen ist Ihnen sicher bereits bekannt. Wir leiten diesen Satz hier aus dem dritten Newtonschen Gesetz her und werden ihn in Kapitel 4 nochmals von einem anderen Gesichtspunkt aus betrachten.

Der Satz von der Impulserhaltung besagt:

Für ein abgeschlossenes System, in dem nur innere Kräfte wirken (d.h. zwischen den Teilchen des Systems) ist der Gesamtimpuls zeitlich konstant.

Am bekanntesten ist die Anwendung dieses Satzes auf Zusammenstöße von Teilchen: Falls auf die Teilchen keine äußeren Felder wirken, ist die Summe der Impulse vor dem Stoß gleich der Summe der Impulse nach dem Stoß:

$$\mathbf{p}_1 + \mathbf{p}_2 = \mathbf{p}'_1 + \mathbf{p}'_2 , \tag{3.33}$$

wobei der Impuls durch

$$\mathbf{p} = m\mathbf{v} \tag{3.34}$$

definiert ist, und die Impulse nach dem Stoß durch einen Strich gekennzeichnet werden sollen. In Bild 3.14 sind die Impulsänderungen und in Bild 3.15 die Bahnen beim Stoß gezeigt. Der Stoß kann dabei entweder elastisch oder unelastisch sein. Bei elastischen Stößen ist die gesamte kinetische Energie der Teilchen vor und nach dem Stoß gleich, wenn auch verschieden auf die einzelnen Teilchen verteilt. Bei unelastischen Stößen wird ein Teil der kinetischen Energie der Teilchen in *innere* Anregungsenergie umgewandelt, z.B. in Wärme. Es ist wesentlich, daß die Impulserhaltung auch für *unelastische* Stöße zutrifft, bei denen die kinetische Energie nicht erhalten ist.

Herleitung der Impulserhaltung aus dem dritten Newtonschen Gesetz. Wir nehmen an, daß die Kräfte zwischen den Körpern das dritte Newtonsche Gesetz (3.3) erfüllen. Für Körper 1 gilt

$$\mathbf{F}_{12} = \frac{d\mathbf{p}_1}{dt} = \frac{d}{dt}(m_1\mathbf{v}_1) \tag{3.35}$$

und für Körper 2

$$\mathbf{F}_{21} = \frac{d\mathbf{p}_2}{dt} = \frac{d}{dt}(m_2\mathbf{v}_2). \tag{3.36}$$

---

[1]) J ist die Abkürzung der Energieeinheit Joule
  $1 \, \text{J} = 1 \, \text{kg} \, \text{m}^2\text{s}^{-2}$.

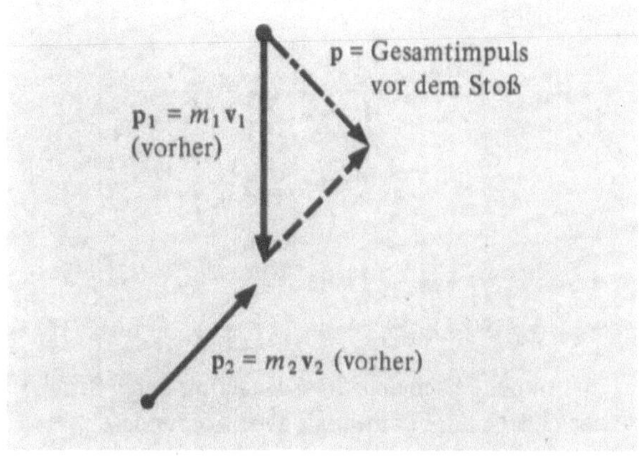

Bild 3.14a. Vor dem Stoß ergibt die Summe der Impulse $\mathbf{p}_1$ und $\mathbf{p}_2$ den Gesamtimpuls $\mathbf{p}$

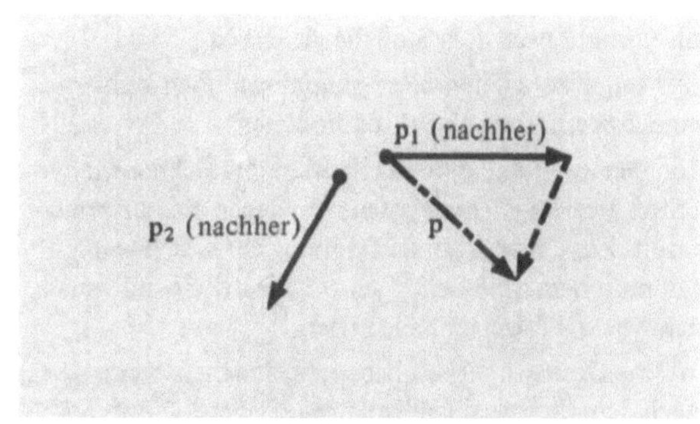

Bild 3.14b. Nach dem Stoß ergibt die Summe der Impulse $\mathbf{p}'_1$ und $\mathbf{p}'_2$ denselben Gesamtimpuls $\mathbf{p}$

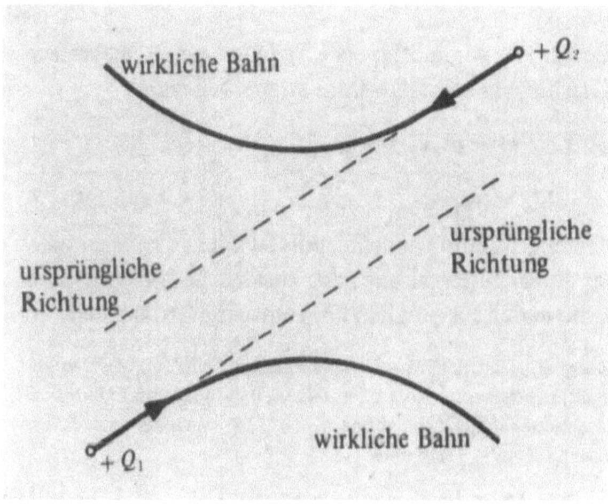

Bild 3.15. Wenn zwei Punktladungen Q_1 und Q_2 dicht aneinander vorbeifliegen, werden ihre Bahnen aus der ursprünglichen Richtung abgelenkt

Addition ergibt

$$\mathbf{F}_{12} + \mathbf{F}_{21} = 0 = \frac{d\mathbf{p}_1}{dt} + \frac{d\mathbf{p}_2}{dt} = \frac{d}{dt}(\mathbf{p}_1 + \mathbf{p}_2)$$

$$= \frac{d}{dt}(m_1\mathbf{v}_1 + m_2\mathbf{v}_2)$$

und daher

$$\mathbf{p}_1 + \mathbf{p}_2 = m_1\mathbf{v}_1 + m_2\mathbf{v}_2 = \text{const} =$$
$$\mathbf{p}_1' + \mathbf{p}_2' = m_1\mathbf{v}_1' + m_2\mathbf{v}_2', \tag{3.37}$$

wobei die Impulse nach dem Stoß wiederum durch Striche gekennzeichnet sind. Für mehr als zwei Körper liefern analoge Rechnungen das gleiche Ergebnis, auch dort ist der Gesamtimpuls erhalten.

In den folgenden Beispielen wird die Impulserhaltung auf verschiedene Fälle angewendet. Dabei sind zwei Punkte zu beachten:

1. Der Impulssatz ist ein Vektorgesetz. Beim Stoß zweier Teilchen definiert der Gesamtimpuls eine Richtung, die vor und nach dem Stoß die gleiche ist.

2. Der Impulssatz liefert allein genommen noch keine eindeutige Lösung eines Stoßproblems.

Um den zweiten Punkt zu erläutern, betrachten wir den Stoß zweier gleicher Massen, von denen eine ursprünglich ruht. Zur eindeutigen Bestimmung der Geschwindigkeiten nach dem Stoß benötigen wir zusätzliche Informationen, wie die folgenen Fälle zeigen:

a) Welche Geschwindigkeit haben die Teilchen, wenn sie nach dem Stoß aneinander haften bleiben? Die anfängliche Geschwindigkeit des ersten Körpers sei in Richtung der x-Achse. Dann ist

$$\mathbf{p}_1 = m_1 v_1 \hat{\mathbf{x}}, \quad \mathbf{p}_2 = 0$$
$$(\mathbf{p}_1' + \mathbf{p}_2') = (m_1 + m_2)\mathbf{v}' = 2m_1\mathbf{v}' = \mathbf{p}_1 = m_1 v_1 \hat{\mathbf{x}}$$
$$\mathbf{v}' = \frac{v_1}{2}\hat{\mathbf{x}} \ .$$

b) Beim Stoß komme das erste Teilchen zur Ruhe. Welche Geschwindigkeit erlangt das zweite Teilchen?

$$\mathbf{p}_1' + \mathbf{p}_2' = 0 + m_2\mathbf{v}_2' = m_1 v_1 \hat{\mathbf{x}}$$
$$\mathbf{v}_2' = v_1 \hat{\mathbf{x}} \ .$$

Um ein Stoßproblem eindeutig zu lösen, brauchen wir außer der Impulserhaltung noch zusätzliche Informationen, z.B. die in den Fällen a) und b) gemachten Annahmen.

● **Beispiel:** *Elastischer Stoß zweier gleicher Teilchen, von denen eines anfänglich ruht.* Wir wollen zeigen, daß in diesem Fall der Winkel zwischen den beiden Impuls- oder Geschwindigkeitsvektoren nach dem Stoß 90° sein muß.

$$\mathbf{p}_1 + \mathbf{p}_2 = m_1\mathbf{v}_1 + 0 = m_1\mathbf{v}_1' + m_2\mathbf{v}_2'.$$

Da $m_2 = m_1$ und $\mathbf{p}_2 = 0$ folgt

$$\mathbf{v}_1 = \mathbf{v}_1' + \mathbf{v}_2'.$$

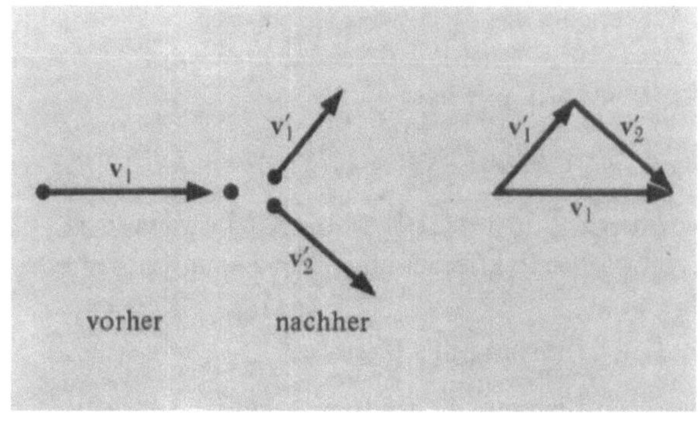

Bild 3.16. Elastischer Stoß zweier gleicher Massen

Beim *elastischen* Stoß bleibt die kinetische Energie erhalten

$$\tfrac{1}{2}m_1 v_1^2 = \tfrac{1}{2}m_1 v_1'^2 + \tfrac{1}{2}m_2 v_2'^2$$

und daher

$$v_1^2 = v_1'^2 + v_2'^2 \ . \tag{3.38}$$

Dieses Ergebnis erinnert an den Satz von Pythagoras und das in Bild 3.16 gezeigte Vektordiagramm läßt erkennen, daß $\mathbf{v}_1$ die Hypotenuse eines rechtwinkeligen Dreiecks sein muß. Der Winkel zwischen $\mathbf{v}_1'$ und $\mathbf{v}_2'$ muß folglich 90° sein.

Weitere Beispiele finden Sie in den Übungen 16 bis 18 und in Kapitel 6.   ●

Die Atwoodsche Fallmaschine. Die Atwoodsche Fallmaschine dient zur Illustration des zweiten und des dritten Newtonschen Gesetzes (Bild 3.17). Zwei ungleiche Massen werden mit einer Schnur an einer reibungsfreien und masselosen Rolle befestigt. Für $m_2 > m_1$ hat die Beschleunigung der beiden Massen die in der Abbildung gezeigte Richtungen, wobei die Beträge der Beschleunigungen wegen der konstanten Länge der Schnur übereinstimmen.

Auf jede Masse wirken zwei Kräfte, die Spannung in der Schnur und die Schwerkraft. Das dritte Newtonsche

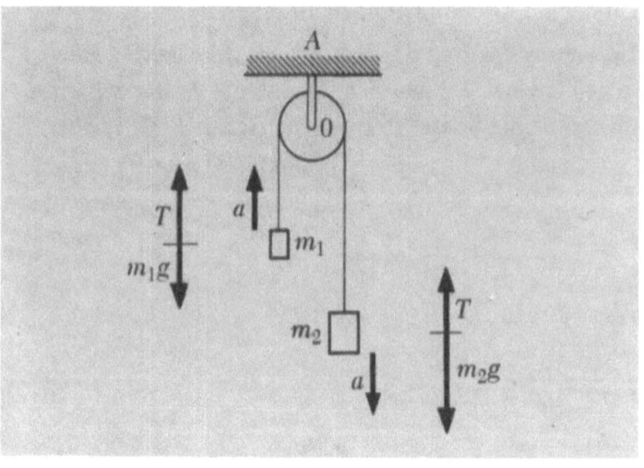

Bild 3.17. Die Atwoodsche Fallmaschine

Gesetz besagt, daß die Spannung der Schnur bei beiden Massen gleich ist. Aus dem zweiten Newtonschen Gesetz folgt

für die Bewegung von m_1: $\quad T - m_1 g = m_1 a,$
für die Bewegung von m_2: $\quad m_2 g - T = m_2 a.$ $\quad$ (3.39)

Addition ergibt die Beschleunigung der Massen

$$(m_2 - m_1)g = (m_1 + m_2)a \quad \text{oder} \quad a = \frac{m_2 - m_1}{m_2 + m_1} g. \quad (3.40)$$

Setzen wir dies in Gl. (3.39) ein, so erhalten wir für die Spannung in der Schnur

$$T = \frac{2m_1 m_2}{m_1 + m_2} g.$$

Wie fest muß die Schnur sein? Sie darf bei der obigen Spannung nicht reißen und muß daher in der Lage sein eine ruhende Masse mit $T = mg$ zu tragen. Die Schnur muß also zumindest die Masse

$$m = \frac{2m_1 m_2}{m_1 + m_2}$$

tragen können, die zwischen m_1 und m_2 liegt.

Die Beschleunigung in Gl. (3.40) kann auch aus einer elementaren Überlegung mit $F = ma$ gewonnen werden. Die gesamte zu beschleunigende Masse ist $m_1 + m_2$ und die insgesamt wirkende Kraft ist $(m_2 - m_1)g$. Daher folgt wieder

$$a = \frac{F}{m} = \frac{(m_2 - m_1)g}{m_2 + m_1} \; .$$

3.7. Kontaktkräfte: Reibung

In unserer Alltagserfahrung kennen wir viele Beispiele von Kräften, die durch Druck oder Spannung zwischen zwei Körpern entstehen, die einander berühren. Die Spannung der Schnur im vorigen Abschnitt ist ein Beispiel dafür, und auch bei Stoßvorgängen zwischen festen Körpern wirken kurzzeitige Druckkräfte. Eine andere praktisch wichtige Kontaktkraft ist die *Reibung* (siehe z.B. die Dämpfung eines Oszillators in Kapitel 7). Reibungskräfte zeigen oft eine sehr komplizierte Abhängigkeit von der Geschwindigkeit. Wir beschränken uns hier auf den einfachsten Fall – auf bewegte Körper wirke eine konstante Reibungskraft und auf ruhende Körper eine Kraft, die sie gerade noch im Gleichgewicht hält.

Die Reibungskraft ist parallel zur berührenden Oberfläche eines Körpers. Sie hängt von einer anderen Kontaktkraft ab, nämlich der Normalkraft, mit der eine feste Oberfläche auf einen darauf liegenden Körper wirkt. Bild 3.18 zeigt einen Körper auf einer flachen, ebenen Oberfläche. Die Schwerkraft mg wirkt in der Richtung senkrecht

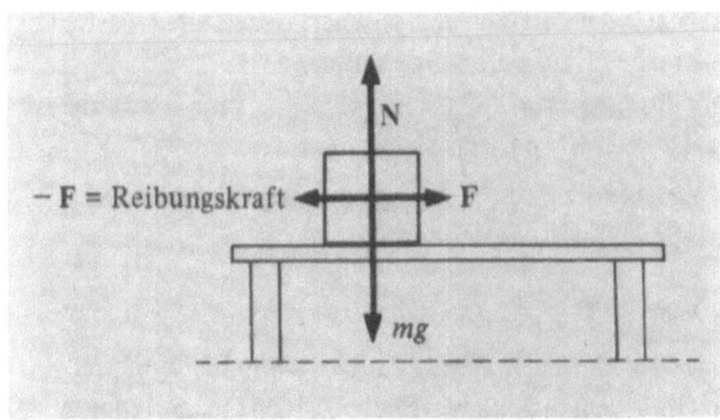

Bild 3.18. Auf einen Körper auf einer horizontalen Unterlage wirkt die Schwerkraft mg, eine Kraft N normal zur Oberfläche, eine äußere horizontale Kraft $\mathbf{F}$ und die Reibungskraft $-\mathbf{F}$

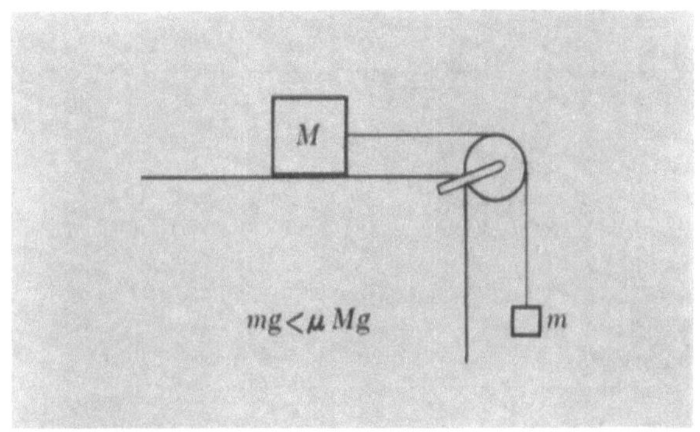

Bild 3.19a. M gleitet nicht

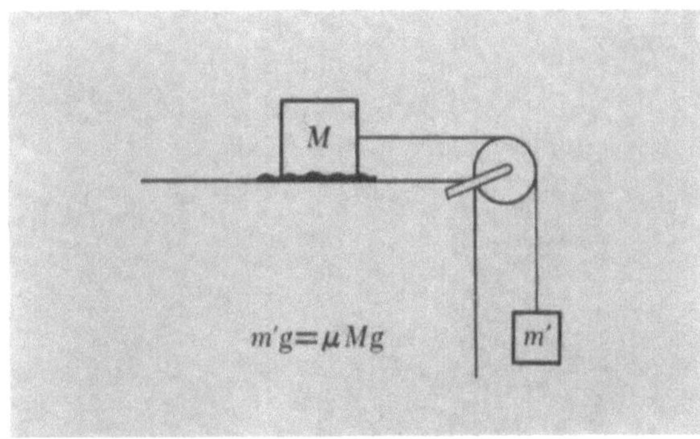

Bild 3.19b. M beginnt zu gleiten

nach unten. Da der Körper ruht, folgt aus dem zweiten Newtonschen Gesetz, daß eine weitere Kraft mit dem Betrag mg senkrecht nach oben auf den Körper wirken muß. Diese Kraft $\mathbf{N}$ normal zur Oberfläche verhindert, daß der Körper durch die Unterlage hindurchfällt (Bild 3.18). Dabei kann die Kraft, die den Körper auf die Oberfläche drückt, entweder die Schwerkraft oder eine beliebige andere Kraft sein.

Wirkt auf den Körper eine Kraft $\mathbf{F}$ parallel zur Oberfläche (Bild 3.19), die ihn nicht zum Gleiten bringt, so muß nach dem ersten Newtonschen Gesetz die Oberfläche die Kraft $-\mathbf{F}$ auf den Körper ausüben. Die Kraft $-\mathbf{F}$ heißt *Reibungskraft*. Sie verschwindet, wenn keine äußere Kraft $\mathbf{F}$ den Körper zu bewegen sucht.

Wie groß kann die Reibungskraft sein? Experimentell findet man für F Werte bis zu

$$F_{\max} = \mu N, \qquad (3.41)$$

wobei der *Haftreibungskoeffizient* μ von den berührenden Oberflächen abhängt. Einige Zahlenangaben finden Sie in Tabelle 3.1. Beachten Sie, daß die statische Reibungskraft *jeden Wert bis zu μN* haben kann, je nachdem wie stark die äußere Kraft auf den Körper ist (Bild 3.19).

Tabelle 3.1. Haftreibungskoeffizient $\mu = F_{\max}/N$

Material	μ
Glas auf Glas	0,9 … 1,0
Glas auf Metall	0,5 … 0,7
Graphit auf Graphit	0,1
Gummi auf Festkörpern	1 … 4
Bremsbelag auf Gußeisen	0,4
Eis auf Eis	0,05 … 0,15
Schiwachs auf trockenem Schnee	0,04
Kupfer auf Kupfer	1,6
Stahl auf Stahl	0,58

● **Beispiele:** *1. Messung von μ.* Um μ zu bestimmen, erhöht man den Winkel θ einer geneigten Ebene solange, bis der Körper zu Gleiten beginnt. Die drei Kräfte mg, $\mathbf{N}$ und $\mathbf{F_r}$ in Bild 3.20 müssen sich aufheben, wobei die Reibungskraft ihren Maximalbetrag μN hat. Die Komponenten parallel und normal zur Oberfläche ergeben

$$N = mg \cos\theta, \quad F_r = mg \sin\theta. \qquad (3.42)$$

Da die maximale Reibungskraft $F_r = \mu N$ ist, erhalten wir

$$\mu = \frac{F_r}{N} = \frac{mg \sin\theta}{mg \cos\theta} = \tan\theta. \qquad ● (3.43)$$

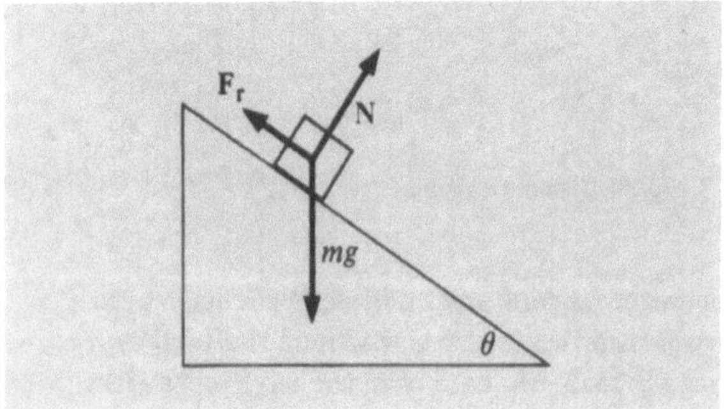

Bild 3.20. Ein Körper beginnt auf einer schiefen Ebene zu gleiten

● *2. Ein gleitender Körper unter dem Einfluß einer Tangentialkraft variabler Richtung.* Ein Körper ruhe auf einer geneigten Ebene mit dem Reibungskoeffizienten $\mu > \tan\theta$. Gesucht ist der Betrag der Kraft, die den Körper zum Gleiten bringt, in Abhängig-

keit vom Winkel von diese Kraft mit der Senkrechten einschließt. Ein ähnliches Problem: Eine Kraft parallel zur Ebene, die aber nicht notwendig nach oben oder unten gerichtet ist, bringt den Körper zum Gleiten. In welche Richtung gleitet er?

Bild 3.21 zeigt die Kräfte parallel zur geneigten Ebene, die einander das Gleichgewicht halten. F_r, $mg \sin\theta\,\hat{\mathbf{x}}$ und die äußere Kraft $\mathbf{F}$ müssen sich aufheben. Da der Körper gerade zu gleiten beginnt, folgt aus dem vorigen Beispiel

$$F_r = \mu\, mg \cos\theta.$$

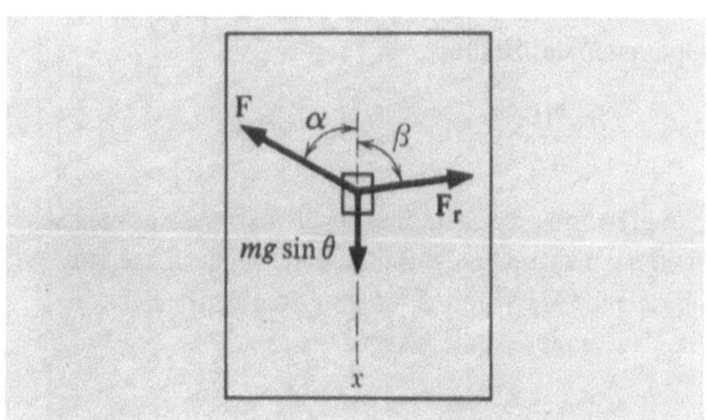

Bild 3.21. Ein Körper beginnt auf einer rauhen schiefen Ebene unter dem Einfluß einer äußeren Kraft $\mathbf{F}$ zu gleiten

Die entlang der Ebene nach oben und unten gerichteten Kraftkomponenten ergeben

$$F \cos\alpha + F_r \cos\beta - mg \sin\theta = 0$$

oder

$$F \cos\alpha + \mu\, mg \cos\theta \cos\beta = mg \sin\theta.$$

Normal zu dieser Richtung ergibt die Gleichgewichtsbedingung

$$F_r \sin\beta - F \sin\alpha = 0 \quad \text{oder} \quad F \sin\alpha = mg \cos\theta \sin\beta.$$

Wir eliminieren β aus diesen Gleichungen und erhalten

$$\frac{F}{mg} = \cos\alpha \sin\theta \pm \sqrt{\cos^2\alpha \sin^2\theta + \mu^2 \cos^2\theta - \sin^2\theta}. \qquad (3.44)$$

Um die Bedeutung des negativen Vorzeichens der Wurzel in Gl. (3.44) zu klären, bemerken wir, daß $\mu^2\cos^2\theta > \sin^2\theta$, da wir $\mu > \tan\theta$ angenommen haben. Daher ist die Wurzel stets größer als $\cos\alpha \sin\theta$. Es ist also nur das positive Vorzeichen in Gl. (3.44) zulässig, damit der Betrag F der Kraft nicht negativ wird. Einfache Spezialfälle von Gl. (3.44) sind

$$F = mg \sin\theta + \mu\, mg \cos\theta \qquad \text{für } \alpha = 0$$
$$F = -mg \sin\theta + \mu\, mg \cos\theta \qquad \text{für } \alpha = \pi.$$

Für $\mu = \tan\theta$ und $\alpha = 0$ wird $F = 0$. Überschreitet F den durch Gl. (3.44) bestimmten Wert, so beginnt der Körper zu gleiten, wobei die Richtung der Bewegung F_r entgegengesetzt ist. Aus den obigen Gleichungen berechnet sich β zu

$$\sin\beta = \frac{\sin\alpha}{\mu} \left(\cos\alpha \tan\theta + \sqrt{\mu^2 - \tan^2\theta \sin^2\alpha}\right).$$

Diese Gleichung kann man für $\beta = \pi/2$ leicht überprüfen. $\mathbf{F}$, $mg \sin\theta\,\hat{\mathbf{x}}$ und $\mathbf{F_r}$ bilden dann ein rechtwinkliges Dreieck. •

• *3. Horizontale Bewegung mit konstanter Reibung.* Mit welcher Geschwindigkeit muß ein Körper auf einer horizontalen Ebene (Reibungskoeffizient μ) abgeschossen werden, damit er eine Strecke D gleitet, bevor er zur Ruhe kommt? Es liegt ein eindimensionales Problem vor, bei dem die Kraft konstant ist:

$$m\frac{d^2x}{dt^2} = -\mu\,mg, \qquad \frac{d^2x}{dt^2} = -\mu g.$$

Eine ähnliche Gleichung haben wir für den Fall im Schwerefeld gelöst (siehe Gln. (3.8) und (3.9)). Es ist

$$v_x = -\mu g t + v_0 \quad \text{und} \quad x = -\tfrac{1}{2}\mu g t^2 + v_0 t,$$

wobei $x(0) = 0$ gewählt wurde. Die gesuchte Geschwindigkeit ist v_0. Für den ruhenden Körper ist $v_x = 0$ und $t = v_0/\mu g$. Setzen wir dies in die Gleichung für x ein und wählen wir $x = D$, so folgt

$$D = -\frac{1}{2}\mu g\left(\frac{v_0}{\mu g}\right)^2 + v_0\frac{v_0}{\mu g} = \frac{1}{2}\frac{v_0^2}{\mu g}$$

oder

$$v_0 = \sqrt{2D\mu g}. \qquad\qquad •$$

3.8. Übungen

(Geben Sie bei den Lösungen stets auch die Einheiten an. Ohne Einheiten ist ein numerisches Ergebnis sinnlos.)

1. *Das dritte Newtonsche Gesetz.* Ein Physikstudent im 1. Semester steht in der Mitte eines großen Eislaufplatzes, wobei die Reibung zwischen seinen Füßen und dem Eis zwar klein, aber nichtverschwindend ist. Da er gerade das dritte Newtonsche Gesetz gelernt hat, überlegt er sich, daß zu jeder Kraft eine gleiche und entgegengerichtete Gegenkraft gehört. Da sich somit alle Kräfte aufheben, hat er keine Möglichkeit sich in Bewegung zu setzen und den Rand des Eislaufplatzes zu erreichen.

    a) Wie kann er den Rand doch erreichen?
    b) Was sagen Sie ihm über die Newtonschen Gesetze, nachdem er den Rand erreicht hat?

2. *Affe und Jäger.* Bild 3.22 zeigt ein aus Anfängervorlesungen bekanntes Experiment. Ein Geschoß wird vom Punkt 0 auf das Ziel P abgefeuert. Das Ziel wird im Augenblick des Schusses fallen gelassen, dennoch wird es vom Geschoß getroffen. Zeigen Sie, daß dies unabhängig von der Geschoßgeschwindigkeit stets der Fall sein wird.

3. *Raumhöhe für ein Ballspiel.* Zwei Buben werfen einander Bälle zu. Die Raumhöhe sei H und die Bälle sollen in Schulterhöhe h geworfen und gefangen werden. In welchem maximalen Abstand können die Buben spielen, falls sie den Ball mit einer Anfangsgeschwindigkeit v_0 werfen können?
    Lösung: $R = 4\sqrt{(H-h)\left[v_0^2/2g - (H-h)\right]}$.
    Zeigen Sie, daß für $H - h > v_0^2/4g$ stets $R = v_0^2/g$ ist. Erklären Sie die physikalische Bedeutung dieser Bedingung.

4. *Schuß nach oben.* Die Mündungsgeschwindigkeit eines Gewehrs sei 30 m/s. Pro Sekunde wird ein Geschoß senkrecht nach oben abgeschossen, wobei die Luftreibung vernachlässigbar sei.
    a) Wie viele Geschosse sind zu einem Zeitpunkt in der Luft?
    b) In welcher Höhe kreuzen sich ihre Bahnen?

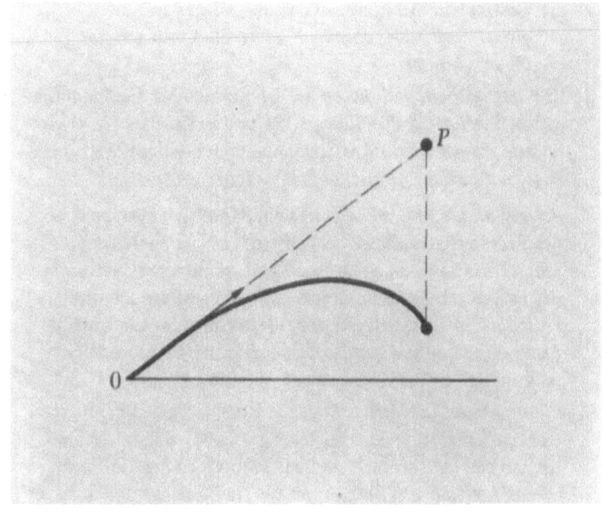

Bild 3.22

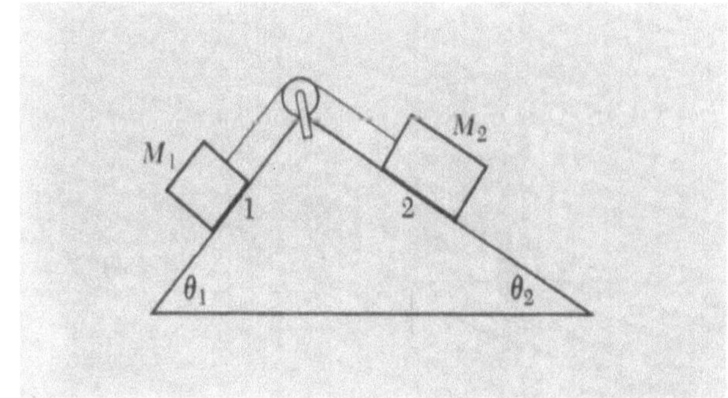

Bild 3.23

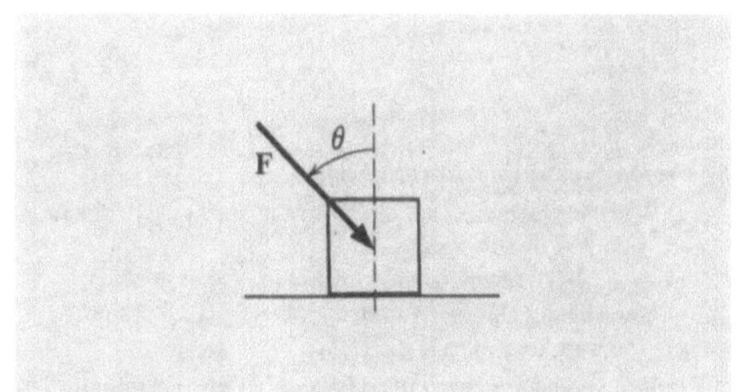

Bild 3.24

5. *Reibung auf zwei geneigten Ebenen.* Die Ebenen des Bildes 3.23 haben die Reibungskoeffizienten μ_1 und μ_2. In welchen Beziehungen müssen M_1, M_2, θ_1, θ_2, μ_1 und μ_2 stehen, damit
    a) M_1 abrutscht,
    b) M_2 abrutscht.

6. *Reibung ungleich μgm.* Bild 3.24 zeigt eine Kraft F, die auf einen Körper der Masse m wirkt, der auf einer horizontalen Ebene mit dem Reibungskoeffizienten μ liegt.
    a) Unter der Annahme $F \gg mg$ bestimmen Sie den größten Winkel θ, unter dem eine noch so große Kraft den Körper nicht in Bewegung setzen kann.

b) Bestimmen Sie F/mg, so daß der Körper zu gleiten beginnt. Zeigen Sie, daß für $F \gg mg$ die Lösungen mit a) übereinstimmt.

7. *Die Atwoodsche Fallmaschine.* Bestimmen Sie die Spannung in der Schnur 0A des Bildes 3.17. Zeigen Sie, daß die Vektorsumme der drei Kräfte — Spannung in der Schnur, $m_1 g$ und $m_2 g$ — gleich der zeitlichen Impulsänderung ist.

8. *Satellit und Mond.* Bewegt sich ein Satellit, der knapp über der Erdoberfläche fliegt, schneller oder langsamer als der Mond? Wie kann man das Geschwindigkeitsverhältnis durch das Radienverhältnis ausdrücken? Wie verhalten sich die Perioden der Bahnbewegungen? Bestimmen Sie die Umlaufdauer des Satelliten aus der des Monds (27 Tage) und den Bahnradien (380 000 km bzw. 6 400 km).

9. *Elektrostatische Kräfte.* Zwei gleiche, gleichgeladene Kugeln werden gemäß Bild 3.25 aufgehängt, wobei sich die kleinen Kugeln elektrostatisch abstoßen. Bestimmen Sie die Ladung Q als Funktion von m, g, l und θ. (Die Kugeln können als punktförmig angenähert werden.)

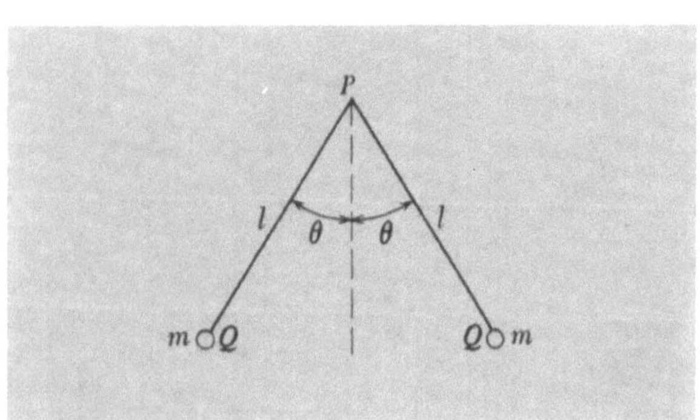

Bild 3.25

10. *Proton in einem elektrischen Feld.*
    a) Welche Kraft wirkt auf ein Proton in einem elektrischen Feld $E = 3 \cdot 10^6$ V/m?
    b) Welche Geschwindigkeit erreicht ein Proton in einem derartigen Feld 10^{-8} s nach dem Start aus der Ruhe?
    c) Wie weit kommt es in dieser Zeit?

11. *Proton in einem magnetischen Feld.* Ein Proton wird mit der Geschwindigkeit $\mathbf{v} = 2 \cdot 10^6 \cdot \hat{x}$ m/s in das Magnetfeld $\mathbf{B} = 0{,}1\,\hat{z}$ T geschossen.
    a) Bestimmen Sie Betrag und Richtung der Kraft auf das Proton.
    b) Bestimmen Sie den Krümmungsradius der Bahn.
    c) Bestimmen Sie den Mittelpunkt der Kreisbahn, wobei das Teilchen im Koordinatenursprung abgeschossen worden sei.

12. *Verhältnis von elektrischer Kraft zur Gravitationskraft zwischen zwei Elektronen.* Die elektrostatische Kraft zwischen zwei Elektronen beträgt $e^2/4\pi\epsilon_0 r^2$, die Gravitationskraft Gm^2/r^2. Welche Größenordnung hat das Verhältnis der elektrostatischen Kraft zur Gravitationskraft zwischen zwei Elektronen?
    Lösung: 10^{42}.

13. *Gekreuzte elektrische und magnetische Felder.* Ein geladenes Teilchen bewegt sich in x-Richtung durch ein Gebiet, in dem ein elektrisches Feld E_y und senkrecht dazu ein Magnetfeld B_z wirken. Unter welcher Bedingung ist die resultierende Kraft auf das Teilchen Null? Skizzieren Sie die Vektoren $\mathbf{v}$, $\mathbf{E}$ und $\mathbf{B}$ in einem Diagramm. Welchen Wert hat v_x für $E_y = 30\,000$ V/m und $B_z = 0{,}03$ T?
    Lösung: $v_x = 1 \cdot 10^6$ m/s.

14. *Ablenkung zwischen zwei Kondensatorplatten* (Bild 3.26). Ein Teilchen der Ladung Q und Masse m tritt mit der Anfangsgeschwindigkeit $v_0 \hat{x}$ in ein elektrisches Feld $-E\hat{y}$ ein. E soll gleichförmig sein, d.h., E ist im Gebiet zwischen den Platten der Länge L in allen Punkten konstant (abgesehen von geringen Abweichungen an den Plattenenden, die wir jedoch vernachlässigen werden).
    a) Welche Kräfte wirken in x- und y-Richtung?
    Lösung: $F_x = 0$; $F_y = -QE\hat{y}$.
    b) Beeinflußt eine Kraft in y-Richtung die x-Geschwindigkeitskomponente?
    c) Berechnen Sie v_x und v_y als Funktion der Zeit und schreiben Sie die gesamte Vektorgleichung für $\mathbf{v}(t)$ auf.

    $$\textit{Lösung:}\quad v_0\hat{x} - \frac{QE}{m}t\hat{y} = \mathbf{v}(t).$$

    d) Wählen Sie den Ursprung im Eintrittspunkt und stellen Sie für den Ort des Teilchens in Abhängigkeit von der Zeit — solange es zwischen den Platten ist — die vollständige vektorielle Gleichung auf.

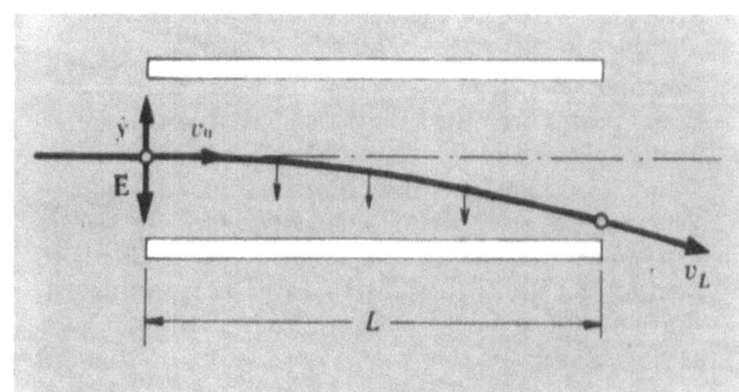

Bild 3.26

15. *Fortsetzung des vorherigen Problems.* Das Teilchen in Übung 14 sei nun ein Elektron mit der Anfangsenergie 10^{-17} J; die elektrische Feldstärke hat den Wert 300 V/m, ferner ist $L = 2$ cm. Berechnen Sie hierfür:
    a) den Geschwindigkeitsvektor beim Verlassen des Gebiets zwischen den Platten.
    b) Den Winkel zwischen $\mathbf{v}$ und $\hat{x}$ beim Verlassen der Platten.
    Lösung: $2{,}7°$.
    c) Den Schnittpunkt zwischen der x-Achse und der Tangente an die Bahnkurve, mit der das Teilchen das Feld verläßt.
    Lösung: 1,0 cm.

16. *Stoßbahnen.* Anfangs seien zwei Teilchen an den Punkten $x_1 = 5$ cm, $y_1 = 0$; $x_2 = 0$, $y_2 = 10$ cm mit den Geschwindigkeiten $\mathbf{v}_1 = -4 \cdot 10^4 \hat{x}$ m/s und $\mathbf{v}_2$ entlang $-\hat{y}$ wie in Bild 3.27 in Bewegung.
    a) Welchen Wert muß $\mathbf{v}_2$ haben, wenn die Teilchen zusammenstoßen sollen?
    Lösung: $-8 \cdot 10^4 \hat{y}$ m/s.
    b) Wie groß ist die relative Geschwindigkeit $\mathbf{v}_r$?
    Lösung: $4 \cdot 10^4 (2\hat{y} - \hat{x})$ m/s.

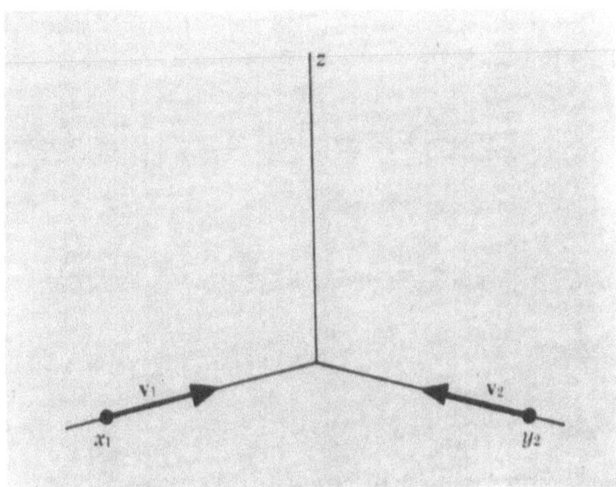

Bild 3.27

c) Stellen Sie mit den Positionen $\mathbf{r}_1, \mathbf{r}_2$ und den Geschwindigkeiten $\mathbf{v}_1, \mathbf{v}_2$ zweier Körper ein allgemeines Kriterium auf, an dem man erkennen kann, daß die beiden Körper kollidieren werden!

17. *Stoßkinematik.* Zwei Massen bewegen sich auf einer horizontalen Ebene und stoßen zusammen. Gegeben sind die Größen:

$m_1 = 85$ g, $m_2 = 200$ g,
$\mathbf{v}_1 = 6,4\,\hat{\mathbf{x}}$ m/s, $\mathbf{v}_2 = -6,7\,\hat{\mathbf{x}} - 2,0\,\hat{\mathbf{y}}$ m/s.

a) Berechnen Sie den Gesamtimpuls!
   Lösung: $-796\,\hat{\mathbf{x}} - 400\,\hat{\mathbf{y}}$ g · m/s.
b) Nach dem Stoß sei $|\mathbf{v}_1'| = 9,2$ m/s und $\mathbf{v}_2' = (-4,4\,\hat{\mathbf{x}} + 1,9\,\hat{\mathbf{y}})$ m/s. Welche Richtung hat $\mathbf{v}_1'$?
   Lösung: $-84°$ relativ zur x-Achse.
c) Wie groß ist die relative Geschwindigkeit $\mathbf{v}_\mathbf{r} = \mathbf{v}_1 - \mathbf{v}_2$?
   Lösung: $5,4\,\hat{\mathbf{x}} - 11\,\hat{\mathbf{y}}$ m/s.
d) Wie groß sind die kinetischen Gesamtenergien am Anfang und am Ende? Ist der Stoß elastisch oder unelastisch?

18. *Unelastischer Stoß.* Zwei Körper ($m_1 = $ g, $m_2 = 5$ g) besitzen die Geschwindigkeiten $\mathbf{v}_1 = 10\hat{\mathbf{x}}$ m/s und $\mathbf{v}_2 = 3\hat{\mathbf{x}} + 5\hat{\mathbf{y}}$ m/s vor dem Stoß, bei dem sie aneinander haften bleiben.

a) Wie groß ist ihre Endgeschwindigkeit?
b) Welcher Bruchteil der kinetischen Gesamtenergie vor dem Stoß tritt hinterher noch als kinetische Energie auf?

19. *Satellitenbahn.* Stellen Sie sich eine kreisförmige Satellitenbahn dicht über dem Äquator eines homogenen, kugelförmigen Planeten der Dichte ρ vor! Zeigen Sie, daß die Umlaufzeit T eines Satelliten nur von der Dichte des Planeten abhängt. (Geben Sie die Gleichung an!)

20. *Reichweite von Geschossen.* Vergleichen Sie die folgende Tabelle experimentell bestimmter Reichweiten und Flugzeiten von Geschossen, die in einem Winkel von 45° abgeschossen werden, mit den theoretischen Vorhersagen. Gibt es systematische Abweichungen?

Mündungsgeschwindigkeit m/s	Reichweite m	Flugzeit s
100	967	14,4
110	1154	15,7
120	1342	17,0
130	1532	18,2

3.9. Weiterführendes Problem

Ein geladenes Teilchen in einem gleichförmigen elektrischen Wechselfeld. Gegeben ist

$$\mathbf{E} = \hat{\mathbf{x}} E_x = \hat{\mathbf{x}} E_x^0 \sin \omega t$$

mit der Kreisfrequenz $\omega = 2\pi f$ und der Amplitude des elektrischen Feldvektors E_x^0. Oftmals läßt man den oberen Index (^{0}) bei E weg, wenn dadurch keine Zweideutigkeit eintritt. Die Bewegungsgleichung erhalten wir aus Gl. (3.20) zu

$$\frac{d^2 x}{dt^2} = \frac{Q}{m} E_x = \frac{Q}{m} E_x^0 \sin \omega t. \tag{3.45}$$

Eine gute Methode, Differentialgleichungen zu lösen, ist das durch physikalische Intuition unterstützte Raten von Lösungen. Wir suchen eine Lösung der Form[1]

$$x(t) = x_1 \sin \omega t + v_0 t + x_0. \tag{3.46}$$

Nach zweimaligem Differenzieren von Gl. (3.46) erhalten wir

$$\frac{d^2 x}{dt^2} = -\omega^2 x_1 \sin \omega t.$$

Gl. (3.46) ist eine Lösung der Bewegungsgleichung (3.45), vorausgesetzt, daß

$$-\omega^2 x_1 \sin \omega t = \frac{Q}{m} E_x^0 \sin \omega t \tag{3.47}$$

oder

$$x_1 = -\frac{Q E_x^0}{m \omega^2} \tag{3.48}$$

---

[1] Wir lernen hier eine der üblichen Aufgaben eines Physikers kennen, die Lösung einer Differentialgleichung mit vorgegebenen Anfangsbedingungen zu finden. Hierbei spielt intuitives Probieren eine entscheidende Rolle. Oftmals gibt es genau vorgeschriebene mathematische Lösungswege; allgemein fragt sich der Physiker: „Was könnte geschehen?" oder „Was müssen wir zusätzlich erwarten?" Am Ende wird das Geratene in die ursprüngliche Gleichung eingesetzt, um zu sehen, ob die Lösung gilt. Ist die Vermutung falsch, muß man erneut raten. Überlegtes Raten erspart Zeit, aber selbst falsche Ansätze erhellen das Problem.
Nach Gl. (3.45) muß die Beschleunigung eines geladenen Teilchens einer Sinusfunktion genügen, wenn die aufgebrachte Kraft sinusförmig ist. Daher berücksichtigen wir in Gl. (3.46) einen Term der Form $\sin \omega t$ oder $\cos \omega t$. Wir wählen $\sin \omega t$, da zwei sukzessive Differentiationen einer Sinusfunktion wiederum eine Sinusfunktion ergeben. Der Term x_0 muß als Anfangsauslenkung mit einbezogen werden. Da wir auch eine Anfangsgeschwindigkeit berücksichtigen müssen, addieren wir den Ausdruck $v_0 t$, der für eine beliebige Anfangsgeschwindigkeit einschließlich Null sorgt. Der Term $v_0 t$ bleibt auch später bestehen und bewirkt eine Überlagerung einer konstanten Geschwindigkeit mit der oszillierenden. Nur die Form $v_0 t$ ist möglich; eine höhere Potenz von t läßt sich nicht mit Gl. (3.45) vereinbaren.

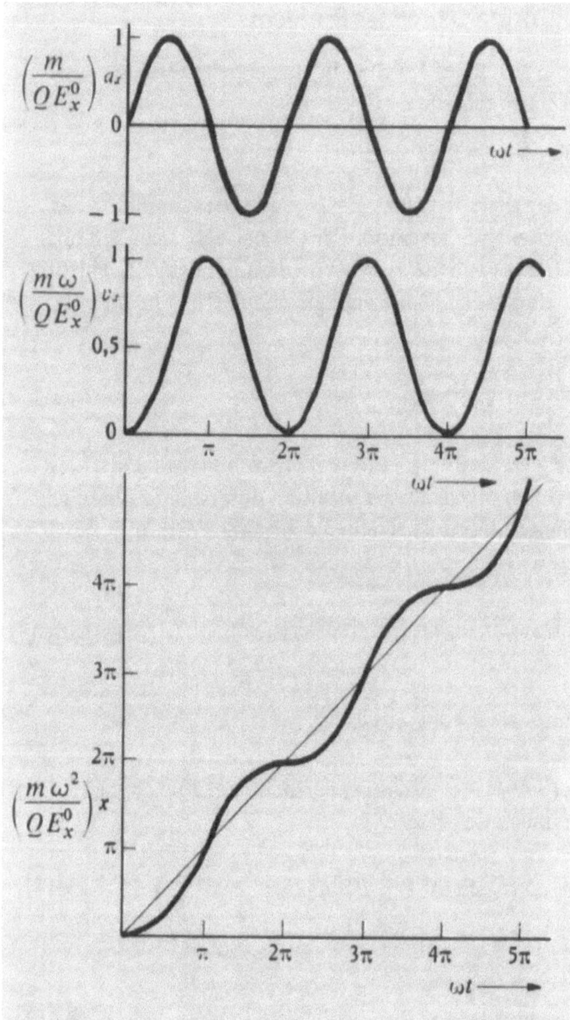

Bild 3.28. Beschleunigung, Geschwindigkeit und Bahn als Funktion von ωt. Für eine Ladung Q im Feld $\mathbf{E} = E_x^0 \sin \omega t$ gilt

$$a_x = \frac{Q}{m} E_x^0 \sin \omega t \quad \text{und}$$

$$v_x(t) = \int a_x \, dt = -\frac{QE_x^0}{m\omega} \cos \omega t + v_0.$$

Ist $v_x(0) = 0$, so erhalten wir

$$v_0 = \frac{QE_x^0}{m\omega} \quad \text{oder} \quad v_x(t) = \frac{QE_x^0}{m\omega}(1 - \cos \omega t).$$

Daraus folgt

$$x(t) = \int v_x(t)\, dt = \frac{QE_x^0}{m\omega} \int (1 - \cos \omega t)\, dt + x(0).$$

Ist $x(0) = 0$, dann gilt

$$x(t) = -\frac{QE_x^0}{m\omega^2} \sin \omega t + \frac{Q}{m\omega} E_x^0 t.$$

gilt. Durch Einsetzen von Gl. (3.48) in Gl. (3.49) erhalten wir das Ergebnis

$$x(t) = -\frac{QE_x^0}{m\omega^2} \sin \omega t + v_0 t + x_0.$$

Die Geschwindigkeit beträgt

$$v_x(t) = \frac{dx}{dt} = -\frac{QE_x^0}{m\omega} \cos \omega t + v_0,$$

so daß sich für $t = 0$

$$v_x(0) = -\frac{QE_x^0}{m\omega} + v_0$$

ergibt. Verwechseln Sie nicht $v_x(0)$, die Geschwindigkeit für $t = 0$, mit der Konstanten v_0, die wir so wählen, daß $v_x(0)$ den geforderten Wert besitzt. Wählen wir die Anfangsgeschwindigkeit zu Null, so erhalten wir

$$v_0 = \frac{QE_x^0}{m\omega}$$

und daher

$$x(t) = -\frac{QE_x^0}{m\omega^2} \sin \omega t + \frac{QE_x^0}{m\omega} t + x_0.$$

Dieses Ergebnis ist etwas überraschend: Mit der Randbedingung $v_x = 0$ für $t = 0$ setzt sich die Bewegung aus einer konstanten Driftgeschwindigkeit $QE_x^0/m\omega$ mit einer überlagerten Schwingung zusammen. Das rührt daher, daß das Teilchen in diesem speziellen Problem niemals seine Geschwindigkeitsrichtung umkehrt. Das Teilchen macht stets „Schritte" zur selben Seite. Beachten Sie bitte, daß in dem vorliegenden Problem v_0 *nicht* gleich $v_x(t = 0)$, daß aber x_0 gleich $x(t = 0)$ ist.

Bild 3.28 zeigt die Beschleunigung, Geschwindigkeit und Bahn der Bewegung.

3.10. Mathematischer Anhang

Differentialgleichungen. Die Beschleunigung ist in kartesischen Koordinaten gleich

$$\frac{d^2x}{dt^2}\,\hat{\mathbf{x}} + \frac{d^2y}{dt^2}\,\hat{\mathbf{y}} + \frac{d^2z}{dt^2}\,\hat{\mathbf{z}}.$$

In anderen Koordinaten enthält sie neben den zweiten Zeitableitungen üblicherweise auch erste Ableitungen nach der Zeit.

Das zweite Newtonsche Gesetz lautet in einer Dimension

$$m\frac{d^2x}{dt^2} = F_x. \tag{3.49}$$

Diese *Differentialgleichung* ist zu lösen, indem man eine Funktion $x(t)$ bestimmt, die Gl. (3.49) genügt. Die Mathematik kennt systematische Lösungswege für *manche* Differentialgleichungen, doch ist es in der Physik oft günstiger, eine Lösung anzusetzen und zu überprüfen, ob sie die Gleichung erfüllt. Die Lösungen der häufigsten Differentialgleichungen der Physik sollte man sich auswendig merken. Zwei dieser Gleichungen besprechen wir hier, andere am Schluß der folgenden Kapitel.

Der einfachste Fall ist $F = 0$. Die aus dem ersten Newtonschen Gesetz bekannte Lösung soll hier aus der Gleichung

$$\frac{d^2 x}{dt^2} = 0 = \frac{dv_x}{dt} \qquad (3.50)$$

gewonnen werden. Da die Ableitung einer Konstanten verschwindet, muß

$$v_x = \text{const} = v_0$$

eine Lösung sein. Daher ist

$$\frac{dx}{dt} = v_0 \ . \qquad (3.51)$$

Wir setzen als Lösung an:

$$x = v_0 t + x_0 \ . \qquad (3.52)$$

Einmaliges Differenzieren führt auf Gl. (3.51), zweimaliges auf Gl. (3.50). Die Gleichung ist damit gelöst und man kann zeigen, daß Gl. (3.52) die einzige Lösung ist.

Wie bestimmt man die Konstanten v_0 und x_0? Sie sind für das jeweils betrachtete Problem charakteristisch. Wenn ein Teilchen z.B. in $x = 0$ ruht und keine Kräfte darauf wirken, ist $v_0 = 0$, $x_0 = 0$ und daher $x = 0$ die gesuchte Lösung. Das Teilchen bleibt in $x = 0$, solange keine Kraft wirkt. Falls das kräftefreie Teilchen aber zur Zeit $t = 0$ in $x = 50$ ist und sich mit der Geschwindigkeit 25 in die negative x-Richtung bewegt, so ist $x_0 = 50$ und $v_0 = -25$, daher

$$x = -25 t + 50 \quad (x \text{ in m}, t \text{ in s}),$$

und wir können daraus x für alle $t > 0$ bestimmen. Falls für $t < 0$ auch keine Kräfte wirken, gilt die Lösung auch für diese Zeiten. x_0 und v_0 heißen *Integrationskonstanten* und müssen aus den *Anfangsbedingungen* des Problems bestimmt werden. Differentialgleichungen zweiter Ordnung weisen stets zwei Integrationskonstante auf, Gleichungen erster Ordnung dagegen nur eine.

Der nächste Fall ist $F_x = F_0 = \text{const}$. Wir nennen die Ortskoordinate nun y, damit der Zusammenhang mit dem Beispiel zu Beginn dieses Kapitels klar wird:

$$\frac{d^2 y}{dt^2} = \frac{F_0}{m} = a, \qquad (3.53)$$

wobei a die konstante Beschleunigung ist. Wir setzen als Lösung an:

$$y = \tfrac{1}{2} a t^2 + v_0 t + y_0 \ . \qquad (3.54)$$

Zweimaliges Differenzieren ergibt tatsächlich Gl. (3.53). Die Integrationskonstanten v_0 und y_0 müssen aus den Anfangsbedingungen bestimmt werden. Gl. (3.54) beschreibt das Verhalten eines Teilchens unter der Wirkung der Schwerkraft, wenn die y-Achse nach oben gerichtet ist und $a = -g = -9,80$ m/s^2 beträgt. Spezialfälle sind z.B.:

1. Ein Körper fällt aus der Höhe $y = 100$ m, wo er anfänglich ruht

$$v_0 = 0, \quad y_0 = 100 \text{ m}$$

und daher

$$y = -\tfrac{1}{2} 9,8 t^2 + 100 \quad (t \text{ in s}, y \text{ in m}). \qquad (3.55)$$

2. Ein Körper wird im Ursprung mit $v_0 = 9,8$ m/s nach oben abgeschossen:

$$y_0 = 0, \quad v_0 = 9,8 \text{ m/s},$$
$$y = -\tfrac{1}{2} 9,8 t^2 + 9,8 t \quad (t \text{ in s}, y \text{ in m}). \qquad (3.56)$$

Sie können daraus y für beliebige t bestimmmen. Welche maximale Höhe erreicht der Körper beispielsweise? Wir setzen

$$\frac{dy}{dt} = 0 = -9,8 t + 9,8 \quad \text{daher für } t = 1 \text{ s},$$
$$y = (-\tfrac{1}{2} 9,8 \cdot 1^2 + 9,8 \cdot 1) \text{ m} = 4,9 \text{ m}.$$

$dy/dt = 0$ entspricht ja $v_y = 0$, wobei die größte Höhe erreicht wird.

Vom mathematischen Standpunkt sind die Anfangsbedingungen die Werte von y und dy/dt zu einem festen Zeitpunkt, hier $t = 0$. Die Differentialgleichung zweiter Ordnung bestimmt die Krümmung von $y(t)$, aber Steigung und Funktionsbetrag bleiben unbestimmt. Um $y(t)$ eindeutig festzulegen, ist die Angabe der Steigung und des Funktionswerts an *einem* Punkt erforderlich. Vergleichen Sie dazu die Graphen der Gln. (3.55) und (3.56).

3.11. Historische Anmerkung: Die Erfindung des Zyklotrons

Die meisten der heutigen Hochenergie-Teilchenbeschleuniger stammen von dem ersten 1-MeV-Protonenzyklotron ab, das *E. O. Lawrence* und *M. S. Linvingston* in LeConte Hall in Berkeley bauten. Das Zyklotron wurde von

Bild 3.29. Ein frühes Zyklotron

Lawrence erdacht; der Entwurf wurde zuerst in einem Aufsatz von *Lawrence* und *Edlefsen* in Science, 72, 376, 377 (1930) veröffentlicht. 1932 erschienen die ersten Ergebnisse in einem ausgezeichneten Aufsatz im Physical Review, der bedeutendsten physikalischen Zeitschrift der American Physical Society. Obwohl die Zeitschrift verlangt, daß alle Aufsätze einen erklärenden Auszug enthalten, sind nur wenige so klar und informativ gehalten, wie der hier aus dem klassischen Aufsatz von *Lawrence* und *Livingston* wiedergegebene. Wir haben auch zwei Originalzeichnungen übernommen. Professor *Livingston* arbeitet am M.I.T., Professor *Lawrence* verstarb 1958.

Der ursprüngliche 11-Zoll-Magnet war bald für Beschleunigungsanwendungen zu klein; er wurde neu entwickelt und wird noch heute für eine große Anzahl von Forschungsprojekten in LeConte Hall benutzt. Die ersten erfolgreichen Versuche bezüglich der Zyklotronresonanz von Ladungsträgern in Kristallen wurden mit diesem Magneten durchgeführt.

E. O. Lawrence gibt in „The Evolution of the Cyclotron", *Les Prix Nobel en 1951*, S. 127 bis 140 (Imprimerie Royale, Stockholm, 1962) einen interessanten Überblick über die frühe Geschichte des Zyklotrons.

APRIL 1, 1932   *PHYSICAL REVIEW*   *VOLUME 40*

THE PRODUCTION OF HIGH SPEED LIGHT IONS
WITHOUT THE USE OF HIGH VOLTAGES

By Ernest O. Lawrence and M. Stanley Livingston

University of California

(Received February 20, 1932)

Abstract

The study of the nucleus would be greatly facilitated by the development of sources of high speed ions, particularly protons and helium ions, having kinetic energies in excess of 1,000,000 volt-electrons; for it appears that such swiftly moving particles are best suited to the task of nuclear excitation. The straightforward method of accelerating ions through the requisite differences of potential presents great experimental difficulties associated with the high electric fields necessarily involved. The present paper reports the development of a method that avoids these difficulties by means of the multiple acceleration of ions to high speeds without the use of high voltages. The method is as follows: Semi-circular hollow plates, not unlike duants of an electrometer, are mounted with their diametral edges adjacent, in a vacuum and in a uniform magnetic field that is normal to the plane of the plates. High frequency oscillations are applied to the plate electrodes producing an oscillating electric field over the diametral region between them. As a result during one half cycle the electric field accelerates ions, formed in the diametral region, into the interior of one of the electrodes, where they are bent around on circular paths by the magnetic field and eventually emerge again into the region between the electrodes. The magnetic field is adjusted so that the time required for traversal of a semi-circular path within the electrodes equals a half period of the oscillations. In consequence, when the ions return to the region between the electrodes, the electric field will have reversed direction, and the ions thus receive second increments of velocity on passing into the other electrode. Because the path radii within the electrodes are proportional to the velocities of the ions, the time required for a traversal of a semi-circular path is independent of their velocities. Hence if the ions take exactly one half cycle on their first semi-circles, they do likewise on all succeeding ones and therefore spiral around in resonance with the oscillating field until they reach the periphery of the apparatus. Their final kinetic energies are as many times greater than that corresponding to the voltage applied to the electrodes as the number of times they have crossed from one electrode to the other. This method is primarily designed for the acceleration of light ions and in the present experiments particular attention has been given to the production of high speed protons because of their presumably unique utility for experimental investigations of the atomic nucleus. Using a magnet with pole faces 11 inches in diameter, a current of 10^{-9} ampere of 1,220,000 volt-protons has been produced in a tube to which the maximum applied voltage was only 4000 volts. There are two features of the developed experimental method which have contributed largely to its success. First there is the focussing action of the electric and magnetic fields which prevents serious loss of ions as they are accelerated. In consequence of this, the magnitudes of the high speed ion currents obtainable in this indirect manner are comparable with those conceivably obtainable by direct high voltage methods. Moreover, the focussing action results in the generation of very narrow beams of ions—less than 1 mm cross-sectional diameter—which are ideal for experimental studies of collision processes. Of hardly less importance is the second feature of the method which is the simple and highly effective means for the correction of the magnetic field along the paths of the ions. This makes it possible, indeed easy, to operate the tube effectively

19

E. O. LAWRENCE AND M. S. LIVINGSTON

with a very high amplification factor (i.e., ratio of final equivalent voltage of accelerated ions to applied voltage). In consequence, this method in its present stage of development constitutes a highly reliable and experimentally convenient source of high speed ions requiring relatively modest laboratory equipment. Moreover, the present experiments indicate that this indirect method of multiple acceleration now makes practicable the production in the laboratory of protons having kinetic energies in excess of 10,000,000 volt-electrons. With this in mind, a magnet having pole faces 114 cm in diameter is being installed in our laboratory.

INTRODUCTION

THE classical experiments of Rutherford and his associates[1] and Pose[2] on artificial disintegration, and of Bothe and Becker[3] on excitation of nuclear radiation, substantiate the view that the nucleus is susceptible to the same general methods of investigation that have been so successful in revealing the extra-nuclear properties of the atom. Especially do the results of their work point to the great fruitfulness of studies of nuclear transitions excited artificially in the laboratory. The development of methods of nuclear excitation on an extensive scale is thus a problem of great interest; its solution is probably the key to a new world of phenomena, the world of the nucleus.

But it is as difficult as it is interesting, for the nucleus resists such experimental attacks with a formidable wall of high binding energies. Nuclear energy levels are widely separated and, in consequence, processes of nuclear excitation involve enormous amounts of energy—millions of volt-electrons.

It is therefore of interest to inquire as to the most promising modes of nuclear excitation. Two general methods present themselves; excitation by absorption of radiation (gamma radiation), and excitation by intimate nuclear collisions of high speed particles.

Of the first it may be said that recent experimental studies [4,5] of the absorption of gamma radiation in matter show, for the heavier elements, variations with atomic number that indicate a quite appreciable nuclear effect. This suggests that nuclear excitation by absorption of radiation is perhaps a not infrequent process, and therefore that the development of an intense artificial source of gamma radiation of various wave-lengths would be of considerable value for nuclear studies. In our laboratory, as elsewhere, this being attempted.

But the collision method appears to be even more promising, in consequence of the researches of Rutherford and others cited above. Their pioneer investigations must always be regarded as really great experimental achievements, for they established definite and important information about nuclear processes of great rarity excited by exceedingly weak beams of bombarding particles—alpha-particles from radioactive sources. Moreover, and this is the point to be emphasized here, their work has shown strikingly the

[1] See Chapter 10 of Radiations from Radioactive Substances by Rutherford, Chadwick and Ellis.

[2] H. Pose, Zeits. f. Physik **64**, 1 (1930).

[3] W. Bothe and H. Becker, Zeits. f. Physik **66**, 1289 (1930).

[4] G. Beck, Naturwiss. **18**, 896 (1930).

[5] C. Y. Chao, Phys. Rev. **36**, 1519 (1930).

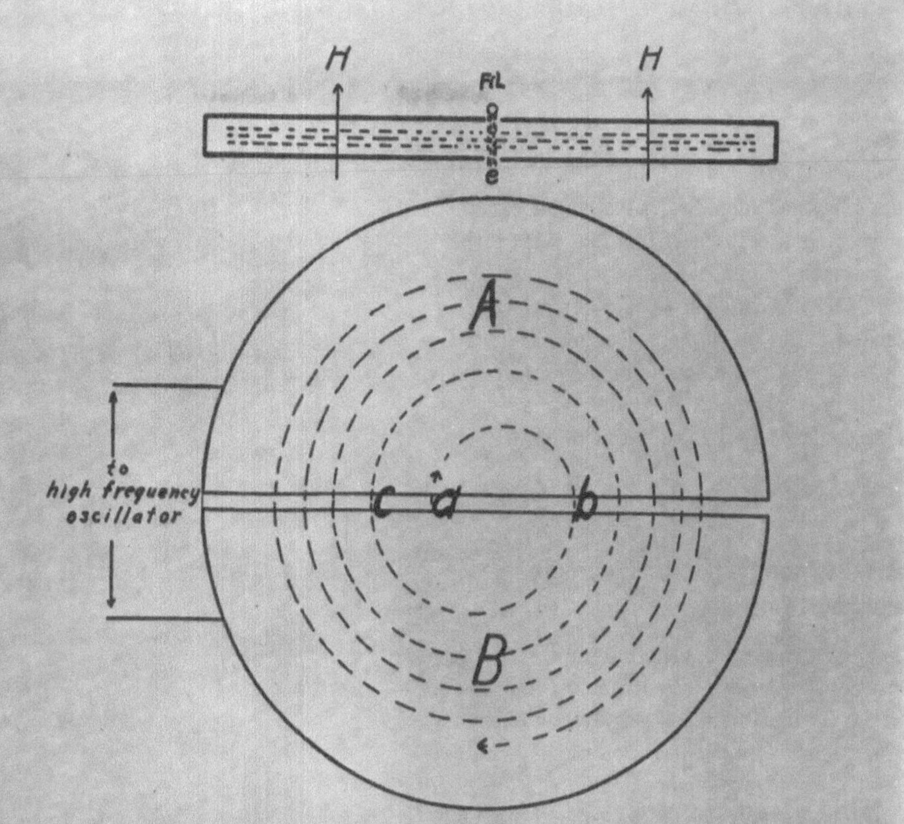

Fig. 1. Diagram of experimental method for multiple acceleration of ions.

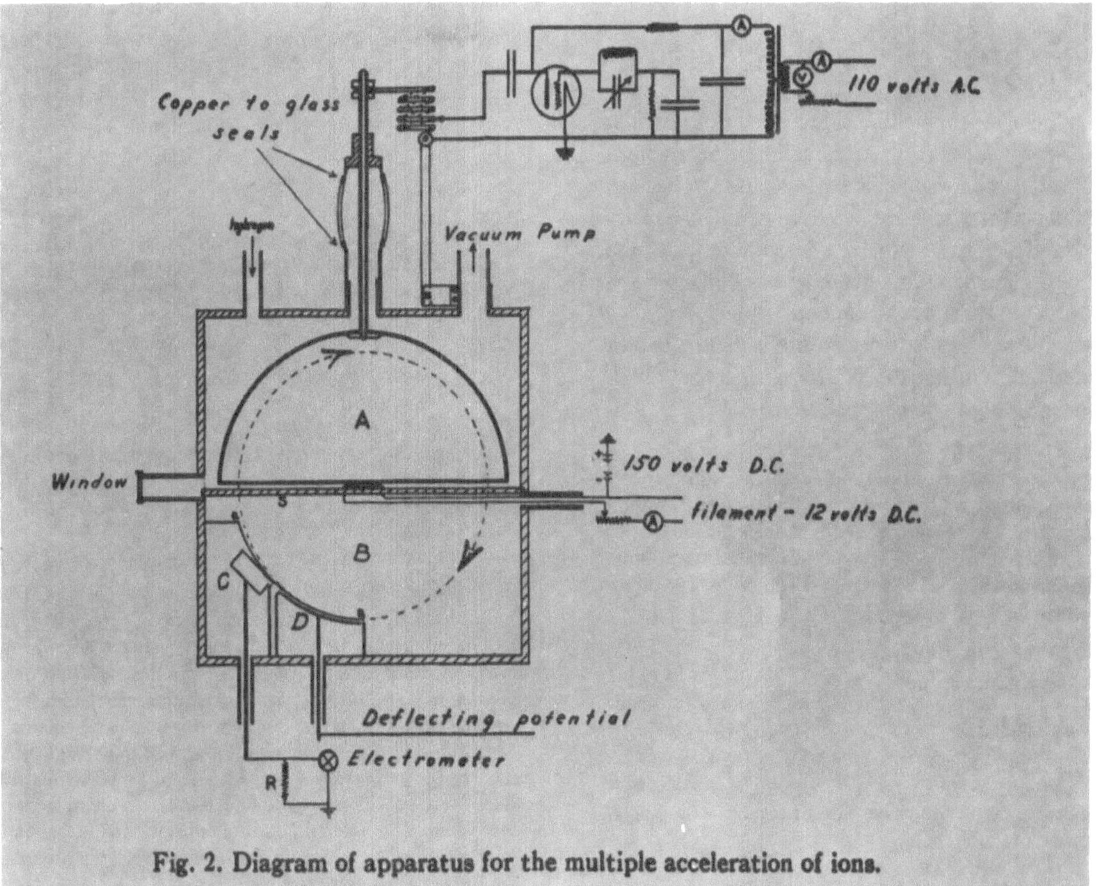

Fig. 2. Diagram of apparatus for the multiple acceleration of ions.

4. Bezugssysteme und die Galilei-Transformation

In diesem Kapitel untersuchen wir das zweite und das dritte Newtonsche Gesetz ausführlicher. In Kapitel 3 hatten wir die Frage nach dem Bezugssystem unbeantwortet gelassen, sie soll hier besprochen werden. Wesentliche Themen sind auch die Galilei-Invarianz der Gesetze der klassischen Mechanik und eine andere Herleitung der Impulserhaltung. Der Inhalt dieses Kapitels ist für das Verständnis der folgenden nicht unbedingt erforderlich, doch sind die hier besprochenen Themen für ein grundlegendes Verständnis der Mechanik unentbehrlich.

4.1. Inertialsysteme und beschleunigte Bezugssysteme

Die ersten beiden Gesetze gelten nur in nichtbeschleunigten Bezugssystemen, wie die alltägliche Erfahrung bestätigt. Ist das Bezugssystem dagegen fest mit einem rotierenden Karussell verbunden, so treten auch beim Fehlen äußerer Kräfte Beschleunigungen auf. Sie können auf einem Karussell nur stehen bleiben, wenn auf ihren Körper eine Kraft vom Betrag $m\omega^2 r$ wirkt, die auf die Achse gerichtet ist. m ist die Masse des Körpers, ω die Winkelgeschwindigkeit und r der Abstand zur Rotationsachse. Oder nehmen Sie an, das Bezugssystem ruht in einem Flugzeug, das beim Start stark beschleunigt. Dann werden Sie in den Sitz zurückgepreßt und dort von Kräften, die von der Rückenlehne auf Ihren Körper wirken, in Ruhe gehalten.

Wenn Sie in einem nichtbeschleunigten Bezugssystem in Ruhe oder in gleichförmiger geradliniger Bewegung bleiben wollen, benötigten Sie keine Kräfte. Wollen Sie dagegen in einem beschleunigten System in Ruhe bleiben, dann müssen Sie Kräfte ausüben oder erfahren, z.B. indem Sie sich an einem Seil festhalten oder von einem Sitz gestützt werden. Die Kräfte, die in beschleunigten Bezugssystemen auftreten, sind in der Physik bedeutungsvoll. Es ist besonders wichtig, die Kräfte zu verstehen, die in rotierenden Bezugssystemen auftreten.

● **Beispiel:** *Die Ultrazentrifuge.* Befindet sich ein Körper *nicht* in einem Inertialsystem, so können die Wirkungen sehr groß und u.U. von praktischer Bedeutung sein. Ein Molekül befindet sich in einer Flüssigkeit in der Kammer einer Ultrazentrifuge. Wenn sich die Kammer 1000 mal in der Sekunde dreht ($6 \cdot 10^4$ Umdr./min), beträgt die Winkelgeschwindigkeit

$$\omega = 2\pi \cdot 10^3 \approx 6 \cdot 10^3 \text{ rad/s}.$$

Ist das Teilchen 10 cm von der Drehachse entfernt, so ist seine Bahngeschwindigkeit

$$v = \omega \cdot r \approx 6 \cdot 10^3 \cdot 0,1 \text{ m} = 600 \text{ m/s}.$$

Die Beschleunigung, die durch die Kreisbewegung hervorgerufen wird, ist $\omega^2 r$ (Kapitel 2)

$$a = \omega^2 \cdot r \approx (6 \cdot 10^3)^2 \cdot 0,1 \text{ m/s}^2 \approx 4 \cdot 10^6 \text{ m/s}^2.$$

Bild 4.1. Rotor einer Ultrazentrifuge. Sie arbeitet bei 60 000 Umdr./min und erzeugt eine Zentrifugalbeschleunigung, die wenig unter dem 300 000-fachen der Erdbeschleunigung liegt. (*Beckmann Spinco Division*)

Vergleichsweise beträgt die Fallbeschleunigung an der Erdoberfläche nur $9,80 \text{ m/s}^2$, so daß sich ein Verhältnis von Rotations- zu Erdbeschleunigung von

$$\frac{a}{g} \approx \frac{4 \cdot 10^6}{10} = 4 \cdot 10^5$$

ergibt. Die Beschleunigung in der Ultrazentrifuge ist also etwa $4 \cdot 10^5$-fach größer als die Fallbeschleunigung. (Dieser Wert wird von der Ultrazentrifuge in Bild 4.1 erreicht.) Moleküle, deren *Dichte (Masse/Volumen) sich* von der umgebenden Flüssigkeit *unterscheidet*, erfahren in der Zentrifugenkammer eine starke Zentrifugalkraft, die sie von der Flüssigkeit trennen kann. Bei gleicher Dichte tritt keine Trennung ein. Ist die Dichte der Moleküle geringer als diejenige der Flüssigkeit, so werden sie nach innen beschleunigt. So wird z.B. ein Helium gefüllter Luftballon in einem Auto zur Innenseite der Kurve schweben, während die Insassen in der Kurve nach außen gedrängt werden.

Vom Labor aus gesehen ist nach dem ersten Newtonschen Gesetz das Molekül bestrebt, in Ruhe zu bleiben oder sich mit konstanter Geschwindigkeit geradlinig zu bewegen. (Das Labor stellt eine gute Näherung für ein nichtbeschleunigtes Bezugssystem dar.) Das Molekül versucht, dem Zwang der Rotationsbewegung in der Ultrazentrifuge auszuweichen. Einem in der Ultrazentrifuge ruhenden Beobachter scheint das Molekül mit einer Kraft $m\omega^2 r$ radial nach außen beschleunigt zu werden. Wie groß ist diese Kraft? Angenommen, das Molekulargewicht sei 10^5, also ungefähr das 10^5-fache der Masse eines Protons:

$$m \approx 10^5 \cdot 1{,}7 \cdot 10^{-27} \,\text{kg} \approx 10^{-22} \,\text{kg}.$$

(Die Masse eines Protons entspricht etwa einer Atommasseneinheit.) Damit ergibt sich für die Kraft, die durch die Rotationsbeschleunigung hervorgerufen wird, bei Benutzung des Beschleunigungswertes aus dem vorangegangenen Abschnitt:

$$m \cdot a = m\omega^2 r \approx 2 \cdot 10^{-22} \cdot 4 \cdot 10^6 \,\text{N} = 8 \cdot 10^{-16} \,\text{N}.$$

Diese Kraft, die das Molekül in der Zentrifugenkammer nach außen zieht, nennt man *Zentrifugalkraft*. Die Bewegung nach außen wird durch die Kraft behindert, die die Flüssigkeit auf das Molekül ausübt. Diese Kraft, und auch die Zentrifugalkraft, wird für verschiedene Molekülarten verschieden groß sein, so daß sie sich mit unterschiedlicher Geschwindigkeit nach außen bewegen werden. Im Bezugssystem der Ultrazentrifuge wirkt die Zentrifugalkraft wie ein künstliches Schwerefeld, das nach außen gerichtet ist und mit dem Abstand von der Achse zunimmt. Die verschiedenen Molekülarten verteilen sich schließlich in diesem ungewöhnlichen Gravitationsfeld in Schichten, deren Dichte nach außen zunimmt. Mit der Ultrazentrifuge lassen sich daher verschiedenartige Moleküle hervorragend trennen. Das Verfahren zeigt die besten Ergebnisse bei großen Molekülen, die von besonderem Interesse für die Biologie sind. Deshalb ist die Frage, ob ein Molekül bezüglich eines beschleunigten oder nichtbeschleunigten Bezugssystems in Ruhe ist, für die biologische und medizinische Forschung von besonderer Bedeutung. •

Wir kehren nun zur Diskussion von Inertialsystemen und beschleunigten Bezugssystemen zurück. Die Grundlage der klassischen Mechanik ist das zweite Newtonsche Gesetz:

$$\text{Kraft} = \frac{d}{dt}(\text{Impuls}); \quad \mathbf{F} = \frac{d}{dt}\mathbf{p} \qquad (4.1)$$

oder bei konstanter Masse

$$\mathbf{F} = m\frac{d\mathbf{v}}{dt} = m\frac{d^2\mathbf{r}}{dt^2} = m\mathbf{a}, \qquad (4.2)$$

wobei $\mathbf{a}$ die Beschleunigung ist. Auf welches System sind der Ortsvektor $\mathbf{r}$, die Geschwindigkeit $\mathbf{v}$ und die Beschleunigung $\mathbf{a}$ zu beziehen? Die obigen Beispiele zeigen klar, daß die Wahl des Bezugssystems wichtig ist; die Bilder 4.2 bis 4.6 sollen dies nochmals veranschaulichen.

Die Gln. (4.1) und (4.2) können als Definition der wahren Kraft $\mathbf{F}$ angesehen werden, die auf ein Teilchen oder einen Körper wirkt, *falls* wir sicher sind, daß sich die Beschleunigung $\mathbf{a}$ auf ein Inertialsystem bezieht. Wenn wir umgekehrt die wahre Kraft $\mathbf{F}$ kennen, und ein Bezugssystem finden, in dem Gl. (4.2) mit der beobachteten Beschleunigung der Körper übereinstimmt, dann ist dieses

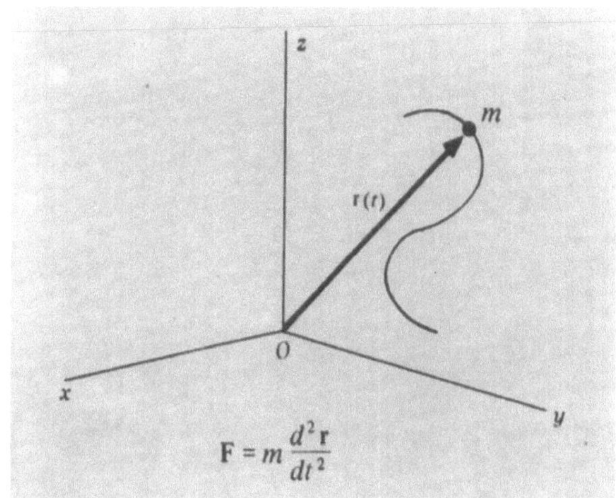

Bild 4.2. Das zweite Newtonsche Gesetz lautet:
Kraft = Masse × Beschleunigung.
Aber, Beschleunigung relativ zu welchem System?

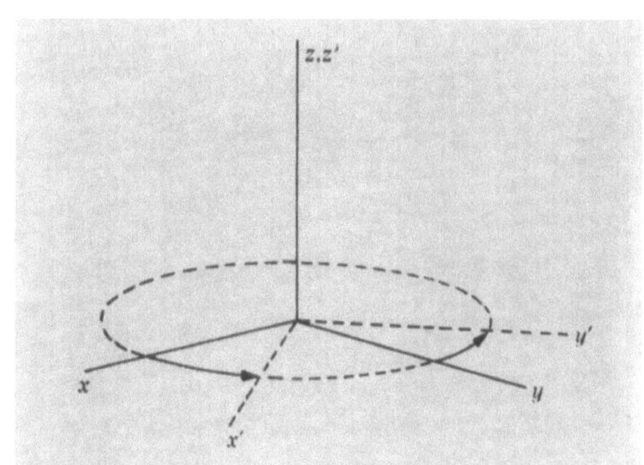

Bild 4.3. Beispielsweise rotiert das System $S'(x', y', z')$ relativ zum System $S(x, y, z)$. Die Beschleunigung der Masse m ist in beiden Systemen verschieden.

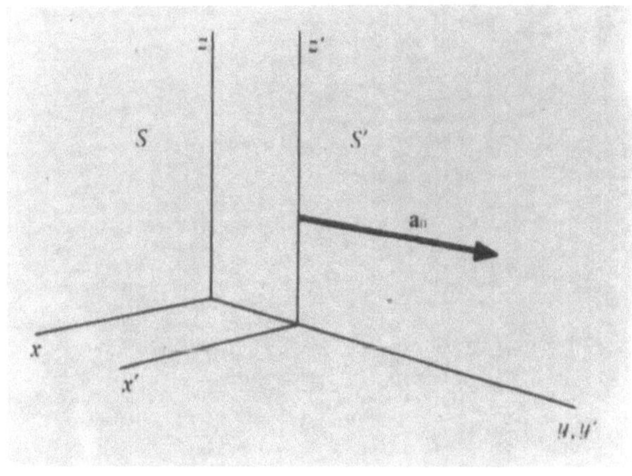

Bild 4.4. Hier weist S' die Beschleunigung $\mathbf{a}_0$ in bezug auf S auf. Die Beschleunigung von m ist in beiden Systemen verschieden.

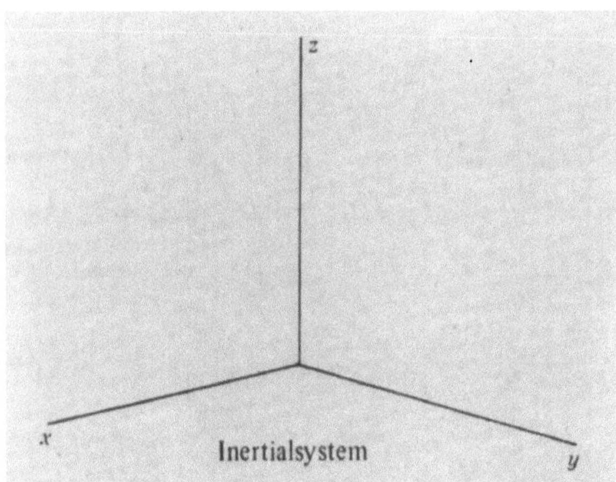

Bild 4.5. Gibt es Inertialsysteme, auf die wir die Beschleunigung
a in $F = m\,a$ beziehen dürfen?

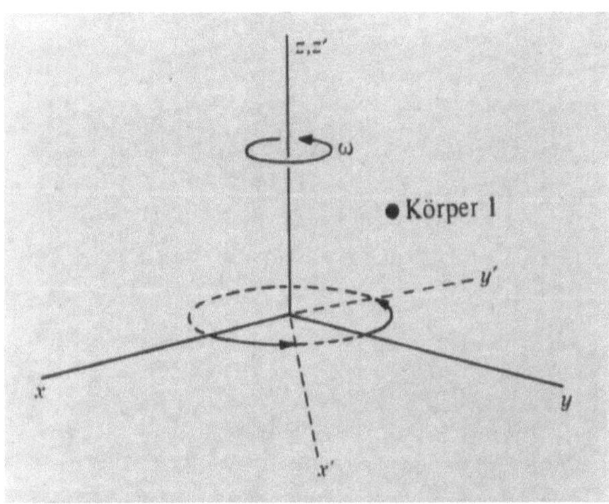

Bild 4.6a. Wenn $S(x, y, z)$ ein solches Inertialsystem ist, dann
kann $S'(x', y', z')$, das um die z-Achse von S rotiert, *nicht*
inertial sein. Denn ...

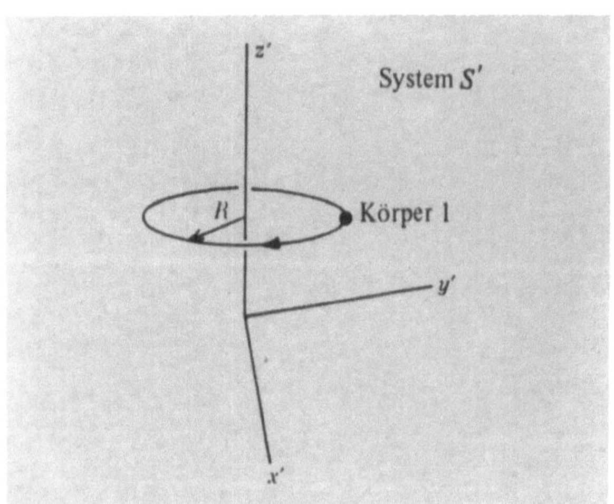

Bild 4.6b. ... im System S' erfährt der Körper 1 eine Beschleunigung, obwohl er sehr weit von allen anderen Körpern entfernt ist.
(Er scheint zu rotieren.) z. B. ...

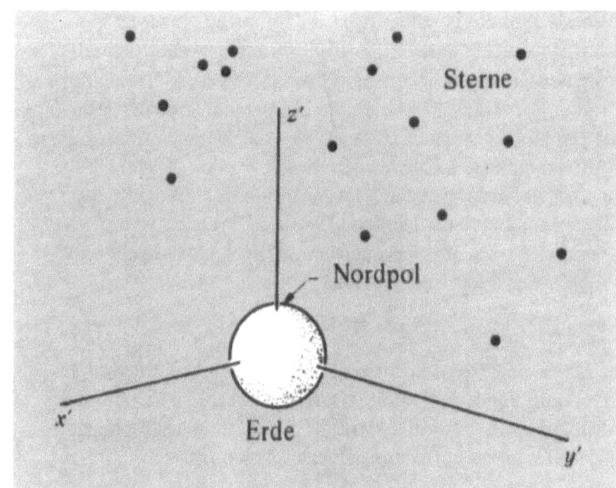

Bild 4.6c. ... rotieren die entfernten Sterne, die dem Körper 1
vergleichbar sind, wenn man sie vom System $S'(x', y', z')$ aus
betrachtet, das auf der Erde fixiert ist. Ein mit der Erde fest ver-
bundenes System ist nicht inertial, weil die Erde rotiert und sich
um die Sonne bewegt.

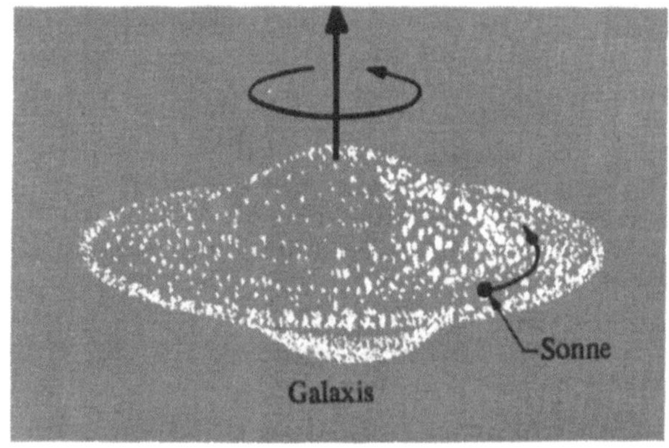

Bild 4.6d. Ist ein auf der Sonne verankertes Bezugssystem inertial?
Auch die Sonne bewegt sich auf einer Bahn um den Mittelpunkt
der Galaxis. Die Beschleunigung ist jedoch vernachlässigbar klein...

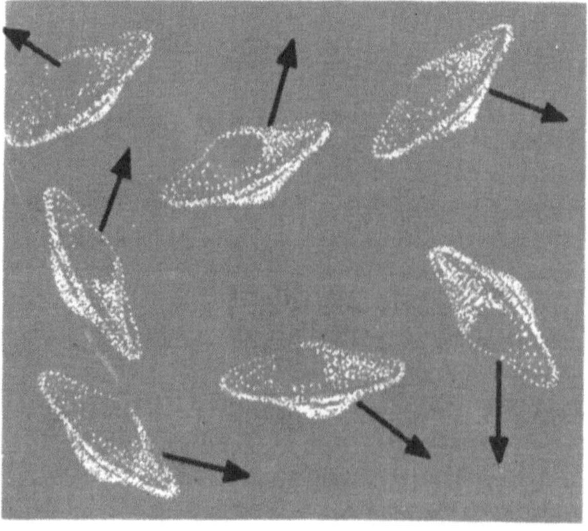

Bild 4.6e. ... und anscheinend können wir auch die Beschleunigung unserer Galaxis relativ zu anderen Galaxien vernachlässigen.

Bezugssystem ein *Inertialsystem*, d.h., es ist unbeschleunigt und rotiert nicht. Die Möglichkeit zu entscheiden, ob ein gegebenes System ein Inertialsystem ist oder nicht,hängt buchstäblich davon ab, ob wir die Wirkungen kleiner Beschleunigungen in dem System messen können. Praktisch betrachtet man ein System, in dem sich ein als kräftefrei angesehener Körper unbeschleunigt bewegt, als Inertialsystem.

Die Erde als Bezugssystem. Kann ein auf der Erdoberfläche fixiertes Labor als gutes Inertialsystem gelten? Wenn nicht, wie ist $\mathbf{F} = m\mathbf{a}$ zu korrigieren, um die Beschleunigung des Labors zu berücksichtigen?

Für viele Zwecke ist die Erde eine ziemlich gute Näherung für ein Inertialsystem. Die Beschleunigung eines Labors auf der Erdoberfläche resultiert aus der Erdrotation. Diese Rotation führt zu einer geringen Beschleunigung des Labors, die nicht in allen Fällen völlig vernachlässigt werden kann. Ein Massenpunkt am Äquator erfährt eine Zentripetalbeschleunigung

$$a = \frac{v^2}{R_F} = \omega^2 R_E, \tag{4.3}$$

bezogen auf den Erdmittelpunkt. Hierbei ist $\omega = 2\pi f$ die Winkelgeschwindigkeit und R_E der Erdradius. Die Winkelgeschwindigkeit der Erde hat den Wert $\omega \approx 0{,}73 \cdot 10^{-4}\,\mathrm{s}^{-1}$ (s. S. 41). Mit $R_E \approx 6{,}4 \cdot 10^6$ m wird die Beschleunigung

$$a \approx (0{,}73 \cdot 10^{-4})^2 \cdot (6{,}4 \cdot 10^6)\,\mathrm{m/s}^2 \approx 0{,}034\,\mathrm{m/s}^2.$$

Die notwendige Zentripetalbeschleunigung wird von der Gravitationskraft aufgebracht. Um eine Masse m am Äquator gegen die Wirkung der Gravitationskraft im Gleichgewicht zu halten, ist eine Kraft erforderlich, die um $(0{,}034\,\mathrm{m/s}^2) \cdot m = 0{,}034\,\mathrm{N} \cdot (m/\mathrm{kg})$ *kleiner* ist, als die Gravitationskraft. Am Äquator ist die Gravitationsbeschleunigung daher um $0{,}034\,\mathrm{m/s}^2$ kleiner als am Nordpol. Der andere Teil der großräumigen Variationen des Schwerefeldes der Erde wird durch ihre Abplattung hervorgerufen. Insgesamt beträgt die Differenz der Fallbe-

Tabelle 4.1: Werte von g in verschiedenen Breiten

Ort	geogr. Breite	g (m/s²)
Nordpol	90° N	9,832 45
Karajak Glacier, Grönland	70° N	9,825 3
Reykjavik, Island	64° N	9,822 7
Leningrad	60° N	9,819 3
Paris	49° N	9,809 4
New York	41° N	9,802 7
San Franzisko	38° N	9,799 6
Honolulu	21° N	9,789 5
Monrovia, Libera	6° N	9,781 6
Batavia, Java	6° S	9,781 8
Melbourne, Australien	38° S	9,799 9

schleunigung zwischen Pol und Äquator $0{,}052\,\mathrm{m/s}^2$. Ehe Satelliten zur Verfügung standen, war die Messung der Gravitationsvariation über die Erde der beste Weg, die Abplattung an den Polen zu bestimmen.

Wir werden später in diesem Kapitel eine kompliziertere Form für das zweite Newtonsche Gesetz finden. Sie gilt für ein Koordinatensystem, dessen Achsen auf der Erdoberfläche fixiert sind. Um aber ein gültiges Gesetz in der einfachen Form von Gl. (4.1) oder (4.3) zu erhalten, *müssen wir die Beschleunigung auf ein nichtbeschleunigtes System beziehen*. Man spricht in diesem Fall von einem *inertialen* oder *galileischen* Bezugssystem. In einem beschleunigten (nichtinertialen) Bezugssystem ist $\mathbf{F}$ nicht gleich $m\mathbf{a}$, wenn $\mathbf{a}$ die im nichtinertialen System gemessene Beschleunigung ist.

Die Fixsterne: Ein Inertialsystem. Es ist üblich, die Fixsterne als unbeschleunigtes System zu betrachten. Hierin liegt etwas Metaphysik, denn die Behauptung, die Fixsterne seien unbeschleunigt, liegt jenseits experimenteller Bestätigung. Es ist unwahrscheinlich, daß unsere Instrumente die Beschleunigung eines entfernten Sterns oder Sternhaufens von weniger als $10^{-6}\,\mathrm{m/s}^2$ feststellen können, auch wenn wir 100 Jahre lang sorgfältig beobachten. In der Praxis ist es angebracht, Richtungen im Weltraum auf Sterne zu beziehen. Wir können aber auch experimentell ein annähernd unbeschleunigtes Bezugssystem konstruieren. Selbst wenn die Erde dauernd von einem dichten Nebel umgeben wäre, könnten wir ohne große Schwierigkeiten ein Inertialsystem aufbauen.

Die Zentrifugalbeschleunigung, die die Erde auf ihrer Bahn um die Sonne erfährt, ist um eine Größenordnung kleiner als die aus der Erdrotation herrührende Beschleunigung. Da ein Jahr $\approx 3 \cdot 10^7$ s hat, beträgt die Winkelgeschwindigkeit der Erde um die Sonne

$$\omega \approx \frac{2\pi}{3 \cdot 10^7\,\mathrm{s}} \approx 2 \cdot 10^{-7}\,\mathrm{s}^{-1}.$$

Mit $R \approx 1{,}5 \cdot 10^{11}$ m ist die Zentripetalbeschleunigung der Erde auf ihrer Bahn um die Sonne

$$a = \omega^2 R \approx 4 \cdot 10^{-14} \cdot 1{,}5 \cdot 10^{11}\,\mathrm{m/s}^2 = 6 \cdot 10^{-3}\,\mathrm{m/s}^2. \tag{4.4}$$

Die Beschleunigung der Sonne in Richtung des Zentrums unserer Galaxis[1] ist experimentell nicht gemessen

---

[1] Die Sterne sind nicht zufällig im Universum verteilt, sondern in großen Systemen zusammengefaßt, die weit voneinander entfernt sind. Jedes System enthält größenordnungsmäßig 10^{10} Sterne. Diese Systeme nennt man *Galaxien*. Auch unser Sonnensystem befindet sich in einer Galaxis, die man auch speziell „Galaxis" nennt. Die Milchstraße ist ein Teil von ihr. Auch die Galaxien selbst sind nicht gleichmäßig im Raum verteilt. Sie bilden Haufen. Unsere Galaxie gehört mit 18 anderen zu einem Haufen, der als *lokale Gruppe* bezeichnet wird. Sie bildet ein durch Gravitationskräfte gebundenes physikalisches System.

worden. Aber die Doppler-Verschiebung von Spektrallinien läßt auf eine Geschwindigkeit der Sonne relativ
zum Mittelpunkt der Galaxis von etwa $3 \cdot 10^5$ m/s schließen. Beschreibt die Sonne eine Kreisbahn um das Zentrum
der Galaxis, das etwa $3 \cdot 10^{20}$ m entfernt ist, dann wird die
Beschleunigung der Sonne

$$a = \omega^2 R = \frac{v^2}{R} \approx \frac{9 \cdot 10^{14}}{3 \cdot 10^{20}} \text{ m/s}^2 = 3 \cdot 10^{-10} \text{ m/s}^2 \,.$$

Das ist ein ziemlich kleiner Wert. Wir können auf Grund
von Beobachtungen nicht beurteilen, ob die Sonne nicht
viel stärker beschleunigt wird und ob der Mittelpunkt der
Galaxis nicht selbst eine erhebliche Beschleunigung erfährt.

Aus der Praxis wissen wir jedoch, daß die Grundannah-
men der klassischen Mechanik in sich außerordentlich geschlossen sind:

1. Der Raum ist *euklidisch.*
2. Der Raum ist *isotrop,* d.h., die physikalischen Eigenschaften sind in allen Richtungen gleich.
3. Die *Newtonschen Gesetze* gelten für einen Beobachter
   in einem Inertialsystem, das auf der Erde fixiert ist,
   wenn man die Zentripetalbeschleunigung auf Grund
   der Erdrotation und auf Grund der Bewegung um die
   Sonne berücksichtigt.
4. Das *Newtonsche Gravitationsgesetz* ist gültig (siehe
   Kapitel 3 und 9).

Es ist schwierig, diese Annahmen unabhängig voneinander mit großer Genauigkeit zu überprüfen. Die präzise-
sten Verfahren, die sich auf die Bewegungen der Planeten
im Sonnensystem beziehen, beinhalten im allgemeinen
alle vier Behauptungen gleichzeitig. Einige besonders
exakte Testmethoden des klassischen Systems werden in
den historischen Anmerkungen am Ende des Kapitels 5
diskutiert.

Kräfte in Inertialsystemen. *Galilei* sagte, daß *ein Körper, der keinen Kräften ausgesetzt ist, konstante Geschwindigkeit hat* [1]. Wir haben gesehen, daß diese Behauptung
nur in einem Inertialsystem stimmt – sie definiert ein
solches Inertialsystem.

Diese Behauptung erscheint unbefriedigend, denn wie
können wir überhaupt feststellen, daß auf einen Körper
keine Kräfte ausgeübt werden? Kräfte können nämlich
nicht nur durch direkten Kontakt auf den Körper wirken,
sondern auch dann, wenn der Körper isoliert ist. Gravita-
tions- und elektrische Kräfte treten auch auf, wenn keine
anderen Körper in unmittelbarer Nähe sind. Wir können
also nie sicher sein, daß keine Kräfte auf einen Körper
ausgeübt werden. Aber wenn wir nicht *a priori* entscheiden können, ob ein Probekörper einer Kraft ausgesetzt
ist oder nicht, bereitet die Formulierung von Bewegungs-

gesetzen, die Kräfte und Beschleunigungen in Beziehung
setzen, große Schwierigkeiten. Wir benötigen ein unbeschleunigtes Bezugssystem, bezüglich dessen wir Beschleunigungen messen können. Um ein derartiges System zu
definieren, geht *Galilei* von der Annahme aus, daß es
eine unabhängige Methode zur Nachprüfung gibt, daß
auf das System keine Kräfte wirken. Wir können es aber
nicht nachprüfen, weil unser Kriterium für Kräftefreiheit
das Fehlen von Beschleunigungen ist. Dazu brauchen wir
jedoch wieder ein Bezugssystem – und so drehen wir uns
mit der Argumentation im Kreis [1].

Die Situation ist nicht hoffnungslos. Wir wissen nämlich, daß die Kräfte zwischen zwei Körpern mit wachsender Entfernung recht schnell abnehmen (Bild 4.7). Wäre
das nicht der Fall, könnten wir die Wechselwirkung zwischen zwei Körpern niemals von der zwischen allen anderen Körpern des Universums trennen. Alle bekannten
Kräfte zwischen Körpern nehmen mindestens mit $(1/r)^2$
ab. Wir und alle anderen Körper auf der Erde werden am
stärksten zum Erdmittelpunkt gezogen und nicht zu irgendeinem entfernten Punkt im Weltall. Ohne Fußboden würden wir mit $9{,}80$ m/s^2 in Richtung auf den Erdmittelpunkt
beschleunigt. Von der Sonne werden wir weniger stark an-
gezogen, und zwar nach Gl. (4.4) mit einer Beschleunigung
von $6 \cdot 10^{-3}$ m/s^2. Es erscheint sinnvoll zu sagen, daß auf
einen Körper, der von allen anderen Körpern weit entfernt
ist, praktisch keine Kraft wirkt und er deshalb auch nicht
beschleunigt wird. Ein typischer Stern ist mindestens
10^{16} m von seinem nächsten Nachbarn [2] entfernt und erfährt dementsprechend nur eine geringe Beschleunigung.

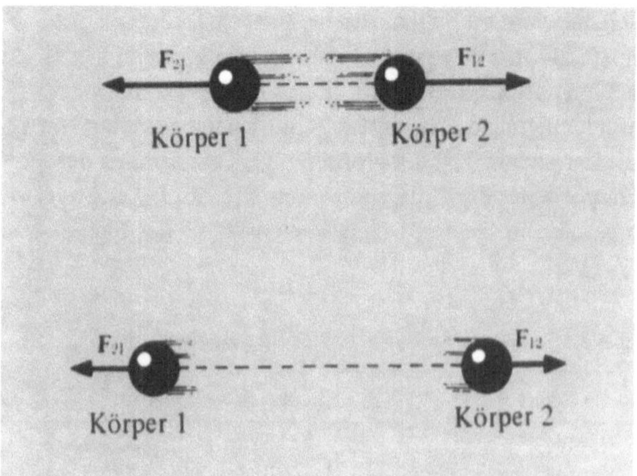

Bild 4.7. *Im Experiment* nimmt die Kraft, die ein Körper auf den
anderen ausübt, schnell ab, wenn die Körper immer weiter voneinander getrennt werden.

---

[1] Das wird oft als erstes Newtonsches Gesetz bezeichnet.

[1] Diese Situation wird in der Wissenschaftstheorie näher analysiert. Siehe dazu die Literaturangaben im Anhang.

[2] Doppelsterne machen hier eine Ausnahme.

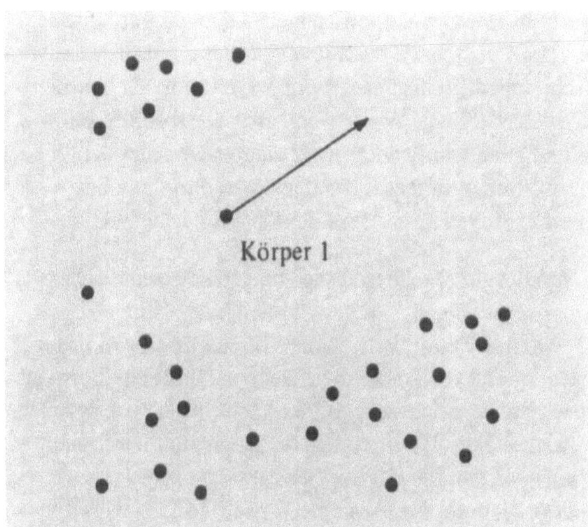

Bild 4.8. Deshalb wirken keine Kräfte auf den Körper 1, wenn er weit genug von allen anderen entfernt ist.

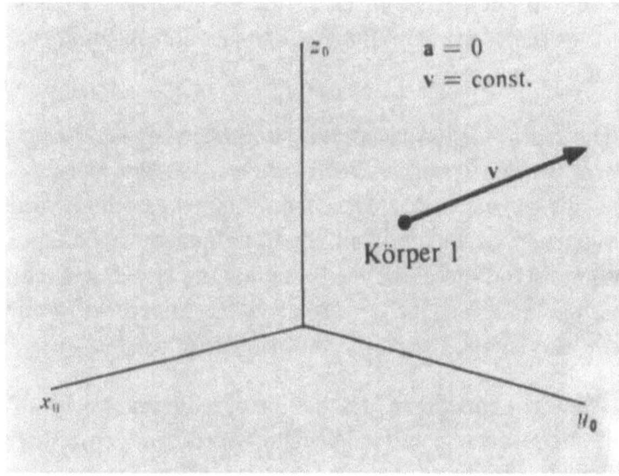

Bild 4.9. Das *System ist inertial,* wenn darin der Körper 1 keine Beschleunigung erfährt.

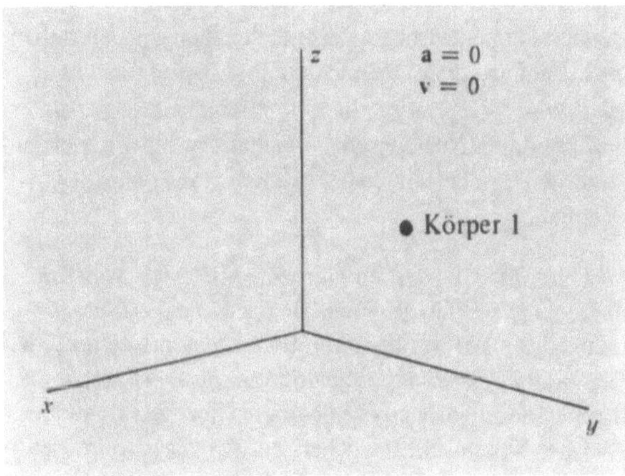

Bild 4.10. Insbesondere gibt es Inertialsysteme, in denen der Körper 1 in Ruhe ist und bleibt.

Deshalb können wir erwarten, daß die Fixsterne in guter Näherung ein unbeschleunigtes Koordinatensystem definieren (vgl. auch die Bilder 4.8 bis 4.10).

Eine gute Erörterung der Konstruktion eines unbeschleunigten Bezugsystems gibt *P. W. Bridgman* in Am. J. Phys. **29**, 32 (1961). Hier sind einige Auszüge: „Ein System von drei starren orthogonalen Achsen fixiert ein Galileisches System, wenn drei kräftefreie Massenteilchen, die sich parallel zu den Koordinatenachsen mit beliebigen Geschwindigkeiten bewegen, Richtung und Geschwindigkeit beibehalten. Unsere irdischen Laboratorien erfüllen diese Bedingungen nicht. Wir können ein solches System in unseren Labors konstruieren, wenn wir die experimentellen Abweichungen der drei genannten Bewegungsabläufe von den verlangten Bedingungen messen ... und diese Differenzen als negative Korrekturen in die Definition unseres Galileischen Systems aufnehmen. Ein Bezugnehmen auf die Sterne ist also nicht nötig. Wir brauchen uns nicht auf die Sterne zu beziehen, da das Verhalten von Körpern sinnvoll auch durch Beobachtung der Schwingungsebene eines Foucaultschen Pendels bezüglich der Erde oder bezüglich der Abweichung eines fallenden Steines aus der Vertikalen beschrieben werden kann. Auch wenn sich der Kommandant einer Rakete vielleicht bequemerweise auf den Polarstern bezieht, so muß seine Apparatur doch offensichtlich in Bezug auf die Erde ausgerichtet werden. ... In einem Inertialsystem behält ein rotierender Körper, der sich kräftefrei bewegt, stets die Richtung seiner Drehachse bei.“

4.2. Absolute und relative Beschleunigung

Es gibt Inertialsysteme, in denen $\mathbf{F} = m \cdot \mathbf{a}$ sehr genau stimmt. Das ist experimentell bestätigt. Wir stellen fest, daß in einem Inertialsystem die zur Beschreibung der Bewegungen von Galaxien, Sternen, Atomen, Elektronen usw. geforderten Kräfte die gemeinsame Eigenschaft haben, daß die Kraft auf einen Körper tatsächlich mit wachsendem Abstand zu seinem Nachbarn abnimmt. Wir werden sehen, daß in einem Nicht-Inertialsystem *scheinbar* Kräfte existieren, die nicht auf die Nähe anderer Körper zurückzuführen sind.

Die Existenz eines Inertialsystems wirft eine schwierige und unbeantwortete Frage auf: Welchen Einfluß hat die gesamte übrige Materie im Universum auf ein Experiment in einem irdischen Labor? Angenommen, die ganze Materie im Weltall, außer der in der Nachbarschaft unserer Erde, erfährt eine starke Beschleunigung **a**. Ein kräftefreies Partikel auf der Erde hat die Beschleunigung Null relativ zu den Fixsternen. Wird dieses Teilchen — ursprünglich kräftefrei — beim Beschleunigen der Fixsterne die Beschleunigung Null relativ zur nichtbeschleunigten Umgebung der Erde beibehalten oder wird es eine Bewegungsänderung relativ zu seiner Umgebung erfahren? Ist es über-

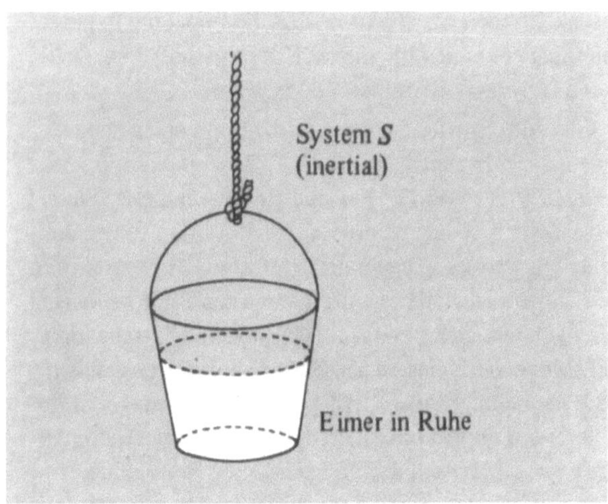

Bild 4.11a. Ein Beispiel für Scheinkräfte, die in einem nichtinertialen System auftreten: Wenn der Eimer in S in Ruhe ist, bleibt die Wasseroberfläche eben. S sei relativ zu den Sternen unbeschleunigt.

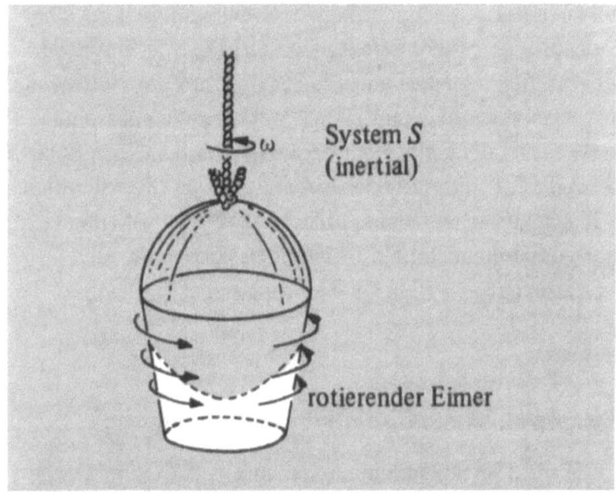

Bild 4.11b. Wenn der Eimer in S rotiert, nimmt die Wasseroberfläche Paraboloidform an.

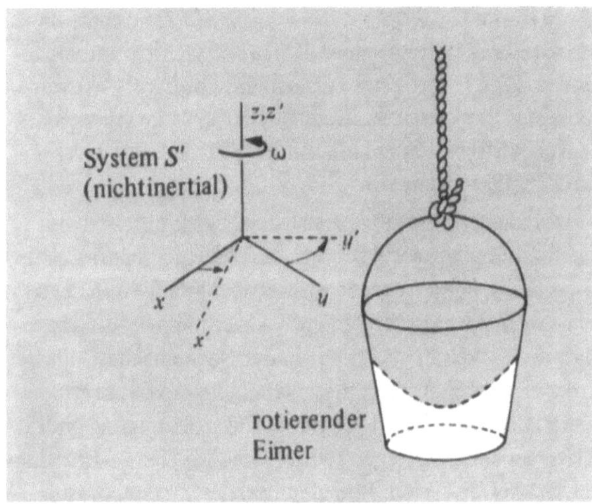

Bild 4.11c. Im rotierenden System S' ist der Eimer in Ruhe. Aber die Wasseroberfläche ist parabolisch! Im nichtinertialen System S' wirkt eine fiktive Zentrifugalkraft auf das Wasser.

haupt ein Unterschied, ob man ein Teilchen mit $+\mathbf{a}$ oder die Fixsterne mit $-\mathbf{a}$ beschleunigt? Wenn nur die relative Beschleunigung ausschlaggebend ist, dann ist die Antwort auf die letzte Frage *Nein*; wenn aber die absolute Beschleunigung von Bedeutung ist, lautet die Antwort *Ja*. Dieses ist ein grundlegendes ungelöstes Problem, das experimentellen Methoden nicht leicht zugänglich ist.

Newton drückte diese Frage und seine eigene Antwort sehr anschaulich aus. Stellen Sie sich einen Eimer Wasser vor. Wenn wir ihn relativ zu den Sternen in Rotation versetzen, nimmt die Wasseroberfläche parabolische Form an; das wird jeder bestätigen (Bilder 4.11a bis 4.11c). Nun lassen wir statt des Wassereimers die Sterne um den Eimer rotieren, so daß die relative Bewegung die gleiche ist. *Newton* glaubte, daß dann die Wasseroberfläche glatt bliebe. Dieser Gesichtspunkt verleiht den Begriffen der absoluten Rotation und der absoluten Beschleunigung große Bedeutung. Empirisch wissen wir, daß alle Phänomene des rotierenden Wassereimers vollständig beschrieben und mit den Ergebnissen aus Labormessungen in Einklang gebracht werden können ohne jede Bezugnahme auf die Fixsterne.

Die gegenteilige Ansicht, daß *nur eine Beschleunigung relativ zu den Fixsternen Bedeutung hat*, ist eine Vermutung, die gemeinhin als Machsches Prinzip bezeichnet wird. Obwohl es weder experimentelle Bestätigungen noch Gegenbeweise für diese These gibt, fanden sie viele Physiker, einschließlich *Einstein, a priori* attraktiv; andere wiederum nicht. Das ist ein Thema für die spekulative Kosmologie.

Wenn wir annehmen, daß die mittlere Bewegung des restlichen Universums das Verhalten irgendeines einzelnen Teilchens beeinflußt, drängen sich einige damit verknüpfte Fragen auf, die jedoch nicht die geringsten Hinweise auf ihre Beantwortung geben. Gibt es andere Beziehungen zwischen den Eigenschaften eines einzelnen Teilchens und dem Zustand des übrigen Universums? Wird sich die Ladung eines Elektrons oder seine Masse oder die Wechselwirkungsenergie zwischen Kernteilchen ändern, wenn die Anzahl der Partikel im Weltall oder ihre Dichte irgendwie variiert wird? Bis jetzt ist die tiefgreifende Frage nach dem Zusammenhang zwischen dem entfernten Universum und den Eigenschaften eines Einzelteilchens unbeantwortet geblieben.

Scheinkräfte. Wir geben hier einige Beispiele von Kräften, die zu existieren scheinen, da das Bezugssystem beschleunigt ist. Wir beginnen mit dem zweiten Newtonschen Gesetz und beziehen uns zunächst auf ein Inertialsystem. Wir gehen dann auf ein beschleunigtes Bezugssystem über, wobei sich Scheinkräfte ergeben werden. Das zweite Newtonsche Gesetz lautet

$$\mathbf{F} = m\mathbf{a}_{\mathrm{I}}. \tag{4.5}$$

$\mathbf{F}$ ist die einwirkende Kraft und $\mathbf{a}_I$ die im Inertialsystem beobachtete Beschleunigung. Der Index I soll dabei *inertial* kennzeichnen. Die Masse wird als konstant angenommen. In einem Nicht-Inertialsystem, wie z.B. auf der rotierenden Erde, gilt Gl. (4.5) in dieser Form nicht. Der Grund dafür ist, daß wir einen Beitrag $\mathbf{a}_0$ zur Beschleunigung ausgelassen haben, nämlich die Beschleunigung, die das Teilchen infolge der Beschleunigung des Bezugssystems aufweist!

Bezeichnen wir die im Nicht-Inertialsystem gemessene Beschleunigung eines Körpers mit $\mathbf{a}$, so ist $\mathbf{a} + \mathbf{a}_0 = \mathbf{a}_I$ oder

$$\mathbf{F} = m\,(\mathbf{a} + \mathbf{a}_0). \qquad (4.6)$$

Bei Experimenten in nichtinertialen Bezugssystemen müssen wir in der Kraftgleichung immer die Beschleunigung $\mathbf{a}_0$ berücksichtigen. Es empfiehlt sich dabei im allgemeinen, eine Größe $\mathbf{F}_0$ einzuführen. Gl. (4.6) erhält dann die Form

$$\mathbf{F} + \mathbf{F}_0 = m\mathbf{a}, \qquad (4.7)$$

in der

$$\mathbf{F}_0 \equiv -m\mathbf{a}_0 \qquad (4.8)$$

die *Scheinkraft* oder *Pseudokraft* ist. Nach der Definition ist sie gleich dem negativen Produkt aus der Masse und der Beschleunigung im nichtinertialen System. Sie ist die Größe, die wir zur wahren Kraft $\mathbf{F}$ addieren müssen, um das *im Nicht-Inertialsystem gemessene Produkt $m\mathbf{a}$* zu erhalten. Falls das Bezugssystem Translationsbeschleunigung $\mathbf{a}_0$ aufweist, so ist die Scheinkraft gerade $m\mathbf{a}_0$. Im folgenden diskutieren wir rotierende Bezugssysteme, in denen die Scheinkräfte ortsabhängig sind. Scheinkräfte sind zunächst verwirrend, doch können Sie jedes Problem stets mit Gl. (4.6) in einem Inertialsystem behandeln, in dem dann keine derartigen Kräfte auftreten.

● **Beispiele:** *1. Ein Beschleunigungsmesser.* Auf eine Masse m wirke die Kraft $F_x = -Cx$ einer Feder in x-Richtung, wobei C eine Konstante ist. Stellen Sie sich ein nichtinertiales System vor, das mit $\mathbf{a}_0 = a_0\hat{\mathbf{x}}$ in x-Richtung beschleunigt wird. Ist die Masse in diesem System in Ruhe, so ist ihre Beschleunigung $\mathbf{a} = 0$, und

$$\mathbf{F} = m\,(\mathbf{a} + \mathbf{a}_0).$$

Dies führt auf

$$F_x = ma_0 = -Cx \quad \text{oder} \quad x = -\frac{ma_0}{C}\,. \qquad (4.9)$$

Dies können wir auch mit einer Scheinkraft herleiten:

$$\mathbf{F} + \mathbf{F}_{0x} = m\mathbf{a} = 0$$
$$F_x = -F_{0x}$$
$$-Cx = ma_0.$$

Das Ergebnis stimmt mit Gl. (4.9) überein. Die Auslenkung x ist der Beschleunigung a_0 des Systems proportional und entgegengerichtet. Das Nicht-Inertialsystem kann ein Flugzeug oder ein Auto sein. Gl. (4.9) beschreibt die Arbeitsweise eines *Beschleunigungsmessers*, in dem sich die an einer Feder befestigte Masse m nur in einer Richtung bewegen kann. Die Auslenkung der Masse ist ein Maß für die Beschleunigung a_0 des nichtinertialen Systems. ●

● *2. Zentrifugalkraft und Zentripetalbeschleunigung in einem gleichförmig rotierenden System.* Obwohl wir sehr bald rotierende Systeme eingehend behandeln werden, lohnt es sich, schon jetzt ein einfaches Standardbeispiel zu besprechen. Eine Punktmasse m ruht in einem Nicht-Inertialsystem, so daß in diesem System $\mathbf{a} = 0$ ist. Das System rotiert gleichmäßig um eine in einem Inertialsystem fixierte Achse. Gemäß Kapitel 2 ist die Beschleunigung der Punktmasse relativ zum Inertialsystem

$$\mathbf{a}_0 = -\omega^2 \mathbf{r}. \qquad (4.10)$$

Der Vektor $\mathbf{r}$ steht senkrecht auf der Achse und ist auf die Punktmasse gerichtet.

Gl. (4.10) definiert die bekannte *Zentripetalbeschleunigung*. Die Masse wird von einer Feder in der Ruhelage gehalten. Aus der Bedingung, daß im Nicht-Inertialsystem $\mathbf{a} = 0$ ist, folgt mit Hilfe der Gln. (4.8) und (4.9)

$$\mathbf{F} = -\mathbf{F}_0 = m \cdot \mathbf{a}_0 = -m\omega^2 \mathbf{r}. \qquad (4.11)$$

In diesem Beispiel ist die Scheinkraft die sogenannte *Zentrifugalkraft*. Sie ist $\mathbf{F}_0 = m\omega^2 \mathbf{r}$ und von der Achse weggerichtet. Die Zentrifugalkraft wird in diesem Beispiel von der Federkraft kompensiert, so daß in dem rotierenden Nicht-Inertialsystem keine Beschleunigung auftritt (Masse in Ruhe).

Wie groß ist die Zentrifugalkraft, wenn $m = 0{,}1$ kg, $r = 0{,}1$ m und das System mit 100 Umdrehungen pro Sekunde rotiert? Wir erhalten

$$F_0 = m\omega^2 r = (0{,}1)\,(2\pi \cdot 100)^2\,(0{,}1)\ \text{N} \approx 4 \cdot 10^3\ \text{N}. \qquad ●$$

● *3. Experimente in einem frei fallenden Aufzug.* Die Beschleunigung des nichtinertialen Systems (frei fallender Aufzug) ist

$$\mathbf{a}_0 = -g\hat{\mathbf{y}}.$$

$\hat{\mathbf{y}}$ wird von der Erdoberfläche aus nach oben gemessen, g ist die Fallbeschleunigung. Diese Beschleunigung entspricht der des freien Falls auf Grund der Gravitation. Nach Gl. (4.8) ist die Scheinkraft, die auf die Masse m im Nicht-Inertialsystem wirkt,

$$\mathbf{F}_0 = -m \cdot \mathbf{a}_0 = mg\hat{\mathbf{y}}.$$

Auf einen unbefestigten Körper im Aufzug wirkt die Summe von Gravitationskraft $\mathbf{F} = -m \cdot g \cdot \hat{\mathbf{y}}$ und Scheinkraft $\mathbf{F}_0 = m \cdot g \cdot \hat{\mathbf{y}}$, so daß die resultierende Kraft im Aufzug Null wird:

$$\mathbf{F} + \mathbf{F}_0 = 0.$$

Der Körper wird in dem Nicht-Inertialsystem also nicht beschleunigt. Das ist eine Form der „Schwerelosigkeit". Der Körper scheint im Raum aufgehängt zu sein, wenn er keine Anfangsgeschwindigkeit relativ zum Aufzug hat. ●

● *4. Das Foucaultsche Pendel.* Das Foucaultsche Pendel dient zur Demonstration der Erdrotation und beweist damit, daß die Erde kein Inertialsystem ist (Bild 4.12). Das Experiment wurde zum ersten Male von *Foucault* unter der großen Kuppel des Pantheons in Paris, im Jahre 1851, öffentlich vorgeführt. Er benutzte dazu eine Masse von 28 kg an einem fast 70 m langen Draht. Die obere Befestigung des Drahtes erlaubt der Masse, in allen Richtungen frei zu schwingen. Die Schwingungsdauer (siehe Kapitel 7) eines Pendels dieser Länge beträgt etwa 17 s.

Bild 4.12. Das Foucaultsche Pendel im Hauptgebäude der Vereinten Nationen in New York. Die vergoldete Kugel links im Bild wiegt ungefähr 100 kg. Sie hängt an einem 75 Fuß ($\approx$ 22,9 m) langen, rostfreien Stahlseil, das an der Decke der Eingangshalle so befestigt ist, daß die Kugel in allen Richtungen frei schwingen kann. Sie schwingt dauernd über einem Metallring von etwa 6 Fuß ($\approx$ 1,83 m) Durchmesser, wobei sich ihre Schwingungsebene langsam im Uhrzeigersinn dreht. Dadurch wird der sichtbare Beweis erbracht, daß die Erde sich dreht. Eine volle Umdrehung der Schwingungsebene dauert etwa 36 h und 45 min. Das Pendel trägt als Inschrift einen Ausspruch von *Königin Juliana der Niederlande:* "It is a privilege to live today and tomorrow." (*Photographie: United Nations*)

Auf dem Fußboden war um den Punkt, direkt unter der Aufhängung, ein kreisförmiges Geländer von etwa 3 m Radius aufgebaut. Auf dieses Geländer war Sand gestreut, so daß ein Metallstift an der Unterseite der Pendelmasse bei jeder Schwingung eine Spur im Sand hinterließ.

Nach mehreren Schwingungen zeigt sich, daß sich die Schwingungsebene von oben gesehen im Uhrzeigersinn drehte. In einer Stunde drehte sie sich um mehr als 11 Grad. Eine volle Umdrehung dauerte ungefähr 32 Stunden. Bei einer Schwingung bewegte sich die Ebene um 3 mm weiter, wie auf dem Sandring gemessen werden konnte.

Warum rotiert die Schwingungsebene des Pendels? Wird das Foucault-Experiment am Nordpol durchgeführt, können wir sofort sehen, daß die Schwingungsebene des Pendels in einem Inertialsystem fest bleibt, während die Erde unter dem Pendel in 24 Stunden eine Umdrehung ausführt. Die Erde dreht sich, von einem Punkt über dem Nordpol (z.B. vom Polarstern) aus gesehen, gegen den Uhrzeigersinn. Deshalb scheint für einen Beobachter auf einer Leiter am Nordpol die Schwingungsebene im Uhrzeigersinn relativ zu ihm zu rotieren.

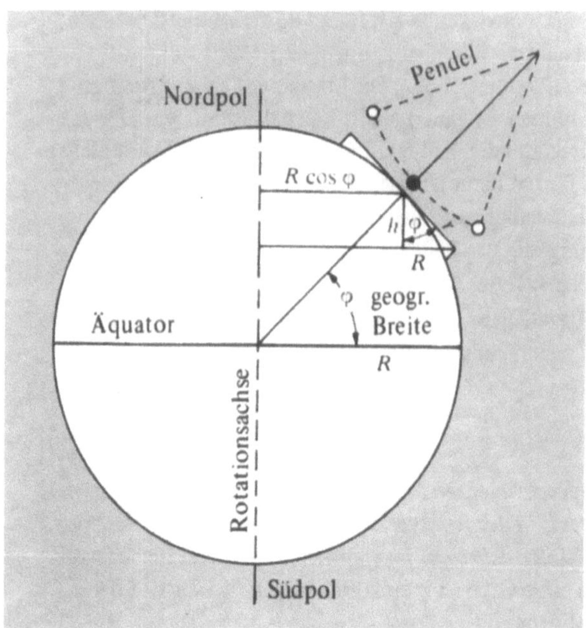

Bild 4.13. Das Foucaultsche Pendel, im Verhältnis zur Erde stark vergrößert, unter einem Winkel gezeichnet, der etwa der geographischen Breite φ von Paris entspricht. Der Sandring unter dem Pendel hat den Radius r. Der Abstand des Ringmittelpunkts zur Erdachse beträgt $R \cos \varphi$. Bei der Erdrotation bewegt sich der südlichste Punkt des Ringes schneller als der nördlichste (relativ zu einem Inertialsystem).

Die Situation wird anders (und schwieriger zu analysieren), wenn wir den Nordpol verlassen, und dabei die Zeit für einen vollen Umlauf der Pendelebene länger wird. Wir betrachten die relativen Geschwindigkeiten des nördlichsten und des südlichsten Punktes des Foucaultschen Sandringes mit dem Radius r (Bild 4.13). Da der Südpunkt weiter von der Drehachse entfernt ist, bewegt er sich schneller durch den Raum als der Nordpunkt. Die Winkelgeschwindigkeit der Erde ist ω, der Erdradius R. Dann bewegt sich das Zentrum des Kreises mit der Geschwindigkeit $\omega \cdot R \cdot \cos \varphi$, wobei φ die geographische Breite von Paris ($48°51'\,\mathrm{N}$) ist. Der nördlichste Punkt des Kreises bewegt sich mit der Geschwindigkeit

$$v_\mathrm{N} = \omega R \cos \varphi - \omega r \sin \varphi,$$

wie aus der Zeichnung zu entnehmen ist, und der südlichste Punkt bewegt sich mit der Geschwindigkeit

$$v_\mathrm{S} = \omega R \cos \varphi + \omega r \sin \varphi.$$

Die Differenz der Zentrumsgeschwindigkeit zu den anderen beiden Geschwindigkeiten ist

$$\Delta v = \omega r \sin \varphi.$$

Wird das Pendel durch einen Stoß aus der Ruhelage in einer Nord-Süd-Richtung angeregt, so ist die Ost-West-Komponente seiner Geschwindigkeit im Raum dieselbe wie die des Kreiszentrums.

Der Umfang des Kreises ist $2\pi r$, so daß bei konstantem Δv auf der Ringbahn sich die Zeit T_0 für eine volle Umdrehung der Schwingungsebene errechnet mit

$$T_0 = \frac{2\pi r}{\omega r \sin \varphi} = \frac{24 \text{ Stunden}}{\sin \varphi}.$$

Am Äquator ist $\sin \varphi = 0$. T_0 wird unendlich.

Was geschieht, wenn die Schwingungsebene des Pendels schließlich in Ost-West-Richtung steht? Warum sollte hier Δv denselben Wert behalten wie in Nord-Süd-Richtung? Das kann man sich an einem Globus anschaulich machen. Dazu nehme man ein Stück starkes Papier, halte es senkrecht auf Paris und richte es in Ost-West-Richtung aus. Die Normalenrichtung auf der Oberfläche des Globus fällt mit der Pendelaufhängung in der Ruhelage zusammen. Mit einer Hand halte man das Papier auf dem Globus fest, während man ihn mit der anderen Hand langsam dreht. Dabei scheint sich die eine Hälfte der Linie durch den Berührungspunkt von Papier und Globus nach Süden zu bewegen und die andere Hälfte nach Norden. Eine genaue Analyse führt zu dem gleichen Wert von Δv wie oben: Die Schwingungsebene des Pendels dreht sich tatsächlich mit konstanter Winkelgeschwindigkeit $\omega \sin \varphi$ relativ zu dem Sandring auf dem Fußboden des Pantheons.

4.3. Absolute und relative Geschwindigkeit

Hat der physikalische Begriff der absoluten Geschwindigkeit irgendeine Bedeutung? Nach allen bisher durchgeführten Experimenten muß man diese Frage verneinen. Das führt zu einer fundamentalen Hypothese, der Hypothese der *Galilei-Invarianz:*

> *Die grundlegenden Gesetze der Physik sind identisch in allen den Bezugssystemen, die sich gegeneinander mit gleichförmiger Geschwindigkeit bewegen.*

Nach dieser Hypothese kann ein Beobachter, der in einem fensterlosen Kasten eingeschlossen ist, durch kein Experiment feststellen, ob er relativ zu den Fixsternen in Ruhe oder im Zustand der gleichförmigen Bewegung ist. Nur wenn er durch ein Fenster sieht und seine Bewegung mit der der Sterne vergleicht, kann er erkennen, ob er sich relativ zu ihnen gleichförmig bewegt. Selbst dann kann er nicht sagen, wer sich bewegt, er oder die Sterne. Das Galileische Invarianzprinzip war eines der ersten, die in der Physik definiert wurden. Es bildete die Grundlage für *Newtons* Auffassung vom Universum. Es hat wiederholten Experimenten standgehalten und dient als einer der Eckpfeiler der speziellen Relativitätstheorie. Die Hypothese ist so bemerkenswert einfach, daß sie auch ernsthaft in Betracht gezogen würde, wenn jeglicher strenger Beweis fehlte. Die Hypothese der *Galilei-Invarianz* steht in voller Übereinstimmung mit der speziellen Relativitätstheorie, wie wir in Kapitel 11 sehen werden.

Was können wir mit dieser Hypothese anfangen? Die Hypothese, daß der Begriff einer absoluten Geschwindigkeit in der Physik keinen Sinn hat, schränkt teilweise Form und Inhalt aller bereits bekannten und noch nicht entdeckten physikalischen Gesetze ein. Wenn die Galilei-Invarianz stimmt, dann müssen dieselben Gesetze für zwei Beobachter gelten, die sich mit unterschiedlicher Geschwindigkeit, jedoch ohne relative Beschleunigung bewegen. Angenommen, beide beobachten ein bestimmtes Phänomen, wie den Zusammenstoß zweier Teilchen. Auf Grund ihrer unterschiedlichen Geschwindigkeiten werden die Beobachter den Vorgang verschieden beschreiben. Mit Hilfe der Gesetze der Physik können wir vorhersagen, was der eine Beobachter sehen wird, wie die Teilchen wechselwirken und wie sie dem anderen Beobachter erscheinen werden.

Demnach können die physikalischen Gesetze des zweiten Beobachters auf zwei Wegen aus denen des ersten gewonnen werden. Einerseits sind sie nach der Hypothese identisch. Andererseits können wir aus der Phänomenbeschreibung und den Gesetzen des ersten Beobachters die Beschreibung des zweiten Beobachters voraussagen. Und daraus können wir die Gesetze herleiten, die der zweite Beobachter finden wird. Die beiden Methoden liefern tatsächlich dieselben physikalischen Gesetze. Ehe wir fortfahren, wollen wir einige empirische Ergebnisse des folgenden Falls festhalten: Zwei Beobachter beschreiben denselben physikalischen Vorgang; der eine bewegt sich in Relation zum anderen mit gleichbleibender Geschwindigkeit.

4.4. Die Galilei-Transformation

Wenn wir uns nun überlegen, wie zwei Beobachter eine vorgegebene Länge und ein Zeitintervall messen, dann können wir folgern, wie ihre Meßergebnisse anderer physikalischer Größen aussehen (Bild 4.14). S bezeichnet ein bestimmtes kartesisches Inertialsystem und S' ein zweites, das sich mit der Geschwindigkeit $\mathbf{V}$ relativ zum ersten bewegt. Die Achsen x', y', z' von S' sind parallel zu den Achsen x, y, z von S angeordnet. $\mathbf{V}$ zeige in x-Richtung. Wir wollen Messungen von Zeit und Länge vergleichen, die Beobachter im System S' bzw. S machen. Das Ergebnis des Vergleiches kann letztlich nur experimentell gefunden werden.

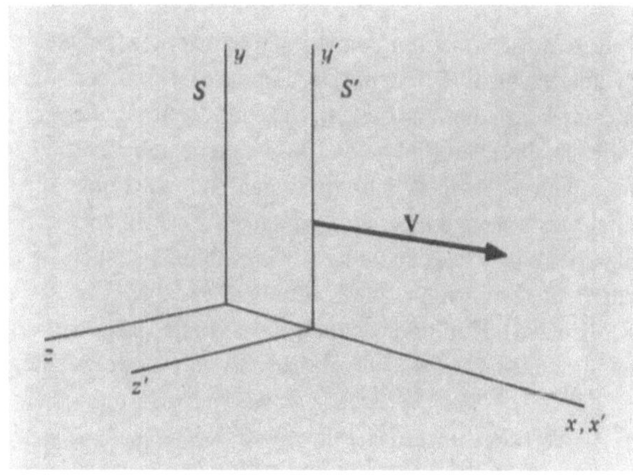

Bild 4.14. Ist S ein Inertialsystem, und bewegt sich S' mit konstanter Geschwindigkeit $\mathbf{V}$ relativ zu S, dann muß S' auch inertial sein

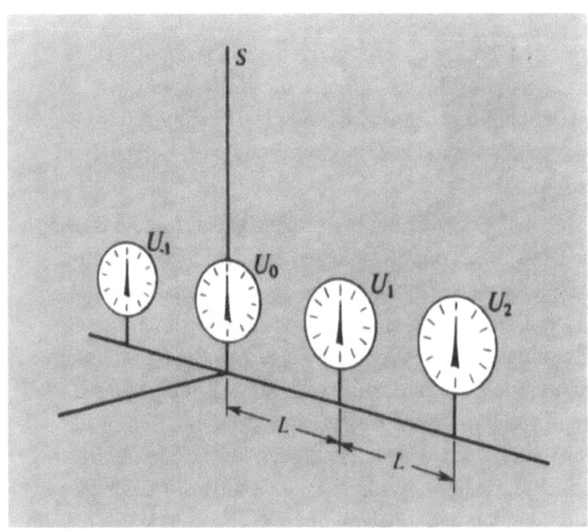

Bild 4.15. Synchron laufende Uhren U_0, U_1 usw. sind in Abständen L entlang der x-Achse im System S stationär angeordnet

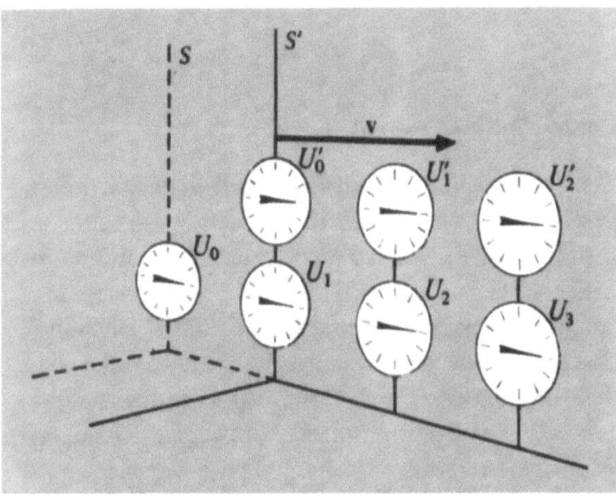

Bild 4.16. In gleicher Weise werden die Uhren U_0', U_1' usw. im System S' aufgestellt. Für einen Beobachter in S laufen diese Uhren untereinander und mit U_0, U_1 usw. synchron, gemäß der Galilei-Transformation.

Mit identischen Uhren können die Beobachter folgendes Experiment durchführen: Der Beobachter in S verteilt seine Uhren entlang der x-Achse und stellt sie alle auf die gleiche Zeit (Bild 4.15). Das ist nicht unbedingt sehr einfach, wie wir in einer genaueren Untersuchung solcher Messungen anhand eines analogen Experiments in der speziellen Relativitätstheorie in Kapitel 11 sehen werden. Wir nehmen hier die Lichtgeschwindigkeit als unendlich an[1]. Nun brauchen wir nur auf alle Uhren zu sehen, um uns davon zu überzeugen, daß sie alle die gleiche

Anfangsstellung haben. Während S' diese Uhren passiert, können wir die Zeigerstellungen der Uhren in S' mit denen der Uhren 1, 2, 3 ... in S vergleichen (Bild 4.16). Wird dieses Experiment mit makroskopischen Uhren durchgeführt, ist die Geschwindigkeit V von S' aus technischen Gründen auf einen höchsten Wert der Größenordnung 10^4 m/s beschränkt. Das ist eine typische Satellitengeschwindigkeit. In dem Bereich $V/c \ll 1$ bestätigt das Experiment näherungsweise, daß eine Uhr in S', die mit Uhr 1 in S übereinstimmte, auch mit den Uhren 2, 3, 4 ... in S übereinstimmt[1]. Es gilt also unter diesen Bedingungen mit hoher Genauigkeit

$$t = t', \qquad (4.12)$$

d.h., die Zeitanzeigen in S' und S sind gleich. Hierbei bezieht sich die Zeit t auf ein Ereignis in S und t' auf ein Ereignis in S'.

Dieses Ergebnis ist weder selbstverständlich noch für alle Geschwindigkeiten V exakt gültig, wie Kapitel 11 zeigen wird.

Wir können auch die relativen Längen eines ruhenden und eines bewegten Meterstabes bestimmen (Bilder 4.17a bis 4.17c). Wir benutzen wieder die Uhren, um festzustellen, wie lang einem Beobachter in S der Meterstab im bewegten System S' erscheint. Wir markieren einfach die Lage der Stabenden zur gleichen Zeit, d.h., wenn die Uhren am Anfang und am Ende in S die gleiche Zeit angeben. Das Experiment[2] liefert

$$L = L', \qquad (4.13)$$

vorausgesetzt, daß $V \ll c$.

Wir können die Gln. (4.12) und (4.13) im Sinne einer Transformation zusammenfassen. Sie ordnet die Koordinaten x', y', z' und die Zeit t', gemessen in S', den Koordinaten x, y, z und der Zeit t, gemessen in S, zu. Das System S' bewegt sich von S aus gesehen mit der Geschwindigkeit $V\hat{\mathbf{x}}$. Für $t = 0$ ist $t' = 0$. Die Koordinatenursprünge O und O' sollen sich zu dieser Zeit decken. Mit identischen Entfernungseinheiten erhalten wir die folgenden Transformationsgleichungen:

$$\boxed{t = t'; \; x = x' + Vt'; \; y = y'; \; z = z'.} \qquad (4.14)$$

Das sind die Gleichungen für eine *Galilei-Transformation* (Bild 4.18).

---

[1] Dieses Verfahren kann einfach durch eine Korrektur verbessert werden, die berücksichtigt, daß ein entferntes Bild eine gewisse Zeit braucht, um unser Auge zu erreichen. Eine l m entfernte Uhr scheint gegenüber einer Uhr in unserer Nähe l/c Sekunden nachzugehen, wobei $c \approx 3 \cdot 10^8$ m/s die Lichtgeschwindigkeit ist.

[1] Der Unterschied zwischen t und t' kann heute bereits in Flugzeugen gemessen werden, wenn die Meßgenauigkeit einige Nanosekunden beträgt. Dies läßt sich mit Atomuhren erreichen. Wir wollen diesen kleinen Effekt hier noch außer acht lassen.

[2] Ein solches Experiment ist noch nicht mit großer Genauigkeit durchgeführt worden. Die Gleichung $L = L'$ ist hauptsächlich deshalb akzeptabel, weil sie sich auf qualitative Versuche stützt, die Hypothese sehr einfach ist und diese Annahme zu keinen Widersprüchen führt.

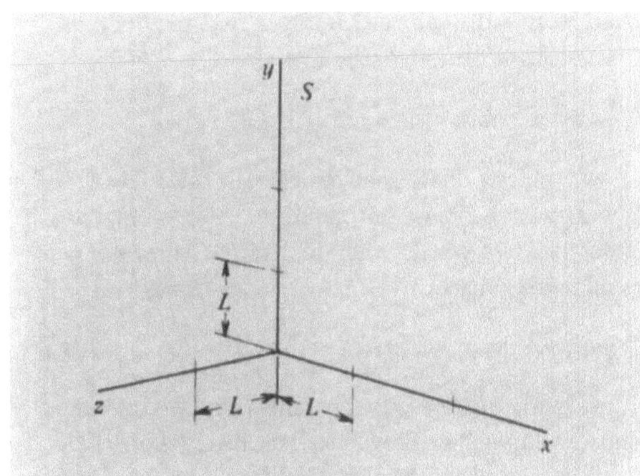

Bild 4.17a. Gleiche Längen L werden auf den (x, y, z)-Achsen von S ...

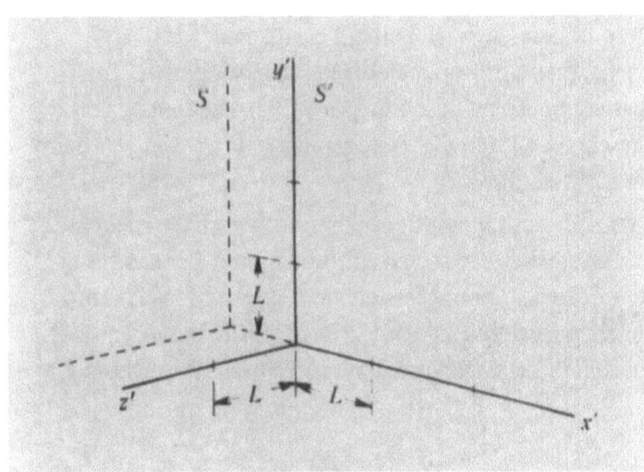

Bild 4.17b. ... und auf den (x', y', z')-Achsen von S' markiert

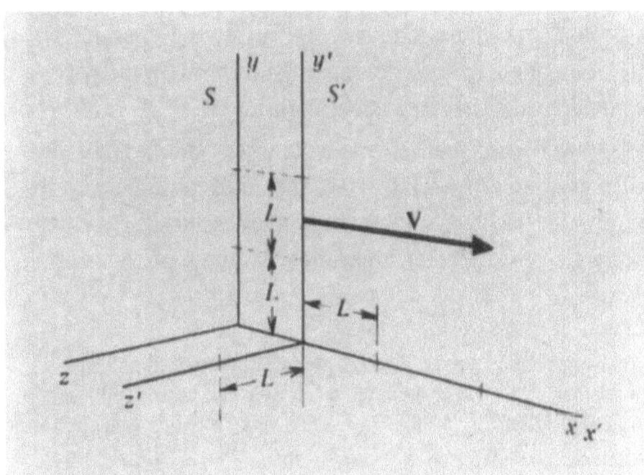

Bild 4.17c. Gemäß der Galilei-Transformation erscheinen einem Beobachter in S die Längen in S' unverändert, obwohl sich S bewegt

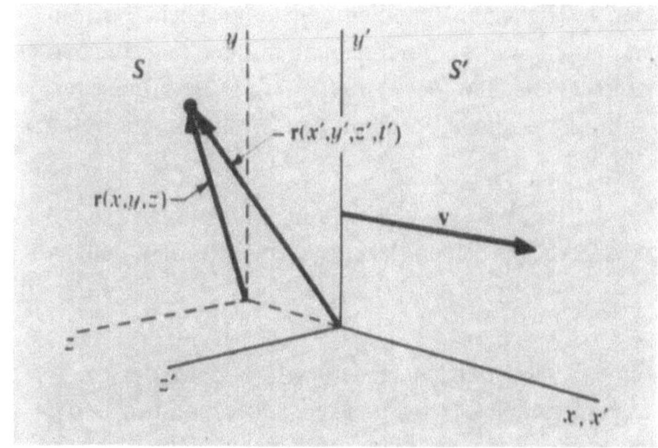

Bild 4.18. Auf folgende Weise können wir die Galilei-Transformation von $S \longleftrightarrow S'$ zusammenfassen:

$$x' = x - Vt \qquad z' = z$$
$$y' = y \qquad\qquad t' = t$$

Eine unmittelbare Folge der Gl. (4.14) ist das Gesetz von der Addition der Geschwindigkeiten:

$$v_x = \frac{x}{t} = \frac{x}{t'} = \frac{x'}{t'} + V = v'_x + V$$

oder in Vektorschreibweise

$$\mathbf{v} = \mathbf{v}' + \mathbf{V}. \tag{4.15}$$

Dabei ist $\mathbf{v}'$ die in S' und $\mathbf{v}$ die in S gemessene Geschwindigkeit. Die inverse Transformation zu (4.15) ist einfach $\mathbf{v}' = \mathbf{v} - \mathbf{V}$.

Kombiniert man die Definition (4.14) einer Galilei-Transformation zwischen S und S' mit der Grundforderung, daß die von Physikern in S und S' festgestellten Gesetze identisch sind, können wir die folgende Behauptung aufstellen:

> *Die grundlegenden Gesetze der Physik bleiben in ihrer Form in zwei Bezugssystemen unverändert, wenn diese durch eine Galilei-Transformation verbunden sind.*

Diese Formulierung ist etwas spezieller als unsere frühere allgemeine Aussage, daß die physikalischen Gesetze in allen Bezugssystemen identisch sind, die sich relativ zueinander mit gleichmäßiger Geschwindigkeit bewegen, da wir $t = t'$ angenommen haben. Nur wenn v^2/c^2 nicht klein gegen Eins ist, muß die obige Feststellung modifiziert werden. In Kapitel 11 besprechen wir die Änderungen der Galilei-Transformation die bei relativistischen Geschwindigkeiten erforderlich sind. Auch dort haben die Gesetze der Physik in allen gleichförmig zueinander bewegten Bezugssystemen die gleiche Form.

Die Annahme der Invarianz unter den Transformationen (4.14) bedeutet, daß die physikalischen Gesetze, ausgedrückt mit den gestrichenen Variablen, genau die gleiche Form haben müssen wir ihre Beschreibung mit den ungestrichenen Variablen (siehe Gln. (4.14) bis (4.16)). Diese Forderung schränkt die mögliche Form physikalischer Gesetze wesentlich ein.

Aus der Relation $\mathbf{v} = \mathbf{v}' + \mathbf{V}$, wobei $\mathbf{V}$ die relative Geschwindigkeit der beiden Bezugssysteme ist, folgt, daß

$$\Delta \mathbf{v} = \Delta \mathbf{v}',$$

d.h. eine Geschwindigkeitsänderung in S gleich der von S' aus gemessenen Geschwindigkeitsänderung ist. S und S' sind Inertialsysteme. Wir erinnern daran, daß $\mathbf{V}$ sich zeitlich nicht ändern soll. Da $\Delta t = \Delta t'$, sind Beschleunigungen von S und S' aus gesehen gleich:

$$\mathbf{a} \equiv \frac{\Delta \mathbf{v}}{\Delta t} = \frac{\Delta \mathbf{v}'}{\Delta t'} \equiv \mathbf{a}'. \qquad (4.16)$$

Wie wird die Kraft $\mathbf{F}$ von S nach S' transformiert? Die Annahme, daß die physikalischen Gesetze in dem gestrichenen und im ungestrichenen System gleich sind, bedeutet,

$$\mathbf{F}' = m\mathbf{a}' \qquad (4.17)$$

$$\mathbf{F} = m\mathbf{a}, \qquad (4.18)$$

unter der Voraussetzung, daß die Masse m unabhängig von der Geschwindigkeit ist. Da nach Gl. (4.16) $\mathbf{a}' = \mathbf{a}$, gilt

$$\mathbf{F} = m\mathbf{a}' = \mathbf{F}'. \qquad (4.19)$$

Deshalb sind auch die Kräfte gleich: $\mathbf{F} = \mathbf{F}'$. Wird also die Gleichung $\mathbf{F} = m\mathbf{a}$ zur Definition der Kraft benutzt, stimmen die Angaben über Größe und Richtung der Kraft $\mathbf{F}$ aus allen Bezugssystemen überein, unabhängig von ihren relativen Geschwindigkeiten.

Impulserhaltung. Wir haben den Impulssatz bereits in Kapitel 3 formuliert. Er soll nun aus den Bedingungen der Galilei-Invarianz und der Massen- sowie Energieerhaltung hergeleitet werden. Diese Herleitung hat den Vorteil, daß wir dabei das dritte Newtonsche Gesetz nicht benötigen, das wegen der endlichen Ausbreitungsgeschwindigkeit der Kräfte angezweifelt werden kann. Bei Stößen zwischen Atomen tritt außerdem oft Strahlung auf, deren Impuls wir hier noch nicht mitberücksichtigen können.

Wir betrachten zwei freie Teilchen 1 und 2, die die Anfangsgeschwindigkeiten $\mathbf{v}_1$ und $\mathbf{v}_2$ haben. Die Anfangs- (und End-)Lagen sollen weit auseinanderliegen, so daß die Wechselwirkung der Teilchen an diesen Punkten vernachlässigt werden kann. Sie wissen vermutlich, daß die kinetische Anfangsenergie der Teilchen

$$\tfrac{1}{2} m_1 v_1^2 + \tfrac{1}{2} m_2 v_2^2$$

ist. Nach dem Stoß, ganz gleich, ob er elastisch oder unelastisch war, ist die kinetische Energie

$$\tfrac{1}{2} m_1 w_1^2 + \tfrac{1}{2} m_2 w_2^2,$$

wobei $\mathbf{w}_1$ und $\mathbf{w}_2$ die Geschwindigkeiten nach dem Stoß sind, und zwar zu einem Zeitpunkt, in dem die Entfernung der Teilchen voneinander die Kräfte zwischen ihnen vernachlässigbar macht [1]. Der Energiesatz besagt

$$\tfrac{1}{2} m_1 v_1^2 + \tfrac{1}{2} m_2 v_2^2 = \tfrac{1}{2} m_1 w_1^2 + \tfrac{1}{2} m_2 w_2^2 + \Delta \epsilon. \qquad (4.20)$$

$\Delta \epsilon$ (das positiv oder negativ sein kann) ist die Änderung der inneren Anregungsenergie der Teilchen, die durch den Stoß verursacht wurde. Wir müssen hier Stöße ausschließen, bei denen Schall oder Licht abgestrahlt wird, da wir die entsprechenden Impulse noch nicht berücksichtigen können.

Die innere Anregung kann eine Rotation oder eine Schwingung sein; sie kann auch die Anhebung eines gebundenen Elektrons von einem niedrigen Energieniveau auf ein höheres sein. Bei einem elastischen Stoß ist $\Delta \epsilon = 0$; aber wir brauchen diese Herleitung nicht auf elastische Stöße zu beschränken [2]: Wir haben hier vorausgesetzt, daß sich die Teilchenmassen m_1 und m_2 beim Stoß nicht ändern.

Nun betrachten wir denselben Stoß vom gestrichenen Bezugssystem aus, das sich mit konstanter Geschwindigkeit $\mathbf{V}$ relativ zum ungestrichenen System bewegt. Im gestrichenen System sind die Anfangsgeschwindigkeiten $\mathbf{v}'_1$, $\mathbf{v}'_2$ und die Endgeschwindigkeiten $\mathbf{w}'_1$, $\mathbf{w}'_2$. Wir haben demnach

$$\begin{aligned} \mathbf{v}'_1 &= \mathbf{v}_1 - \mathbf{V}; & \mathbf{v}'_2 &= \mathbf{v}_2 - \mathbf{V}; \\ \mathbf{w}'_1 &= \mathbf{w}_1 - \mathbf{V}; & \mathbf{w}'_2 &= \mathbf{w}_2 - \mathbf{V}. \end{aligned} \qquad (4.21)$$

Im gestrichenen System lautet der Energieerhaltungssatz:

$$\tfrac{1}{2} m_1 (v'_1)^2 + \tfrac{1}{2} m_2 (v'_2)^2 = \tfrac{1}{2} m_1 (w'_1)^2 + \tfrac{1}{2} m_2 (w'_2)^2 + \Delta \epsilon. \qquad (4.22)$$

Wir wollen annehmen, daß sich die Anregungsenergie $\Delta \epsilon$ beim Übergang zum gestrichenen System nicht ändert, was mit dem Experiment übereinstimmt.

Wenn der Energieerhaltungssatz einer Galilei-Transformation gegenüber invariant ist, dann muß in beiden Systemen die kinetische Anfangsenergie gleich der kinetischen Endenergie plus $\Delta \epsilon$, der inneren Anregungsenergie, sein.

---

[1] Wir bezeichnen hier die Geschwindigkeiten nach dem Stoß nicht mit $\mathbf{v}'$, da die gestrichenen Größen sich auf System S' beziehen sollen.

[2] Auch beim unelastischen Stoß gilt die Energieerhaltung. Die kinetische Energie wird teilweise in Schwingungs- oder Rotationsenergie oder in andere Formen innerer Energie umgewandelt. Solche Arten von innerer Bewegung bezeichnet man als thermische Bewegung oder allgemeiner als Wärme (Band 5).

Die beiden Gln. (4.20) und (4.22) müssen also erfüllt sein. Der Energieerhaltungssatz im gestrichenen System kann auch durch Einsetzen der Transformation (4.21) in Gl. (4.22) ausgedrückt werden. Unter Beachtung von $(v_1')^2 = v_1^2 - 2\mathbf{v}_1 \cdot \mathbf{V} + V^2$ wird aus Gl. (4.22)

$$\tfrac{1}{2} m_1 (v_1^2 - 2\mathbf{v}_1 \cdot \mathbf{V} + V^2) + \tfrac{1}{2} m_2 (v_2^2 - 2\mathbf{v}_2 \cdot \mathbf{V} + V^2) =$$
$$\tfrac{1}{2} m_1 (w_1^2 - 2\mathbf{w}_1 \cdot \mathbf{V} + V^2) + \tfrac{1}{2} m_2 (w_2^2 - 2\mathbf{w}_2 \cdot \mathbf{V} + V^2) + \Delta\epsilon. \qquad (4.23)$$

Beachten Sie, daß sich V^2 rechts und links vom Gleichheitszeichen aufhebt. Diese Gleichung ist mit dem Energieerhaltungssatz (4.20) im ungestrichenen System identisch, vorausgesetzt, daß die Skalarprodukte in Gl. (4.23) gleich sind:

$$(m_1\mathbf{v}_1 + m_2\mathbf{v}_2) \cdot \mathbf{V} = (m_1\mathbf{w}_1 + m_2\mathbf{w}_2) \cdot \mathbf{V}. \qquad (4.24)$$

Gl. (4.24) muß für alle Werte von $\mathbf{V}$ gelten. Deshalb ist die allgemeine Lösung von Gl. (4.24)

$$\boxed{m_1\mathbf{v}_1 + m_2\mathbf{v}_2 = m_1\mathbf{w}_1 + m_2\mathbf{w}_2.}$$

Das ist genau der *Impulssatz*.

Zur Wiederholung: Wir haben angenommen, daß Energie und Masse beim Stoß erhalten bleiben und daß diese Gesetze in jedem Inertialsystem gültig sind, d.h., wir haben Galilei-Invarianz vorausgesetzt. Wir haben gesehen, daß die Gesetze *nur* dann in verschiedenen Inertialsystemen gelten, wenn der Impuls beim Stoß erhalten bleibt. Das Gesetz von der Erhaltung der Masse haben wir nicht in seiner vollsten Allgemeinheit benutzt. Das folgende Beispiel wird zeigen, daß man auf analogem Wege den Impulserhaltungssatz auch herleiten kann, wenn beim Stoß ein Massenaustausch stattfindet, so daß m_1 übergeht in $\overline{m_1}$ und m_2 in $\overline{m_2}$, wenn nur $m_1 + m_2 = \overline{m_1} + \overline{m_2}$ erfüllt bleibt.

● **Beispiele:** *1. Inelastischer Stoß gleicher Massen.* Als Anwendungsbeispiel betrachten wir den inelastischen Stoß zweier gleicher Massen von zwei verschiedenen Bezugssystemen aus. Im ersten System ruhe ein Teilchen anfänglich, und im zweiten System mögen die beiden Teilchen anfänglich mit gleichen Geschwindigkeiten aufeinander zufliegen. Nach dem Stoß sollen die Körper aneinander haften.

Im ersten Bezugssystem haben wir die Rechnung bereits früher durchgeführt (S. 50) und gefunden, daß die Geschwindigkeit der beiden Massen nach dem Stoß gleich $v_1/2$ ist, wobei v_1 die Geschwindigkeit der ersten Masse vor dem Stoß ist. Der Verlust an kinetischer Energie beträgt

$$\Delta\epsilon = \tfrac{1}{2} m_1 v_1^2 - \tfrac{1}{2} \cdot 2m_1 \left(\frac{v_1}{2}\right)^2 = \tfrac{1}{4} m_1 v_1^2.$$

Im zweiten System ist der Gesamtimpuls gleich Null, das System heißt auch *Massenmittelpunktsystem*. Die Geschwindigkeit des *Massenmittelpunktsystems* (relativ zum oben betrachteten *Laborsystem* – meist ruht eine der beiden Massen im Labor) ist $v_1/2$ und daher gilt $v_1' = v_1 - v_1/2 = v_1/2$ und $v_2' = -v_1/2$. Nach dem

Stoß ist $w_1' = w_2' = 0$ und der Verlust an kinetischer Energie beträgt folglich

$$\Delta\epsilon = \tfrac{1}{2} m_1 \left(\frac{v_1}{2}\right)^2 + \tfrac{1}{2} m_1 \left(\frac{v_1}{2}\right)^2 - 0 = \tfrac{1}{4} m_1 v_1^2.$$

Die Energieverluste stimmen überein, was Sie auch anhand anderer Beispiele überprüfen können. ●

● *2. Chemische Reaktionen.* Wir zeigen, daß der Gesamtimpuls bei einer chemischen Reaktion erhalten bleibt, bei der die reagierenden Atome „umgestaltet" oder ausgetauscht werden, die Gesamtmasse jedoch nicht verändert wird. Wir nehmen an, daß keine äußeren Kräfte wirken (Bild 4.19).

Die Reaktion wird beschrieben durch

$$A + BC \longrightarrow B + AC.$$

BC symbolisiert ein Molekül aus den Atomen B und C. Bei der Reaktion verbindet sich Atom A mit Atom C zum Molekül AC.

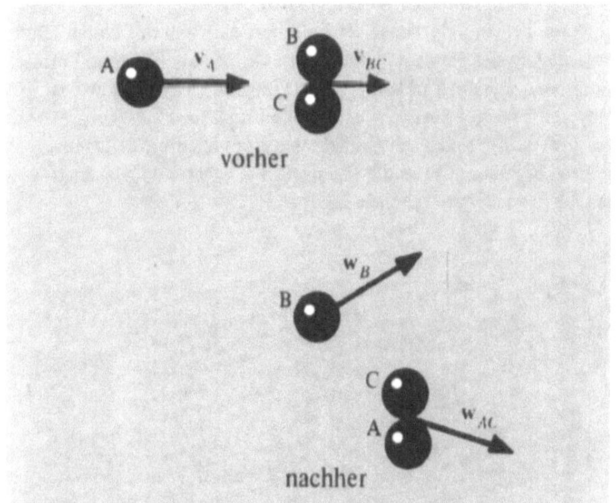

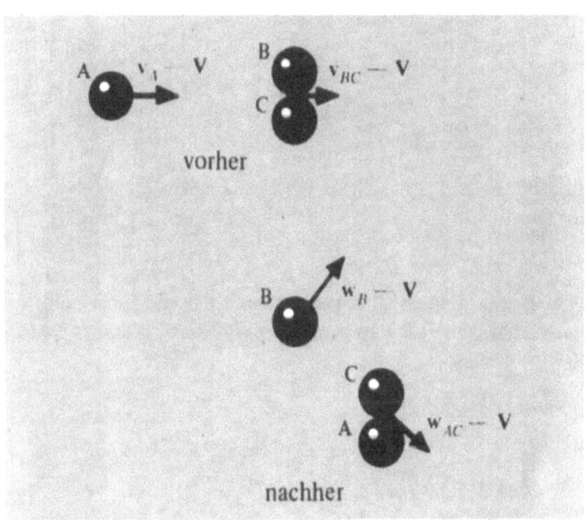

Bild 4.19. Stoß zwischen Atom *A* und Molekül *BC* mit dem Ergebnis Atom *B* und Molekül *AC*. Der Stoß wird von zwei verschiedenen Bezugssystemen aus betrachtet.

In einem Inertialsystem kann der Energieerhaltungssatz geschrieben werden als

$$\tfrac{1}{2}\, m_A v_A^2 + \tfrac{1}{2}\, (m_B + m_C)\, v_{BC}^2$$
$$= \tfrac{1}{2}\, m_B w_B^2 + \tfrac{1}{2}\, (m_A + m_C)\, w_{AC}^2 + \Delta\epsilon. \qquad (4.25)$$

$\Delta\epsilon$ repräsentiert hier Änderungen in der Bindungsenergie der reagierenden Moleküle. In einem zweiten Inertialsystem, das sich relativ zum ersten mit der Geschwindigkeit $\mathbf{V}$ bewegt, kann der Energieerhaltungssatz folgendermaßen geschrieben werden:

$$\tfrac{1}{2}\, m_A (v_A - V)^2 + \tfrac{1}{2}\, (m_B + m_C)\, (v_{BC} - V)^2$$
$$= \tfrac{1}{2}\, m_B (w_B - V)^2 + \tfrac{1}{2}\, (m_A + m_C)\, (w_{AC} - V)^2 + \Delta\epsilon, \quad (4.26)$$

wobei $\mathbf{v}_A$ übergeht in $\mathbf{v}_A - \mathbf{V}$ usw. Nach dem Ausrechnen der Klammern sehen wir, daß die Gln. (4.25) und (4.26) konsistent sind, wenn

$$m_A \mathbf{v}_A + (m_B + m_C)\mathbf{v}_{BC} = m_B \mathbf{w}_B + (m_A + m_C)\mathbf{w}_{AC}.$$

Das ist genau die Behauptung des Impulserhaltungssatzes. ●

● *3. Der Stoß eines schweren Teilchens mit einem leichten.* Ein schweres Teilchen der Masse M kollidiert elastisch mit einem leichten Teilchen der Masse m (Bild 4.20). Das leichte Teilchen befindet sich ursprünglich in Ruhe. Die Anfangsgeschwindigkeit des schweren Teilchens sei $v_h = v_h\hat{x}$, seine Endgeschwindigkeit sei w_h. Wie groß ist die Endgeschwindigkeit w_l des leichten Teilchens, wenn es bei diesem Stoß die Richtung $+\hat{x}$ erhält? Wieviel Energie gibt das schwere Teilchen dabei ab?

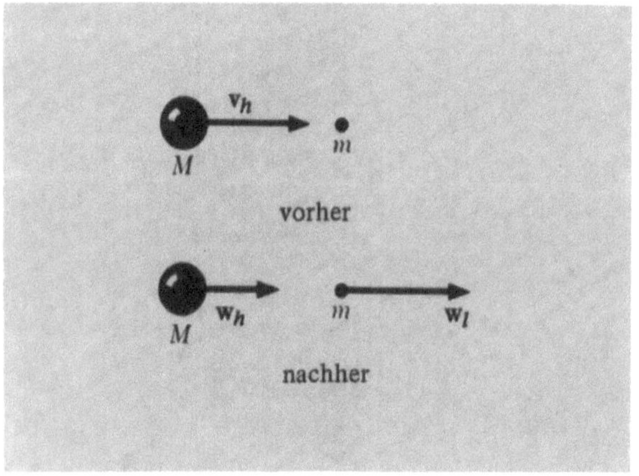

Bild 4.20. Stoß zwischen einem schweren und einem leichten Teilchen

Nach dem Impulserhaltungssatz kann in der Endgeschwindigkeit des schweren Teilchens bei diesem Stoß keine $\hat{y}$-Komponente auftreten, so daß

$$M v_h \hat{x} = M w_h \hat{x} + m w_l \hat{x}$$

oder

$$M v_h = M w_h + m w_l. \qquad (4.27)$$

Der Energieerhaltungssatz liefert (mit $\Delta\epsilon = 0$ für den elastischen Stoß)

$$\tfrac{1}{2}\, M v_h^2 = \tfrac{1}{2}\, M w_h^2 + \tfrac{1}{2}\, m w_l^2.$$

Mit Hilfe von Gl. (4.27) können wir schreiben:

$$\tfrac{1}{2}\, M \left(w_h^2 + \frac{2m}{M}\, w_h w_l + \frac{m^2}{M^2}\, w_l^2 \right) = \tfrac{1}{2}\, M w_h^2 + \tfrac{1}{2}\, m w_l^2. \qquad (4.28)$$

Für $m \ll M$ kann der Term m^2/M^2 vernachlässigt werden, so daß sich Gl. (4.26) reduziert zu

$$m w_h w_l \approx \tfrac{1}{2}\, m w_l^2$$

oder

$$w_l \approx 2 w_h. \qquad (4.29)$$

Das leichte Teilchen fliegt also mit der nahezu doppelten Geschwindigkeit des schweren Teilchens weg. Durch Substitution von Gl. (4.28) in Gl. (4.24) folgt außerdem:

$$M v_h \approx M w_h + 2 m w_h$$

oder

$$\frac{\Delta v_h}{v_h} \approx \frac{v_h - w_h}{w_h} \approx \frac{2m}{M}. \qquad (4.30)$$

Der Energieverlust des schweren Teilchens ist unter Verwendung der Gl. (4.30):

$$\frac{\Delta\,(\tfrac{1}{2}\, M v_h^2)}{\tfrac{1}{2}\, M v_h^2} = \frac{M v_h\, \Delta v_h}{\tfrac{1}{2}\, M v_h^2} = \frac{2\,\Delta v_h}{v_h} \approx \frac{4m}{M}. \qquad (4.31)$$

Andere Beispiele zur Anwendung der Impulserhaltung werden in Kapitel 6 behandelt. ●

4.5. Übungen

1. *Körper auf einem rotierenden Tisch.* Ein Körper soll auf einem rauhen Tisch in Ruhe bleiben, der mit 20 Umdr./min rotiert. Der Körper sei 1,5 m von der vertikalen Drehachse entfernt. Wie groß muß der Reibungskoeffizient sein? Zeichnen Sie die Zentrifugalkraft und die Reibungskraft in ein Diagramm ein.

2. *Bewegtes Bezugssystem.* In einem Eisenbahnwagen, der sich auf einer geraden Strecke mit 5 m/s bewegt, findet ein Frontalzusammenstoß zwischen einer 0,1-kg-Masse (Geschwindigkeit 1 m/s in Zugrichtung) und einer 0,05-kg-Masse (Geschwindigkeit 5 m/s entgegen der Zugrichtung) statt. Beide Geschwindigkeiten sind relativ zum Zug gemessen. Nach dem Stoß ruht die 0,05-kg-Masse. Welche Geschwindigkeit hat die 0,1-kg-Masse? Wieviel kinetische Energie wurde umgewandelt?
   Lösung: 1,5 m/s.

   Beschreiben Sie den Zusammenstoß vom Standpunkt eines Beobachters aus, der neben den Schienen steht. Ist der Impuls erhalten? Wieviel kinetische Energie geht von diesem System aus gesehen verloren?

3. *Beschleunigung bei Kreisbewegung.* Ein Körper bewegt sich auf einem Kreis mit der konstanten Geschwindigkeit $v = 0,5$ m/s. Der Geschwindigkeitsvektor $\mathbf{v}$ ändert in 2 s seine Richtung um $30°$.
   a) Bestimmen Sie den Betrag der Geschwindigkeitsänderung $\Delta\mathbf{v}$.
   b) Bestimmen Sie den Betrag der mittleren Beschleunigung während des Zeitintervalls.
      Lösung: 0,129 5 m/s².
   c) Wie groß ist die Zentripetalbeschleunigung bei der Kreisbewegung?
      Lösung: 0,131 6 m/s².

4. *Kraft auf einem rotierenden Planeten.* Ein Körper ruht auf einem rotierenden Planeten, dessen Masse und Radius dem der Erde entspricht. Der Körper erfahre am Äquator die Gravitationsbeschleunigung Null. Wielange dauert ein Tag auf diesem Planeten?

   Lösung: 1,3 h.

5. *Bewegung in einem beschleunigten Bezugssystem.* Betrachten Sie ein Inertialsystem S auf der Oberfläche der Erde und das beschleunigte Bezugssystem S' in einem frei fallenden Aufzug.

   a) Wie lautet die Bewegungsgleichung in S' eines in S frei fallenden Teilchens?

   b) Was sind die wahren und die Scheinkräfte in S und S' auf das Teilchen?

   c) Wie lautet in S' die Bewegungsgleichung eines Teilchens, das sich in S auf einem horizontalen Kreis bewegt? Die Anfangsbedingungen seien $y = y' = 0$ bei $t = 0$ und y senkrecht nach oben gerichtet.

6. *Pendel in einem beschleunigten Auto.* In einem ruhenden Auto hängt ein Pendel senkrecht nach unten. In welcher Richtung hängt das Pendel, wenn das Auto mit 1 m/s^2 beschleunigt?

7. *Zentrifuge für Menschen.* In der Raumfahrt-Medizin werden Versuchspersonen in einer Zentrifuge um eine senkrechte Achse gedreht. Der Abstand der Versuchsperson von der Zentrifugenachse sei 7 m. Wie schnell muß die Zentrifuge rotieren, damit die Beschleunigung der Versuchsperson 5 g beträgt? (g ist die Gravitationsbeschleunigung.)

8. *Beschleunigte Bezugssysteme.* Ein Bezugssystem wird mit 3 m/s^2 nach oben beschleunigt. In $t = 0$ ruhe das System, wobei sein Ursprung mit demjenigen eines Inertialsystems auf der Erde zusammenfällt (vernachlässigen Sie die Erddrehung).

   a) Bestimmen Sie $x(t)$ und $y(t)$ in beiden Systemen für einen Körper, der zum Zeitpunkt $t = 0$ mit der Geschwindigkeit 10 m/s horizontal geworfen wird. Vernachlässigen Sie dabei die Schwerkraft; die y-Achse sei nach oben, die x-Achse horizontal gerichtet.

   b) Berücksichtigen Sie nun auch die Schwerkraft.

9. *Stoßkinematik, der Schwerpunkt.* Zwei Teilchen mit den Massen $m_1 = 1$ kg und $m_2 = 0,4$ kg haben die Anfangsgeschwindigkeiten $\mathbf{v}_1 = (2,8\hat{x} - 3,0\hat{y})$ und $\mathbf{v}_2 = 7,5\hat{y}$ m/s. Nachdem sie zusammenstoßen, seien ihre Geschwindigkeiten $\mathbf{v}_1' = (1,2\hat{x} - 2,0\hat{y})$ m/s und $\mathbf{v}_2' = (4,0\hat{x} + 5,0\hat{y})$ m/s.

   a) Bestimmen Sie den Gesamtimpuls.

   b) Suchen Sie ein Bezugssystem, in dem der Gesamtimpuls vor dem Stoß gleich Null ist. Dieses System heißt *Schwerpunktsystem.*

   c) Zeigen Sie, daß der Gesamtimpuls auch nach dem Stoß in diesem System gleich Null ist.

   d) Welcher Bruchteil der kinetischen Energie wird beim Stoß umgewandelt? Ist der Stoß elastisch?

10. *Zusammenstoß ungleicher Massen.* Beim Stoß zweier Massen heißt das Bezugssystem, in dem eine Masse ruht und die andere sich mit der Geschwindigkeit v bewegt, das *Laborsystem.* Die bewegte Masse sei m und die ruhende $2m$.

    a) Welche Geschwindigkeit hat das Schwerpunktsystem (Übung 9) in bezug auf das Laborsystem?

    b) Welcher Bruchteil der kinetischen Energie geht bei einem vollständig inelastischen Stoß (bei dem die Teilchen aneinander kleben bleiben) in den beiden Systemen verloren?

    c) Falls der Stoß elastisch ist, ändern sich die Richtungen, aber nicht die Beträge der Geschwindigkeiten der Teilchen im Massenmittelpunktsystem. Ermitteln Sie den Zusammenhang des Streuwinkels der Masse m im Labor und im Massenmittelpunktsystem.

    Benutzen Sie dabei, daß im Massenmittelpunktsystem der Winkel zwischen den beiden Teilchen stets 180° ist. Bei Stößen gleicher Massen ist $\theta_{\text{Lab}} = \theta_{\text{SP}}/2$. Vektordiagramme sind nützlich.

11. *Beschleunigung und magnetische Ablenkung von Elektronen.* (Die Übungen 11 bis 14 beziehen sich auf den Stoff des Kapitels 3) Elektronen werden auf einer metallischen Platte im Koordinatenursprung freigesetzt (Bild 4.21) und in Richtung auf eine 0,25 cm entfernte, parallele Metallplatte durch ein elektrisches Feld beschleunigt. In P ist ein kleines Loch, durch das die Elektronen in ein feldfreies Vakuum entweichen. Das elektrische Feld entsteht dabei durch Anlegen der Spannungen − 300 V und 0 V an die beiden Platten. Der Elektronenstrahl soll nach seinem Austritt in einer Kreisbahn von 0,5 cm Radius um 90° abgelenkt werden, wozu ein magnetisches Feld dient (siehe Bild 4.21). Welche Stärke und Richtung muß dieses Feld haben?

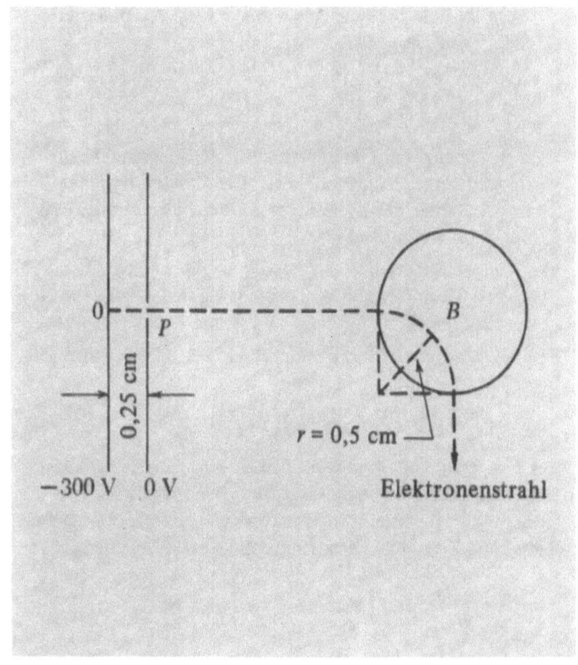

Bild 4.21

12. *Ionendurchlaufzeit.* Ein einfach geladenes Cäsiumion Cs$^+$ wird durch ein elektrisches Feld von $3 \cdot 10^4$ V/m über $3,3 \cdot 10^{-3}$ m Strecke aus der Ruhe beschleunigt und bewegt sich dann in $87 \cdot 10^{-9}$ s in einem luftleeren feldfreien Raum 1 mm weiter.

    a) Leiten Sie aus diesen Angaben die Atommasse von Cs$^+$ her.

       Lösung: $2,4 \cdot 10^{-25}$ kg.

       Vergleichen Sie das Ergebnis mit Tabellenwerten aus Nachschlagewerken oder Chemiebüchern.

    b) Welche Zeit benötigen Protonen für das Durchlaufen der 1-mm-Strecke?

       Lösung: $7,2 \cdot 10^{-9}$ s.

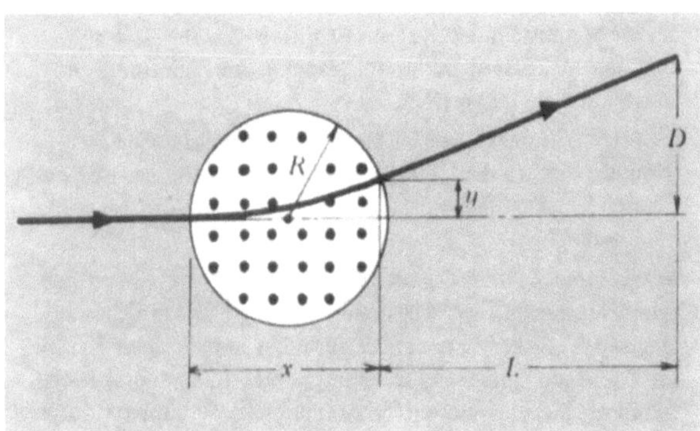

Bild 4.22

13. *Magnetische Ablenkung von Elektronenstrahlen.* Die Ablenkung eines Elektronenstrahls in einer Kathodenstrahlröhre können wir sowohl magnetisch als auch elektrostatisch erreichen. Ein Elektronenstrahl mit der Energie E tritt in ein transversales gleichförmiges Magnetfeld der Stärke B ein. (Vernachlässigen Sie Randeffekte.)

a) Die Strecke zwischen dem Ein- und Austreten des Elektrons im Feld bezeichnen wir mit x (Bild 4.22). Leiten Sie die Gleichung

$$y = r\left[1 - \sqrt{1 - \left(\frac{x}{r}\right)^2}\;\right]$$

her, wobei r der Krümmungsradius der Elektronenbahn im transversalen Magnetfeld sei. Der Krümmungsradius ist der Radius des Kreises, der mit dem gekrümmten Teil der Bahn zusammenfällt.

b) Ist R der Radius des Magnetpols, so gilt $x \approx 2R$ für $r \gg R$. Zeigen Sie mittels der Binomialentwicklung, daß dann $y \approx 2R^2/r$ gilt.

14. *Beschleunigung in einem Zyklotron.* In einem Zyklotron soll $\mathbf{B} = \hat{\mathbf{z}}B$ und

$$E_x = E \cos \omega_c t; \quad E_y = -E \sin \omega_c t; \quad E_z = 0$$

mit $E = $ const. gelten. (Tatsächlich ist das elektrische Feld in einem Zyklotron nicht gleichförmig.) Der elektrische Feldstärkevektor überstreicht also mit der Kreisfrequenz ω_c eine Kreisbahn. Zeigen Sie, daß wir die Bahn eines Teilchens mit

$$x(t) = \frac{QE}{m\,\omega_c^2}\;(\omega_c t \sin \omega_c t + \cos \omega_c t - 1)$$

$$y(t) = \frac{QE}{m\,\omega_c^2}\;(\omega_c t \cos \omega_c t - \sin \omega_c t)$$

beschreiben können, wobei das Teilchen für $t = 0$ im Ursprung ruht. Zeichnen Sie die ersten Umläufe.

4.6. Weiterführende Probleme

Geschwindigkeit und Beschleunigung in rotierenden Koodinatensystemen. Wir betrachten nun ein nichtinertiales Bezugssystem, das mit konstanter Winkelgeschwindigkeit ω um die z-Achse eines Inertialsystems rotiert. (Allgemeinere Fälle werden in Lehrbüchern der theoretischen Mechanik untersucht.) Dieser Fall ist wichtig, weil die Erde selbst rotiert und deshalb ein auf der Erdoberfläche fixiertes System kein Inertialsystem ist. Wir müssen Terme zu

$\mathbf{F} = m\mathbf{a}$ addieren, um der Beschleunigung eines solchen Systems Rechnung zu tragen. Neben der Zentripetalbeschleunigung analysieren wir auch die *Coriolisbeschleunigung*, die für großräumige Wasser- und Luftströmungen wichtig ist.

Die Koordinaten (x_R, y_R, z_R) eines Punktes P im rotierenden System stehen in einer einfachen Beziehung zu den Koordinaten (x_I, y_I, z_I) desselben Punktes im Inertialsystem. Aus der Geometrie der Bilder 4.23 und 4.24 sehen wir, daß

$$\begin{aligned}
x_I &= x_R \cos \omega t - y_R \sin \omega t \\
y_I &= x_R \sin \omega t + y_R \cos \omega t \qquad (4.32)\\
z_I &= z_R \;.
\end{aligned}$$

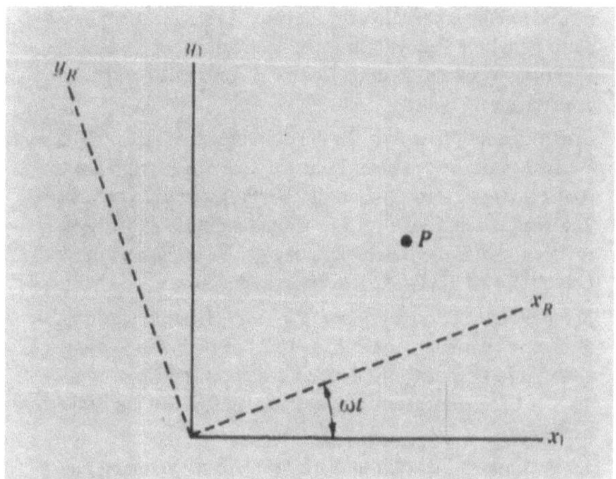

Bild 4.23. Rotierendes Koordinatensystem

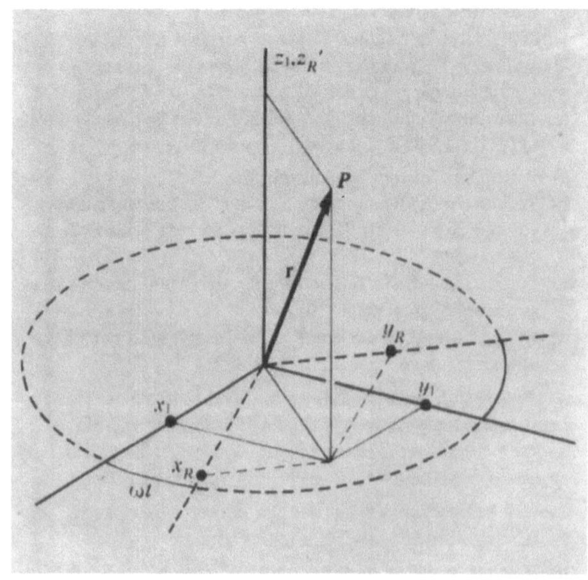

Bild 4.24. Der Punkt P kann im Inertialsystem mit den Koordinaten x_I, y_I, z_I oder im rotierenden System mit den Koordinaten x_R, y_R, z_R beschrieben werden. Die Drehung erfolgt um die z-Achse.

Die Beziehungen der Geschwindigkeitskomponenten
in den beiden Systemen erhalten Sie durch Differentiation
der Gln. (4.32) nach der Zeit. (Der Einfachheit halber
setzen wir zur Kennzeichnung der Ableitung nach der Zeit
einen Punkt über die betreffende Größe. Also
$\dot{x} \equiv dx/dt \equiv v_x$ und $\ddot{x} \equiv d^2x/dt^2 \equiv \dot{v}_x \equiv dv_x/dt$.) Wir
erhalten

$$\dot{x}_\mathrm{I} = \dot{x}_\mathrm{R} \cos \omega t - \omega x_\mathrm{R} \sin \omega t - \dot{y}_\mathrm{R} \sin \omega t - \omega y_\mathrm{R} \cos \omega t$$

$$\dot{y}_1 = \dot{x}_\mathrm{R} \sin \omega t + \omega x_\mathrm{R} \cos \omega t + \dot{y}_\mathrm{R} \cos \omega t - \omega y_\mathrm{R} \sin \omega t$$

$$\dot{z}_\mathrm{I} = \dot{z}_\mathrm{R} . \qquad (4.33)$$

Zur Vereinfachung setzen wir ω = const. Für ein im rotierenden System ruhendes Teilchen ($\dot{x}_\mathrm{R} = \dot{y}_\mathrm{R} = \dot{z}_\mathrm{R} = 0$)
reduzieren sich die Gln. (4.33) auf

$$\dot{x}_\mathrm{I} = - \omega x_\mathrm{R} \sin \omega t - \omega y_\mathrm{R} \cos \omega t$$

$$\dot{y}_\mathrm{I} = \omega x_\mathrm{R} \cos \omega t - \omega y_\mathrm{R} \sin \omega t .$$

Analog erhalten wir für ein im Inertialsystem ruhendes
Teilchen ($\dot{x}_\mathrm{I} = \dot{y}_\mathrm{I} = \dot{z}_\mathrm{I} = 0$) aus den Gln. (4.33)

$$\dot{x}_\mathrm{R} - \omega y_\mathrm{R} = 0; \quad \dot{y}_\mathrm{R} + \omega x_\mathrm{R} = 0; \quad \dot{z}_\mathrm{R} = 0.$$

Die Komponenten des Beschleunigungsvektors werden durch Differentiation der Gln. (4.33) nach der Zeit
gewonnen:

$$\ddot{x}_\mathrm{I} = \ddot{x}_\mathrm{R} \cos \omega t - 2\omega \dot{x}_\mathrm{R} \sin \omega t - \omega^2 x_\mathrm{R} \cos \omega t$$
$$- \ddot{y}_\mathrm{R} \sin \omega t - 2\omega \dot{y}_\mathrm{R} \cos \omega t + \omega^2 y_\mathrm{R} \sin \omega t$$

$$\ddot{y}_\mathrm{I} = \ddot{x}_\mathrm{R} \sin \omega t + 2\omega \dot{x}_\mathrm{R} \cos \omega t - \omega^2 x_\mathrm{R} \sin \omega t \qquad (4.34)$$
$$+ \ddot{y}_\mathrm{R} \cos \omega t - 2\omega \dot{y}_\mathrm{R} \sin \omega t - \omega^2 y_\mathrm{R} \cos \omega t$$

$$\ddot{z}_\mathrm{I} = \ddot{z}_\mathrm{R} .$$

Mit Hilfe der Gln. (4.32) vereinfachen sich die Gln.
(4.34) für ein im rotierenden System ruhendes Teilchen:

$$\ddot{x}_\mathrm{I} = - \omega^2 (x_\mathrm{R} \cos \omega t - y_\mathrm{R} \sin \omega t) = - \omega^2 x_\mathrm{I} \qquad (4.35)$$

$$\ddot{y}_\mathrm{I} = - \omega^2 (x_\mathrm{R} \sin \omega t + y_\mathrm{R} \cos \omega t) = - \omega^2 y_\mathrm{I} . \qquad (4.36)$$

Diese Gleichungen können in Vektorform geschrieben
werden:

$$\mathbf{a}_\mathrm{I} = - \omega^2 \mathbf{r}_\mathrm{I} . \qquad (4.37)$$

$\mathbf{a}_\mathrm{I} = \ddot{\mathbf{r}}_\mathrm{I}$ ist die Beschleunigung des Teilchens im Inertialsystem, und $\mathbf{r}_\mathrm{I} = x_\mathrm{I} \hat{\mathbf{x}}_\mathrm{I} + y_\mathrm{I} \hat{\mathbf{y}}_\mathrm{I}$ wie in Gl. (4.10). Gl. (4.37)
ist der allgemeine Ausdruck für die Zentripetalbeschleunigung.

Die ersten Terme in Gl. (4.34) entsprechen den Projektionen der Beschleunigung ($\ddot{x}_\mathrm{R}$ und $\ddot{y}_\mathrm{R}$) des rotierenden
Bezugssystems auf die Achsen des Inertialsystems. Die
folgenden Terme hängen aber von der Geschwindigkeit
im rotierenden System ($\dot{x}_\mathrm{R}$ und $\dot{y}_\mathrm{R}$) ab und verschwinden falls $\dot{x}_\mathrm{R} = \dot{y}_\mathrm{R} = 0$. Um ihr Auftreten zu verstehen,
betrachten wir ein kräftefreies Teilchen das radial nach
außen geschossen wird. Seine wirkliche Bahn wird eine

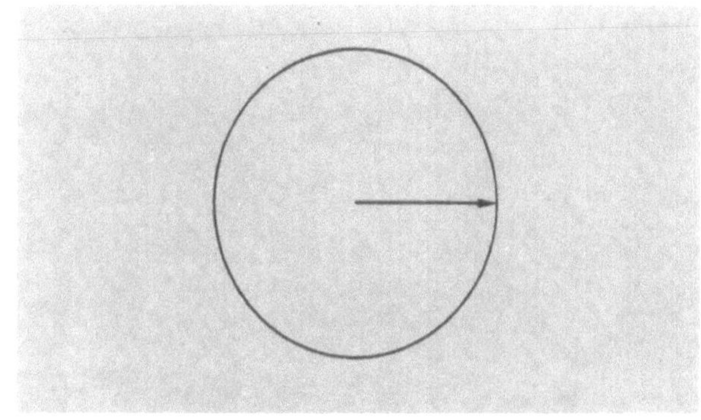

Bild 4.25a. Bahn eines radial vom Mittelpunkt aus nach außen
geschossenen Teilchens im Inertialsystem

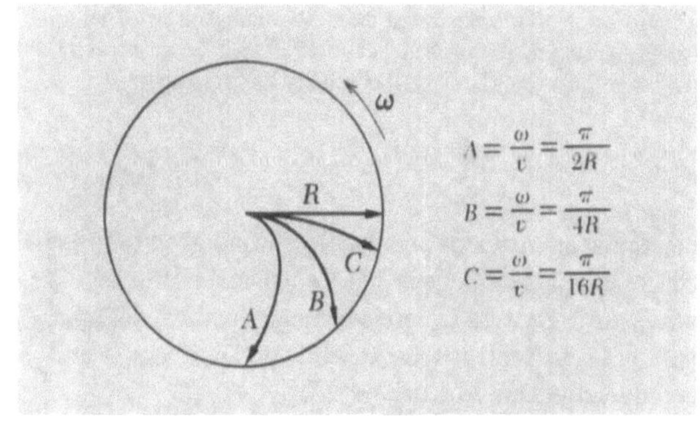

Bild 4.25b. Bahn eines radial vom Mittelpunkt aus nach außen
geschossenen Teilchens im rotierenden Bezugssystem

gerade radiale Linie sein (Bild 4.25a). Im rotierenden
System wird seine Bahn aber Bild 4.25b gleichen. Diese
Beschleunigung heißt *Coriolisbeschleunigung* und die
entsprechende Scheinkraft heißt *Corioliskraft* (siehe
Bild 4.25). Die dritten Terme in Gl. (4.34) ergeben die
Zentripetalbeschleunigung und die entsprechende Scheinkraft heißt *Zentrifugalkraft*. Solange v klein im Verhältnis zu ωr ist, ist auch die Corioliskraft klein im Vergleich
zur Zentrifugalkraft.

Als Beispiel für diese Scheinkräfte und den Zusammenhang der Bahnkurven in beschleunigten und Inertialsystemen betrachten wir ein Überschallflugzeug, das sich
längs des Äquators in östlicher Richtung mit der Geschwindigkeit 3200 km/s relativ zum Boden bewegt (Bild 4.26).
Die Flughöhe sei dabei konstant und im Vergleich zum
Erdradius vernachlässigbar.

Zunächst betrachten wir die Situation vom Standpunkt
des Inertialsystems aus. Hier bewegt sich das Flugzeug in
einem Kreis mit dem Radius r mit der Geschwindigkeit
$\omega r + V$. Diese Geschwindigkeit ist die Summe der Erd-

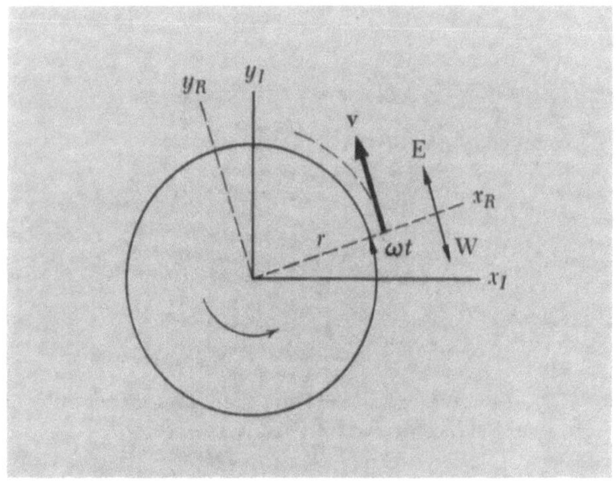

Bild 4.26. Inertialsystem und rotierendes System der Erde von oberhalb des Nordpols her gesehen. x_R und y_R liegen in der Äquatorebene. Der Vektor v ist die Geschwindigkeit des Überschallflugzeugs relativ zur Erde, das ostwärts auf der gestrichelten Linie fliegt. Die Ost-West-Richtung ist eingezeichnet.

bewegung am Äquator und der Geschwindigkeit des Flugzeuges relativ zum Boden. Eine Zentripetalkraft muß die notwendige Zentripetalbeschleunigung für die Kreisbahn liefern. Diese Zentripetalkraft wird von Schwerkraft und aerodynamischem Auftrieb bewirkt:

$$-\frac{GMm}{r^2} + f = -\frac{m(\omega r + V)^2}{r}$$
$$= -m\omega^2 r - 2m\omega V - \frac{mV^2}{r} \;,$$

wobei f den Auftrieb und m die Masse des Flugzeugs bedeutet. Negative Vorzeichen geben Beschleunigungen in Richtung des Erdmittelpunktes an. Wir erhalten daraus für f

$$f = \frac{GMm}{r^2} - m\omega^2 r - 2m\omega V - \frac{mV^2}{r}$$

oder

$$f = mg - 2m\omega V - \frac{mV^2}{r} \;.$$

Im zweiten Ausdruck haben wir berücksichtigt, daß $GMm/r^2 - m\omega^2 r$ die lokale effektive Schwerkraft mg am Äquator liefert, wie auf S. 65 besprochen. Wegen der Geschwindigkeit des Flugzeugs relativ zum Boden und wegen der Erddrehung ist der notwendige Auftrieb etwas geringer als mg. Mit dem oben angegebenen Wert für V und $\omega = 7{,}3 \cdot 10^{-5}$ rad/s, $r = 6400$ km erhalten wir $2\omega V = 12{,}85$ cm/s² und $V^2/r = 12{,}10$ cm/s². Diese Beschleunigungen sind von der lokalen Schwerebeschleuni-

gung $g = 9{,}78$ m/s² am Äquator zu subtrahieren. Die notwendige Auftriebskraft verringert sich um etwa 2,6 %.

Nun betrachten wir die gleiche Situation vom rotierenden Bezugssystem aus. Wir verwenden die erste Gleichung (4.34) und wählen die Achsen so, daß sie zur Zeit $t = 0$ mit den Achsen des Inertialsystems übereinstimmen. Die erste Gleichung erhält dann die Form

$$\ddot{x}_I = \ddot{x}_R - 2\omega \dot{y}_R - \omega^2 x_R \;.$$

Selbstverständlich ist $m\ddot{x}_I$ gleich der wahren Kraft F und nach dem Muster von Gl. (4.7) können wir die obige Gleichung auch als

$$F + 2m\omega \dot{y}_R + m\omega^2 x_R = m\ddot{x}_R$$

schreiben. Der zweite und der dritte Term auf der linken Seite ergeben die Scheinkräfte, die vorhanden sein müssen, damit $m\ddot{x}_R$ der Kraft gleichgesetzt werden darf.

Unter den angegebenen Voraussetzungen haben die Variablen folgende Werte:

$$x_R = r, \quad \dot{x}_R = 0, \quad \ddot{x}_R = -\frac{V^2}{r}$$
$$y_R = 0, \quad \dot{y}_R = V, \quad \ddot{y}_R = 0,$$

da sich das Flugzeug im rotierenden Bezugssystem entlang einer Kurve mit der Geschwindigkeit V bewegt (bei den hier gewählten Bedingungen verschwinden alle Terme in der zweiten Gleichung (4.34)). Wie zuvor ist die wahre Kraft gleich

$$F = -\frac{GMm}{r^2} + f,$$

wobei f der Auftrieb ist.

Setzen wir diese Werte in die Bewegungsgleichung ein, so folgt

$$-\frac{GMm}{r^2} + f + 2m\omega V + m\omega^2 r = -m\frac{V^2}{r} \;.$$

Lösen wie wieder nach f auf und schreiben wir $GMm/r^2 - m\omega^2 r = mg$ wie zuvor, so ergibt sich

$$f = mg - 2m\omega V - m\frac{V^2}{r} \;.$$

Dieses Resultat haben wir auch vom Standpunkt des Inertialsystems aus erhalten. Der Term $2m\omega V$ ist die Corioliskraft, der letzte Term mV^2/r die Zentrifugalkraft infolge der Geschwindigkeit des Flugzeugs auf der gekrümmten Bahn. Die Zentrifugalkraft, die durch die Erddrehung entsteht, wurde in der lokalen Schwerebeschleunigung berücksichtigt. Damit wollen wir dieses Beispiel beenden.

Als weiteres Beispiel (erwähnt auf S. 79) betrachten wir einen kräftefreien Körper, der aus der Drehachse herausgeschossen wird. In bezug auf das Inertialsystem bewegt er sich in einer geraden Linie nach außen:

$$x_\mathrm{I} = v_0 t, \quad y_\mathrm{I} = 0, \quad z_\mathrm{I} = 0.$$

Daraus erhalten wir im rotierenden Bezugssystem:

$$v_0 t = x_\mathrm{R} \cos \omega t - y_\mathrm{R} \sin \omega t, \tag{4.38}$$

$$0 = x_\mathrm{R} \sin \omega t + y_\mathrm{R} \cos \omega t. \tag{4.39}$$

Wir wollen überprüfen, daß dies Gl. (4.34) mit $\ddot{x}_\mathrm{I} = \ddot{y}_\mathrm{I} = 0$ erfüllt. Dazu multiplizieren wir die erste Gleichung mit $\cos \omega t$, die zweite mit $\sin \omega t$ und addieren:

$$\ddot{x}_\mathrm{R} - 2\omega \dot{y}_\mathrm{R} - \omega^2 x_\mathrm{R} = 0. \tag{4.40}$$

Aus den Gln. (4.38) und (4.39) folgt

$$x_\mathrm{R} = v_0 t \cos \omega t, \quad y_\mathrm{R} = -v_0 t \sin \omega t.$$

Setzen wir dies in Gl. (4.40) ein, so ist diese Gleichung erfüllt.

Wenn wir nun zur Bewegung in drei Dimensionen übergehen und der Winkelgeschwindigkeitsvektor ω eine beliebige Richtung hat, so erhalten wir

$$\mathbf{a}_\mathrm{I} = \mathbf{a}_\mathrm{R} + 2\omega \times \mathbf{v}_\mathrm{R} + \omega \times (\omega \times \mathbf{r}) = \frac{\mathbf{F}}{M}$$

und daher

$$M\mathbf{a}_\mathrm{R} = \mathbf{F} - 2M\omega \times \mathbf{v}_\mathrm{R} - M\omega \times (\omega \times \mathbf{r}),$$

wobei $\mathbf{F}$ die wahre Kraft ist. Dabei ist die Corioliskraft

$$-2M\omega \times \mathbf{v}_\mathrm{R} \tag{4.41}$$

und die Zentrifugalkraft

$$-m\omega \times (\omega \times \mathbf{r}). \tag{4.42}$$

Die Bewegung eines Protons in gekreuzten elektrischen und magnetischen Feldern. Dieses wichtige Problem läßt sich einfach lösen. Auch kann man die Bahnkurve durch Übergang auf ein bewegtes Bezugssystem leicht veranschaulichen. Es sei $\mathbf{B} = B\hat{\mathbf{z}}$ und $\mathbf{E} = E\hat{\mathbf{x}}$ (Bild 4.27a). Aus der Definition (3.19) der Lorentzkraft und der Zyklotronfrequenz ω_c Gl. (3.27) folgt als Bewegungsgleichung des geladenen Teilchens

$$\dot{v}_x = \frac{e}{m} E + \omega_\mathrm{c} v_y, \quad \dot{v}_y = -\omega_\mathrm{c} v_x, \quad \dot{v}_z = 0. \tag{4.43}$$

Es gibt eine *spezielle* Lösung dieser Gleichungen, die eine gleichförmige Bewegung beschreibt. Wir erhalten sie, indem wir $\dot{v}_x = \dot{v}_y = 0$ setzen:

$$v_x = 0, \quad v_y = -\frac{eE}{m\omega_\mathrm{c}} = -\frac{E}{B}. \tag{4.44}$$

Bewegt sich ein geladenes Teilchen mit dieser Geschwindigkeit, so wirkt darauf keine Kraft, da sich elektrische

und magnetische Kraft gerade aufheben. Gekreuzte Felder können daher in der Atom- und Kernphysik als Geschwindigkeits-Selektoren dienen.

Wir gehen nun in ein Inertialsystem S' über, das sich mit der Geschwindigkeit (4.44) bewegt, und werden finden, daß die *allgemeine* Lösung der Bewegungsgleichung eine Kreisbahn in diesem System ist. Die Transformation der Geschwindigkeitskomponenten lautet

$$v_x = v'_x, \quad v_y = -\frac{E}{B} + v'_y. \tag{4.45}$$

Setzen wir dies in Gl. (4.43) ein, so erhalten wir mit $\omega_\mathrm{c} = eB/M$

$$\dot{v}'_x = \omega_\mathrm{c} v'_y, \quad \dot{v}'_y = -\omega_\mathrm{c} v'_x. \tag{4.46}$$

Diese Gleichungen entsprechen Gl. (3.24), die eine Kreisbewegung zur Lösung hatten. Das Teilchen durchläuft daher eine Kreisbahn mit konstanter Winkelgeschwindig-

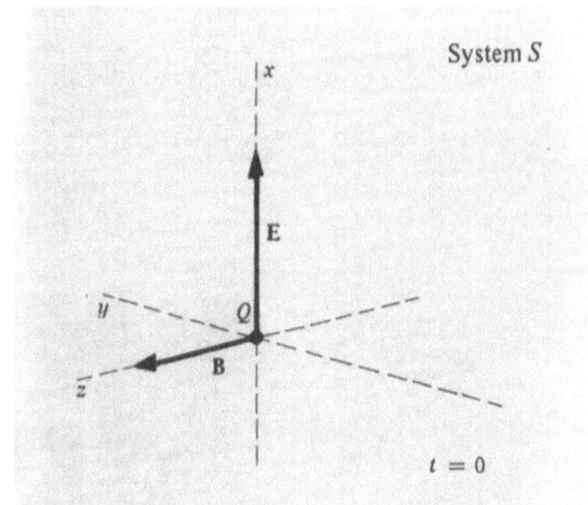

Bild 4.27a. Betrachten Sie die im Ursprung ruhende positive Ladung Q in senkrecht aufeinanderstehenden E- und B-Feldern

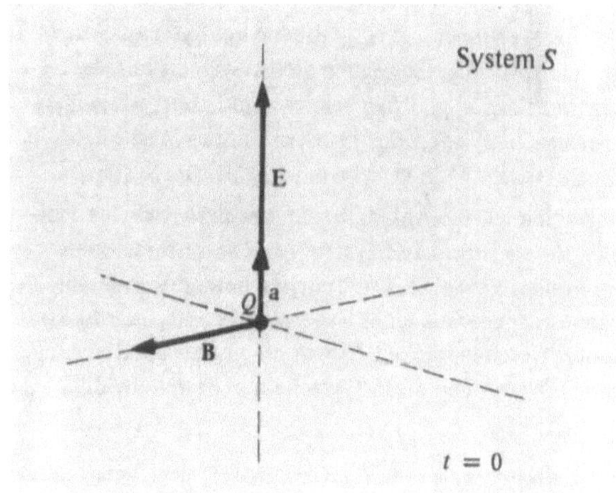

Bild 4.27b. Q hat die Anfangsbeschleunigung $\mathbf{a} = Q\mathbf{E}/m$

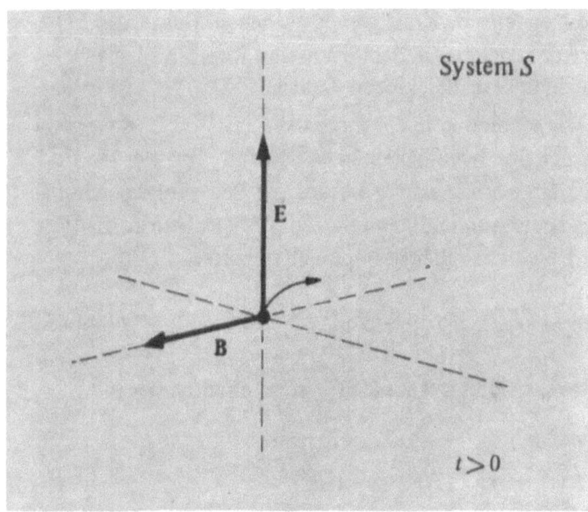

Bild 4.27c. Sobald Q Geschwindigkeit in Richtung $\mathbf{E}$ gewinnt, erfährt die Ladung die Kraft $\mathbf{F} = Q\mathbf{v} \times \mathbf{B}$. Die Bahn krümmt sich dann in die $-y$-Richtung ...

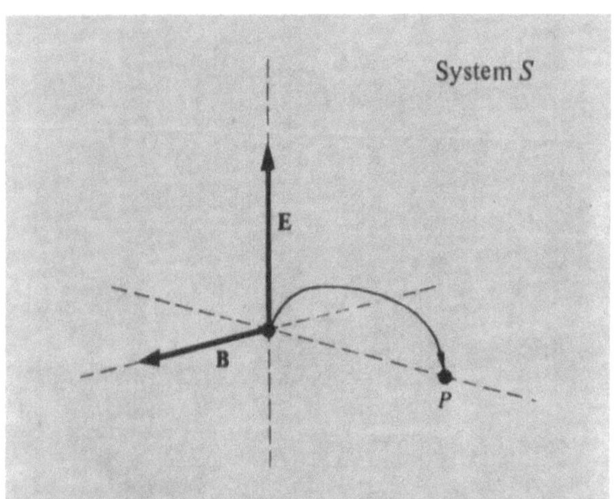

Bild 4.27d. ... und Q kommt schließlich in P, einem Punkt auf der y-Achse, zur Ruhe. Danach beginnt ein neuer Bewegungszyklus.

keit $\omega_c = eB/m$ in der x', y'-Ebene des Systems S', der eine gleichförmige Bewegung dieses Systems mit der Geschwindigkeit $v_y = -E/B$ relativ zum Laborsystem überlagert ist. In S' spürt das Teilchen nur das Magnetfeld, das elektrische Feld verschwindet in diesem System.

Wählen wir die Anfangsbedingungen so, daß das Teilchen für $t = 0$ im Laborsystem ruht, so ist seine Bahnkurve eines Zykloide. Das Teilchen bewegt sich so, als wäre es am Umfang eines Rades angebracht, das mit konstanter Geschwindigkeit E/B in die negative y-Richtung rollt[1]. Wir wollen diese Tatsache nun beweisen (Bild 4.27).

____

[1]) Verschwindet die Anfangsgeschwindigkeit nicht, so bewegt sich das Teilchen wie ein Punkt innerhalb oder außerhalb des Umfangs des Rades.

Dem anfänglich im Labor ruhenden Teilchen entspricht in S' die Anfangsgeschwindigkeit $v'_x = 0$ und $v'_y = E/B$. Lösungen von Gl. (4.46) zu dieser Anfangsbedingung sind

$$v'_x = \frac{E}{B} \sin \omega_c t, \qquad v'_y = \frac{E}{B} \cos \omega_c t. \qquad (4.47)$$

Sie stellen eine gleichförmige Kreisbewegung im Uhrzeigersinn (gesehen von der positiven z'-Achse) dar, mit der Winkelgeschwindigkeit ω_c und dem Radius

$$r = \frac{E}{\omega_c B} . \qquad (4.48)$$

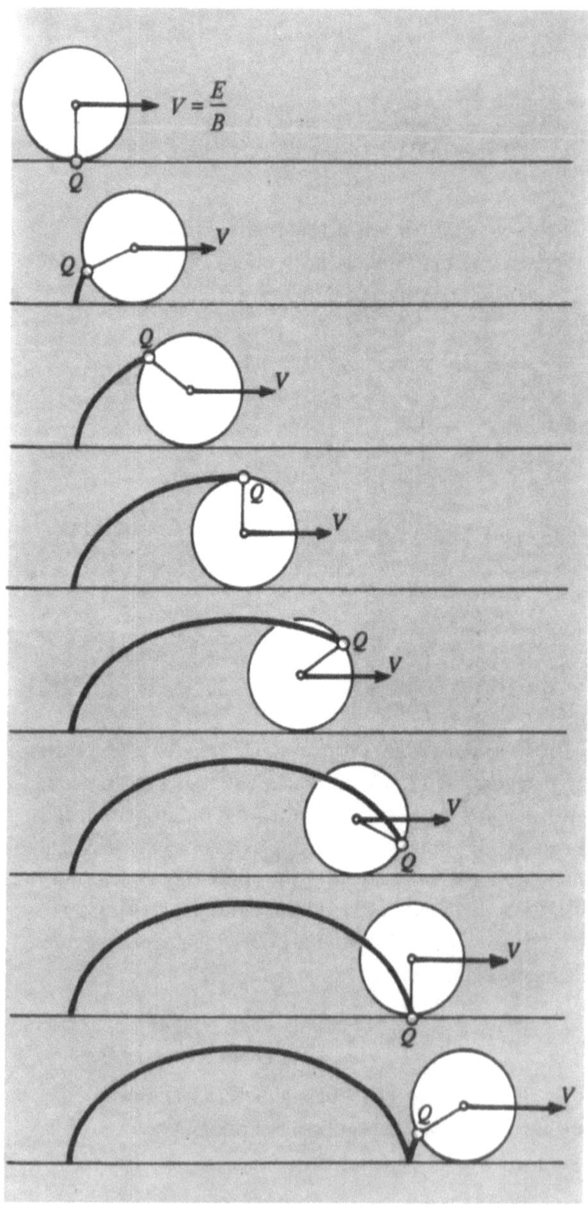

Bild 4.28a. Die Bahnkurve ist eine gewöhnliche Zykloide (wenn das Teilchen aus der Ruhelage startet, wobei sich Q mit mittlerer Geschwindigkeit $V = E/B$ nach rechts bewegt. Diese Bewegung erfolgt in Richtung $\mathbf{E} \times \mathbf{B} = -EB\hat{\mathbf{y}}$.

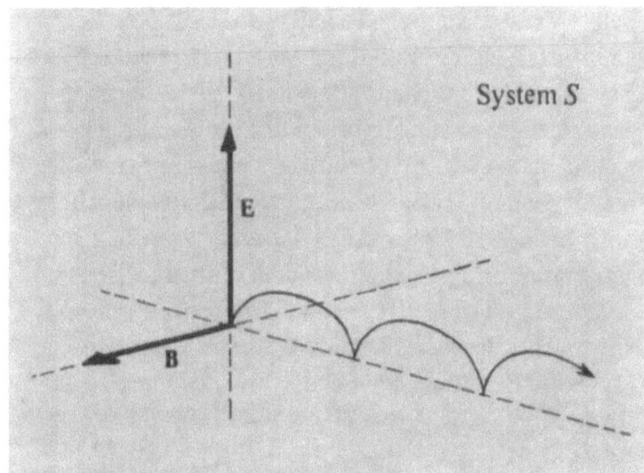

Bild 4.28b. Die gewöhnliche Zykloide entspricht der Bewegung eines Punkts am Umfang eines rollenden Rades.

Transformation ins Laborsystem ergibt aus Gl. (4.47) mit Gl. (4.45)

$$v_x = \frac{dx}{dt} = \frac{E}{B} \sin \omega_c t,$$

$$v_y = \frac{dy}{dt} = \frac{E}{B} (-1 + \cos \omega_c t). \tag{4.49}$$

Integration von Gl. (4.49) mit den Anfangsbedingungen $x = y = 0$ für $t = 0$ liefert unter Berücksichtigung von Gl. (4.48)

$$x = r(1 - \cos \omega_c t), \quad y = r(-\omega_c t + \sin \omega_c t).$$

Diese Gleichungen beschreiben die Bewegung eines Punktes am Rande eines Rades mit Radius r, das in negative y-Richtung rollt (Parameterdarstellung einer Zykloide). Die entstehende Bewegung zeigt Bild 4.28.

4.7. Mathematischer Anhang

Die Differentiation des vektoriellen und des skalaren Produkts von zwei Vektoren. In Kapitel 2 haben wir die Differentiation von Vektoren behandelt; insbesondere war, wenn

$$\mathbf{r} = x\hat{\mathbf{x}} + y\hat{\mathbf{y}} + z\hat{\mathbf{z}}$$

und die Basis der Vektoren konstant blieb, die Ableitung

$$\dot{\mathbf{r}} = \dot{x}\hat{\mathbf{x}} + \dot{y}\hat{\mathbf{y}} + \dot{z}\hat{\mathbf{z}}.$$

Wir wollen nun die Beziehung herleiten:

$$\frac{d}{dt}(\mathbf{A} \times \mathbf{B}) = \dot{\mathbf{A}} \times \mathbf{B} + \mathbf{A} \times \dot{\mathbf{B}}.$$

$\mathbf{P}(t)$ bezeichnet das vektorielle Produkt $\mathbf{A}(t) \times \mathbf{B}(t)$. Nun betrachten wir den Ausdruck

$$\mathbf{P}(t + \Delta t) - \mathbf{P}(t) = \mathbf{A}(t + \Delta t) \times \mathbf{B}(t + \Delta t) - \mathbf{A}(t) \times \mathbf{B}(t)$$

$$\approx \left[\mathbf{A}(t) + \frac{d\mathbf{A}}{dt} \Delta t \right] \times \left[\mathbf{B}(t) + \frac{d\mathbf{B}}{dt} \Delta t \right] - \mathbf{A}(t) \times \mathbf{B}(t)$$

$$= \Delta t \left[\frac{d\mathbf{A}}{dt} \times \mathbf{B} + \mathbf{A} \times \frac{d\mathbf{B}}{dt} \right] + (\Delta t)^2 \left[\frac{d\mathbf{A}}{dt} \times \frac{d\mathbf{B}}{dt} \right].$$

Also ist

$$\dot{\mathbf{P}} = \lim_{\Delta t \to 0} \frac{\mathbf{P}(t + \Delta t) - \mathbf{P}(t)}{\Delta t} = \dot{\mathbf{A}} \times \mathbf{B} + \mathbf{A} \times \dot{\mathbf{B}}.$$

Beachten Sie, daß die Reihenfolge der Terme im Vektorprodukt nicht vertauschbar ist.

Nach ähnlicher Rechnung erhalten wir

$$\frac{d}{dt}(\mathbf{A} \cdot \mathbf{B}) = \dot{\mathbf{A}} \cdot \mathbf{B} + \mathbf{A} \cdot \dot{\mathbf{B}}.$$

5. Die Erhaltung der Energie

5.1. Die Erhaltungssätze der Physik

Die Physik kennt zahlreiche exakt oder angenähert gültige Erhaltungssätze. Gewöhnlich folgt ein Erhaltungssatz aus einem ihm zugrunde liegenden Symmetrieprinzip des Universums. Wir kennen Erhaltungssätze für Energie, Impuls, Drehimpuls, Ladung, Baryonenzahl (das ist die Anzahl der Protonen, Neutronen und der anderen schweren Elementarteilchen), Strangeness und verschiedene andere Größen. In den Kapiteln 3 und 4 haben wir die Erhaltung des Impulses besprochen. Hier werden wir uns mit der Energieerhaltung beschäftigen und in Kapitel 6 auch die Erhaltung des Drehimpulses mit einbeziehen. Vorläufig beschränken wir uns auf den nichtrelativistischen Bereich, in dem die Galileitransformation gilt, alle Geschwindigkeiten klein gegen die Lichtgeschwindigkeit sind und die Masse nicht von der Energie abhängt. Im Anschluß an eine Diskussion der Lorentztransformation und der speziellen Relativität werden wir in Kapitel 12 entsprechende Formen des Energie- und Impulserhaltungssatzes im relativistischen Bereich angeben.

Sind sämtliche in einer Aufgabe vorkommenden Kräfte bekannt und können wir einen Rechner ausreichender Geschwindigkeit und Speicherkapazität so programmieren, daß er die Bahnen aller im System enthaltenen Teilchen ermittelt, so liefern die Erhaltungssätze keine zusätzliche Information. Dennoch sind sie mächtige Werkzeuge, die der Physiker ständig braucht. Warum?

1. Erhaltungssätze sind von den Einzelheiten einer Teilchenbahn und oft auch von den Einzelheiten der wirkenden Kräfte unabhängig. Deshalb sind die Erhaltungssätze der Ausdruck sehr allgemeiner und bedeutsamer Folgerungen aus den Bewegungsgleichungen. Manchmal führt ein Erhaltungssatz auf die negative Aussage, daß ein Vorgang *unmöglich* ist. So verschwenden wir keine Zeit darauf, ein angebliches Perpetuum Mobile zu analysieren, das lediglich aus einem abgeschlossenen System von mechanischen und elektrischen Komponenten besteht, oder einen Satellitenantriebsmechanismus, bei dem nur innere Massen gegeneinander bewegt werden.

2. Erhaltungssätze werden auch ohne Kenntnis der ursächlichen Kräfte angewendet, insbesondere in der Elementarteilchenphysik.

3. Die Erhaltungssätze sind eng mit dem Begriff der Invarianz verflochten. Bei der Untersuchung neuer, noch nicht verstandener Phänomene sind die Erhaltungssätze oft die augenfälligsten Anhaltspunkte und können auf geeignete Invarianzbegriffe führen. In Kapitel 4 sahen wir, daß die Erhaltung des Impulses als eine direkte Folgerung aus dem Prinzip der Galileiinvarianz gedeutet werden kann.

4. Selbst wenn die auf ein Teilchen wirkende Kraft bekannt ist, kann ein Erhaltungssatz die Berechnung der Bewegung des Teilchens erleichtern. Viele Physiker gehen bei der Lösung unbekannter Probleme ganz routinemäßig vor: Erst benutzen sie alle in Frage kommenden Erhaltungssätze; nur wenn danach die Aufgabe noch nicht gelöst ist, werden Differentialgleichungen, Variations- und Störungsmethoden, Intuition und andere zur Verfügung stehende Mittel angewendet. In entsprechender Weise werden wir in den Kapiteln 7 und 9 die Erhaltung der Energie und des Impulses anwenden.

5.2. Definition der Begriffe

Die Formulierung des Energieerhaltungssatzes erfordert die Begriffe: *kinetische Energie, potentielle Energie* und *Arbeit*. Wir werden diese Begriffe, die an einem einfachen Beispiel erläutert werden können, später ausführlicher behandeln. Vorerst betrachten wir Kräfte und Bewegungen in nur einer Dimension, um die Schreibweise zu vereinfachen. Wir wiederholen die Herleitung dann in drei Dimensionen, was Ihnen vielleicht das Verständnis erleichtert.

Um die Begriffe der Arbeit und der kinetischen Energie einzuführen, betrachten wir ein Teilchen mit der Masse m, das im intergalaktischen Raum schwebt und anfänglich keinen Kräften unterworfen ist. Wir beobachten das Teilchen von einem Inertialsystem aus. Zur Zeit $t = 0$ soll eine Kraft **F** auf das Teilchen zu wirken beginnen, deren Betrag und Richtung in der Folge konstant bleiben soll. Die Kraft beschleunigt das Teilchen, wobei die Bewegung in Richtung der y-Achse erfolgen möge[1]. Die Kraft beschleunigt das Teilchen, wobei seine Bewegung für $t > 0$ durch das zweite Newtonsche Gesetz gegeben ist:

$$F = m \frac{d^2 y}{dt^2} = m \ddot{y}. \tag{5.1}$$

Die Geschwindigkeit zur Zeit t beträgt

$$\int_{v_0}^{v} dv = \int_{0}^{t} \ddot{y} \, dt = \int_{0}^{t} \frac{F}{m} \, dt \quad \text{oder} \quad v - v_0 = \frac{F}{m} t, \tag{5.2}$$

wobei v_0 die Anfangsgeschwindigkeit ist, die in der y-Richtung liegen soll.

Gl. (5.2) kann auch in der Form

$$Ft = mv(t) - mv_0$$

geschrieben werden, wobei die rechte Seite die Änderung des Impulses des Teilchens in der Zeit t angibt, während

---

[1] Wir verwenden hier y und nicht x oder z, damit die Ergebnisse direkt mit der Berechnung der Bewegung im Schwerefeld verglichen werden können (siehe Kapitel 3).

die linke Seite manchmal *Kraftstoß* genannt wird. Für eine große Kraft F, die aber nur kurz wirkt, ist die Definition

$$\text{Kraftstoß} = \int_0^t F\,dt = \Delta(mv) \qquad (5.3)$$

zweckmäßig. Aus Gl. (5.3) sehen wir, daß die Änderung des Impulses gleich dem Kraftstoß ist [1].

Ist die Anfangslage des Teilchens y_0, dann ergibt sich die Lage zur Zeit t durch zeitliche Integration von Gl. (5.2) zu

$$y(t) - y_0 = \int_0^t v(t)\,dt = \int_0^t \left(v_0 + \frac{F}{m}\,t\right) dt$$

$$= v_0 t + \frac{1}{2}\frac{F}{m}\,t^2. \qquad (5.4)$$

Wir können Gl. (5.2) nach t auflösen:

$$t = \frac{m}{F}\,(v - v_0). \qquad (5.5)$$

Einsetzen von Gl. (5.5) in Gl. (5.4) liefert

$$y - y_0 = \frac{m}{F}\,(vv_0 - v_0^2) + \frac{1}{2}\frac{m}{F}\,(v^2 - 2vv_0 + v_0^2)$$

$$= \frac{1}{2}\frac{m}{F}\,(v^2 - v_0^2)$$

oder

$$\tfrac{1}{2}\,mv^2 - \tfrac{1}{2}\,mv_0^2 = F\cdot(y - y_0). \qquad (5.6)$$

Definieren wir $\tfrac{1}{2}\,mv^2$ als die *kinetische Energie,* d.h. als die Energie der Bewegung des Teilchens, dann ist die linke Seite von Gl. (5.6) gleich der Änderung der kinetischen Energie. Diese Änderung wird durch das Einwirken von F längs der Strecke $y - y_0$ verursacht. *Die von der Kraft am Teilchen verrichtete Arbeit definieren wir als $F\cdot(y - y_0)$.* Mit dieser *Definition* sagt Gl. (5.6), daß die von der Kraft am Teilchen verrichtete Arbeit gleich der Änderung der kinetischen Energie des Teilchens ist. Unsere Definition der Arbeit und der kinetischen Energie erweist sich also als nützlich und im Einklang mit dem zweiten Newtonschen Gesetz.

Für $m = 20$ kg und $v = 5$ m/s beträgt die kinetische Energie

$$E_k = \tfrac{1}{2}\,mv^2 = \tfrac{1}{2}\,(20\text{ kg})\cdot(25\text{ m}^2/\text{s}^2)$$

$$= 250\text{ kg m}^2/\text{s}^2 = 250\text{ J}.$$

Das Joule [1] (abgekürzt J) ist die Energieeinheit im SI-System. Wirkt eine Kraft $F = 25$ N auf einer Strecke von 10 m auf ein Teilchen, so beträgt die Arbeit

$$F\cdot(y - y_0) = (25\text{ N})\cdot(10\text{ m}) = 250\text{ Nm} = 250\text{ J}.$$

Das Joule ist die Arbeit, die von einer Kraft mit dem Betrag ein Newton auf einem Weg von einem Meter verrichtet wird. Arbeit hat die Dimension

$$\begin{aligned}
[\text{Arbeit}] &= [\text{Kraft}]\,[\text{Weg}] \\
&= [\text{Masse}]\,[\text{Beschleunigung}]\,[\text{Weg}] \\
&= [\text{Masse}]\,[\text{Geschwindigkeit}]^2 = [ML^2T^{-2}] = [\text{Energie}]
\end{aligned}$$

Spricht man über Arbeit, so darf die Angabe, welche Kraft sie verrichtet, nicht fehlen. In unserem Beispiel verrichtet die Kraft Arbeit, die das Teilchen beschleunigt. Diese Kräfte können ein wesentlicher Teil des betrachteten Systems sein, sie können z.B. elektrische, magnetische oder Gravitationskräfte sein. Bei der Einführung der potentiellen Energie werden wir diese Kräfte als *Feldkräfte* oder *Systemkräfte* bezeichnen. Aus didaktischen Gründen werden wir aber auch Kräfte betrachten, die von außen, z.B. von uns, auf das System wirken. Es wird wichtig sein, die Arbeit der Systemkräfte von derjenigen der zusätzlichen *äußeren Kräfte* streng zu unterscheiden. Die zusätzlich eingeführte äußere Kraft können wir z.B. gleich und entgegengerichtet zur Feldkraft wählen. In diesem Fall wird das betrachtete Teilchen nicht beschleunigt und ändert daher seine kinetische Energie nicht [2]. Die Arbeit der Feldkraft und die der äußeren Kraft heben sich in diesem Fall wegen $F_a = -F$ genau auf. (Die äußeren Kräfte und ihre Wirkungen kennzeichnen wir mit dem Index a. Wir schließen hier Reibungskräfte aus, da die Definitionen und Begriffe an idealisierten Systemen gewonnen werden sollen.)

Nehmen wir an, das Teilchen befindet sich nicht im intergalaktischen Raum, sondern ruht in einer Höhe h über der Erdoberfläche ($y_0 = h$, $v_0 = 0$). Die Gravitationskraft $F_G = -mg$ wirkt dann auf das Teilchen in Richtung des Erdmittelpunkts. Während das Teilchen zur Erdoberfläche herunterfällt, verrichtet die Gravitationskraft eine Arbeit, die gleich dem Zuwachs der kinetischen Energie des Teilchens ist (Bild 5.1):

$$W\text{ (durch Gravitation)} = F_G\cdot(y - y_0)$$

oder an der Erdoberfläche ($y = 0$),

$$W\text{ (durch Gravitation)} = (-mg)\,(0 - h) = mgh$$

$$= \tfrac{1}{2}\,mv^2 - \tfrac{1}{2}\,mv_0^2 = \tfrac{1}{2}\,mv^2, \qquad (5.7)$$

---

[1] Viele Lehrbücher der theoretischen Mechanik behandeln den Kraftstoß. Übung 16 in diesem und Übung 10 in Kapitel 8 verwenden diesen Begriff.

[1] Sprich dschul.

[2] Daher können wir die kinetische Energie außer Betracht lassen und uns auf die potentielle Energie konzentrieren. Dies ist der didaktische Grund für die Einführung zusätzlicher Kräfte. *A.d.Ü.*

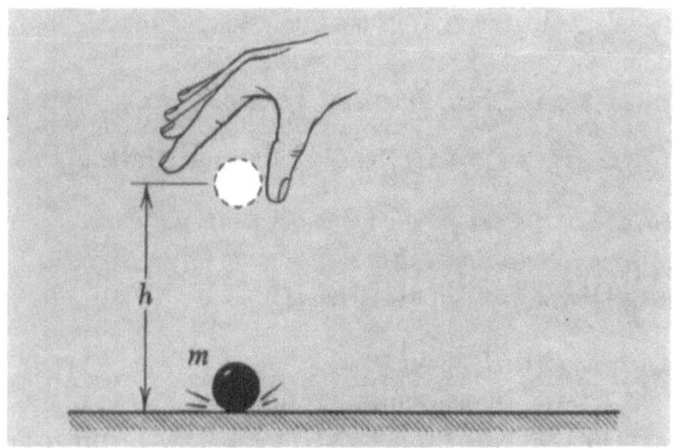

Bild 5.1. Fällt ein anfänglich ruhender Körper aus der Höhe h, so verrichtet die Schwerkraft die Arbeit mgh, welche gleich der erzeugten kinetischen Energie ist.

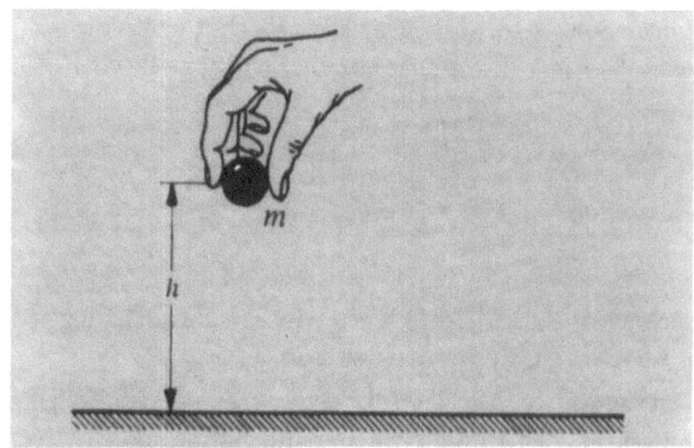

Bild 5.2c. Die beim Heben der Masse m auf die Höhe h aufgewendete Arbeit W beträgt $W = F_a \cdot h = + mgh$. Dabei wird die potentielle Energie E_p der Masse m um den Betrag mgh erhöht.

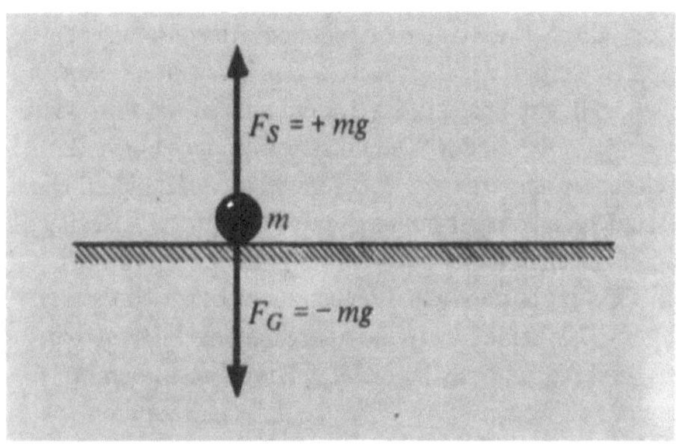

Bild 5.2a. Eine auf der Erdoberfläche ruhende Masse m erfährt zwei entgegengesetzt gleich große Kräfte: F_G, die anziehende Schwerkraft; F_S, die von der Unterlage auf m wirkende Kraft.

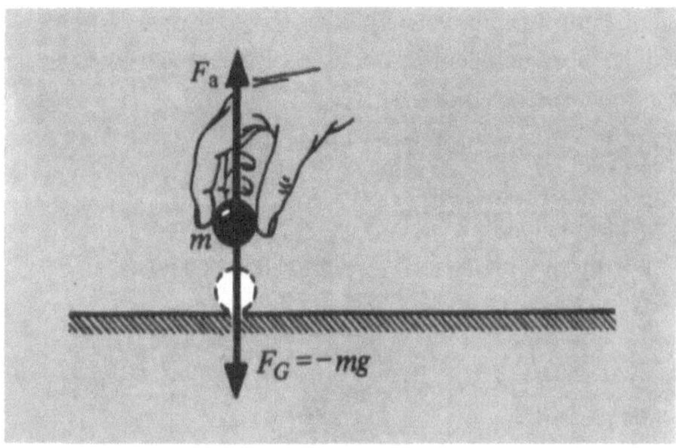

Bild 5.2b. Um m mit konstanter Geschwindigkeit zu heben, ist eine äußere Kraft $F_a = + mg$ erforderlich.

wobei v die Geschwindigkeit des Teilchens bei Erreichen der Erdoberfläche ist. Nach Gl. (5.7) liegt es nahe, dem Teilchen in der Höhe h eine *potentielle Energie mgh* relativ zur Erdoberfläche zuzuschreiben. Diese potentielle Energie gibt die Fähigkeit des Teilchens an, Arbeit zu verrichten oder kinetische Energie zu gewinnen.

Was geschieht mit der potentiellen Energie, wenn ein auf der Erdoberfläche ruhendes Teilchen auf eine Höhe h angehoben wird? Um das Teilchen zu heben, müssen wir eine aufwärts gerichtete Kraft $F_a (= - F_G)$ anbringen. Auf dem Weg von $y = 0$ bis $y = h$ wenden wir die Arbeit

$$W \text{ (durch uns)} = F_a \cdot (y - y_0) = (mg)\,(h) = mgh \qquad (5.8)$$

auf, wodurch das Teilchen die potentielle Energie *mgh* erhält (Bilder 5.2a bis 5.2c). Beachten Sie, daß *wir* hier die äußere Kraft F_a aufbringen. Diese antropomorphe Sprechweise ist bequem, der wesentliche Punkt dabei ist jedoch nur, daß die äußere Kraft nur zur Berechnung der potentiellen Energie in das Problem hineingedacht wird.

In Abwesenheit von Reibungskräften können wir nun eine konkrete Definition der potentiellen Energie eines Körpers oder Teilchens in einem Punkt geben: *Die potentielle Energie ist die Arbeit, die erforderlich ist, um einen Körper ohne Beschleunigung von einem Anfangsort, dem wir die potentielle Energie Null zuordnen, zum betrachteten Ort zu bringen.*

Zu dieser Definition ist folgendes zu bemerken: Die Wahl des Nullpunkts der potentiellen Energie steht uns frei; der Betrag der potentiellen Energie am betrachteten Ort hängt von der Wahl dieses Nullpunkts ab. Zumeist werden Felder auf das Teilchen Kräfte ausüben, und beschleunigungsfreie Bewegung erfordert, daß wir der Feldkraft eine gleiche und entgegengerichtete Kraft entgegensetzen. Nur dann können wir das Teilchen *ohne Beschleunigung vom gewählten Nullpunkt zu dem Punkt bringen, in dem die potentielle Energie ermittelt werden soll.* Die Arbeit, die wir (d.h. die äußeren Kräfte) dabei verrichten, ist gleich der potentiellen Energie. Da bei reibungsfreier Bewegung die von uns ausgeübte Kraft der Feldkraft stets entgegengesetzt gleich ist, ist auch die von uns verrichtete Arbeit der Arbeit der Feldkräfte entgegengesetzt gleich. Wir können daher die potentielle Energie auch als die Arbeit definieren, die die Feldkräfte verrichten, wenn sie den Körper in entgegengesetzter Richtung, also *vom betrachteten Punkt zum beliebig gewählten Nullpunkt hin,* verschieben. So ist z. B. die Arbeit der Schwerkraft (5.7) am fallenden Körper gleich der Arbeit (5.8), die wir aufwenden, um den Körper aufzuheben.

Wir können die potentielle Energie aber auch als gleich der kinetischen Energie definieren, die bei der Bewegung des Körpers unter dem Einfluß der Feldkräfte zum gewählten Nullpunkt hin entsteht, wie Bild 5.1 zeigt. Diese Definition gilt zunächst nur, wenn die potentielle Energie in bezug auf den Nullpunkt positiv ist, sie kann jedoch auch auf den anderen Fall verallgemeinert werden.

Zwei weitere Punkte sind hervorzuheben. Erstens ist die potentielle Energie nur eine Funktion des Orts, also der Koordinaten des Körpers[1]). Zweitens muß stets der Nullpunkt angegeben werden. Nur die *Änderung* der potentiellen Energie hat physikalische Bedeutung und kann beispielsweise in kinetische Energie umgewandelt werden. Der Betrag der potentiellen Energie selbst hat keine physikalische Bedeutung. Daher kann auch der Nullpunkt beliebig gewählt werden. Oft ist eine spezielle Wahl des Nullpunkts sinnvoll, z.B. kann dies die Erdoberfläche oder eine Tischfläche sein, jede *beliebige* Wahl führt zu den gleichen physikalischen Vorhersagen.

Die Dimensionen der Arbeit und der potentiellen Energie, $[F] [L] = [M] [L^2]/[T^2]$, sind die gleichen, wie diejenigen der kinetischen Energie. Für $F_a = 2\,N$ und $h = 10\,m$ ist die potentielle Energie $2\,N \cdot 10\,m = 20\,Nm = 20\,J$. Wir bezeichnen die potentielle Energie mit E_p. Bezeichnen wir in Gl. (5.7) mit v nicht die Geschwindigkeit nach Durchfallen der Höhe h, sondern diejenige nach Durchfallen der Höhe $(h - y)$, dann ist analog zu Gl. (5.7)

$$\tfrac{1}{2}\,mv^2 = mg\,(h - y)$$

oder

$$\tfrac{1}{2}\,mv^2 + mgy = mgh = E, \qquad (5.9)$$

wobei E eine Konstante mit dem Wert mgh ist (Bild 5.3). Da E eine Konstante ist, stellt Gl. (5.9) eine Form des *Energieerhaltungssatzes* dar:

$$E = E_k + E_p$$
$$= \text{kinetische Energie} + \text{potentielle Energie}$$
$$= \text{const.} = \text{Gesamtenergie.}$$

---

[1]) Bei geschwindigkeitsabhängigen Kräften usw. kann die potentielle Energie auch von anderen Variablen abhängen.

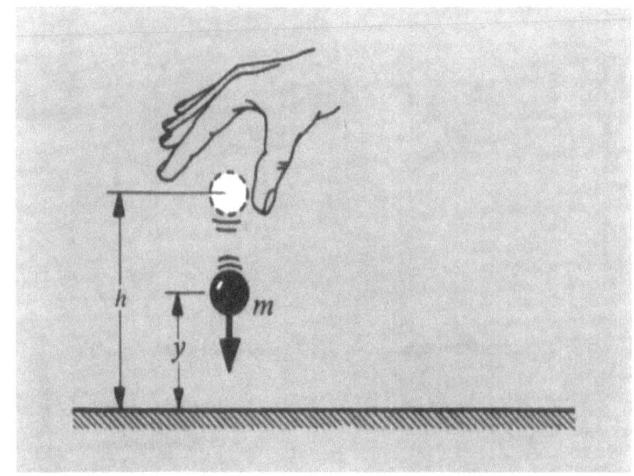

Bild 5.3. Wird die Masse losgelassen, so nimmt die potentielle Energie ab und die kinetische Energie zu, doch bleibt die Summe der beiden Energiearten konstant. In der Höhe y ist $E_p(y) = mgy$ und $E_k(y) = \tfrac{1}{2}\,mv^2(y) = mg\,(h - y)$.

In Gl. (5.9) bedeutet mgy die potentielle Energie, wobei wir $y = 0$ als Nullpunkt der potentiellen Energie gewählt haben. Die Gesamtenergie wird mit dem Symbol E bezeichnet; in einem abgeschlossenen (isolierten) System ändert sie sich mit der Zeit nicht (Bilder 5.4 und 5.5).

Hätten wir $y = -H$ als Nullpunkt gewählt, so wäre

$$E' = E_k + E_p = \tfrac{1}{2}\,mv^2 + mg\,(y + H) = mg\,(h + H),$$

was nach Subtraktion von mgH auf beiden Seiten wieder Gl. (5.9) ergibt. Das Beispiel zeigt, daß die Wahl des Nullpunkts der potentiellen Energie nicht in die physikalischen Ergebnisse eingeht.

Es ist manchmal zweckmäßig, die Summe aus kinetischer und potentieller Energie, $E = E_k + E_p$, als *Energiefunktion* zu bezeichnen. Während der kinetische Anteil durch $E_k = \tfrac{1}{2}\,mv^2$ gegeben ist, hängt die potentielle Energie von der Kraft ab. Die wesentliche Eigenschaft der potentiellen Energie ist durch die Beziehung $-\int F\,dy = E_p$ oder

$$F = -\frac{dE_p}{dy} \qquad (5.10)$$

gegeben, wobei die auf das Teilchen wirkende Kraft F sich aus vorhandenen Wechselwirkungen, z.B. elektrische oder Gravitationswechselwirkung, ergibt. (Im obigen Beispiel ist $E_p = mgy$, so daß $F = F_G = -mg$ ist.)

Gl. (5.10) erläutert, warum wir F als *Feldkraft* bezeichnet haben. E_p ist eine skalare Funktion der Koordinate y, also ein skalares Feld. Die Kraft kann als Ableitung dieser Feldfunktion geschrieben werden. Die Wahl des Nullpunkts geht in E_p als additive Konstante ein, die Ableitung hängt nicht von der Wahl der Konstanten ab.

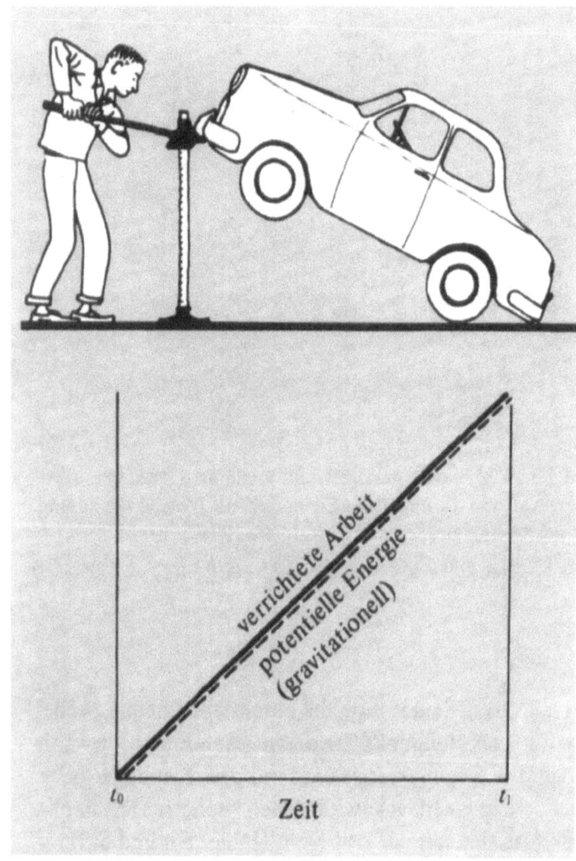

Bild 5.4a. Die beim Hochpumpen eines Autos verrichtete Arbeit aufgetragen gegen die Zeit. Hebt man den Schwerpunkt eines 1000 kg schweren Autos um 10 cm, so beträgt die dabei verrichtete Arbeit $Fh = mgh \approx 1000 \text{ kg} \cdot 10 \text{ m/s}^2 \cdot 0,1 \text{ m} = 1000 \text{ J}$. Diese Arbeit ist nun als potentielle Energie der Gravitation gespeichert.

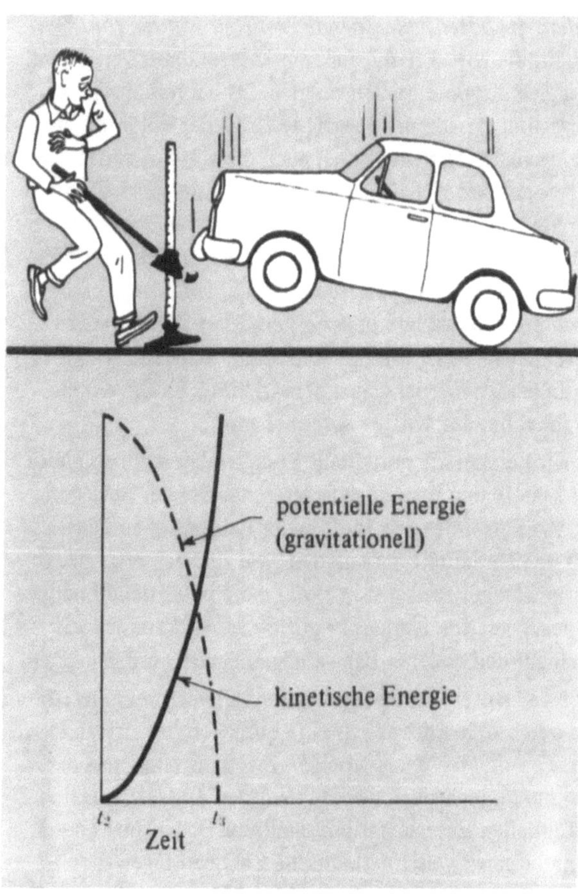

Bild 5.4b. Der Wagenheber ist abgerutscht, und der Wagen fällt zurück. Die potentielle Energie wird in kinetische Energie umgewandelt. Nachdem das Auto aufgeschlagen ist, wird die kinetische Energie in den Stoßdämpfern, in der Federung und in den Reifen in Wärme verwandelt.

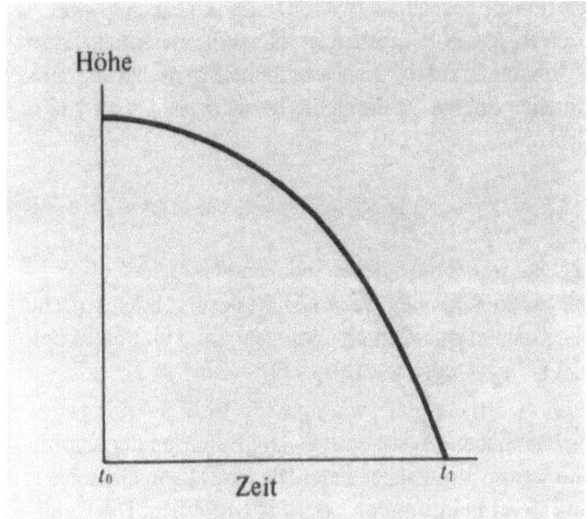

Bild 5.5a. Die Höhe eines aus der Ruhelage zur Erde fallenden Körpers, aufgetragen gegen die Zeit.

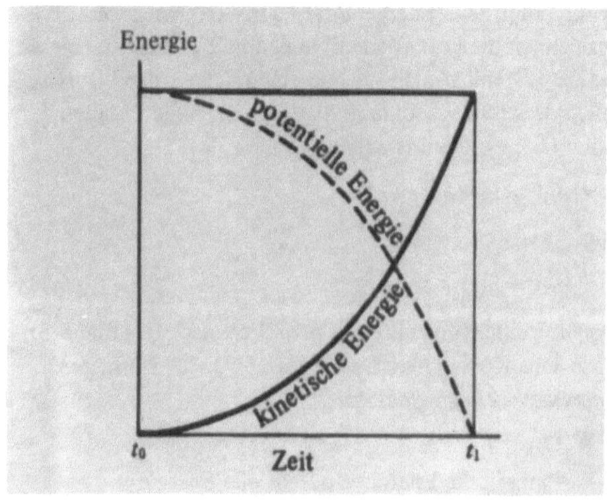

Bild 5.5b. Die potentielle und die kinetische Energie des fallenden Körpers als Funktion der Zeit. Die Gesamtenergie, die konstant ist, ergibt sich als Summe aus der kinetischen und der potentiellen Energie.

• **Beispiel:** *Wurf nach oben.* Wie hoch steigt ein Körper, der mit der Geschwindigkeit 10 m/s nach oben geworfen wird? Wir wählen die Ausgangshöhe als Nullpunkt der potentiellen Energie, dort gilt dann

$$E = 0 + \tfrac{1}{2} m v^2 .$$

In maximaler Höhe ist

$$E = mgh.$$

Gleichsetzen dieser Ausdrücke liefert

$$h = \frac{v^2}{2g} \approx \frac{100}{2 \cdot 10} \ \text{m} = 5 \ \text{m}.$$

Lösen Sie dieses Problem auch mit den Methoden des Kapitels 3. Sie werden den Vorteil der hier verwendeten Methoden sehen. •

Die Erhaltung der Energie. Wir verallgemeinern diese Ideen nun auf drei Dimensionen. Der Energiesatz besagt, daß in einem System von Teilchen, deren Wechselwirkungen nicht explizit [1]) von der Zeit abhängen, die *Gesamtenergie konstant ist.* Dieses Ergebnis ist eine experimentell gut gesicherte Tatsache. Genauer ausgedrückt besagt der Energiesatz, daß eine skalare Funktion der Orte und Geschwindigkeiten der Teilchen im System existiert – wie z.B. $\tfrac{1}{2} m v^2 + mgy$ in Gl. (5.9) – die zeitlich konstant ist, falls während des betrachteten Zeitintervalls keine explizite Änderung der Wechselwirkungen im System auftritt. Eine derartige explizite Änderung der Wechselwirkungen wäre beispielsweise eine Veränderung der physikalischen Gesetze oder Konstanten (wie der Elementarladung e und der Teilchenmassen m) oder aber auch eine Änderung äußerer Bedingungen, also z.B. der elektrischen, magnetischen und Gravitationsfelder in denen sich das System befindet, während des betrachteten Zeitintervalls.

Die Energie ist eine skalare Erhaltungsgröße. Neben der Energie sind auch noch andere physikalische Größen unter den hier angegebenen Bedingungen konstant, z.B. der Impuls und Drehimpuls (Kapitel 6).

In der folgenden Diskussion werden wir Umwandlungen mechanischer (kinetischer und potentieller) Energie in Wärme nicht mitberücksichtigen. So müssen Reibungskräfte außer Betracht bleiben, die nicht zu den noch zu definierenden konservativen Kräften zählen.

Beachten Sie, daß der Energiesatz unter den erwähnten Bedingungen eine Folge der Bewegungsgleichungen $\mathbf{F} = m\mathbf{a}$ ist, und keine Informationen liefert, die nicht schon in diesen Gleichungen enthalten wären.

Unsere Hauptaufgabe ist es, einen Ausdruck für die Energiefunktion zu finden, die die gewünschte Zeitin-

varianz besitzt und mit $\mathbf{F} = m\mathbf{a}$ in Einklang ist. Mit dieser Übereinstimmung meinen wir beispielsweise, daß

$$\frac{d}{dy} E \equiv \frac{d}{dy} (E_\mathrm{k} + E_\mathrm{p}) = \frac{dE_\mathrm{k}}{dy} - F_\mathrm{y} = 0$$

mit $F_\mathrm{y} = ma_\mathrm{y}$ identisch ist. Die Prüfung für Gl. (5.9) ergibt

$$m v \frac{dv}{dy} + mg = m \frac{dy}{dt} \frac{dv}{dy} + mg = m \frac{dv}{dt} + mg = 0$$

und daher das gesuchte Ergebnis

$$m \frac{dv}{dt} = - mg.$$

Vom Standpunkt der theoretischen Mechanik ist die Bestimmung der korrekten Energiefunktion das grundlegende Problem der klassischen Mechanik; seine formale Lösung kann auf verschiedenen, zum Teil recht eleganten Wegen erfolgen. Insbesondere ist die Hamiltonsche Formulierung der Mechanik besonders gut geeignet, in die Sprache der Quantenmechanik übersetzt zu werden. Doch benötigen wir zunächst eher eine einfache, direkte Formulierung als die Allgemeinheit des Hamilton- oder Lagrangeformalismus, die beide gewöhnlich Gegenstand fortgeschrittener Vorlesungen sind [1]).

Die Arbeit. Wir definieren die von einer konstanten einwirkenden Kraft $\mathbf{F}$ bei der Verschiebung $\Delta\mathbf{r}$ eines Teilchens verrichtete Arbeit W als

$$W = \mathbf{F} \cdot \Delta\mathbf{r} = F \Delta r \cos (\mathbf{F}, \Delta\mathbf{r}),$$

in Übereinstimmung mit der nach Gl. (5.6) angegebenen Definition.

$\mathbf{F}$ ist nicht konstant, sondern eine Funktion $\mathbf{F}(\mathbf{r})$ des Orts, so kann die Teilchenbahn in N Geradensegmente aufgeteilt werden, längs derer $\mathbf{F}(\mathbf{r})$ jeweils konstant ist. Dann ist

$$W = \mathbf{F}(\mathbf{r}_1) \cdot \Delta\mathbf{r}_1 + \mathbf{F}(\mathbf{r}_2) \cdot \Delta\mathbf{r}_2 + ... + \mathbf{F}(\mathbf{r}_N) \cdot \Delta\mathbf{r}_N$$

$$= \sum_{j=1}^{N} \mathbf{F}(\mathbf{r}_j) \cdot \Delta\mathbf{r}_j, \tag{5.11}$$

wobei das Symbol Σ für die obige Summe steht. Genaugenommen ist Gl. (5.11) nur im Limes infinitesimaler Verschiebungen $d\mathbf{r}$ gültig, da im allgemeinen eine Teilchenbahn nicht genau in eine endliche Anzahl von Geradensegmenten aufgeteilt werden kann.

Der Grenzwert

$$\lim_{\Delta\mathbf{r}_i \to 0} \sum_j \mathbf{F}(\mathbf{r}_j) \cdot \Delta\mathbf{r}_j = \int_{\mathbf{r}_A}^{\mathbf{r}_B} \mathbf{F}(\mathbf{r}) \cdot d\mathbf{r}$$

---

[1]) Wenn die Teilchen an einem Ort festgehalten werden und sich die Kräfte zwischen ihnen dennoch ändern, so bezeichnet man die Wechselwirkung als *explizit* zeitabhängig.

[1]) Die Herleitung der Lagrangeschen Bewegungsgleichungen erfordert Kenntnisse der Variationsrechnung und soll daher hier unterbleiben.

ist das Integral der Projektion von $\mathbf{F}(\mathbf{r})$ auf den Verschiebungsvektor $d\mathbf{r}$ und wird als *Linienintegral* über $\mathbf{F}$ von A nach B bezeichnet. Die bei einer Verschiebung durch die Kraft F von A nach B verrichtete Arbeit wird als

$$W(A \to B) \equiv \int_A^B \mathbf{F} \cdot d\mathbf{r} \tag{5.12}$$

definiert, wobei die Grenzen A und B die Endpunkte $\mathbf{r}_A$ und $\mathbf{r}_B$ bezeichnen.

Die kinetische Energie. Kehren wir nun zum Teilchen unter dem Einfluß einer Kraft zurück. Wir wollen die Gl. (5.6)

$$\tfrac{1}{2}\, mv^2 - \tfrac{1}{2}\, mv_0^2 = F(y - y_0)$$

dahingehend verallgemeinern, daß sie auch in Betrag und Richtung für veränderliche Kräfte gilt. Setzen wir in $\mathbf{F} = m d\mathbf{v}/dt$ in Gl. (5.12) ein, wobei $\mathbf{F}$ die Summe der Kräfte sei, so erhalten wir für die von den Kräften verrichtete Arbeit

$$W(A \to B) = m \int_A^B \frac{d\mathbf{v}}{dt} \cdot d\mathbf{r}. \tag{5.13}$$

Mit

$$d\mathbf{r} = \frac{d\mathbf{r}}{dt}\, dt = \mathbf{v}\, dt$$

wird

$$W(A \to B) = m \int_A^B \left(\frac{d\mathbf{v}}{dt} \cdot \mathbf{v} \right) dt, \tag{5.14}$$

wobei die Integrationsgrenzen A und B nun die Zeiten t_A und t_B bedeuten.

Formen wir den Integranden mit Hilfe von

$$\frac{d}{dt}\, v^2 = \frac{d}{dt}\, (\mathbf{v} \cdot \mathbf{v}) = 2\, \frac{d\mathbf{v}}{dt} \cdot \mathbf{v}$$

um, erhalten wir

$$2 \int_A^B \left(\frac{d\mathbf{v}}{dt} \cdot \mathbf{v} \right) dt = \int_A^B \left(\frac{d}{dt}\, v^2 \right) dt = \int_A^B d(v^2) = v_B^2 - v_A^2$$

und durch Einsetzen in Gl. (5.14) das wichtige Ergebnis

$$W(A \to B) = \int_A^B \mathbf{F} \cdot d\mathbf{r} = \tfrac{1}{2} mv_B^2 - \tfrac{1}{2} mv_A^2 \tag{5.15}$$

für ein freies Teilchen. Gl. (5.15) stellt eine Verallgemeinerung von Gl. (5.6) dar.

Die Größe

$$E_{\mathrm{k}} \equiv \tfrac{1}{2}\, mv^2 \tag{5.16}$$

heißt *kinetische Energie*. Aus Gl. (5.15) ersehen wir, daß unsere Definitionen der Arbeit und der kinetischen Energie auf folgende Beziehung führen: *Die Arbeit, die eine beliebige Kraft an einem freien Teilchen verrichtet, ist gleich der Änderung der kinetischen Energie des Teilchens*

$$W(A \to B) = E_{\mathrm{k}B} - E_{\mathrm{k}A}\,. \tag{5.17}$$

● **Beispiel:** *Freier Fall.* a) Wir wiederholen eine frühere Rechnung. Mit senkrecht zur Erdoberfläche gewählter und nach „oben" weisender y-Richtung ist die Gravitationskraft durch $\mathbf{F}_G = -mg\hat{\mathbf{y}}$ gegeben, wobei die Fallbeschleunigung g den ungefähren Wert $9{,}8\ \mathrm{m/s^2}$ hat. Berechnen Sie die von der Schwerkraft verrichtete Arbeit, wenn eine Masse von 100 kg eine Strecke von 10 m durchfällt.

Wir setzen

$$\mathbf{r}_A = 0; \quad \mathbf{r}_B = -10\hat{\mathbf{y}}; \quad \Delta\mathbf{r} = \mathbf{r}_B - \mathbf{r}_A = -10\hat{\mathbf{y}}.$$

Die von der Schwerkraft verrichtete Arbeit

$$\begin{aligned} W &= \mathbf{F}_G \cdot \Delta\mathbf{r} = (-mg\,\hat{\mathbf{y}}) \cdot (-10\hat{\mathbf{y}}) \\ &\approx 100\ \mathrm{kg} \cdot 9{,}8\ \mathrm{m/s^2} \cdot 10\ \mathrm{m} \cdot \hat{\mathbf{y}} \cdot \hat{\mathbf{y}} = 9800\ \mathrm{J}. \end{aligned}$$

Wir haben hier die Gravitationskraft als Kraft $\mathbf{F}$ betrachtet.

b) Hat das Teilchen in a) anfänglich eine Geschwindigkeit von 10 m/s, wie groß sind dann die Geschwindigkeit und die kinetische Energie am Ende der Fallstrecke?

Die kinetische Energie ist anfänglich $E_{\mathrm{k}A} = \frac{100}{2}(10)^2\ \mathrm{J} = 5000\ \mathrm{J}$ der Endwert $E_{\mathrm{k}B}$ ist nach Gl. (5.17) gleich $E_{\mathrm{k}A}$ plus der Arbeit W, die die Gravitationskraft am Teilchen verrichtet hat:

$$E_{\mathrm{k}B} = W + E_{\mathrm{k}A} = 9800\ \mathrm{J} + 5000\ \mathrm{J} = 14\,800\ \mathrm{J}$$

$$v_B^2 = \frac{2 \cdot 14\,800}{100}\ \mathrm{m^2/s^2} \approx 300\ \mathrm{m^2/s^2}$$

$$v_B \approx 17\ \mathrm{m/s}.$$

Das Resultat stimmt mit dem überein, das wir aus $\mathbf{F} = m\mathbf{a}$ erhalten würden. Wir haben aber oben die *Richtung* der Anfangsgeschwindigkeit nicht angegeben. Liegt sie in x-Richtung, so bleibt sie konstant und

$$\tfrac{1}{2}\, m(v_y^2 + v_x^2)_B - \tfrac{1}{2}\, m(v_x^2)_A = 9800\ \mathrm{J}$$

$$v_{yB} = \sqrt{200}\ \mathrm{m/s}$$

$$v_B = \sqrt{v_x^2 + v_{yB}^2} \approx 17\ \mathrm{m/s}.$$

Falls die Anfangsgeschwindigkeit senkrecht nach unten gerichtet war, also in der negativen y-Richtung, können wir die bekannten Beziehungen für fallende Körper heranziehen:

$$h = v_0 t + \tfrac{1}{2}\, gt^2$$

$$v - v_0 = gt$$

$$h = v_0\, \frac{v - v_0}{g} + \tfrac{1}{2}\, g \left(\frac{v - v_0}{g} \right)^2$$

$$2gh = v^2 - v_0^2\,.$$

Daraus erhalten wir wieder die gleiche Beziehung zwischen Arbeit und kinetischer Energie

$$mgh = \tfrac{1}{2} m v_B^2 - \tfrac{1}{2} m v_0^2 \quad \text{da } v_0 = v_A .$$

Dieses Beispiel zeigt, inwiefern die Ergebnisse der Bewegungsgleichungen mit der Energieerhaltung verträglich sein müssen. Die Verwendung der Bewegungsgleichung $\mathbf{F} = m\mathbf{a}$ hat das gleiche Resultat erbracht, wie die Energieerhaltung $v^2 - v_0^2 = 2gh$. •

Potentielle Energie. Wir haben bereits erwähnt, daß nur der *Unterschied* der potentiellen Energie an verschiedenen Punkten Bedeutung hat. Die Definition besagt, daß der Unterschied der potentiellen Energie in den Punkten B und A gleich der Arbeit ist, die *wir* verrichten müssen, um den Körper langsam (d.h. mit vernachlässigbarer kinetischer Energie) von A nach B zubringen:

$$E_{\mathrm{p}}(\mathbf{r}_B) - E_{\mathrm{p}}(\mathbf{r}_A) = W(A \rightarrow B) = \int_A^B \mathbf{F}_{\mathrm{a}} \cdot d\mathbf{r}. \qquad (5.18)$$

Unterschiede können positiv oder negativ sein: Wenn *wir Arbeit gegen die Feldkräfte verrichten,* so nimmt die potentielle Energie zu, $E_{\mathrm{p}}(\mathbf{r}_B) > E_{\mathrm{p}}(\mathbf{r}_A)$; verrichten die Feldkräfte Arbeit (wir verrichten negative Arbeit), so nimmt die potentielle Energie ab. Nimmt die potentielle Energie auf dem Weg von A nach B zu, so nimmt die kinetische Energie eines Teilchens, das sich in dieser Richtung bewegt ab (falls $\mathbf{F}_{\mathrm{a}}$ nicht wirkt). Nimmt die potentielle Energie dagegen ab, so nimmt die kinetische Energie zu. Fordern wir in Gl. (5.18) $E_{\mathrm{p}}(A) = 0$, so ist $E_{\mathrm{p}}(B)$ für konservative Kräfte (siehe S. 93) eindeutig definiert.

• **Beispiele:** *1. Lineare Rückstellkraft.* Ein Teilchen steht unter dem Einfluß einer in x-Richtung wirkenden Rückstellkraft. Eine *lineare Rückstellkraft* ist der Auslenkung direkt proportional und wirkt ihr entgegen (Bilder 5.6a bis 5.6c). Wählen wir die Nullage so, daß in ihr die Rückstellkraft verschwindet, dann erhalten wir zwischen F_x und x die Beziehung

$$\mathbf{F} = - C x \hat{\mathbf{x}} \quad \text{oder} \quad F_x = - C x. \qquad (5.19)$$

Der positive Proportionalfaktor C heißt *Federkonstante* (oder *Kraftkonstante*). Die als *Hookesches Gesetz* bezeichnete Gl. (5.19) ist für hinreichend kleine Auslenkungen einer Feder gut erfüllt. Bei größeren elastischen Auslenkungen müssen zusätzliche Glieder höherer Potenz von x berücksichtigt werden. Die Rückstellkraft ist so gerichtet, daß das Teilchen immer zur Nullage hin beschleunigt wird.

a) Wir üben nun auf das Teilchen, das am Ende einer Feder befestigt ist, eine äußere Kraft aus, die es vom Ort x_1 nach x_2 bringen soll. Wie groß ist dabei die von der äußeren Kraft am Teilchen verrichtete Arbeit?

Die auf das Teilchen wirkende Kraft ist hier eine Funktion des Orts. Unter Benutzung der Definition (5.12) und der Beziehung $\mathbf{F}_{\mathrm{a}} = - \mathbf{F} = + C x \hat{\mathbf{x}}$ erhalten wir

$$W(x_1 \rightarrow x_2) = \int_{x_1}^{x_2} \mathbf{F}_{\mathrm{a}} \cdot d\mathbf{r} = C \int_{x_1}^{x_2} x\, dx = \tfrac{1}{2} C(x_2^2 - x_1^2) .$$

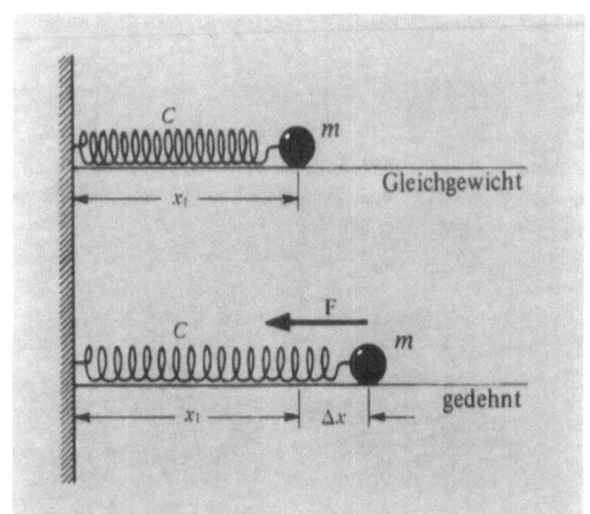

Bild 5.6a. Die Masse m ist am Ende einer masselosen Feder befestigt. Lenkt man die Feder um den Betrag Δx aus, so übt sie auf m in der angegebenen Richtung eine Rückstellkraft $F = - C \Delta x$ aus. C ist die Kraftkonstante der Feder, kurz Federkonstante genannt.

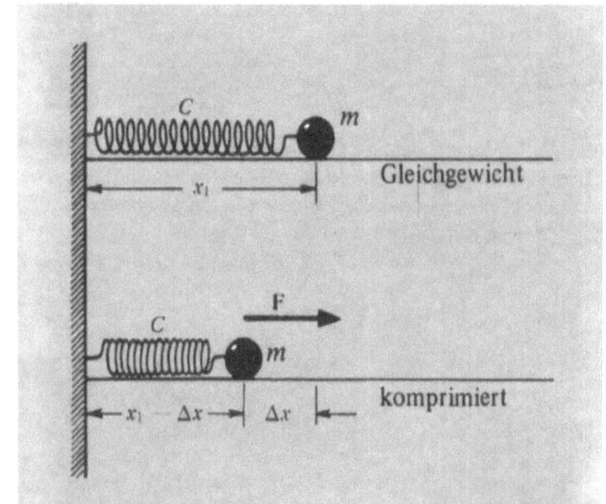

Bild 5.6b. Die Feder wird nun um die Strecke $-\Delta x$ komprimiert, wonach sie auf m eine Rückstellkraft $-C(-\Delta x) = C \Delta x$ ausübt.

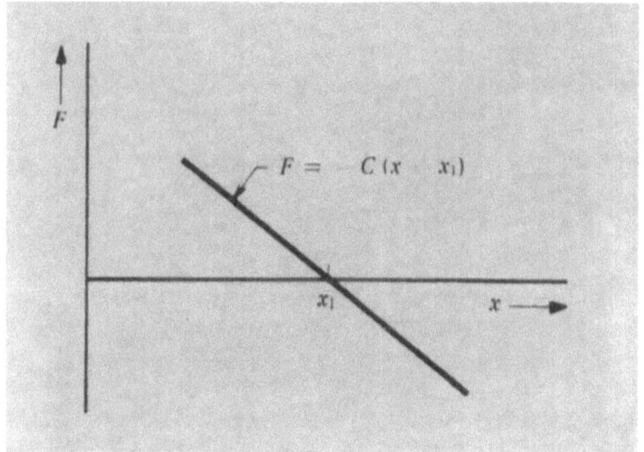

Bild 5.6c. Bei kleinen Auslenkungen ist die Rückstellkraft zur Auslenkung proportional

Wird der Ursprung $x_1 = 0$ als Ausgangslage gewählt, dann vereinfacht sich W zu

$$E_p(x) = \tfrac{1}{2} C x^2. \qquad (5.20)$$

Dieses bekannte Ergebnis besagt, daß die potentielle Energie einer linearen Rückstellkraft dem Quadrat der Verschiebung proportional ist (Bilder 5.7 und 5.8).

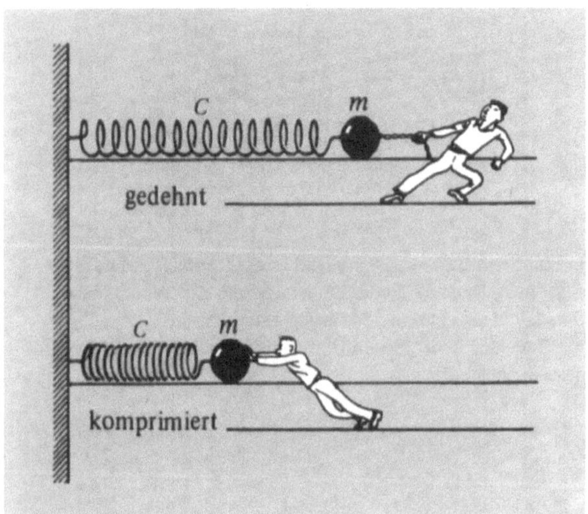

Bild 5.7. Um eine Feder zu dehnen oder zu komprimieren, muß man eine Kraft gegen die Rückstellkraft aufbringen. Wird die Feder dabei um die Strecke Δx aus der Gleichgewichtslage x_1 ausgelenkt, so wird dabei die Arbeit

$$W = \int\limits_{x_1}^{x_1 + \Delta x} C(x - x_1)\, dx = \frac{1}{2} C (\Delta x)^2$$

verrichtet. ...

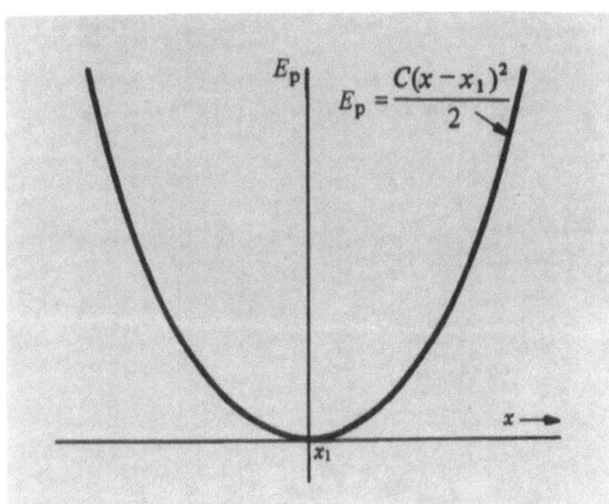

Bild 5.8. ... Dabei wird die potentielle Energie des Feder-Masse-systems erhöht. Ein um $\Delta x = x - x_1$ ausgelenktes Feder-Masse-system besitzt eine potentielle Energie
$E_p = \tfrac{1}{2} C(\Delta x)^2 = \tfrac{1}{2} C(x - x_1)^2.$

b) Ein Teilchen der Masse m wird mit der Anfangsgeschwindigkeit Null aus der Lage $x_{\max}$ losgelassen. Wie groß ist seine kinetische Energie beim Erreichen des Ursprungs?

Wir erhalten das Ergebnis unmittelbar aus den Gln. (5.15) und (5.20): Auf dem Wege von $x_{\max}$ zum Ursprung verrichtet die *Feder* die Arbeit

$$W(x_{\max} \to 0) = \tfrac{1}{2} m v_1^2,$$

wobei v_1 die Geschwindigkeit der Masse am Ursprung bedeutet. Also ist

$$\tfrac{1}{2} C x_{\max}^2 = \tfrac{1}{2} m v_1^2 \qquad (5.21)$$

die kinetische Energie im Ursprung $x = 0$ (Bilder 5.9 und 5.10).

c) Welche Beziehung besteht zwischen der Geschwindigkeit des Teilchens am Ursprung und der maximalen Auslenkung $x_{\max}$?

Aus

$$v_1^2 = \frac{C}{m} x_{\max}^2$$

folgt

$$v_1 = \pm \sqrt{\frac{C}{m}}\, x_{\max}. \qquad (5.22) \ \bullet$$

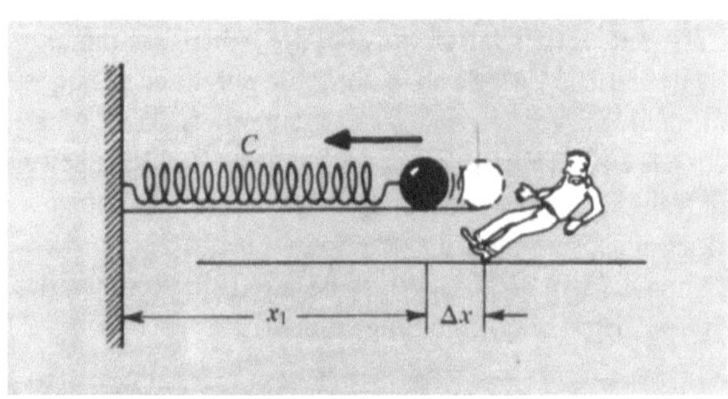

Bild 5.9. Wird ein Feder-Massesystem um Δx gedehnt und dann losgelassen, so wird anfangs E_p abnehmen und E_k wachsen.

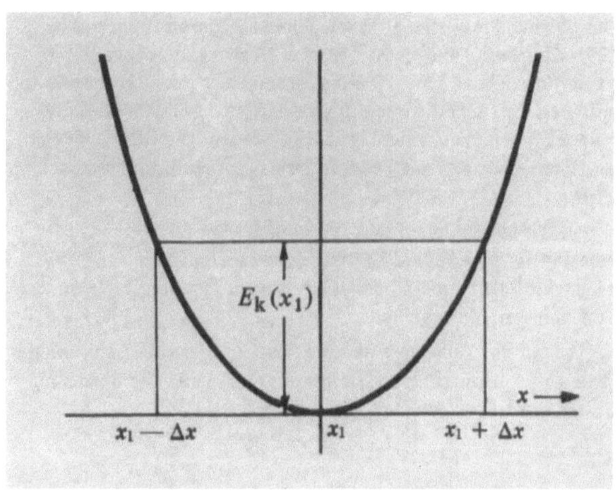

Bild 5.10. An der Stelle $x = x_1$ ist $E_p = 0$ und $E_k(x_1) = \tfrac{1}{2} C(\Delta x)^2$

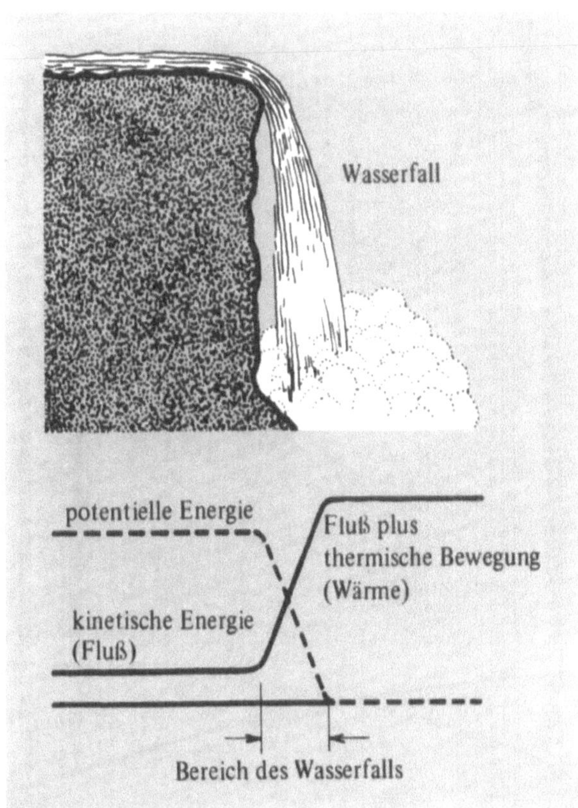

Bild 5.11. Ein Wasserfall als Beispiel von Energieumwandlungen

● *2. Energieumwandlung im Wasserfall.* Die Umwandlung einer
Energieform (potentielle Energie) in eine andere (kinetische Ener-
gie) findet in dem in Bild 5.11 gezeigten Wasserfall statt. Am obe-
ren Ende des Wasserfalls besitzt das Wasser potentielle Energie der
Schwere, die beim Fallen in kinetische Energie umgewandelt wird.
Eine Wassermenge der Masse m verliert beim Durchfallen der
Höhe h die potentielle Energie mgh und gewinnt dabei die kinetische Energie $\frac{1}{2} m (v^2 - v_0^2) = mgh$. (Aus dieser Gleichung ergibt
sich die Geschwindigkeit v bei bekannter Anfangsgeschwindigkeit
v_0.) Die kinetische Energie des fallenden Wassers kann in einem
Kraftwerk in kinetische Energie der Rotation einer Turbine umgewandelt werden; andernfalls wird sie am Fuß des Wasserfalls in
thermische Energie umgesetzt. Thermische Energie ist die Energie
der Zufallsbewegungen der Wassermoleküle. Sie nimmt mit steigen-
der Temperatur zu. ●

● *3. Energieumwandlungen bei Stabhochsprung.* Ein heiteres
Beispiel verschiedener Energieumwandlungen – kinetische Energie,
potentielle Energie im Schwerefeld – zeigt Bild 5.12. ●

5.3. Konservative Kräfte

Wir nennen eine Kraft **F** *konservativ*, wenn die von **F**
verrichtete Arbeit $W(A \to B)$ unabhängig davon ist, auf
welchem Wege **F** ein Teilchen von A nach B bringt. Hätte
$W(A \to B)$ in Gl. (5.15) für einen Weg von A nach B einen
anderen Betrag, als für einen zweiten, verschiedenen Weg

(dies wäre z.B. für Reibungskräfte der Fall), so wäre Gl.
(5.15) nur von geringem Nutzen. Für konservative Kräfte
fordern wir (Bild 5.13)

$$\int_{A}^{B} \mathbf{F} \cdot d\mathbf{r} = \int_{A}^{B} \mathbf{F} \cdot d\mathbf{r}$$
$$\text{(Weg 1)} \qquad \text{(Weg 2)}$$

und daher

$$\int_{A}^{B} \mathbf{F} \cdot d\mathbf{r} = -\int_{B}^{A} \mathbf{F} \cdot d\mathbf{r}$$
$$\text{(Weg 1)} \qquad \text{(Weg 2)}$$

oder

$$\int_{A}^{B} \mathbf{F} \cdot d\mathbf{r} + \int_{B}^{A} \mathbf{F} \cdot d\mathbf{r} = 0 = \oint \mathbf{F} \cdot d\mathbf{r},$$
$$\text{(Weg 1)} \qquad \text{(Weg 2)}$$

wobei $\oint$ das *Ringintegral* über einen geschlossenen Weg
bezeichnet, der z.B. in A beginnt, längs Weg 1 nach B
verläuft und entlang Weg 2 nach A zurückkehrt.

Wir sehen leicht ein, daß eine *Zentralkraft* konservativ
ist. Die von einem Teilchen auf ein anderes ausgeübte *Zentralkraft* wirkt entlang der Verbindungslinie. Der Betrag
der Kraft hängt nur vom Abstand der Teilchen ab. Bild
5.13 zeigt eine vom Punkt O fortgerichtete Zentralkraft.
Zwei Wege 1 und 2 verbinden die Punkte A und B. Die
gestrichelten Kurven stellen zwei Kreisbögen um O dar.
Betrachten Sie die Größen $\mathbf{F}_1 \cdot d\mathbf{r}_1$ und $\mathbf{F}_2 \cdot d\mathbf{r}_2$ für die
beiden Bahnsegmente zwischen den gestrichelten Kreisen.
Die Beträge F_1 und F_2 sind gleich, da die beiden Segmente
von O die gleiche Entfernung besitzen. Ebenso stimmen
die Projektionen von $d\mathbf{r}_1$ auf $\mathbf{F}_1$ bzw. $d\mathbf{r}_2$ auf $\mathbf{F}_2$ überein. Sie ergeben den Abstand zwischen den konzentrischen
Kreisbögen. Damit erhalten wir

$$\mathbf{F}_1 \cdot d\mathbf{r}_1 = \mathbf{F}_2 \cdot d\mathbf{r}_2 .$$

Die gleiche Überlegung gilt aber für sämtliche derartigen
Segmentpaare, so daß

$$\int_{A}^{B} \mathbf{F} \cdot d\mathbf{r} = \int_{A}^{B} \mathbf{F} \cdot d\mathbf{r}$$
$$\text{(Weg 1)} \qquad \text{(Weg 2)}$$

folgt. Für das konstante Gravitationsfeld finden Sie den
Beweis in Bild 5.14.

Kräfte, deren Wegintegral

$$W(A \to B) = \int_{A}^{B} \mathbf{F} \cdot d\mathbf{r} \tag{5.23}$$

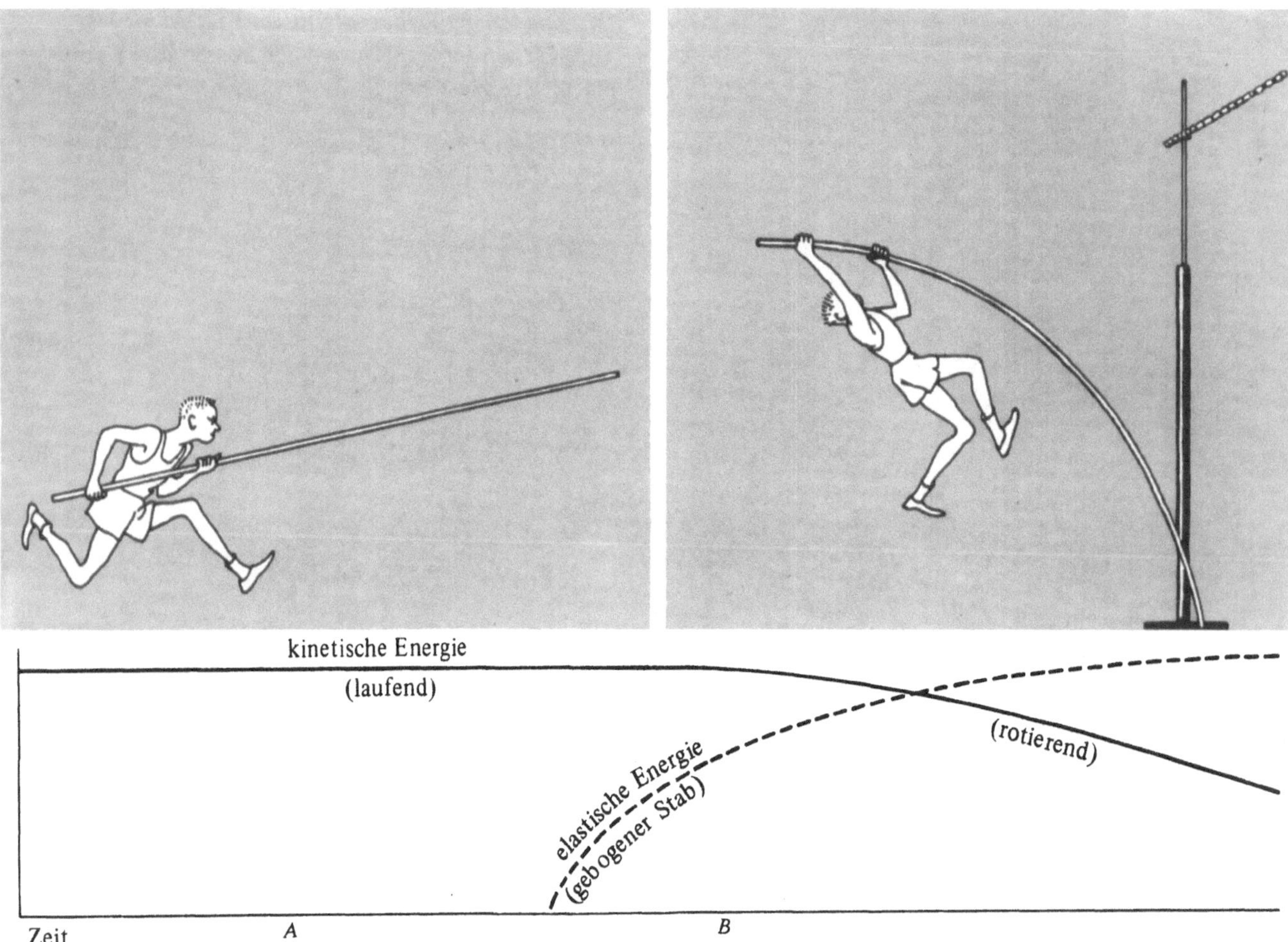

Bild 5.12a. Die Bewegung eines Stabhochspringers. In dem Zeit-intervall A besitzt er entsprechend seiner Laufgeschwindigkeit nur kinetische Energie. ...

Bild 5.12b. ... Bei B setzt er das vordere Stabende auf den Boden und speichert durch Biegen des Stabes (insbesondere bei den neuen Fieberglasstäben) potentielle Energie der Elastizität. ...

vom Weg nicht abhängt, heißen *konservativ.* Für sie gilt, daß die verrichtete Arbeit längs eines geschlossenen Weges Null wird.

Nehmen wir an, daß die Kraft von der Bahngeschwindigkeit des Teilchens abhängt (z.B. ist die Kraft auf ein geladenes Teilchen im Magnetfeld geschwindigkeitsab-hängig). Kann eine derartige Kraft konservativ sein? Es stellt sich heraus, daß die fundamentalen geschwindigkeits-abhängigen Kräfte konservativ sind, da sie stets *senkrecht* zur Bewegungsrichtung des Teilchens gerichtet sind, so daß $\mathbf{F} \cdot d\mathbf{r}$ verschwindet. Das trifft zu für die Lorentz-kraft aus Kapitel 3; sie ist proportional $\mathbf{v} \times \mathbf{B}$. Reibungs-kräfte sind ebenfalls geschwindigkeitsabhängig, aber nicht konservativ.

In allen unseren Überlegungen hatten wir es mit *Kräften zwischen zwei Körpern* zu tun (die durch die Anwesenheit weiterer Körper nicht beeinflußt werden). Dies ist eine wichtige Einschränkung, die in Band 2 (Abschnitt 1.6) analysiert wird.

Die Messungen ergeben, daß $W(A \to B)$ für Gravitations-kräfte und für elektrostatische Kräfte wegunabhängig ist. Das gleiche Ergebnis für die Wechselwirkung zwischen Elementarteilchen folgern wir aus Streuversuchen; für Gravitationskräfte folgt es aus der Genauigkeit, mit der wir die Bewegungen der Planeten und des Mondes vorher-sagen können (siehe die historische Anmerkung). Wir wis-sen auch aus geologischen Untersuchungen über die Tempe-ratur der Erdoberfläche, daß die Erde bisher ungefähr $4 \cdot 10^9$ Umläufe um die Sonne vollzogen hat, ohne daß sich ihre Entfernung zur Sonne wesentlich geändert hätte. Diese Aussage der Geologie kann allerdings nicht als ganz schlüssig betrachtet werden wegen der großen Anzahl an

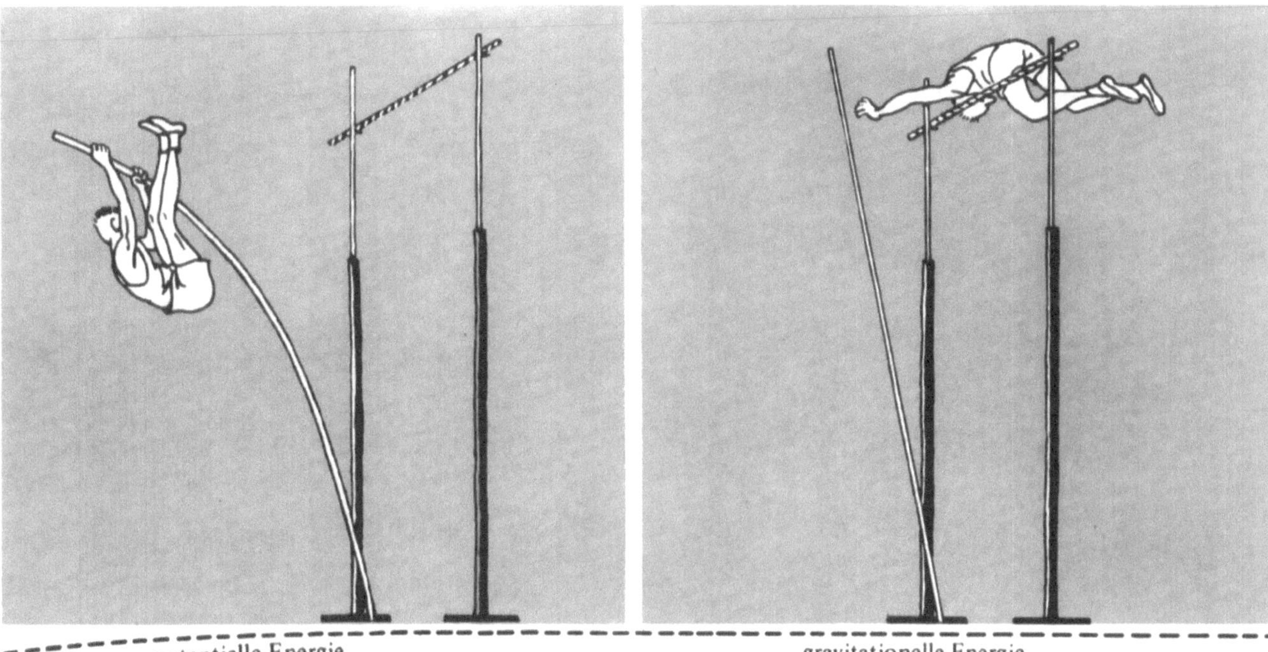

Bild 5.12c. ... Bei C steigt der Springer auf; er hat hier, verbunden mit seiner Rotationsgeschwindigkeit um das untere Ende des Stabes, weiterhin eine beträchtliche kinetische Energie; ferner besitzt er potentielle Energie der Gravitation und die noch verbliebene elastische Energie des Stabes. ...

Bild 5.12d. ... In D, beim Überqueren der Latte, ist die kinetische Energie des Springers aufgrund seiner langsamen Bewegung gering, die potentielle Energie (der Schwere) dagegen groß. Die Gesamtenergie ist während des Stabhochsprunges nicht konstant, denn ein Teil geht durch Reibung verloren; überdies verrichtet der Hochspringer beim Biegen des Stabes Arbeit.

Faktoren, die auf die Temperatur einen Einfluß haben. Weitere Beispiele finden Sie in der historischen Anmerkung am Ende des Kapitels.

Über den Unterschied zwischen Zentralkräften und Nichtzentralkräften läßt sich noch einiges sagen. Bei der Betrachtung der Kraft zwischen zwei Teilchen stoßen wir auf zwei Möglichkeiten:

1. Die Teilchen besitzen nur Ortskoordinaten[1]).
2. Eines der Teilchen oder beide haben eine physikalisch ausgezeichnete Achse.

Im ersten Fall kann sich *nur* eine Zentralkraft ergeben; dagegen ist im zweiten Fall die Angabe, das Teilchen wird von A nach B bewegt, unvollständig — wir müssen noch

die Richtung der Achse in einem Bezugssystem angeben. So hat z. B. ein Stabmagnet eine physikalisch ausgezeichnete Achse: Bewegen wir ihn in einem gleichförmigen Magnetfeld auf einer geschlossenen Bahn herum, so verrichten wir an ihm Arbeit oder auch nicht. Kehrt er an seinen Ausgangsort mit *gleicher Orientierung* zurück, dann ist keine Arbeit verrichtet worden. Hat sich die Orientierung nach einem Umlauf geändert, dann trifft das Gegenteil zu. (Die verrichtete Arbeit kann ein positives oder negatives Vorzeichen besitzen.)

Es ist leicht einzusehen, daß die Reibung keine konservative Kraft ist. Sie ist der Bewegungsrichtung stets entgegengesetzt und die von ihr auf dem Weg $A \rightarrow B$ der Länge d verrichtete Arbeit ist daher gleich $F_R d$, die Arbeit auf dem Rückweg ist aber ebenfalls $F_R d$. Wenn aber die Reibung eine Auswirkung der grundlegenden Naturkräfte ist, und diese Kräfte konservativ sind, wie

---

[1]) Das ist für Punktteilchen der Fall, die keine innere Struktur aufweisen.

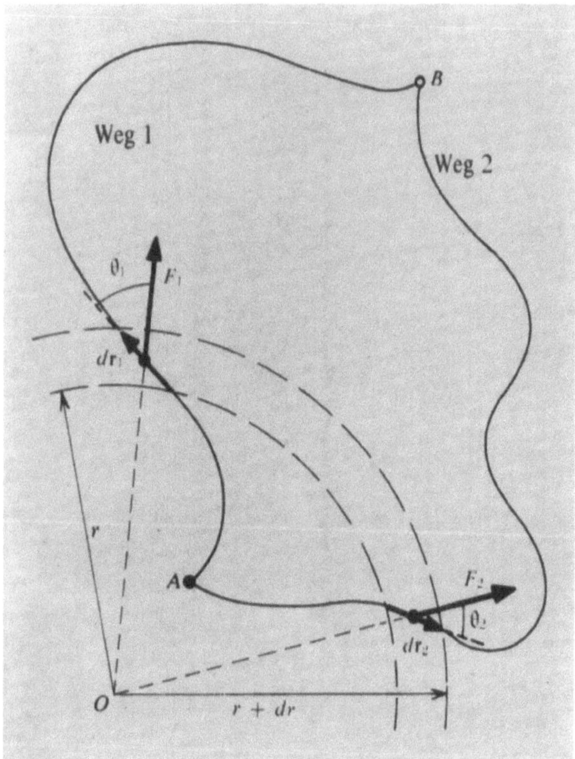

Bild 5.13. Zur Berechnung des Wegintegrals der Kraft auf zwei verschiedenen Wegen; **F** sei eine Zentralkraft.

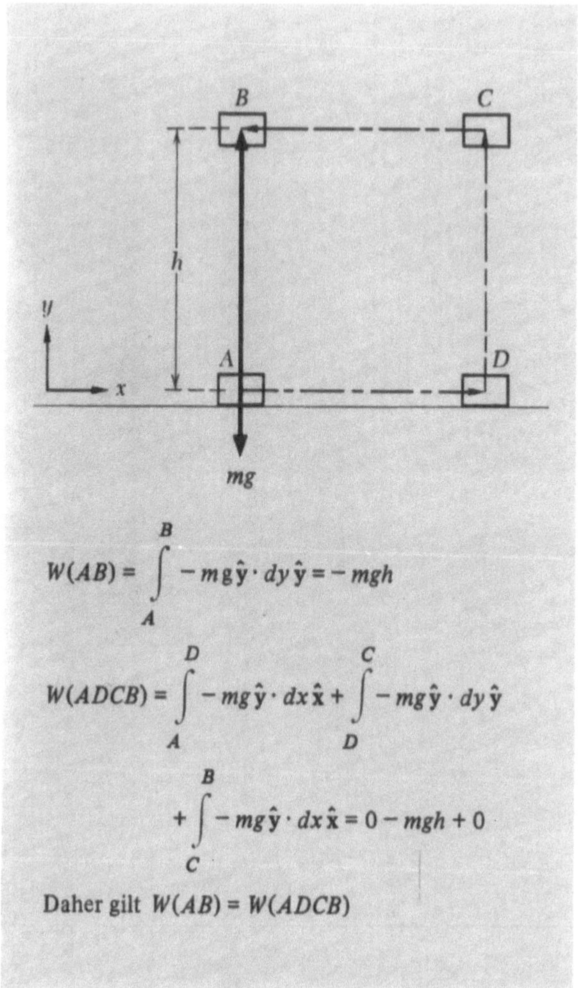

$$W(AB) = \int_A^B -mg\,\hat{\mathbf{y}} \cdot dy\,\hat{\mathbf{y}} = -mgh$$

$$W(ADCB) = \int_A^D -mg\,\hat{\mathbf{y}} \cdot dx\,\hat{\mathbf{x}} + \int_D^C -mg\,\hat{\mathbf{y}} \cdot dy\,\hat{\mathbf{y}}$$

$$+ \int_C^B -mg\,\hat{\mathbf{y}} \cdot dx\,\hat{\mathbf{x}} = 0 - mgh + 0$$

Daher gilt $W(AB) = W(ADCB)$

Bild 5.14. Zur Berechnung des Wegintegrals der Kraft in einem gleichförmigen Gravitationsfeld. Zwei verschiedene Wege AB und $ADCB$ werden betrachtet, die Integrale stimmen überein.

kann dann die Reibung nichtkonservativ sein? Um dies zu sehen, müssen wir alle Bewegungen auf atomarem Niveau betrachten, jede Kraft und jede Bewegung ist dort konservativ. Wenn wir aber einen Teil der Bewegungen als Wärme ansehen, die vom Standpunkt der Mechanik aus nutzlos ist, so sagen wir, daß Reibungskräfte am Werk waren. Der Zusammenhang von Wärme und thermischer Bewegung der Moleküle wird in Band 5 ausführlich besprochen. Bei der Diskussion der Impulserhaltung in Kapitel 4 betrachteten wir den unelastischen Stoß zweier Teilchen. Die kinetische Energie blieb nicht erhalten; doch die Summe aus kinetischer Energie und innerer Anregungsenergie für beide Teilchen, die wir mit *Gesamtenergie* bezeichneten, war nach unserer Annahme eine Erhaltungsgröße, in Übereinstimmung mit allen bisher bekannten Messungen.

Wir kehren nun zur Diskussion der potentiellen Energie zurück. Die Untersuchung konservativer Kräfte hat gezeigt, daß die potentielle Energie an einem Ort nur für diese Kräfte eindeutig, und damit sinnvoll, definiert werden kann. Wir haben gesehen, wie man die potentielle Energie bei bekannten Kräften berechnet: Wir wählen einen Nullpunkt und berechnen die Arbeit, die wir bei einer langsamen (d.h. ohne Änderung der kinetischen

Energie) Verschiebung des Körpers vom Nullpunkt zum gewünschten Punkt verrichten. Da die dazu notwendige äußere Kraft $\mathbf{F}_a$ stets entgegengesetzt gleich der Kraft $\mathbf{F}$ ist, die in dem System auftritt, können wir die potentielle Energie mit Hilfe von $\mathbf{F}$ ausdrücken:

$$\int_A^r \mathbf{F}_a \cdot d\mathbf{r} = -\int_A^r \mathbf{F} \cdot d\mathbf{r} = E_p(\mathbf{r}) - E_p(A) = E_p(\mathbf{r}). \tag{5.24}$$

Dabei haben wir $E_p(A) = 0$ gewählt.

Können wir auch umgekehrt die Kraft $\mathbf{F}$ aus der potentiellen Energie bestimmen? Ja. In einer Dimension ist z.B.

$$E_p(x) - E_p(A) = -\int_A^x F\,dx, \tag{5.25}$$

woraus wir durch Differentiation

$$\frac{dE_\mathrm{p}}{dx} = -F \qquad (5.26)$$

erhalten.

Dieses Ergebnis prüfen wir durch Einsetzen von Gl. (5.26):

$$-\int_A^x F\,dx = \int_A^x \frac{dE_\mathrm{p}}{dx}\,dx = \int_A^x dE_\mathrm{p} = E_\mathrm{p}(x) - E_\mathrm{p}(A). \qquad (5.27)$$

Gl. (5.26) ist ein Sonderfall des allgemeinen Ergebnisses, daß die Kraft gleich dem negativen Raumgradienten der potentiellen Energie ist. Im Dreidimensionalen lautet die zu Gl. (5.26) analoge Beziehung

$$\mathbf{F} = -\hat{\mathbf{x}}\,\frac{\partial E_\mathrm{p}}{\partial x} - \hat{\mathbf{y}}\,\frac{\partial E_\mathrm{p}}{\partial y} - \hat{\mathbf{z}}\,\frac{\partial E_\mathrm{p}}{\partial z} \equiv -\operatorname{grad} E_\mathrm{p}, \qquad (5.28)$$

wobei grad den Gradientenoperator bezeichnet, der folgendermaßen definiert ist

$$\operatorname{grad} \equiv \hat{\mathbf{x}}\,\frac{\partial}{\partial x} + \hat{\mathbf{y}}\,\frac{\partial}{\partial y} + \hat{\mathbf{z}}\,\frac{\partial}{\partial z}$$

in kartesischen Koordinaten $\qquad (5.29)$

$$\operatorname{grad} \equiv \hat{\mathbf{r}}\,\frac{\partial}{\partial r} + \hat{\boldsymbol{\theta}}\,\frac{1}{r}\,\frac{\partial}{\partial \theta} \text{ in Polarkoordinaten.}$$

Die allgemeinen Eigenschaften des Gradientenoperators behandeln wir in Band 2. Dort wird gezeigt, daß der Gradient eines Skalars ein Vektor in Richtung des steilsten Anstiegs der skalaren Größe ist. Sein Betrag stimmt mit der Steigung des Skalars in dieser Richtung überein. Die üblichen Schreibweisen für den Gradienten eines Skalars E_p sind $\operatorname{grad} E_\mathrm{p}$, ∇E_p (lies: Nabla-E_p) und $\partial E_\mathrm{p}/\partial \mathbf{r}$.

Die Anwendung dieser Ideen auf eine Gleichgewichtslage $dE_\mathrm{p}/dx = 0$ und die Stabilität dieses Gleichgewichts zeigen die Bilder 5.15a bis 5.15c.

Die graphische Darstellung der potentiellen Energie als Funktion einer Koordinate x sind oft sehr aufschlußreich. Die Bilder 5.16a bis 5.16c zeigen ein Beispiel, wobei die Tatsache eingeht, daß die kinetische Energie E_k nicht negativ sein kann. Welche Bewegung ergibt sich für die Energie E' in Bild 5.16b?

Unser Hauptresultat, den Energiesatz

kinetische Energie + potentielle Energie = const.,

verallgemeinern wir in Kapitel 12, um Vorgänge mit einzubeziehen, in denen ein Teil oder die Gesamtmasse in Energie umgewandelt wird. Derartige Prozesse beinhalten meist Kernreaktionen. Die notwendige Verallgemeinerung ergibt sich als eine natürliche Folgerung aus der speziellen Relativitätstheorie.

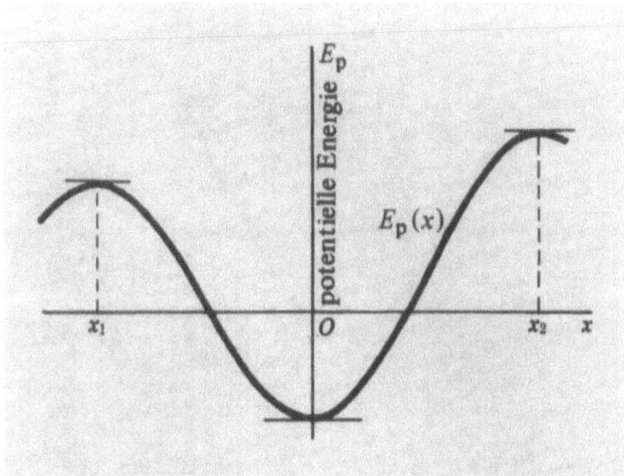

Bild 5.15a. Die potentielle Energie $E_\mathrm{p}(x)$ als Funktion von x in einer Dimension. In $x = x_1$, O, x_2 ist $dE_\mathrm{p}/dx = 0$, und somit verschwindet dort auch die Kraft F. Diese drei Gleichgewichtslagen sind nicht alle stabil.

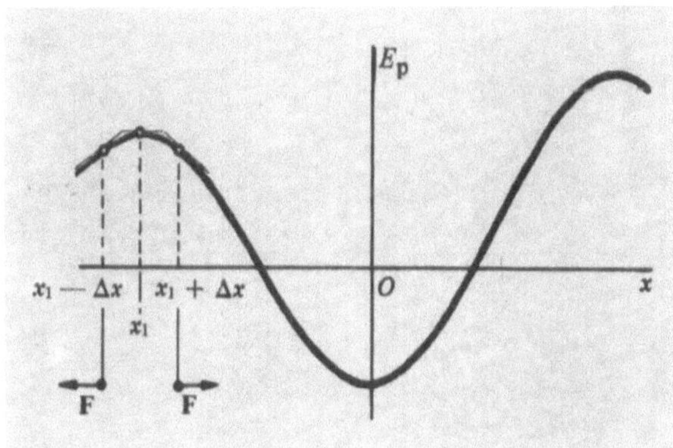

Bild 5.15b. Im Punkt $x_1 - \Delta x$ gilt $dE_\mathrm{p}/dx > 0$ und damit $F < 0$ (nach links gerichtet). Im Punkt $x_1 + \Delta x$ ist $dE_\mathrm{p}/dx < 0$ und damit $F > 0$ (nach rechts gerichtet). Eine geringe Verschiebung aus der Lage x_1 bewirkt somit eine Kraft, die zu einer Vergrößerung der Abweichung führt. Folglich liegt in x_1 ein *instabiles* Gleichgewicht vor.

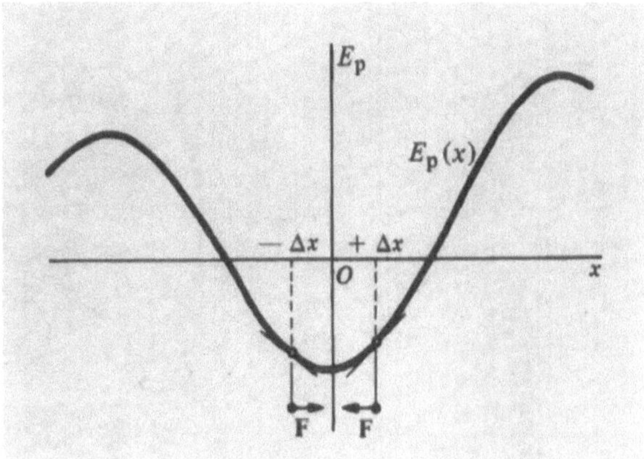

Bild 5.15c. Bei $x = -\Delta x$ gilt $dE_\mathrm{p}/dx < 0$: F ist nach rechts gerichtet. Bei $x = +\Delta x$ gilt $dE_\mathrm{p}/dx > 0$: F ist nach links gerichtet. In $x = 0$ herrscht also *stabiles* Gleichgewicht. Was können wir über x_2 aussagen?

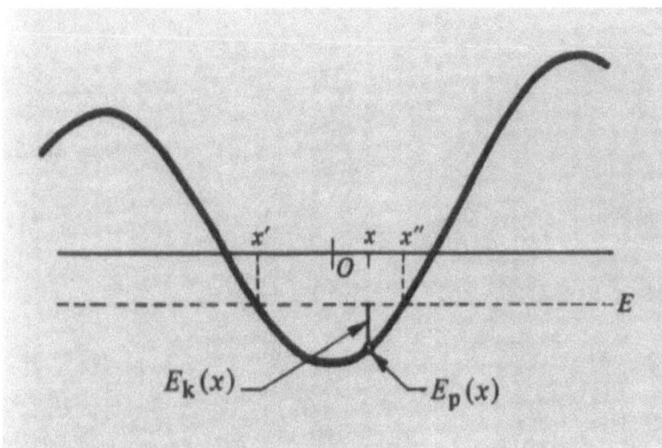

Bild 5.16a. Die Gesamtenergie $E = E_k + E_p$ ist konstant. Bei vorgegebenem E bleibt demnach die Bewegung zwischen den „Umkehrpunkten" x' und x'' beschränkt. Dort gilt

$$E_k = \frac{m v^2}{2} = E - E_p \geqslant 0.$$

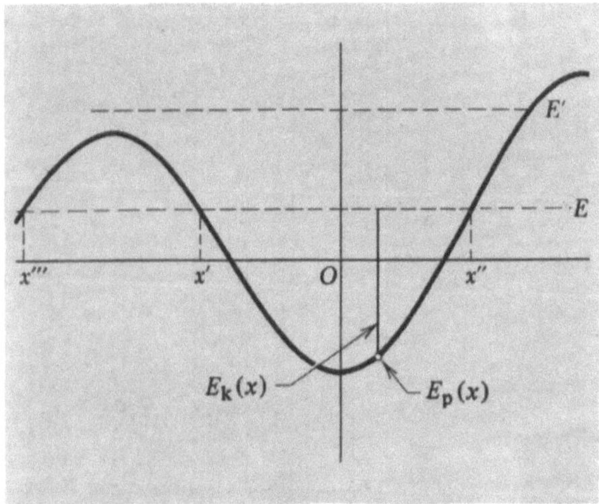

Bild 5.16b. Wird E vergrößert, so verschieben sich im allgemeinen die Umkehrpunkte x' und x''. $E_k(x) = E - E_p(x)$ ist jetzt größer. Die Bewegung kann nun auch links von x''' stattfinden, wenn sie bei x''' beginnt.

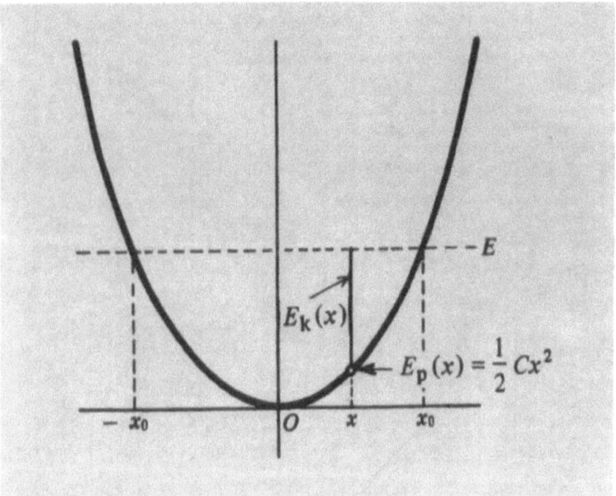

Bild 5.16c. Der einfache harmonische Oszillator bei $x = 0$ im stabilen Gleichgewicht. Bei $x = \pm x_0$ verschwindet E_k.

Potentielle Energie und Energieerhaltung in elektrischen und Gravitationsfeldern. Wir haben die potentielle Energie bisher für eine konstante Kraft und die Federkraft $-Cx$ berechnet. Diese Rechnung wollen wir nun auch für das $(1/r^2)$-Gesetz durchführen.

Wir beginnen mit dem Gravitationsgesetz. Wir wissen bereits, daß es sich um eine konservative Kraft handelt und können daher die Arbeit auf einfachstem Wege berechnen. Zwei Massen m_1 und m_2 ruhen anfänglich im Abstand r_A. Welche Arbeit müssen *wir* verrichten, um diesen Abstand auf r abzuändern? m_1 sei festgehalten und $\mathbf{r}$ sei der Vektor von m_1 nach m_2, wie Bild 5.17 zeigt. Erhöhen wir den Abstand auf $\mathbf{r} + d\mathbf{r}$, so müssen wir die Arbeit

$$dW = \mathbf{F}_a \cdot d\mathbf{r} = \frac{G m_1 m_2}{r^3}\, \mathbf{r} \cdot d\mathbf{r} = \frac{G m_1 m_2}{r^2}\, dr$$

verrichten. Die Gesamtarbeit bei der Verschiebung ist daher

$$W = \int_{r_A}^{r} \frac{G m_1 m_2}{r^2}\, dr = - \frac{G m_1 m_2}{r} \Bigg|_{r_A}^{r}$$

$$= - \frac{G m_1 m_2}{r} + \frac{G m_1 m_2}{r_A}\,. \qquad (5.30)$$

Wir können das Vorzeichen überprüfen, da für $r > r_A$ die Arbeit positiv ist (wir verrichten Arbeit) und für $r < r_A$ negativ.

Um zur potentiellen Energie überzugehen, müssen wir einen Nullpunkt wählen. Setzen wir $E_p = 0$ in $r = r_A$, so ist der Ausdruck (5.30) gleich E_p

$$E_p(r) = - \frac{G m_1 m_2}{r} + \frac{G m_1 m_2}{r_A}\,.$$

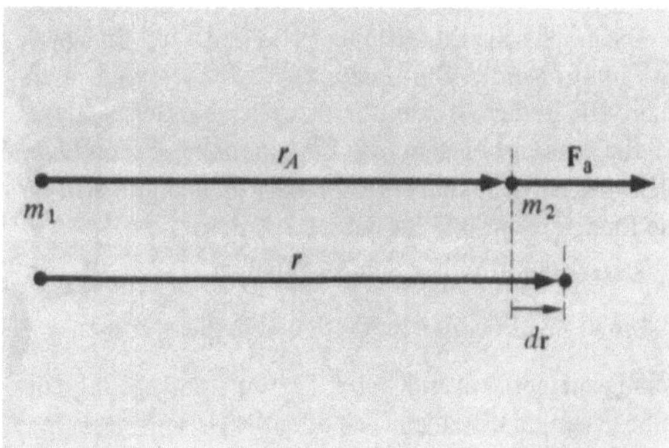

Bild 5.17. Die Kraft $\mathbf{F}_a$ ist der Gravitationskraft gleich und entgegengerichtet. Sie verrichtet bei der Verschiebung $d\mathbf{r}$ die Arbeit $\mathbf{F}_a \cdot d\mathbf{r} = F_a dr$.

Für $r_A = \infty$ verschwindet aber der zweite Term

$$E_p(r) = -\frac{Gm_1 m_2}{r}\,, \qquad (5.31)$$

so daß diese Wahl besonders einfach ist: $E_p = 0$ in $r = \infty$. Die potentielle Energie ist dann stets negativ, da wir immer Arbeit gewinnen können, wenn wir die Massen einander aus unendlicher Entfernung nähern.

Wir können den Energiesatz nun für einen Körper mit der Masse m_1, der sich im Gravitationsfeld einer Masse $m\,(m \gg m_1)$ bewegt, schreiben:

$$E = \frac{1}{2} m_1 v_A^2 - \frac{Gm_1 m}{r_A} = \frac{1}{2} m_1 v_B^2 - \frac{Gm_1 m}{r_B}\,, \qquad (5.32)$$

wobei v_A und r_A Geschwindigkeit und Ort zu einer Zeit und v_B und r_B zu einer anderen Zeit sind.

Wir betrachten nun elektrische Kräfte

$$\mathbf{F} = \frac{kQ_1 Q_2}{r^2}\,\hat{\mathbf{r}}$$

zwischen den Ladungen Q_1 und Q_2. Wir bestimmen die Arbeit, die erforderlich ist, um Q_2 bei festgehaltenem Q_1 langsam von r_A nach r zu bringen. Die dazu notwendige Kraft beträgt

$$\mathbf{F}_a = -\frac{kQ_1 Q_2}{r^2}\,\hat{\mathbf{r}}\,.$$

Zur Verschiebung um $d\mathbf{r}$ ist die Arbeit

$$dW = \mathbf{F}_a \cdot d\mathbf{r} = -\frac{kQ_1 Q_2}{r^2}\,\hat{\mathbf{r}} \cdot d\mathbf{r} = -\frac{kQ_1 Q_2}{r^2}\,dr$$

erforderlich, da $\mathbf{r}$ und $d\mathbf{r}$ parallel sind. Die Gesamtarbeit beträgt daher

$$W = \int_{r_A}^{r} -k\frac{Q_1 Q_2}{r^2}\,dr = k\left.\frac{Q_1 Q_2}{r}\right|_{r_A}^{r} = k\frac{Q_1 Q_2}{r} - k\frac{Q_1 Q_2}{r_A}\,.$$

Wieder ist es am einfachsten $E_p = 0$ in $r = \infty$ zu wählen, dann wird

$$E_p = k\frac{Q_1 Q_2}{r}\,. \qquad (5.33)$$

Für gleichnamige Ladungen ist E_p positiv, für ungleichnamige negativ. Dieses Vorzeichen ist korrekt, da wir Arbeit aufwenden müssen, um gleichnamige Ladungen aus dem Unendlichen anzunähern. Für mehr als zwei Punktladungen ist die potentielle Energie die Summe von Termen der Form (5.33), wobei über alle Paare zu summieren ist, die aus den Teilchen des Systems gebildet werden können.

Wir überprüfen unsere Ergebnisse noch, indem wir die Kraft aus der potentiellen Energie mit Gl. (5.28) herleiten

$$\mathbf{F} = -\nabla E_p = -\frac{\partial}{\partial r}\left(\frac{Q_1 Q_2}{r}\right)\hat{\mathbf{r}} = \frac{Q_1 Q_2}{r^2}\,\hat{\mathbf{r}}$$

und ähnlich für die Gravitationskraft

$$\mathbf{F} = -\nabla E_p = -\frac{\partial}{\partial r}\left(-\frac{Gm_1 m_2}{r}\right)\hat{\mathbf{r}} = -\frac{Gm_1 m_2}{r^2}\,\hat{\mathbf{r}}\,.$$

Mit $r^2 = x^2 + y^2 + z^2$ erhalten wir für F_x, F_y und F_z

$$F_x = -\frac{\partial}{\partial x}\left[-\frac{Gm_1 m_2}{(x^2 + y^2 + z^2)^{1/2}}\right]$$

$$= -\frac{Gm_1 m_2 x}{(x^2 + y^2 + z^2)^{3/2}} = -\frac{Gm_1 m_2 x}{r^3}$$

und analog für das elektrische Feld

$$F_x = -\frac{\partial}{\partial x}\frac{Q_1 Q_2}{(x^2 + y^2 + z^2)^{1/2}} = \frac{Q_1 Q_2 x}{(x^2 + y^2 + z^2)^{3/2}} = \frac{Q_1 Q_2 x}{r^3}\,.$$

Das *elektrostatische Potential* $\Phi(\mathbf{r})$ in $\mathbf{r}$ definieren wir als die *potentielle Energie je positiver Einheitsladung* im Kraftfeld aller anderen Ladungen:

$$\Phi(\mathbf{r}) = \frac{E_p(\mathbf{r})}{Q} = \int_{r}^{\infty} \mathbf{E}(\mathbf{r}) \cdot d\mathbf{r}\,. \qquad (5.34)$$

Diese Größe ist sehr nützlich. Wie die potentielle Energie E_p ist auch das Potential Φ ein Skalar, doch wir dürfen die beiden nicht verwechseln, wie es leider oft geschieht.

Kennen wir $\mathbf{E}(\mathbf{r})$ an jedem Ort, so können wir auch $\Phi(\mathbf{r})$ bis auf eine willkürliche Konstante überall bestimmen. Da Φ ein skalares Feld ist, kann man damit einfacher arbeiten, als mit dem Vektorfeld $\mathbf{E}(\mathbf{r})$.

Besonders wichtig ist der Zusammenhang des Potentials mit der elektrischen *Spannung*. Die Spannung ist als *Potentialdifferenz* zwischen zwei Punkten $\mathbf{r}_1$ und $\mathbf{r}_2$ definiert:

$$\text{Spannung} = \Phi(\mathbf{r}_2) - \Phi(\mathbf{r}_1)\,. \qquad (5.35)$$

Sie gibt die Änderung der elektrostatischen potentiellen Energie einer Einheitsladung an, die von $\mathbf{r}_1$ nach $\mathbf{r}_2$ verschoben wird. Für eine Ladung Q gilt entsprechend, daß die Differenz ihrer potentiellen Energie zwischen diesen Punkten durch

$$E_p(\mathbf{r}_2) - E_p(\mathbf{r}_1) = Q[\Phi(\mathbf{r}_2) - \Phi(\mathbf{r}_1)]$$

gegeben ist.

Die Einheit der Spannung ist das Volt (V). Zwischen zwei Punkten liegt eine Spannung von $1\,\text{V}$ wenn zur Verschiebung der Ladung $1\,\text{C}$ von einem Punkt zum anderen die Arbeit $1\,\text{J}$ aufzuwenden ist, $1\,\text{V} = 1\,\text{J/C}$. Das elektrische Feld $\mathbf{E}$ wird in Volt pro Meter (V/m) gemessen.

Die folgenden Beispiele behandeln die potentielle Energie und das Potential, wobei manche Beispiele auch Zentralkräfte von der Art elektrischer und gravitativer Kräfte beinhalten.

● **Beispiele:** *1. Fluchtgeschwindigkeit.* Wir berechnen die für ein Teilchen der Masse m erforderliche Anfangsgeschwindigkeit, um a) die Erde und b) das Sonnensystem zu verlassen. (Hierbei vernachlässigen wir die Erdrotation.)

Die Bilder 5.18a bis 5.18f zeigen die Bedeutung und die Verwendung von Energiediagrammen für ein derartiges Problem. Nach Gl. (5.32) können wir die Gesamtenergie E eines Teilchens mit Masse m im Abstand R_e, des Erdradius, vom Erdmittelpunkt schreiben:

$$E = \frac{1}{2} m v^2 - \frac{G m_e m}{R_e},$$

wobei

$$m_e = 5{,}98 \cdot 10^{24} \text{ kg},$$
$$R_e = 6{,}4 \cdot 10^{6} \text{ m},$$
$$G = 6{,}67 \cdot 10^{-11} \text{ Nm}^2/\text{kg}^2$$

(nach Kapitel 3, S. 40).

Um einen unendlichen Abstand von der Erde mit der geringsten möglichen Geschwindigkeit (Null) zu erreichen, muß die Gesamtenergie Null sein, da die kinetische Energie und die gravitationelle potentielle Energie den Wert Null haben; denn $E_p(r) \to 0$ für $r \to \infty$. Somit muß E gleich Null sein, wenn die Gesamtenergie des Teilchens zwischen Abschuß und Flucht konstant ist, woraus die Fluchtgeschwindigkeit v_e zu

$$\frac{1}{2} m v_e^2 = \frac{G m_e m}{R_e}, \quad v_e = \sqrt{\frac{2 G m_e}{R_e}} \tag{5.36}$$

folgt. Die Gravitationsbeschleunigung g auf der Erdoberfläche beträgt $G m_e / R_e^2$, so daß

$$v_e = \sqrt{2 g R_e} \approx \sqrt{(2 \cdot 10) \cdot (6 \cdot 10^6)} \text{ m/s} = 10^4 \text{ m/s}.$$

Um aus der Sonnenanziehung für sich zu fliehen, benötigt ein von der Erde abgeschossenes Teilchen (im Abstand R_{es} von der Sonne) die Fluchtgeschwindigkeit

$$v_s = \sqrt{\frac{2 G m_s}{R_{es}}} \approx \left[\frac{2 \cdot (7 \cdot 10^{-11}) \cdot (2 \cdot 10^{30})}{1{,}5 \cdot 10^{11}} \right]^{1/2} \text{ m/s}$$
$$\approx 4 \cdot 10^4 \text{ m/s}$$

mit dem Verhältnis $m_s/m_e = 3{,}3 \cdot 10^5$ und dem Wert $R_{es} = 1{,}5 \cdot 10^{13}$ cm. Somit ist es für einen von der Erde abgeschossenen Körper einfacher möglich, von der Erde als aus dem Sonnensystem zu fliehen.   ●

● *2. Gravitationspotential in der Nähe der Erdoberfläche.* Die potentielle Energie eines Körpers der Masse m beträgt in einer Entfernung r vom Erdmittelpunkt für $r > R_e$

$$E_p(r) = - \frac{G m m_e}{r}$$

mit der Erdmasse m_e. Wir zeigen, daß

$$E_p \approx - mg R_e + mgy \tag{5.37}$$

mit dem Erdradius R_e und der Höhe y über der Erdoberfläche gilt, falls $y/R_e \ll 1$. Hier ist $g = G m_e / R_e^2 \approx 9{,}80 \text{ m/s}^2$. Mit $r = R_e + y$ ist

$$E_p = - G m m_e \frac{1}{(R_e + y)}.$$

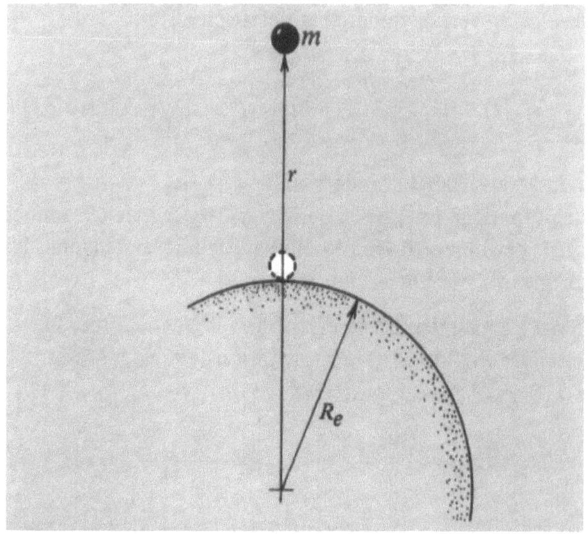

Bild 5.18a. Welche Fluchtgeschwindigkeit benötigt eine Masse m bei einem Start von der Erdoberfläche zum Verlassen des Schwerefeldes der Erde?

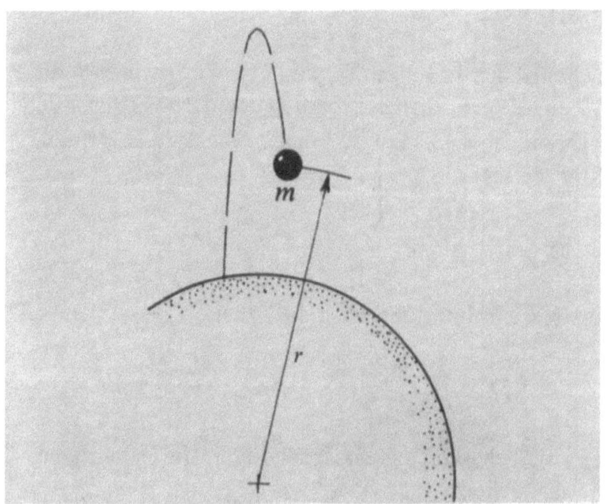

Bild 5.18b. Die Flugbahn für den Fall, daß die kinetische Energie nicht ausreicht.

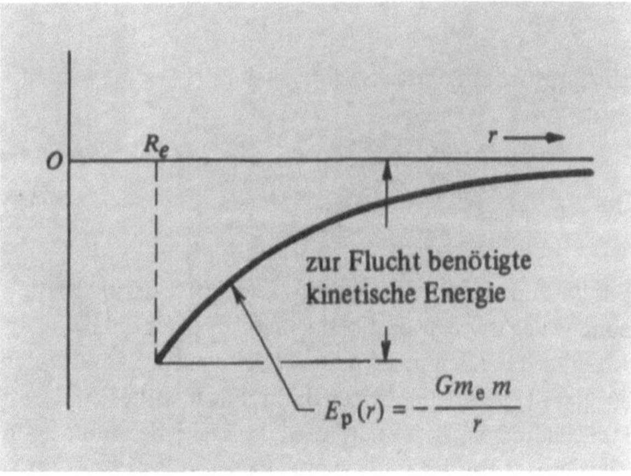

Bild 5.18c. Hier ist die kinetische Energie zu klein. Um ins Unendliche zu kommen, muß $E_k \geqslant |-E_p|$ sein.

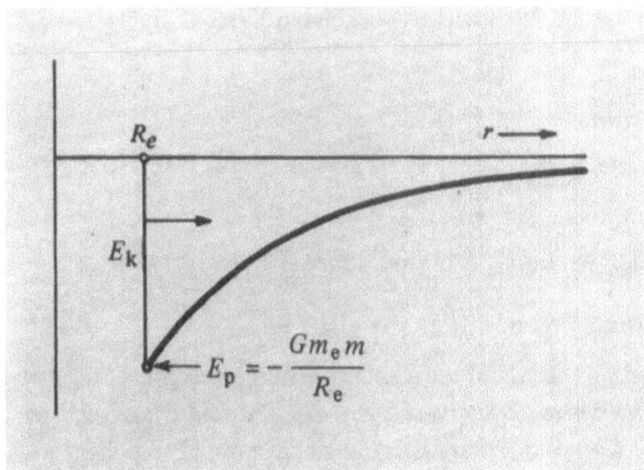

Bild 5.18d. m ist mit der kleinsten zur Flucht ausreichenden kinetischen Energie

$$E_k = \frac{1}{2}\,m\,v_e^2 = \frac{Gm_e m}{R_e}$$

von der Erdoberfläche (Radius R_e) abgeschossen worden. Die Fluchtgeschwindigkeit von der Erde bezeichnen wir mit v_e.

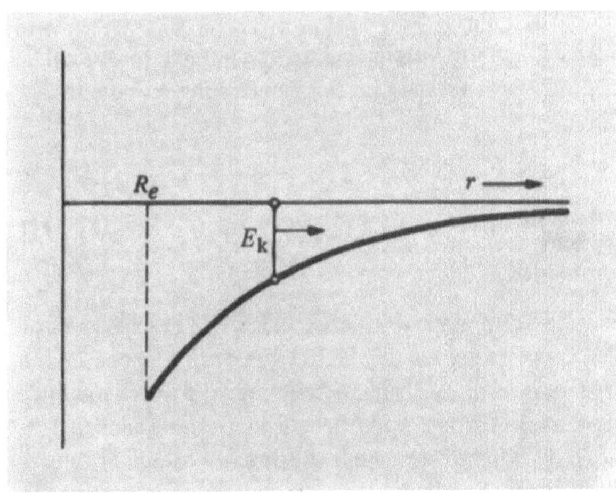

Bild 5.18e. Einige Zeit später hat E_p zugenommen und E_k abgenommen, während m sich weiter vom Erdmittelpunkt entfernt.

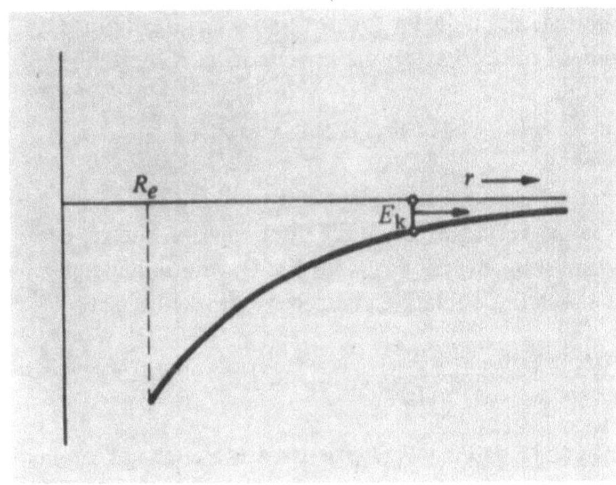

Bild 5.18f. Noch später haben E_k und $|E_p|$ weiter abgenommen

Dividieren wir Zähler und Nenner durch R_e, so gilt

$$E_p = -\frac{Gm\,m_e}{R_e}\cdot\frac{1}{(1 + y/R_e)}\;.$$

Die Reihenentwicklung (2.49) mit $n = -1$ liefert

$$E_p = -\frac{Gm\,m_e}{R_e}\left(1 - \frac{y}{R_e} + \frac{y^2}{R_e^2} - \dots\right)$$

oder mit $g = Gm_e/R_e^2$

$$E_p = -mg\,R_e\left(1 - \frac{y}{R_e} + \frac{y^2}{R_e^2} - \dots\right)$$

Bis auf die additive Konstante $-mg\,R_e$ stimmt dies für $y \ll R_e$ mit Gl. (5.8) überein.

● *3. Bewegung eines Geschosses.* Wir geben hier ein weiteres Beispiel einer zweidimensionalen Bewegung in einem konstanten Gravitationsfeld. Dieses Beispiel haben wir bereits mit dem zweiten Newtonschen Gesetz gelöst. Die Kraft sei $\mathbf{F}_G = -mg\hat{\mathbf{y}}$.

1. Berechnen Sie die von der Gravitation verrichtete Arbeit bei der Verschiebung einer Masse $m = 10$ kg vom Ursprung nach

$$\mathbf{r} = 50\hat{\mathbf{x}} + 50\hat{\mathbf{y}}$$

$$W = \int_{0,0}^{50,50} \mathbf{F}_G \cdot d\mathbf{r} = -mg\hat{\mathbf{y}} \cdot (50\hat{\mathbf{x}} + 50\hat{\mathbf{y}}) = 10\cdot 9{,}8\cdot 0{,}5 \text{ J}$$

$$= -4{,}9\cdot 10 \text{ J}.$$

Die Arbeit ist also negativ.

2. Wie ändert sich die potentielle Energie bei dieser Verschiebung? Es ist

$$F_a = +mg\hat{\mathbf{y}}$$

und daher

$$\Delta E_p = -W = +4{,}9\cdot 10 \text{ J},$$

so daß die potentielle Energie um $4{,}9\cdot 10$ J ansteigt. Für $E_p = 0$ in $x = y = 0$ ist

$$E_p = mgy.$$

3. Ein Teilchen der Masse m wird mit der Anfangsgeschwindigkeit v_0 im Winkel θ zur Horizontalen aus dem Ursprung abgeschossen; wie hoch steigt es? Hier müssen wir die Tatsache verwenden, daß v_x unverändert bleibt.

$$E = \tfrac{1}{2}m v_0^2 = \tfrac{1}{2}m(v_x^2 + v_y^2) = \tfrac{1}{2}m(v_0^2 \cos^2\theta + v_0^2 \sin^2\theta)$$
$$= \tfrac{1}{2}m v_0^2 \cos^2\theta + mgy_{max}$$
$$y_{max} = \frac{v_0^2 \sin^2\theta}{2g}\;.$$

Dieses Ergebnis können wir auch aus Gl. (3.9) herleiten. ●

● *4. Elektrostatisches Feld.* Welche Feldstärke herrscht im Abstand von 10^{-10} m von einem Proton?

Aus dem *Coulombschen* Gesetz folgt

$$E = \frac{k\cdot e}{r^2} = \frac{(9\cdot 10^9)\,(1{,}6\cdot 10^{-19})}{(1\cdot 10^{-10})^2}\text{V/m}$$

$$= 1{,}5\cdot 10^{11}\text{ V/m}.$$

Das Feld ist radial vom Proton fortgerichtet. ●

● *5. Potential.* Wie groß ist in dieser Entfernung das elektrostatische Potential? Aus den Gln. (5.33) und (5.34) erhalten wir

$$\Phi(r) = k\,\frac{e}{r} = (9 \cdot 10^9)\,\frac{1{,}6 \cdot 10^{-19}}{1 \cdot 10^{-10}}\,\mathrm{V} = 15\ \mathrm{V}. \qquad ●$$

● *6. Potentialdifferenz.* Welche Potentialdifferenz liegt zwischen zwei Punkten 10^{-10} m bzw. $2 \cdot 10^{-11}$ m von einem Proton entfernt?

Das Potential bei $1 \cdot 10^{-10}$ m beträgt 15 V. Bei $2 \cdot 10^{-11}$ m ergeben sich 75 V. Die Potentialdifferenz beträgt demnach 75 V − 15 V = 60 V.   ●

● *7. Energie geladener Teilchen.* Zwei Protonen sind in 10^{-10} m Abstand voneinander fixiert. Das eine löst sich und fliegt fort. Welche kinetische Energie besitzt es in unendlicher Entfernung?

Wegen der Erhaltung der Energie muß die kinetische Energie mit der ursprünglichen potentiellen Energie übereinstimmen, also mit

$$E_\mathrm{p} = k\,\frac{e^2}{r} = (9 \cdot 10^9)\,\frac{(1{,}6 \cdot 10^{-19})^2}{10^{-10}}\,\mathrm{J} = 23 \cdot 10^{-19}\ \mathrm{J}.$$

Die Endgeschwindigkeit des Protons ergibt sich aus

$$\tfrac{1}{2}\,m v^2 \approx 23 \cdot 10^{-19}\ \mathrm{J}$$
$$v^2 \approx \frac{2 \cdot 23 \cdot 10^{-19}\ \mathrm{J}}{1{,}67 \cdot 10^{-27}\ \mathrm{kg}} \approx 27 \cdot 10^8\ (\mathrm{m/s})^2$$

zu

$$v \approx 5 \cdot 10^4\ \mathrm{m/s}.$$

Fliegen beide Protonen mit gleicher kinetischer Energie auseinander, so entfällt auf jedes nur die Hälfte des oben berechneten Energiebetrags und es ist

$$v \approx \frac{5 \cdot 10^4\ \mathrm{m/s}}{\sqrt{2}} = 3{,}5 \cdot 10^4\ \mathrm{m/s}. \qquad ●$$

● *8. Proton im gleichförmigen elektrischen Feld.* Ein Proton wird aus der Ruhe von einem gleichförmigen elektrischen Feld beschleunigt. Dabei durchfliegt es eine Potentialdifferenz von 100 V. Wie groß ist am Ende seine kinetische Energie?

Die kinetische Energie ist gleich der Änderung $e\,\Delta\Phi$ der potentiellen Energie, also

$$(1{,}6 \cdot 10^{-19}\ \mathrm{C}) \cdot (100\ \mathrm{V}) = 1{,}6 \cdot 10^{-17}\ \mathrm{J}. \qquad ●$$

● *9. Elektronvolt.* Eine bequeme Energieeinheit in der Atom- und Nuklearphysik ist das Elektronvolt (eV). Es ist definiert als die Differenz der potentiellen Energie einer Ladung e zwischen zwei Punkten, deren Potentialdifferenz ein Volt beträgt. Somit gilt

$$1\ \mathrm{eV} = (1{,}6 \cdot 10^{-19}\ \mathrm{C}) \cdot (1\ \mathrm{V}) = 1{,}6 \cdot 10^{-19}\ \mathrm{J}.$$

Ein aus der Ruhe durch eine Potentialdifferenz von 1000 V beschleunigtes α-Teilchen (He^4-Kern oder zweifach ionisiertes Heliumatom) hat die kinetische Energie

$$2\,e \cdot 1000\ \mathrm{V} = 2000\ \mathrm{eV}$$

mit

$$2000\ \mathrm{eV} = (2 \cdot 10^3)\,(1{,}6 \cdot 10^{-19}\ \mathrm{J}) = 3{,}2 \cdot 10^{-16}\ \mathrm{J}. \qquad ●$$

Wir wissen, daß die Differenz der kinetischen Energie eines Teilchens zwischen zwei Punkten $(E_{kB} - E_{kA})$ der Gleichung

$$E_{kB} - E_{kA} = \int_A^B \mathbf{F} \cdot d\mathbf{r}$$

mit der auf ein Teilchen wirkenden Kraft $\mathbf{F}$ genügt. Aber Gl. (5.25) besagte

$$E_{\mathrm{p}B} - E_{\mathrm{p}A} = - \int_A^B \mathbf{F} \cdot d\mathbf{r},$$

so daß wir durch Addition dieser Gleichungen

$$(E_{kB} + E_{\mathrm{p}B}) - (E_{kA} + E_{\mathrm{p}A}) = 0 \qquad (5.38)$$

erhalten. *Somit ist die Summe aus kinetischer und potentieller Energie unabhängig von der Zeit und vom Teilchen eine Konstante.* Daraus ergibt sich für ein Einteilchensystem die Energiefunktion

$$\boxed{E = \tfrac{1}{2}\,m v^2(A) + E_\mathrm{p}(A) = \tfrac{1}{2}\,m v^2(B) + E_\mathrm{p}(B).}$$

$$(5.39)$$

Wir nennen die Konstante E *Energie* oder *Gesamtenergie* des Systems. Gl. (5.32) ist der Spezialfall dieser Gleichung für das Gravitationsfeld.

Wir wollen die Verallgemeinerung von Gl. (5.39) auf ein Zweiteilchensystem im Feld eines äußeren Potentials schreiben:

$$\begin{aligned} E &= E_\mathrm{k} + E_\mathrm{p} \\ &= \tfrac{1}{2}\,m_1 v_1^2 + \tfrac{1}{2}\,m_2 v_2^2 + E_{\mathrm{p}_1}(\mathbf{r}_1) + E_{\mathrm{p}_2}(\mathbf{r}_2) + E_\mathrm{p}(\mathbf{r}_1 - \mathbf{r}_2) \\ &= \mathrm{const.} \qquad (5.40) \end{aligned}$$

Der erste Term gibt die kinetische Energie des Teilchens 1 an; der zweite die kinetische Energie des Teilchens 2; der dritte und vierte Ausdruck beschreiben die durch das äußere Potential bedingte potentielle Energie der Teilchen 1 und 2; der fünfte Term stellt die durch Wechselwirkung zwischen den Teilchen 1 und 2 hervorgerufene potentielle Energie dar. Beachten Sie bitte, daß $E_\mathrm{p}(\mathbf{r}_1 - \mathbf{r}_2)$ nur einmal auftritt: Beeinflussen sich zwei Teilchen gegenseitig, so besitzen sie eine gemeinsame Wechselwirkungsenergie!

Befinden sich die Protonen 1 und 2 im Gravitationsfeld der Erde, so beträgt die Energie E nach Gl. (5.40)

$$E = \tfrac{1}{2}\,m(v_1^2 + v_2^2) + mg(y_1 + y_2) - \frac{Gm^2}{r_{12}} + \frac{e^2}{r_{12}},$$

wobei y positiv nach oben gezählt wird und $r_{12} = |\mathbf{r}_2 - \mathbf{r}_1|$. Der letzte Term beschreibt die Coulombsche Energie der beiden Protonen, der vorletzte ihre Gravitationsenergie. Das Verhältnis der letzten beiden Ausdrücke beträgt

$$\frac{Gm^2}{k e^2} \approx \frac{10^{-10} \cdot 10^{-54}}{10^{-10} \cdot 10^{38}} \approx 10^{-36}.$$

Es zeigt uns, daß die Gravitationskräfte zwischen Protonen äußerst gering im Verhältnis zu den elektrostatischen Kräften sind.

5.4. Die Leistung

Die Leistung P ist definiert als Energieübertragung pro Zeit. Wir definierten die Arbeit als das Skalarprodukt aus der Kraft und der Verschiebung:

$$\Delta W = \mathbf{F} \cdot \Delta \mathbf{r}.$$

Die von der Kraft pro Zeit Δt verrichtete Arbeit ergibt sich somit zu

$$\frac{\Delta W}{\Delta t} = \mathbf{F} \cdot \frac{\Delta \mathbf{r}}{\Delta t}.$$

Mit $\Delta t \to 0$ erhalten wir für die Leistung P

$$P = \frac{dW}{dt} = \mathbf{F} \cdot \frac{d\mathbf{r}}{dt} = \mathbf{F} \cdot \mathbf{v}. \tag{5.41}$$

Die Arbeit bestimmen wir umgekehrt aus dem Integral der Leistung $P(t)$ über die Zeit:

$$W(t_1 \to t_2) = \int_{t_1}^{t_2} P(t)\,dt.$$

In SI-Einheiten ist die Einheit der Leistung ein Joule pro Sekunde, was als Watt (W) bezeichnet wird,

$$1\,\text{W} = 1\,\text{J/s}.$$

Eine Pferdestärke (PS) entspricht 746 W.

5.5. Übungen

1. *Potentielle und kinetische Energie fallender Körper:*
   a) Welche potentielle Energie hat eine Masse von 1 kg in 1 km Höhe über der Erdoberfläche? Beziehen Sie die potentielle Energie auf die Erdoberfläche.
   Lösung: 9800 J.
   b) Welche kinetische Energie hat eine Masse von 1 kg, die aus einer Höhe von 1 km herabfällt, wenn sie gerade die Erde berührt? Vernachlässigen Sie Reibung.
   Lösung: 9800 J.
   c) Welche kinetische Energie besitzt die Masse nach Durchfallen der halben Strecke?
   d) Wie groß ist ihre potentielle Energie nach Durchfallen der halben Strecke? Die Summe aus c) und d) sollte gleich a) oder b) sein. Warum?

2. *Potentielle Energie außerhalb der Erdkugel:*
   a) Welche potentielle Energie $E_p(R_e)$ hat eine Masse von 1 kg auf der Erdoberfläche bezogen auf die potentielle Energie Null im Unendlichen? (Beachten Sie, daß $E_p(R_e)$ negativ ist.)
   Lösung: $-6{,}25 \cdot 10^7$ J.
   b) Welche potentielle Energie hat eine Masse von 1 kg in einer Entfernung von 10^5 km vom Erdmittelpunkt bezogen auf die potentielle Energie Null im Unendlichen?
   Lösung: $-3{,}98 \cdot 10^6$ J.

c) Welche Arbeit müssen wir aufbringen, um die Masse von der Erdoberfläche auf einen Punkt zu bringen, der 10^5 km vom Erdmittelpunkt entfernt ist?

3. *Elektrostatische potentielle Energie:*
   a) Welche elektrostatische potentielle Energie besitzen ein Elektron und ein Proton in einem Abstand von 10^{-10} m bezogen auf die potentielle Energie Null bei unendlich großem Abstand?
   Lösung: $-2{,}3 \cdot 10^{-18}$ J.
   b) Welche elektrostatische potentielle Energie besitzen zwei Protonen im gleichen Abstand? Achten Sie bei der Lösung besonders auf das Vorzeichen.

4. *Satelliten auf einer kreisförmigen Umlaufbahn:*
   a) Welche Zentrifugalkraft wirkt auf einen Satelliten, der sich auf einer Kreisbahn um die Erde im Abstand r zum Erdmittelpunkt bewegt? Die Geschwindigkeit des Satelliten relativ zum Erdmittelpunkt sei v, seine Masse m.
   b) Wie groß ist die Gravitationskraft auf den Satelliten?
   c) Drücken Sie v durch r aus, indem Sie die Gravitations- und die Zentrifugalkraft gleichsetzen.
   d) In welchem Verhältnis stehen E_k und E_p, falls $E_p = 0$ in $r = \infty$ gewählt wird?

5. *Mond – kinetische Energie:* Welche kinetische Energie hat der Mond in Bezug auf das Inertialsystem der Erde? Die relevanten Daten finden Sie in den Tafeln auf dem Innendeckel dieses Buches.

6. *Nichtharmonische Feder.* Für eine besondere Feder gilt das Kraftgesetz $F = -Dx^3$.
   a) Wie groß ist die potentielle Energie in x für $E_p = 0$ und $x = 0$?
   Lösung: $\frac{1}{4} Dx^4$.
   b) Wieviel Arbeit stecken wir in die Feder hinein, wenn wir sie langsam von 0 bis x dehnen?

7. *Potentielle Energie der Gravitation.*
   a) Welche potentielle Energie in Bezug auf die Erdoberfläche hat eine Masse $m = 1$ kg in 500 m Höhe?
   b) Die Masse wird mit der Geschwindigkeit $v = 90$ m/s abgeschossen. Mit welcher Geschwindigkeit kommt sie am Erdboden an. Spielt die Richtung der Anfangsgeschwindigkeit dabei eine Rolle?

8. *Die Atwoodsche Maschine.* Diese Maschine wurde in Kapitel 3 (S. 50) beschrieben.
   a) Bestimmen Sie die Geschwindigkeit der beiden Massen aus dem Energiesatz, wenn m_2 ein Stück y abgesunken ist.
   b) Berechnen Sie daraus die Beschleunigung und vergleichen Sie das Ergebnis mit Gl. (3.40).

9. *Ein Elektron auf einer geschlossenen Bahn um ein Proton.* Ein Elektron fliegt auf einer Kreisbahn mit dem Radius $R = 2 \cdot 10^{-10}$ m um ein ruhendes Proton.
   a) Ermitteln Sie die Geschwindigkeit des Elektrons durch Gleichsetzen der Zentrifugal- und elektrostatischen Kräfte.
   b) Wie groß sind die kinetische und die potentielle Energie? Geben Sie die Werte sowohl in J als auch in eV an.
   Losung: $E_k = 5{,}7 \cdot 10^{-19}$ J $= 3{,}6$ eV
   $\ E_p = -11{,}4 \cdot 10^{-19}$ J $= -7{,}2$ eV.

10. *Die paradoxe Feder.* Welcher Fehler ist in folgender Überlegung enthalten? Eine freihängende Feder reicht bis zum Punkt $y = 0$. Die Masse m wird an der Feder befestigt und dehnt die Feder infolge der Gravitationskraft mg. Gleich-

gewicht tritt ein, wenn der Verlust an potentieller Energie, mgy, der Masse, dem Gewinn an potentieller Energie, $Cx^2/2$, der Feder gleich ist. Die Gleichgewichtsbedingung lautet folglich

$$mgy = \frac{1}{2}Cy^2$$

und wir erhalten für die Ruhelage

$$y = \frac{2mg}{C}\ .$$

11. *Fluchtgeschwindigkeit vom Mond.* Mit $R_M = 1{,}7 \cdot 10^8$ cm und $m_M = 7{,}3 \cdot 10^{22}$ kg berechnen Sie

  a) die Gravitationsbeschleunigung an der Mondoberfläche,

  b) die Fluchtgeschwindigkeit vom Mond.

12. *Potentielle Energie gekoppelter Federn.* Zwei Federn mit der Länge a im entspannten Zustand und der Federkonstanten C sind an den Punkten $(-a, 0)$ bzw. $(+a, 0)$ befestigt und in der Mitte verbunden (Bild 5.19). Wir nehmen an, daß sie ohne zu knicken gestaucht und gedehnt werden können.

  a) Leiten Sie als Funktion der Auslenkung (x, y) des Verbindungspunktes den folgenden Ausdruck für die potentielle Energie des Systems ab:

$$E_p = \frac{C}{2}\{[(x+a)^2 + y^2]^{1/2} - a\}^2 + \frac{C}{2}\{[(a-x)^2 + y^2]^{1/2} - a\}^2$$

  b) Die potentielle Energie hängt hier sowohl von x als auch von y ab; daher müssen wir zur Berechnung der beteiligten Kräfte partiell differenzieren. Wir erinnern an die dazugehörigen Differentiationsregeln

$$\frac{\partial f(x, y)}{\partial x} = \frac{d}{dx} f(x; y = \text{const.}),$$

$$\frac{\partial f(x, y)}{\partial y} = \frac{d}{dy} f(x = \text{const.}; y).$$

Berechnen Sie die Kraftkomponente F_x und zeigen Sie, daß für $r = 0$ auch F_x verschwindet.

  c) Berechnen Sie F_y für $x = 0$. Achten Sie dabei besonders auf die Vorzeichen.

  d) Tragen Sie die potentielle Energie in der xy-Ebene als Funktion von r auf, und ermitteln Sie die Gleichgewichtslage.

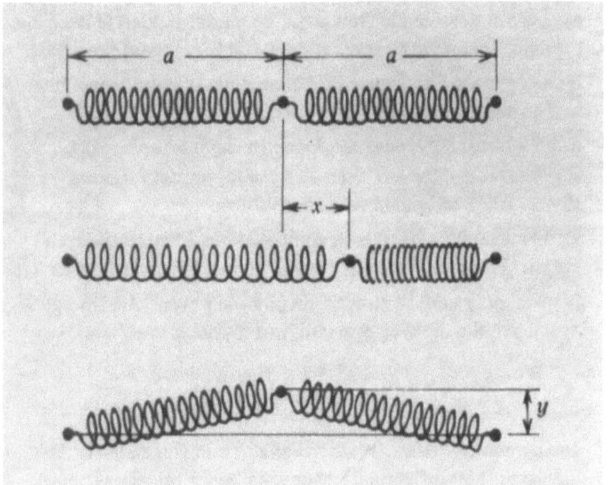

Bild 5.19

13. *Loopingbahn.* Eine Masse m gleitet auf einer reibungslosen Schiene herab und durchläuft anschließend einen vertikalen Kreis mit Radius R. Bestimmen Sie die Anfangshöhe in der m aus der Ruhe starten muß, damit es den Kreis durchlaufen kann, ohne herabzufallen.

  Hinweis: Welche Kraft muß die Bahn am höchsten Punkt auf das Teilchen ausüben?

14. *Flugzeit-Massenspektrometer.* Die Funktionsweise des Flugzeit-Massenspektrometers beruht auf der Tatsache, daß die Winkelgeschwindigkeit eines Ions auf einer Spiralbahn im gleichförmigen Magnetfeld nicht von der Anfangsgeschwindigkeit des Ions abhängt. In der praktischen Ausführung produziert dieses Gerät einen kurzen Ionenstoß und mißt elektronisch die Flugzeit der Ionen für ein oder zwei Umläufe.

  a) Zeigen Sie, daß die Flugzeit t für n Umläufe von Ionen mit der Ladung e sich zu

$$t \approx 650 \frac{nm}{B}$$

ergibt, wobei t in μs, m in *atomaren Masseneinheiten* und B in Tesla angegeben ist.

  b) Zeigen Sie, daß der Gyroradius R etwa $R \approx \dfrac{145\,\sqrt{Vm}}{B}$ cm beträgt, wenn die Ionenenergie V in eV gemessen wird.

  c) Welche Flugzeit benötigt ein einfach ionisiertes K^{39}-Atom mit der Energie 100 eV in einem Magnetfeld 0,1 T für sechs Umläufe?

  Lösung: 152 μs.

15. *Elektronenstrahl im Oszillographen.* In einer Oszillographenröhre beschleunigt die Potentialdifferenz Φ_a Elektronen aus der Ruhe; danach fliegen sie zwischen zwei elektrostatischen Ablenkplatten hindurch. Zwischen den Platten mit der Länge l und dem Abstand d liegt eine Spannung Φ_b. Der Schirm hat den Abstand L von der Mitte der Platten. Unter Anwendung der Beziehung $e \Delta \Phi = \frac{1}{2} m v^2$ berechnen Sie

  a) einen Ausdruck für die lineare Ablenkung D des Leuchtflecks,

  b) die lineare Ablenkung D für folgende Zahlenwerte: $\Phi_a = 400$ V, $\Phi_b = 10$ V; $l = 2$ cm; $d = 0{,}5$ cm; $L = 15$ cm. Bild 3.6 zeigt einen ähnlichen Apparat, nur sind die Platten hier enger beisammen.

16. *Kraftstoß.*

  a) Berechnen Sie den Kraftstoß, den eine Kugel auf die andere bei einem vollständig unelastischen Frontalzusammenstoß überträgt. Kugelmassen je 0,5 kg, Geschwindigkeiten 1 m/s.

  b) Wie groß ist der Kraftstoß bei einem elastischen Stoß?

  c) Wenn wir die Stoßzeit zu 10^{-3} s ansetzen, wie groß ist dann die durchschnittliche Kraft

$$F = \frac{1}{T} \int_0^T F(t)\, dt$$

bei den beiden Stößen?

17. *Leistung.* Näherungsweise ruhender Sand fällt auf ein Ende eines Förderbandes, das sich mit der Geschwindigkeit v horizontal bewegt. Der Sand wird vom Band mit dieser Geschwindigkeit weiterbefördert. Welche Leistung ist zum Betrieb des Bandes erforderlich, wenn die Sandmenge pro Zeiteinheit $\dot{m} = dm/dt$ auf das Band fällt? Welcher Bruchteil der Energie wird in kinetische Energie umgewandelt?

Lösung: $\dot{m}v^2$; $\frac{1}{2}$.

5.6. Historische Anmerkung: Die Entdeckung der Planeten Ceres und Neptun

Wir lernen hier ein Beispiel für die Genauigkeit von Vorhersagen im Bereich der klassischen Mechanik kennen.

1. Als erster kleinerer Planet wurde Ceres am 1. Tag des neunzehnten Jahrhunderts, dem 1. Januar 1801, von *Piazzi* in Palermo, Sizilien, entdeckt. *Piazzi* beobachtete seine Bahn einige Wochen, wurde dann krank und verlor die Spur. Mehrere Wissenschaftler berechneten seine Umlaufbahn aus der begrenzten Anzahl der von *Piazzi* beobachteten Positionen, aber einzig die Berechnung von *Gauß* war genau genug, um die Lage des Ceres für das nächste Jahr vorauszusagen. Am 1. Januar 1802 entdeckte *Olbers* den Planeten Ceres wieder mit einer Winkelabweichung von lediglich 30' von der vorhergesagten Lage. Nach Anhäufung der Beobachtungen verbesserten *Gauß* und andere die Charakteristiken der berechneten Umlaufbahn, so daß 1830 die Position des Planeten nur noch 8'' von der vorausgesagten Lage abwich. *Enke* konnte den verbleibenden Fehler auf durchschnittlich 6'' pro Jahr verringern, indem er die durch Jupiter hervorgerufenen Hauptstörungen der Umlaufbahn des Ceres berücksichtigte. Spätere Berechnungen, die die Störungen der Bahn noch genauer erfaßten, ermöglichten Vorhersagen, die nach 30 Jahren von den Beobachtungen nur etwa 30'' abwichen.

In Band 12 des „Philosophical Magazine" (1802) finden wir Berichte über diese Entdeckung; betrachten Sie hierzu die Arbeiten von *Piazzi* (S. 54), von *Zach* (S. 62), *Tilloch* (S. 80) und *Lalande* (S. 112). Es ist amüsant zu hören, daß am 21. September 1800 in Lilienthal eine Gesellschaft europäischer Astronomen zu dem „ausdrücklichen Zweck, diesen zwischen Mars und Jupiter vermuteten Planeten zu entdecken", gegründet wurde. Die 24 Mitglieder wollten dazu den gesamten Tierkreis unter sich aufteilen. Den Postverzögerungen während des Napoleonischen Krieges ist es zu verdanken, daß *Piazzi* eine Einladung zur Teilnahme an dem Projekt erst erhielt, nachdem er die Entdeckung gemacht hatte. Weitere Veröffentlichungen zur Entdeckung des Ceres finden Sie im Astronomischen Jahrbuch 1804/1805. Die Berechnungen von *Gauß* stehen im 6. Band seiner Werke, S. 199 bis 211.

Die von dem Abt *Piazzi* in Palermo begründete astronomische Tradition soll über Abt *Pirrone* den Fürsten *Lampedusa* (Held des Romans „Der Leopard") erreicht haben; *Pirrone* war *Lampedusas* geistlicher Ratgeber und astronomischer Assistent.

2. Nachdem in der ersten Hälfte des 19. Jahrhunderts die Beobachtungsgenauigkeit und die Theorie weit genug vorangetrieben worden waren, stellte man fest, daß der Planet Uranus sich nicht auf der Bahn bewegte, die nach den Gesetzen der Gravitation und der Erhaltung der Energie und des Drehimpulses zu erwarten war. Der Planet beschleunigte und verzögerte deutlich meßbar auf eine scheinbar regellose Weise. Für dieses Verhalten gab es auf der Basis der bekannten Eigenschaften des Sonnensystems und der physikalischen Gesetze keine Erklärung. Schließlich entdeckten im Jahre 1846 unabhängig voneinander *Leverrier* und *Adams*, daß die Annahme eines hypothetischen neuen Planeten einer bestimmten Masse und einer bestimmten, jenseits des Uranus liegenden Bahn, die beobachtete anomale [1]) Bewegung vollständig erklären könnte. Sie berechneten aus ihren Gleichungen den Ort dieses unbekannten Himmelskörpers, und nach lediglich einer halben Stunde Suche entdeckte *Galle* den neuen Planeten Neptun

Bild 5.20. Neptun, wie man ihn in dem 120-Zoll-Reflektor im Lick Observatory sieht. Der Pfeil weist auf Triton, einem Satelliten Neptuns. (*Lick Observatory photograph*)

---

[1]) „Ich bewies, daß es nicht möglich ist, die Beobachtungen des Planeten Uranus mit der universellen Gravitationstheorie zu deuten, falls der Planet allein unter der gemeinsamen Wirkung der Sonne und der bekannten Planeten steht. Jedoch sind sämtliche der beobachteten Anomalien bis in die kleinste Einzelheit erklärt, wenn wir den Einfluß eines neuen (noch nicht entdeckten) Planeten jenseits des Uranus berücksichtigen ... Wir sagen [am 31. August 1846] die folgende Lage des neuen Planeten für den 1. Januar 1847 voraus: 326° 32' wahre heliozentrische Länge." *U. J. Le Verrier*, Compt. Rend 23, 428 (1846).

(Bild 5.20) nur 1° von dem vorhergesagten Ort entfernt[1]).
Heutzutage stimmen die Bahnberechnungen der größeren
Planeten bis auf Sekunden genau mit der Beobachtung
überein, selbst bei Extrapolationen von vielen Jahren. Die
Genauigkeit scheint allein davon abzuhängen, wie voll-
ständig die verschiedenen Störeffekte erfaßt werden.

---

[1] „Am 18. September schrieb ich an *M. Galle* und bat um seine
Mitarbeit; dieser fähige Astronom sah den Planeten noch am
gleichen Tag der Ankunft meines Briefes am 23. September
1846 ... 327° 24′ beobachtete heliozentrische Länge, reduziert
auf den 1. Januar 1847 ... Differenz zwischen Beobachtung
und Theorie 0° 52′.“ *Le Verrier,* loc. cit., p. 657.

„M. *Le Verrier* sah den neuen Planeten ohne ein einziges Mal
in den Himmel schauen zu müssen; er sah ihn an der Spitze
seiner Feder; allein mit der Macht des Kalküls bestimmte er
die Lage und die Größe eines Körpers, der weit außerhalb der
damals bekannten Grenzen unseres Planetensystems liegt ... “
Arago, loc. cit., p. 659.

Im gleichen Band der Compt. Rend (Paris) finden Sie auf den
Seiten 741 bis 754 eine großartige Kontroverse über diese Ent-
deckung; siehe auch *M. Grosser,* „Die Entdeckung des Neptun“
(Harvard, Cambridge, Mass., 1962).

6. Die Erhaltung von Impuls und Drehimpuls

In Kapitel 4 betrachteten wir Galilei-invariante Systeme und zeigten, daß aus der Galilei-Invarianz und aus der Energieerhaltung eines Systems von wechselwirkenden Teilchen notwendig die Erhaltung des Impulses des Systems folgt, wenn keine äußeren Kräfte angreifen. Das Gesetz der Impulserhaltung ist experimentell sehr genau geprüft und ist, wie schon an früherer Stelle erwähnt, ein wesentliches Werkzeug der klassischen Physik. Wir werden in diesem Kapitel, ausgehend von der Definition des Massenmittelpunkts, Stoßprozesse betrachten, deren Bewegungsgesetze in einem Bezugssystem abgeleitet werden, das mit dem Massenmittelpunkt verbunden ist. Stoßprozesse zwischen Teilchen sind wichtige Spezialfälle. Wir führen auch den Drehimpuls und das Drehmoment ein und zeigen, unter welchen Bedingungen der Drehimpuls erhalten ist. Diese Begriffe sind besonders bei der Behandlung starrer Körper in Kapitel 8 und bei der Besprechung von Zentralkräften in Kapitel 9 wichtig.

6.1. Innere Kräfte und Impulserhaltung

Bei der Behandlung der Dynamik eines Systems von Teilchen ist es zweckmäßig, zwischen den Wechselwirkungskräften der Teilchen untereinander und den äußeren Kräften [1] zu unterscheiden, die auf das System wirken. Die Kräfte zwischen den Teilchen wollen wir als *innere Kräfte* bezeichnen.

Innere Kräfte können den *Gesamtimpuls*

$$\mathbf{p} = \sum_{i=1}^{N} m_i \mathbf{v}_i \tag{6.1}$$

eines Systems von Teilchen nicht verändern, wie wir in Kapitel 3 gesehen haben. Dabei setzen wir voraus, daß für diese Kräfte das dritte Newtonsche Gesetz

$$\mathbf{F}_{ij} = -\mathbf{F}_{ji}$$

gilt, wobei $\mathbf{F}_{ij}$ die Kraft auf Teilchen i von Teilchen j ist. Das zweite Newtonsche Gesetz besagt dann, daß in jedem Zeitintervall die Änderung des Impulses von Teilchen i durch die Kraft $\mathbf{F}_{ij}$ der Änderung des Impulses von Teilchen j durch $\mathbf{F}_{ji}$ gleich und entgegengerichtet ist. Daher ist die Impulsänderung durch diese Wechselwirkung insgesamt gleich Null. Dieses Argument gilt für alle Teilchenpaare im System, falls die Wechselwirkung eines Paares nicht durch die Anwesenheit der anderen Teilchen beeinflußt wird. Wir sehen daher, daß innere Kräfte den Gesamtimpuls eines Systems nicht ändern können, da die Vektorsumme dieser Kräfte Null ergibt.

Die vorangehende Überlegung bezieht sich auf den Gesamtimpuls eines Systems. Wir werden in diesem Kapitel aber auch zeigen, daß innere Kräfte den Drehimpuls eines Systems unverändert lassen. Berücksichtigung der Impuls- und Drehimpulserhaltung vereinfacht das Verständnis und die Analyse vieler Probleme der Bewegung von Teilchensystemen.

6.2. Der Massenmittelpunkt (Schwerpunkt)

Bezogen auf einen festen Bezugspunkt O definieren wir die Lage $\mathbf{R}_{\mathrm{M.M.}}$ des Massenmittelpunkts (M.M.) eines Systems von N Teilchen zu

$$\mathbf{R}_{\mathrm{M.M.}} = \frac{\displaystyle\sum_{n=1}^{N} \mathbf{r}_n \, m_n}{\displaystyle\sum_{n=1}^{N} m_n} \; . \tag{6.2}$$

$\mathbf{R}_{\mathrm{M.M.}}$ ist der mit den Teilchenmassen gewichtete mittlere Teilchenort. Insbesondere gilt für ein 2-Teilchensystem (Bilder 6.1 und 6.2)

$$\mathbf{R}_{\mathrm{M.M.}} = \frac{\mathbf{r}_1 m_1 + \mathbf{r}_2 m_2}{m_1 + m_2} \; . \tag{6.3}$$

Gl. (6.2) leiten wir nach der Zeit ab, um die Geschwindigkeit des Massenmittelpunkts zu berechnen:

$$\dot{\mathbf{R}}_{\mathrm{M.M.}} = \frac{\displaystyle\sum_{n} \dot{\mathbf{r}}_n \, m_n}{\displaystyle\sum_{n} m_n} = \frac{\displaystyle\sum_{n} \mathbf{v}_n \, m_n}{\displaystyle\sum_{n} m_n} \; . \tag{6.4}$$

Nun ist aber $\sum_{n} \mathbf{v}_n \, m_n$ gerade der Gesamtimpuls des Systems.

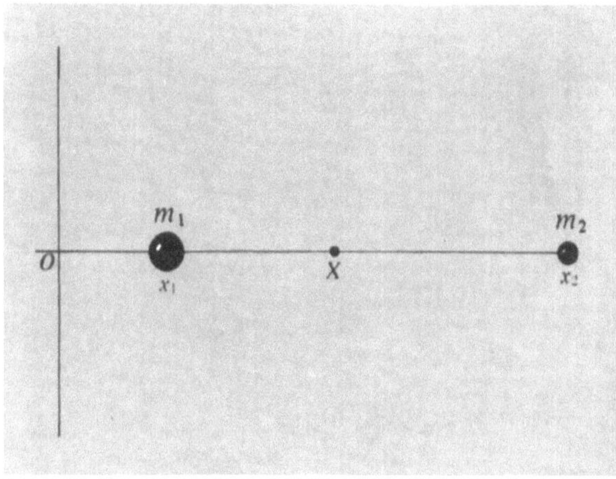

Bild 6.1. Der Massenmittelpunkt X der beiden Massen m_1 und m_2 in den Lagen x_1 bzw. x_2 ergibt sich zu

$$X = \frac{m_1 x_1 + m_2 x_2}{m_1 + m_2}$$

---

[1] Verwechseln Sie die hier betrachteten äußeren Kräfte nicht mit den im vorigen Kapitel eingeführten *zusätzlichen* äußeren Kräften $\mathbf{F}_a$, die nur als didaktischer Behelf bei der Einführung der potentiellen Energie dienten. Sowohl die Wechselwirkungskräfte als auch die äußeren Kräfte entsprechen den Feldkräften des Kapitels 5. *A.d.Ü.*

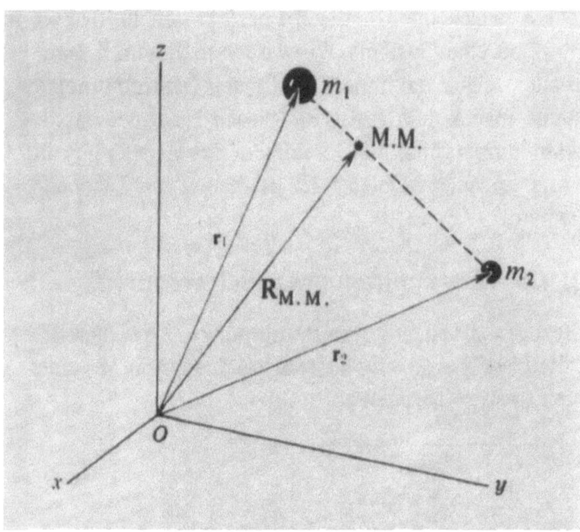

Bild 6.2. Für den Massenmittelpunkt $R_{\text{M.M.}}$ zweier Massen m_1 und m_2 in den Lagen $\mathbf{r}_1$ und $\mathbf{r}_2$ gilt

$$R_{\text{M.M.}} = \frac{m_1 \mathbf{r}_1 + m_2 \mathbf{r}_2}{m_1 + m_2}$$

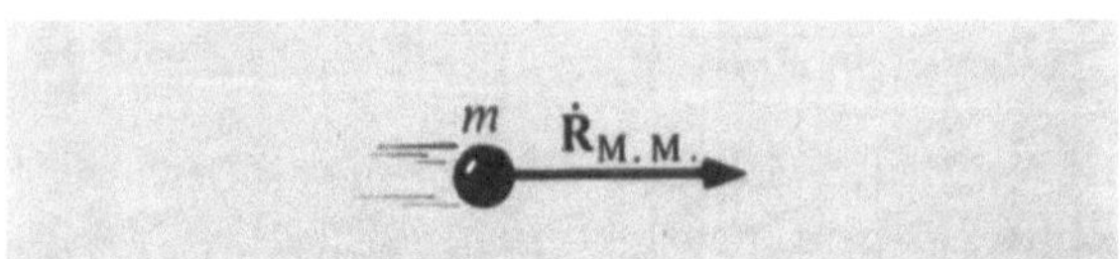

Bild 6.3a. Ohne Einwirkung äußerer Kräfte bleibt die Geschwindigkeit des Massenmittelpunktes konstant. Das Bild zeigt einen radioaktiven Kern der Geschwindigkeit $\dot{R}_{\text{M.M.}}$ kurz vor dem Zerfall.

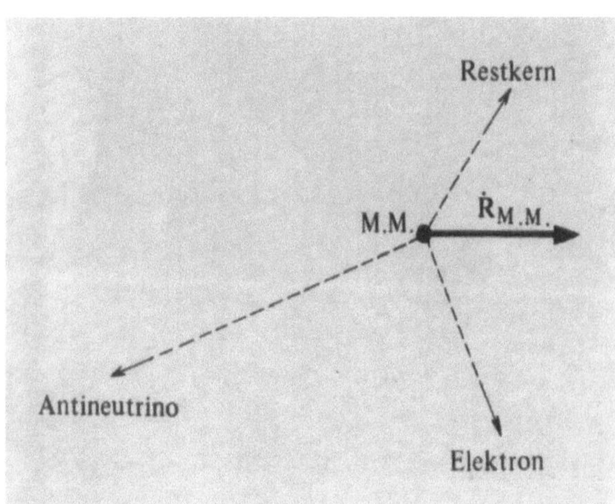

Bild 6.3b. Der Kern zerfällt in drei Teilchen, die in verschiedene Richtungen davonfliegen. Jedoch ändert der Massenmittelpunkt der drei Teilchen seine Geschwindigkeit nicht.

Ohne äußere Kräfte bleibt der Gesamtimpuls konstant und damit auch

$$\dot{\mathbf{R}}_{\text{M.M.}} = \text{const.} \qquad (6.5)$$

Wir sehen hier eine bemerkenswerte Eigenschaft des Massenmittelpunkts: *Wirken keine äußeren Kräfte auf ein Teilchensystem, so ist die Geschwindigkeit seines Massenmittelpunkts konstant.* Das trifft z.B. auf einen radioaktiven Kern zu, der im Fluge zerfällt (Bilder 6.3a und 6.3b).

Aus Gl. (6.4) können wir leicht ableiten, daß die Beschleunigung des Massenmittelpunkts durch die Resultierende aller auf das Teilchensystem wirkenden äußeren Kräfte bestimmt wird. Bezeichnen wir mit $\mathbf{F}_n$ die auf das Teilchen n wirkende Kraft, so erhalten wir aus Gl. (6.4) durch Differentiation nach der Zeit

$$\left(\sum_n m_n \right) \ddot{\mathbf{R}}_{\text{M.M.}} = \sum_n (m_n \dot{\mathbf{v}}_n) = \sum_n \mathbf{F}_n = \mathbf{F}_{\text{ext}},$$

$$(6.6)$$

wobei sich auf der rechten Seite die inneren Kräfte in der Summe $\Sigma_n \mathbf{F}_n$ aufheben.

Dieses wichtige Ergebnis besagt: *In Anwesenheit äußerer Kräfte ist der Beschleunigungsvektor des Massenmittelpunktes gleich der Vektorsumme der äußeren Kräfte, gebrochen durch die Gesamtmasse des Systems.* Wir können also die Methoden der Kapitel 3 bis 5 auf die Berechnung der Bewegung des Massenmittelpunkts so anwenden, als wäre die gesamte Körpermasse in diesem Punkt vereint, und als würden auch alle äußeren Kräfte an diesem Punkt angreifen. Diese Tatsache werden wir vor allem bei der Berechnung der Bewegung starrer Körper in Kapitel 8 verwenden. Ein anderes Beispiel ist die Erdbewegung: Nicht der Erdmittelpunkt, sondern der Massenmittelpunkt des Systems Erde-Mond bewegt sich nach den Keplerschen Gesetzen auf einer Ellipsenbahn um die Sonne.

Die Nützlichkeit des Massenmittelpunkts werden wir an einigen wichtigen Stoßproblemen verdeutlichen (s. auch die Kapitel 3 und 4).

● **Beispiele:** *1. Zwei Teilchen, die nach dem Stoß zusammenhaften*[1]). Betrachten wir die Kollision zweier Teilchen mit den Massen m_1 und m_2, die nach dem Stoß zusammenbleiben. Die Masse m_2 liegt vor dem Stoß ruhend im Ursprung, während die Bewegung des ersten Teilchens vor dem Stoß durch $\mathbf{r}_1 = v_1 t \hat{\mathbf{x}}$ gegeben ist.

a) Wir suchen die Bewegungsgleichung von $m = m_1 + m_2$ nach dem Stoß (Bilder 6.4a und 6.4b). Der Gesamtimpuls bleibt bei einem Stoßprozeß erhalten, unabhängig davon, ob der Stoß elastisch

---

[1]) Der Stoß gleicher Massen wurde in Kapitel 4 betrachtet. Es ist instruktiv, $\Delta\epsilon$ für den hier berechneten allgemeinen Fall zu ermitteln.

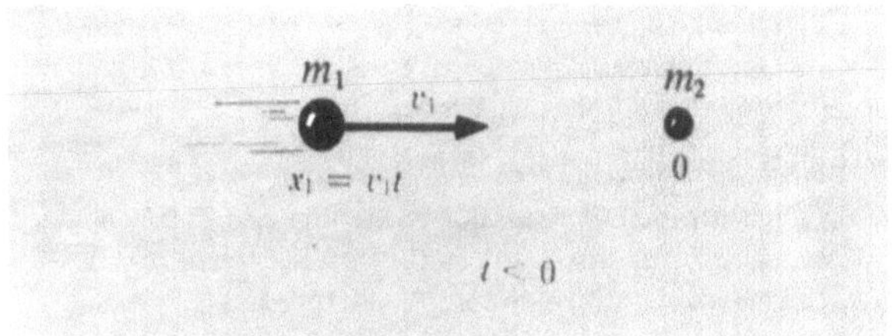

Bild 6.4a. Selbst beim unelastischen Stoß bleibt der Impuls erhalten. Betrachten Sie einen Stoß, bei dem die Teilchen zusammenkleben. Vor dem Stoß gilt

$$p_x = m_1 v_1$$

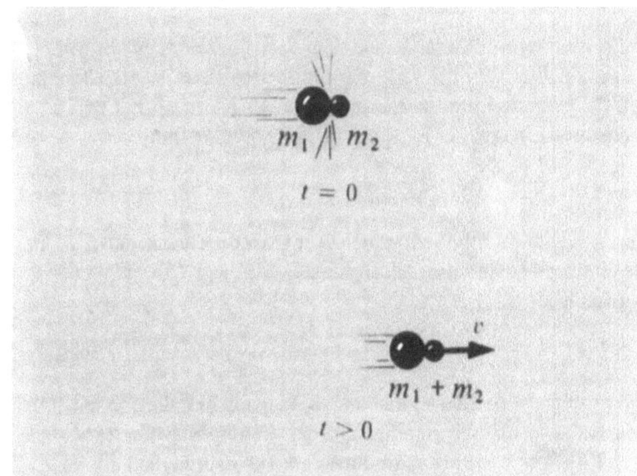

Bild 6.4b. Nach dem Stoß haben wir $p_x = m_1 v_1 = (m_1 + m_2) v$, woraus

$$v = \frac{m_1 v_1}{m_1 + m_2} < v_1$$

folgt.

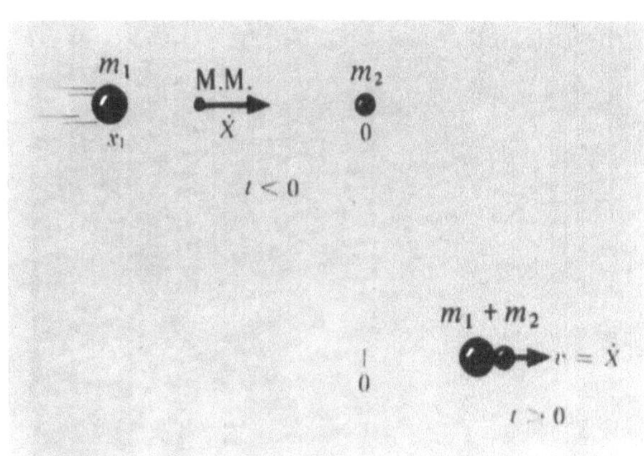

Bild 6.4c. $X = \dfrac{m_1 x_1 + m_2 x_2}{m_1 + m_2}$ und damit $\dot{X} = \dfrac{m_1 v_1}{m_1 + m_2}$

$\dot{X}$ wird durch den Stoß nicht verändert.

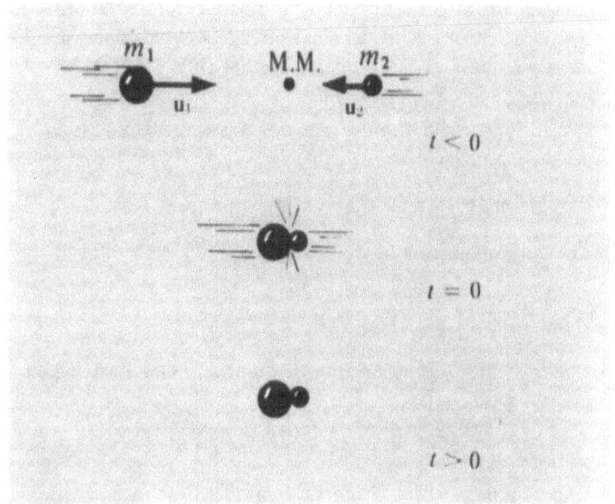

Bild 6.4d. Im Bezugssystem des Massenmittelpunkts haben m_1 und m_2 vor dem Stoß die Geschwindigkeiten u_1 bzw. u_2. Nach dem Stoß ruht $(m_1 + m_2)$.

oder unelastisch erfolgt. Die hier betrachtete Kollision verläuft unelastisch. Die ursprüngliche x-Komponente des Impulses beträgt $m_1 v_1$; nach dem Stoß beträgt sie $(m_1 + m_2) v$. Die anderen Komponenten sind Null. Aus der Impulserhaltung folgt

$$m_1 v_1 = (m_1 + m_2) v, \tag{6.7}$$

so daß wir für die Geschwindigkeit v nach dem Stoß

$$v = \frac{m_1}{m_1 + m_2} v_1 \tag{6.8}$$

erhalten. Damit ergibt sich für die Bewegung des Massenmittelpunkts nach dem Stoß

$$\mathbf{R}_{\text{M.M.}} = v t\, \hat{\mathbf{x}}, \quad (t > 0).$$

Nach Gl. (6.5) muß die Bewegung des Massenmittelpunkts vor und nach dem Stoß gleich sein, so daß sich aus Gl. (6.7)

$$\mathbf{R}_{\text{M.M.}} = v t\, \hat{\mathbf{x}} = \frac{m_1}{m_1 + m_2} v_1 t\, \hat{\mathbf{x}} \tag{6.9}$$

ergibt (Bild 6.4c).

b) Wie verändert sich die kinetische Energie des Systems durch den Stoß? Nach dem Stoß beträgt sie

$$E_{kf} = \frac{1}{2} (m_1 + m_2) \frac{m_1^2}{(m_1 + m_2)^2} v_1^2 = \frac{m_1^2 v_1^2}{2 (m_1 + m_2)}\ . \tag{6.10}$$

Die ursprüngliche kinetische Energie E_{ki} betrug $\frac{1}{2} m_1 v_1^2$, so daß sich

$$\frac{E_{kf}}{E_{ki}} = \frac{m_1}{m_1 + m_2} \tag{6.11}$$

ergibt. Die Differenz von E_{ki} und E_{kf} erscheint in den inneren angeregten Zuständen des zusammengesetzten Systems nach dem Stoß. Wenn ein Meteorit m_1 die Erde m_2 trifft und mit ihr gemeinsam weiterfliegt, so wird die kinetische Energie des Meteoriten im wesentlichen in Wärme verwandelt, da $m_1 \ll m_1 + m_2$ ist.

c) Wir beschreiben nun die Bewegung vor und nach dem Stoß in einem mit dem Massenmittelpunkt verbundenen Bezugssystem.

Es ist üblich, die bisher benutzten Koordinaten als Laborkoordinaten zu bezeichnen; dient der Massenmittelpunkt als Bezugspunkt, sprechen wir vom *Massenmittelpunktsystem* (Bild 6.4d) (M.M.-System) oder Schwerpunktsystem.

Aus Gl. (6.9) ergibt sich die Lage des Massenmittelpunkts zu

$$\mathbf{R}_{\text{M.M.}} = \frac{m_1 v_1 t\,\hat{\mathbf{x}}}{m_1 + m_2}.$$

Seine Geschwindigkeit beträgt

$$\mathbf{V} = \frac{d}{dt}\mathbf{R}_{\text{M.M.}} = \frac{m_1}{m_1 + m_2}\, v_1\hat{\mathbf{x}}.$$

Im M.M.-System hat Teilchen 1 die ursprüngliche Geschwindigkeit

$$\mathbf{u}_1 = v_1\hat{\mathbf{x}} - \mathbf{V} = \left(1 - \frac{m_1}{m_1 + m_2}\right) v_1\hat{\mathbf{x}} = \frac{m_2}{m_1 + m_2}\, v_1\hat{\mathbf{x}},$$

während Teilchen 2 sich vor dem Stoß mit der Geschwindigkeit

$$\mathbf{u}_2 = -\mathbf{V} = -\frac{m_1}{m_1 + m_2}\, v_1\hat{\mathbf{x}}$$

bewegt. Dabei gilt wieder

$$m_1\mathbf{u}_1 + m_2\mathbf{u}_2 = \left(\frac{m_1 m_2}{m_1 + m_2}\, v_2 - \frac{m_2 m_1}{m_1 + m_2}\, v_1\right)\hat{\mathbf{x}} = 0.$$

Der Vorteil des Massenmittelpunktsystems ist also, daß die Impulse in diesem System immer gleich und entgegengerichtet sind.

Nach dem Stoß haften die Teilchen aneinander und bilden ein zusammengesetztes Teilchen mit der Masse $m_1 + m_2$, das im M.M.-System in Ruhe sein muß. Das neue Teilchen hat bezogen auf das Laborsystem die Geschwindigkeit $\mathbf{V}$, die genau mit der auf andere Weise abgeleiteten, in Gl. (6.8) angegebenen Geschwindigkeit übereinstimmt. •

• *2. Transversale Impulskomponenten.* Zwei Teilchen gleicher Masse bewegen sich ursprünglich auf Bahnen parallel zur x-Achse und stoßen zusammen. Nach dem Stoß wird ein bestimmter Wert $v_y(1)$ der y-Komponente der Geschwindigkeit beobachtet. Wie groß ist die y-Komponente der Geschwindigkeit des anderen Teilchens nach dem Stoß? Erinnern wir uns, daß jede Komponente des Gesamtimpulses getrennt erhalten bleibt.

Vor dem Stoß besaß keines der beiden Teilchen eine Geschwindigkeit in y-Richtung, so daß die y-Komponente des Gesamtimpulses gleich Null war. Wegen der Erhaltung des Impulses darf es auch nach dem Stoß keine y-Komponente des Gesamtimpulses geben, so daß

$$m\,[v_y(1) + v_y(2)] = 0$$

und damit

$$v_y(2) = -\,v_y(1).$$

Die Geschwindigkeit $v_y(1)$ selbst können wir erst berechnen, wenn uns die ursprünglichen Bahnen und Einzelheiten über die Kräfteverhältnisse während des Stoßes bekannt sind. •

• *3. Teilchenstoß mit Anregung innerer Zustände.* Zwei Teilchen gleicher Masse und mit gleich großen, aber entgegengesetzten Geschwindigkeiten $\pm v_i$ stoßen zusammen. Welche Geschwindigkeiten besitzen sie nach der Kollision?

Da der Massenmittelpunkt vor dem Stoß ruht und auch danach in Ruhe bleiben muß, sind die Endgeschwindigkeiten $\pm v_f$ ebenfalls gleich groß und entgegengesetzt. Bei elastischem Stoß folgt aus dem Energieerhaltungssatz $v_f = v_i$. Führt der Stoß bei mindestens einem der beiden Teilchen zu einer Anregung innerer Zustände, so ist wegen der Erhaltung der Energie $v_f < v_i$. Der Fall

$v_f > v_i$ tritt dann ein, wenn eines oder beide Teilchen vor dem Stoß angeregte innere Zustände besitzt und durch die Kollision innere Energie in kinetische umgewandelt wird. •

• *4. Ablenkung eines schweren Teilchens durch ein leichtes.* Die folgende Aufgabe ist von großer Bedeutung. Ein Teilchen der Masse m_1 stößt elastisch auf ein Teilchen der Masse m_2, dessen Geschwindigkeit vor dem Stoß in Laborkoordinaten gleich Null ist. Die Bahn von m_1 wird durch den Stoß um den Winkel θ_1 abgelenkt (Bild 6.5). Der größtmögliche Wert des Streuwinkels θ_1 ist durch die Erhaltungssätze für Energie und Impuls gegeben, unabhängig von den Einzelheiten der Wechselwirkung zwischen den Teilchen. Wir suchen $(\theta_1)_{\max}$. Wir werden sehen, daß es in einem bestimmten Abschnitt der Rechnung vorteilhaft ist, den Stoß in M.M.-Koordinaten zu beschreiben.

In Laborkoordinaten lauten die ursprünglichen Geschwindigkeiten

$$\mathbf{v}_1 = v_1\hat{\mathbf{x}}; \quad \mathbf{v}_2 = 0;$$

die Endgeschwindigkeiten (nach dem Stoß) bezeichnen wir mit $\mathbf{v}_1'$ und $\mathbf{v}_2'$. Der Energieerhaltungssatz fordert, daß bei elastischem Stoß die gesamte kinetische Energie vor der Kollision mit der kinetischen Energie des Systems danach übereinstimmt:

$$\tfrac{1}{2}\, m_1 v_1^2 = \tfrac{1}{2}\, m_1 v_1'^2 + \tfrac{1}{2}\, m_2 v_2'^2. \tag{6.12}$$

Hierbei ist die Anfangsbedingung $v_2 = 0$ schon berücksichtigt. Die Anwendung des Impulserhaltungssatzes auf die x-Komponente des Impulses liefert

$$m_1 v_1 = m_1 v_1' \cos\theta_1 + m_2 v_2' \cos\theta_2. \tag{6.13}$$

Sind nur zwei Teilchen an einem Stoßvorgang beteiligt, so läuft er in einer Ebene ab; wir wenden also den Impulserhaltungssatz noch auf die y-Komponente des Impulses an. Da ursprünglich die y-Komponente Null war, gilt

$$0 = m_1 v_1' \sin\theta_1 + m_2 v_2' \sin\theta_2. \tag{6.14}$$

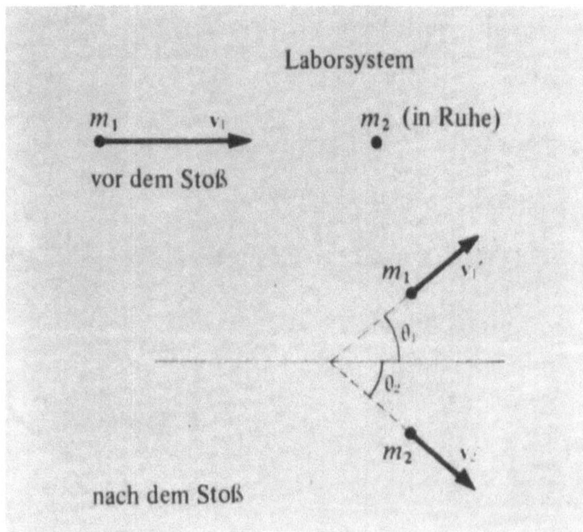

Bild 6.5. Ein Stoß zwischen m_1 und m_2 bleibt nicht unbedingt auf eine Dimension beschränkt. Im Laborsystem ruht m_2 vor dem Stoß.

Es ist durchaus möglich, die Gln. (6.12) bis (6.14) simultan für irgendwelche uns interessierenden Größen zu lösen, denn sie geben den gesamten Inhalt der Erhaltungssätze wieder. Doch kann man den Vorgang in M.M.-Koordinaten besser beschreiben. Zuerst ermitteln wir die Geschwindigkeit $\mathbf{V}$ des Massenmittelpunkts (M.M.) im Laborsystem. Die Lage des M.M. ist durch

$$\mathbf{R}_{\text{M.M.}} = \frac{m_1 \mathbf{r}_1 + m_2 \mathbf{r}_2}{m_1 + m_2}$$

gegeben. Für die Geschwindigkeit $\mathbf{V}$ des M.M. erhalten wir somit

$$\dot{\mathbf{R}}_{\text{M.M.}} = \frac{m_1 \dot{\mathbf{r}}_1 + m_2 \dot{\mathbf{r}}_2}{m_1 + m_2} \;;\quad \mathbf{V} = \frac{m_1}{m_1 + m_2}\, \mathbf{v}_1, \tag{6.15}$$

wobei das Ergebnis in Abhängigkeit der Geschwindigkeiten $\mathbf{v}_1$ und $\mathbf{v}_2$ vor dem Stoß mit $\mathbf{v}_2 = 0$ erscheint.

Bezeichnen wir in einem mit dem Massenmittelpunkt verknüpften System mit $\mathbf{u}_1, \mathbf{u}_2$ die Geschwindigkeiten vor dem Stoß und mit $\mathbf{u}'_1, \mathbf{u}'_2$ die Geschwindigkeiten nach dem Stoß, dann gelten folgende Beziehungen zwischen den Geschwindigkeiten in Labor- und in M.M.-Koordinaten (Bild 6.6):

$$\mathbf{v}_1 = \mathbf{u}_1 + \mathbf{V}; \quad \mathbf{v}_2 = \mathbf{u}_2 + \mathbf{V}$$
$$\mathbf{v}'_1 = \mathbf{u}'_1 + \mathbf{V}; \quad \mathbf{v}'_2 = \mathbf{u}'_2 + \mathbf{V}. \tag{6.16}$$

Mit Hilfe der Erhaltungssätze können wir einige Eigenschaften des Stoßes sofort verstehen. Die Impulserhaltung im Massenmittelpunktsystem erfordert, daß die Streuwinkel der beiden Teilchen übereinstimmen, die Bahnen müssen vor und nach dem Stoß in einer Linie liegen. Sonst würde der Massenmittelpunkt nicht in Ruhe bleiben, was jedoch wegen der Abwesenheit äußerer Kräfte der Fall sein muß. Wegen der Erhaltung der kinetischen Energie dürfen sich auch die Geschwindigkeiten der Teilchen nicht ändern, so daß bei einem elastischen Stoß $u_1 = u'_1$ und $u_2 = u'_2$ gelten muß. In M.M.-Koordinaten betrachtet erscheint die Kinematik des Stoßvorgangs erstaunlich einfach. Sämtliche Streuwinkel $\theta_{\text{M.M.}}$ sind nach den Erhaltungssätzen erlaubt. Das trifft für θ_1 und θ_2 im Laborsystem nicht zu.

Kehren wir zum Laborsystem zurück. Für $\theta_{\text{M.M.}}$ schreiben wir einfach θ und bilden dann

$$\tan\theta_1 = \frac{\sin\theta_1}{\cos\theta_1} = \frac{v'_1 \sin\theta_1}{v'_1 \cos\theta_1} = \frac{u'_1 \sin\theta}{u'_1 \cos\theta + V} \;,$$

worin die Identität der y-Komponenten der Endgeschwindigkeit des Teilchens 1 in den beiden Bezugssystemen bereits enthalten ist. Ferner gilt $u_1 = u'_1$, so daß

$$\tan\theta_1 = \frac{\sin\theta}{\cos\theta + V/u_1} \tag{6.17}$$

folgt. Aus den Gln. (6.15) und (6.16) gewinnen wir die Beziehungen

$$\mathbf{V} = \frac{m_1}{m_1 + m_2}\,(\mathbf{u}_1 + \mathbf{V}); \quad \mathbf{V} = \frac{m_1}{m_2}\mathbf{u}_1,$$

wonach aus Gl. (6.17)

$$\tan\theta_1 = \frac{\sin\theta}{\cos\theta + m_1/m_2} \tag{6.18}$$

folgt (Bilder 6.7a und 6.7b).

Es interessiert der Wert $(\theta_1)_{\max}$. Wir können ihn entweder graphisch oder durch Differentiation aus Gl. (6.18) bestimmen. Offensichtlich kann der Nenner für $m_1 > m_2$ niemals verschwinden, so daß dann $(\theta_1)_{\max}$ kleiner als $\pi/2$ sein muß. Gilt $m_1 = m_2$, so folgt $(\theta_1)_{\max} = \pi/2$. Mit $m_1 < m_2$ ist jeder Wert für θ_1 möglich (Bilder 6.8a bis 6.8c). ●

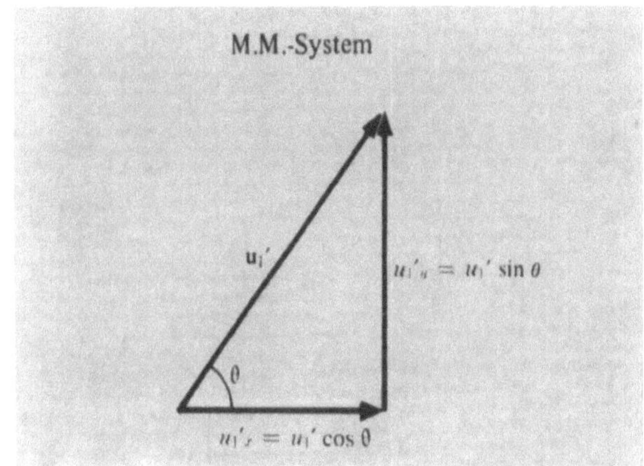

Bild 6.7a. Die Geschwindigkeit $\mathbf{u}'_1$ von m_1 nach dem Stoß im M.M.-System ist hier in ihre x- und y-Komponenten zerlegt.

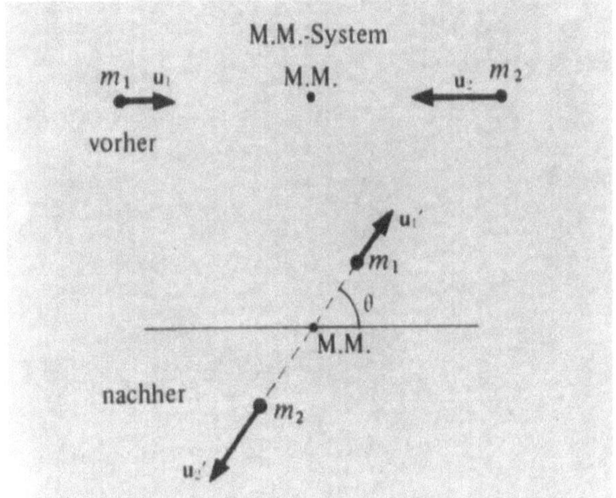

Bild 6.6. Im M.M.-System müssen m_1 und m_2 nach dem Stoß genau entgegengesetzt auseinanderfliegen. Jeder Winkel $0 \leqslant \theta \leqslant \pi$ ist möglich: $|\mathbf{u}'_1| = |\mathbf{u}_1|$ und $|\mathbf{u}'_2| = |\mathbf{u}_2|$.

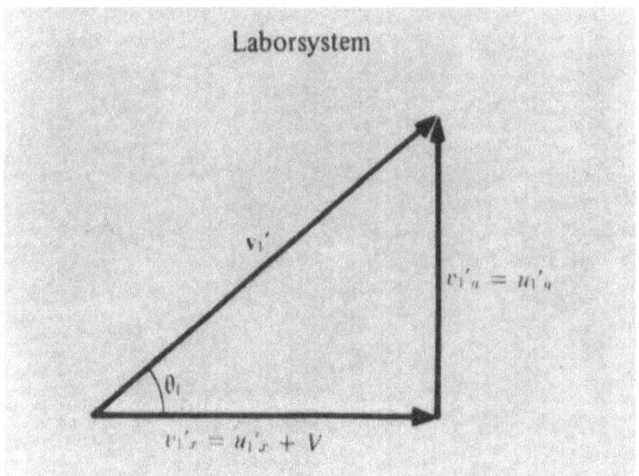

Bild 6.7b. Im Laborsystem hat $\mathbf{v}'_1$ die gezeigten x- und y-Komponenten. Es gilt

$$\tan\theta_1 = \frac{\sin\theta}{\cos\theta + V/u_1} = \frac{\sin\theta}{\cos\theta + m_1/m_2}$$

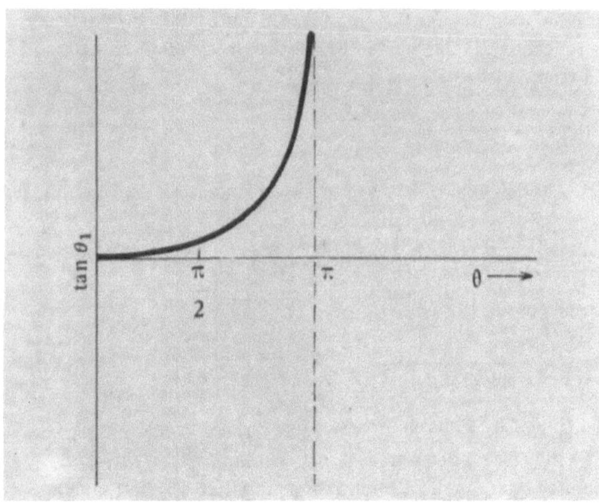

Bild 6.8a. Für $m_1 < m_2$ hat $\tan\theta_1 = \dfrac{\sin\theta}{\cos\theta + m_1/m_2}$
bei $\theta = \theta_0 = \arccos(-m_1/m_2)$ eine Unendlichkeitsstelle. Jeder Winkel $0 \leqslant \theta_1 \leqslant \pi$ ist möglich.

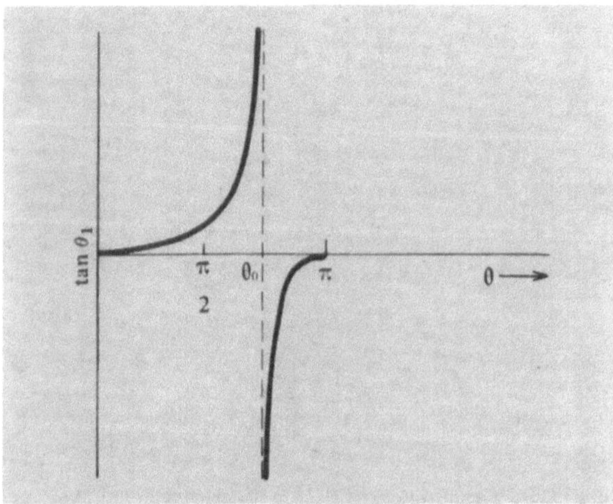

Bild 6.8b. Für $m_1 = m_2$ ist $\tan\theta_1$ bei $\theta = \pi$ unendlich. Folglich sind alle Winkel $0 \leqslant \theta_1 \leqslant \pi/2$ mögliche Wurzeln der Gleichung für $\tan\theta_1$.

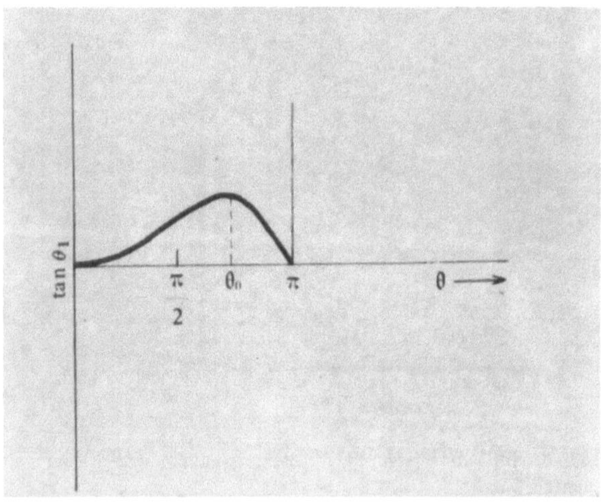

Bild 6.8c. Für $m_1 > m_2$ bleibt $\tan\theta_1$ endlich. Somit gilt $0 \leqslant \theta_1 \leqslant \arcsin(m_2/m_1) < \pi/2$.

6.3. Systeme mit veränderlicher Masse

In Kapitel 3 haben wir das zweite Newtonsche Gesetz in der Form

$$\mathbf{F} = \frac{d\mathbf{p}}{dt}$$

geschrieben, wobei $\mathbf{p}$ der Impuls $m\mathbf{v}$ ist. Für Körper mit konstanter Masse erhalten wir daraus das bekannte $\mathbf{F} = m\mathbf{a}$. Es gibt aber eine Reihe von Problemen in der Mechanik, bei denen die Masse des bewegten Körpers nicht konstant ist. Für diese Probleme müssen wir das zweite Newtonsche Gesetz als

$$\mathbf{F} = \frac{dm}{dt}\mathbf{v} + m\,\frac{d\mathbf{v}}{dt} \qquad (6.19)$$

schreiben. Viele interessante und wichtige Aufgaben können mit Gl. (6.19) gelöst werden, z.B. die Bewegung einer Rakete, die Behinderung des Fluges eines Satelliten durch die Erdatmosphäre und die Bewegung von Körpern wie Ketten, bei denen jeweils nur ein Teil des Körpers beweglich ist. Wir besprechen einige Beispiele.

• **Beispiele:** *1. Satellit im interplanetaren Staub.* Ein Satellit nimmt im kräftefreien Raum ruhenden interplanetaren Staub auf, wodurch seine Massenzunahme $dm/dt = cv$ beträgt; c ist eine Konstante, die von der Form des Satelliten abhängt. Wie groß ist die Verzögerung des Satelliten?

Wir behandeln dieses Problem in einem Bezugssystem, in dem der interplanetare Staub ruht (Bild 6.9). Der Impuls des Gesamtsystems, Staub + Satellit, ist konstant, da keine äußeren Kräfte wirken. Nach Gl. (6.19) gilt

$$\mathbf{F} = \frac{d}{dt}(m\mathbf{v}) = \dot{m}\mathbf{v} + m\dot{\mathbf{v}} = 0.$$

Da die Bewegung in einer Dimension erfolgt und $\dot{m} = cv$ ist, erhalten wie für die Verzögerung

$$\dot{v} = -\frac{cv^2}{m}$$

(siehe auch Übung 16).

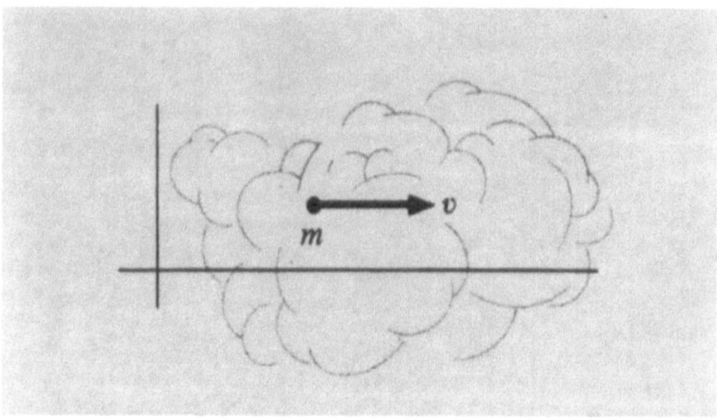

Bild 6.9. Ein Satellit bewegt sich durch eine Staubwolke, die im betrachteten Inertialsystem ruht.

Wir können dieses Problem auch anders lösen, indem wir davon ausgehen, daß der Widerstand des interplanetaren Staubs den Satelliten verzögert. Die Widerstandskraft ist nach dem dritten Newtonschen Gesetz der Kraft des Satelliten auf den Staub gleich und entgegengerichtet. Die Kraft auf den Staub ist gleich der zeitlichen Änderung des Impulses der Staubteilchen, also gleich $v\,dm/dt = cv^2$. Die Widerstandskraft auf den Satelliten ist folglich $-cv^2$ und nach dem zweiten Newtonschen Gesetz gilt

$$m\dot{v} = F_W = -cv^2, \quad \dot{v} = -\frac{cv^2}{m}. \qquad \bullet$$

$\bullet$ *2. Ein Raumschiffproblem.* Ein Raumschiff stößt Treibstoff mit einer Geschwindigkeit $-\mathbf{V}_0$ relativ zum Fahrzeug aus. Die zeitliche Änderung der Masse ist konstant $\dot{m} = -\alpha$. Stellen Sie unter Vernachlässigung der Schwerkraft die Bewegungsgleichung des Raumschiffs auf und lösen Sie sie.

Bezeichnen wir die Geschwindigkeit des Fahrzeugs zur Zeit t mit $\mathbf{v}$, so beträgt die Treibstoffgeschwindigkeit in einem Inertialsystem (nicht demjenigen des Raumschiffs) $-\mathbf{V}_0 + \mathbf{v}$. Wir wollen annehmen, daß $\mathbf{V}_0$ und $\mathbf{v}$ parallel sind, womit sich das Problem auf eine Dimension reduziert (Bild 6.10).

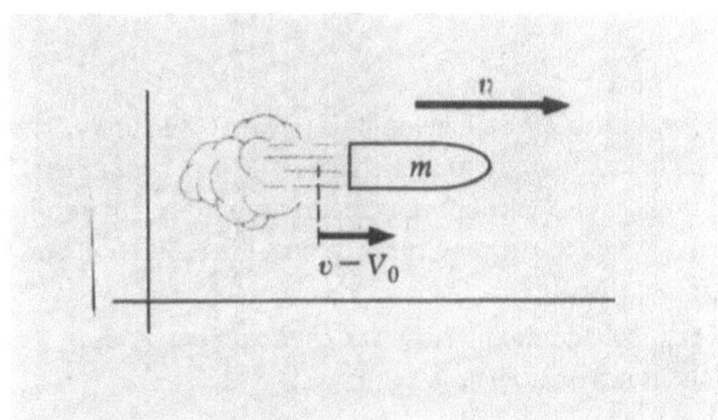

Bild 6.10. Das Raumschiff bewegt sich mit der Geschwindigkeit v in einem Inertialsystem. Die Gase werden mit der Geschwindigkeit V_0 ausgestoßen und bewegen sich im Inertialsystem daher mit der Geschwindigkeit $v - V_0$.

In Abwesenheit äußerer Kräfte ist der Gesamtimpuls von Raumschiff plus Auspuffgasen konstant. Mit $F = dp/dt = 0$ können wir schreiben

$$\frac{dp}{dt} = m\dot{v} - v\alpha + (v - V_0)\alpha = 0, \qquad (6.20)$$

wobei die einzelnen Terme folgende Bedeutung haben:

$m\dot{v}$ Impulszunahme des Raumschiffs infolge der Beschleunigung,

$-v\alpha$ Impulsabnahme des Raumschiffs infolge des Massenverlusts,

$(v - V_0)\alpha$ Impulszunahme des Auspuffgases infolge der Massenzunahme.

Gl. (6.20) vereinfacht sich zu

$$m\dot{v} = \alpha V_0. \qquad (6.21)$$

Da der Massenverlust zeitlich konstant ist, beträgt die Masse des Raumschiffs zur Zeit t

$$m = m_0 - \alpha t,$$

wobei m_0 die Anfangsmasse zur Zeit $t = 0$ ist. Damit wird Gl. (6.21)

$$(m_0 - \alpha t)\,\dot{v} = \alpha V_0.$$

Wir berechnen $\dot{v}$:

$$\dot{v} = \frac{\alpha V_0/m_0}{1 - \alpha t/m_0}$$

und integrieren mit $v = v_0$ in $t = 0$

$$v = v_0 + V_0 \ln \frac{m_0}{m_0 - \alpha t}. \qquad (6.22)$$

Dabei ist αt stets kleiner als m_0, da das Raumschiff nicht vollständig aus Treibstoff besteht, es kann aber bis zu 90 % Treibstoff enthalten. Gl. (6.22) zeigt den Vorteil von Treibstoffen mit hoher Ausstoßgeschwindigkeit. Am besten wären Photonen, die sich jedoch nur schwer in entsprechenden Mengen produzieren lassen. $\bullet$

$\bullet$ *3. Kraft durch eine fallende Kette.* Ein bekanntes Beispiel ist die Kraft, die eine fallende biegsame Kette auf eine waagrechte Unterlage ausübt. Die Kette soll zunächst so aufgehängt sein, daß ihr unteres Ende die Unterlage gerade berührt. Bild 6.11 zeigt die Kette kurz nachdem sie losgelassen wurde, ein Stück der Länge s liegt bereits auf der Unterlage.

Die nach oben gerichtete Kraft, die die Unterlage auf die Kette ausübt, muß sowohl das bereits ruhende Kettenstück tragen als auch den Impuls der neu ankommenden Kettenelemente auf Null reduzieren [1]:

$$f = \rho g s + \rho \dot{s}^2.$$

Da der frei fallende Teil der Kette die Beschleunigung g hat, ist $\dot{s}^2 = 2gs$. Folglich gilt

$$f = 3\rho g s.$$

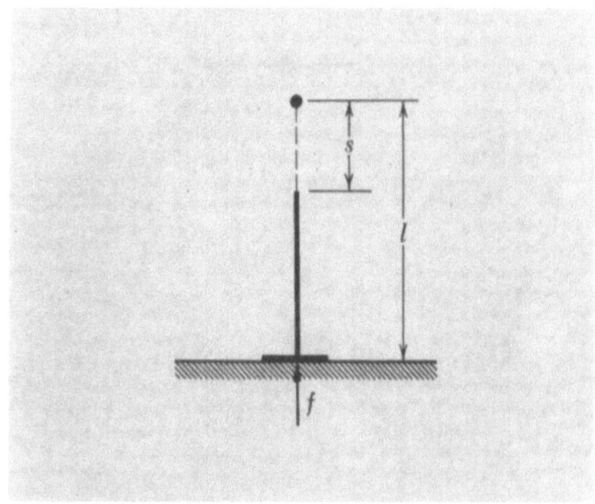

Bild 6.11. Fallende Kette mit der Masse ρ pro Längeneinheit. Im Zeitintervall dt kommt die Masse $\rho\,dt$ mit der Geschwindigkeit $\dot{s}$ unten an. Die zeitliche Änderung des Impulses der Kette ist folglich $\rho\,(ds/dt) \cdot \dot{s} = \rho \dot{s}^2$. Die Unterlage trägt auch das Gewicht $\rho g s$ des liegenden Kettenstücks.

---

[1] $(\rho\,ds)\,ds/dt$ ist der Impuls der Masse $\rho\,ds$, der in der Zeit dt auf Null reduziert wird. Die zeitliche Änderung des Impulses ist daher $= (\rho\,ds/dt)\,(ds/dt) = \rho \dot{s}^2$.

Die Unterlage übt daher in jedem Zeitpunkt eine Kraft aus, die gleich dem dreifachen Gewicht des bereits liegenden Kettenstücks ist.

(Es ist instruktiv, das Problem der Kette auf andere Arten zu betrachten. Sie können z. B. die Beschleunigung des Massenmittelpunkts der Kette unter der Wirkung der Schwerkraft und der Kraft der Unterlage berechnen.)

6.4. Die Erhaltung des Drehimpulses

Der Drehimpuls **L** eines einzelnen Teilchens, bezogen auf einen beliebigen festen Punkt eines Inertialsystems als Koordinatenursprung, ist durch

$$\boxed{\mathbf{L} \equiv \mathbf{r} \times \mathbf{p} \equiv \mathbf{r} \times m\mathbf{v}} \qquad (6.23)$$

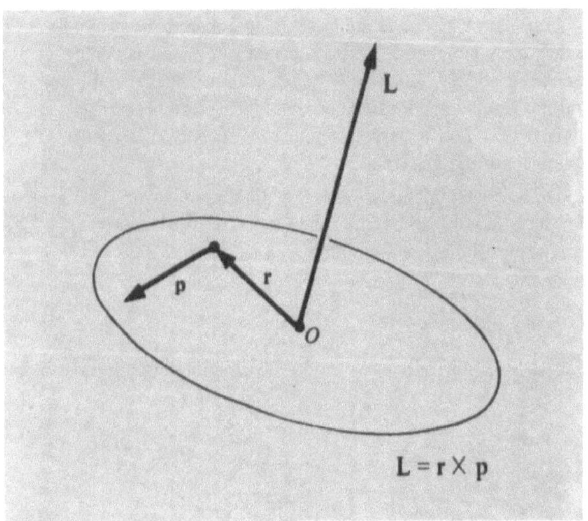

Bild 6.12a. Darstellung des Drehimpulses oder Dralls **L** bezogen auf *O*

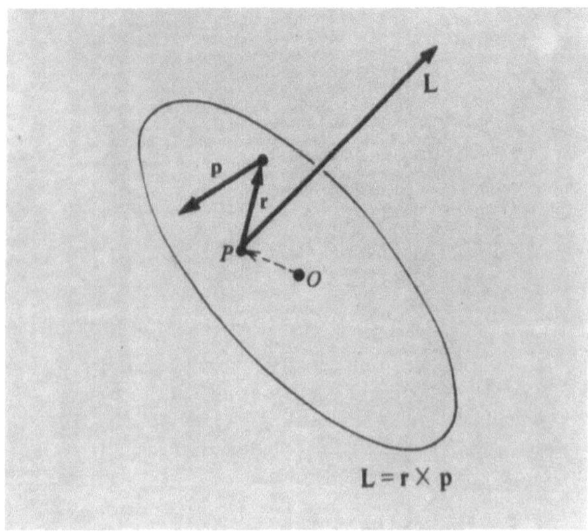

Bild 6.12b. Der *auf einen anderen Punkt P bezogene Drehimpuls* ist selbst für das *gleiche* Teilchen mit *gleichem* Impuls **p** verschieden.

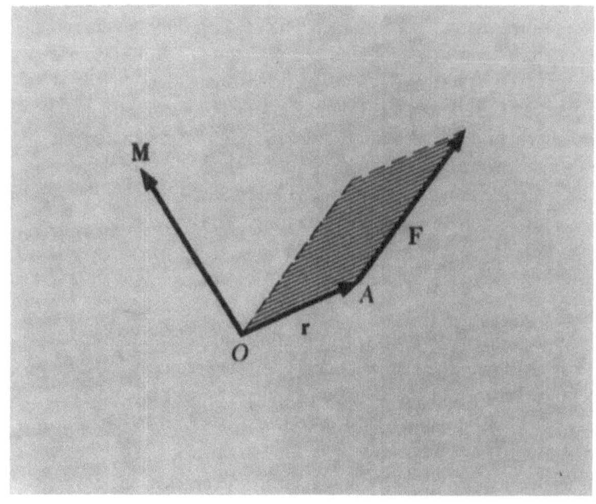

Bild 6.13. Das Drehmoment **M** in bezug auf den Punkt *O* einer Kraft **F**, die in *A* angreift, ist gleich **r** × **F**, wobei **r** der Ortsvektor von *O* nach *A* ist. **M** steht normal auf der von **r** und **F** aufgespannte Ebene.

definiert, mit **p** als Teilchenimpuls (Bilder 6.12a und 6.12b). Die Einheit des Drehimpulses ist 1 Js = 1 Nms. Unter dem Drehimpuls des Teilchens um eine bestimmte Achse durch den Koordinatenursprung versteht man die Projektion von **L** auf diese Achse.

Entsprechend definiert ist das *Drehmoment* **M** des Teilchens um denselben festen Punkt:

$$\boxed{\mathbf{M} \equiv \mathbf{r} \times \mathbf{F},} \qquad (6.24)$$

wobei **F** die auf das Teilchen wirkende Kraft bedeutet (Bild 6.13). Das Drehmoment hat die Einheit 1 Nm = 1 J. Differenzieren wir Gl. (6.23), so ergibt sich

$$\frac{d\mathbf{L}}{dt} = \frac{d}{dt}(\mathbf{r} \times \mathbf{p}) = \frac{d\mathbf{r}}{dt} \times \mathbf{p} + \mathbf{r} \times \frac{d\mathbf{p}}{dt}.$$

Nun ist aber

$$\frac{d\mathbf{r}}{dt} \times \mathbf{p} = \mathbf{v} \times m\mathbf{v} = 0,$$

und in einem Inertialsystem gilt nach dem zweiten Newtonschen Gesetz

$$\mathbf{r} \times \frac{d\mathbf{p}}{dt} = \mathbf{r} \times \mathbf{F} = \mathbf{M}.$$

Damit erhalten wir das wichtige Ergebnis

$$\boxed{\frac{d\mathbf{L}}{dt} = \mathbf{M}.} \qquad (6.25)$$

In Worten: Die zeitliche Änderung des Drehimpulses ist gleich dem Drehmoment.

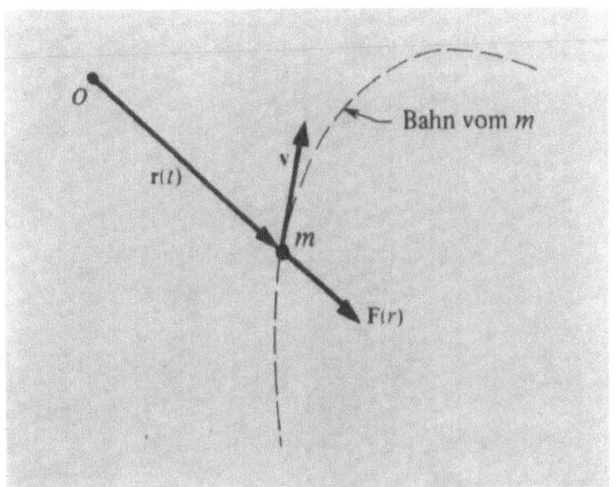

Bild 6.14. Auf das Teilchen m wirkt die abstoßende Zentralkraft $F(r)$. (Das Kraftzentrum liegt in O.) Wegen $M = r \times F = 0$ ist L konstant.

Wenn $M = 0$, gilt $L = $ const. *In Abwesenheit eines Drehmoments bleibt der Drehimpuls erhalten.* Der *Drehimpulserhaltungssatz* bezieht sich aber nicht nur auf Teilchen mit geschlossener Bahn; er gilt ebenso für offene Bahnen und für Stoßprozesse (Bild 6.14).

Betrachten wir ein Teilchen unter Wirkung einer Zentralkraft der Form

$$F = \hat{r} f(r).$$

Eine Zentralkraft ist überall genau auf einen bestimmten Punkt oder weg von ihm gerichtet. Das dazugehörige Drehmoment ergibt sich zu

$$M = r \times F = r \times \hat{r} f(r) = 0,$$

so daß für Zentralkräfte

$$\frac{d L}{dt} = 0 \tag{6.26}$$

gilt und damit *der Drehimpuls erhalten bleibt.* In diesem Fall ist die Bewegung des Teilchens auf eine Ebene normal zu L beschränkt. Dieses Ergebnis werden wir in Kapitel 9 oft verwenden. Vorerst betrachten wir jedoch die Erweiterung der Drehmomentengleichung auf ein System von N wechselwirkenden Teilchen.

Die Drehmomente innerer Kräfte heben einander auf. Mögliche Wechselwirkungen zwischen den Teilchen selbst führen zu inneren Drehmomenten. Zeigen Sie, daß *die Summe aller inneren Drehmomente verschwindet.* Nur äußere Kräfte können das Drehmoment eines Systems von Teilchen verändern.

Unter Einbeziehung aller Kräfte schreiben wir das gesamte Drehmoment als

$$M = \sum_{i=1}^{n} r_i \times F_i, \tag{6.27}$$

wobei der Index i die Teilchen durchnummeriert. Die Kraft F_i auf Teilchen i hat zwei Anteile

$$F_i = f_i + \sum_{j=1}^{n}{}' f_{ij}.$$

Dabei ist f_i die äußere Kraft auf das Teilchen und f_{ij} die Kraft von Teilchen j auf Teilchen i (innere Kraft). Σ' deutet an, daß der Term $i = j$ auszulassen ist, er würde die Kraft eines Teilchens auf sich selbst bedeuten. Damit wird Gl. (6.27)

$$M = \sum_i r_i \times \left(f_i + \sum_j{}' f_{ij} \right) =$$
$$= \sum_i r_i \times f_i + \sum_i \sum_j{}' r_i \times f_{ij},$$

wobei der letzte Term die Vektorsumme der Drehmomente der inneren Kräfte des Systems ist. Wir bezeichnen ihn mit M_{inn}.

Um M_{inn} zu berechnen vertauschen wir zunächst die ohnehin willkürlich benannten Summationsindizes i und j und erhalten die Identität

$$\sum_i \sum_j{}' r_i \times f_{ij} \equiv \sum_j \sum_i{}' r_j \times f_{ji},$$

so daß

$$M_{inn} = \frac{1}{2} \sum_i \sum_j{}' (r_i \times f_{ij} + r_j \times f_{ji}) \tag{6.28}$$

wird. Nach dem dritten Newtonschen Gesetz gilt $f_{ij} = - f_{ji}$ und daher folgt aus Gl. (6.28)

$$M_{inn} = \frac{1}{2} \sum_i \sum_j{}' (r_i - r_j) \times f_{ij}.$$

Für Zentralkräfte ist f_{ij} parallel zu $r_i - r_j$, so daß das Vektorprodukt verschwindet und wir

$$M_{inn} = 0 \tag{6.29}$$

erhalten. Das Resultat gilt auch für Nicht-Zentralkräfte, wir werden dies aber hier nicht beweisen.

Drehmoment durch die Schwerkraft. Ein wichtiges Problem für Bewegungen auf der Erdoberfläche ist: Gibt es einen Punkt in einem ausgedehnten Körper (er kann aus Massenpunkten bestehen oder eine kontinuierliche Massenverteilung aufweisen) für den das Drehmoment der Schwerkraft gleich Null ist? Wird z.B. ein Stab an einem Ende gehalten, so übt die Schwerkraft ein Drehmoment aus, falls der Stab nicht senkrecht steht. Wo müssen wir den Stab halten, damit kein Drehmoment entsteht? Offensichtlich ist dies für die Stabmitte der Fall, wir wollen das Problem aber nun allgemein behandeln.

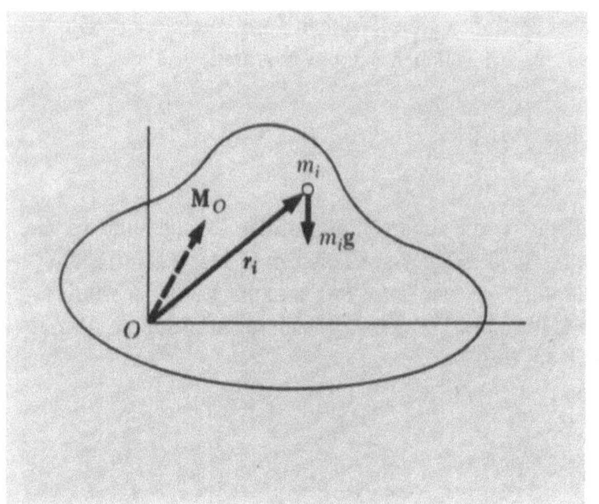

Bild 6.15. Das Drehmoment der Schwerkraft $m_i\mathbf{g}$ um O ist $\mathbf{r}_i \times m_i\mathbf{g}$

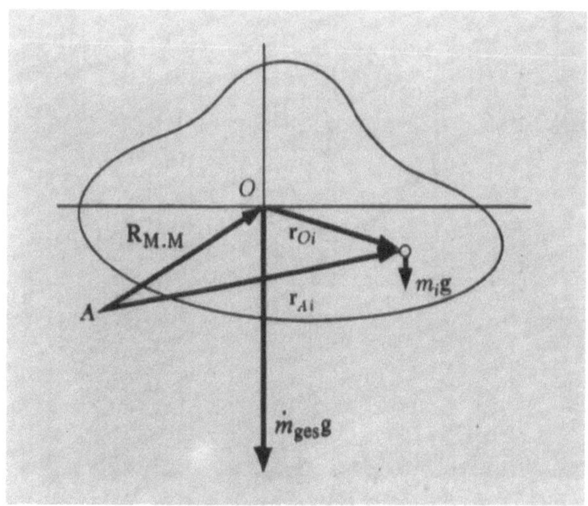

Bild 6.16. Das Drehmoment der Schwerkraft um A kann als $\mathbf{R}_{\mathrm{M.M.}} \times m_{\mathrm{ges.}}\mathbf{g}$ geschrieben werden; O ist der Massenmittelpunkt.

In Bezug auf einen Punkt O (Bild 6.15) ist das gesamte Drehmoment der Schwerkraft

$$\mathbf{M}_0 = \sum \mathbf{r}_i \times m_i\mathbf{g}.$$

Da die Schwerebeschleunigung $\mathbf{g}$ konstant ist, folgt

$$\mathbf{M}_0 = \left(\sum m_i\mathbf{r}_i\right) \times \mathbf{g}.$$

Die Definition des Massenmittelpunktes ergibt

$$\sum m_i\mathbf{r}_i = \mathbf{R}_{\mathrm{M.M.}} \sum m_i.$$

Wird O also als der Massenmittelpunkt gewählt, so ist

$$\sum m_i\mathbf{r}_i = 0 \quad \text{und} \quad \mathbf{M}_0 = 0.$$

Der Massenmittelpunkt heißt daher auch *Schwerpunkt*.
Wie groß ist $\mathbf{M}$ für andere Punkte? Es gilt zunächst

$$\sum \mathbf{F}_i = \sum m_i\mathbf{g} = m_{\mathrm{ges}}\mathbf{g} = \mathbf{F}_S, \qquad (6.30)$$

wobei $m_{\mathrm{ges.}}$ die Gesamtmasse ist. Steht das Drehmoment um den Punkt A in Bild 6.16 in einem einfachen Zusammenhang mit $\mathbf{g}$?

$$\mathbf{M}_A = \sum \mathbf{r}_{Ai} \times m_i\mathbf{g} = \sum (\mathbf{R}_{AO} + \mathbf{r}_{Oi}) \times m_i\mathbf{g}$$

$$\qquad (6.31)$$

$$= \mathbf{R}_{AO} \times \sum m_i\mathbf{g} = \mathbf{R}_{AO} \times m_{\mathrm{ges}}\mathbf{g} = \mathbf{R}_{\mathrm{M.M.}} \times m_{\mathrm{ges}}\mathbf{g}.$$

Dabei haben wir $\sum_i m_i\mathbf{r}_{Oi} = 0$ verwendet, da O der Massenmittelpunkt ist. Die gesamte Wirkung der Schwerkraft kann also durch die Wirkung einer Kraft $m_{\mathrm{ges.}}\mathbf{g}$ im Massenmittelpunkt ersetzt werden (siehe auch Übung 6).

Der Drehimpuls um den Massenmittelpunkt. Bezogen auf einen beliebigen festen Punkt in einem Inertialsystem als Koordinatenursprung beträgt der Gesamtdrehimpuls $\mathbf{L}$ eines Teilchensystems nach Gl. (6.23)

$$\mathbf{L} = \sum_{i=1}^{N} m_i\mathbf{r}_i \times \mathbf{v}_i . \qquad (6.32)$$

Wie beim einzelnen Teilchen hängt der Wert von $\mathbf{L}$ vom gewählten Koordinatenursprung O ab. Mit $\mathbf{R}_{\mathrm{M.M.}}$ als Vektor vom Ursprung zur Lage des Mittelpunkts schreiben wir $\mathbf{L}$ in eine wichtige neue Form um, indem wir

$$\sum_i m_i\mathbf{R}_{\mathrm{M.M.}} \times \mathbf{v}_i$$

zu Gl. (6.32) addieren und subtrahieren:

$$\mathbf{L} = \sum_{i=1}^{N} m_i(\mathbf{r}_i - \mathbf{R}_{\mathrm{M.M.}}) \times \mathbf{v}_i + \sum_{i=1}^{N} m_i\mathbf{R}_{\mathrm{M.M.}} \times \mathbf{v}_i$$

$$= \mathbf{L}_{\mathrm{M.M.}} + \mathbf{R}_{\mathrm{M.M.}} \times \mathbf{p}. \qquad (6.33)$$

Hier ist $\mathbf{L}_{\mathrm{M.M.}}$ der Drehimpuls um den Massenmittelpunkt und $\mathbf{p} \equiv \sum_i m_i\mathbf{v}_i$ der Gesamtimpuls. Der Term $\mathbf{R}_{\mathrm{M.M.}} \times \mathbf{p}$ ist der Drehimpuls der Schwerpunktsbewegung um den Ursprung. Dieser Term hängt von der Wahl des Ursprungs ab, $\mathbf{L}_{\mathrm{M.M.}}$ ist aber davon unabhängig. In der Physik der Moleküle, Atome und Elementarteilchen bezeichnet man $\mathbf{L}_{\mathrm{M.M.}}$ als den *Spin* (inneren Drehimpuls) des Teilchens.

Wegen $\mathbf{M}_{inn} = 0$ folgt aus den Gln. (6.25) und (6.33)

$$\frac{d}{dt}\,\mathbf{L}_{total} = \mathbf{M}_{ext}\;; \tag{6.34}$$

$$\mathbf{L}_{total} = \mathbf{L}_{M.M.} + \mathbf{R}_{M.M.} \times \mathbf{p}. \tag{6.35}$$

Hier ist $\mathbf{L}_{M.M.}$ der Drehimpuls um den Massenmittelpunkt und $\mathbf{R}_{M.M.} \times \mathbf{p}$ der Drehimpuls des M.M. um den beliebigen Koordinatenursprung. Gewöhnlich wählt man als Koordinatenursprung den M.M. selbst, wonach sich Gl. (6.34) zu

$$\frac{d}{dt}\,\mathbf{L}_{M.M.} = \mathbf{M}_{ext}$$

vereinfacht. Wirken keine äußeren Kräfte, dann verschwindet $\mathbf{M}_{ext}$ und $\mathbf{L}_{M.M.}$ ist konstant.

In Gl. (6.6) stellten wir fest, daß die Bewegung des M.M. eines Körpers oder Systems durch die gesamte äußere auf das System wirkende Kraft bestimmt wird. Nun sehen wir, daß ganz entsprechend die Drehung um den M.M. allein vom resultierenden äußeren Drehmoment abhängt.

Die geometrische Bedeutung des Drehimpulses eines auf geschlossener Bahn um den Ursprung fliegenden Teilchens entnehmen wir Bild 6.17. Die Vektorfläche $\Delta\mathbf{S}$ des Dreiecks ist durch

$$\Delta\mathbf{S} = \tfrac{1}{2}\,\mathbf{r} \times \Delta\mathbf{r}$$

gegeben, woraus

$$\frac{d\mathbf{S}}{dt} = \frac{1}{2}\,\mathbf{r} \times \mathbf{v} = \frac{1}{2m}\,\mathbf{r} \times \mathbf{p} = \frac{1}{2m}\,\mathbf{L} \tag{6.36}$$

folgt. Wir wissen, daß bei geeigneter Wahl des Koordinatenursprungs $\mathbf{L} = $ const. für Zentralkräfte gilt.

Wählen wir beim Planetenproblem die Sonne als Ursprung, dann ist der Drehimpuls eines Planeten konstant, abgesehen von Störungen durch andere Planeten. Für Zentralkräfte können wir aus den Gln. (6.26) und (6.36) folgern, daß

1. die Bahn in einer Ebene liegt,
2. $\mathbf{r}$ in gleichen Zeiten gleiche Flächen überstreicht. Dies ist eines der drei Keplerschen Gesetze, die wir in Kapitel 9 besprechen werden.

Das erste Ergebnis folgt daraus, daß $\mathbf{r}$ und $\Delta\mathbf{r}$ in einer Ebene senkrecht zu $\mathbf{L}$ liegen, und für ein Zentralkraftfeld ist der Vektor $\mathbf{L}$ konstant.

Die Planeten bewegen sich auf elliptischen Bahnen um die Sonne als Brennpunkt. Aus der Erhaltung des Drehimpulses folgt, daß jeder Planet im Punkte größter Annäherung an die Sonne sich schneller bewegen muß als im Punkte größter Entfernung. In diesen Punkten sind $\mathbf{v}$ und $\mathbf{r}$ senkrecht zueinander, so daß der Betrag des Drehimpulses durch mvr gegeben ist. Wegen der Erhaltung

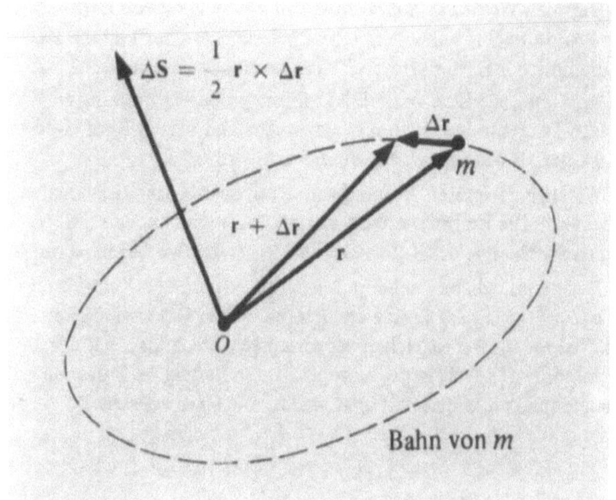

Bild 6.17. Die vom Radiusvektor überstrichene Fläche gibt die geometrische Bedeutung des Drehimpulses an.

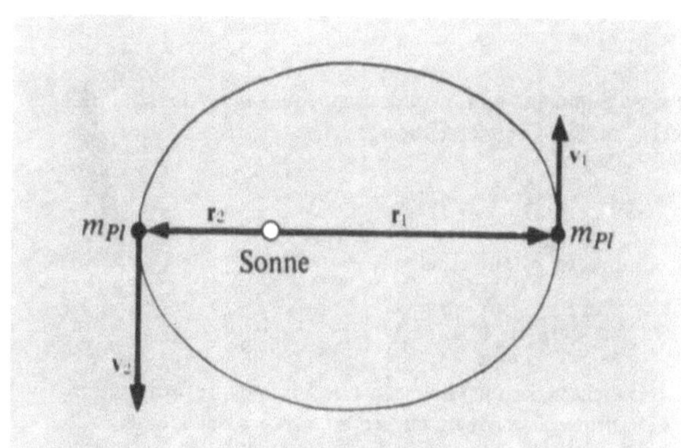

Bild 6.18. Der Planet m_{Pl} besitzt einen konstanten Drehimpuls um die Sonne. Also gilt $m_{Pl} r_2 v_2 = m_{Pl} r_1 v_1$, wobei r_1 der größte und r_2 der kleinste Abstand von der Sonne sind. Die Planetenbahnen sind in Wirklichkeit viel weniger exzentrisch als hier gezeigt. Die Zeichnung wurde zum besseren Verständnis übertrieben.

des Drehimpulses sind die Werte von mvr in den beiden Punkten gleich, so daß ein kleineres r ein größeres v bedingt (Bild 6.18).

Bei kreisförmiger Bewegung steht die Geschwindigkeit $\mathbf{v}$ senkrecht auf $\mathbf{r}$, so daß

$$L = mvr = m\omega r^2 \tag{6.37}$$

ist. Bewegt sich ein Teilchen auf einer Geraden, die im Abstand b am Ursprung vorbeigeht, so ist das Drehmoment

$$\mathbf{L} = \mathbf{r} \times m\mathbf{v} = mvb\,\hat{\mathbf{u}},$$

wobei $\hat{\mathbf{u}}$ ein Einheitsvektor senkrecht zur Ebene ist, die von der Teilchenbahn und dem Ursprung gebildet wird. Beweisen Sie dieses Ergebnis.

● **Beispiel:** *Streuung von Protonen an einem schweren Kern.* Ein Proton nähert sich einem sehr schweren Kern der Ladung Ze. In unendlicher Entfernung vom Kern besitzt es die kinetische Energie $\frac{1}{2}\, m_\mathrm{p} v_0^2$. Eine an die Flugbahn in großer Entfernung angelegte Tangente hat einen minimalen Abstand b vom Kern (Bild 6.19), der als *Stoßparameter* bezeichnet wird.

Welchen geringsten Abstand vom Kern besitzt die tatsächliche Flugbahn? Die Kernmasse wird so groß angenommen, daß die kinetische Energie des Kernrückpralls vernachlässigt werden kann.

Der ursprüngliche Drehimpuls des Protons um den Kern beträgt $m_\mathrm{p} v_0 b$, wenn v_0 der Betrag der ursprünglichen Geschwindigkeit des Protons ist. Bei Erreichen des geringsten Abstands s hat der Drehimpuls den Wert $m_\mathrm{p} v_s s$, wobei v_s den Betrag der Protonengeschwindigkeit in diesem Punkt angibt. Die Kraft ist zentral; daher gilt

$$m_\mathrm{p} v_0 b = m_\mathrm{p} v_s s; \qquad v_s = \frac{v_0 b}{s}.$$

Beachten Sie, daß wir eine Drehimpulsübertragung auf den schweren Kern vernachlässigt haben.

Die Energie des Protons bleibt bei dem Streuprozeß ebenfalls erhalten. Am Anfang besitzt es nur die kinetische Energie $\frac{1}{2}\, m_\mathrm{p} v_0^2$. Im Punkte größter Annäherung hat es eine Gesamtenergie von

$$\frac{1}{2}\, m_\mathrm{p} v_s^2 + \frac{kZe^2}{s}\,;$$

der erste Summand gibt die kinetische, der zweite die potentielle Energie an. Der Energiesatz besagt

$$\frac{1}{2}\, m_\mathrm{p} v_s^2 + \frac{kZe^2}{s} = \frac{1}{2}\, m_\mathrm{p} v_0^2.$$

Wir eliminieren v_s und erhalten

$$\frac{kZe^2}{s} = \frac{1}{2}\, m_\mathrm{p} v_0^2 \left[1 - \left(\frac{b}{s}\right)^2 \right].$$

Diese Gleichung können Sie nach s auflösen. Unter Anwendung der Erhaltungssätze haben wir bemerkenswert viel über den Streuvorgang erfahren, aber erst mit den Methoden des Kapitels 9 kann das Problem vollständig gelöst werden.   ●

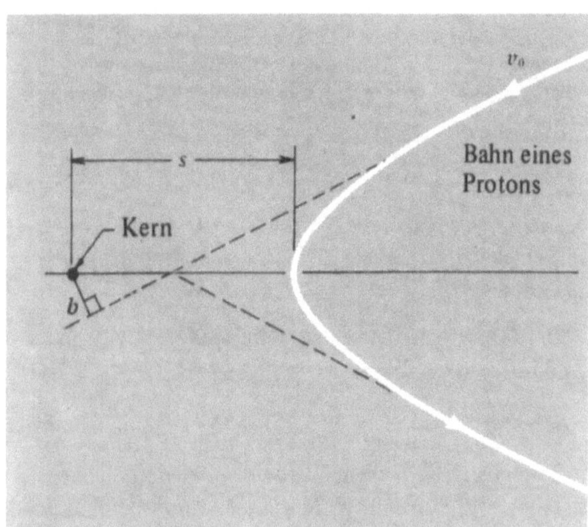

Bild 6.19. Die Bewegung eines Protons im Coulombfeld eines schweren Kerns. Die Bahn ist eine Hyperbel (s. Kapitel 9). Den geringsten Abstand vom Kern bezeichnen wir mit s. Das Lot vom Kern auf die gerade Bahn, auf der das Proton ohne Einfluß des Kerns fliegen würde, bezeichnen wir als Stoßparameter b.

Rotationsinvarianz. Ebenso, wie wir die Erhaltung des Impulses als Folge der Invarianz unter Galilei-Transformation und der Energieerhaltung erwiesen haben, können wir nun die Erhaltung des Drehimpulses als Folge der Invarianz der potentiellen Energie unter Drehung (der Koordinaten oder des Systems) erklären. Existiert ein äußeres Drehmoment, so müssen wir im allgemeinen Arbeit verrichten, wenn wir das System gegen dieses Drehmoment rotieren lassen wollen. Wenden wir aber Arbeit auf, so verändern wir damit die potentielle Energie. Bleibt die potentielle Energie E_p durch die Drehung unverändert, so liegt auch kein äußeres Drehmoment vor. Das bedeutet aber, daß der Drehimpuls erhalten bleibt.

Dies können wir auch analytisch zeigen. Betrachten Sie die Wirkung einer Drehung auf ein System von Teilchen. Dabei werden die Ortsvektoren von $\mathbf{r}_i$ auf $\mathbf{r}_i'$ abgeändert, ihre Länge bleibt jedoch gleich. Wir behaupten, daß die Erhaltung des Drehimpulses eine Folge von

$$E_\mathrm{p}(\mathbf{r}_1', \mathbf{r}_2', \dots, \mathbf{r}_N') = E_\mathrm{p}(\mathbf{r}_1, \mathbf{r}_2, \dots, \mathbf{r}_N)$$

ist. Diese Beziehung hat Einschränkungen der Form der Abhängigkeit von E_p von den Ortsvektoren $\mathbf{r}_i$ zur Folge. Diese Forderung kann man z. B. erfüllen, wenn das Potential nur von den Differenzen der $\mathbf{r}_i$ abhängt, also für zwei Teilchen durch

$$E_\mathrm{p}(\mathbf{r}_1, \mathbf{r}_2) = E_\mathrm{p}(\mathbf{r}_2 - \mathbf{r}_1)$$

gegeben ist. Die Drehung verändert die Richtung von $\mathbf{r}_2 - \mathbf{r}_1$, nicht aber den Betrag. E_p ist invariant unter Drehungen, wenn es nur vom Betrag des Abstands der beiden Teilchen abhängt, nicht aber von der Richtung:

$$E_\mathrm{p}(\mathbf{r}_1, \mathbf{r}_2) = E_\mathrm{p}(\,|\mathbf{r}_2 - \mathbf{r}_1|\,).$$

Diese Forderung ist zur Homogenität und Isotropie des Raumes äquivalent.

Ein Potential der obigen Form führt auf Kräfte, die parallel zu $\mathbf{r}_2 - \mathbf{r}_1$ sind und $\mathbf{F}_{12} = -\mathbf{F}_{21}$ erfüllen. Die Kraft ist also eine Zentralkraft und ihr Drehmoment verschwindet, der Drehimpuls bleibt erhalten. Für N Teilchen ist die Rotationsinvarianz gegeben, wenn E_p nur von den Abständen der Teilchen abhängt.

Ein einzelnes Elektron oder Ion in einem Kristall befindet sich nicht in einem rotationsinvarianten Potential, da das von den anderen Kristallionen herrührende elektrische Feld sehr ungleichförmig oder inhomogen ist. Daher können wir im allgemeinen nicht erwarten, daß für den Drehimpuls der Elektronenschalen eines Ions in einem Kristall ein Erhaltungssatz gilt, wie es für das gleiche Ion im freien Raum der Fall ist. Die Nichterhaltung des Elektronendrehimpulses von Ionen in Kristallen ist bei der Untersuchung paramagnetischer Kristallionen beobachtet worden. Dieser Effekt wird als *Auslöschung* der Bahndrehimpulse bezeichnet.

Der Drehimpuls $\mathbf{L}$ der Erde, bezogen auf die Sonne als Koordinatenursprung, bleibt erhalten, da für jeden Massenpunkt der Erde $\mathbf{r} \times \mathbf{F} = 0$ gilt, wobei $\mathbf{F}$ die zwischen Sonne und Massenpunkt wirkende Schwerkraft ist.

- **Beispiele:** *1. Kontraktion und Winkelbeschleunigung.* Ein Teilchen der Masse m am Ende eines Fadens mit der Länge r_0 rotiert mit der Geschwindigkeit v_0 (Bild 6.20). Welche Arbeit W wird verrichtet, um den Faden auf die Länge r zu verkürzen?

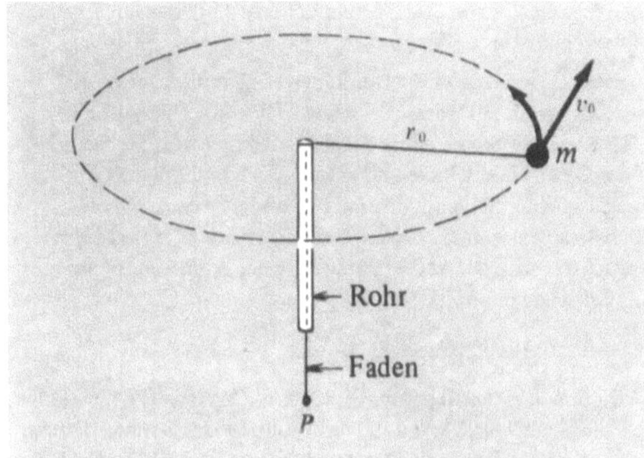

Bild 6.20. Die Masse m beschreibt eine Kreisbewegung vom Radius r_0 und der Geschwindigkeit v_0. Sie wird von einem durch das Rohr geführten Faden gehalten. Der Radius kann durch Ziehen am Faden bei P verkürzt werden.

Der Faden übt auf das Teilchen eine radiale Kraft aus, so daß bei der Verkürzung das *Drehmoment gleich Null* ist. Der Drehimpuls muß daher konstant bleiben:

$$m v_0 r_0 = m v r. \tag{6.38}$$

Bei r_0 beträgt die kinetische Energie $\frac{1}{2} m v_0^2$; sie erhöht sich bei r auf

$$\frac{1}{2} m v^2 = \frac{1}{2} m v_0^2 \left(\frac{r_0}{r}\right)^2, \tag{6.39}$$

da $v = v_0 r_0 / r$ folgt. Also wird bei Verkürzung des Fadens von r_0 auf r die Arbeit

$$W = \frac{1}{2} m v_0^2 \left[\left(\frac{r_0}{r}\right)^2 - 1\right]$$

aufgebracht. Dies können wir auch direkt berechnen:

$$\int_{r_0}^{r} \mathbf{F}_{\text{zentrip.}} \cdot d\mathbf{r} = -\int_{r_0}^{r} F_{\text{zentrip.}} \, dr.$$

Wir sehen, daß der Drehimpuls auf die Radialbewegung wie eine abstoßende potentielle Energie wirkt: Wir müssen am Teilchen *zusätzliche* Arbeit verrichten, um es an das Drehzentrum heranzuziehen, *wenn* wir bei dem Vorgang den Drehimpuls erhalten wollen.

Vergleichen Sie dieses Verhalten mit dem eines Teilchens, das am Ende eines Fadens sich frei an einem glatten Pfahl heraufwindet. Warum bleibt dabei die kinetische Energie konstant? (Siehe Übung 12.) •

- *2. Die Form einer Galaxis.* Das Ergebnis des vorangegangenen Beispiels führt uns auf eine mögliche Deutung der Entstehung der Form einer Galaxis. Wir betrachten eine sehr große Gasmasse m, die ursprünglich einen bestimmten Drehimpuls [1] besaß (Bild 6.21a). Das Gas zieht sich unter der Wirkung der Gravitation zusammen. Während das vom Gas eingenommene Volumen allmählich kleiner

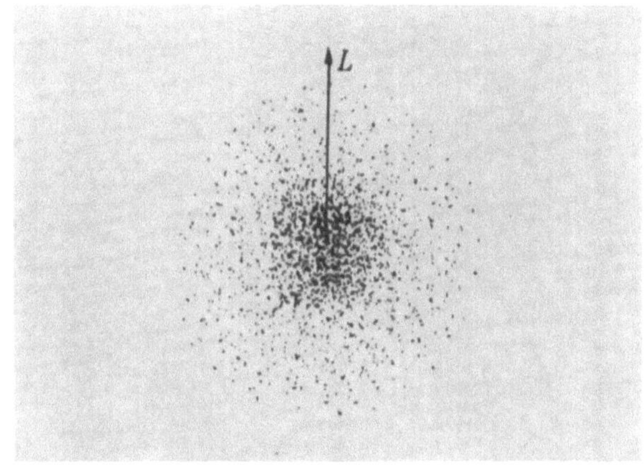

Bild 6.21a. Ursprünglich eine sphärische Gaswolke, ...

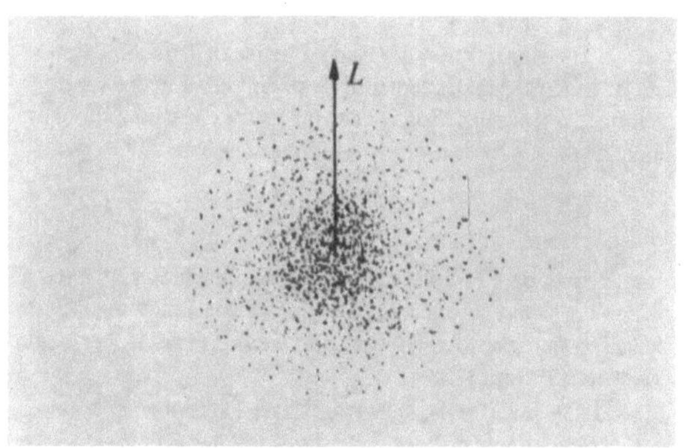

Bild 6.21b. ... flacht die Galaxis allmählich ab, ...

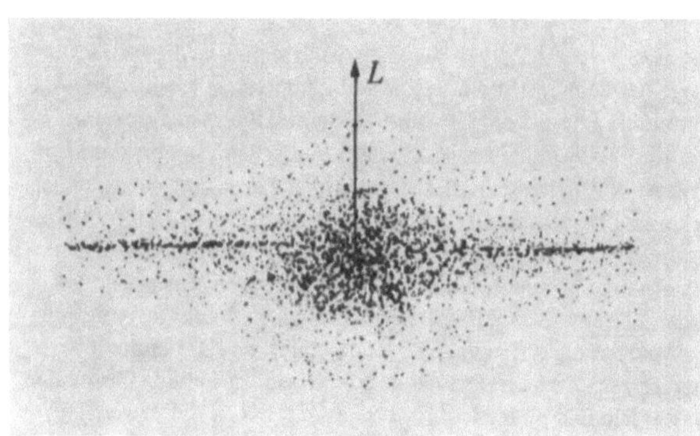

Bild 6.21c. ... bis sie schließlich Scheibenform annimmt, mit einem mehr oder weniger sphärischen Zentrum.

---

[1] Beim gegenwärtigen Stand des Wissens kann man nicht sagen, woher das Gas ursprünglich gekommen ist oder warum eine gegebene Gasmasse einen Drehimpuls haben sollte. Massen ohne Drehmoment ziehen sich zu Gaskugeln zusammen.

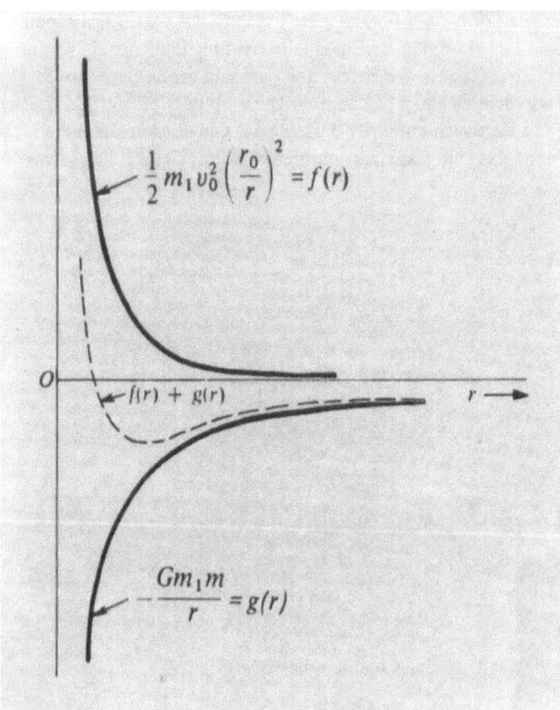

Bild 6.22. Die Kontraktion der Galaxis in der zu L senkrechten Ebene ist begrenzt, da die zentrifugale potentielle Energie sehr schnell für $r \rightarrow 0$ wächst. Somit hat $f(r) + g(r)$ ein Minimum bei einem endlichen Wert von r, wie im Bild ersichtlich.

wird, muß nach dem Impulssatz die Winkelgeschwindigkeit ständig wachsen. Wir haben aber gerade gesehen, daß zur Erhöhung der Winkelgeschwindigkeit Arbeit verrichtet werden muß. Woher kommt die kinetische Energie?

Eine in den äußeren Bereichen der Galaxis befindliche Masse m_1 besitzt wegen der Schwerewechselwirkung mit der Galaxis eine potentielle Energie in der Größenordnung

$$\frac{-Gm_1 m}{r}, \qquad (6.40)$$

wobei r den Abstand von der Galaxismitte und m die Galaxismasse bezeichnen (Bild 6.22). Mit abnehmendem r wird auch die potentielle Energie der Gravitation kleiner, ihre Abnahme wird aber durch die Zunahme (6.39) der kinetischen Energie überkompensiert. Wir behandeln diese radiusabhängige kinetische Energie als Beitrag zur potentiellen Energie und bezeichnen sie als *Zentrifugalpotential* (Übung 13). Die Gleichgewichtsbedingung ergibt sich aus dem Minimalwert der Summe der beiden Energien, wie Bild 6.22 zeigt. Aus Kapitel 5 erinnern wir uns, daß die Ableitung einer potentiellen Energie eine Kraft ergibt, und die Minimalbedingung entspricht gerade der gegenseitigen Aufhebung der beiden Kräfte. Die Bedingung lautet

$$\left(\frac{d}{dr}\right)\left[-\frac{Gm_1 m}{r} + \frac{1}{2}m_1 v_0^2 \left(\frac{r_0}{r}\right)^2\right] = 0$$

$$\frac{Gm_1 m}{r^2} - m_1 v_0^2 \frac{r_0^2}{r^3} = 0.$$

Das ist gleichbedeutend mit

$$\frac{Gm_1 m}{r^2} = m_1 \frac{v^2}{r}, \qquad (6.41)$$

wobei wir $v_0 r_0/r$ durch v ersetzt haben (nach Gl. (6.38)). Die Bedingung (6.41) entspricht der Gleichsetzung von Schwerkraft und Zentripetalkraft.

Parallel zur Achse des Gesamtdrehimpulses kann sich jedoch das Gas oder die Sternenwolke zusammenziehen, ohne dabei den Drehimpuls zu verändern (Bild 6.21). Die Kontraktion wird von der Gravitationskraft bewirkt. Die dabei gewonnene Energie muß auf irgendeine Weise verbraucht werden; vermutlich wird sie abgestrahlt.

Die Wolke fällt daher parallel zu L fast vollständig zusammen, nicht aber senkrecht dazu (Bild 6.21). Dieses Modell der galaktischen Entwicklung ist stark vereinfacht, es gibt aber noch keine allgemein anerkannte Theorie.

Unsere Galaxis hat einen Durchmesser von ungefähr $3 \cdot 10^4$ parsek oder 10^{21} m (1 parsek = $3,084 \cdot 10^{16}$ m). Ihre Dicke in der Nähe unserer Sonne hängt selbstverständlich von der Definition der Dicke ab, doch die überwiegende Mehrheit der Sterne ballt sich in einer Schicht von einigen hundert parsek um die Medianebene zusammen. Unsere Galaxis ist also sehr flach. Ihre Masse schätzt man auf das $2 \cdot 10^{11}$-fache der Sonnenmasse und damit auf ungefähr

$$(2 \cdot 10^{11})\,(2 \cdot 10^{30}) \text{ kg} = 4 \cdot 10^{41} \text{ kg}.$$

Wir können einen Näherungswert für die Masse aus Gl. (6.41) durch Einsetzen der bekannten Werte v und r der Sonne erhalten. Die Sonne liegt am äußeren Rand der Galaxis, etwa 10^4 parsek $\approx$ $3 \cdot 10^{20}$ m von der Mitte entfernt und besitzt eine Umlaufgeschwindigkeit von ca. $3 \cdot 10^5$ m/s. Damit ergibt sich der Schätzwert der Galaxismasse zu

$$m = \frac{v^2 r}{G} \approx \frac{(10^{11})\,(3 \cdot 10^{20})}{7 \cdot 10^{-11}} \text{ kg} \approx 4 \cdot 10^{41} \text{ kg}.$$

Den Einfluß der jenseits unserer Sonne liegenden Masse haben wir vernachlässigt.   •

Der Drehimpuls des Sonnensystems. Bild 6.23 zeigt die Verteilung des Gesamtdrehimpulses auf die Teile des Sonnensystems. Wir wollen zunächst einen dieser Werte

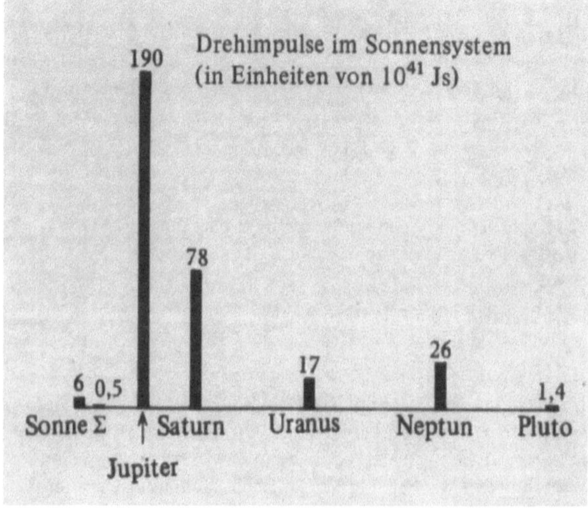

Bild 6.23. Die Verteilung des Drehimpulses im Sonnensystem, bezogen auf die Sonnenmitte. Mit Σ ist die Summe der vier Planeten Merkur, Venus, Erde und Mars bezeichnet. Beachten Sie den relativ geringen Beitrag der Eigenrotation der Sonne.

selbst schätzen. Betrachten wir den Planeten Neptun, dessen Bahn fast kreisförmig ist. Sein mittlerer Abstand von der Sonne wird in Nachschlagewerken mit $5 \cdot 10^9$ km $= 5 \cdot 10^{12}$ m angegeben. Die Umlaufzeit um die Sonne beträgt 165 Jahre $\approx 5 \cdot 10^9$ s. Seine Masse ist größenordnungsmäßig 10^{26} kg. Aus diesen Angaben erhalten wir für den Drehimpuls L des Planeten Neptun

$$L = m\upsilon r = m\,\frac{2\pi r}{T}\,r \approx \frac{(10^{26})\,(6)\,(25 \cdot 10^{24})}{5 \cdot 10^9}\,\text{Js}$$

$$\approx 30 \cdot 10^{41}\ \text{Js},$$

der mit dem in Bild 6.23 genannten Wert $26 \cdot 10^{41}$ Js ungefähr übereinstimmt. Richtungsmäßig stimmen die Drehimpulse der Hauptplaneten etwa überein.

Der Drehimpuls des Neptun *um seine eigene Achse* ist viel kleiner. Eine rotierende Kugel mit der Rotationsgeschwindigkeit υ und dem Radius R besitzt einen Drehimpuls in der Größenordnung $m\upsilon R$. Dieser Wert wird aber nur erreicht, wenn die gesamte Masse m im Abstand R von der Drehachse konzentriert ist. Für eine homogene Kugel ergibt sich ein um den Faktor $\frac{2}{5}$ kleinerer Drehimpuls (s. Kapitel 8):

$$L_{\text{M.M.}} = \frac{2}{5}\,\frac{2\pi mR^2}{T}$$

mit $T \equiv 2\pi R/\upsilon$ als Eigenrotationsperiode des Planeten. Für Neptun ist $T \approx 6 \cdot 10^4$ s und $R \approx 2{,}4 \cdot 10^7$ m, folglich

$$L_{\text{M.M.}} \approx \frac{(0{,}4)\,(6)\,(10^{26})\,(6 \cdot 10^{14})}{6 \cdot 10^4}\,\text{Js} \approx 2 \cdot 10^{36}\ \text{Js}$$

der gegenüber dem berechneten Bahndrehimpuls um die Sonne vernachlässigbar ist.

Den Eigendrehimpuls der Sonne bestimmen wir entsprechend zu $6 \cdot 10^{41}$ Js. Die Rotation der Sonne um eine Achse durch ihren Massenmittelpunkt trägt nur 2 % zum Gesamtdrehimpuls des Sonnensystems bei. Der Drehimpuls eines typischen heißeren Sterns kann rund 100 mal größer sein. So scheint die Bildung eines Planetensystems ein geeigneter Mechanismus zu sein, um den Drehimpuls eines sich abkühlenden Sterns zu vermindern. Wenn jeder Stern unserer Galaxis im Lauf seiner Geschichte einen unserer Sonne ähnlichen Zustand durchlebt und dabei Planeten bildet, dann existieren möglicherweise mehr als 10^{10} von Planeten umkreiste Sterne.

6.5. Übungen

1. *Drehimpuls eines Satelliten.*

   a) Berechnen Sie den auf den Bahnmittelpunkt bezogenen Drehimpuls eines Satelliten der Masse m_s, der die Erde auf einer Kreisbahn mit Radius r umläuft. Das Ergebnis soll allein von r, G, m_s und m_e (Erdmasse) abhängen.
   Lösung: $L = (Gm_e m_s^2 r)^{1/2}$.

   b) Wie groß ist L für einen 100 kg schweren Satelliten, dessen Bahnradius gleich dem doppelten Erdradius ist?

2. *Reibungseffekte auf Satellitenbewegung.*

   a) Welche Wirkung hat die atmosphärische Reibung auf einen Satelliten mit kreisförmiger oder fast kreisförmiger Bahn? Warum erhöht die Reibung die Geschwindigkeit des Satelliten?

   b) Erhöht oder vermindert die Reibung den Drehimpuls des Satelliten bezogen auf den Erdmittelpunkt. Warum?

3. *Die Beziehung zwischen Energie und Drehimpuls eines Satelliten.* Schreiben Sie die kinetische, potentielle und Gesamtenergie eines Satelliten mit der Masse m und dem Kreisbahnradius r als Funktion seines Drehimpulses L.
   Lösung: $E_k = L^2/2mr^2$; $E_p = -L^2/mr^2$; $E = -L^2/2mr^2$.

4. *Elektron und Proton.* Ein Elektron bewegt sich um ein Proton auf einer Kreisbahn mit einem Radius von $0{,}5 \cdot 10^{-10}$ m.

   a) Wie groß ist der Bahndrehimpuls des Elektrons um das Proton?
   Lösung: $1 \cdot 10^{-34}$ Js.

   b) Wie groß ist die Gesamtenergie (in J und eV)?

   c) Wie groß ist die Ionisationenergie, die zur Trennung von Elektron und Proton erforderlich ist?

5. *Die verschwindende Summe der inneren Drehmomente.* Betrachten Sie das isolierte System von drei Teilchen, 1, 2, 3 in Bild 6.24. Sie wirken aufeinander mit den *Zentralkräften* $F_{12} = 1$ N, $F_{13} = 0{,}6$ N und $F_{23} = 0{,}75$ N, wobei F_{ij} die von Teilchen j auf Teilchen i ausgeübte Kraft angibt. Wählen Sie zwei verschiedene Punkte und zeigen Sie, daß in beiden Fällen die Summe der Drehmomente Null ist.

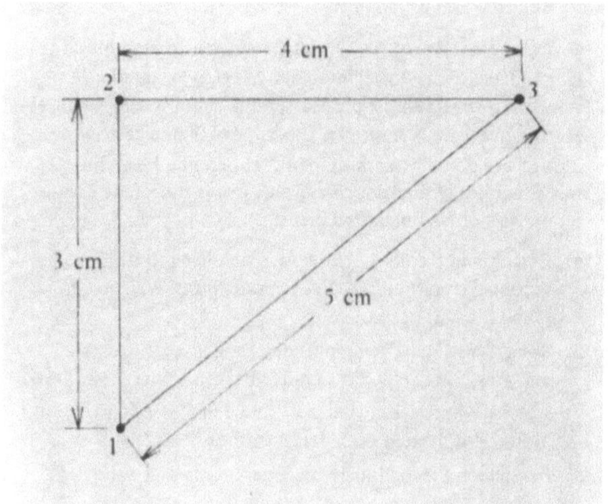

Bild 6.24

6. *Auf eine Leiter wirkende Kräfte.* Eine 20 kg schwere und 10 m lange Leiter lehnt in einem Winkel von 30° zur Senkrechten gegen eine rutschige senkrechte Wand. Die gleichmäßig gebaute Leiter kann wegen der Bodenhaftreibung nicht abgleiten. Welche Kraft übt die Leiter auf die Wand aus?
   (*Hinweis:* Die Summe aller Drehmomente auf eine ruhende Leiter muß verschwinden.)
   Lösung: 56 N.

7. *Kinetische Energie des Massenmittelpunkts.* Beim Stoß eines Teilchens mit der Masse m_1 und Geschwindigkeit υ_1 gegen ein ruhendes Teilchen m_2 kann nicht die gesamte Energie in

innere Energie umgewandelt werden. Welcher Bruchteil kann umgewandelt werden? Zeigen Sie, daß dies gleich der kinetischen Energie im Schwerpunktsystem ist.

8. *Fallende Kette.* Eine Kette mit der Masse m und der Länge l ist am Rande eines Tisches aufgewickelt. Ein kleines Stück hängt herunter und zieht allmählich die ganze Kette nach. Dabei soll die Geschwindigkeit jedes Kettenteils Null bleiben, bis er zu fallen beginnt. Berechnen Sie die Geschwindigkeit, wenn ein Stück x heruntergefallen ist.

Lösung: $v^2 = \frac{2}{3} gx$.

Wenn die gesamte Länge gerade herabgeglitten ist, welcher Teil der ursprünglichen potentiellen Energie wurde dann in kinetische Energie der Kettenbewegung verwandelt?

9. *Neutron und Proton.* Ein·Neutron der Energie 1 MeV besitzt beim Vorbeiflug an einem Proton diesem gegenüber einen Drehimpuls von etwa 10^{-33} Js. Berechnen Sie unter Vernachlässigung der Wechselwirkungsenergie den geringsten Abstand zwischen den Teilchen.

Lösung: $4 \cdot 10^{-14}$ m.

10. *Restitutionskoeffizient.* Der Restitutionskoeffizient r des Stoßes zweier Körper wird als Verhältnis der relativen Endgeschwindigkeit zur Anfangsgeschwindigkeit definiert, $0 < r < 1$. Er ist bei der Lösung von Stoßproblemen nützlich.

   a) Ein Ball springt auf einer waagerechten schweren Platte auf und ab. Zeigen Sie, daß die Steighöhen nach dem n-ten Stoß gegen die Platte durch $h_0 r^{2n}$ gegeben sind, wobei h_0 die Anfangshöhe des Balles war.

   b) Zeigen Sie, daß beim Frontalzusammenstoß von m_1 und m_2 der relative Verlust an kinetischer Energie im Schwerpunktsystem gleich $(1 - r^2)$ ist.

11. *Teilchen-Hantel-Stoß.* Zwei gleiche Massen m sind durch einen masselosen, starren Stab der Länge a verbunden. Im schwerefreien Raum ist der Massenmittelpunkt dieses hantelähnlichen Systems stationär. Die mit der Winkelgeschwindigkeit ω um den Massenmittelpunkt rotierende Hantel trifft mit einem Ende unelastisch auf eine dritte stationäre Masse m, die an der Hantel haften bleibt.

   a) Bestimmen Sie die Lage des Massenmittelpunkts des Dreimassensystems unmittelbar vor dem Stoß. Welche Geschwindigkeit besitzt er?

   b) Wie groß ist der Drehimpuls des Dreimassensystems um den Massenmittelpunkt unmittelbar vor (nach) dem Stoß?

   c) Welche Winkelgeschwindigkeit um den Massenmittelpunkt besitzt das System nach dem Stoß?

   d) Berechnen Sie die kinetische Energie vor und nach dem Stoß.

12. *Der Drehimpuls des Seilballs.* Beim Seilball versucht der Spieler den Ball so hart zu schlagen, daß sich das Seil vollständig um die senkrechte Stange windet, bevor der Gegner es im anderen Umlaufsinn abwickeln kann (Bild 6.25). Das Spiel ist aufregend, und die Kinematik des Balls ist äußerst kompliziert. Wir betrachten hier einen einfachen Sonderfall der Bewegung, bei dem der Ball in einer horizontalen Ebene auf einer Spirale mit abnehmendem Radius um die Stange kreist. Die Bewegung wird durch einen einzigen Schlag eingeleitet, der dem Ball die Anfangsgeschwindigkeit v_0 verleiht. Der Radius der Stange a ist hier viel kleiner als die Länge l des Seils.

   a) Wo liegt das momentane Rotationszentrum?

   b) Existiert ein Drehmoment um die Stablängsachse? Bleibt der Drehimpuls erhalten?

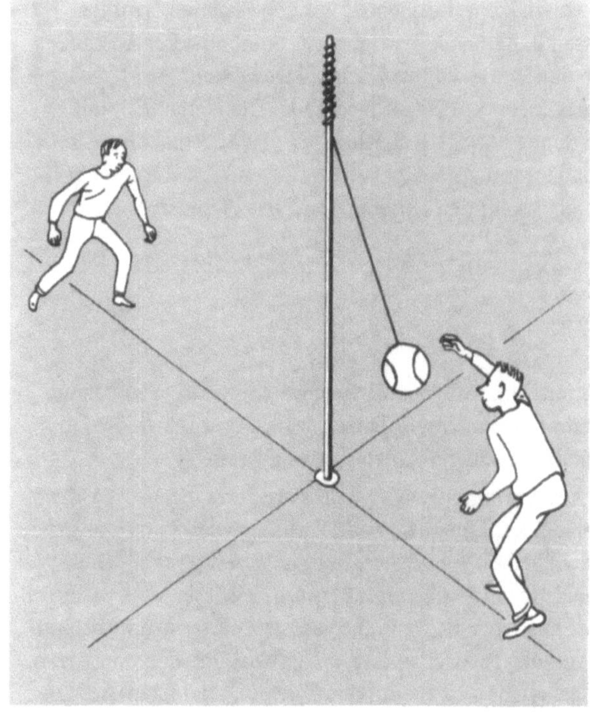

Bild 6.25

   c) Berechnen Sie die Ballgeschwindigkeit als Funktion der Zeit unter der Annahme, daß die kinetische Energie erhalten bleibt.

   d) Wie groß ist die Winkelgeschwindigkeit nach fünf vollen Umdrehungen?

   Lösung: $\omega = (l - 10\pi a) v_0/[a^2 + (l - 10\pi a)^2]$.

13. *Effektive potentielle Energie der Rotation.* Zur Beschreibung einer ebenen Rotationsbewegung verwenden wir am günstigsten Polarkoordinaten r und θ.

   a) Zeigen Sie, daß die Geschwindigkeit in Polarkoordinaten die Form

   $$\mathbf{v} = v_r \hat{\mathbf{r}} + v_\theta \hat{\theta}$$

   besitzt, wobei $v_r = dr/dt$ und $v_\theta = r d\theta/dt$ bedeuten.

   b) Zeigen Sie, daß mit $\omega = d\theta/dt$ die kinetische Energie E_k eines Teilchens in diesem Koordinatensystem durch

   $$E_k = \frac{1}{2} m (\dot{r}^2 + \omega^2 r^2)$$

   gegeben ist.

   c) Zeigen Sie, daß die Gesamtenergie die Form

   $$E = E_p(r) + \frac{1}{2} m \dot{r}^2 + \frac{L^2}{2mr^2}$$

   annimmt. L ist das Drehmoment des Teilchens um die feste zur Bewegungsebene senkrechte Rotationsachse (s. Gl. (6.37)).

   d) Auf das Teilchen wirkt nur eine Zentralkraft. Da sie kein Drehmoment erzeugt, ist L eine Konstante der Bewegung. Den Ausdruck $L^2/2mr^2$ nennt man auch die zentrifugale potentielle Energie. Zeigen Sie, daß die zentrifugale potentielle Energie mit einer radial nach außen gerichteten Kraft L^2/mr^3 verknüpft ist.

e) Zeigen Sie, daß für $E_p(r) = \frac{1}{2} Cr^2$ die potentielle Energie E_p eine nach innen gerichtete Radialkraft $-Cr$ bewirkt.

f) Schließen Sie aus d) und e), daß ein Gleichgewicht dieser Kräfte auf die Bedingung $\omega^2 = C/m$ führt.

14. *Rakete im Erdschwerefeld.* Eine Rakete der Anfangsmasse m_0 hat einen regelbaren sekundlichen Brennstoffverbrauch β. Der Brennstoff wird mit der Geschwindigkeit V_0 senkrecht nach unten ausgestoßen.

a) Wie muß β eingeregelt werden, damit die Rakete über dem Boden schwebt?

b) Der Brennstoffverbrauch werde konstant auf den Wert α eingestellt, der größer als in a) sei. Wie schnell steigt die Rakete auf?

   Lösung: Aus $m = m_0 - \alpha t$ und $\alpha = dm/dt$ folgt
   $$v = -gt + V_0 \ln[m_0/(m_0 - \alpha t)].$$

c) Vergleichen Sie diese Geschwindigkeit für $m = \frac{3}{4} m_0$ mit Gl. (6.22). Berechnen Sie diese beiden Geschwindigkeiten für $V_0 = 1{,}65$ km/s (fünffache Schallgeschwindigkeit).

15. *Eisläufer an einer Schnur.* Zwei Eisläufer mit den Massen von je 70 kg bewegen sich in entgegengesetzte Richtungen mit der Geschwindigkeit 6,5 m/s. Ihre Entfernung in Richtung normal zur Geschwindigkeit ist 10 m. Im Moment der Begegnung ergreift jeder von ihnen ein Ende einer 10 m langen Schnur.

a) Welchen Drehimpuls um die Mitte der Schnur haben sie unmittelbar bevor und nachdem sie die Schnur ergreifen?

b) Jeder zieht solange an der Schnur bis sie auf 5 m verkürzt ist. Wie groß ist die Geschwindigkeit dann?

c) Das Seil reißt in diesem Augenblick. Wie groß ist seine Bruchlast?

d) Berechnen Sie die Arbeit W, die jeder Eisläufer bei der Verringerung des Abstands verrichtet und zeigen Sie, daß W gleich der Änderung der kinetischen Energie ist.

16. *Verzögerung eines Raumschiffs.* Ein Raumschiff mit einer Masse $m = 200$ kg und einem Querschnitt $A = 2$ m^2 fliegt im schwerefreien Raum durch eine Gaswolke der Dichte $2 \cdot 10^{-12}$ kg/m^3, wobei seine Anfangsgeschwindigkeit $7{,}6 \cdot 10^3$ m/s ist. Diese Bedingungen treffen für einen Satelliten in 500 km Höhe über der Erdoberfläche zu. Wie im früher betrachteten Beispiel soll das durchquerte Gas am Satelliten haften bleiben.

a) Berechnen Sie die Konstante c in der verzögernden Kraft $F = -cv^2$. Welche Masse wird in 1 s aufgenommen?

b) Bestimmen Sie die Differentialgleichung für v aus der Impulserhaltung $mv = m_0 v_0$.

c) Berechnen Sie v als Funktion der Zeit. Nach welcher Zeit sinkt die Geschwindigkeit des Satelliten auf 90 % seiner Anfangsgeschwindigkeit ab?

   Lösungen: a) $c = 4 \cdot 10^{-12}$ kg/m;

   b) $dv/dt = -cv^3/m_0 v_0$;

   c) $t \approx 24\,a$.

7. Der Harmonische Oszillator

Der harmonische Oszillator stellt einen besonders wichtigen Fall einer periodischen Bewegung dar. Er dient als exaktes oder genähertes Modell für viele Probleme der klassischen und der Quantenphysik. Zu den klassischen Realisierungen des harmonischen Oszillators gehört jedes stabile System, das nur wenig aus seiner Gleichgewichtslage ausgelenkt wird, z.B.

1. ein einfaches Pendel im Grenzfall kleiner Schwingungen,
2. ein Federpendel bei kleinen Schwingungsamplituden,
3. ein elektrischer Schwingkreis bei genügend kleinen Strömen oder Spannungen, so daß sich die Elemente des Schwingkreises linear verhalten.

Ein Element eines elektrischen oder mechanischen Oszillators heißt linear, wenn seine Reaktion proportional der erregenden Kraft ist. Betrachten wir einen hinreichend kleinen Bereich, so verhalten sich fast alle physikalischen Systeme linear, so wie viele Kurven in einem genügend kleinen Intervall angenähert linear verlaufen.

Die wichtigsten Eigenschaften des harmonischen Oszillators sind:

1. Die Frequenz der Bewegung ist unabhängig von der Schwingungsamplitude.
2. Die Wirkungen mehrerer Erregungskräfte überlagern sich linear.

Diese Eigenschaften des harmonischen Oszillators wollen wir nun behandeln. Wir befassen uns mit freien und erzwungenen Schwingungen sowie mit den Wirkungen der Reibung auf die Bewegung, wobei die Eigenschaften der erzwungenen Schwingungen in den weiterführenden Problemen am Ende des Kapitels behandelt werden. Dort werden auch die Auswirkungen kleiner nichtlinearer Wechselwirkungen besprochen.

7.1. Das Federpendel

In Kapitel 5 berechneten wir die potentielle Energie einer gedehnten oder komprimierten Feder, bei der die Kraft direkt proportional zur Auslenkung x aus der Ruhelage ist

$$\mathbf{F} = -Cx\,\hat{\mathbf{x}},$$

wobei x bei Dehnung positiv sei. Wie bewegt sich eine Masse m unter dem Einfluß dieser Kraft? Bild 7.1 zeigt einen idealisierten Fall, bei dem sich die Masse auf einem reibungsfreien Tisch bewegt. Die Bewegungsgleichung

$$m\frac{d^2x}{dt^2} = -Cx, \qquad \frac{d^2x}{dt^2} = -\frac{Cx}{m} \tag{7.1}$$

wird im mathematischen Anhang zu diesem Kapitel gelöst. Wir können die Lösung in der Form

$$\boxed{x = A\sin(\omega_0 t + \varphi)} \tag{7.2}$$

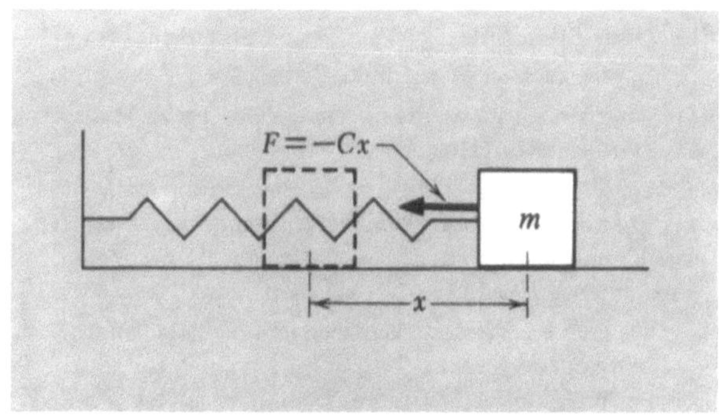

Bild 7.1. Eine gestreckte Feder wirkt auf eine Masse m. In der gestrichelt gezeichneten Lage ist die Feder entspannt.

schreiben, wobei

$$\omega_0 = \left(\frac{C}{m}\right)^{1/2}. \tag{7.3}$$

Für $t = 0$ ist $x = x_0 = A\sin\varphi$ und $dx/dt = v_0 = A\omega_0\cos\varphi$, somit können A und φ aus den Anfangsbedingungen x_0 und v_0 bestimmt werden. A heißt *Amplitude* und φ die *Phase* der Bewegung, die Bild 7.2 zeigt. Frequenz und Periode sind

$$\boxed{\begin{aligned} f_0 &= \frac{\omega_0}{2\pi} = \frac{1}{2\pi}\left(\frac{C}{m}\right)^{1/2}, \\ T &= \frac{1}{f_0} = 2\pi\left(\frac{m}{C}\right)^{1/2}. \end{aligned}} \tag{7.4}$$

Dies entspricht unseren Erwartungen: Je härter die Feder ist, um so größer ist die Federkonstante C und damit die Frequenz; je größer die Masse ist, desto kleiner ist die Frequenz.

Wir können das Problem auch mit dem Energiesatz (5.21) behandeln:

$$\frac{1}{2}mv^2 + \frac{1}{2}Cx^2 = \frac{1}{2}m\left(\frac{dx}{dt}\right)^2 + \frac{1}{2}Cx^2 = E. \tag{7.5}$$

A sei der Wert von x, für den $dx/dt = 0$ ist. Dann ist $E = \frac{1}{2}CA^2$ und

$$\frac{dx}{dt} = \left(\frac{C}{m}\right)^{1/2}(A^2 - x^2)^{1/2}. \tag{7.6}$$

Die Lösung dieser Gleichung lautet

$$\left(\frac{C}{m}\right)^{1/2}t = \arcsin\frac{x}{A} + \text{const}.$$

Dies entspricht Gl. (7.2), wenn wir die Konstante gleich $-\varphi$ setzen.

$$x = A\sin\left[\left(\frac{C}{m}\right)^{1/2}t + \varphi\right].$$

Bild 7.2. Das Bild zeigt einen einfachen harmonischen Oszillator mit der Masse m an einer gewichtslos gedachten Feder mit der Federkonstanten C. Ein an der Masse m befestigter Schreibstift zeichnet auf eine Papierrolle, die mit konstanter Geschwindigkeit an ihm vorbeigezogen wird, eine Sinuskurve.

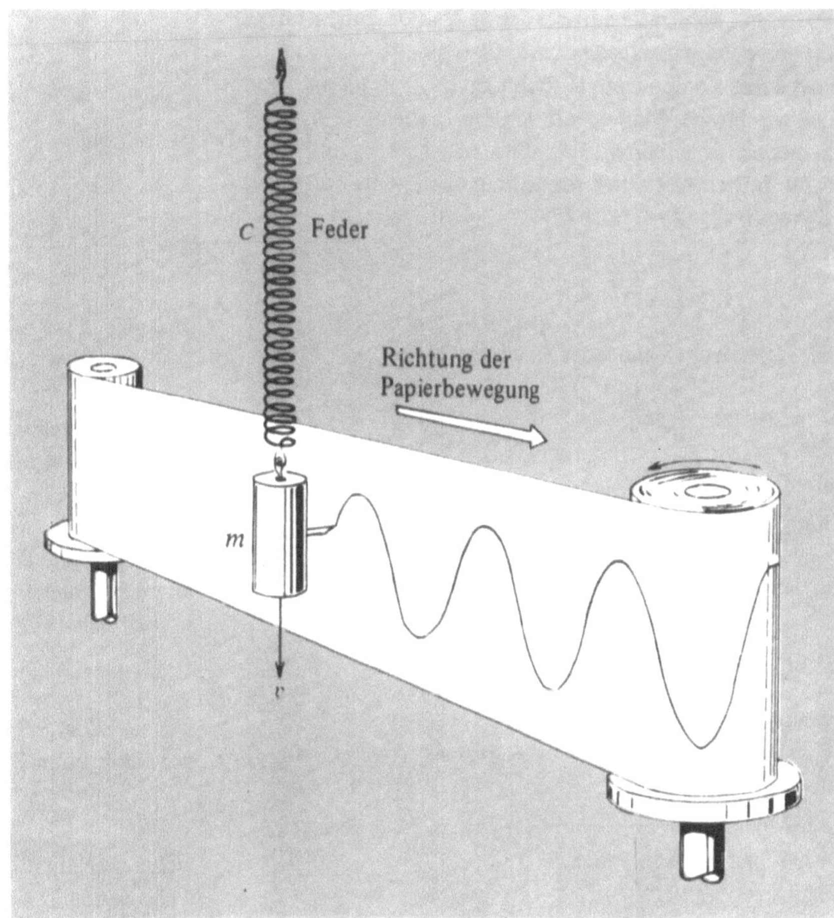

Wir können aber auch Gl. (7.5) differenzieren und erhalten

$$m \frac{dx}{dt} \frac{d^2x}{dt^2} + Cx \frac{dx}{dt} = 0,$$

was genau der Bewegungsgleichung (7.1) entspricht. (Übungen 2 und 4 verfolgen diese Ideen weiter.)

7.2. Das einfache Pendel

Das einfache oder mathematische Pendel besteht aus einem Massenpunkt am unteren Ende eines masselosen Stabes der Länge l, der an seinem oberen Ende frei drehbar aufgehängt ist, wie Bild 7.3 zeigt. Aus der Beobachtung geht hervor, daß seine Bewegung ähnlich derjenigen der Masse an der Feder ist. Wir berechnen nun die Eigenfrequenz des Pendels. Das geschieht am einfachsten, indem wir die Gleichung $\mathbf{F} = m\mathbf{a}$ für das Pendel aufstellen. Nach Bild 7.3 sind die Bogenlänge s, die Geschwindigkeit und Beschleunigung von m gleich

$$s = l\theta, \quad v = \frac{ds}{dt} = l\frac{d\theta}{dt} = l\dot\theta, \quad a = \frac{d^2s}{dt^2} = l\frac{d^2\theta}{dt^2} \ .$$

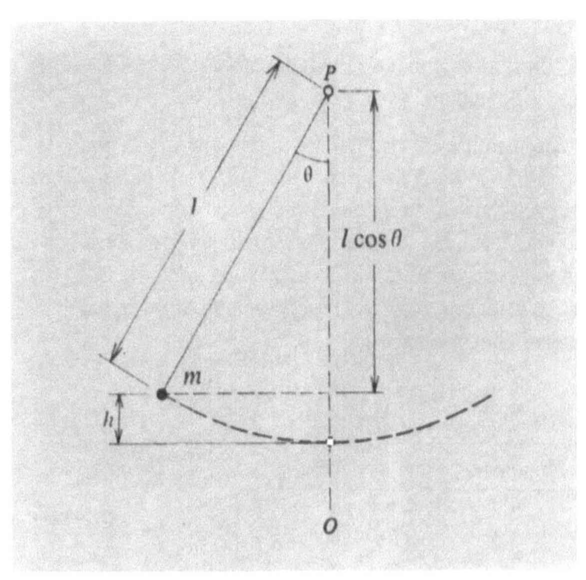

Bild 7.3. Das einfache Pendel besteht aus einer Punktmasse m am Ende eines masselos gedachten Stabes l. Das Pendel schwingt um eine Achse durch P, die senkrecht auf der Papierebene steht. Die Linie $\overline{OP}$ bildet die Vertikale. s ist die Bogenlänge zwischen O und dem Ort von m.

Es treten zwei Kräfte auf: die Schwerkraft und die Kraft, die von dem Stab ausgeübt wird. Diese zweite Kraft hat aber keine Komponente in Richtung des Kreisbogens, so daß wir nur die Komponente von $m\mathbf{g}$ in Richtung von s berücksichtigen müssen. Nach Bild 7.3 ist sie $mg \sin\theta$ und weist in Richtung abnehmendem θ. Aus $\mathbf{F} = m\mathbf{a}$ folgt also

$$mg \sin\theta = -ml\frac{d^2\theta}{dt^2} \ . \tag{7.7}$$

Die Reihenentwicklung des Sinus lautet

$$\sin\theta = \theta - \frac{\theta^3}{3!} + \frac{\theta^5}{5!} \cdots \tag{7.8}$$

und für kleine θ gilt

$$mg \sin\theta = mg\,\theta,$$

so daß Gl. (7.7) sich zu

$$\frac{d^2\theta}{dt^2} = -\frac{g}{l}\,\theta \tag{7.9}$$

vereinfacht. Das stimmt mit Gl. (7.1) überein, wenn wir C/m durch g/l ersetzen und θ statt x schreiben. Es ist also

$$\boxed{\theta = \theta_0 \sin(\omega_0 t + \varphi)} \tag{7.10}$$

wobei

$$\boxed{\omega_0 = \left(\frac{g}{l}\right)^{1/2}} \tag{7.11}$$

und die zu berechnende Frequenz ist nach den Gln. (7.4) und (7.11) gleich $f_0 = (1/2\pi)\sqrt{g/l}$.

Die Amplitude, also der Maximalwert, von θ ist θ_0. Für $t = 0$ ist θ gleich $\theta_0 \sin\varphi$ und $d\theta/dt$ gleich $\omega_0\theta_0 \cos\varphi$. Wie groß darf θ_0 sein, damit unsere Näherung $\sin\theta \approx \theta$ noch gilt? Tabelle 7.1 gibt die Schwingungsfrequenz für verschiedene Amplituden an. Bei Winkeln bis zu 20° ist die Abweichung vom Grenzwert kleiner Amplituden weniger als 1 %.

Tabelle 7.1

Amplitude, °	Frequenz/f_0
0	1,000 0
5	1,000 5
10	1,001 9
15	1,004 3
20	1,007 7
30	1,017 4
45	1,039 6
60	1,071 9

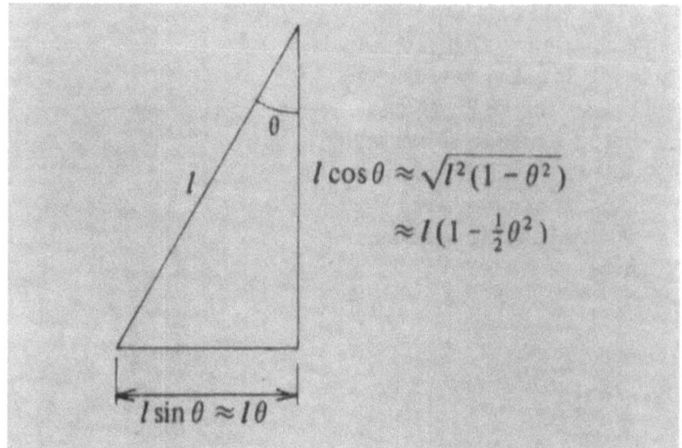

Bild 7.4. Der Lehrsatz des Pythagoras zeigt in Zusammenhang mit der Binomialentwicklung, warum $\cos\theta \approx 1 - \frac{1}{2}\theta^2$ für $\theta \ll 1$ gilt.

Wir können die Pendelbewegung auch mittels des Energiesatzes bestimmen. Ist der Stab um den Winkel θ ausgelenkt, so hebt sich die Masse m um

$$h = l - l \cos\theta,$$

wie die Bilder 7.3 und 7.4 zeigen. Die potentielle Energie der Masse m im Gravitationsfeld der Erde ist

$$E_\mathrm{p}(h) = mgh = mgl(1 - \cos\theta),$$

wobei als Nullpunkt die senkrechte Lage des Pendels gewählt wurde. Die kinetische Energie des Pendels beträgt

$$E_\mathrm{k} = \tfrac{1}{2}mv^2 = \tfrac{1}{2}ml^2\dot\theta^2,$$

da $v = l\dot\theta$ ist. Die Gesamtenergie ist

$$E = E_\mathrm{k} + E_\mathrm{p} = \tfrac{1}{2}ml^2\dot\theta^2 + mgl(1 - \cos\theta). \tag{7.12}$$

Der Energiesatz besagt, daß E konstant ist. Daraus können wir die Frequenz der Bewegung bestimmen. Für kleine Winkel θ gilt

$$\cos\theta \approx 1 - \tfrac{1}{2}\theta^2$$

und wir können die Energie daher für $\theta \ll 1$ durch die Näherung

$$E = \tfrac{1}{2}ml^2\dot\theta^2 + \tfrac{1}{2}mgl\theta^2 \tag{7.13}$$

ersetzen. Gl. (7.13) lösen wir nach $\dot\theta$ auf und erhalten

$$\frac{d\theta}{dt} = \left(\frac{2E - mgl\theta^2}{ml^2}\right)^{1/2} = \left(\frac{g}{l}\right)^{1/2}\left(\frac{2E}{mgl} - \theta^2\right)^{1/2}. \tag{7.14}$$

Die Umkehrpunkte der Bewegung bezeichnen wir mit θ_0 bzw. $-\theta_0$. In den Umkehrpunkten befindet sich das Pendel momentan in Ruhe, d.h., die kinetische Energie verschwindet dort (Bild 7.5). Für $\dot\theta = 0$ erhalten wir aus Gl. (7.13)

$$E = \tfrac{1}{2}mgl\theta_0^2; \qquad \theta_0^2 = \frac{2E}{mgl} \ .$$

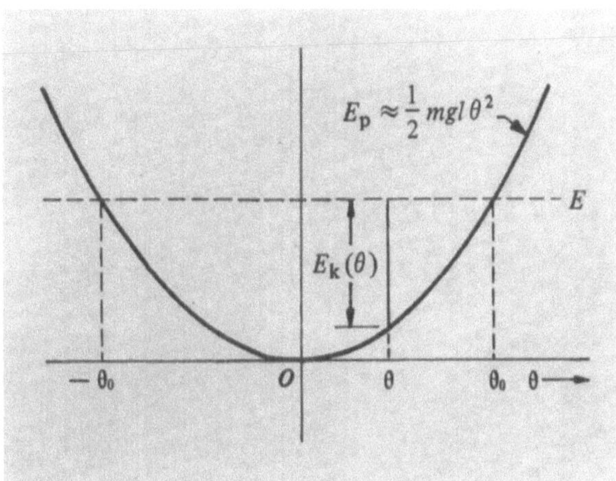

Bild 7.5. Die potentielle Energie als Funktion von θ. Das Pendel schwingt in den Grenzen θ_0 und $-\theta_0$. An diesen „Umkehrpunkten" ist $E_k = 0$ und $E_p = E$, bei $\theta = 0$ dagegen $E_p = 0$ und $E_k = E$. Für $\theta \ll 1$ wird $E_p \approx \frac{1}{2} mgl\,\theta^2$.

Einsetzen in Gl. (7.14) ergibt

$$\frac{d\theta}{dt} = \left(\frac{g}{l}\right)^{1/2} (\theta_0^2 - \theta^2)^{1/2}$$

oder

$$\frac{d\theta}{(\theta_0^2 - \theta^2)^{1/2}} = \left(\frac{g}{l}\right)^{1/2} dt.$$

Das stimmt mit Gl. (7.6) überein. Zur Zeit $t = 0$ sei $\theta = \theta_1$. Dann folgt

$$\int_{\theta_1}^{\theta} \frac{d\theta}{(\theta_0^2 - \theta^2)^{1/2}} = \left(\frac{g}{l}\right)^{1/2} \int_0^t dt.$$

Das linke Integral können wir einer Integraltabelle entnehmen (z.B. Höhere Mathematik griffbereit, S. 399 und S. 768).

$$\int_{\theta_1}^{\theta} \frac{d\theta}{(\theta_0^2 - \theta^2)^{1/2}} = \arc\sin\frac{\theta}{\theta_0}\bigg|_{\theta_1}^{\theta} = \arc\sin\frac{\theta}{\theta_0} - \arc\sin\frac{\theta_1}{\theta_0}$$

$$= \left(\frac{g}{l}\right)^{1/2} t. \tag{7.15}$$

Mit $\sin\arc\sin\theta/\theta_0$ erhalten wir aus Gl. (7.15)

$$\frac{\theta}{\theta_0} = \sin\left[\left(\frac{g}{l}\right)^{1/2} t + \arc\sin\frac{\theta_1}{\theta_0}\right]$$

oder

$$\theta = \theta_0 \sin(\omega_0 t + \varphi),$$

wobei wir mit

$$\omega_0 = \left(\frac{g}{l}\right)^{1/2} \quad \text{und} \quad \varphi = \arc\sin\frac{\theta_1}{\theta_0}$$

die Kreisfrequenz bzw. die Phase der Schwingung bezeichnen. Dies stimmt mit den Gln. (7.10) und (7.11) überein.

Die physikalische Bedeutung der Größen A und φ für das Federpendel, sowie von θ_0 und φ für das einfache Pendel zeigen die Bilder 7.6 und 7.7. Alle freien Schwingungen haben die gleichen Arten von Integrationskonstanten, wobei es durch geeignete Wahl des Zeitpunkts $t = 0$ oft möglich ist, $\varphi = 0$ oder $\varphi = \pi/2$ zu erreichen. Die Bedeutung der Integrationskonstanten ist demnach:

1. A und θ_0 sind die Amplituden der Schwingungen, die Bewegung geht also von $-A$ bis A oder von $-\theta_0$ bis θ_0.

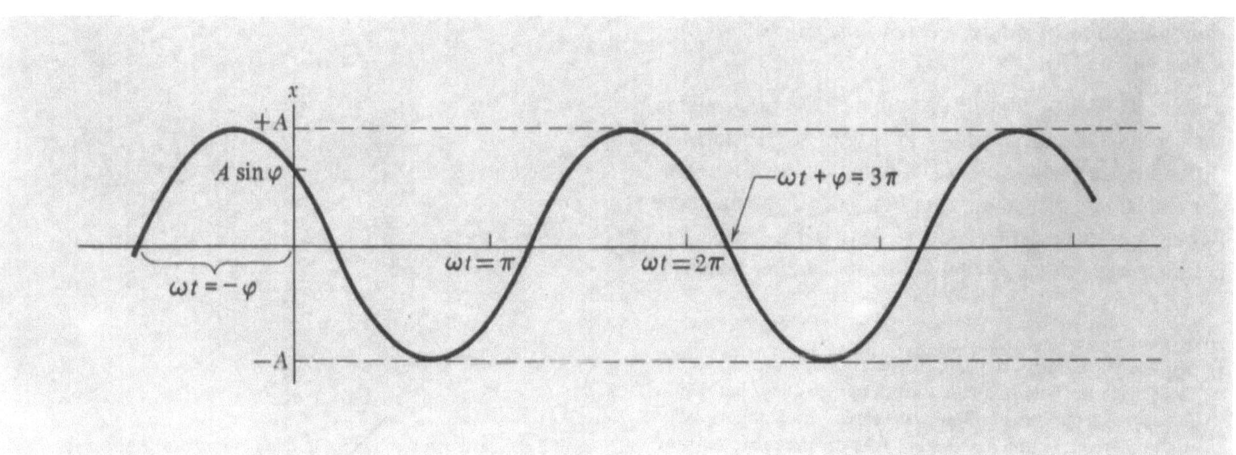

Bild 7.6. $x = A \sin(\omega t + \varphi)$ als Funktion von ωt; $\varphi \approx 3\pi/4$. Für $t = 0$ ist $x = A \sin\varphi$ und $dx/dt = \omega A \cos\varphi < 0$. (Der Index bei ω_0 wurde hier weggelassen.)

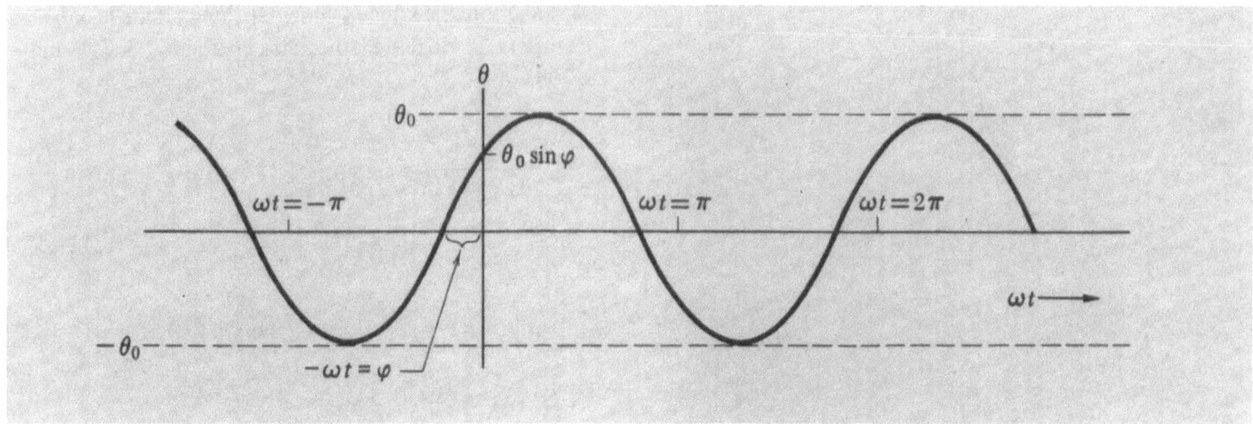

Bild 7.7. $\theta = \theta_0 \sin(\omega t + \varphi)$ als Funktion von ωt für $\varphi \approx \pi/4$. Für $t = 0$ ist $\theta = \theta_0 \sin \varphi$ und $d\theta/dt = \omega\theta_0 \cos \varphi > 0$.

2. Für $\omega_0 t = -\varphi$ ist x oder θ gleich Null und zunehmend. Dies ist äquivalent zur Aussage $x = A \sin \varphi$ oder $\theta = \theta_0 \sin \varphi$ für $t = 0$. Beachten Sie, daß die Abszisse in den Bildern 7.6 und 7.7 $\omega_0 t$ ist, nicht t.

3. Die Anfangsbedingungen bestimmen A und φ oder θ_0 und φ, wobei diese Größen aber nicht *gleich* den Anfangswerten sind.

Die Kreisfrequenz eines frei schwingenden Systems bezeichnet man üblicherweise mit dem Symbol ω_0. Der Index Null hat nichts mit $t = 0$ zu tun.

ω_0[1]) ist der Frequenz f_0 des frei schwingenden Pendels proportional:

$$f_0 = \frac{\omega_0}{2\pi} = \frac{(g/l)^{1/2}}{2\pi} . \tag{7.16}$$

Für ein Pendel von 1 m Länge erhalten wir somit $\omega_0 \approx (9{,}80/1)^{1/2} \approx 3$ rad/s. Diese Frequenz ist unabhängig von der Masse m und der Amplitude θ_0, vorausgesetzt, daß $\theta_0 \ll 1$. Die Masse kann schon aus Dimensionsgründen nicht auf der rechten Seite von Gl. (7.16) auftreten.

Zum Aufstellen der Gln. (7.5) und (7.13) verwendeten wir den Energiesatz. Beachten Sie, daß diese Gleichungen Differentialgleichungen erster Ordnung sind; wir mußten nur einmal integrieren, um zum Ergebnis zu kommen. Die Bewegungsgleichung (7.1) oder (7.9) ist dagegen eine Differentialgleichung zweiter Ordnung; zu ihrer Lösung

müssen wir zweimal nach der Zeit integrieren. Der explizite Gebrauch des Energieerhaltungssatzes erspart uns also eine Integration.

Eine dritte Methode zur Herleitung der Bewegungsgleichungen des Pendels geht von Drehmoment = zeitliche Änderung des Drehimpulses aus.

Wir wählen die x-Achse senkrecht zur Bewegungsebene (Bild 7.8). Das von der Schwerkraft $F = mg$ erzeugte Drehmoment M_x beträgt

$$M_x = (\mathbf{r} \times \mathbf{F})_x = lmg \sin \theta,$$

bezogen auf den Aufhängepunkt des Pendels. Für den Drehimpuls L_x um denselben Punkt ergibt sich mit $p = ml\dot{\theta}$

$$L_x = (\mathbf{r} \times \mathbf{p})_x = -ml^2 \dot{\theta}.$$

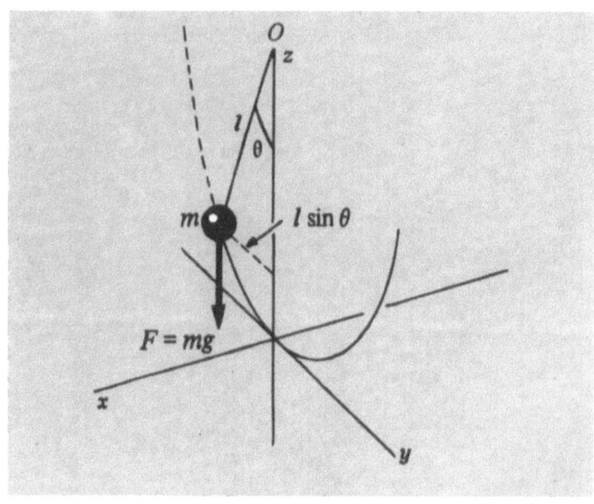

Bild 7.8. Das Pendel schwingt in der yz-Ebene. Die auf m in negativer z-Richtung wirkende Schwerkraft $F = mg$ erzeugt ein Drehmoment $M_x = mgl \sin \theta$ in der positiven x-Richtung in Bezug auf O.

---

[1]) Wir werden fortan, wenn keine Verwechslungsmöglichkeit besteht, auch die Kreisfrequenz einfach mit Frequenz bezeichnen. In Gleichungen wird fast ausnahmslos das Symbol ω für die Kreisfrequenz und das Symbol f für die Frequenz verwendet. Beide haben die gleiche Dimension s^{-1}. Die Einheit der Frequenz f ist 1 Hz (Hertz) = 1 Schwingung/s (oder 1 Umdrehung/s); die Einheit der Kreisfrequenz ist 1 rad (Radiant)/s.

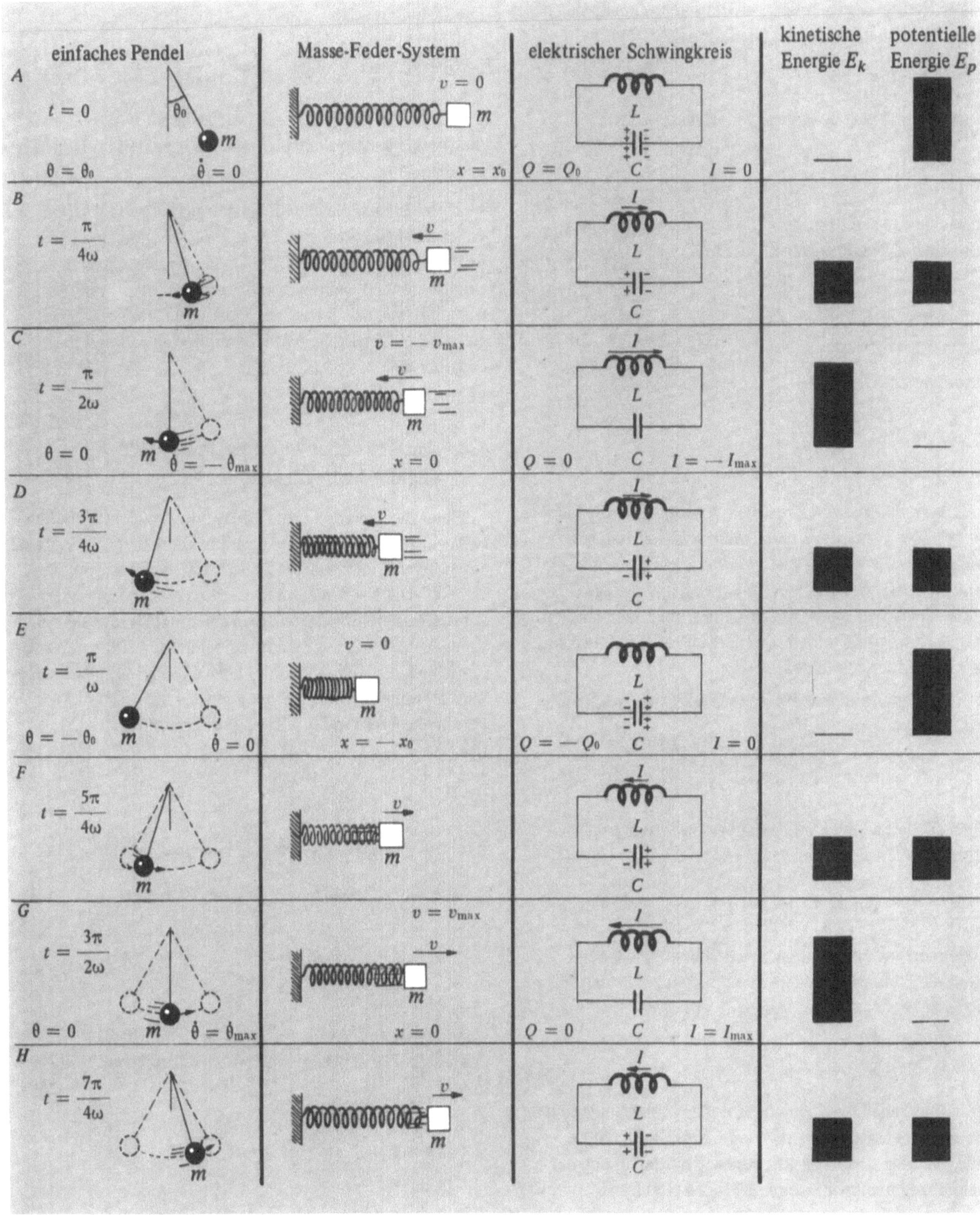

Bild 7.9. Drei verschiedene harmonische Schwingungssysteme mit gleicher Schwingungsdauer: ein einfaches Pendel, ein Masse-Feder-System und ein elektrischer Schwingkreis. Die Zeit steigt von Stellung A bis H an; die nächste Periode beginnt dann wieder mit A.

Aus Kapitel 6 wissen wir, daß das Drehmoment gleich der zeitlichen Änderung des Drehimpulses ist:

$$ml^2\ddot\theta = -lmg\sin\theta\,.$$

Die Bewegungsgleichung des Pendels lautet folglich

$$\ddot\theta + \frac{g}{l}\sin\theta = 0\,.$$

Für kleine Auslenkungen $\theta \ll 1$ können wir näherungsweise $\sin\theta$ durch θ ersetzen:

$$\boxed{\ddot\theta + \frac{g}{l}\theta = 0\,.}$$

Das entspricht Gl. (7.9).

7.3. Elektrische Schwingkreise

Einige der wichtigsten Beispiele schwingender Systeme gibt es in der Elektrodynamik, wo *Wechselströme* von überragender Bedeutung sind. Wir wollen nun die Beziehungen elektrischer und mechanischer Schwingungen untersuchen. Sie können dieses Kapitel aber auch überschlagen, wenn Ihnen die notwendigen Vorkenntnisse aus der Elektrodynamik fehlen.

Die Spannung an einem Kondensator mit der Kapazität C beträgt

$$U_C = \frac{Q}{C}\,,$$

wobei Q die Ladung ist. Ladung Q und Strom I im Stromkreis hängen gemäß

$$I = \frac{-dQ}{dt} \quad \text{oder} \quad Q = -\int I\,dt$$

zusammen, wobei das Minus-Zeichen besagt, daß der Strom die Ladung verringert. Die Spannung an einer Spule ist

$$U_L = -L\frac{dI}{dt}\,.$$

Wir betrachten einen Stromkreis, der aus einer Spule und einem Kondensator besteht, wie die dritte Reihe des Bildes 7.9 zeigt und berücksichtigen, daß die Summe der Spannungen in einem Stromkreis gleich Null ist:

$$-L\frac{dI}{dt} + \frac{Q}{C} = 0 = L\frac{d^2Q}{dt^2} + \frac{Q}{C}\,.$$

Dies entspricht der Schwingungsgleichung des Federpendels mit den Substitutionen

$$Q \longleftrightarrow x, \quad L \longleftrightarrow m, \quad \frac{1}{C} \longleftrightarrow C_{\text{Fed}}\,.$$

Die Lösung ist also

$$Q = Q_0\sin(\omega_0 t + \varphi) \quad \omega_0 = \left(\frac{1}{LC}\right)^{1/2}, \qquad (7.17)$$

woraus der Strom bestimmt werden kann. Bild 7.9 zeigt den Vergleich von Schwingkreis, Federpendel und einfachem Pendel.

Sie werden vielleicht die Spannung RI, wobei R der Widerstand ist, vermissen. $RI = R\,dQ/dt$ ist analog einer Kraft proportional zu dx/dt. Dies entspricht der noch einzuführenden Reibungskraft, wobei R dem Proportionalitätsfaktor b zwischen Kraft und Geschwindigkeit gleicht. Schwingkreise werden ausführlich in Band 2 besprochen.

7.4. Auslenkungen eines Systems aus der Gleichgewichtslage

Einer der Gründe für die Bedeutung der *harmonischen Bewegung* ist, daß sie bei Auslenkungen beliebiger Systeme aus stabilen Gleichgewichtslagen stets auftritt, wenn wir von Reibung absehen. Um dies einzusehen, beschreiben wir die Auslenkung durch eine Koordinate α, die ein Abstand, Winkel usw. sein kann. Im Gleichgewicht soll $\alpha = 0$ sein. Die Kraft (für Abstände) oder das Drehmoment (für Winkel) muß im Gleichgewicht verschwinden, so daß die potentielle Energie E_p dort ein Minimum haben muß:

$$F(\alpha = 0) = 0 = -\left(\frac{dE_\mathrm{p}}{d\alpha}\right)_{\alpha=0} \qquad (7.18)$$

Wir entwickeln E_p um $\alpha = 0$ in eine Taylorreihe

$$E_\mathrm{p}(\alpha) = E_{\mathrm{p}0} + \left(\frac{dE_\mathrm{p}}{d\alpha}\right)_0 \alpha + \frac{1}{2}\left(\frac{d^2E_\mathrm{p}}{d\alpha^2}\right)_0 \alpha^2$$
$$+ \frac{1}{6}\left(\frac{d^3E_\mathrm{p}}{d\alpha^3}\right)_0 \alpha^3 \dots\,, \qquad (7.19)$$

wobei der Index 0 sich auf $\alpha = 0$ bezieht. Mit Gl. (7.18) und unter Vernachlässigung von α^3 und höherer Terme folgt

$$E_\mathrm{p}(\alpha) = E_{\mathrm{p}0} + \frac{1}{2}\left(\frac{d^2E_\mathrm{p}}{d\alpha^2}\right)_0 \alpha^2$$

$$F(\alpha) = -\frac{dE_\mathrm{p}}{d\alpha} = -\left(\frac{d^2E_\mathrm{p}}{d\alpha^2}\right)_0 \alpha\,. \qquad (7.20)$$

F braucht nicht unbedingt eine Kraft sein, es kann auch ein Drehmoment usw. sein. Im stabilen Gleichgewicht muß gelten

$$\frac{d^2E_\mathrm{p}}{d\alpha^2} > 0\,.$$

Das heißt, die „Kraft" treibt das System zur Gleichgewichtslage zurück. Die Bewegungsgleichung wird also

$$m \frac{d^2\alpha}{dt^2} = -\left(\frac{d^2 E_p}{d\alpha^2}\right)_0 \alpha, \qquad (7.21)$$

wobei m eine Masse usw. ist. Gl. (7.21) beschreibt eine harmonische Bewegung. Abgesehen von der Reibung beschreibt Gl. (7.21) das Verhalten beliebiger Systeme, für die eine differenzierbare potentielle Energie mit einem Minimum existiert, mag es sich nun um die Schwingungen einer Brücke, eines Hauses oder eines atomaren Gebildes handeln.

7.5. Die mittlere kinetische und potentielle Energie

Wir beweisen nun eine wichtige Eigenschaft des harmonischen Oszillators, die sich auf die Mittelwerte der potentiellen und der kinetischen Energie bezieht. Der zeitliche Mittelwert einer Größe E_k über das Zeitintervall T ist definiert durch

$$\langle E_k \rangle = \frac{1}{T} \int\limits_0^T E_k(t)\,dt. \qquad (7.22)$$

Da die Bewegung eines Oszillators periodisch ist, genügt es, über eine Schwingungsdauer $T = 2\pi/\omega_0$ zu mitteln. Der Mittelwert der kinetischen Energie eines harmonischen Oszillators mit $x = A \sin(\omega_0 t + \varphi)$ ist demnach

$$\langle E_k \rangle = \frac{\int\limits_0^T \frac{1}{2} m \dot{x}^2\, dt}{T} = \frac{1}{2} m \omega_0^2 A^2 \, \frac{\int\limits_0^{2\pi/\omega_0} \cos^2(\omega_0 t + \varphi)\, dt}{2\pi/\omega_0}.$$

Da sich das Integral über eine volle Periode erstreckt, geht die Phase nicht ein, und wir können einfach $\varphi = 0$ setzen. Mit der Substitution $y = \omega_0 t$ erhalten wir

$$\frac{\omega_0}{2\pi} \int\limits_0^{2\pi/\omega_0} \cos^2 \omega_0 t\, dt = \frac{1}{2\pi} \int\limits_0^{2\pi} \cos^2 y\, dy = \frac{1}{2},$$

da

$$\int\limits_0^{2\pi} \sin^2 y\, dy = \int\limits_0^{2\pi} \cos^2 y\, dy$$

und ferner

$$\int\limits_0^{2\pi} (\sin^2 y + \cos^2 y)\, dy = 2\pi.$$

Daraus folgt für die mittlere kinetische Energie

$$\langle E_k \rangle = \frac{1}{4} m \omega_0^2 A^2. \qquad (7.23)$$

Die potentielle Energie E_p ist (wir wählen wieder $\varphi = 0$)

$$E_p = \frac{1}{2} C x^2 = \frac{1}{2} C A^2 \sin^2 \omega_0 t.$$

Da der Mittelwert des quadrierten Sinus mit dem Kosinus übereinstimmt [1]), erhalten wir mit $\omega_0^2 = C/m$

$$\langle E_p \rangle = \frac{1}{4} C A^2 = \frac{1}{4} m \omega_0^2 A^2. \qquad (7.24)$$

Somit gilt $\langle E_p \rangle = \langle E_k \rangle$ und die Gesamtenergie des harmonischen Oszillators beträgt

$$E = \langle E_k \rangle + \langle E_p \rangle = \frac{1}{2} m \omega_0^2 A^2.$$

Beachten Sie, daß $E = \langle E \rangle$, da die Gesamtenergie bei der Bewegung erhalten bleibt.

Die Gleichheit von mittlerer kinetischer und potentieller Energie ist eine besondere Eigenschaft des harmonischen Oszillators. Sie trifft auch für schwach gedämpfte harmonische Oszillatoren zu, jedoch nicht für anharmonische Oszillatoren.

7.6. Reibung

Wir haben bisher den Einfluß der Reibung auf den harmonischen Oszillator vernachlässigt. Reibung haben wir in Kapitel 3 nur für den Spezialfall einer konstanten Reibungskraft behandelt. Wir besprechen jetzt eine Reibungskraft, die zur Geschwindigkeit proportional ist. Dies trifft bei kleinen Geschwindigkeiten oft zu. Wir beginnen mit Problemen, in denen nur diese Reibungskraft auftritt. Die Bewegungsgleichung lautet dann

$$m \frac{d^2 x}{dt^2} = F_r = -b \frac{dx}{dt} = -b\dot{x}, \qquad (7.25)$$

wobei die positive Konstante b der *Reibungskoeffizient* ist. Das negative Vorzeichen besagt, daß die Kraft der Geschwindigkeit entgegengerichtet ist.

---

[1]) Diese Ergebnisse kann man leicht aus der trigonometrischen Identität $\sin^2\varphi + \cos^2\varphi \equiv 1$ ableiten. Nehmen wir nämlich das Mittel über eine Periode 2π, erhalten wir die Beziehung $\langle \sin^2\varphi \rangle + \langle \cos^2\varphi \rangle = 1$. Da der einzige Unterschied zwischen $\sin\varphi$ und $\cos\varphi$ in der Phasenverschiebung von $\pi/2$ besteht, folgt sofort $\langle \sin^2\varphi \rangle = \langle \cos^2\varphi \rangle = \frac{1}{2}$. Nach der gleichen Methode läßt sich der mittlere Wert von $\langle x^2 \rangle$ über eine Kugeloberfläche berechnen. Aus der Beziehung $x^2 + y^2 + z^2 = r^2$ folgt $\langle x^2 \rangle + \langle y^2 \rangle + \langle z^2 \rangle = r^2$. Da die Kugel symmetrisch bezüglich x, y, z ist, muß gelten $\langle x^2 \rangle = \langle y^2 \rangle = \langle z^2 \rangle = \frac{1}{3} r^2$. Dieses Ergebnis können Sie durch direkte Berechnung bestätigen.

Manchmal ist es sinnvoll, die Abklingzeit (*Relaxationszeit*) τ zu definieren:

$$\tau \equiv \frac{m}{b}$$

dann wird Gl. (7.25)

$$m\left(\frac{d^2x}{dt^2} + \frac{1}{\tau}\frac{dx}{dt}\right) = 0.$$

τ hat die Dimension einer Zeit, da b die Dimension Kraft durch Geschwindigkeit, also Masse durch Zeit, hat. Die Benennung *Abklingzeit* wird noch klar werden.

Mit $v \equiv \dot{x}$ erhalten wir

$$\dot{v} + \frac{1}{\tau}v = 0.$$

Diese Gleichung wird im mathematischen Anhang (S. 144) gelöst. Die Lösung ist

$$v(t) = v_0\, \mathrm{e}^{-t/\tau}, \tag{7.26}$$

wobei v_0 die Geschwindigkeit zur Zeit $t = 0$ ist. Die Geschwindigkeit fällt exponentiell mit der Zeit ab (Bild 7.10), sie ist mit der Zeitkonstanten τ gedämpft.

Der Abfall der kinetischen Energie E_k eines freien Teilchens folgt aus Gl. (7.26) zu

$$E_\mathrm{k} = \tfrac{1}{2}mv^2 = \tfrac{1}{2}mv_0^2\,\mathrm{e}^{-2t/\tau} = E_{\mathrm{k}0}\,\mathrm{e}^{-2t/\tau} \tag{7.27}$$

Durch Differentiation erhalten wir

$$\dot{E}_\mathrm{k} = -\frac{2}{\tau}E_\mathrm{k}.$$

Die Relaxationszeit der kinetischen Energie ist halb so groß wie die der Geschwindigkeit.

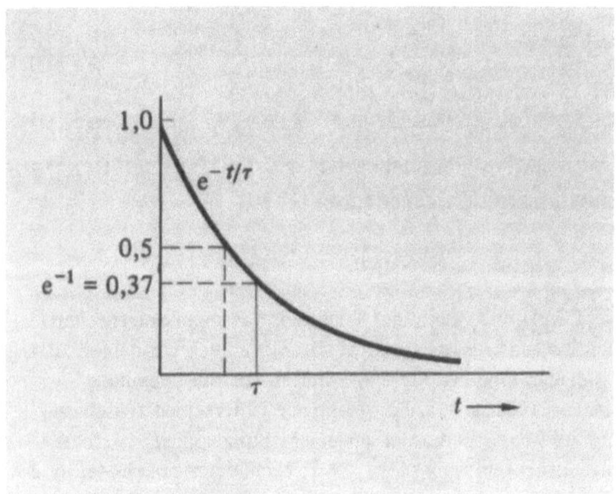

Bild 7.10. Das Bild zeigt $\mathrm{e}^{-t/\tau}$ als Funktion der Zeit t. Wegen $\mathrm{e}^{-0,69} = 0,5$ ist die Funktion für $t = 0,69\,\tau$ auf den halben Wert abgefallen.

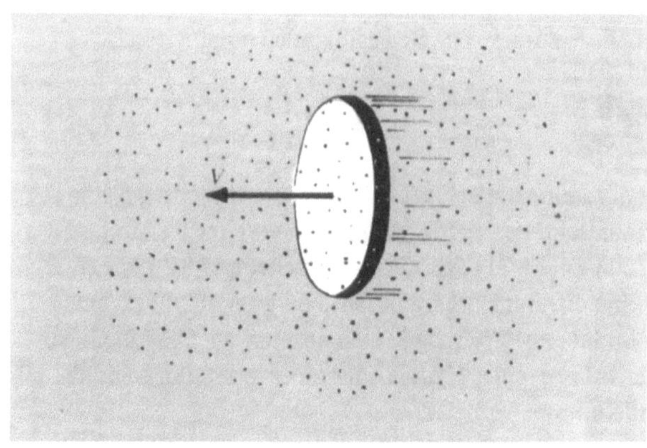

Bild 7.11. Eine flache Scheibe, die senkrecht zu ihrer Ebene durch ein Gas geringen Drucks bewegt wird, erfährt eine hemmende Kraft proportional zu ihrer Geschwindigkeit V. Voraussetzung: V ist sehr viel kleiner als die mittlere Geschwindigkeit der Gasmoleküle.

Es stellt sich die Frage, welche Vorgänge gerade zu einer Dämpfungskraft der Form $-b\dot{x}$ führen. Ein Beispiel dafür ist eine Kugel, die sich langsam durch ein zähes Medium bewegt. Die Reibungskraft (r ist der Kugelradius und η die Viskosität der Flüssigkeit)

$$F_\mathrm{r} = -6\pi\eta r v \tag{7.28}$$

wurde zuerst von *G. G. Stokes* berechnet, Gl. (7.28) heißt daher auch *Stokessches Gesetz*. Hier ist offenbar $b = 6\pi\eta r$.

Ein anderes Beispiel für eine Dämpfungskraft $F_\mathrm{r} = -bx$ bietet eine flache Platte, die sich senkrecht zu ihrer Frontfläche durch ein Gas geringen Drucks bewegt (Bild 7.11). Dabei setzen wir voraus, daß die Geschwindigkeit V der Platte wesentlich geringer als die mittlere Geschwindigkeit v der Gasmoleküle ist. Die Einschränkung geringen Drucks müssen wir machen, um die Zusammenstöße der Moleküle untereinander vernachlässigen zu können. Die Anzahl der Moleküle, die je Zeiteinheit auf die Fläche stoßen, ist proportional zur Relativgeschwindigkeit zwischen den ankommenden Molekülen und der Platte. Nehmen wir an, die Moleküle und die Platte bewegen sich alle in einer Richtung. Dann beträgt die Relativgeschwindigkeit auf der einen Seite der Platte $v + V$, auf der anderen Seite $v - V$. Der Druck ist zum Produkt aus der Anzahl der Moleküle proportional, die je Zeiteinheit auftreffen, und dem mittleren Impuls, den sie abgeben. Dieser ist selbst wieder zur Relativgeschwindigkeit proportional, so daß wir für die Drücke p_1, p_2 auf beiden Seiten der Platte

$$p_1 \sim (v + V)^2, \quad p_2 \sim (v - V)^2$$

erhalten. Der resultierende Druck ergibt sich als Differenz der Drücke auf den beiden Flächen zu

$$p = p_1 - p_2 \sim 4vV.$$

Die Bremskraft (die resultierende Kraft auf die sich bewegende Platte) ist damit der Geschwindigkeit V der Platte direkt proportional und wirkt ihrer Bewegung entgegen.

Die Endgeschwindigkeit. Wir betrachten ein Teilchen, auf das eine zu v proportionale Reibungskraft wirkt. Dieses Teilchen soll sich unter dem Einfluß einer konstanten Kraft F_0, wie z.B. der Schwerkraft, bewegen. Ist das Teilchen anfänglich in Ruhe oder bewegt es sich langsam, so wird es solange schneller, bis die mit der Geschwindigkeit ansteigende Reibungskraft gleich der konstanten Kraft F_0 ist. Dann bewegt sich das Teilchen beschleunigungsfrei mit einer Geschwindigkeit v, die aus

$$F_0 = b\dot{x} \quad \text{zu} \quad \dot{x} = v = \frac{F_0}{b} \tag{7.29}$$

folgt. Die so erreichte Geschwindigkeit heißt *Endgeschwindigkeit.*

Die gleiche Endgeschwindigkeit ergibt sich auch, wenn sich das Teilchen anfänglich sehr rasch bewegt, so daß die Reibungskraft überwiegt und das Teilchen auf die Geschwindigkeit (7.29) abbremst.

Fällt z.B. eine Masse m unter der Wirkung der Gravitation und einer Stokes-Kraft, so ist die Endgeschwindigkeit

$$v = \frac{mg}{6\pi\eta r}$$

(siehe Übungen 10 und 11).

Auch bei Reibungskräften, die nicht linear von der Geschwindigkeit abhängen, gibt es eine Endgeschwindigkeit. Für

$$F_r = -cv^n,$$

wobei c und n positive Konstanten sind, ist die Endgeschwindigkeit

$$v = \left(\frac{F_0}{b}\right)^{1/n}.$$

7.7. Der gedämpfte harmonische Oszillator

Wir berechnen nunmehr die Bewegung des Oszillators unter Einbeziehung einer Reibungskraft $-b\dot{x}$. Bild 7.12 zeigt die Art der Bewegung, die aus der Bewegungsgleichung

$$m\ddot{x} + b\dot{x} + Cx = 0,$$

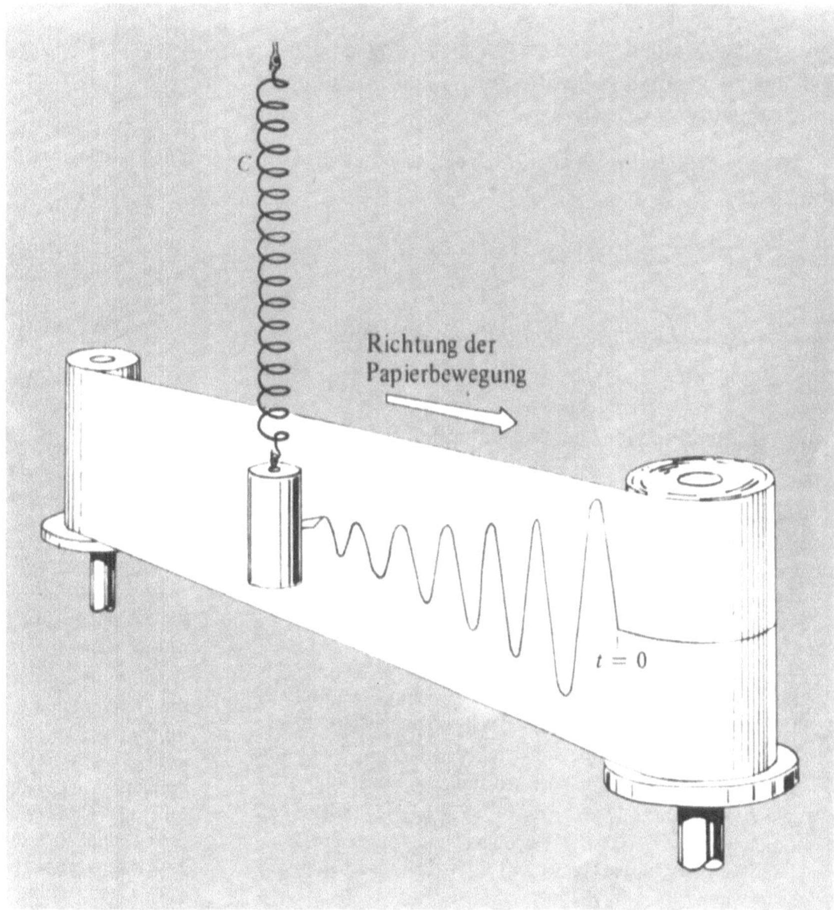

Bild 7.12. Alle wirklichen harmonischen Schwingungssysteme erfahren dämpfende Reibungskräfte wie z.B. durch den Luftwiderstand. Ein Masse-Feder-System mit schwacher Dämpfung würde eine derartige Kurve auf eine mit konstanter Geschwindigkeit vorbeiziehende Papierbahn schreiben, wenn die Masse zum Zeitpunkt $t = 0$ erstmalig in Schwingung versetzt wurde.

folgt, die immer noch linear ist. Sie läßt sich umschreiben zu

$$\ddot{x} + \frac{1}{\tau}\dot{x} + \omega_0^2 x = 0 \qquad (7.30)$$

mit

$$\frac{1}{\tau} = \frac{b}{m}, \qquad \omega_0^2 = \frac{C}{m}.$$

Wir suchen nach Lösungen von Gl. (7.30) in Form gedämpfter sinusförmiger Schwingungen

$$x = x_0 e^{-\beta t} \sin(\omega t + \varphi) \qquad (7.31)$$

wobei β und ω bestimmt werden müssen und x_0 sowie φ aus den Anfangsbedingungen folgen [1]. Diese Lösung bietet sich an, wenn man die Gln. (7.2) und (7.26) kombiniert.

Im mathematischen Anhang wird bewiesen, daß

$$\beta = \frac{1}{2\tau} \qquad (7.32)$$

und

$$\omega = \left[\omega_0^2 - \left(\frac{1}{2\tau} \right)^2 \right]^{1/2} = \omega_0 \left[1 - \left(\frac{1}{2\omega_0\tau} \right)^2 \right]^{1/2} \qquad (7.33)$$

ist. Reibung vermindert also die Frequenz. Nur für den Fall unendlich großer Relaxationszeit (keine Dämpfung) ist die Frequenz ω gleich ω_0.

Setzen wir β und ω in Gl. (7.31) ein, so erhalten wir die Lösung

$$x = x_0 e^{-t/2\tau} \sin\left\{ \omega_0 t \left[1 - \left(\frac{1}{2\omega_0\tau} \right)^2 \right]^{1/2} \right\}.$$

Im Grenzfall *schwacher Dämpfung* $\omega_0\tau \gg 1$ gilt

$$x \approx x_0 e^{-t/2\tau} \sin \omega_0 t, \qquad (7.34)$$

wobei ω_0 die Frequenz der ungedämpften Schwingung ist.

- **Beispiel:** *Leistungsverlust.* Wir berechnen den Energieverlust eines schwach gedämpften harmonischen Oszillators $\omega_0\tau \gg 1$, so daß $\omega \approx \omega_0$.

Die kinetische Energie ist durch $E_k = \frac{1}{2}m\dot{x}^2$ gegeben. Aus der Näherungslösung (7.34) folgt für $\varphi = 0$

$$\frac{dx}{dt} = -\frac{1}{2\tau} x_0 e^{-t/2\tau} \sin \omega_0 t + \omega_0 x_0 e^{-t/2\tau} \cos \omega_0 t. \qquad (7.35)$$

Für $\dot{x}^2$ erhalten wir dann

$$\left(\frac{dx}{dt} \right)^2 = \left(\frac{1}{2\tau} \right)^2 x_0^2 e^{-t/\tau} \sin^2 \omega_0 t + \omega_0^2 x_0^2 e^{-t/\tau} \cos^2 \omega_0 t$$
$$- \left(\frac{\omega_0}{\tau} \right) x_0^2 e^{-t/\tau} \sin \omega_0 t \cos \omega_0 t. \qquad (7.36)$$

Die bei der Mittelung von Gl. (7.36) über die Zeit entstehenden Integrale finden wir z. B. in Höhere Mathematik griffbereit, S. 765 ff. Für $\omega_0\tau \gg 1$ können Sie in guter Näherung den Faktor $e^{-t/\tau}$ vor das Integral ziehen. Wir können das mit hinreichender Genauigkeit tun, solange die Schwingungsamplitude $x_0 e^{-t/2\tau}$ sich während einer Periode kaum ändert. Folglich bleiben noch die Mittel

$$\langle \cos^2\theta \rangle = \langle \sin^2\theta \rangle = \frac{1}{2}, \qquad \langle \cos\theta \sin\theta \rangle = 0.$$

Der letzte Mittelwert

$$\langle \cos\theta \sin\theta \rangle = \langle \tfrac{1}{2} \sin 2\theta \rangle = 0$$

ist für uns sehr wichtig; er folgt daraus, daß der zeitliche Mittelwert eines beliebigen Sinus oder Kosinus verschwindet. Damit erhalten wir für die kinetische Energie, gemittelt über eine Periode:

$$\langle E_k \rangle \approx \frac{1}{2} m \left[\left(\frac{1}{2\tau} \right)^2 \langle \sin^2 \omega_0 t \rangle + \omega_0^2 \langle \cos^2 \omega_0 t \rangle - \right.$$
$$\left. \frac{\omega_0^2}{\tau} \langle \cos \omega_0 t \sin \omega_0 t \rangle \right] x_0^2 e^{-t/\tau}$$
$$\approx \frac{1}{4} m \left[\left(\frac{1}{2\tau} \right)^2 + \omega_0^2 \right] x_0^2 e^{-t/\tau}.$$

Die Größe $(1/2\tau)^2$ ist nach unserer Annahme vernachlässigbar klein gegenüber ω_0^2,

$$\langle E_k \rangle \approx \frac{1}{4} m \omega_0^2 x_0^2 e^{-t/\tau}. \qquad (7.37)$$

Die mittlere kinetische Energie klingt also exponentiell ab. Für die mittlere potentielle Energie ergibt sich (siehe Bild 7.13)

$$\langle E_p \rangle = \frac{1}{2} m \omega_0^2 x_0^2 \langle e^{-t/\tau} \sin^2 \omega_0 t \rangle \approx \frac{1}{4} m \omega_0^2 x_0^2 e^{-t/\tau}. \qquad (7.38)$$

Der mittlere Leistungsverlust $\langle P \rangle$ ist gleich der negativen zeitlichen Energieänderung, also

$$-\langle P \rangle = \frac{d}{dt} \langle E \rangle = \frac{d}{dt} (\langle E_k \rangle + \langle E_p \rangle) \approx -\frac{1}{\tau} (\tfrac{1}{2} m \omega_0^2 x_0^2 e^{-t/\tau})$$

oder

$$\langle P(t) \rangle = \frac{\langle E(t) \rangle}{\tau}. \qquad (7.39)$$

Wir verzichten auf die Klammern $\langle\,\rangle$, wenn keine Verwechslungen möglich sind.

Es mag überraschen, daß die Mittelwerte in den Gln. (7.37) und (7.38) noch die Zeit t enthalten, obwohl es sich um zeitliche Mittelwerte handelt. Der Grund liegt darin, daß wir die Bewegung eines gedämpften Oszillators über viele Perioden betrachten. Was wir hier erhalten haben, ist die mittlere (kinetische oder potentielle) Energie *über eine Periode ungefähr zur Zeit t*. Da die Energie sich allmählich in Wärme umsetzt, müssen wir erwarten, daß ihr Mittelwert über eine Periode mit der Zahl der durchlaufenen Zyklen stetig abnimmt.

---

[1] Die Lösung (7.31) gilt nicht für alle Werte von ω_0 und τ. Die Diskussion im Anhang zeigt, daß die Bewegung nicht immer einer Schwingung entspricht. Für $\omega_0^2 < (1/2\tau)^2$ ist die Lösung $e^{-t/2\tau}(A e^{gt} + B e^{-gt})$ mit den willkürlichen Konstanten A und B, wobei $g = [(1/2\tau)^2 - \omega_0^2]^{1/2}$. Für $\omega_0 = 1/2\tau$ lautet die Lösung $Ce^{-t/2\tau} + Dt e^{-t/2\tau}$, wobei C und D die frei wählbaren Konstanten sind. Dieser Fall heißt „kritische Dämpfung". Siehe Gln. (7.69) und (7.70).

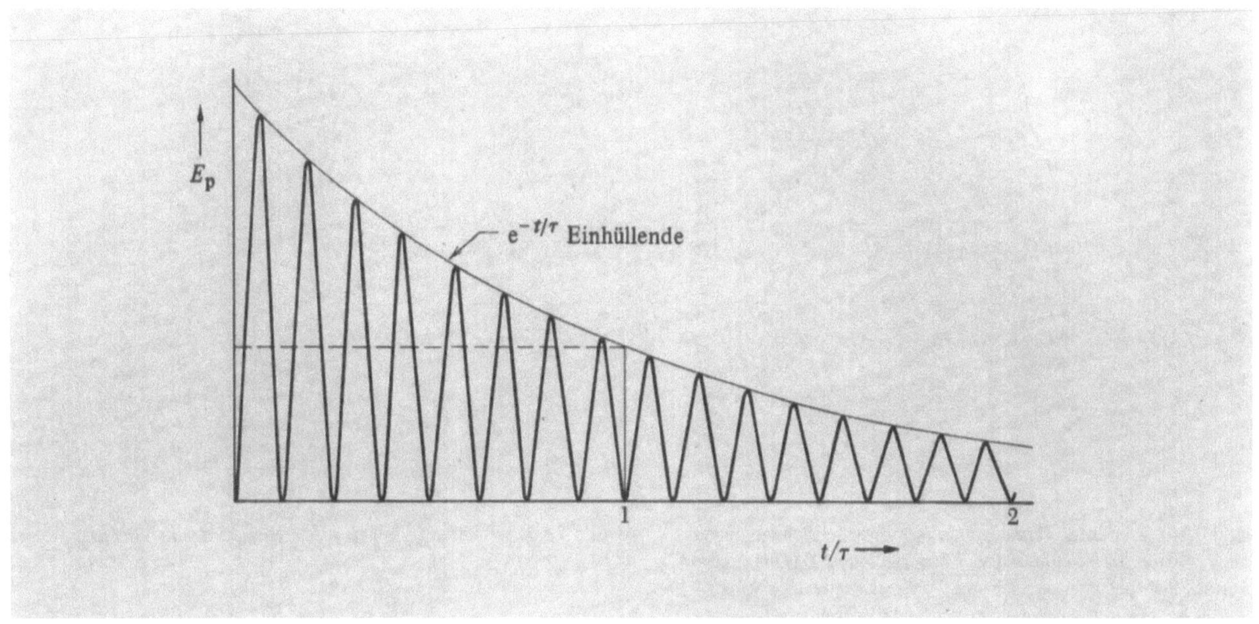

Bild 7.13. Potentielle Energie eines Oszillators mit $\tau = 8\pi/\omega$ und $Q = 8\pi$ als Funktion der dimensionslosen Zeitkoordinate t/τ. In der Zeit τ, während der vier Schwingungen stattfinden, fällt die Einhüllende der potentiellen Energie auf den e-ten Teil des Anfangswerts ab.

Man erwartet, daß die Verlustleistung mit der negativen mittleren Leistung übereinstimmt, die die Reibungskraft $F_\mathrm{r} = -b\dot{x} = -(m/\tau)\,\dot{x}$ aufbringt. Mit Hilfe von Gl. (7.35) und unter der Annahme $\omega_0\tau \gg 1$, so daß $\mathrm{e}^{-t/\tau}$ wieder vor das Integral gezogen werden kann, erhalten wir für die Leistung der Reibungskraft

$$\langle F_\mathrm{r}v\rangle \approx -\frac{m}{\tau}\,\omega_0^2 x_0^2\,\mathrm{e}^{-t/\tau}\,\langle\cos^2\omega_0 t\rangle$$

$$\approx -\tfrac{1}{2}\,m\,\omega_0^2 x_0^2\,\mathrm{e}^{-t/\tau} \approx -\frac{E(t)}{\tau}$$

in Übereinstimmung mit Gl. (7.39).   •

Der Gütefaktor oder die Güte Q. Die Güte Q eines Oszillators ist ein vor allem bei elektrischen Schwingkreisen üblicher Begriff, der aber auf beliebige schwach gedämpfte Oszillatoren anwendbar ist. Wir definieren Q als das 2π-fache des Quotienten aus gespeicherter Energie und mittlerem Energieverlust je Periode:

$$Q = 2\pi\,\frac{\text{gespeicherte Energie}}{\langle\text{Energieverlust in einer Periode}\rangle} = \frac{2\pi E}{P/f} = \frac{E}{P/\omega}, \quad (7.40)$$

da $1/f$ die Periodendauer wiedergibt und $2\pi f = \omega$ gilt. Die Dämpfung muß hinreichend schwach sein, damit sich E während einer Schwingung nicht wesentlich ändert. Beachten Sie, daß Q dimensionslos ist.

Für den schwach gedämpften Oszillator ($\omega_0\tau \gg 1$) erhalten wir aus Gl. (7.39)

$$Q \approx \frac{E}{E/\omega\tau} \approx \omega_0\tau. \qquad (7.41)$$

Wir erkennen, daß der Wert von $\omega_0\tau$ tatsächlich ein gutes Maß für den Grad der Dämpfung eines Oszillators ist. Hohes $\omega_0\tau$ oder hohes Q bedeuten schwache Dämpfung des Oszillators. Wir merken uns aus Gl. (7.38), daß die Energie eines Oszillators in der Zeit τ auf den e-ten Teil ihres Anfangswerts abfällt; während dieser Zeit durchläuft der Oszillator $\omega_0\tau/2\pi$ Perioden. In Tabelle 7.2 sind die Q-Werte einiger Oszillatoren aufgeführt.

Tabelle 7.2: Verschiedene typische Werte für Q
(Die Werte streuen stark)

Die Erde bei einer Erdbebenwelle	250 ... 1400
Mikrowellen-Hohlraumresonator (Cu)	10^4
Klavier- oder Violinsaite	10^3
Angeregtes Atom	10^7
Angeregter Atomkern (Fe^{57})	$3\cdot10^{12}$

7.8. Erzwungene Schwingungen

Harmonische Oszillatoren, auf die sinusförmig variierende äußere Kräfte wirken, sind in vielen Gebieten der Physik von größter Bedeutung. Die etwas langwierige Lösung der Bewegungsgleichungen finden Sie in den weiterführenden Problemen am Ende des Kapitels. Hier wollen wir nur die wichtigsten Ergebnisse festhalten:

1. Die stationäre Bewegung des Oszillators (für Zeiten $t \gg \tau$ ist die Bewegung mit der Eigenfrequenz des

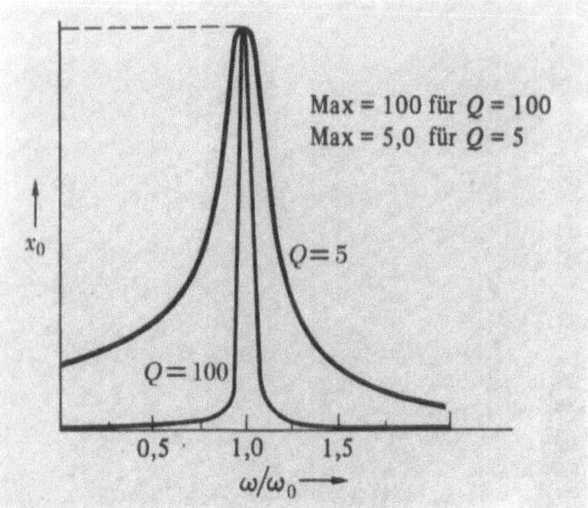

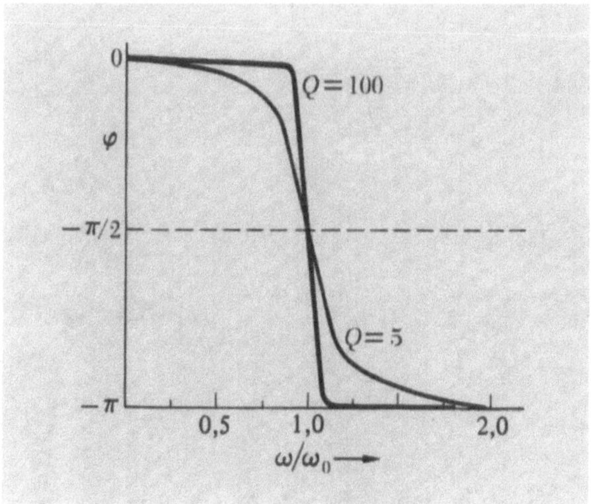

Bild 7.14. Amplitude erzwungener harmonischer Schwingungen als Funktion der Frequenz ω der äußeren Kraft. Das Maximum von x_0 liegt bei $\omega = \omega_0\sqrt{1 - (1/2Q)^2}$, etwas unterhalb von $\omega/\omega_0 = 1$. Es unterscheidet sich für beide Kurven geringfügig. Der Maßstab der Amplitude ist willkürlich; für dieselbe Antriebskraft und gleiches ω_0 ist die maximale Amplitude für $Q = 100$ etwa 20 mal größer als für $Q = 5$.

Bild 7.15. Winkel φ zwischen Auslenkung und Antriebskraft

Kraft ihr Maximum erreicht. Negative Winkel bedeuten, daß die Auslenkung hinter der Kraft zurückbleibt. Für $\omega = \omega_0$ ist $\varphi = -\pi/2$, so daß die Auslenkung um einen Viertelzyklus hinter der Kraft zurück ist. Siehe dazu auch S. 141.

unangetriebenen Oszillators durch Reibung fast Null geworden) hat die gleiche Frequenz ω wie die äußere Kraft.

2. Wie man vor allem für schwach gedämpfte Oszillatoren erwartet, hängt die Amplitude der stationären Bewegung stark von der Antriebsfrequenz ab. Bild 7.14 zeigt die Amplitude als Funktion der Antriebsfrequenz ω für großes und mittleres Q. Für Frequenzen nahe der Eigenfrequenz ω_0 treten besonders große Amplituden auf, wobei das Maximum für

$$\omega = \left(\omega_0^2 - \frac{1}{2\tau^2}\right)^{1/2} = \omega_0 \left(1 - \frac{1}{2\omega_0^2\tau^2}\right)^{1/2}$$

$$= \omega_0 \left(1 - \frac{1}{2Q^2}\right)^{1/2}$$

erreicht wird, was für einen Oszillator mit großem Q nahe bei ω_0 liegt. Die maximale *Leistungsaufnahme* erfolgt für $\omega = \omega_0$. Die in Bild 7.14 gezeigte Kurve heißt *Resonanzkurve*[1]).

3. Die durch den Winkel φ beschriebene zeitliche Verschiebung zwischen der Auslenkung $x = x_0 \sin(\omega t + \varphi)$ und der Antriebskraft $F_0 \sin \omega t$ hängt stark von der Frequenz ab. Für $\omega = 0$ ist $\varphi = 0$, für hohe Frequenzen ist $\varphi = -\pi$ (siehe Bild 7.15 und S. 140). φ ist hier als der Winkel definiert, um den die Auslenkung vor der

7.9. Das Superpositionsprinzip

Eine wichtige Eigenschaft des harmonischen Oszillators besteht darin, daß sich Lösungen additiv zusammensetzen lassen: Ist $x_1(t)$ die Bewegung unter dem Einfluß einer erregenden Kraft $F_1(t)$ und $x_2(t)$ die Bewegung durch eine Kraft $F_2(t)$, dann ist $x_1(t) + x_2(t)$ die Gesamtbewegung unter dem Einfluß beider gleichzeitig wirkender Kräfte $F_1(t)$ und $F_2(t)$. Wenn wir also die Bewegung x_1 infolge $F_1(t)$ allein kennen, ebenso die Bewegung x_2 unter $F_2(t)$ allein, dann erhalten wir die Gesamtbewegung unter Einfluß beider Kräfte, indem wir die Einzelauslenkungen x_1 und x_2 addieren. Diese Eigenschaft folgt direkt aus der Bewegungsgleichung:

$$\left(\frac{d^2}{dt^2} + \frac{1}{\tau}\frac{d}{dt} + \omega_0^2\right)(x_1 + x_2)$$

$$= \left(\frac{d^2}{dt^2} + \frac{1}{\tau}\frac{d}{dt} + \omega_0^2\right)x_1 + \left(\frac{d^2}{dt^2} + \frac{1}{\tau}\frac{d}{dt} + \omega_0^2\right)x_2$$

$$= F_1 + F_2. \tag{7.42}$$

Die Gültigkeit des Superpositionsprinzips für die Lösung der Bewegungsgleichung eines harmonischen Oszillators folgt aus der Linearität der Gleichung; x geht nur linear ein. Das Bild ändert sich völlig, wenn wir anharmonische Terme mit einbeziehen. So können wir zeigen, daß ein Term x^2 in der Bewegungsgleichung bei zwei gleichzeitig wirkenden Frequenzen ω_1 und ω_2 nicht nur zusätzlich

[1]) In manchen Gebieten der Physik meint man mit Resonanzkurve nur die Kurve $f(X) = 1/(1 + X^2)$, die eine ähnliche Form hat.

deren Vielfache und damit einen vollen Bereich harmonischer Frequenzen ($2\omega_1, 3\omega_1, \ldots, 2\omega_2, 3\omega_2, \ldots$), sondern außerdem noch Kombinations- oder „Seitenband"-Frequenzen ($\omega_1 + \omega_2$; $\omega_1 - \omega_2$; $\omega_1 - 2\omega_2$ usw.) erzeugt.

7.10. Übungen

1. *Das einfache Pendel.* Gegeben sei ein Pendel aus einem masselosen Draht der Länge $l = 1$ m und einer Masse $m = 1$ kg. Wie groß ist die Periode des Pendels bei kleinen Auslenkungen?
   Lösung: 2,0 s.

2. *Masse an einer Feder.* Stellen Sie die Bewegungsgleichung für eine Masse m auf, die an einer Feder mit der Konstanten C hängt und sich im Schwerefeld senkrecht bewegt. Welchen Einfluß hat die Schwerkraft auf
   a) die Schwingungsdauer,
   b) den Nullpunkt der Schwingungen?

3. *Masse an einer Feder.* Die Masse $m = 1$ kg hängt an einer Feder mit $C = 10$ N/m.
   a) Bestimmen Sie die Schwingungsdauer.
   b) Für $t = 0$ sei die Auslenkung $+0,5$ cm und die Geschwindigkeit $+15$ cm/s. Bestimmen Sie $x(t)$.

4. *Das Federpendel – Daten.* Die folgenden Daten wurden durch Beobachtung der Bewegung einer Masse am Ende einer Feder ermittelt:

Tabelle 7.3: Die Schwingungsdauer als Funktion der Masse

Masse (g)	Beobachtete Periode (s)
50	0,72
100	0,85
150	0,96
200	1,06
250	1,16
300	1,23

Tabelle 7.4: Der zeitliche Verlauf einer Schwingungsamplitude für eine Masse von 150 g

Zeit (s)	Amplitude (cm)
0	4,5
30	4,0
80	3,5
125	3,0
180	2,5
235	2,0
340	1,5
455	1,0

a) Tragen Sie das Quadrat der Schwingungsperiode als Funktion der Masse auf. Die tabellierten Werte enthalten nicht die Masse der Feder. Bestimmen Sie die effektive Masse der Feder durch geeignete Extrapolation der Kurve.
b) Bestimmen Sie die Federkonstante C.
c) Zeichnen Sie den natürlichen Logarithmus der Amplitude als Funktion der Zeit und bestimmen Sie die Relaxationszeit.
d) Berechnen Sie den Dämpfungsfaktor b.

5. *Auftriebskräfte.* Ein Körper, der ganz oder teilweise in eine Flüssigkeit eingetaucht ist, erfährt eine Auftriebskraft, die gleich dem Gewicht der verdrängten Flüssigkeit ist (Archimedisches Prinzip). Zeigen Sie, daß ein zylinderförmiger Körper mit vertikaler Achse, der sich entlang der Achse in einer Flüssigkeit auf- und abbewegen kann, eine harmonische Bewegung ausführt. Bestimmen Sie die Schwingungsdauer. Wie groß darf die Amplitude maximal sein?

6. *Pendel* .
   a) Ein Pendel mit der Länge 39,2 cm und der Masse 0,5 kg hat die Anfangsbedingungen $\theta = 0,1$ und $\dot{\theta} = -0,02/$s für $t = 0$. Bestimmen Sie $\theta(t)$. Welche Kraft wirkt für $\theta = 0$ auf die Masse?
   b) Das von *Foucault* 1851 zur Demonstration der Erddrehung benützte Pendel (siehe S. 69) hat eine Länge von 69 m. Bestimmen Sie die Schwingungsdauer. Welche kinetische Energie hat das Pendel, wenn seine Masse 28 kg beträgt, und seine Amplitude 10° ist?

7. *Energie eines Federpendels.* Ein Federpendel der Masse $m = 0,5$ kg bewegt sich gemäß $x = (2 \text{ cm}) \cdot \sin(10\, t/\text{s})$.
   a) Bestimmen Sie C.
   b) Bestimmen Sie die maximale kinetische Energie.
   c) Wie groß sind die maximale potentielle Energie und die Gesamtenergie?

8. *Zweidimensionaler Oszillator.* Ein Teilchen bewegt sich in der xy-Ebene unter der Wirkung der Kraft $\mathbf{F} = -C\mathbf{r} = -C(x\hat{\mathbf{x}} + y\hat{\mathbf{y}})$. Stellen Sie die Bewegungsgleichungen auf und lösen Sie die Gleichungen.
   a) Wann tritt Kreisbewegung ein? Welche Frequenz hat sie?
   b) Wann tritt eine Bewegung im Winkel von 45° zu den Achsen ein und welche Frequenz hat sie?

9. *Masse in einer Kugelschale.* Eine Masse gleitet innerhalb einer Kugelschale herum, die den Radius 1 m hat. Bestimmen Sie die Periode kleiner Schwingungen. Wie groß ist die äquivalente Pendellänge?

10. *Viskosität*
    a) Definieren Sie die Viskosität mit Hilfe eines Nachschlagewerks (z. B. Elementarphysik griffbereit).
    b) Welche Dimension hat die Viskosität?
    c) Wie groß ist die Viskosität von Wasser bei 20 °C?
    d) Berechnen Sie b in Gl. (7.28) für eine Kugel mit 5 cm Radius in einer Flüssigkeit mit einer Viskosität [1]) von $0,2$ kg/m $\cdot$ s = $0,2$ Ns/m^2.
    e) Die Dichte der Kugel in d) sei 2700 kg/m^3 und diejenige der Flüssigkeit 1100 kg/m^3. Bestimmen Sie die Endgeschwindigkeit, wobei Sie den Auftrieb berücksichtigen. Wie groß ist die Relaxationszeit?

11. *Bewegung unter dem Einfluß einer Reibungskraft*
    a) Auf ein Teilchen der Masse m wirke nur die Kraft $-b\upsilon$. Bestimmen Sie $x(t)$ für $m = 10$ g = 0,01 kg, $b = 4 \cdot 10^{-3}$ Ns/m und eine Anfangsgeschwindigkeit $\upsilon_0 = 1$ m/s.
    b) Im Millikan-Experiment hatten einige Tröpfchen einen Radius von $2,0 \cdot 10^{-6}$ m. Die Dichte des Öls war 920 kg/m^3 und die Viskosität der Luft $1,8 \cdot 10^{-5}$ kg/ms. Bestimmen Sie die Relaxationszeit und die Endgeschwindigkeit. Vernachlässigen Sie dabei den Auftrieb.

---

[1]) Viskositäten werden auch oft in Pascalsekunden (Pa s) angegeben: 1 Pas = 1 kg/ms.

12. *Relaxationszeit.* Für einen Oszillator sei $m = 1\,\text{kg}$, $C = 4{,}9\,\text{N/m}$, $b = 2\,\text{Ns/m}$. Für $t = 0$ sei $x = 2{,}0\,\text{m}$, $\dot{x} = 0$.
   a) Bestimmen Sie $x(t)$.
   b) Wie groß ist die Relaxationszeit für x und für E_k?
   c) Wie groß ist Q?

13. *Oszillator mit Reibung.* Eine Kugel mit dem Radius $0{,}3\,\text{cm}$ und der Masse $0{,}5\,\text{g}$ bewegt sich in Wasser unter der Wirkung einer Feder mit $C = 5 \cdot 10^{-3}\,\text{N/m}$. Für Wasser ist $\eta = 10^{-3}\,\text{kg/m} \cdot \text{s}$. Wie viele Schwingungen führt die Kugel aus, bevor die Amplitude auf den halben Wert absinkt? Wie groß ist Q?

7.11. Weiterführende Probleme

7.11.1. Der anharmonische Oszillator

Wir betrachten nun ein Pendel mit so großer Schwingungsamplitude, daß der Term θ^3 bei der Entwicklung von $\sin\theta$ in Gl. (7.9) nicht mehr vernachlässigt werden darf. Wie beeinflußt der Anteil θ^3 die Bewegung des Pendels? Diesen Effekt haben wir in Tabelle 7.1 angegeben, er soll hier analytisch berechnet werden. Wir haben hier ein elementares Beispiel für einen anharmonischen Oszillator. Anharmonische oder nichtlineare Probleme sind gewöhnlich (außer mit Hilfe von Computern) sehr schwer genau zu lösen, doch läßt sich das Geschehen oft mit einer Näherungslösung verdeutlichen.

Die Entwicklung von $\sin\theta$ bis zu Termen der Ordnung θ^3 — gewöhnlich als „Entwicklung bis zum Glied 3. Ordnung" bezeichnet — lautet hier

$$\sin\theta = \theta - \frac{1}{6}\theta^3 + \dots ,$$

so daß Gl. (7.7) bis zu diesem Glied

$$\frac{d^2\theta}{dt^2} + \omega_0^2\theta - \frac{\omega_0^2}{6}\theta^3 = 0 \qquad (7.43)$$

wird, wobei ω_0^2 wieder für g/l steht. Das ist die Bewegungsgleichung eines *anharmonischen Oszillators.*

Wir versuchen eine Näherungslösung der Form

$$\theta = \theta_0 \sin\omega t + \epsilon \cdot \theta_0 \sin 3\omega t, \qquad (7.44)$$

wobei ϵ eine dimensionslose Größe ist, die vermutlich für $\theta \ll 1$ ebenfalls sehr viel kleiner als 1 sein wird.

Wir wollen also sehen, ob sich die Bewegung exakt oder wenigstens näherungsweise als Überlagerung zweier verschiedener Bewegungsanteile $\sin\omega t$ und $\sin 3\omega t$ darstellen läßt. Dieser Ansatz wird nahegelegt durch die trigonometrische Identität (siehe z.B. *Bronstein*, S. 157)

$$\sin^3 x \equiv \frac{3}{4}\sin x - \frac{1}{4}\sin 3x. \qquad (7.45)$$

So ergibt sich aus dem Term θ^3 der Differentialgleichung (7.43) über $\sin^3\omega t$ ein Term $\sin 3\omega t$. Um Gl. (7.43) zu befriedigen, müssen wir zu $\sin\omega t$ einen Term $\epsilon \sin 3\omega t$ addieren, der den aus θ^3 resultierenden Ausdruck $\sin 3\omega t$

kompensiert. Führen wir dieses Verfahren weiter, so wird der neue Term $\epsilon \sin 3\omega t$ — in die dritte Potenz erhoben — einen Ausdruck der Form $\epsilon^3 \sin 9\omega t$ erzeugen usw. Es gibt zwar keinen offensichtlichen Grund, warum der Prozeß zu einem Ende kommen sollte; andererseits konvergiert das Verfahren für $\epsilon \ll 1$ sehr schnell, da in die Terme höherer Ordnung die entsprechend hohen Potenzen von ϵ als Faktoren eingehen. Gl. (7.44) ist also bestenfalls eine Näherungslösung. Uns bleibt jetzt, ϵ und ω zu bestimmen; ω wird für kleine Schwingungsamplituden gleich ω_0, weicht bei großen jedoch von diesem Wert ab. Der Einfachheit halber nehmen wir an, daß zum Zeitpunkt $t = 0$ auch $\theta = 0$ ist.

Eine derartige Näherungslösung für eine Differentialgleichung heißt *Störungslösung,* da der nichtlineare Term in der Differentialgleichung die sich sonst ergebende harmonische Bewegung „stört". Wie Sie sahen, sind wir zu Gl. (7.44) durch gezieltes Raten vorgestoßen. Es ist ja einfach, zunächst mehrere Ansätze zu versuchen und dann die unbrauchbaren auszuscheiden.

Aus Gl. (7.44) erhalten wir

$$\ddot{\theta} = -\omega^2\theta_0 \sin\omega t - 9\omega^2\epsilon\theta_0 \sin 3\omega t,$$
$$\theta^3 = \theta_0^3(\sin^3\omega t + 3\epsilon \sin^2\omega t \sin 3\omega t + \dots).$$

Die Terme der Ordnung ϵ^2 und ϵ^3 haben wir wegen unserer Annahme ausgelassen, eine Lösung mit $\epsilon \ll 1$ zu finden. Mit Hilfe der trigonometrischen Identität aus Gl. (7.45) erhalten wir dann für die Terme der Gl. (7.43)

$$\begin{aligned}
\ddot{\theta} &= -\omega^2\theta_0 \sin\omega t - 9\omega^2\epsilon\theta_0 \sin 3\omega t, \\
\omega_0^2\theta &= \omega_0^2\theta_0 \sin\omega t + \omega_0^2\epsilon\theta_0 \sin 3\omega t, \\
-\frac{1}{6}\omega_0^2\theta^3 &= -\frac{3\omega_0^2}{24}\theta_0^3 \sin\omega t + \frac{\omega_0^2}{24}\theta_0^3 \sin 3\omega t \\
&\quad - \frac{\omega_0^2}{2}\theta_0^3\epsilon \sin^2\omega t \sin 3\omega t.
\end{aligned} \qquad (7.46)$$

Diese Gleichungen addieren wir. Nach Gl. (7.43) ist die linke Summe gleich Null. Wenn Gl. (7.44) eine Näherungslösung darstellen soll, müssen rechts die Summen der Koeffizienten von $\sin\omega t$ und von $\sin 3\omega t$ je für sich verschwinden. Wäre das nicht so, erhielten wir einen Ausdruck der Form $A \sin\omega t + B \sin 3\omega t = 0$, wobei A und B Konstanten sind. Diese Beziehung kann aber *niemals* für alle t erfüllt sein, ohne daß A und B gleichzeitig verschwinden. In unserem Ansatz Gl. (7.44) hatten wir bei $3\omega t$ abgebrochen; damit sind also von den auftretenden Frequenzen zwar nicht alle, aber doch die wichtigsten in die Lösung einbezogen.

Da die Koeffizientensumme von $\sin\omega t$ in der Gl. (7.46) verschwinden muß, folgt

$$-\omega^2 + \omega_0^2 - \frac{3}{24}\omega_0^2\theta_0^2 = 0$$

oder

$$\omega^2 = \omega_0^2 \left(1 - \frac{1}{8}\theta_0^2\right) \quad \text{bzw.} \quad \omega \approx \omega_0 \left(1 - \frac{\theta_0^2}{16}\right) \quad (7.47)$$

mit der Näherungsformel $\sqrt{1-x} \approx 1 - \frac{1}{2}x$. Gl. (7.47) zeigt, wie ω von θ_0 abhängt. Für $\theta_0 \to 0$, also für kleine Amplituden, ergibt sich ω_0 als Grenzwert der Frequenz. Bei $\theta_0 = 0{,}3$ rad beträgt die relative Frequenzabweichung $\Delta\omega/\omega = (\omega - \omega_0)/\omega \approx -10^{-2}$. Die Pendelfrequenz hängt also bei großen Ausschlägen von der Amplitude ab.

Der Lösungsansatz Gl. (7.44) enthält auch ein Glied mit $\sin 3\omega t$. Der Quotient ϵ aus den Amplituden der beiden Terme $\sin \omega t$ und $\sin 3\omega t$ läßt sich aus der Bedingung bestimmen, daß die Koeffizientensumme von $\sin 3\omega t$ in Gl. (7.46) verschwinden muß:

$$-9\omega^2\epsilon + \omega_0^2\epsilon + \frac{\omega_0^2}{24}\theta_0^2 = 0.$$

Setzen wir näherungsweise $\omega^2 \approx \omega_0^2$, so folgt

$$\epsilon \approx \frac{\theta_0^2}{192}.$$

Die Größe ϵ gibt etwa den Anteil des Ausdrucks $\sin 3\omega t$ an der primär durch den Term $\sin \omega t$ bestimmten Lösung an. Für $\theta_0 = 0{,}3$ rad erhalten wir $\epsilon \approx 10^{-3}$, also eine sehr kleine Größe. Den Term mit $\sin^2\omega t \sin 3\omega t$ in Gl. (7.46) haben wir in unserer Näherungslösung vernachlässigt, denn der Koeffizient dieses Ausdrucks ist — verglichen mit den bisher betrachteten Termen — von der Größenordnung $O(\epsilon)$ oder $O(\theta_0^2)$.

Warum enthält der Ansatz Gl. (7.44) keinen Ausdruck der Form $\sin 2\omega t$? Versuchen Sie selbst eine Lösung der Form

$$\theta = \theta_0 \sin \omega t + \eta\theta_0 \sin 2\omega t,$$

und sehen Sie, was geschieht. Es wird sich $\eta = 0$ ergeben. Das Pendel erzeugt also hauptsächlich dritte Harmonische (Terme von $\sin 3\omega t$), aber nicht Schwingungen der Frequenz 2ω. Die Situation wäre natürlich anders, wenn schon die Bewegungsgleichung einen Term in θ^2 enthielte. In diesem Fall würde die Lösung einen Term $\sin 2\omega t$ aufweisen, wobei dieselbe Näherungsmethode benützt werden kann. Es gibt viele derartige Probleme, wie z.B. die thermische Ausdehnung von Festkörpern, bei denen die Kraft bei positiver (negativer) Auslenkung stärker ist, als bei negativer (positiver).

Mit welcher Frequenz schwingt nun das Pendel bei großen Amplituden? Wir erhalten nicht mehr eine einzige sondern viele Frequenzen. Wir haben gesehen, daß $\sin \omega t$ die wichtigste Komponente ist und bezeichnen ω

daher als *Grundfrequenz* des Pendels. Als Näherungslösung für ω hatten wir Gl. (7.47) gefunden. Der Term in $\sin 3\omega t$ heißt *dritte Harmonische* dieser Grundfrequenz. Nach Gl. (7.44) hatten wir gefolgert, daß in Wirklichkeit der exakte Bewegungsablauf unendlich viele Harmonische enthält, daß jedoch die Anteile der meisten sehr klein sind. Die Amplitude der Grundschwingung nach Ansatz Gl. (7.44) ist θ_0, die der dritten Harmonischen $\epsilon\theta_0$.

7.11.2. Die erzwungene harmonische Schwingung

Wir betrachten nun im einzelnen die erzwungene Bewegung eines gedämpften harmonischen Oszillators. Bei diesem *wichtigen Fall* wirkt außer der Reibungskraft noch eine äußere Kraft $F(t)$ auf den Oszillator, für den die allgemeinere Bewegungsgleichung

$$m\ddot{x} + b\dot{x} + Cx = F(t)$$

gilt. Mit $\tau \equiv m/b$ und $\omega_0^2 \equiv C/m$ ist

$$\ddot{x} + \frac{1}{\tau}\dot{x} + \omega_0^2 x = \frac{F(t)}{m} \qquad (7.48)$$

umformen. Hierbei ist ω_0 die *natürliche Frequenz* des Systems ohne den Einfluß der Reibung oder einer erregenden Kraft. Wird das System mit einer von ω_0 verschiedenen Frequenz ω angetrieben, so reagiert es mit der Frequenz ω und *nicht* mit der Eigenfrequenz. Nach plötzlichem Abschalten der treibenden Kraft kehrt jedoch das System zu einer gedämpften Schwingung mit ungefähr der Frequenz ω_0 zurück (falls $\omega_0\tau \gg 1$). Nehmen wir an, es handle sich in Gl. (7.48) um eine periodische Kraft

$$\frac{F(t)}{m} = \frac{F_0 \sin \omega t}{m} \equiv \alpha_0 \sin \omega t, \quad \alpha_0 \equiv \frac{F_0}{m} \qquad (7.49)$$

mit der Frequenz ω. Die zweite Beziehung definiert die Größe α_0, die wir zur Abkürzung einführen.

Im stationären Zustand, also nach Abklingen aller Einschwingvorgänge, erfolgt die Reaktion des Systems ganz genau mit der Frequenz der treibenden Kraft. Andernfalls würde sich die relative Phase zwischen treibender Kraft und Reaktion mit der Zeit ändern. Dies ist ein sehr wichtiges Nebenergebnis der Erkenntnis: Die Reaktion eines harmonischen Oszillators (sogar mit Dämpfung) im eingeschwungenen Zustand erfolgt stets mit der Frequenz der *erregenden Kraft* und nicht mit der Resonanzfrequenz ω_0. Nur die Frequenz ω ergibt eine Lösung der Bewegungsgleichung. Unter „Reaktion" können wir entweder die Auslenkung x oder die Geschwindigkeit $\dot{x}$ verstehen. Wir wollen uns hier für x entscheiden.

Versuchen wir für Gl. (7.48) den Ansatz

$$x = x_0 \sin(\omega t + \varphi), \qquad (7.50)$$

so daß wir zur Lösung der Bewegungsgleichung die Werte der Amplitude x_0 und des Phasenwinkels φ[1] finden müssen. In Gl. (7.50) ist ω die Frequenz der treibenden Kraft, *nicht* die Resonanzfrequenz des Oszillators; φ bezeichnet den Phasenwinkel zwischen treibender Kraft und der Auslenkung des Oszillators. φ hat also eine völlig andere Bedeutung als im Fall des freien, ungedämpften harmonischen Oszillators, wo φ sich auf die Anfangsbedingungen bezog. Für die erzwungene Schwingung sind die Anfangsbedingungen nicht relevant, solange nur der stationäre Zustand betrachtet wird.

Wir wollen nun genauer definieren, was wir mit der Phase zwischen Auslenkung und treibender Kraft meinen. Beide, die treibende Kraft und die Auslenkung, schwingen in einfacher harmonischer Bewegung. Ein Zyklus von Maximum zu Maximum beträgt bei beiden 360° oder 2π rad. *Die Phase bezeichnet dann den Winkel, um den die Auslenkung ihr Maximum früher erreicht als die treibende Kraft.* Nehmen wir z.B. an, die treibende Kraft F erreicht ihren Maximalwert zu dem Zeitpunkt, in dem die Auslenkung x gerade Null ist und in positiver Richtung anzusteigen beginnt. Dann bleibt die Auslenkung hinter der treibenden Kraft um den Winkel $\pi/2$ zurück. Da aber φ als der Winkel definiert ist, um den x gegenüber F *vorauseilt*, beträgt φ in diesem Beispiel $-\pi/2$.

Wir bilden nun die Ableitungen

$$\frac{dx}{dt} = \omega x_0 \cos(\omega t + \varphi),$$

$$\frac{d^2 x}{dt^2} = -\omega^2 x_0 \sin(\omega t + \varphi).$$

Dann ergibt sich durch Einsetzen in die Bewegungsgleichung (7.48)

$$(\omega_0^2 - \omega^2)x_0 \sin(\omega t + \varphi) + \frac{\omega}{\tau} x_0 \cos(\omega t + \varphi) = \alpha_0 \sin \omega t. \qquad (7.51)$$

Wir vereinfachen dies mit Hilfe der trigonometrischen Beziehungen

$$\sin(\omega t + \varphi) = \sin \omega t \cos \varphi + \cos \omega t \sin \varphi$$
$$\cos(\omega t + \varphi) = \cos \omega t \cos \varphi - \sin \omega t \sin \varphi$$

---

[1]) Wir müssen eine Phasenabweichung um den Winkel φ (Phasenwinkel von x bezogen auf die treibende Kraft F) verschieden von Null gestatten. Wenn wir φ weglassen, erhalten wir keine Lösung. Überhaupt sollten wir – wenn wir von einem Phasenwinkel sprechen – jeweils dazusagen, zwischen welchen zwei Größen diese Phasenverschiebung bestehen soll. In der Elektrotechnik ist es üblich, von der Phase des Stroms bezogen auf die Spannung zu sprechen. Hier meinen wir die Phase der Auslenkung x gegenüber der treibenden Kraft F. Die beiden Phasen sind nicht äquivalent, denn das Analogon zum Strom ist dx/dt und nicht x.

und erhalten

$$[(\omega_0^2 - \omega^2)\cos\varphi - \frac{\omega}{\tau}\sin\varphi]\, x_0 \sin \omega t +$$
$$+ [(\omega_0^2 - \omega^2)\sin\varphi + \frac{\omega}{\tau}\cos\varphi]\, x_0 \cos \omega t = \alpha_0 \sin \omega t. \qquad (7.52)$$

Gl. (7.52) ist nur erfüllt, wenn der Koeffizient von $\cos \omega t$ gleich Null ist. Das führt auf die Bedingung

$$\tan \varphi = \frac{\sin \varphi}{\cos \varphi} = -\frac{\omega/\tau}{\omega_0^2 - \omega^2}. \qquad (7.53)$$

Ebenso muß der Koeffizient von $\sin \omega t$ verschwinden:

$$x_0 = \frac{\alpha_0}{(\omega_0^2 - \omega^2)\cos\varphi - (\omega/\tau)\sin\varphi}. \qquad (7.54)$$

Aus Gl. (7.53) folgt

$$\cos \varphi = \frac{\omega_0^2 - \omega^2}{[(\omega_0^2 - \omega^2)^2 + (\omega/\tau)^2]^{1/2}},$$

$$\sin \varphi = \frac{-\omega/\tau}{[(\omega_0^2 - \omega^2)^2 + (\omega/\tau)^2]^{1/2}}, \qquad (7.55)$$

während (7.54) auf

$$\boxed{x_0 = \frac{\alpha_0}{[(\omega_0^2 - \omega^2)^2 + (\omega/\tau)^2]^{1/2}}} \qquad (7.56)$$

führt. Dies ist die Amplitude der Bewegung.

Die Gln. (7.55) und (7.56) geben uns die gewünschte Lösung (Bilder 7.14 und 7.15). Wir kennen nun die Amplitude x_0 und die Phase φ der Reaktion des Systems unter Einwirkung der treibenden Kraft $F = m\alpha_0 \sin \omega t$:

$$x = \frac{\alpha_0}{[(\omega_0^2 - \omega^2)^2 + (\omega/\tau)^2]^{1/2}} \sin\left(\omega t + \arctan \frac{\omega/\tau}{\omega^2 - \omega_0^2}\right) \qquad (7.57)$$

Die Amplitude in Gl. (7.57) ist in Bild 7.14 als Funktion von ω aufgetragen, der Phasenwinkel in Bild 7.15. Der Phasenwinkel ist stets negativ, wie aus Gl. (7.53) folgt, da $\varphi = 0$ für $\omega = 0$, $0 > \varphi > -\pi/2$ für $\omega < \omega_0$ und $-\pi/2 > \varphi > -\pi$ für $\omega > \omega_0$.

Ein besseres Gefühl für diese Lösung kann uns die Betrachtung von Grenzfällen vermitteln. Hierbei setzen wir stets ein schwach gedämpftes System voraus, so daß $\omega_0 \tau \gg 1$ gilt.

Niedrige Erregerfrequenz, $\omega \ll \omega_0$. Für diesen Fall folgt aus Gl. (7.55)

$$\cos \varphi \to 1, \quad \sin \varphi \to -0,$$

also $\varphi \to 0$, d.h., die Reaktion des Systems ist bei niedriger Frequenz *in Phase* mit der treibenden Kraft. Aus Gl. (7.56) entnehmen wir

$$x_0 \to \frac{\alpha_0}{\omega_0^2} = \frac{m\,\alpha_0}{C} = \frac{F_0}{C}\,, \qquad (7.58)$$

mithin ist das Verhalten des Systems in diesem Grenzfall allein durch die *Elastizität bestimmt,* unbeeinflußt von Masse und Dämpfung.

Der Resonanzfall $\omega = \omega_0$. Im Resonanzfall kann die Amplitude der Reaktion des Systems sehr groß sein. Bei vielen Anwendungen macht man von dieser Eigenschaft Gebrauch; deshalb wollen wir diesen Fall ausführlich behandeln. Für $\omega = \omega_0$ stimmen die Frequenz der treibenden Kraft und die Eigenfrequenz des ungedämpften Systems überein. Wir erhalten aus Gl. (7.55)

$$\cos\varphi \to \pm 0; \quad \sin\varphi \to -1; \quad \varphi \to -\frac{\pi}{2}.$$

Die Amplitude nimmt bei $\omega = \omega_0$ den Wert

$$x_0 = \frac{\alpha_0\,\tau}{\omega_0} \qquad (7.59)$$

an. τ und x_0 wachsen mit abnehmender Dämpfung. Bei konstanter äußerer Kraft F_0 ergibt sich das Verhältnis der Amplitude bei Resonanz zur Amplitude bei Frequenz Null aus den Gln. (7.58) und (7.59) zu

$$\frac{x_0(\omega = \omega_0)}{x_0(\omega = 0)} = \frac{\alpha_0\,\tau/\omega_0}{\alpha_0/\omega_0^2} = \omega_0\,\tau = Q,$$

mit dem Faktor Q wie in Gl. (7.41) definiert. Q kann sehr groß werden, oft 10^4 oder mehr! Die Reaktion des Systems wird also im Resonanzfall wesentlich von der Dämpfung bestimmt.

Die maximale Amplitude x_0 tritt nicht exakt bei $\omega = \omega_0$ auf. Wir stellen fest, daß die Ableitung des Nenners aus Gl. (7.56) für

$$\frac{d}{d\omega}\left[(\omega_0^2 - \omega^2)^2 + \left(\frac{\omega}{\tau}\right)^2\right] =$$

$$= 2(\omega_0^2 - \omega^2)(-2\omega) + \frac{2\omega}{\tau^2} = 0$$

oder

$$\omega^2 = \omega_0^2 - \frac{1}{2\tau^2}$$

verschwindet. Damit ist die genaue Lage des Maximums von x_0 als Funktion von ω bestimmt. Für $\omega_0\,\tau \gg 1$ liegt das Maximum sehr dicht bei $\omega = \omega_0$.

Es mag seltsam erscheinen, daß die maximale Reaktion des Systems bei einem Phasenwinkel von $-\pi/2$ eintritt, wenn die erregende Kraft und die Auslenkung genau um $90°$ außer Phase sind. Man könnte meinen, $\varphi = 0$, nicht

$\varphi = -\pi/2$ sei der logisch zu erwartende Wert. Jedoch hängt die vom Oszillator absorbierte Leistung nicht direkt von der Phase zwischen treibender Kraft und Auslenkung, sondern vielmehr von der Phase zwischen treibender Kraft und *Geschwindigkeit* ab. Es bedarf einer kurzen Überlegung, um einzusehen, daß wir die stärksten Ausschläge bei Gleichphasigkeit von Erregungskraft und Geschwindigkeit erhalten. Auf diese Weise wird die Federmasse gerade zur „rechten Zeit am rechten Ort" angestoßen: Bei Auslenkung Null ist die Geschwindigkeit am größten, und auch die Kraft sollte gerade jetzt ihren größten Wert erreichen, um die Bewegung optimal zu unterstützen. Ebenso sollte die Kraft an den Umkehrpunkten, wo die Geschwindigkeit ihre Richtung ändert, gleichsinnig ihre Richtung ändern, falls wir Resonanz wünschen. So betrachtet gewinnt der Resonanzfall beträchtlich an Durchsichtigkeit. Wir wissen, daß die Geschwindigkeit eines Oszillators seiner Auslenkung um genau $90°$ vorauseilt. So muß im Resonanzfall – bei Gleichphasigkeit von Kraft und Geschwindigkeit – die treibende Kraft ebenfalls der Auslenkung um $90°$ vorauseilen, also $\varphi = -\pi/2$.

Hohe Erregerfrequenz, $\omega \gg \omega_0$. Hier gelten

$$\cos\varphi \to -1; \quad \sin\varphi \to 0; \quad \varphi \to -\pi$$

und

$$x_0 \to \frac{\alpha_0}{\omega^2} = \frac{m\,\alpha_0}{m\,\omega^2} = \frac{F_0}{m\,\omega^2}\,.$$

In diesem Grenzfall fällt die Amplitude wie $1/\omega^2$ ab, und das Systemverhalten wird nun maßgebend von der Massenträgheit bestimmt.

Beachten Sie, daß die Phase φ der Auslenkung x gegenüber der treibenden Kraft F bei Null beginnt ($\omega \ll \omega_0$), mit wachsendem ω steigt, bis sie bei Resonanz durch $-\pi/2$ geht und bei hohen Frequenzen schließlich $-\pi$ erreicht. *Die Auslenkung bleibt stets hinter der treibenden Kraft zurück.*

Bild 7.16 stellt diese Zusammenhänge graphisch dar. Statt die Reaktion x_0 als Funktion von ω aufzutragen, verwenden wir den Phasenwinkel φ als Variable. Aus den Gln. (7.55) und (7.56) folgt, daß

$$\omega x_0 = \frac{F_0}{b}\sin(-\varphi) = v_0,$$

wobei $b = m/\tau$ der Dämpfungskoeffizient in (7.30) ist. Das Produkt ωx_0 ist gerade gleich der Geschwindigkeitsamplitude v_0. Im Polardiagramm Bild 7.16 ist $\overline{OP} = v_0$, wobei der Durchmesser F_0/b gewählt wird, um Übereinstimmung mit obiger Gleichung zu geben. φ ist zwar negativ, da wir aber nur am Betrag von v_0 interessiert sind, dürfen wir wegen

$$\sin(-\varphi) = -\sin\varphi, \quad |\sin(-\varphi)| = |\sin\varphi|$$

φ positiv wählen.

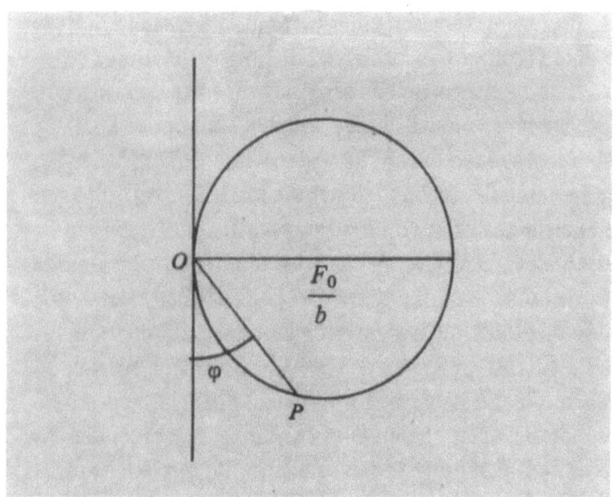

Bild 7.16a. Das „Kreisdiagramm" ist eine einfache graphische Darstellung für den erregten harmonischen Oszillator: Man zeichnet einen Kreis mit dem Durchmesser F_0/b und seine Sehne $\overline{OP}$, die mit der Ordinate den Winkel φ bildet.

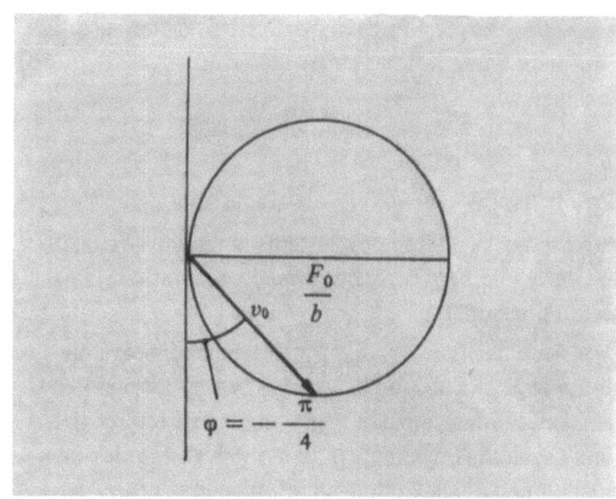

Bild 7.16d. Mit wachsendem ω wächst auch $|\varphi|$ und ebenso v_0. Bei $\varphi = -\pi/4$ haben wir $v_0 = F_0/\sqrt{2}\,b$.

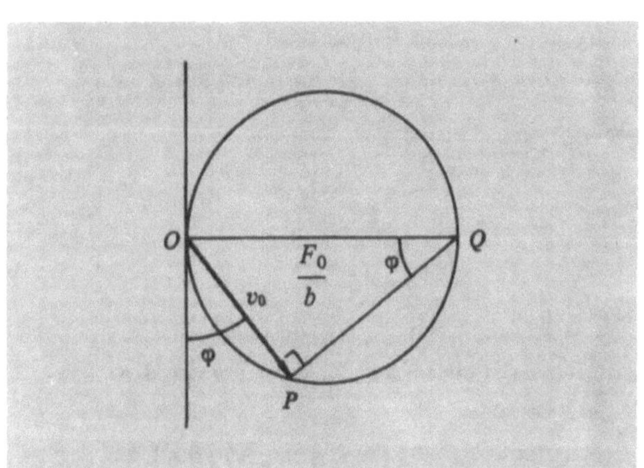

Bild 7.16b. Für beliebiges φ erhalten wir ein rechtwinkliges Dreieck OPQ. Folglich gilt $\overline{OP} = -(F_0/b)\sin\varphi$. Aus den Gln. (7.55) bis (7.57) geht hervor, daß die Sehne $\overline{OP}$ sich zu $\overline{OP} = \omega x_0 = v_0$ ergibt; v_0 ist die Amplitude der Geschwindigkeit.

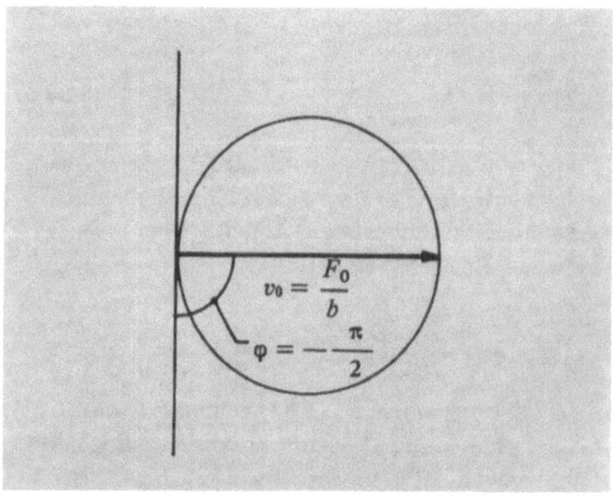

Bild 7.16e. Bei $\varphi = -\pi/2$ gilt $\omega = \omega_0$ und $v_0 = F_0/b$. Die Amplitude der Geschwindigkeit hat bei *Resonanz* ihr *Maximum*.

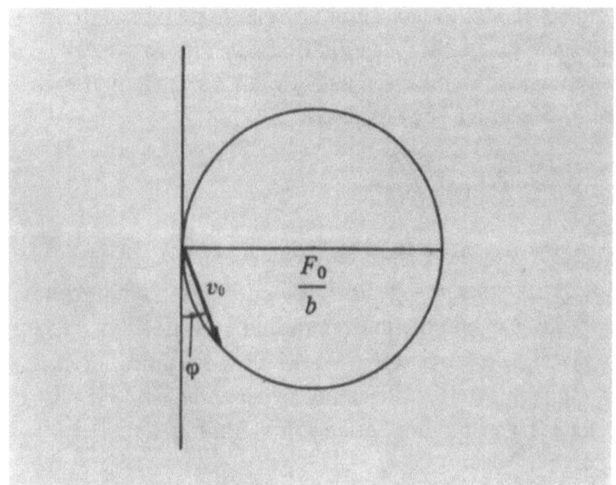

Bild 7.16c. Für $\omega \ll \omega_0$ gilt $\varphi \approx 0$ und damit $v_0 \ll F_0/b$. Die Reaktion des Systems ist in diesem Frequenzbereich sehr gering.

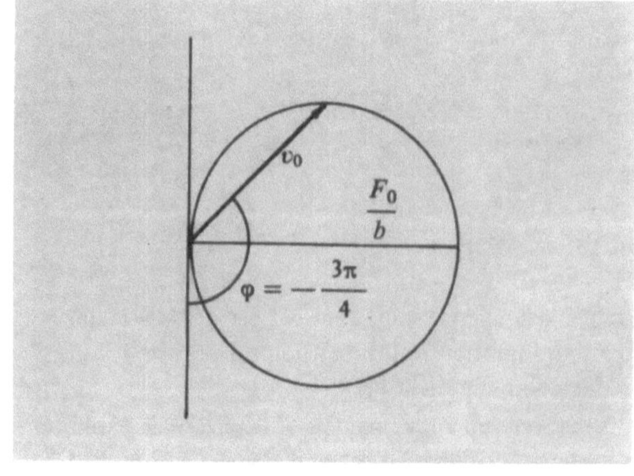

Bild 7.16f. Für $\omega > \omega_0$ fällt v_0 wieder ab. Bei $\varphi = -3\pi/4$ erhalten wir wieder $v_0 = F_0/\sqrt{2}b$.

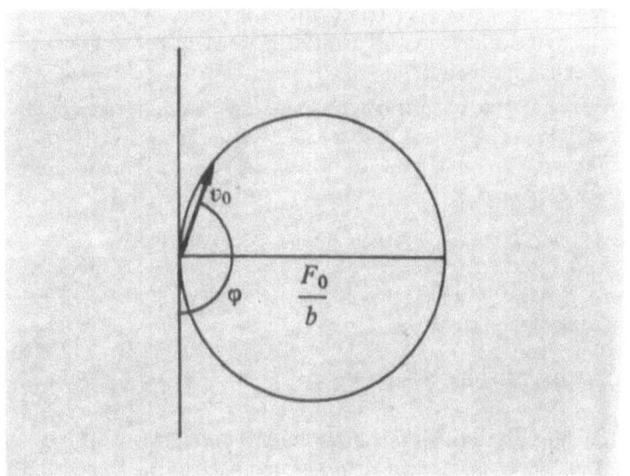

Bild 7.16g. Für $\omega \gg \omega_0$ ergibt sich wieder $v_0 \ll F_0/b$ und $\varphi \approx -\pi$

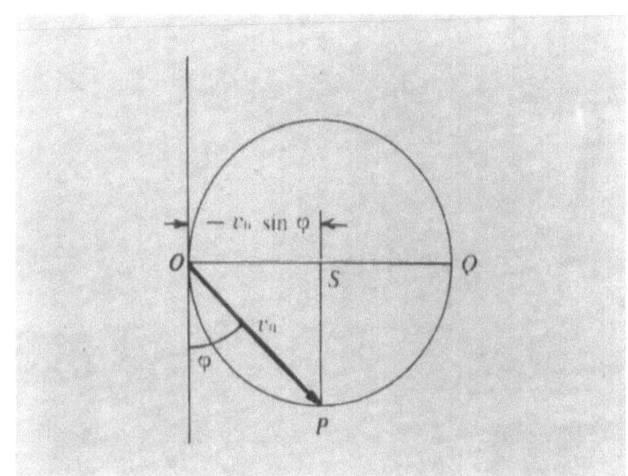

Bild 7.17a. Das Bild zeigt die Sehne $OS = -v_0 \sin\varphi$. Aus den Gln. (7.60) bis (7.62) folgt, daß die aufgenommene Leistung proportional zu $-v_0 \sin\varphi$ bzw. zur Sehne $\overline{OS}$ ist.

Die Diagramme zeigen, daß $\overline{OP}$ mit wachsendem φ zunächst zunimmt, bei $\varphi = -\pi/2$ sein Maximum, also den Kreisdurchmesser, erreicht (Bild 7.16e) und abnimmt, wenn φ gegen $-\pi$ geht. Wir werden sehen, daß die Leistung dem Mittelwert von $F\dot{x}$ über die Periode entspricht und bei $\varphi = -\pi/2$ ihr Maximum erreicht.

Leistungsabsorption. Die mittlere am Schwingungssystem von der Erregerkraft verrichtete Leistung folgt aus den Gln. (7.49) und (7.57) zu

$$P = \langle F \cdot \dot{x} \rangle = \frac{m\,\alpha_0^2\,\omega}{[(\omega_0^2 - \omega^2)^2 + (\omega/\tau)^2]^{1/2}}\, \langle \sin\omega t \cos(\omega t + \varphi) \rangle. \tag{7.60}$$

Mit der Identität

$$\cos(\omega t + \varphi) = \cos\omega t \cos\varphi - \sin\omega t \sin\varphi$$

erhalten wir

$$\langle \sin\omega t\, [\cos\omega t \cos\varphi - \sin\omega t \sin\varphi] \rangle = -\sin\varphi \langle \sin^2\omega t \rangle$$
$$= -\tfrac{1}{2}\sin\varphi, \tag{7.61}$$

da $\langle \sin\omega t \cos\omega t \rangle = 0$ gilt. Wir sehen, daß es hier auf die Phase ankommt (Bilder 7.17a und 7.17b). Mit Gl. (7.55) für $\sin\varphi$ können wir Gl. (7.60) zu

$$P = \frac{1}{2}m\,\alpha_0^2\, \frac{\omega^2/\tau}{(\omega_0^2 - \omega^2)^2 + (\omega/\tau)^2}$$
$$= \frac{1}{2}m\,\alpha_0^2\,\tau \left[\left(\frac{\omega_0^2 - \omega^2}{\omega/\tau}\right)^2 + 1\right]^{-1} \tag{7.62}$$

umformen. Das ist ein sehr wichtiges Ergebnis.

Die Leistungsabsorption im Resonanzfall ($\omega = \omega_0$) beträgt

$$P_{\text{res}} = \tfrac{1}{2}\,m\,\alpha_0^2\,\tau.$$

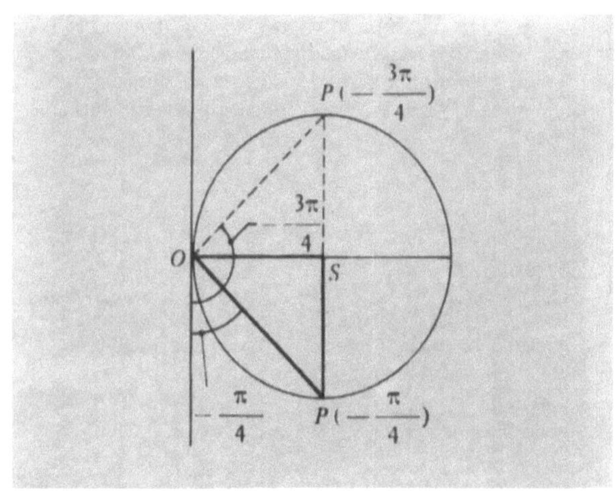

Bild 7.17b. Bei den Phasenwinkeln $\varphi = -\pi/4$ und $\varphi = -3\pi/4$ hat die Sehne $\overline{OS}$ den Wert $\frac{1}{2}\,\overline{OS}_{\text{max}}$. Dies sind also die Phasen bei *halber* Leistungsabsorption. Die *maximale* Leistungsabsorption erhalten wir natürlich bei $\varphi = -\pi/2$ (Resonanzfall).

Sie reduziert sich auf die Hälfte des Werts bei Resonanz, wenn wir ω um $\pm\,(\Delta\omega)_{1/2}$ verändern, wobei $(\Delta\omega)_{1/2}$ durch

$$\frac{\omega}{\tau} = \omega_0^2 - \omega^2 \equiv (\omega_0 + \omega)(\omega_0 - \omega) \approx 2\omega_0(\Delta\omega)_{1/2} \tag{7.63}$$

gegeben ist. Damit ergibt sich die volle Bandbreite $2(\Delta\omega)_{1/2}$ des Frequenzbereichs, in dem mindestens $\frac{1}{2}P_{\text{res}}$ absorbiert wird, zu $1/\tau$. Unter Benutzung von Gl. (7.41) sehen wir, daß dann für Q gilt:

$$Q = \omega_0\,\tau = \frac{\omega_0}{2(\Delta\omega)_{1/2}} = \frac{\text{Resonanzfrequenz}}{\text{volle Bandbreite mit halber Maximalabsorption}}.$$

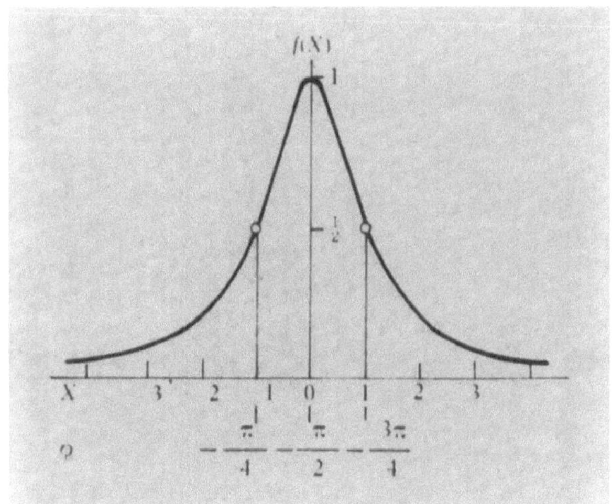

Bild 7.18. Die Leistungsabsorption ist proportional $f(X) = 1/(1 + X^2)$, wobei nach Gl. (7.62)

$$X = \frac{-(\omega_0^2 - \omega^2)}{\omega/\tau} = \cot\varphi$$

gilt. Für $\varphi \approx -0$ ist $X = \cot\varphi$ groß und negativ. Für $\varphi = -\pi/2$ ist $X = \cot\varphi = 0$ und die Leistungsabsorption maximal. Die Punkte halber Leistungsabsorption $X = \pm 1$ sind ebenfalls angegeben. Die Funktion $f(X) = 1/(1 + X^2)$ ist als Lorentz-Funktion bekannt.

Also ist Q ein Maß für die Resonanzschärfe oder Resonanzüberhöhung (Bild 7.18).

• **Beispiel:** *Ein harmonischer Oszillator.* Gegeben ist die Masse $m = 10^{-3}$ kg, die Federkonstante $C = 10$ N/m und die Relaxationszeit $\tau = \frac{1}{2}$ s. Daraus ergibt sich mit Gl. (7.3)

$$\omega_0 = \left(\frac{C}{m}\right)^{1/2} = 10^2 \ \text{s}^{-1},$$

und aus Gl. (7.33) erhalten wir für die Frequenz des freien Oszillators

$$\left[\omega_0^2 - \left(\frac{1}{2\tau}\right)^2\right]^{1/2} = [10^4 - 1]^{1/2} \ \text{s}^{-1} \approx 10^2 \ \text{s}^{-1}.$$

Die Güte Q des Systems folgt aus Gl. (7.41) zu

$$Q \approx \omega_0 \tau - (10^2) \cdot \left(\tfrac{1}{2}\right) = 50.$$

Die Zeit, nach der die Amplitude eines frei schwingenden Systems auf den e-ten Teil ihres Anfangswerts abgesunken ist, beträgt nach Gl. (7.32)

$$2\tau = 1\,\text{s}.$$

Die Dämpfungskonstante $b = m/\tau$ ist gleich $2 \cdot 10^{-3}$ kg/s. Das System wird nun mit einer Kraft $F = m\alpha_0 \sin\omega t = (10^{-4} \ \text{N}) \cdot \sin(90 \ \text{s}^{-1} \ t)$ angetrieben. Damit ergibt sich $\alpha_0 = F_0/m = 0{,}1$ N/kg, für die Frequenz ω der erregenden Kraft haben wir $\omega = 90 \ \text{s}^{-1}$. Aus Gl. (7.56) folgt die Amplitude

$$x_0 \approx \frac{0{,}1 \ \text{m}}{(4 \cdot 10^6 + 4 \cdot 10^4)^{1/2}} \approx 5 \cdot 10^{-5} \ \text{m}$$

und aus Gl. (7.53) die Phase

$$\tan\varphi \approx -\frac{180}{1{,}9 \cdot 10^3} \approx -0{,}1$$

oder $\varphi \approx -0{,}1$ rad $\approx -6°$. Damit erfolgt in jedem Zyklus die maximale Auslenkung um 0,1 rad/(90 rad je s) $\approx 10^{-3}$ s nach dem Maximum der Kraft.

Wir können die oben erhaltene Amplitude mit derjenigen im Grenzfall $\omega \to 0$ sowie im Resonanzfall vergleichen. Aus Gl. (7.58) erhalten wir $x_0(\omega = 0) = \alpha_0/\omega_0^2 = (0{,}1/10^4)$ m $= 10^{-5}$ m. Im Resonanzfall folgt aus Gl. (7.59)

$$x_0(\omega = \omega_0) = Qx_0(\omega = 0) = 50 \cdot 10^{-5} \ \text{m} = 5 \cdot 10^{-4} \ \text{m}.$$

Die volle Breite der Resonanzkurve zwischen den Punkten halber Leistungsaufnahme beträgt

$$2(\Delta\omega)_{1/2} = \frac{\omega_0}{Q} = \frac{100}{50} \ \text{s}^{-1} = 2 \ \text{s}^{-1}.$$

Beachten Sie, daß wir in diesem Beispiel überall das Wort Frequenz im Sinne von Kreisfrequenz benutzt haben. Um die gewöhnliche Frequenz in Schwingungen je Sekunde zu erhalten, müssen wir noch durch 2π dividieren. •

7.12. Mathematischer Anhang

Wir untersuchen nun einige der komplizierteren Differentialgleichungen, die in der Mechanik auftreten. In Kapitel 3 haben wir zwei Gleichungstypen gelöst, die dem *kräftefreien Fall* und *konstanter Kraft* entsprechen. Die nächst schwierigere Gleichung lautet

$$\frac{d^2x}{dt^2} = bt,$$

wobei b eine Konstante ist und t die Zeit. Differenziert man t^3 zweimal, so erhält man t. Die Lösung der Differentialgleichung lautet also

$$x = \tfrac{1}{6} bt^3 + c_0 t + d_0,$$

wobei c_0 und d_0 frei wählbare Konstanten sind, wie wir sie bereits in den Gln. (3.52) und (3.54) kennengelernt haben. Für $t = 0$ ist $x = d_0$ und $dx/dt = c_0$. Ähnlich können wir Lösungen der Gleichungen $d^2x/dt^2 = bt^2$, ft^3 usw. finden. Leider gibt es nur wenige derartige Probleme, so daß wir zu anderen Fällen übergehen müssen, die oft in der Physik auftreten.

Reibungskraft. Ein häufiges Problem der Mechanik ist eine zur Geschwindigkeit proportionale Reibungskraft (eine ähnliche Gleichung tritt auch beim Zerfall radioaktiver Substanzen auf). Das zweite Newtonsche Gesetz ergibt

$$m \frac{d^2x}{dt^2} = -bv = -b \frac{dx}{dt}. \tag{7.64}$$

Dabei zeigt das Minuszeichen, daß die Kraft die Geschwindigkeit vermindert. Wir können die Gleichung vereinfachen, wenn wir berücksichtigen, daß die Beschleunigung d^2x/dt^2 gerade gleich dv/dt ist, so daß Gl. (7.64) wird

$$m \frac{dv}{dt} = -bv$$

oder

$$\frac{dv}{v} = -\frac{b\,dt}{m}.$$

Diese Gleichung können wir mit Standardmethoden integrieren.

$$\int \frac{dv}{v} = \log_e v = -\int \frac{b\,dt}{m} = -\frac{bt}{m} + \text{const}$$

$$v = A\,e^{-bt/m}. \qquad (7.65)$$

Dabei ist $e = 2{,}718$, die Basis der natürlichen Logarithmen. Eine nützliche Relation ist $e^{-0{,}693} = 0{,}5$.

Wie groß ist A in Gl. (7.65)? Für $t = 0$ ist $v = A$, so daß wir diese Konstante zur Anpassung an die Anfangsbedingungen verwenden können. Früher hatten wir allerdings zwei frei wählbare Konstanten, während hier nur eine vorliegt. Die Gleichung, die wir hier gelöst haben, ist aber von erster Ordnung und daher tritt nur eine Konstante auf. Wir können nun wieder $v = dx/dt$ setzen und schreiben

$$\frac{dx}{dt} = v_0\,e^{-bt/m}, \qquad (7.66)$$

wobei v_0 die Geschwindigkeit für $t = 0$ ist. Wir setzen die Lösung in der Form

$$x = B + C\,e^{-bt/m}$$

an und erhalten mit Gl. (7.66)

$$-b/m\,C\,e^{-bt/m} = v_0\,e^{-bt/m}.$$

Daraus ergibt sich $C = -mv_0/b$. Ist die Konstante B gleich dem Anfangswert x_0? Setzen wir $t = 0$ so folgt

$$x = B + C = B - \frac{mv_0}{b}$$

und daher ist $B = x_0 + mv_0/b$. Die Lösung wird damit schließlich

$$x = x_0 + \frac{v_0\,m}{b}\,(1 - e^{-bt/m}).$$

Als Beispiel betrachten wir ein Teilchen der Masse 25, auf das die Kraft $-5v$ wirkt und das in $x = -10$ mit der Geschwindigkeit 40 startet (alles in SI-Einheiten). Es ergibt sich

$$x = -10 + 40 \cdot \frac{25}{5}\,(1 - e^{-5/25\,t}) = -10 + 200\,(1 - e^{-t/5})$$

$$t = 0, \quad x = -10$$

$$\frac{dx}{dt} = -200\,(-\tfrac{1}{5})\,e^{-t/5} = +40 \;\text{für}\; t = 0.$$

Für $t \to \infty$ wird $x \to 190$ und $v \to 0$.

Die Endgeschwindigkeit. Wir können nun zu komplizierteren Gleichungen übergehen, wie z.B.

$$m\frac{dv}{dt} = F - bv, \qquad (7.67)$$

wobei F konstant ist.

Die stationäre Lösung dieser Gleichung lautet

$$\frac{dv}{dt} = 0, \quad F = bv, \quad v = \frac{F}{b}.$$

Diese Geschwindigkeit heißt Endgeschwindigkeit. Als allgemeine Lösung setzen wir an

$$v = \frac{F}{b}\,(1 - e^{-bt/m}),$$

$$\frac{dv}{dt} = \frac{F}{m}\,e^{-bt/m} = \frac{F}{m}\left(1 - \frac{b}{F}\,v\right) = \frac{F}{m} - \frac{b}{m}\,v$$

was mit Gl. (7.67) übereinstimmt. Die Lösung liefert $v = 0$ für $t = 0$. Nun sei aber eine andere Anfangsbedingung, $v = v_0$ für $t = 0$ gegeben. Wir setzen an

$$v = \frac{F}{b}\,(1 - e^{-bt/m}) + v_0\,e^{-bt/m} \qquad (7.68)$$

Differentiation zeigt, daß dies die Gleichung erfüllt.

Es ist interessant, daß die allgemeine Lösung (7.68) die Summe der zunächst gewonnenen Lösung von Gl. (7.67) und einer Lösung (7.66) für $mdv/dt = -bv$ ist. Wenn wir nämlich eine Lösung von $mdv/dt + bv = F$ gefunden haben, so können wir dazu eine beliebige Lösung von $mdv/dt + bv = 0$ addieren und gewinnen wieder eine Lösung der ursprünglichen Gleichung.

Federkraft. Wir lösen nun die Bewegungsgleichung für eine Federkraft, die stets zum Ursprung zeigt und linear mit der Entfernung vom Ursprung zunimmt. Dies bedeutet, $F = -Cx$. Für positive x ist die Kraft negativ, für negative x ist die Kraft positiv. C ist die positive Federkonstante. Die Differentialgleichung lautet

$$m\frac{d^2x}{dt^2} = -Cx, \quad \frac{d^2x}{dt^2} = -\frac{Cx}{m}.$$

Wir setzen an $x = \cos \omega t$. Differenzieren ergibt

$$\frac{dx}{dt} = -\omega \sin \omega t, \quad \frac{d^2x}{dt^2} = -\omega^2 \cos \omega t = -\omega^2 x.$$

Vergleichen wir dies mit der ursprünglichen Gleichung so sehen wir, daß für $\omega^2 = C/m$ die Lösung korrekt ist. Auch $x = \sin \omega t$ ist offensichtlich eine Lösung. Welche Konstanten müssen wir zur Anpassung an die Anfangsbedingungen wählen? Wir versuchen

$$x = A'\sin \omega t + B'\cos \omega t.$$

Dies ist auch eine Lösung und es ist $x = B'$ für $t = 0$. Daher ist B' das gewünschte x_0. Differenzieren wir und setzen wir $t = 0$ so folgt $dx/dt = \omega A'$. Das ist das früher benützte v_0. Beachten Sie, daß A' nicht der Wert von x für $t = 0$ ist. Wir können die Lösung auch als

$$x = A \sin(\omega t + \varphi)$$

schreiben. Für $t = 0$ ist $x = A \sin\varphi$ und $dx/dt = A\omega\cos\varphi$. Die Konstanten A und φ haben also die Konstanten A' und B' ersetzt. Einige Beispiele dazu. Wir wählen $C/m = 25$, also $\omega = 5$ (alles in SI-Einheiten).

1. Ein Teilchen startet bei $t = 0$ im Ursprung mit der Geschwindigkeit -10. Mit $x = A\sin(5t + \varphi)$ ist $x = A\sin\varphi$ für $t = 0$. Dies muß Null sein, also $\varphi = 0$ oder π. Mit $dx/dt = 5A\cos\varphi = -10$ folgt $\varphi = \pi$ und $A = 2$ ist

$$x = 2\sin(5t + \pi) = -2\sin 5t.$$

2. Für $t = 0$ ist $x = 5$, $v = 0$. Daher $5 = A\sin\varphi$ und $dx/dt = 5A\cos\varphi = 0$. Also ist $A = 5$ und $\varphi = \pi/2$,

$$x = 5\sin\left(5t + \frac{\pi}{2}\right) = 5\cos 5t.$$

3. Für $t = 0$ sei $x = -5$ und $v = -25$. Es folgt $-5 = A\sin\varphi$ und $-25 = 5A\cos\varphi$. Division ergibt $\tan\varphi = 1$, also $\varphi = \pi/4$ oder $5\pi/4$. Ersteres ergibt $A = 5\sqrt{2}$, letzteres $A = -5\sqrt{2}$. Es folgt

$$x = 5\sqrt{2}\sin\left(5t + \frac{5\pi}{4}\right) = -5\sqrt{2}\sin\left(5t + \frac{\pi}{4}\right).$$

Federkraft und Reibungskraft. Ein schwierigeres Problem bietet der gedämpfte harmonische Oszillator. Die Bewegungsgleichung lautet

$$m\frac{d^2x}{dt^2} = -bv - Cx \quad \text{wobei} \quad v = \frac{dx}{dt},$$

$$m\frac{d^2x}{dt^2} + b\frac{dx}{dt} + Cx = 0.$$

Wir setzen die Lösung in der Form $x = A\,\mathrm{e}^{-\beta t}\sin(\omega t + \varphi)$ an und erhalten

$$b\frac{dx}{dt} = -\beta bA\,\mathrm{e}^{-\beta t}\sin(\omega t + \varphi) + b\omega A\,\mathrm{e}^{-\beta t}\cos(\omega t + \varphi)$$

$$\begin{aligned}
m\frac{d^2x}{dt^2} = & -2m\omega\beta A\,\mathrm{e}^{-\beta t}\cos(\omega t + \varphi) \\
& + \beta^2 mA\,\mathrm{e}^{-\beta t}\sin(\omega t + \varphi) \\
& - m\omega^2 A\,\mathrm{e}^{-\beta t}\sin(\omega t + \varphi).
\end{aligned}$$

Daher gilt

$$\begin{aligned}
m\frac{d^2x}{dt^2} & + b\frac{dx}{dt} + Cx \\
& = A\,\mathrm{e}^{-\beta t}\sin(\omega t + \varphi)[C - \beta b - m\omega^2 + \beta^2 m] \\
& + A\,\mathrm{e}^{-\beta t}\cos(\omega t + \varphi)[b\omega - 2m\omega\beta] = 0.
\end{aligned}$$

Diese Gleichung kann für alle Zeiten t nur gelten, wenn die Koeffizienten gleich Null sind.

$$b\omega - 2m\omega\beta = 0 \quad \text{daher} \quad \beta = \frac{b}{2m}$$

$$C - \beta b - m\omega^2 + \beta^2 m = C - \frac{b^2}{2m} - m\omega^2 + \frac{b^2}{4m^2}\,m = 0$$

daher

$$\omega^2 = \frac{C}{m} - \frac{b^2}{4m^2} = \frac{C}{m} - \beta^2.$$

Dabei sind A und φ frei wählbare Konstanten. Frequenz ω und Dämpfungskonstante β folgen aber aus der Differentialgleichung. Mit der Abkürzung $\omega_0^2 = C/m$ ist $\omega < \omega_0$, für kleine Dämpfung β ist $\omega \approx \omega_0$.

Bild 7.19 zeigt die Lösung für $\omega/\beta \approx 5$. Für große b kann ω gleich Null werden, wenn $C = b^2/4m$. Ein Versuch zeigt, daß $A\,\mathrm{e}^{-bt/2m}$, aber auch $Bt\,\mathrm{e}^{-bt/2m}$ in diesem Fall Lösungen sind. Die allgemeine Lösung lautet demnach

$$x = A'\,\mathrm{e}^{-bt/2m} + Bt\,\mathrm{e}^{-bt/2m}, \tag{7.69}$$

wobei A' und B die frei wählbaren Konstanten sind. Dies ist die *kritisch gedämpfte Lösung*. In diesem Fall geht x schneller gegen Null als für

$$C < \frac{b^2}{4m} \quad \text{oder} \quad C > \frac{b^2}{4m}.$$

Für $C < b^2/4m$ lautet die Lösung

$$\begin{aligned}
x = \mathrm{e}^{-bt/2m}\Bigg[& A\exp\left(\sqrt{\frac{b^2}{4m^2} - \frac{C}{m}}\,t\right) \\
& + B\exp-\left(\sqrt{\frac{b^2}{4m^2} - \frac{C}{m}}\,t\right)\Bigg],
\end{aligned} \tag{7.70}$$

wobei A und B frei wählbare Konstanten sind.

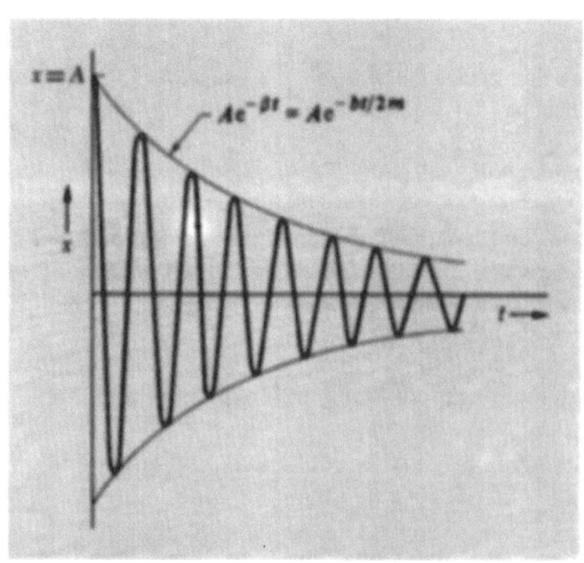

Bild 7.19. Harmonischer Oszillator mit Reibung

Komplexe Zahlen und erzwungene harmonische Schwingungen. Ein wichtiges Theorem aus der Theorie komplexer Zahlen lautet

$$e^{i\alpha} = \cos\alpha + i\sin\alpha,$$

wobei $i = \sqrt{-1}$. Der Ausdruck wie $e^{i\alpha}$ ist ein Spezialfall einer *komplexen Zahl*. Komplexe Zahlen können veranschaulicht werden, indem man den Realteil als Abszisse und den Imaginärteil als Ordinate aufträgt. Bild 7.20 zeigt diese Darstellung. Die Länge der Linie OA heißt Betrag der komplexen Zahl. Man erhält ihr Quadrat, indem man die komplexe Zahl mit ihrer komplex Konjugierten multipliziert, wobei man komplex konjugiert indem man das Vorzeichen von i umkehrt. Der Betrag ist eine reelle Zahl und in diesem Fall durch

$$e^{i\alpha} \cdot e^{-i\alpha} = e^0 = 1$$

gegeben. Wir sehen, daß OA die Länge 1 hat, da $\cos\alpha = OB/OA = OB$.

Die Addition, Subtraktion und Multiplikation komplexer Zahlen gehorcht den üblichen Regeln. Beispielsweise gilt

$$(a + ib) + (c + id) = a + c + i(b + d)$$
$$(a + ib) - (c + id) = a - c + i(b - d)$$
$$(a + ib) \cdot (c + id) = ac - bd + i(ad + bc),$$

wobei $i^2 = -1$. Bei der Division formt man den Quotienten üblicherweise so um, daß der Nenner eine reelle Zahl wird, und man so leicht den Real- und Imaginärteil des Quotienten erkennen kann:

$$\frac{a + ib}{c + id} = \frac{(a + ib) \cdot (c - id)}{(c + id) \cdot (c - id)} = \frac{ac + bd + i(bc - ad)}{c^2 + d^2}.$$

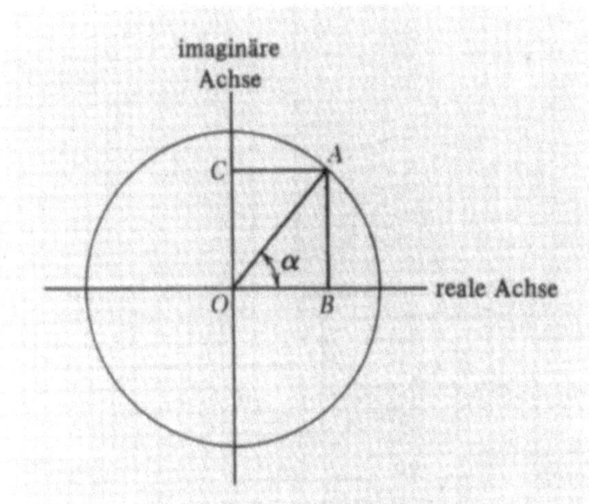

Bild 7.20. Der Realteil einer komplexen Zahl wird auf der Abszisse, der Imaginärteil auf der Ordinate aufgetragen. Hier stellt OA die Zahl $e^{i\alpha}$ dar, so daß $OB = \cos\alpha$, $OC = \sin\alpha$. OA ist der Betrag der komplexen Zahl.

Beliebige komplexe Zahlen können in der Form $\rho\, e^{i\varphi}$ geschrieben werden [1]. Um ρ und φ durch Real- und Imaginärteil auszudrücken, setzen wir

$$\rho\, e^{i\varphi} = \rho\cos\varphi + i\rho\sin\varphi = a + ib$$
$$\rho\, e^{i\varphi} \cdot \rho\, e^{-i\varphi} = \rho^2 = (a + ib) \cdot (a - ib) = a^2 + b^2 \quad (7.71)$$
$$\tan\varphi = \frac{b}{a}, \qquad \varphi = \arctan\frac{b}{a}.$$

Damit können wir das Problem der erzwungenen harmonischen Schwingungen elegant lösen.

Die Bewegungsgleichungen (7.48) und (7.49) können geschrieben werden:

$$\ddot{x} + \frac{1}{\tau}\dot{x} + \omega_0^2 x = \alpha_0\cos\omega t, \qquad (7.72)$$

wobei wir der Einfachheit halber $\cos\omega t$ statt $\sin\omega t$ geschrieben haben. Wir ersetzen die Kraft durch

$$\alpha_0\, e^{i\omega t} \equiv \alpha_0(\cos\omega t + i\sin\omega t).$$

Am Schluß der Rechnung erhalten wir die Reaktion des Systems als Realteil von x. Wir suchen eine Lösung von Gl. (7.72) der Form

$$x = X_0\, e^{i\omega t}, \qquad (7.73)$$

wobei X_0 eine komplexe Zahl sein kann. Setzen wir dies ein so folgt

$$\left(-\omega^2 + \frac{i\omega}{\tau} + \omega_0^2\right) X_0\, e^{i\omega t} = \alpha_0\, e^{i\omega t}$$

und daher

$$X_0 = \frac{\alpha_0}{\omega_0^2 - \omega^2 + i(\omega/\tau)}. \qquad (7.74)$$

Wir trennen Real- und Imaginärteil von X_0:

$$X_0 = \left[\frac{\alpha_0}{\omega_0^2 - \omega^2 + i(\omega/\tau)}\right]\left[\frac{\omega_0^2 - \omega^2 - i(\omega/\tau)}{\omega_0^2 - \omega^2 - i(\omega/\tau)}\right]$$
$$= \alpha_0\frac{\omega_0^2 - \omega^2 - i(\omega/\tau)}{(\omega_0^2 - \omega^2)^2 + (\omega/\tau)^2}$$

und folglich

$$\mathrm{Re}(X_0) = \frac{(\omega_0^2 - \omega^2)\,\alpha_0}{(\omega_0^2 - \omega^2)^2 + (\omega/\tau)^2}$$
$$\mathrm{Im}(X_0) = \frac{-(\omega/\tau)\,\alpha_0}{(\omega_0^2 - \omega^2)^2 + (\omega/\tau)^2}.$$

Im Grenzfall $|\omega_0^2 - \omega^2| \gg \omega/\tau$ gilt

$$\mathrm{Re}(X_0) \approx \frac{\alpha_0}{\omega_0^2 - \omega^2}, \qquad \mathrm{Im}(X_0) \approx 0$$

---

[1] Zuvor war $\rho = 1$ und $\varphi = \alpha$

Weg von der Resonanz ist also der Realteil von X_0 wesentlich wichtiger als der Imaginärteil.

Im Grenzfall $|\omega_0^2 - \omega^2| \ll \omega/\tau$ sind wir *nahe der Resonanz* und für $\omega = \omega_0$ *in der Resonanzstelle*. Im letzteren Fall ist

$$\mathrm{Re}(X_0) = 0, \quad \mathrm{Im}(X_0) = -\alpha_0 \frac{\tau}{\omega}.$$

Je größer τ ist, desto schwächer ist die Dämpfung und desto größer der Imaginärteil der Reaktion im Resonanzfall.

Weg von der Resonanz ist der Phasenwinkel φ entweder nahe bei Null oder bei $-\pi$, deshalb hat die Amplitude nur einen kleinen Imaginärteil. Für $\omega = \omega_0$ ist dagegen $\varphi = -\pi/2$ und die Auslenkung ist dann gegenüber der Kraft phasenverschoben. Der Imaginärteil der Amplitude, der mit der Geschwindigkeitsamplitude korreliert ist, wird groß und der Realteil der Amplitude gleich Null.

Wir schreiben nun X_0 in der Form $\rho\,\mathrm{e}^{\mathrm{i}\varphi}$, wie in Gl. (7.71) Aus den Gln. (7.71) und (7.74) folgt für die Amplitude der Reaktion des Systems

$$\rho = (X_0 X_0^*)^{1/2} = \frac{\alpha_0}{[(\omega_0^2 - \omega^2)^2 + (\omega/\tau)^2]^{1/2}}.$$

Dabei ist X_0^* das komplex Konjugierte von X_0, so daß $X_0 X_0^*$ reell ist. Für den Phasenwinkel von x relativ zu F folgt

$$\tan \varphi = -\frac{\omega/\tau}{\omega_0^2 - \omega^2}.$$

Die durchschnittlich absorbierte Leistung beträgt

$$\begin{aligned}
\langle P \rangle &= \langle F \dot{x} \rangle = \langle \mathrm{Re}(F)\,\mathrm{Re}(\dot{x}) \rangle \\
&= \langle [m\alpha_0 \cos \omega t]\,[-\rho\omega \sin(\omega t + \varphi)] \rangle. \quad (7.75)
\end{aligned}$$

Wir haben den Realteil von X als die physikalische Größe gewählt, falls der Realteil von F die reale physikalische Kraft ist. Wir können die Mittelung über die Zeit auch anders durchführen — wichtig ist nur, daß wir den Teil von x nehmen, der in Phase mit F ist. Mit dem Äquivalent zu Gl. (7.61) und der Beziehung $\rho \sin \varphi = \mathrm{Im}(X_0)$ folgt aus Gl. (7.75)

$$\langle P \rangle = -m\alpha_0 \rho\omega \langle \cos^2 \omega t \rangle \sin \varphi = -\frac{1}{2} m\alpha_0 \omega\, \mathrm{Im}(X_0)$$

$$= \frac{1}{2} m\alpha_0^2 \frac{\omega^2/\tau}{(\omega_0^2 - \omega^2)^2 + (\omega/\tau)^2}.$$

Dieses Ergebnis stimmt mit Gl. (7.62) überein.

8. Elementare Dynamik starrer Körper

Das schwierige Gebiet der Dynamik starrer Körper wird oft als Höhepunkt der klassischen Mechanik betrachtet. Das typische Problem ist dabei die Bewegung eines Kreisels, dessen überraschendes Verhalten immer wieder zu Überlegungen herausfordert. Die vollständige Beschreibung der Bewegung starrer Körper ergibt einige überraschende Ergebnisse, die einfach und elegant sind. Diese Eleganz wird bei der hier gegebenen einführenden Behandlung allerdings nicht offensichtlich werden. Viele Probleme der Kreiseltheorie wurden von *F. Klein* und *H. Sommerfeld* in einem vierbändigen Werk „Theorie des Kreisels" behandelt.

Unter einem *starren Körper* verstehen wir eine Anordnung von Teilchen, deren Abstände festgehalten werden. Wir werden daher Schwingungen und Deformationen des Körpers unberücksichtigt lassen und uns vor allem mit der Drehung eines Körpers um eine feste oder veränderliche Achse beschäftigen. Unsere Ergebnisse werden auf verschiedenste Gebiete anwendbar sein, von spinenden Elektronen, rotierenden Atomen und Molekülen bis zu rotierenden Maschinen, Kreiseln, Planeten und der Theorie der Kreiselkompasse.

Unsere Überlegungen umfassen zwei Teile, je nachdem ob die Drehachse eine feste Richtung in bezug auf ein Inertialsystem hat oder diese Richtung im Laufe der Zeit verändert. Die Behandlung von Bewegungen mit fester Drehachse ist wesentlich einfacher als der allgemeine Fall und auf viele wichtige Systeme anwendbar. Daher behandeln Einführungen in die Dynamik starrer Körper oft nur den Fall fester Drehachse. Wir werden hier aber mit dem allgemeinen Fall beginnen, aus dem sich verschiedene wesentliche Spezialfälle ergeben werden.

8.1. Die Bewegungsgleichungen

Wir haben in Kapitel 6 aus dem zweiten Newtonschen Gesetz eine Beziehung zwischen dem Gesamtdrehimpuls **L** eines Systems von Teilchen (in bezug auf einen beliebigen Ursprung) und dem Gesamtdrehmoment **M** (bezogen auf den gleichen Ursprung) aller äußeren Kräfte hergeleitet:

$$\frac{d\mathbf{L}}{dt} = \mathbf{M}. \tag{8.1}$$

Die inneren Kräfte ergeben keine Drehmomente, wie wir in Kapitel 6 gesehen haben.

Gl. (8.1) enthält im wesentlichen alles, was wir über die Bewegung wissen müssen: Sie ist die Bewegungsgleichung. Das Hauptproblem besteht nun darin, diese Gleichung korrekt auf die untersuchten Körper und Situationen anzuwenden. Dazu müssen wir **L** für einen starren Körper berechnen. Wir werden auch die kinetische Energie der Bewegung des Körpers benötigen.

8.2. Drehimpuls und kinetische Energie

Betrachten Sie einen starren Körper, der sich so bewegt, daß ein Punkt stets an einer festen Stelle im Raum bleibt. Zu einem beliebigen Zeitpunkt muß seine Bewegung dann eine Drehung um eine Achse durch diesen Punkt sein. Wir wählen den festen Punkt O in Bild 8.1 als Ursprung unseres Bezugssystems und beschreiben die Bewegung durch einen Winkelgeschwindigkeitsvektor $\boldsymbol{\omega}$, der die Richtung der momentanen Drehachse hat. Wie üblich wird der Vektor $\boldsymbol{\omega}$ in die Richtung zeigen, in der eine Rechtsschraube sich bewegen würde, wenn sie zusammen mit dem Körper rotiert. Die Länge ω soll numerisch gleich dem Betrag der Winkelgeschwindigkeit in rad/s sein.

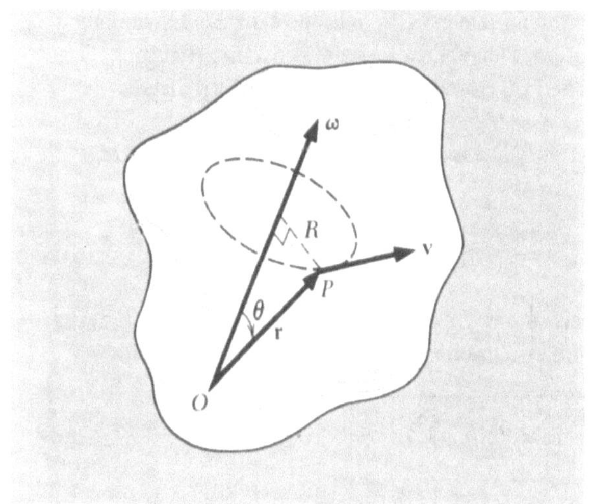

Bild 8.1. Im betrachteten Moment bewegt die Drehung des Körpers den Punkt P in einem Kreis mit Radius $R = r \sin\theta$ in einer Ebene orthogonal auf $\boldsymbol{\omega}$. Der Betrag von **v** ist $v = \omega R = \omega r \sin\theta$ und seine Richtung ist normal zu der Ebene, die von $\boldsymbol{\omega}$ und **r** aufgespannt wird. Daher ist $\mathbf{v} = \boldsymbol{\omega} \times \mathbf{r}$.

Der momentane Geschwindigkeitsvektor **v** eines Punktes P am Ort **r** im Körper folgt aus Bild 8.1 zu

$$\mathbf{v} = \boldsymbol{\omega} \times \mathbf{r}. \tag{8.2}$$

In P befinde sich ein Teilchen mit Masse m (einer der Bestandteile des Körpers). Der Beitrag dieses Teilchens zum Gesamtdrehimpuls des Körpers ist $\mathbf{r} \times m\mathbf{v} = \mathbf{r} \times m(\boldsymbol{\omega} \times \mathbf{r})$.

Wir können nun den gesamten Drehimpuls als Vektorsumme von Beiträgen aller Teilchen ausdrücken, aus denen sich der Körper zusammensetzt:

$$\mathbf{L} = \sum \mathbf{r}_i \times m_i(\boldsymbol{\omega} \times \mathbf{r}_i), \tag{8.3}$$

wobei $\mathbf{r}_i$ der Ortsvektor des Teilchens m_i ist.

Die gesamte kinetische Energie des rotierenden Körpers erhalten wir als Summe der Beiträge $\frac{1}{2} m v^2$ aller Teilchen. Mit $v^2 = \mathbf{v} \cdot \mathbf{v}$ ergibt sich

$$E_k = \sum \frac{1}{2} m_i (\boldsymbol{\omega} \times \mathbf{r}_i) \cdot (\boldsymbol{\omega} \times \mathbf{r}_i)$$

$$= \frac{1}{2} \sum m_i |\boldsymbol{\omega} \times \mathbf{r}_i|^2 . \tag{8.4}$$

Die obigen allgemeinen Formulierungen der Bewegungsgleichung, des Drehimpulses und der kinetischen Energie werden wir nun auf einige wichtige Spezialfälle anwenden.

8.3. Trägheitsmomente

Bild 8.2 zeigt eine dünne Scheibe, die in der xy-Ebene liegt und um die z-Achse mit der Winkelgeschwindigkeit ω rotiert. Der Vektor $\boldsymbol{\omega}$ habe konstante Richtung. Das Teilchen m_i bewegt sich mit der Geschwindigkeit $\mathbf{v}_i = \boldsymbol{\omega} \times \mathbf{r}_i$, woraus $v_i = \omega r_i$ folgt, da $\boldsymbol{\omega}$ und $\mathbf{r}_i$ orthogonal sind. Die kinetische Energie der Scheibe beträgt daher

$$E_k = \frac{1}{2} \sum m_i v_i^2 = \frac{1}{2} \left(\sum m_i r_i^2 \right) \omega^2 = \frac{1}{2} I_z \omega^2 , \quad (8.5)$$

wobei wir das Trägheitsmoment I_z der Scheibe in bezug auf die z-Achse durch

$$\boxed{ I_z = \sum m_i r_i^2 } \tag{8.6}$$

definiert haben.

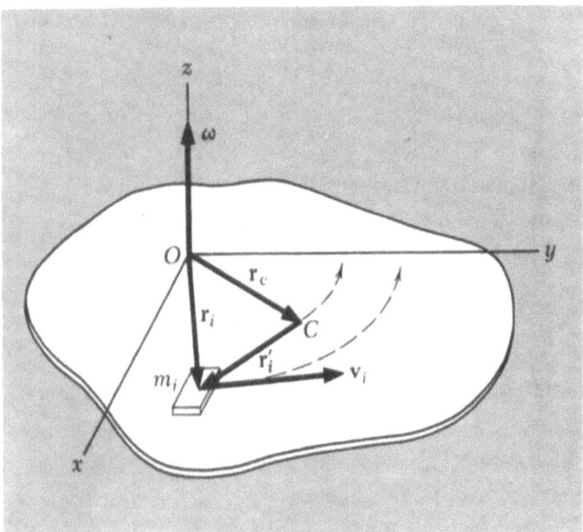

Bild 8.2. Die Scheibe rotiert in ihrer eigenen Ebene (xy-Ebene) um O. Jeder Punkt bewegt sich in einem Kreis um O mit der Geschwindigkeit $v_i = \omega r_i$. C ist der Schwerpunkt.

Der Steinersche Satz. Ein wichtiges Ergebnis erhalten wir, wenn wir wie in Bild 8.2 den Massenmittelpunkt berücksichtigen. Wir setzen

$$\mathbf{r}_i = \mathbf{r}_{\mathrm{M.M.}} + \mathbf{r}_i'$$

und erhalten für I_z

$$I_z = \sum m_i r_i^2$$

$$= \sum m_i \mathbf{r}_i \cdot \mathbf{r}_i$$

$$= \sum m_i (\mathbf{r}_{\mathrm{M.M.}} + \mathbf{r}_i') \cdot (\mathbf{r}_{\mathrm{M.M.}} + \mathbf{r}_i')$$

$$= \sum m_i (r_{\mathrm{M.M.}}^2 + 2 \mathbf{r}_{\mathrm{M.M.}} \cdot \mathbf{r}_i' + r_i'^2) .$$

Da die gesamte Masse der Scheibe gleich $m = \sum m_i$ ist, folgt

$$I_z = m r_{\mathrm{M.M.}}^2 + 2 \mathbf{r}_{\mathrm{M.M.}} \cdot \sum m_i \mathbf{r}_i' + \sum m_i r_i'^2 .$$

Dabei verschwindet der mittlere Term, da aus der Definition des Massenmittelpunkts $\sum m_i \mathbf{r}_i' = \mathbf{0}$ folgt. Ferner ist der letzte Term das Trägheitsmoment in bezug auf eine zur Scheibe orthogonale Achse durch den Massenmittelpunkt C. Wir erhalten daher

$$I_z = I_{\mathrm{M.M.}\,z} + m r_{\mathrm{M.M.}}^2 . \tag{8.7}$$

Das Ergebnis (8.7) heißt *Steinerscher Satz*. Er gilt für beliebige Massenverteilungen und besagt:

Das Trägheitsmoment eines Körpers um eine beliebige Achse ist gleich dem Trägheitsmoment um eine parallele Achse durch den Schwerpunkt plus der Masse des Körpers mal dem Quadrat des Abstands zwischen den beiden Achsen:

$$\boxed{ I = I_{\mathrm{M.M.}} + m l^2 , } \tag{8.8}$$

wobei l der Abstand der Achsen ist.

Dieses Ergebnis ist oft nützlich, wie wir sehen werden. Mit Hilfe von Gl. (8.7) erhalten wir aus Gl. (8.5)

$$\boxed{ E_k = \frac{1}{2} I_{\mathrm{M.M.}\,z} \omega^2 + \frac{1}{2} m r_{\mathrm{M.M.}}^2 \omega^2 . } \tag{8.9}$$

Dieses Ergebnis besagt, daß sich die gesamte kinetische Energie der rotierenden Scheibe aus der Energie der Rotationsbewegung um den Schwerpunkt (1. Term) plus der Energie der Translationsbewegung des Schwerpunkts um die Drehachse (2. Term) zusammensetzt. Wir haben dieses Ergebnis hier nur für eine Scheibe bewiesen, es gilt jedoch allgemein.

Der Drehimpuls der rotierenden Scheibe folgt aus Gl. (8.3) für orthogonale $\boldsymbol{\omega}$ und $\mathbf{r}_i$. Das Ergebnis lautet

$$\mathbf{L} = \sum m_i r_i^2 \omega \hat{\mathbf{z}} = I_z \omega \hat{\mathbf{z}}, \tag{8.10}$$

wobei wieder das Trägheitsmoment eingeht. Wenn wir nochmals den Massenmittelpunkt durch $\mathbf{r}_i = \mathbf{r}_{M.M.} + \mathbf{r}_i'$ einführen, erhalten wir aus Gl. (8.10)

$$\begin{aligned} \mathbf{L} &= \sum m_i r_i'^2 \,\omega\hat{\mathbf{z}} + m r_{M.M.}^2\,\omega\hat{\mathbf{z}} \\ &= I_{M.M.z}\,\omega\hat{\mathbf{z}} + m r_{M.M.}^2\,\omega\hat{\mathbf{z}}. \end{aligned} \qquad (8.11)$$

Wiederum gilt dieses spezielle Resultat ganz allgemein:

Der Drehimpuls um einen beliebigen Punkt ist gleich dem Drehimpuls um den Massenmittelpunkt plus dem Drehimpuls der Translationsbewegung des Massenmittelpunkts in bezug auf den gewählten Punkt.

Bilder 8.3a und 8.3b zeigen den Unterschied zwischen den beiden Beiträgen zum Drehimpuls.

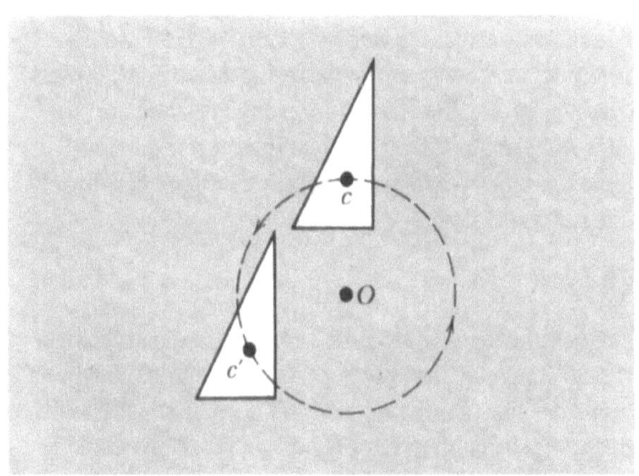

Bild 8.3a. Der Schwerpunkt einer dreieckigen Scheibe bewegt sich auf einem Kreis O, ohne daß die Scheibe rotiert. Es treten nur die zweiten Terme in den Gln. (8.9) und (8.11) auf.

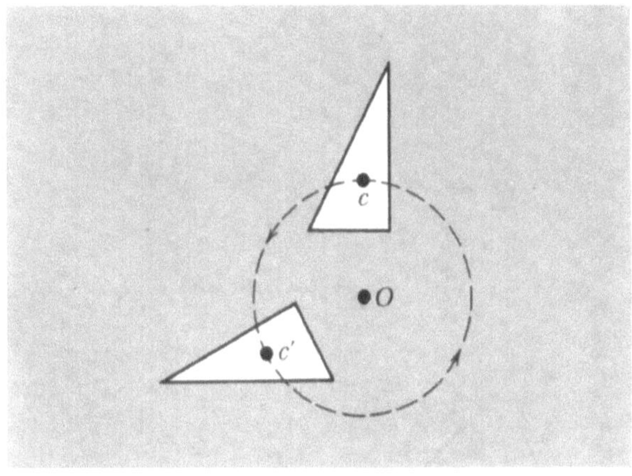

Bild 8.3b. Beide Terme in den Gln. (8.9) und (8.11) tragen nun zum Drehimpuls bei

Die hier für eine Scheibe bewiesenen Theoreme können auch auf ein System angewendet werden, das durch Aufeinanderstapeln vieler gleicher dünner Scheiben entsteht, die einen zylindrischen oder prismatischen Körper aufbauen, der um eine feste Achse normal zu den Scheiben rotiert. Dabei müssen wir stets r_i als Abstand zur Drehachse betrachten. Einige Beispiele sollen dies zeigen.

Orthogonale Drehachsen. Bevor wir auf die Beispiele eingehen, wollen wir noch ein weiteres Theorem über die Trägheitsmomente dünner Scheiben beweisen. Das in Bild 8.2 gezeigte Teilchen m_i leistet zum Trägheitsmoment I_z in bezug auf die z-Achse den Beitrag $m_i r_i^2$, der gleich der Masse des Teilchens mal dem Quadrat des Abstands von der Drehachse ist. Wenn wir nun Drehungen um die x-Achse betrachten, so trägt m_i zum Trägheitsmoment um diese Achse $m_i y_i^2$ bei; ähnlich ist sein Beitrag $m_i x_i^2$ zum Trägheitsmoment um die y-Achse. Daher gilt:

$$I_x = \sum m_i y_i^2,$$

$$I_y = \sum m_i x_i^2.$$

Addition ergibt

$$I_x + I_y = \sum m_i (x_i^2 + y_i^2) = \sum m_i r_i^2 = I_z\,.$$

Damit haben wir das *Theorem orthogonaler Achsen* bewiesen, das für dünne Scheiben gilt. Es lautet:

Das Trägheitsmoment für eine dünne Scheibe in bezug auf eine Achse senkrecht zur Scheibenebene ist gleich der Summe der Trägheitsmomente um zwei beliebige, zueinander senkrechte Achsen, die in der Scheibenebene liegen und sich in der orthogonalen Achse schneiden.

Einige Spezialfälle: *Ein dünner Ring.* Alle Teilchen eines dünnen Rings mit Masse m und Radius R haben den gleichen Abstand R von einer Drehachse durch den Mittelpunkt, die normal zum Ring steht. Das Trägheitsmoment um diese Achse ist daher $I = mR^2$. Dieses Ergebnis gilt offensichtlich auch für einen dünnwandigen Zylinder, der um seine geometrische Achse rotiert. Für eine dazu parallele Achse durch die Zylinderwand ist $I = 2mR^2$, wie aus dem Steinerschen Satz folgt.

Das Theorem über orthogonale Achsen ergibt in der Anwendung auf den dünnen Ring, daß das Trägheitsmoment um eine Achse in der Ringebene, die durch den Mittelpunkt geht, gleich $\frac{1}{2}\,mR^2$ ist.

Homogener Stab. Bild 8.4 zeigt einen Stab der Länge l und der Masse m, dessen Breite und Dicke sehr klein im Verhältnis zur Länge seien. Betrachten Sie an einem seiner Enden eine Drehachse orthogonal zur Richtung des Stabs. Ein Längenelement Δx hat die Masse $\Delta m = (\Delta x/l)\,m$

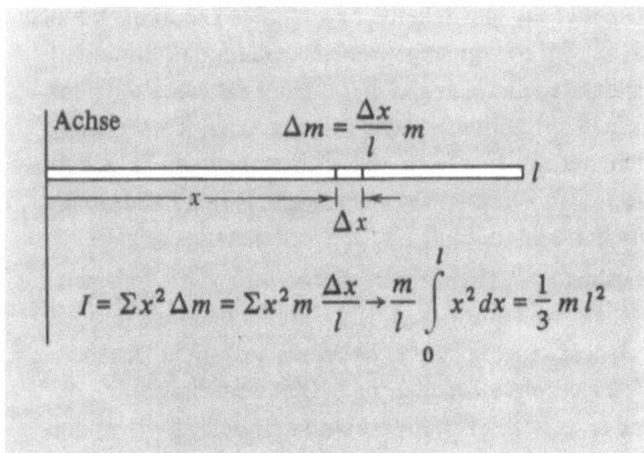

Bild 8.4. Ein dünner Stab mit Drehachse am Ende

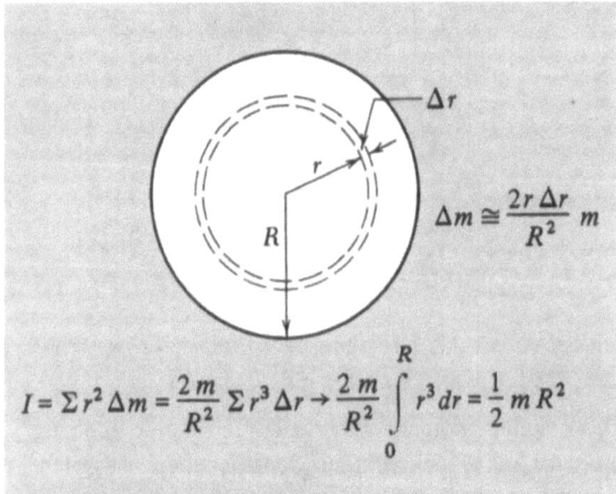

Bild 8.5. Eine Scheibe mit Drehachse durch den Mittelpunkt und orthogonal zur Scheibenebene

und trägt $\Delta I = (\Delta x/l)mx^2$ zum Trägheitsmoment bei, wenn es die Entfernung x von der Drehachse hat. Betrachten wir Δx als Differential dx, so können wir die Beiträge aller Längenelemente aufintegrieren. Wir erhalten für das Trägheitsmoment eines homogenen Stabs um eine orthogonale Drehachse an seinem Ende:

$$I = \frac{m}{l} \int_0^l x^2\,dx = \frac{1}{3}\,ml^2 .$$

Aus dem Steinerschen Satz ergibt sich das Trägheitsmoment für eine Achse durch den Mittelpunkt, die orthogonal zum Stab ist:

$$I_{\mathrm{M.M.}} = I - m\left(\frac{l}{2}\right)^2 = \frac{1}{12}\,ml^2 . \qquad (8.12)$$

Eine runde Scheibe. Wie Bild 8.5 zeigt, hat ein Ring der Breite Δr mit Radius r die Masse

$$\Delta m = \frac{\pi(r + \Delta r)^2 - \pi r^2}{\pi R^2}\,m \approx \frac{2r\,\Delta r}{R^2}\,m,$$

wobei wir einen Beitrag proportional zu $(\Delta r)^2$ vernachlässigt haben. Der Beitrag des Rings zum Trägheitsmoment um eine orthogonale Achse durch den Scheibenmittelpunkt beträgt

$$\Delta I = r^2\,\Delta m \approx \frac{2m}{R^2}\,r^3\,\Delta r .$$

Die Integration über alle Ringe ergibt

$$I = \frac{2m}{R^2} \int_0^R r^3\,dr = \frac{1}{2}\,mR^2 . \qquad (8.13)$$

Da ein massiver Zylinder konstanter Dichte als Stapel von Scheiben betrachtet werden kann, ist das Trägheitsmoment des Zylinders um seine Drehachse offensichtlich gleich $I = \frac{1}{2}\,mR^2$. Die Anwendung des Theorems orthogonaler Achsen auf das Trägheitsmoment der dünnen Scheibe um eine Achse parallel zu ihrer Ebene und durch den Mittelpunkt liefert

$$I = \frac{1}{4}\,mR^2 . \qquad (8.14)$$

Die rechteckige Platte. Bild 8.6 zeigt eine rechteckige Platte der Länge a und Breite b. Wir wollen das Trägheitsmoment der Platte um eine z-Achse normal zur Platte berechnen, die durch den Schwerpunkt geht. Dazu denken wir uns die Platte in schmale Streifen zerlegt, von denen einer die Breite Δx und den Abstand x vom Mittelpunkt hat. Das Trägheitsmoment erhalten wir durch Aufsummieren der Beiträge der einzelnen Streifen, wobei wir jeden Streifen als dünnen Stab behandeln können.

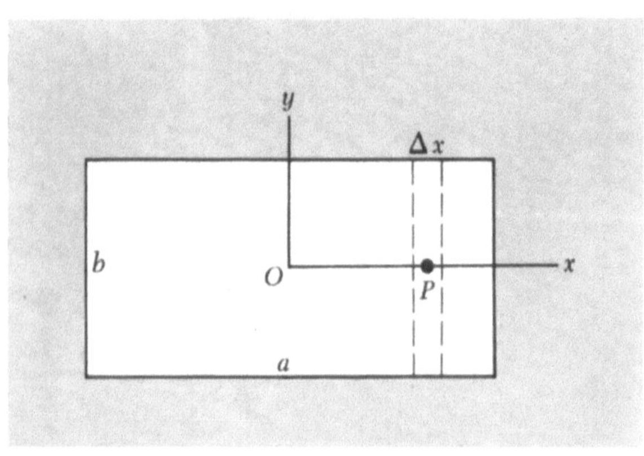

Bild 8.6. Eine rechteckige Platte mit orthogonaler Drehachse im Mittelpunkt

Der gezeigte Streifen hat eine Masse $(\Delta x/a)\,m$. Sein Trägheitsmoment um seinen eigenen Mittelpunkt P ist $\frac{1}{12}(\Delta x/a)\,m\,b^2$, wie Gl. (8.12) zeigt. Den Beitrag des Streifens zum Trägheitsmoment um die orthogonale Achse in O erhalten wir aus dem Steinerschen Satz (8.8)

$$\Delta I = \frac{\Delta x}{a}\,m\left(\frac{b^2}{12}+x^2\right).$$

Wir addieren nun alle Beiträge durch Integration:

$$I = \frac{m}{a}\int_{-a/2}^{+a/2}\left(\frac{b^2}{12}+x^2\right)dx = \frac{m}{12}(a^2+b^2). \qquad (8.15)$$

Da diese Rechnung sich auf eine Drehung um die z-Achse bezieht, können wir das Ergebnis mit I_z bezeichnen. I_x und I_y folgen dann aus Gl. (8.12) zu

$$I_x = \frac{m}{12}\,b^2 \quad \text{und} \quad I_y = \frac{m}{12}\,a^2.$$

Das Theorem orthogonaler Achsen $I_z = I_x + I_y$ ist offensichtlich erfüllt.

Diese Beispiele zeigen die Vorgangsweise bei der Berechnung von Trägheitsmomenten. Andere Fälle werden in den Übungen behandelt; darunter ist der wichtigste Fall der einer homogenen Kugel mit der Achse durch den Mittelpunkt. Das Ergebnis lautet

$$I = \tfrac{2}{5}\,mR^2. \qquad (8.16)$$

Viele Körper können durch Überlagerung (Addition und Subtraktion) der Trägheitsmomente einfacher Körper behandelt werden. Beispielsweise erhält man das Trägheitsmoment eines dickwandigen Zylinders als Differenz der Trägheitsmomente zweier massiver Zylinder geeigneter Radien.

8.4. Drehung um feste Achsen: Zeitabhängigkeit der Bewegung

Wir können nun die Bewegungsgleichung (8.1) $d\mathbf{L}/dt = \mathbf{M}$ auf starre Körper anwenden, die um eine feste Achse rotieren Unser Ziel dabei ist die Ermittlung der Zeitabhängigkeit der Drehung, wenn gegebene Drehmomente angewendet werden.

Da die Richtung der Drehachse im Raum festgelegt sein soll und sich auch in bezug auf die Körper nicht ändern soll, werden die Trägheitseigenschaften des Körpers in bezug auf die Achse konstant sein. Bei der Betrachtung der Bewegung werden wir nur die Komponente des Drehimpulses parallel zur Achse betrachten müssen. Auch benötigen wir nur die entsprechende Komponente des Drehmoments $\mathbf{M}$. Daher kann die Bewegungsgleichung einfach als skalare Gleichung $dL_a/dt = M_a$ behandelt werden, wobei L_a und M_a die Komponenten von $\mathbf{L}$ und $\mathbf{M}$ parallel zur Achse sind. In vielen wichtigen Anwendungen gibt es

ohnehin nur diese Komponenten, da die Vektoren parallel zur Achse sind, aber dies ist nicht immer der Fall, wie wir später sehen werden.

Die allgemeine Formulierung der skalaren Bewegungsgleichung ergibt sich durch Projektion der Vektorgleichung auf die Achsenrichtung. Die Achsenrichtung ist durch den Einheitsvektor $\boldsymbol{\omega}/\omega$ festgelegt. Die axiale Komponente des Drehimpulses ist nach Gl. (8.3) gleich

$$L_a = \mathbf{L}\cdot\frac{\boldsymbol{\omega}}{\omega} = \frac{1}{\omega}\left[\sum_i \mathbf{r}_i\times m_i(\boldsymbol{\omega}\times\mathbf{r}_i)\right]\cdot\boldsymbol{\omega}.$$

Dieser Ausdruck kann wie folgt vereinfacht werden:

$$\frac{1}{\omega}\sum_i\left[m_i\mathbf{r}_i\times(\boldsymbol{\omega}\times\mathbf{r}_i)\right]\cdot\boldsymbol{\omega} = \frac{1}{\omega}\sum_i m_i\,|\boldsymbol{\omega}\times\mathbf{r}_i|^2$$

$$= \frac{1}{\omega}\sum_i m_i\,(\omega r_i\sin\theta_i)^2,$$

wobei wir im ersten Schritt Gl. (2.61) benutzt haben und auch die Tatsache

$$r_i^2\omega^2 - (\mathbf{r}_i\cdot\boldsymbol{\omega})^2 = r_i^2\omega^2 - r_i^2\omega^2\cos^2\theta_i.$$

Daher gilt

$$L_a = \sum_i m_i R_i^2\,\omega,$$

wobei wie in Bild 8.1 $R_i = r_i\sin\theta_i$ der Abstand des Teilchens i von der Drehachse ist.

Wie in Gl. (8.5) führen wir das Trägheitsmoment des Körpers um die Drehachse

$$I_a = \sum_i m_i R_i^2$$

ein, wodurch sich der Ausdruck für L_a zu

$$L_a = I_a\,\omega \qquad (8.17)$$

vereinfacht. Ähnlich ergibt sich die Komponente des Drehmoments in Achsenrichtung aus

$$M_a = \mathbf{M}\cdot\frac{\boldsymbol{\omega}}{\omega}.$$

Daher lautet die auf die Achsenrichtung projizierte Bewegungsgleichung

$$\boxed{I_a\cdot\frac{d\omega}{dt} = M_a.} \qquad (8.18)$$

Falls keine Verwechslungen möglich sind, werden wir die Indizes a weglassen.

Ähnliche Überlegungen zeigen, daß die kinetische Energie der Drehbewegung um eine feste Achse gleich

$$\boxed{E_{ka} = \tfrac{1}{2}I_a\,\omega^2} \qquad (8.19)$$

ist. Die Gln. (8.17) und (8.19) entsprechen den Beziehungen (8.10) und (8.5) für die Scheibe, die um die feste z-Achse rotiert. Sie gelten aber für Körper beliebiger Form, die um irgendeine feste Achse rotieren.

- **Beispiel:** *Winkelbeschleunigung eines Zylinders infolge eines Drehmoments.* Die Drehung eines Zylinders um seine geometrische Achse unter der Wirkung eines Drehmoment ist ein einfaches Beispiel. In Bild 8.7 ist die Drehachse horizontal und das Drehmoment entsteht durch eine herabhängende Masse.

Das Trägheitsmoment des Zylinders ist nach Gl. (8.13) gleich $I = \frac{1}{2} m_z R^2$. Sein Drehimpuls ist folglich $L = I\omega = \frac{1}{2} m_z R^2 \omega$, wobei die Winkelgeschwindigkeit ω beträgt. Das Drehmoment entsteht durch die Spannung T der Schnur und beträgt daher $M = TR = (mg - ma)R$, wobei a die Beschleunigung der nach unten bewegten Masse m ist. Die Bewegungsgleichung folgt aus Gl. (8.18)

$$\frac{m_z R^2}{2} \frac{d\omega}{dt} = m(g - a)R. \qquad (8.20)$$

Aus der Geometrie der Anordnung erhalten wir

$$R\omega = v, \qquad R\frac{d\omega}{dt} = a.$$

Setzen wir dies in Gl. (8.20) ein, so ergibt sich die Winkelbeschleunigung des Zylinders zu

$$\alpha = \frac{d\omega}{dt} = \frac{m}{m_z/2 + m} \frac{g}{R}. \qquad \bullet$$

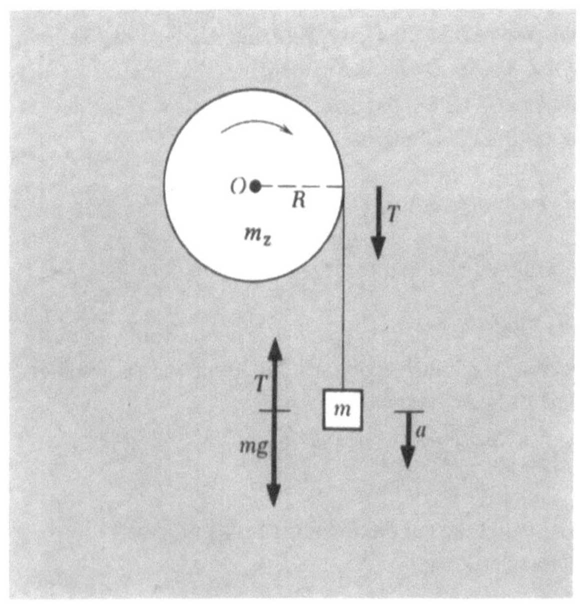

Bild 8.7. Der Zylinder rotiert frei um die horizontale Achse in O. Er erfährt das Drehmoment TR infolge der Spannung in der Schnur, die die Masse m trägt.

Rollen ohne Gleiten. Bild 8.8 zeigt ein zylindrisches Objekt (mit zylinderförmiger Massenverteilung, wie ein Vollzylinder, ein Hohlzylinder, eine Kugel usw.), das auf einer geneigten Ebene abrollt. Wir berechnen die Translationsbeschleunigung der Bewegung auf drei verschiedene

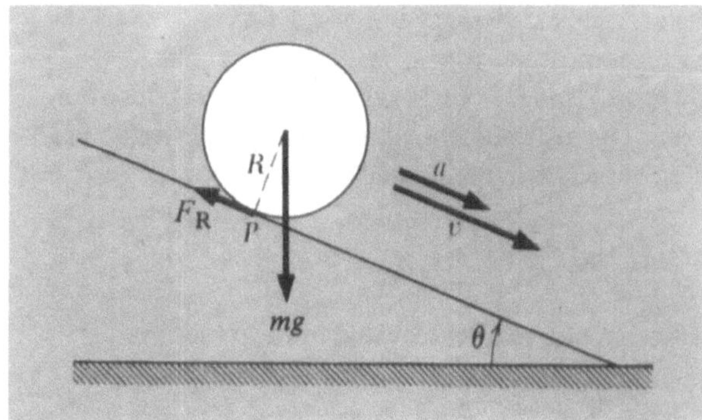

Bild 8.8. Die Bewegung eines rollenden Körpers ist in jedem Augenblick eine Drehung um den momentanen Berührungspunkt P

Arten und zeigen dadurch die Übereinstimmung der verschiedenen Gesichtspunkte.

Drehung um den momentanen Berührungspunkt. In jedem Augenblick ist die Bewegung eine Drehung um den Berührungspunkt P mit der geneigten Ebene. Die *Richtung* der Drehachse ist konstant, ihre Lage verändert sich entlang der Ebene. Die Beschleunigung des rollenden Körpers können wir berechnen, indem wir einsehen, daß die *momentane* Bewegung des Körpers einfach eine Drehung um einen Punkt an der Oberfläche des Körpers ist. Daher setzen wir das Drehmoment der Kraft um den Punkt P gleich der Änderung des Drehimpulses um P (Bild 8.8).

I sei das Trägheitsmoment des Körpers um eine Achse durch seinen Mittelpunkt, die parallel zur Drehachse durch P ist. Das Trägheitsmoment um P folgt aus dem Steinerschen Satz (8.7) zu

$$I_P = I + mR^2.$$

Die Winkelgeschwindigkeit der augenblicklichen Drehung um P ist $\omega = v/R$, wobei v die momentane Translationsgeschwindigkeit des Mittelpunkts ist. Daher ist der Drehimpuls um P in jedem Augenblick gleich

$$L_P = (I + mR^2)\frac{v}{R}. \qquad (8.21)$$

Das Drehmoment um P wird durch die Gravitationskraft geliefert, die im Schwerpunkt angreift. Es folgt

$$M_P = mgR\sin\theta. \qquad (8.22)$$

Nach den Gln. (8.21) und (8.22) wird die Bewegungsgleichung $M = dL/dt$

$$mgR\sin\theta = (I + mR^2)\frac{a}{R},$$

wobei wir a statt dv/dt geschrieben haben.

Die Translationsbeschleunigung des herabrollenden Körpers ist folglich

$$a = \frac{1}{1 + I/mR^2}\, g\sin\theta. \qquad (8.23)$$

Für einen massiven Zylinder ist $I = \frac{1}{2}mR^2$ und daher $a = \frac{2}{3}g\sin\theta$. Für eine massive Kugel ist $I = \frac{2}{5}mR^2$ und somit $a = \frac{5}{7}g\sin\theta$. Andere Fälle werden in Übung 6 behandelt.

Energieüberlegungen. Eine zweite Methode, die Translationsbeschleunigung zu bestimmen, geht vom Energiesatz aus. Die Gesamtenergie besteht zu jedem Zeitpunkt aus drei Beiträgen:

1. kinetische Energie der Translation des Schwerpunkts $= \frac{1}{2}mv^2$,
2. kinetische Energie der Drehung um den Schwerpunkt $= \frac{1}{2}I\omega^2 = \frac{1}{2}Iv^2/R^2$,
3. potentielle Energie durch Anhebung des Schwerpunkts $= mgh$,

wobei h die Höhe über einem beliebig gewählten Niveau ist, dem die potentielle Energie Null zugeordnet wird.

Die Gesamtenergie ist näherungsweise konstant, da die Reibung im Berührungspunkt zu einer Drehung, und nicht zum Gleiten führt. Die Reibung verrichtet daher keine Arbeit und ändert somit die Erhaltung der Gesamtenergie nicht:

$$E = \frac{1}{2}\left(m + \frac{I}{R^2}\right)v^2 + mgh.$$

Da E konstant ist, können wir ihre Zeitableitung gleich Null setzen:

$$\frac{dE}{dt} = \left(m + \frac{I}{R^2}\right)v\,\frac{dv}{dt} + mg\,\frac{dh}{dt} = 0.$$

Mit $dh/dt = -v\sin\theta$ und $dv/dt = a$ erhalten wir

$$\left(m + \frac{I}{R^2}\right)va - mgv\sin\theta = 0.$$

Wir dividieren durch den gemeinsamen Faktor v und lösen nach a auf

$$a = \frac{1}{1 + I/mR^2}\, g\sin\theta$$

was mit Gl. (8.23) übereinstimmt.

Beschleunigung des Schwerpunkts und Winkelbeschleunigung um den Schwerpunkt. Als dritte Methode betrachten wir die Beschleunigung des Schwerpunkts und die Winkelbeschleunigung um den Schwerpunkt

$$ma_{\text{M.M.}} = \sum F, \qquad I\frac{d\omega}{dt} = \sum M_{\text{M.M.}},$$

wobei $a_{\text{M.M.}}$ die Beschleunigung des Schwerpunkts ist und $\sum F$ alle äußeren Kräfte einschließt. In der zweiten

Gleichung ist angenommen, daß die Richtung der Drehachse fest ist, so daß $d\mathbf{L}/dt = I\,d\boldsymbol{\omega}/dt$ gilt, wobei $\boldsymbol{\omega}$ die Winkelgeschwindigkeit um den Schwerpunkt ist.

Bild 8.8 zeigt, daß zwei Kräfte parallel zur Ebene wirken: $mg\sin\theta$ nach unten und die Reibungskraft F_{R} nach oben. Daher gilt

$$ma_{\text{M.M.}} = m\frac{dv}{dt} = mg\sin\theta - F_{\text{R}}.$$

Wenn wir nun Drehmomente um den Schwerpunkt betrachten, so sehen wir daß nur F_{R} einen Beitrag liefert, der

$$M_{\text{M.M.}} = F_{\text{R}}R = I\frac{d\omega}{dt}$$

beträgt. Da die Bewegung ohne Gleiten vor sich gehen soll folgt

$$\omega R = v \quad \text{oder} \quad \frac{d\omega}{dt} = \frac{dv}{dt}\frac{1}{R}$$

und in Verbindung mit den drei vorhergehenden Gleichungen erhalten wir schließlich

$$m\frac{dv}{dt} = mg\sin\theta - \frac{I}{R^2}\frac{dv}{dt}$$

und daher

$$\frac{dv}{dt} = a_{\text{M.M.}} = \frac{mg\sin\theta}{m + I/R^2} = \frac{1}{1 + I/mR^2}\, g\sin\theta,$$

was wieder mit Gl. (8.23) übereinstimmt, da $a_{\text{M.M.}}$ mit dem dort verwendeten a übereinstimmt.

Die Rechnung zeigt klar, welche Kraft die Beschleunigung verlangsamt. Zusammen mit der Definition des Reibungskoeffizienten kann sie auch zur Berechnung des Neigungswinkels dienen, bei dem der Körper mit gegebenem Trägheitsmoment I zu gleiten und zu rollen beginnt, anstelle bloß abzurollen (siehe Übung 19).

Drehmomente um den Schwerpunkt. Wir haben in den vorhergehenden Diskussionen nicht besprochen, welcher Punkt zur Berechnung des Drehimpulses und des Drehmoments herangezogen werden soll. Bei der Behandlung des rollenden Körpers haben wir zwei verschiedene Gesichtspunkte verwendet, die zwei verschiedenen Drehachsen entsprachen. Bei der Wahl des Bezugspunkts der Drehmomente und der Bewegung ist Vorsicht notwendig. Wir können sicherlich einen festen Punkt in bezug auf ein Inertialsystem wählen. Auch haben wir in Kapitel 6 hergeleitet

$$\sum \mathbf{F}_{\text{ext.}} = m\mathbf{a}_{\text{M.M.}}$$

$$\sum \mathbf{r}_i \times \mathbf{F}_{\text{ext.}} = \frac{d\mathbf{L}_{\text{M.M.}}}{dt} = \sum \mathbf{M},$$

wobei sich die Drehmomente auf den Schwerpunkt beziehen. Diese beiden Punkte, ein fester Punkt im Inertialsystem und der Schwerpunkt, können *immer* verwendet werden. Andere Punkte, besonders beschleunigte Bezugspunkte, müssen mit großer Sorgfalt behandelt werden, und manchmal ist die Einführung von Scheinkräften notwendig. Dies zeigt das folgende Beispiel und Übung 18.

● **Beispiel:** *Zylinder auf einer beschleunigten, rauhen Ebene.*
Bild 8.9 zeigt einen ruhenden Zylinder auf einem rauhen, waagerechten Teppich, der mit der Beschleunigung a normal zur Zylinderachse weggezogen wird. Welche Bewegung führt der Zylinder aus, falls er nicht gleitet?

Die einzige horizontale Kraft auf den Zylinder ist die Reibung in P, den wir daher als Bezugspunkt wählen. Die Schwerkraft und die Reaktionskraft der Oberfläche gehen durch P, ebenso die Reibungskraft, sie tragen daher nicht zum Drehmoment um P bei. Folglich gilt

$$\frac{dL_P}{dt} = 0, \quad I_P\omega = \text{const} = (mR^2 + I_{\text{M.M.}})\,\omega.$$

Dieses Ergebnis ist offensichtlich falsch, da ω bei der Bewegung nicht konstant sein kann. Wir wählen daher den Massenmittelpunkt O als Bezugspunkt für die Drehmomente und den Drehimpuls:

$$m\,\frac{d v_{\text{M.M.}}}{dt} = F_{\text{R}},$$

$$F_{\text{R}}\,R = I_{\text{M.M.}}\,\frac{d\omega}{dt} = \frac{1}{2}\,mR^2\,\frac{d\omega}{dt}\;.$$

Da der Körper rollt, ohne zu gleiten, ist die Beschleunigung des Berührungspunkts gleich

$$\frac{d v_{\text{M.M.}}}{dt} + R\,\frac{d\omega}{dt} = a.$$

Mit Hilfe von

$$m\,\frac{d v_{\text{M.M.}}}{dt} = \frac{1}{2}\,mR\,\frac{d\omega}{dt}$$

erhalten wir

$$\frac{3}{2}\,R\,\frac{d\omega}{dt} = a$$

und daher schließlich

$$\frac{d v_{\text{M.M.}}}{dt} = \frac{a}{3} \quad \text{und} \quad F_{\text{R}} = m\,\frac{a}{3}\;. \qquad ●$$

Das physikalische Pendel. Das einfache Pendel, das wir in Kapitel 7 behandelt haben, ist ein Massenpunkt, der an einer masselosen Schnur hängt und in einer Ebene schwingt. Das physikalische Pendel ist ein starrer Körper mit gegebener Masseverteilung, der um eine feste horizontale Drehachse, die auch im Körper festliegt und nicht durch den Schwerpunkt geht, rotiert und schwingen kann. Bild 8.10 zeigt einen derartigen Körper, dessen Schwerpunkt C um den Winkel θ aus der Vertikalen abgelenkt ist und der sich mit der Winkelgeschwindigkeit $d\theta/dt$ um P bewegt.

Da die Bewegung eine Drehung oder Schwingung um die feste Achse sein muß, können wir die Zeitabhängigkeit von θ bestimmen, indem wir die Komponente des Drehimpulses parallel zur Achse und die entsprechenden Drehmomente betrachten.

Nach dem Steinerschen Satz (8.8) beträgt das Trägheitsmoment relativ zur Drehachse

$$I = I_{\text{M.M.}} + ml^2,$$

wobei l der Abstand PC ist. Der Drehimpuls in bezug auf diese Achse ist im betrachteten Augenblick gleich

$$L = I\omega = (I_{\text{M.M.}} + ml^2)\,\frac{d\theta}{dt}\;. \qquad (8.24)$$

Das Drehmoment um P wird durch die Gravitationskraft mg geliefert, die im Massenmittelpunkt C angreift, wie wir in Kapitel 6 gesehen haben. Dieses Drehmoment ist in bezug auf die Achse gleich

$$M = -mgl \sin\theta, \qquad (8.25)$$

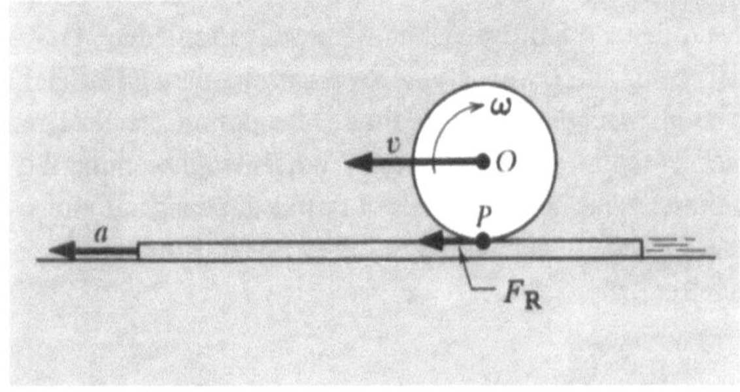

Bild 8.9. Ein Zylinder wird beschleunigt, indem die rauhe Unterlage beschleunigt wird

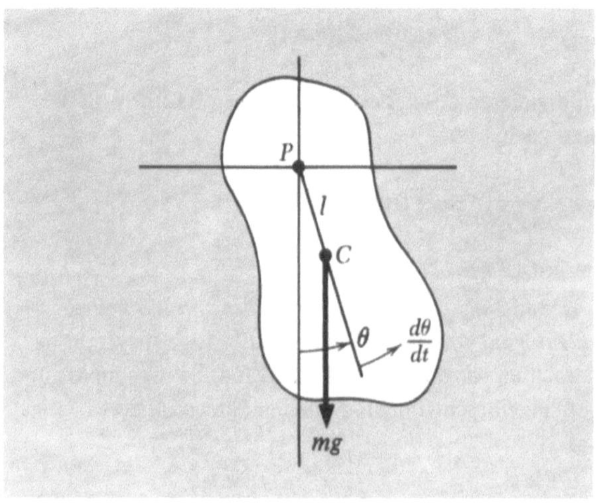

Bild 8.10. Physikalisches Pendel: C ist der Massenmittelpunkt; die Drehachse ist horizontal und geht durch P

wobei das negative Vorzeichen andeutet, daß es θ zu verringern sucht. Die Bewegungsgleichung $dL/dt = M$ wird dann mit den Gln. (8.24) und (8.25)

$$(I_{\text{M.M.}} + ml^2)\,\ddot{\theta} + mgl\sin\theta = 0.$$

Wir beschränken uns nun auf kleine Schwingungen und verwenden die bekannte Näherung $\sin\theta \approx \theta$. Umordnen der Terme ergibt:

$$\ddot{\theta} + \frac{g}{l}\left(\frac{1}{1 + I_{\text{M.M.}}/ml^2}\right)\,\theta = 0.$$

Dies ist die bekannte Differentialgleichung für harmonische Bewegung. Ohne den Klammerausdruck würde es sich um die Schwingungsgleichung eines Pendels der Länge l handeln. Dieser Faktor enthält den Effekt der Massenverteilung des starren Körpers und führt auf eine Schwingungsfrequenz

$$\omega = \sqrt{\frac{g}{l}\left(\frac{1}{1 + I_{\text{M.M.}}/ml^2}\right)}\;. \tag{8.26}$$

Es gibt viele interessante und praktische Anwendungen dieser Ergebnisse, einige davon sind in den Übungen enthalten. Wir besprechen hier nur ein sehr einfaches Beispiel. Ein dünner, kreisförmiger Ring mit der Masse m und dem Radius r ist mit einem Nagel an der Wand aufgehängt. Welche Frequenz haben seine kleinen Schwingungen und welche Länge hat ein mathematisches Pendel das die gleiche Frequenz aufweist?

Der Parameter l ist hier gleich r und $I_{\text{M.M.}}$ ist durch mr^2 gegeben. Wir erhalten daher aus Gl. (8.26)

$$\omega = \sqrt{\frac{g}{2r}}\;.$$

Ein mathematisches Pendel der Länge $2r$ weist diese Frequenz auf. Daher hat der Reifen die gleiche Schwingungsfrequenz, wie ein mathematisches Pendel, dessen Länge gleich dem Reifendurchmesser ist.

8.5. Drehung um feste Achsen: Verhalten des Drehimpulses

Im vorigen Abschnitt haben wir uns mit der Zeitabhängigkeit der Drehung um eine Achse beschäftigt, deren Richtung sowohl im Raum fest war als auch fest in bezug auf den starren Körper. Dabei mußten wir nur die Komponente von $\mathbf{L}$ parallel zur Drehachse betrachten und die entsprechende Komponente des Drehmoments $\mathbf{M}$. Die Bewegungsgleichung war einfach die skalare Gleichung $dL_a/dt = M_a$. Wir müssen nunmehr berücksichtigen, daß der Drehimpulsvektor $\mathbf{L}$ im allgemeinen nicht parallel zur Drehachse sein wird, wenn die letztere nicht gerade eine spezielle Beziehung zu den Symmetrieeigenschaften des

starren Körpers aufweist. Wenn $\mathbf{L}$ nicht mit einer Achsenrichtung zusammenfällt, so kann seine Zeitableitung $d\mathbf{L}/dt$ sowohl eine Änderung der Richtung des Vektors $\mathbf{L}$ als auch eine Änderung des Betrags zur Folge haben. Da Drehung um eine feste Achse eine Kreisbewegung aller Punkte des Körpers impliziert, vermuten wir, daß der Wechsel der Richtung von $\mathbf{L}$ den Charakter einer Drehung von $\mathbf{L}$ um die feste Achse hat.

Das einfachste Beispiel für dieses allgemeine Problem ist ein starrer Körper, der aus zwei gleichen Massen besteht, die durch einen masselosen Stab verbunden sind und um eine feste Achse durch den Schwerpunkt rotieren, die den Winkel θ mit dem Stab einschließt. Bild 8.11 zeigt dieses System in einem Augenblick seiner Drehung, in dem der Stab in die xy-Ebene fällt. Der Stab hat die Länge $2a$ und seine Winkelgeschwindigkeit $\boldsymbol{\omega}$ ist konstant in Richtung der x-Achse [1]. Nach der allgemeinen Definition (8.3) beträgt der Drehimpuls

$$\mathbf{L} = \mathbf{r}_1 \times m(\boldsymbol{\omega} \times \mathbf{r}_1) + \mathbf{r}_2 \times m(\boldsymbol{\omega} \times \mathbf{r}_2).$$

Wir bezeichnen das Teilchen im ersten Quadranten als Teilchen 1, so daß

$$\mathbf{r}_1 = a\cos\theta\,\hat{\mathbf{x}} + a\sin\theta\,\hat{\mathbf{y}}$$
$$\mathbf{r}_2 = -a\cos\theta\,\hat{\mathbf{x}} - a\sin\theta\,\hat{\mathbf{y}} \tag{8.27}$$
$$\boldsymbol{\omega} = \omega\hat{\mathbf{x}}.$$

Für $\mathbf{L}$ erhalten wir daher

$$\mathbf{L} = 2m\omega a^2 \sin\theta\,(\hat{\mathbf{x}}\sin\theta - \hat{\mathbf{y}}\cos\theta). \tag{8.28}$$

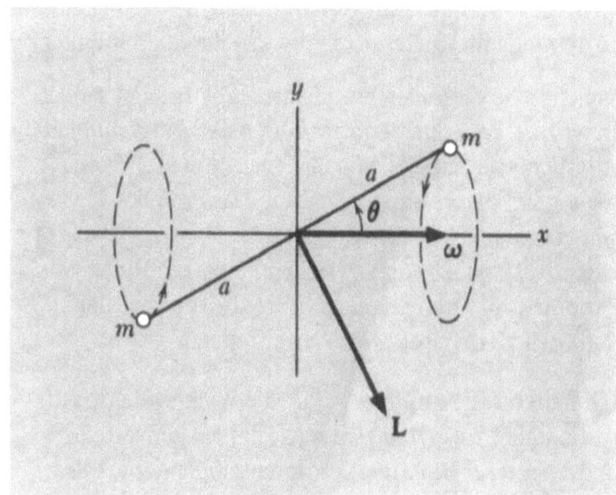

Bild 8.11. Winkelgeschwindigkeit und Drehimpulsvektoren für einen leichten Stab mit Massen an den Enden.

---

[1] Beachten Sie, daß in diesem Fall ω parallel zur x-Achse ist, wogegen auf S. 150 ω parallel zur z-Achse betrachtet wurde.

Dieser Vektor steht zum Stab senkrecht, seine Richtung ist im Bild angedeutet. Er rotiert um die x-Achse, wobei er immer die gleiche Beziehung zum Stab und der Drehachse beibehält.

Da $\mathbf{L}$ rotiert, ist seine Zeitableitung $d\mathbf{L}/dt$ nicht Null. Tatsächlich gilt

$$\boxed{\frac{d\mathbf{L}}{dt} = \boldsymbol{\omega} \times \mathbf{L}} \qquad (8.29)$$

in Analogie zu der Beziehung

$$\mathbf{v} = \frac{d\mathbf{r}}{dt} = \boldsymbol{\omega} \times \mathbf{r}$$

von Gl. (8.2), die sich auf Bild 8.1 bezog. Aus den Gln. (8.27) und (8.28) erhalten wir für das Vektorprodukt in Gl. (8.29)

$$\frac{d\mathbf{L}}{dt} = -2m\omega^2 a^2 \sin\theta \cos\theta\, \hat{\mathbf{z}},$$

wobei $\hat{\mathbf{z}}$ aus der Zeichenebene herauszeigt.

Wenn aber $d\mathbf{L}/dt$ nicht gleich Null ist, so besagt die Bewegungsgleichung (8.1), daß ein Drehmoment die Veränderung des Drehimpulses hervorruft. Tatsächlich gilt

$$\mathbf{M} = \frac{d\mathbf{L}}{dt} = -2m\omega^2 a^2 \sin\theta \cos\theta\, \hat{\mathbf{z}}. \qquad (8.30)$$

Dieses Drehmoment, das in Bild 8.11 nicht eingezeichnet wurde, rotiert ebenso wie $\mathbf{L}$ mit dem Stab. Das rotierende Drehmoment muß von den Lagern (nicht gezeigt) geliefert werden, die den Stab festhalten und seine Bewegung auf eine Drehung mit Winkel θ um die x-Achse einschränken.

Die Ursache dieses Drehmoments ist einfach zu sehen, wenn wir die Zentripetalkräfte $m\omega^2 a \sin\theta$ betrachten, die erforderlich sind, um die beiden Teilchen in ihrer Kreisbewegung um die x-Achse zu halten. Das Produkt der beiden gleichen, aber entgegengesetzten Zentripetalkräfte mit dem Abstand $2a\cos\theta$ zwischen ihnen ergibt das Drehmoment $\mathbf{M}$. Von den Lagern werden sie über den starren Stab zu den Teilchen übermittelt.

Wir halten fest, daß für $\theta = 90°$ die Winkelgeschwindigkeit $\boldsymbol{\omega}$ parallel zur Symmetrieachse der Massenverteilung ist und $\mathbf{L}$ mit der Richtung von $\boldsymbol{\omega}$ zusammenfällt. Für konstante $\boldsymbol{\omega}$ ist auch $\mathbf{L}$ konstant und kein rotierendes Drehmoment ist erforderlich, um die Bewegung aufrecht zu erhalten.

Sehr oft kann man eine Situation qualitativ analysieren, indem man ein einfaches Modell wie das vorliegende konstruiert und seine Drehungen betrachtet.

8.6. Trägheitsmomente, Hauptachsen und die Eulerschen Gleichungen[1]

Wir kehren nun zur allgemeinen Definition (8.3) des Drehimpulses eines starren Körpers zurück.

$$\mathbf{L} = \sum_i \mathbf{r}_i \times m_i (\boldsymbol{\omega} \times \mathbf{r}_i)$$

und entwickeln den Ausdruck für $\mathbf{L}$ mit Hilfe der allgemeinen Formeln:

$$\mathbf{r}_i = x_i \hat{\mathbf{x}} + y_i \hat{\mathbf{y}} + z_i \hat{\mathbf{z}}$$
$$\boldsymbol{\omega} = \omega_x \hat{\mathbf{x}} + \omega_y \hat{\mathbf{y}} + \omega_z \hat{\mathbf{z}}.$$

Dabei sollen *die x, y und z-Achsen eine feste Lage in bezug auf den starren Körper* haben. Für die x, y und z-Komponenten von $\mathbf{L}$ erhalten wir die folgenden Ergebnisse

$$L_x = \sum_i m_i (y_i^2 + z_i^2)\, \omega_x - \sum_i m_i x_i y_i\, \omega_y - \sum_i m_i x_i z_i\, \omega_z$$

$$L_y = -\sum_i m_i y_i x_i\, \omega_x + \sum_i m_i (z_i^2 + x_i^2)\, \omega_y - \sum_i m_i y_i z_i\, \omega_z$$

$$L_z = -\sum_i m_i z_i x_i\, \omega_x - \sum_i m_i z_i y_i\, \omega_y + \sum_i m_i (x_i^2 + y_i^2)\, \omega_z.$$

$$(8.31)$$

Wir fassen die Gln. (8.31) in der einfachen Form zusammen

$$\begin{aligned} L_x &= I_{xx}\, \omega_x + I_{xy}\, \omega_y + I_{xz}\, \omega_z \\ L_y &= I_{yx}\, \omega_x + I_{yy}\, \omega_y + I_{yz}\, \omega_z \\ L_z &= I_{zx}\, \omega_x + I_{zy}\, \omega_y + I_{zz}\, \omega_z, \end{aligned} \qquad (8.32)$$

wobei die Größen I_{xx} usw. durch Vergleich der Gln. (8.31) und (8.32) definiert sind.

Betrachtung der I-Koeffizienten zeigt, daß die Diagonalglieder einfach die Trägheitsmomente um die entsprechenden Achsen sind. Beispielsweise ist I_{zz} das Trägheitsmoment um die z-Achse, da $x_i^2 + y_i^2$ das Quadrat des Abstands des Teilchens i von der z-Achse ist. Zusätzlich treten hier auch Nicht-Diagonalglieder auf, für die stets $I_{xy} = I_{yx}$ usw. gilt.

Eine bemerkenswerte, aber nicht offensichtliche Tatsache ist, daß stets ein Koordinatensystem in bezug auf den starren Körper so gewählt werden kann, daß alle Nicht-Diagonalglieder I_{xy} usw. verschwinden. Dies ist für Körper mit offensichtlichen Symmetrien (z.B. Zylinder und rechteckige Prismen) einfach zu zeigen, das Resultat gilt aber für *beliebige* starre Körper und für jeden beliebigen Punkt des Körpers, der als Ursprung gewählt wird.

---

[1] In einem Einführungskurs kann der folgende Abschnitt bis einschließlich Gl. (8.42) ausgelassen werden.

Koordinatenachsen, für die die Nicht-Diagonalglieder I_{xy} usw. verschwinden, heißen *Hauptachsen* des starren Körpers.

Wir werden nun den Drehimpuls und die kinetische Energie auf Hauptachsen beziehen, um einfache Ergebnisse zu erhalten. Dabei müssen wir berücksichtigen, daß die *Hauptachsen* eine feste Lage in bezug auf den starren Körper haben und daher im allgemeinen kein Inertialsystem definieren. Tatsächlich rotieren sie mit dem Körper oder sind zumindest so mit ihm verknüpft, daß seine Inertialeigenschaften in bezug auf diese Achsen konstant sind.

Wir nehmen an, daß mit dem Körper rotierende Hauptachsen gefunden wurden und schreiben die Winkelgeschwindigkeit in der Form

$$\boldsymbol{\omega} = \omega_x\,\hat{\mathbf{x}} + \omega_y\,\hat{\mathbf{y}} + \omega_z\,\hat{\mathbf{z}},$$

wobei die Einheitsvektoren die Richtung der Hauptachsen haben und die Komponenten von $\boldsymbol{\omega}$ sich auf diese Achsen beziehen. Der Drehimpulsvektor nimmt bei dieser Achsenwahl die einfache Form

$$\mathbf{L} = I_{xx}\,\omega_x\,\hat{\mathbf{x}} + I_{yy}\,\omega_y\,\hat{\mathbf{y}} + I_{zz}\,\omega_z\,\hat{\mathbf{z}}$$

an, da die Nicht-Diagonalglieder I_{xy} usw. verschwinden. Die doppelten Indizes der Koeffizienten werden daher nicht mehr gebraucht und wir schreiben einfach $I_{xx} = I_x$ usw. und erhalten

$$\mathbf{L} = I_x\,\omega_x\,\hat{\mathbf{x}} + I_y\,\omega_y\,\hat{\mathbf{y}} + I_z\,\omega_z\,\hat{\mathbf{z}}. \tag{8.33}$$

Wir müssen nunmehr die Zeitableitung von $\mathbf{L}$ berechnen, um die Bewegungsgleichung $d\mathbf{L}/dt = \mathbf{M}$ verwenden zu können. Die Trägheitsmomente sind konstant, aber die Komponenten der Winkelgeschwindigkeit ω_x, ω_y und ω_z können sich verändern. Die Einheitsvektoren $\hat{\mathbf{x}}$, $\hat{\mathbf{y}}$ und $\hat{\mathbf{z}}$ rotieren mit dem Körper und sind daher zeitlich nicht konstant. Die Zeitableitung von Gl. (8.33) liefert folglich

$$\frac{d\mathbf{L}}{dt} = I_x\,\frac{d\omega_x}{dt}\,\hat{\mathbf{x}} + I_y\,\frac{d\omega_y}{dt}\,\hat{\mathbf{y}} + I_z\,\frac{d\omega_z}{dt}\,\hat{\mathbf{z}}$$
$$+ I_x\,\omega_x\,\frac{d\hat{\mathbf{x}}}{dt} + I_y\,\omega_y\,\frac{d\hat{\mathbf{y}}}{dt} + I_z\,\omega_z\,\frac{d\hat{\mathbf{z}}}{dt}\,.$$

Da die Einheitsvektoren sich nur infolge ihrer Drehung mit der Winkelgeschwindigkeit $\boldsymbol{\omega}$ ändern, gilt nach den Gln. (8.29) oder (8.2)

$$\frac{d\hat{\mathbf{x}}}{dt} = \boldsymbol{\omega} \times \hat{\mathbf{x}}; \quad \frac{d\hat{\mathbf{y}}}{dt} = \boldsymbol{\omega} \times \hat{\mathbf{y}}; \quad \frac{d\hat{\mathbf{z}}}{dt} = \boldsymbol{\omega} \times \hat{\mathbf{z}}.$$

Mit Hilfe dieser Beziehung können wir die zeitliche Veränderung des Drehimpulses als

$$\frac{d\mathbf{L}}{dt} = \frac{d'\mathbf{L}}{dt} + \boldsymbol{\omega} \times \mathbf{L} \tag{8.34}$$

schreiben, wobei $d'\mathbf{L}/dt$ den Beitrag zur Veränderung von $\mathbf{L}$ infolge der Änderung der Winkelgeschwindigkeitskomponenten angibt und $\boldsymbol{\omega} \times \mathbf{L}$ durch die Drehung der Hauptachsen zustande kommt, auf die sich $\mathbf{L}$ bezieht. Ist speziell $\mathbf{L}$ bezüglich der Hauptachsen konstant, so ist seine Zeitableitung in bezug auf ein Inertialsystem nur auf $\boldsymbol{\omega} \times \mathbf{L}$ zurückzuführen (das war auf S. 158 der Fall, wir kehren zu diesem Problem zurück).

Beziehen wir den Drehmomentvektor $\mathbf{M}$ auch auf die Hauptachsen, so daß seine Komponenten die Drehmomente um diese Achsen sind, können wir die Bewegungsgleichung in der Form

$$\frac{d'\mathbf{L}}{dt} + \boldsymbol{\omega} \times \mathbf{L} = \mathbf{M} \tag{8.35}$$

schreiben. Bezüglich der Hauptachsen lauten die Komponenten dieser Gleichung

$$I_x\,\frac{d\omega_x}{dt} - (I_y - I_z)\,\omega_y\,\omega_z = M_x$$
$$I_y\,\frac{d\omega_y}{dt} - (I_z - I_x)\,\omega_z\,\omega_x = M_y \tag{8.36}$$
$$I_z\,\frac{d\omega_z}{dt} - (I_x - I_y)\,\omega_x\,\omega_y = M_z\,,$$

wobei wir die Striche weggelassen haben. Diese drei Gleichungen sind als *Eulersche Gleichungen* für die Bewegung des starren Körpers bekannt.

Die kinetische Energie Gl. (8.4) nimmt die Form an

$$E_{\mathrm{k}} = \tfrac{1}{2}\,(I_x\,\omega_x^2 + I_y\,\omega_y^2 + I_z\,\omega_z^2),$$

wenn wir sie durch die Trägheitsmomente und Winkelgeschwindigkeitskomponenten bezüglich der Hauptachsen ausdrücken.

Einige einfache Anwendungen der Euler-Gleichungen. *Starrer Rotator aus zwei Teilchen mit fester Achse.* Wir kehren zu dem System zweier Punktmassen zurück, die durch einen masselosen Stab verbunden um eine feste Achse durch den Schwerpunkt rotieren (Bild 8.11). Dieses Problem haben wir auf den Seiten 157 und 158 behandelt, wir werden es aber nun mit Hilfe der in Bild 8.12 gezeigten Hauptachsen lösen. Wir wählen die y-Achse in Richtung des Stabs, mit Ursprung im Schwerpunkt. Die x-Achse stehe normal auf dem Stab und in der Ebene die durch den Stab und $\boldsymbol{\omega}$ aufgespannt wird. Die nicht gezeigte z-Achse erstreckt sich dann im betrachteten Moment aus der Bildebene heraus. Mit dieser Wahl der Achsen (beachten Sie den Unterschied zwischen Bild 8.11 und Bild 8.12) erhalten wir

$$I_x = 2ma^2 \qquad I_y = 0 \qquad I_z = 2ma^2$$
$$\omega_x = \omega\sin\theta \qquad \omega_y = \omega\cos\theta \qquad \omega_z = 0.$$

Aus Gl. (8.33) folgt $\mathbf{L} = 2ma^2\,\omega\,\sin\theta\,\hat{\mathbf{x}}$. Der Drehimpuls steht daher senkrecht zum Stab, wie wir in Gl. (8.28) gefunden haben, und rotiert mit dem Stab zusammen mit der x-Achse. Das Drehmoment, das zur Festlegung der Drehung um diese Achse notwendig ist, erhalten wir aus den Eulerschen Gleichungen (8.36). Da $\boldsymbol{\omega}$ konstant ist lautet das Ergebnis

$$M_z = -2ma^2\,\omega^2\sin\theta\cos\theta$$

in Übereinstimmung mit Gl. (8.30). Es gibt nur eine z-Komponente, die zusammen mit dem Stab rotiert.

Eine kreisförmige Scheibe mit fester Achse, geneigt gegen die Normale. Wir betrachten hier eine Scheibe mit Masse m und Radius a, die um eine feste Achse rotieren muß, die einen Winkel θ mit der Normalen einschließt, wie Bild 8.13 zeigt. Wir wählen die eingezeichneten Haupt-

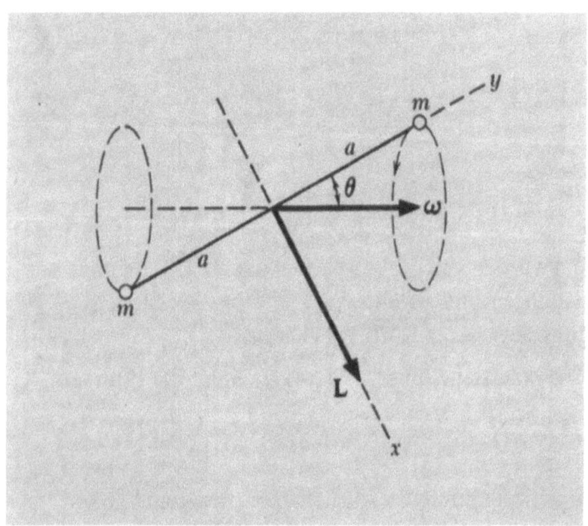

Bild 8.12. Hauptachsen eines starren Rotators mit zwei Massen. Vergleiche mit Bild 8.11.

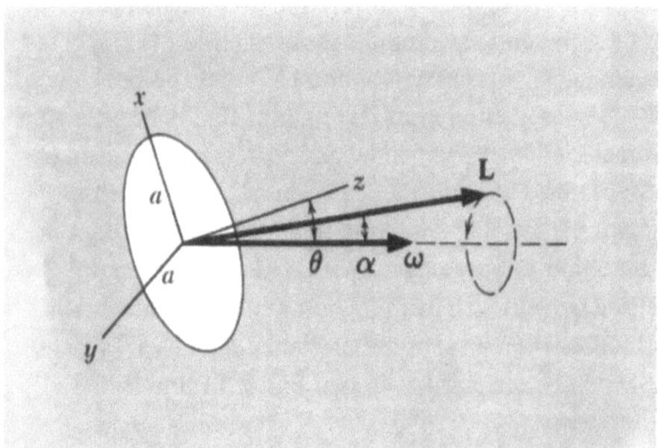

Bild 8.13. Kreisförmige Scheibe, die um eine gegen die Normale durch den Mittelpunkt geneigte Achse rotiert.

achsen, mit der z-Achse normal und der x-Achse in der Ebene, die durch $\boldsymbol{\omega}$ und $\mathbf{z}$ aufgespannt wird. Aus den Gln. (8.13) und (8.14) folgt

$$I_x = I_y = \frac{ma^2}{4} \qquad I_z = \frac{ma^2}{2}$$

$$\omega_x = -\omega\sin\theta \qquad \omega_y = 0 \qquad \omega_z = \omega\cos\theta.$$

Der Drehimpuls beträgt

$$\mathbf{L} = -\tfrac{1}{4}\,ma^2\,\omega\,\sin\theta\,\hat{\mathbf{x}} + \tfrac{1}{2}\,ma^2\,\omega\cos\theta\,\hat{\mathbf{z}}.$$

Der Winkel α zwischen $\boldsymbol{\omega}$ und $\mathbf{L}$ folgt aus dem Skalarprodukt dieser Vektoren zu

$$\cos\alpha = \frac{\boldsymbol{\omega}\cdot\mathbf{L}}{\omega L} = \frac{1 + \cos^2\theta}{(1 + 3\cos^2\theta)^{1/2}}\,.$$

Im Laufe der Bewegung rotiert $\mathbf{L}$ um $\boldsymbol{\omega}$ und erzeugt dabei den gezeigten Kegel.

Das rotierende Drehmoment, das erforderlich ist, um die Scheibe wie angegeben rotieren zu lassen, erhalten wir aus Gl. (8.35)

$$\mathbf{M} = \boldsymbol{\omega}\times\mathbf{L} = \tfrac{1}{4}\,ma^2\,\omega^2\sin\theta\cos\theta\,\hat{\mathbf{y}}.$$

Die Beispiele in den Übungen 13 und 14 gehören zu einer Klasse von Systemen, die nicht „dynamisch ausgewuchtet" sind. Die Tatsache, daß die Richtungen von $\mathbf{L}$ und $\boldsymbol{\omega}$ nicht zusammenfallen, bedeutet, daß ein rotierendes Drehmoment erforderlich ist, um die Rotation aufrecht zu erhalten. Das Auswuchten von Kurbelwellen, Rädern usw. hat eine Korrektur der Massenverteilung zum Ziel, die die erforderliche Drehachse zur Hauptachse macht und damit $\mathbf{L}$ und $\boldsymbol{\omega}$ parallel richtet, so daß unerwünschte rotierende Drehmomente ausgeschaltet werden.

Der Kreisel – näherungsweise behandelt. Bild 8.14 zeigt eine einfache Form eines rotierenden Kreisels, der aus einer kreisförmigen Scheibe der Masse m mit Radius a besteht, die an einem Stiel mit vernachlässigbarer Masse befestigt ist. Die Spitze des Stiels ist O und der Schwerpunkt der Scheibe ist C, im Abstand l von der Spitze. Das Bild zeigt ein Inertialsystem XYZ und ein rotierendes System mit den Hauptachsen xyz. Die Hauptachsen bewegen sich zusammen mit dem Stiel des Kreisels, rotieren aber nicht mit der Scheibe um den Stiel. Die Achse Oz legen wir in den Stiel, Ox liege stets in der horizontalen XY-Ebene und Oy liegt unterhalb dieser Ebene, wobei der Neigungswinkel θ der gleiche ist wie der Winkel, den Oz und OZ einschließen. Die Projektion des Schwerpunkts auf die XY-Ebene ist C', und OC' ist im Winkel φ von der X-Achse in der waagrechten Ebene abgebildet. Den gleichen Winkel schließen Ox und die negative Y-Achse ein. Die Richtung des Stiels ist daher durch die Polarkoordinaten θ und φ festgelegt und seine Bewegung wird durch die Veränderungen dieser Winkel beschrieben. Die Hauptachsen folgen dieser Bewegung.

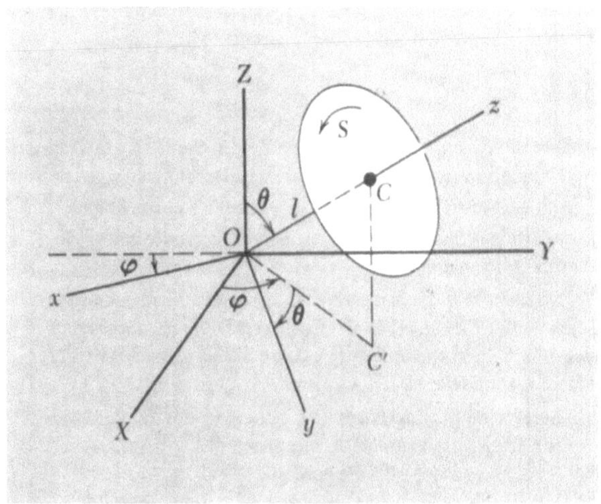

Bild 8.14. Kreisel. Achsen und Winkel beziehen sich auf das Bewegungssystem.

Gesehen vom xyz-System dreht sich die Scheibe mit der Winkelgeschwindigkeit S rad/s. Die gesamte Winkelgeschwindigkeit des Kreisels wird aber im allgemeinen auch Veränderungen von θ und φ beinhalten, so daß der gesamte Vektor der Winkelgeschwindigkeit die Summe

$$\boldsymbol{\omega} = -\dot{\theta}\hat{\mathbf{x}} + \dot{\varphi}\hat{\mathbf{Z}} + S\hat{\mathbf{z}} \qquad (8.37)$$

sein wird. Um dies vollständig durch Hauptachsen-Komponenten auszudrücken, schreiben wir

$$\hat{\mathbf{Z}} = -\sin\theta\,\hat{\mathbf{y}} + \cos\theta\,\hat{\mathbf{z}}$$

und setzen dies in Gl. (8.37) ein:

$$\boldsymbol{\omega} = -\dot{\theta}\,\hat{\mathbf{x}} - \dot{\varphi}\sin\theta\,\hat{\mathbf{y}} + (\dot{\varphi}\cos\theta + S)\,\hat{\mathbf{z}}.$$

Die Trägheitsmomente in bezug auf die Hauptachsen sind nach den Gln. (8.13) und (8.14)

$$I_z = \tfrac{1}{2}\,ma^2, \quad I_x = \tfrac{1}{4}\,ma^2 + ml^2 = I_y,$$

wobei wir zur Ermittlung von I_x und I_y den Steinerschen Satz angewendet haben. Aus Gl. (8.33) erhalten wir für den Drehimpulsvektor um den Punkt O

$$L = (\tfrac{1}{4}\,ma^2 + ml^2)\,(-\dot{\theta}\,\hat{\mathbf{x}} - \dot{\varphi}\sin\theta\,\hat{\mathbf{y}})$$
$$+ \tfrac{1}{2}\,ma^2(\dot{\varphi}\cos\theta + S)\,\hat{\mathbf{z}}. \qquad (8.38)$$

Wir wollen hier die komplizierte und faszinierende Bewegung des rotierenden Kreisels nicht länger allgemein betrachten, sondern beschränken uns auf den Spezialfall gleichförmiger Präzession mit dem Winkel θ. Daher gilt $\dot{\theta} = 0$, und $\dot{\varphi}$, sowie S werden konstant sein, da keine Drehmomente um OZ oder Oz wirken. Üblicherweise

ist ferner $S \gg \dot{\varphi}$ und wir dürfen daher die Terme proportional zu $\dot{\varphi}$ in L vernachlässigen. Damit vereinfacht sich Gl. (8.38) auf

$$L = \tfrac{1}{2}\,ma^2\,S\,\hat{\mathbf{z}}.$$

Die Winkelgeschwindigkeit der Koordinatenachsen, die nicht der Drehung $S\hat{\mathbf{z}}$ folgen ist einfach (mit $\dot{\theta} = 0$)

$$\boldsymbol{\omega}' = \dot{\varphi}\hat{\mathbf{Z}}.$$

Die Zeitableitung von $\mathbf{L}$ ist nach Gl. (8.34) durch $\boldsymbol{\omega}' \times \mathbf{L}$ gegeben, da $\dot{\varphi}$ und S konstant sind. Die letzten beiden Gleichungen ergeben daher

$$\frac{d\mathbf{L}}{dt} = \boldsymbol{\omega}' \times \mathbf{L} = \dot{\varphi}\hat{\mathbf{Z}} \times \tfrac{1}{2}\,ma^2 S\hat{\mathbf{z}} = \tfrac{1}{2}\,ma^2\dot{\varphi}S(\hat{\mathbf{Z}} \times \hat{\mathbf{z}})$$

$$= -\tfrac{1}{2}\,ma^2 S\,\dot{\varphi}\sin\theta\,\hat{\mathbf{x}}. \qquad (8.39)$$

Das Drehmoment um O auf den Kreisel entsteht durch die Wirkung der Schwerkraft, die in C angreift, wobei die Gegenkraft durch die Unterstützung in O zustandekommt. Das Ergebnis ist

$$\mathbf{M} = -mgl\sin\theta\,\hat{\mathbf{x}}. \qquad (8.40)$$

Setzen wir die Gln. (8.39) und (8.40) gemäß der Bewegungsgleichung (8.1) gleich, so folgt für die Präzession

$$\dot{\varphi} = \frac{mgl}{\tfrac{1}{2}\,ma^2 S}\,. \qquad (8.41)$$

Das Ergebnis ist von der Neigung θ unabhängig.

Der Faktor $\tfrac{1}{2}\,ma^2$, das Trägheitsmoment der Scheibe um die z-Achse, tritt im Nenner von Gl. (8.41) auf. Im Spezialfall konstanter Präzession und mit der Näherung $S \gg \dot{\varphi}$ können wir Gl. (8.41) zu

$$\dot{\varphi} = \frac{mgl}{I_z S} \qquad (8.42)$$

verallgemeinern. Dieses Ergebnis gilt auch für Kreisel, die nicht einfach Scheiben sind.

Dieses[1] Näherungsergebnis gibt die Präzession eines Kreisels an, falls die Winkelgeschwindigkeit der Kreiselbewegung S im Vergleich zur Winkelgeschwindigkeit der Präzessionsbewegung $\dot{\varphi}$ groß ist. Wir wollen es noch auf einem einfacheren Weg herleiten, der direkt von der Bewegungsgleichung (8.1) ausgeht.

Für große S ist der Drehimpuls des rotierenden Kreisels näherungsweise gleich

$$L = I_z\,S\,\hat{\mathbf{z}}.$$

---

[1] Falls Sie die Diskussion der Eulerschen Gleichungen ausgelassen haben, können Sie zu der folgenden einfachen Behandlung der Kreiselbewegung übergehen.

Die Veränderung von $\mathbf{L}$ wird durch die konstante Drehung des Kreisels um die vertikale $\hat{\mathbf{Z}}$-Richtung mit der Präzessions-Winkelgeschwindigkeit $\dot{\varphi}$ hervorgerufen. Gemäß Bild 8.14 ist

$$\frac{d\mathbf{L}}{dt} = \dot{\varphi}\hat{\mathbf{Z}} \times I_z\, S\, \hat{\mathbf{z}} = -I_z\, S\, \dot{\varphi} \sin\theta\, \hat{\mathbf{x}}.$$

Das Drehmoment folgt aus Gl. (8.40); setzen wir es dem obigen Ausdruck für $d\mathbf{L}/dt$ gleich, so erhalten wir wiederum Gl. (8.42):

$$\dot{\varphi} = \frac{mgl}{I_z\, S}\,.$$

Es ist zu betonen, daß diese Behandlung der Kreiselbewegung nur einen einfachen, aber wichtigen Spezialfall enthält. Allgemeinere Aspekte der Bewegung können mit Kreiseln im Hörsaal demonstriert werden und mit Hilfe der Eulerschen Gleichung (8.36) analysiert werden. Diese Untersuchungen sind der Kernpunkt der Technik der Trägheitsnavigation und der Kreiselstabilisierung. Mit einigen Abänderungen können sie auch auf rotierende Moleküle, Atomkerne und Elementarteilchen angewendet werden, die infolge ihrer magnetischen Momente im Magnetfeld Drehmomente erfahren.

8.7. Übungen

1. *Der Steinersche Satz.* Von der Tatsache ausgehend, daß das Trägheitsmoment einer dünnen Scheibe um eine diametrale Achse gleich $\frac{1}{4}\, ma^2$ ist, wenden Sie den Steinerschen Satz an, um zu beweisen, daß das Trägheitsmoment eines Vollzylinders der Masse m_z, Radius a und Länge l um eine transversale Achse durch den Massenmittelpunkt gleich $m_z\, a^2/4 + m_z\, l^2/12$ ist.

2. *Additivität der Trägheitsmomente.* Verwenden Sie die Additivität der Trägheitsmomente, um das Trägheitsmoment des in Bild 8.15 gezeigten Körpers um die Mittelachse zu berechnen. Die Masse des Körpers sei m, der Radius a, der Radius

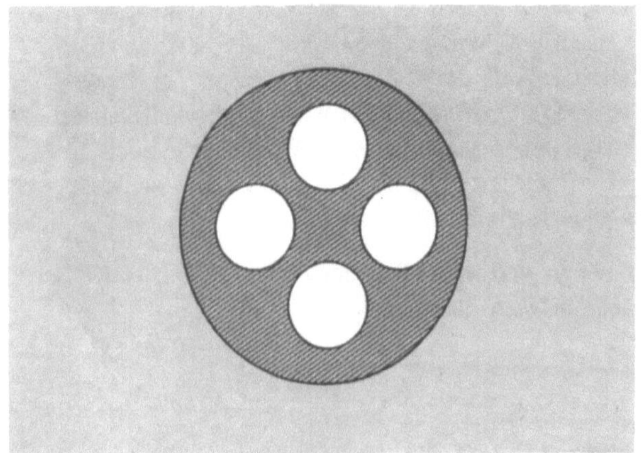

Bild 8.15

der vier kreisförmigen Löcher $a/3$ und die Mittelpunkte der Löcher haben einen Abstand $a/2$ von der Mittelachse.

Lösung: $\dfrac{59}{90}\, ma^2$.

3. *Trägheitsmoment einer Vollkugel.* Zeigen Sie, daß das Trägheitsmoment einer Vollkugel um einen Durchmesser gleich $\frac{2}{5}\, mr^2$ ist. Betrachten Sie dazu die Kugel als einen Stapel kreisförmiger Scheiben infinitesimaler Dicke, die geeignete Durchmesser haben.

4. *Trägheitsmomente eines Dreiecks.* Drei gleiche Massenpunkte seien an den Ecken eines gleichseitigen Dreiecks angebracht, wie Bild 8.16 zeigt, und durch starre Stäbe vernachlässigbarer Masse verbunden.

   a) Berechnen Sie das Trägheitsmoment I_z um die zur Dreiecksfläche orthogonale Achse durch das Zentrum C.

   b) Berechnen Sie I_y für die gezeigte y-Achse.

   c) Mit Hilfe des Orthogonal-Achsen-Theorems berechnen Sie nun auch I_x.

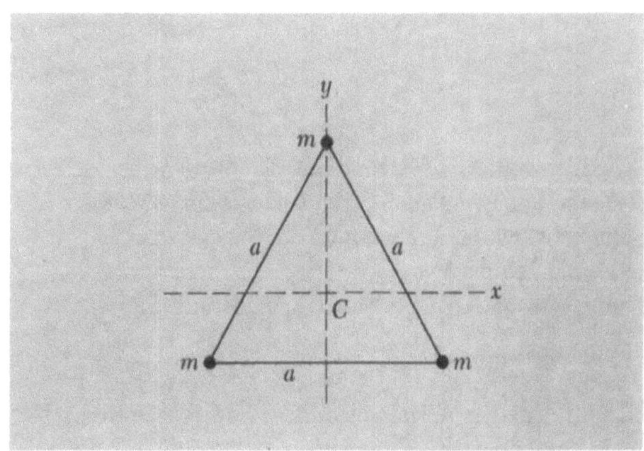

Bild 8.16

5. *Quadratische Platte: Gleichheit der Trägheitsmomente.* Zeigen Sie, daß das Trägheitsmoment einer starren quadratischen Platte um eine Diagonalachse das gleiche ist wie um eine seitenparallele Achse durch den Mittelpunkt (das Orthogonal-Achsen-Theorem und die Symmetrie erlauben dies ohne Rechnung nachzuweisen).

6. *Rollende starre Körper.* Ein Vollzylinder, ein dünnwandiger Zylinder, eine Vollkugel und eine dünnwandige Kugelschale rollen über eine geneigte Ebene. Alle Objekte haben den gleichen Radius R. Bestimmen Sie ihre Beschleunigung.

7. *Rollende Hohlkugel.* Eine Hohlkugel mit Innenradius R_1 und Außenradius R_2 rollt ohne zu gleiten auf einer geneigten Ebene.

   a) Bestimmen Sie die Winkelbeschleunigung und die lineare Beschleunigung.

   Lösung: $\alpha = \dfrac{a}{R_2}$,

   $$a = \frac{g \sin\theta}{1 + \frac{2}{5}\,(1 - R_1^5/R_2^5)/(1 - R_1^3/R_2^3)}\,.$$

b) Die geneigte Ebene ist unten gekrümmt und geht schließlich in eine horizontale Ebene über. Mit welcher Geschwindigkeit rollt das Objekt auf dieser horizontalen Ebene, wenn es in der Höhe h losgelassen wurde? (Benutzen Sie die Erhaltung der Energie.)

$$\text{\textit{Lösung}: } v^2 = \frac{2g(h - R_2)}{1 + \frac{2}{5}(1 - R_1^5/R_2^5)/(1 - R_1^3/R_2^3)}.$$

8. *Drehmoment durch Reibung.* Ein schweres Schwungrad in der Form eines massiven Zylinders mit dem Radius 50 cm, der Dicke 20 cm und der Masse 1200 kg rotiert frei in seinen Lagern mit einer Anfangsgeschwindigkeit von 150 Umdr./s. Es wird durch eine Reibungsbremse gestoppt, bei der ein Bremsschuh gegen den Umfang des Schwungrads mit einer Kraft gepreßt wird, die dem Gewicht eine 40-kg-Masse äquivalent ist. Der Reibungskoeffizient zwischen den bremsenden Oberflächen ist 0,4 und sei von den Relativgeschwindigkeiten der Oberflächen unabhängig.

   a) Um welchen Winkel dreht sich das Schwungrad bis es zur Ruhe kommt?

   b) Wie lange dauert dieser Vorgang?

   Lösung: 1800 s.

9. *Physikalisches Pendel: reduzierte Länge.* Zeigen Sie, daß ein gleichförmiger Stab der Länge l, der an einem Ende aufgehängt ist, die gleiche Frequenz wie ein mathematisches Pendel der Länge $2l/3$ hat.

10. *Stoßzentrum.* Ein starrer Stab der Länge l sei an einem Ende im Punkt P aufgehängt. Eine kurzzeitig wirkende Kraft F bringt den Stab zum Schwingen, wie Bild 8.17 zeigt. Wenn die Aufhängung P zerbrechlich ist, muß die Kraft F in einem Abstand x wirken, der so gewählt ist, daß keine Reaktionskraft in P auftritt. Bestimmen Sie x.

   (*Hinweis:* F beschleunigt den Schwerpunkt und ruft eine Winkelgeschwindigkeit in bezug auf P durch ihr Drehmoment in bezug auf P hervor. Gleichsetzen dieser Beschleunigungen unter der Annahme fehlender Reaktionskräfte in P ergibt den Wert von x).

   Lösung: $x = 2l/3$.

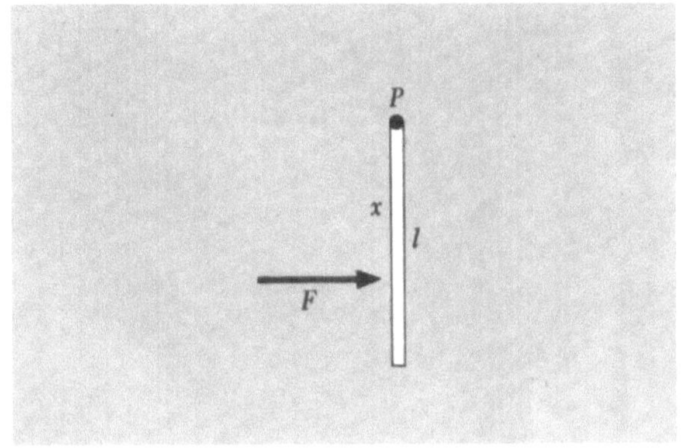

Bild 8.17

11. *Unausgewuchteter starrer Körper.* Ein dünner Ring der Masse m und Radius R ist mit masselosen Speichen versehen und rotiert frei in der vertikalen Ebene um eine horizontale Achse durch seinen Mittelpunkt. Ein Teilchen der Masse m_1 wird am Ring angebracht, so daß m_1 bei ruhendem Ring unten

zu liegen kommt. Bestimmen Sie die Frequenz kleiner Schwingungen. Bestimmen Sie das Maximum der Winkelgeschwindigkeit des Systems, wenn es mit m_1 am obersten Punkt ausgelassen wird.

12. *Reversionspendel.* Beweisen Sie, daß für ein physikalisches Pendel zwei Abstände l_1 und l_2 des Unterstützungspunkts vom Massenmittelpunkt existieren, die die gleiche Frequenz kleiner Schwingungen hervorrufen und daß diese Abstände

$$l_1 l_2 = \frac{I_{\text{M.M.}}}{m}$$

verknüpft sind. Zeigen Sie auch, daß die Bestimmung zweier derart konjugierter Punkte und die Messung der zugehörigen Frequenz ω die Berechnung der Schwerebeschleunigung g aus

$$g = \omega^2 (l_1 + l_2)$$

erlaubt. (Diese Technik heißt Reversionspendelmethode zur Bestimmung von g. Die Unterstützungspunkte liegen auf einer geraden Linie durch den Schwerpunkt auf den beiden Seiten; $l_1 + l_2$ ist daher einfach der Abstand der Unterstützungspunkte. Kenntnis der Lage des Massenmittelpunkts ist nicht erforderlich.)

13. *Rotierendes Drehmoment.* Eine rechteckige Platte der Masse m mit den Seiten a und b rotiert mit der Winkelgeschwindigkeit ω um eine feste Achse entlang der Diagonale. Berechnen Sie den rotierenden Drehmomentvektor, den die Lager auf die Platte ausüben müssen, um die Drehung aufrecht zu erhalten. Zeichnen Sie ein Diagramm, daß den Drehimpulsvektor zeigt.

   Teillösung: Betrag des Drehmoments $= \dfrac{1}{12} mab\, \omega^2 \dfrac{(a^2 - b^2)}{(a^2 + b^2)}$.

14. *Fehlende Auswuchtung.* Ein gleichförmiger dünner Stab der Masse m und Länge l rotiert um eine Achse durch den Mittelpunkt. Die Achse sollte normal zum Stab sein, weicht aber um den kleinen Winkel δ ab. Berechnen Sie den rotierenden Drehmomentvektor und auch den Drehimpulsvektor und zeichnen Sie ein Diagramm.

15. *Kreisel.* Ein Kreisel besteht aus einem massiven Zylinder mit dem Radius $a = 4$ cm. Er ruht auf einem masselosen Stiel, dessen Spitze 5 cm vom Schwerpunkt des Zylinders entfernt ist. Die Periode der gleichförmigen Präzession dauert 3 s. Berechnen Sie die Winkelgeschwindigkeit der Drehung des Kreisels um seine Achse.

   Lösung: 293 rad/s.

16. *Winkelbeschleunigung.* Ein massiver Zylinder mit der Masse 2,0 kg und dem Radius 4,0 cm rotiert um seine Symmetrieachse, die horizontal sei. Eine Schnur wird um den Zylinder gewickelt und eine Masse von 150 g angehängt (Bild 8.7). Bestimmen Sie die lineare Beschleunigung der Masse, die Winkelbeschleunigung des Zylinders, die Spannung in der Schnur und die vertikale Kraft, die den Zylinder trägt.

17. *Drehung eines Kreisels.* Bild 8.18 zeigt einen Kreisel von der Seite, dessen Achsen in A und B gelagert sind. Er rotiert mit der gezeigten Winkelgeschwindigkeit, wobei die zugewandte Seite des Rades sich nach unten bewegt. Die Unterstützungskräfte in A und B sind gleich.

   a) Der Kreisel soll so gedreht werden, daß A über B zu liegen kommt, ohne daß der Schwerpunkt des Systems verändert wird. Berechnen Sie die dazu in A und B notwendigen Kräfte.

   b) Welche Kräfte sind notwendig um A nach vorne und B nach hinten zu bewegen?

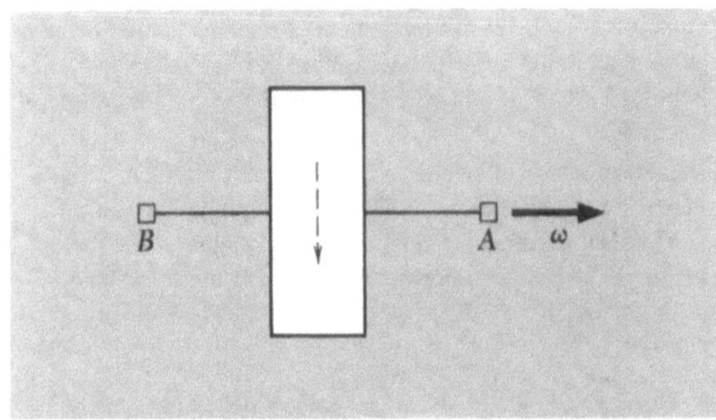

Bild 8.18

18. *Drehmoment um den Schwerpunkt.* Ein Zylinder der Masse m_1, dem Radius R_1 mit horizontaler Achse muß sich um diese Achse drehen. Eine um diesen Zylinder gewickelte Schnur ist auch um einen zweiten Zylinder mit der Masse m_2 und dem Radius R_2 gewickelt. Diese Schnur kann frei abrollen und der Zylinder kann mit horizontaler Achse nach unten fallen, wie Bild 8.19 zeigt. Bestimmen Sie bei näherungsweise vertikaler Schnur

a) die Beschleunigung des Schwerpunkts von m_2.

   Lösung: $a = (m_1 + m_2)g / (\tfrac{3}{2} m_1 + m_2)$

b) die Winkelbeschleunigung von m_2,
c) die Winkelbeschleunigung von m_1,
d) die Spannung in der Schnur.

Wenn man die Momente um den Punkt P des Bildes berechnet, welche Scheinkraft ergibt sich dann für den Schwerpunkt des zweiten Zylinders?

19. *Minimaler Reibungskoeffizient.* Ein zylindersymmetrischer Körper soll eine Ebene herabrollen, ohne zu gleiten. Zeigen Sie, daß dafür

$$\mu \geqslant \frac{\tan \theta}{mR^2/I_{\text{M.M.}} + 1}$$

erforderlich ist, wobei die Symbole ihre übliche Bedeutung haben.

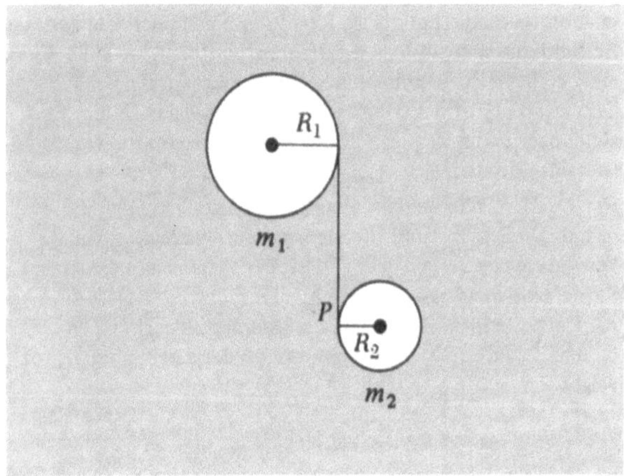

Bild 8.19

9. $(1/r^2)$-Kraftgesetz

Elektrostatische Kräfte und Gravitationskräfte zwischen zwei ruhenden punktförmigen Teilchen haben den Betrag

$$F = \frac{C}{r^2} \, ,$$

wobei C eine Konstante ist. Solche Kräfte werden $(1/r^2)$-*Zentralkräfte* genannt. Das Wort *zentral* bedeutet, daß die Kraft in Richtung der Verbindungslinie der beiden Partikel wirkt. Befindet sich ein Teilchen im Ursprung des Koordinatensystems und das zweite am Ort $\mathbf{r}$, so ist die Kraft auf das zweite Teilchen durch

$$\mathbf{F} = \frac{C}{r^2} \, \hat{\mathbf{r}} \tag{9.1}$$

gegeben. Für die Gravitationskraft zwischen zwei Punktmassen m_1 und m_2 ist

$$C = -Gm_1m_2, \quad G = 6{,}67 \cdot 10^{-11} \,\mathrm{m^3/kgs^2}, \tag{9.2}$$

für die elektrostatische Kraft zwischen zwei Punktladungen Q_1, Q_2 ist

$$C = kQ_1Q_2, \quad k = \frac{1}{4\pi\epsilon_0} = 9 \cdot 10^9 \,\mathrm{Nm^2/C^2} \tag{9.3}$$

Gravitationskräfte sind stets anziehend. Die elektrostatische (*Coulomb-*)Kraft ist anziehend, wenn Q_1 und Q_2 unterschiedliches Vorzeichen haben, und abstoßend, wenn Q_1 und Q_2 gleiches Vorzeichen aufweisen.

Aus Experimenten wissen wir sehr genau, daß der Exponent von r in Gl. (9.1) den Wert 2,000 ... hat, der für elektrostatische Kräfte mindestens bis zu Entfernungen von 10^{-13} cm herab gültig bleibt. Es gibt eine große Anzahl von Versuchen, mit deren Hilfe selbst außerordentlich geringe Abweichungen vom exakten $(1/r^2)$-Gesetz nachweisbar sind. Die wichtigsten Experimente werden in Band 2 erörtert, wobei besonders auf die elektrostatischen Kräfte eingegangen wird. Zur experimentellen Bestätigung der Gravitationskräfte verweisen wir insbesondere auf die ausgezeichnete Übereinstimmung von vorausgesagten und beobachteten Planetenbahnen im Sonnensystem.

Außer dem $(1/r^2)$-Gesetz der Kraft läßt sich auch für die potentielle Energie ein Abstandsgesetz angeben. Wie wir in Kapitel 5 gesehen haben, ist $F = -\partial E_p/\partial r$. Mit Gl. (9.1) erhalten wir dann

$$F = -\frac{\partial E_p}{\partial r} = \frac{C}{r^2}$$

und

$$E_p(r) = \frac{C}{r} + \text{const.}$$

Wenn wir festlegen, daß $E_p(r)$ Null wird, wenn die Teilchen unendlich weit voneinander entfernt sind, dann erhalten wir

$$E_p(r) = \frac{C}{r} \, ,$$

wobei C für Gravitationskräfte durch Gl. (9.2) und für elektrostatische Kräfte durch Gl. (9.3) gegeben ist. Damit wird

$$E_p(r) = -\frac{Gm_1m_2}{r} \quad \text{oder} \quad E_p(r) = k\frac{Q_1Q_2}{r} \tag{9.4}$$

Das Kraftgesetz zwischen zwei Protonen oder zwei Neutronen oder auch zwischen einem Proton und einem Neutron unterscheidet sich wesentlich vom $(1/r^2)$-Gesetz. Die Abweichung besteht in einer sehr starken anziehenden Kraft, die nur bei Abständen der Teilchen von weniger als rund $2 \cdot 10^{-15}$ m auftritt. Diese Kraft wird in der Kernphysik untersucht. Die elektrischen Kräfte zwischen zwei Elektronen sind bis zu den kleinsten zur Zeit meßbaren Abständen (rund 10^{-17} m) durch das Coulombsche Gesetz gegeben. Außer ihrer Ladung haben Elektronen auch ein magnetisches Dipolmoment, das zu einer nicht-zentralen $(1/r^3)$-Kraft führt (analog zur Kraft zwischen zwei Magnetnadeln, siehe Band 2, Kapitel 10).

Welche Folgerungen ergeben sich aus einem $(1/r^2)$-Kraftgesetz? Inwieweit gilt für das Universum das $(1/r^2)$-Gesetz? Wir wenden uns jetzt diesen wichtigen Fragen zu. Wir werden uns von nun an häufiger mit der potentiellen Energie als mit der Kraft beschäftigen. Bei der Lösung von Potential- oder Kraft-Problemen ist es fast immer einfacher, zunächst die potentielle Energie zu ermitteln und anschließend die Kraft bzw. ihre Komponenten durch Differentiation zu gewinnen (siehe Kapitel 5). Die potentielle Energie ist ein Skalar, die Kraft dagegen ein Vektor.

9.1. Potentielle Energie und Kraft zwischen einer Punktmasse und einer Kugelschale

Aus dem $(1/r^2)$-Kraftgesetz folgt, daß die Kraft, die eine gleichmäßig dünne Kugelschale vom Radius R auf eine Punktmasse m_1 ausübt, die sich im Abstand r vom Mittelpunkt außerhalb der Kugelschale befindet $(r > R)$, die gleiche Größe hat, als ob die gesamte Masse der Kugelschale in ihrem Mittelpunkt konzentriert ist. Eine weitere Folge ist, daß auf einen Massenpunkt im Inneren der Kugelschale $(r < R)$ *keine* Kraft wirkt. Diese Folgerungen sind so wichtig, daß wir sie in allen Einzelheiten herleiten wollen. Wir wenden vorteilhaft eine Lösungsmethode an, die durch die geometrische Symmetrie des Problems nahegelegt wird.

Wir betrachten zunächst eine ringförmige Zone der Kugelschale mit der Breite $R \, \Delta\theta$, wie sie Bild 9.1 zeigt. σ sei die Masse der Kugelschale je Flächeneinheit. Die Kugelzone hat überall den Abstand r_1 von der Masse m_1. Ihr Radius ist $R \cdot \sin\theta$ und ihr Umfang $2\pi R \cdot \sin\theta$. Für die Fläche des Rings erhält man (Bild 9.2)

$$(2\pi R \cdot \sin\theta)(R \cdot \Delta\theta) = 2\pi R^2 \sin\theta \cdot \Delta\theta.$$

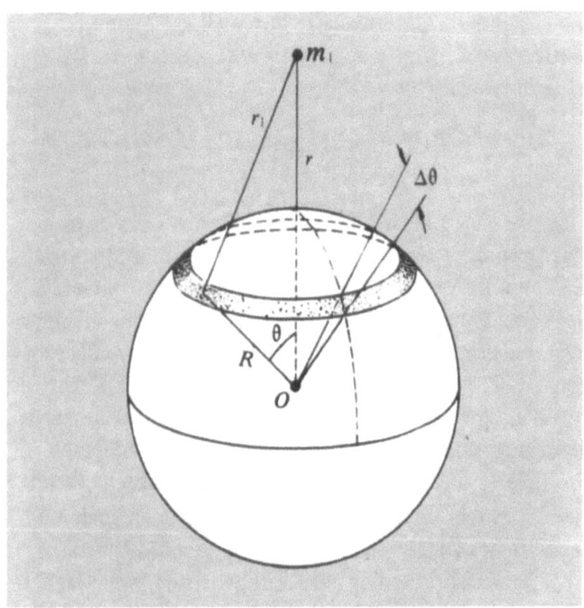

Bild 9.1. Perspektivische Darstellung einer Kugelschale und des Massenpunktes m_1. Sie zeigt die Zerlegung in Ringe. Die Schale hat die Masse σ pro Flächeneinheit.

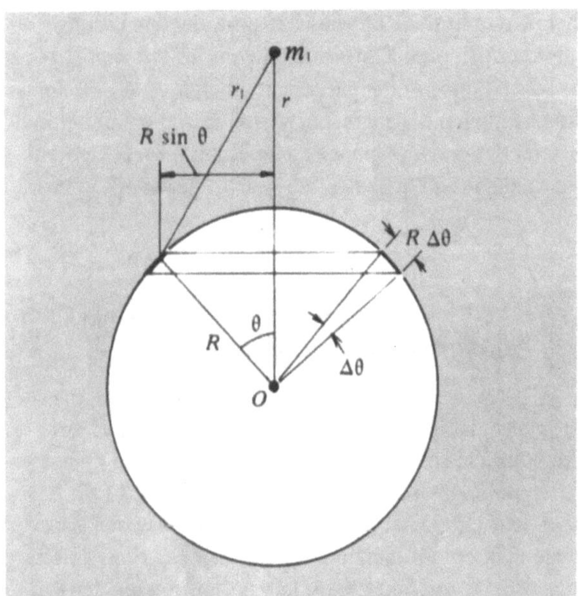

Bild 9.2. Schnittzeichnung derselben Kugel. Der Ring hat die Fläche $2\pi R^2 \sin\theta\,\Delta\theta$.

Die Masse ergibt sich als Produkt aus der Fläche und der Flächendichte σ:

$$m_R = (2\pi R^2 \sin\theta\,\Delta\theta)\,\sigma. \tag{9.5}$$

Die potentielle Energie E_{pR} des Massenpunkts m_1 im Gravitationsfeld des Rings ist

$$E_{pR} = -\frac{Gm_1(2\pi R^2 \sin\theta\,\Delta\theta)\,\sigma}{r_1}. \tag{9.6}$$

Dabei ist r_1 der Abstand der Testmasse vom Ring. Anwendung des Cosinussatzes (Gl. (2.8)) auf das Dreieck R, r, r_1 ergibt

$$r_1^2 = r^2 + R^2 - 2rR\cos\theta. \tag{9.7}$$

Für den betrachteten Ring sind R und r konstant. Mit diesen Voraussetzungen gilt für das Differential von (9.7)

$$2r_1\,\Delta r_1 = -2rR\,\Delta(\cos\theta) = 2rR\sin\theta\cdot\Delta\theta.$$

Hiermit läßt sich schreiben:

$$E_{pR} = -\frac{Gm_1(2\pi R\,\Delta r_1)\,\sigma}{r}. \tag{9.8}$$

Beachten Sie, daß im Nenner der Abstand r der Punktmasse vom Kugelmittelpunkt auftritt.

Die gesamte potentielle Energie E_{pS} der Punktmasse im Gravitationsfeld der Kugelschale erhalten wir als Summe der Energien E_{pR} aller Ringe der Schale. Wir haben lediglich über Δr_1 zu summieren. Liegt die Punktmasse außerhalb der Kugelschale, so nimmt r_1 alle Werte zwischen $r-R$ und $r+R$ an, so daß (Bild 9.3)

$$\sum \Delta r_1 = (r+R) - (r-R) = 2R \tag{9.9}$$

ist. Das Problem läßt sich glücklicherweise auf eine derart einfache Summation reduzieren. Mit Gl. (9.9) erhalten wir als Summe über Gl. (9.8)

$$E_{pS} = \sum E_{pR} = -\frac{Gm_1 2\pi R\,\sigma}{r}\sum \Delta r_1$$

$$= -\frac{Gm_1 4\pi R^2 \sigma}{r}. \tag{9.10}$$

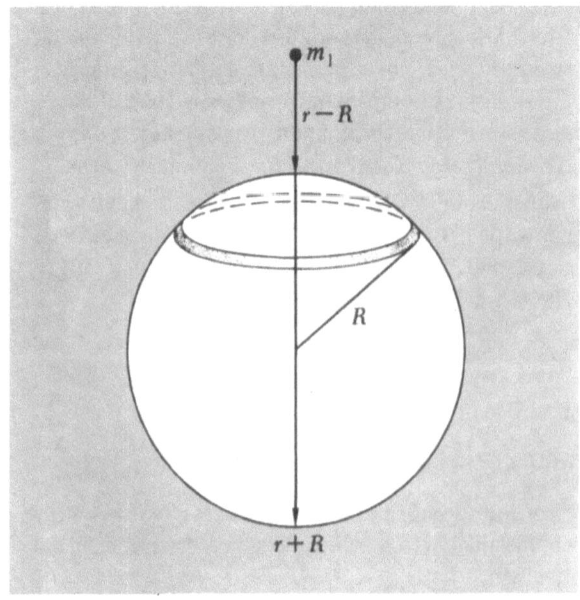

Bild 9.3. Integrationsgrenzen für $r > R$, also Testmasse m_1 außerhalb der Kugelschale.

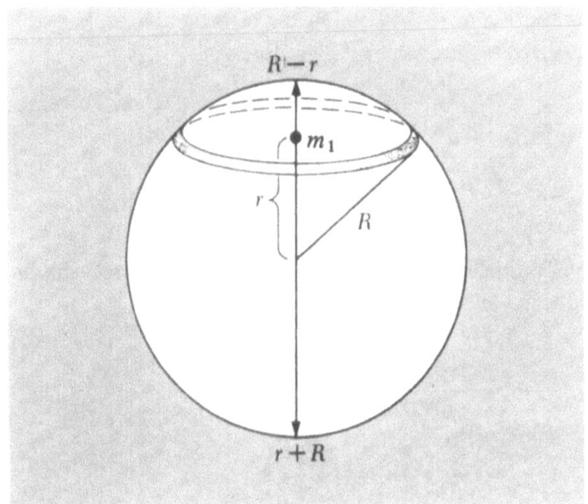

Bild 9.4. Integrationsgrenzen für $r < R$, also Testmasse m_1 innerhalb der Kugelschale.

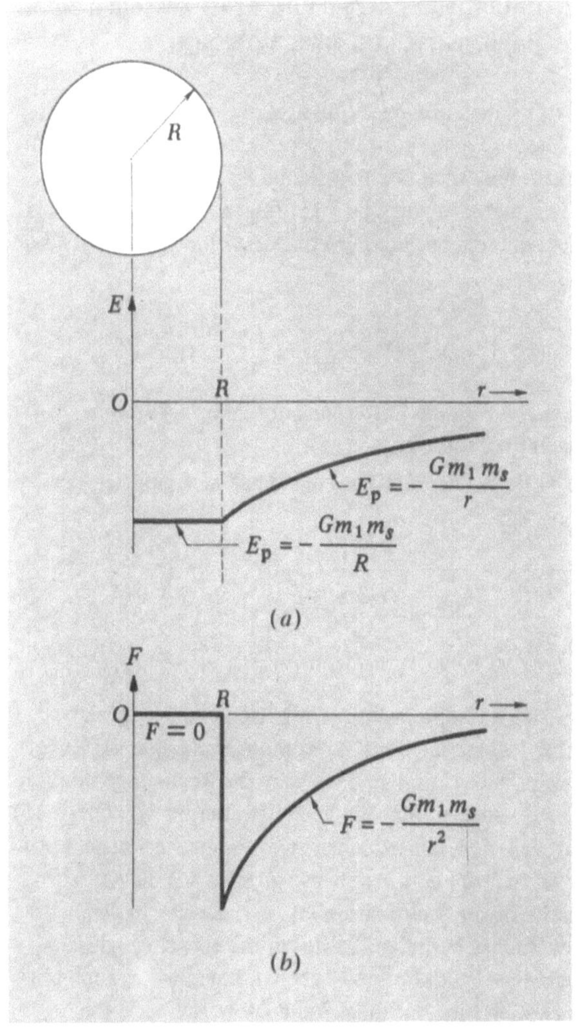

Bild 9.5a). Potentielle Energie einer Punktmasse m_1 im Abstand r vom Mittelpunkt einer Kugelschale mit Radius R, Masse m_S.

b). Kraft auf eine Punktmasse m_1 (negatives Vorzeichen entspricht Anziehung). Die Kraft verschwindet für $r < R$.

Die Oberfläche der Kugelschale hat die Größe $4\pi R^2$ und ihre Masse beträgt $m_S = 4\pi R^2\sigma$, so daß wir Gl. (9.10) schreiben können als

$$E_{pS} = -\frac{Gm_1 m_S}{r} \qquad (r > R), \qquad (9.11)$$

wobei r der Abstand der Punktmasse vom Kugelmittelpunkt ist. Damit haben wir gezeigt, daß die *Kugelschale auf Punkte, die außerhalb liegen, in gleicher Weise wirkt, als ob ihre Masse m_S im Mittelpunkt der Kugelschale konzentriert ist.*

Wenn der Massenpunkt irgendwo *im Innern* der Schale liegt, erstreckt sich die Summation von Δr_1 in ΣE_{pR} von $R - r$ bis $R + r$ (Bild 9.4), so daß

$$\sum{}' \Delta r_1 = (R + r) - (R - r) = 2r \qquad (9.12)$$

ist. Mit Gl. (9.12) erhalten wir als Summe über Gl. (9.8)

$$E_{pS} = \sum{}' E_{pR} = -\frac{Gm_1 2\pi R\sigma}{r}\sum{}' \Delta r_1$$

$$= -Gm_1 4\pi R\sigma = -\frac{Gm_1 4\pi R^2\sigma}{R}$$

$$= -\frac{Gm_1 m_S}{R} \qquad (r < R). \qquad (9.13)$$

Das Potential Gl. (9.13) ist im Innern der Schale überall konstant. Sein Wert ergibt sich aus Gl. (9.11), wenn wir r durch R ersetzen (Bild 9.5a).

Wie wir oben sahen, hat die Kraft F auf die Punktmasse m_1 den Wert $-\partial E_p/\partial r$, da die Kraft nur in radialer Rich-

tung wirkt. Aus den Gln. (9.11) und (9.13) ergibt sich als Kraft zwischen Punktmasse und Kugelschale

$$F = -\frac{\partial E_{pS}}{\partial r} = \begin{cases} -\dfrac{Gm_1 m_S}{r^2} & (r > R) \\[2mm] 0 & (r < R). \end{cases} \qquad (9.14)$$

Innerhalb der Kugelschale wirkt also keine Kraft auf die Punktmasse. Das ist eine spezielle Eigenschaft des $(1/r^2)$-Kraftgesetzes. Außerhalb der Kugelschale nimmt die Kraft mit $1/r^2$ ab, wobei r vom Kugelmittelpunkt aus gemessen wird (Bild 9.5b).

9.2. Potentielle Energie und Kraft zwischen einer Punktmasse und einer Vollkugel

Wir können uns eine Vollkugel mit dem Radius R_0 und der Masse m_K aus konzentrischen Kugelschalen aufgebaut denken. Wir erhalten für Abstände r außerhalb der Kugel unter Benutzung von Gl. (9.11) folgendes Ergebnis für die potentielle Energie der Punktmasse m im Gravitationsfeld der Kugel:

$$E_{pK} = \sum E_{pS} = -\frac{Gm}{r} \sum m_S = -\frac{Gmm_K}{r},$$

wobei r wieder die Entfernung der Punktmasse vom Kugelmittelpunkt ist.

Der Betrag der Kraft auf die Masse m ergibt sich für $r > R_0$ zu

$$\boxed{F = -\frac{\partial E_{pK}}{\partial r} = -\frac{Gmm_K}{r^2} \; .} \qquad (9.15)$$

Dies ist das Hauptergebnis. Wir hätten es auch durch direkte Integration der Kraftkomponenten über die Kugelschale erhalten können, doch wäre die Rechnung komplizierter geworden. Eine einfache Erweiterung von Gl. (9.15) zeigt, daß die Kraft zwischen zwei homogenen Kugeln mit den Massen m_1 und m_2 ebenso groß ist wie die Kraft zwischen zwei Punktmassen m_1, m_2, die sich in dem Schwerpunkt befinden. Sowie wir die eine Kugel durch einen Massenpunkt ersetzt haben, können wir es auch mit der zweiten tun. Auf diese Weise lassen sich viele Rechnungen vereinfachen.

Ein Massenpunkt innerhalb einer Vollkugel erfährt eine zum Kugelmittelpunkt gerichtete Kraft

$$-\frac{Gm_1 m_i}{r^2},$$

wobei m_i der Anteil der Kugelmasse innerhalb des Radius r (r ist der Abstand der Punktmasse vom Kugelmittelpunkt) ist. Für eine Kugel konstanter Dichte ρ ist

$$m_i = \frac{4\pi}{3} r^3 \rho, \quad \text{wobei} \quad m = \frac{4\pi}{3} R_0^3 \rho$$

und daher

$$F = -\frac{Gm_1 \frac{4}{3}\pi r^3 \rho}{r^2} = -\frac{4}{3}\pi Gm_1 \rho r$$

oder

$$F = -\frac{Gm_1 mr}{R_0^3} \; . \qquad (9.16)$$

Um die potentielle Energie für $r < R_0$ zu berechnen, fügen wir zu $-Gm_1 m/R_0$ die Energie hinzu, die zum

Transport von m_1 von R_0 nach r erforderlich ist. Mit Gl. (9.16) erhalten wir für diese Energie

$$\int\limits_{R_0}^{r} \frac{Gm_1 mr\,dr}{R_0^3} = -\frac{Gm_1 m}{2R_0^3}(R_0^2 - r^2).$$

Die potentielle Energie für $r < R_0$ ergibt sich daraus durch Addition von $-Gm_1 m/R_0$:

$$\begin{aligned}
E_{pK}(r) &= -\frac{Gm_1 m}{R_0} - \frac{Gm_1 m}{2R_0^3}(R_0^2 - r^2) \\
&= -\frac{Gm_1 m}{R_0}\left(\frac{3}{2} - \frac{1}{2}\frac{r^2}{R_0^2}\right).
\end{aligned}$$

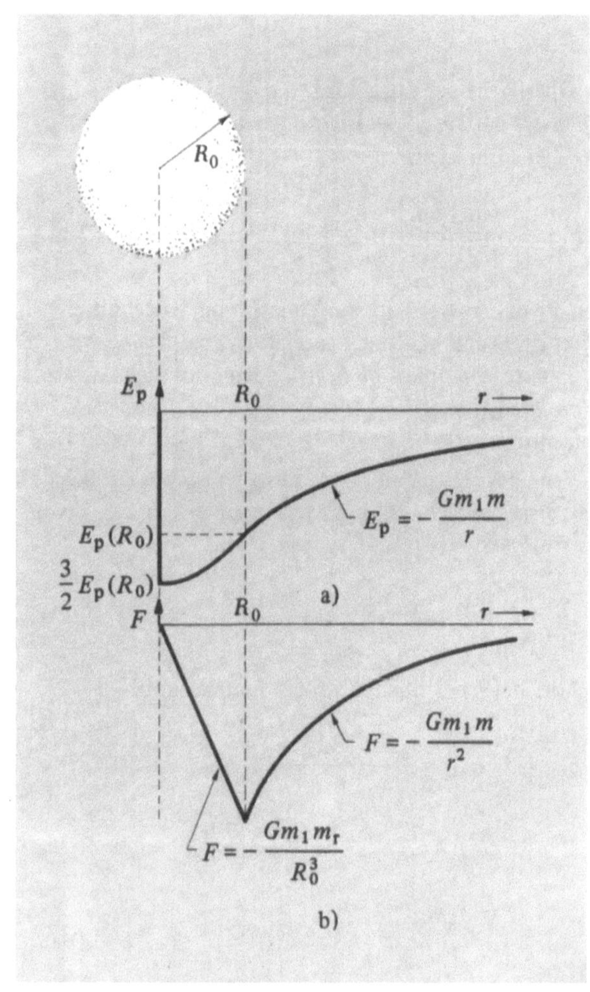

Bild 9.6a). Potentielle Energie einer Punktmasse m_1 im Abstand r vom Mittelpunkt einer Vollkugel mit den Radius R_0 und Masse m.

b). Die Kraft auf die Punktmasse m_1. Für $r < R_0$ nimmt die Kraft linear mit r zu.

Für $r = 0$ gilt

$$E_{\mathrm{pK}}(0) = -\frac{3}{2}\,\frac{Gm_1 m}{R_0}\,.$$

Bild 9.6 zeigt $E_{\mathrm{pK}}(r)$ und $F(r)$ innerhalb und außerhalb der Kugel.

9.3. Die Selbstenergie

Die Selbstenergie eines Körpers ist definiert durch die Arbeit, die aufgewendet werden muß, um den Körper aus infinitesimalen Bausteinen zusammenzufügen, die anfangs unendlich weit voneinander entfernt sind.

Wir wollen zunächst die Selbstenergie der Gravitation betrachten; sie ist negativ, weil die Gravitationskraft anziehend ist. (Wir müssen positive Arbeit gegen die Gravitation verrichten, um die Atome eines Sterns zu trennen und ins Unendliche zu bringen.) Die Gravitations-Selbstenergie ist für stellare und galaktische Probleme von Bedeutung. Die elektrostatische Selbstenergie interessiert bei Kristallen, Isolatoren und Metallen.

Die potentielle Energie von N verschiedenen Massen aufgrund der gegenseitigen Anziehung durch die Gravitation ergibt sich als Summe der potentiellen Energien aller Massenpaare:

$$E_{\mathrm{p}} = -\frac{G}{2} \sum_{i \neq j} \frac{m_i m_j}{r_{ij}}\,. \tag{9.17}$$

Dabei sind m_i bzw. m_j die einzelnen Massen und r_{ij} die Abstände zwischen ihnen. Der Fall $i = j$ ist auszulassen, da er keinem Paar von Massen entspricht. Auch die Selbstenergie der einzelnen Massen m_i bleibt unberücksichtigt, da wir nur an der Wechselwirkung der Massen interessiert sind. Eine Methode zur Berechnung dieser Selbstenergie finden Sie in den folgenden Beispielen.

• **Beispiele:** *1. Die Gravitationsenergie einer Galaxis.* Wir wollen die Gravitationsenergie einer Galaxis abschätzen. Wenn wir von der Berechnung der Selbstenergie der einzelnen Sterne absehen, brauchen wir nur Gl. (9.17) abzuschätzen.

Wenn wir als grobe Näherung annehmen, daß die Galaxis aus N Sternen mit der Masse m besteht und jeweils zwei Sterne den Abstand R voneinander haben, dann vereinfacht sich Gl. (9.17) zu

$$E_{\mathrm{p}} \approx -\frac{1}{2}\,G(N-1)N\,\frac{m^2}{R}\,.$$

(Bei der Summation über die Paare betrachten wir jeden der N Sterne und summieren über die $N-1$ übrigen Sterne, mit denen er wechselwirkt. Dabei zählen wir jedes Sternpaar doppelt, so daß ein Faktor $\frac{1}{2}$ hinzuzufügen ist; vgl. Bild 9.7 für $N = 3$). Setzen wir $N = 1{,}6 \cdot 10^{11}$, $R = 10^{21}$ m und $m = 2 \cdot 10^{30}$ kg (Sonnenmasse) so wird

$$E_{\mathrm{p}} \approx -\frac{1}{2}\,\frac{(7 \cdot 10^{-11})\,(1{,}6 \cdot 10^{11})^2\,(2 \cdot 10^{30})^2}{10^{21}}\ \mathrm{J}$$

$$\approx -4 \cdot 10^{51}\ \mathrm{J}.$$

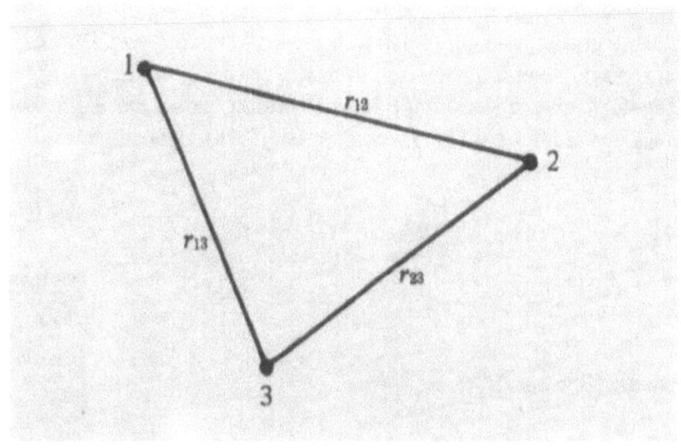

Bild 9.7. Gravitationspotential von drei Körpern mit den Massen m_1, m_2, m_3 ist

$$E_{\mathrm{p}} = -G\left(\frac{m_1 m_2}{r_{12}} + \frac{m_1 m_3}{r_{13}} + \frac{m_2 m_3}{r_{23}}\right)$$

• *2. Die Gravitationsenergie einer homogenen Kugel.* Die Selbstenergie einer homogenen Kugel mit Radius R und Masse m ist einfach zu berechnen. Wir ersetzen die Doppelsumme (9.17) durch Integrale, die zu berechnen sind. Welche Form könnte das Ergebnis haben? Es muß G, m und R dimensionsrichtig enthalten, was für den Ansatz

$$E_{\mathrm{pS}} = -\frac{Gm^2}{R}$$

zutrifft. Dieser Ansatz ist tatsächlich bis auf einen Zahlenfaktor der Größenordnung Eins korrekt. Zur Berechnung des Zahlenfaktors bauen wir die Kugel in besonderer Weise auf. Wir ermitteln zunächst die Wechselwirkungsenergie zwischen einer massiven Kugel mit dem Radius r und einer sie umgebenden Kugelschale der Dicke dr (Bild 9.8). Mit der Dichte ρ ist die Masse der Kugel $(4\pi/3)\,r^3\rho$ und die Masse der Kugelschale $4\pi r^2\,dr$. Daraus erhalten wir mit Gl. (9.11) das Gravitationspotential der Kugelschale in Gegenwart der Kugel:

$$-\frac{G\left(\frac{4\pi}{3}\,r^3\rho\right)(4\pi r^2\rho\,dr)}{r} = -\frac{1}{3}\,G(4\pi\rho)^2 r^4\,dr. \tag{9.18}$$

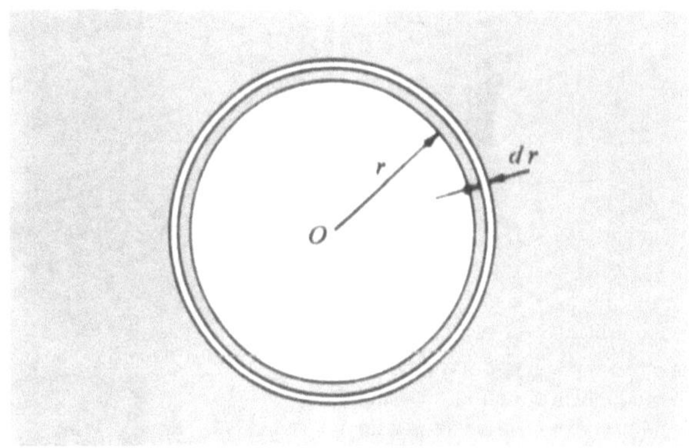

Bild 9.8. Fester Kugelkern mit Radius r umgeben von einer Kugelschale der Dicke dr. Die Kugelschale hat die Oberfläche $4\pi r^2$ und das Volumen $4\pi r^2 dr$.

Die Eigenenergie der Kugel (mit dem Radius R) ergibt sich durch Integration von Gl. (9.18) zwischen $r = 0$ und $r = R$. Durch die Integration werden nach und nach Kugelschalen um den Kern hinzugefügt, bis der Kern den Radius R besitzt, wobei der Kern anfangs den Radius Null hat. Wenn wir Gl. (9.18) integrieren, erhalten wir als Ergebnis

$$E_{pS} = -\frac{1}{3}G(4\pi\rho)^2 \cdot \frac{1}{5}R^5 = -\frac{3}{5}G\left(\frac{4\pi}{3}\rho R^3\right)^2 \cdot \frac{1}{R}$$

$$= -\frac{3}{5}\frac{Gm^2}{R}, \qquad\qquad (9.19)$$

wobei die Kugelmasse

$$m = \frac{4\pi}{3}\rho R^3$$

ist.

Die Gravitations-Selbstenergie der Sonne folgt mit $m = 2 \cdot 10^{30}$ kg und $R = 7 \cdot 10^8$ m aus Gl. (9.19) zu

$$E_{pS} = -\frac{3 \cdot (7 \cdot 10^{-11}) \cdot (2 \cdot 10^{30})^2}{5 \cdot (7 \cdot 10^8)} \text{ J} = -2 \cdot 10^{41} \text{ J}.$$

Diese Energie reicht aus, um die Strahlung der Sonne ($4 \cdot 10^{26}$ J/s) für $\frac{1}{2} \cdot 10^{15}$ s oder $2 \cdot 10^7$ a aufrecht zu erhalten[1]). Die Sonne wird ihre Entwicklung vermutlich als dichter weißer Zwergstern mit einem Zehntel ihres gegenwärtigen Durchmessers abschließen. Während dieser Kontraktion werden gewaltige Mengen an Gravitationsenergie frei werden. Diese Überlegungen sind in der Astrophysik von Bedeutung und könnten bei der Theorie der Novae eine Rolle spielen.   •

• *3. Der Radius des Elektrons.* Die elektrostatische Selbstenergie einer homogenen, kugelförmigen Ladungsverteilung mit Gesamtladung Q und Radius R erhalten wir aus Gl. (9.19) indem wir $-Gm^2$ durch kQ^2 ersetzen. Wir wollen das Ergebnis benutzen,

um die elektrostatische Selbstenergie eines Elektrons abzuschätzen. Dazu müßten wir allerdings seinen Radius R kennen. Da wir keine fundamentale Theorie über das Elektron haben, bleibt uns nur der Rückschluß von der Energie des Elektrons auf seinen Radius übrig.

Die berühmte Beziehung von *Einstein* verknüpft die Masse m mit der Energie E durch die Gleichung

$$E = mc^2, \qquad\qquad (9.20)$$

wobei c die Lichtgeschwindigkeit bedeutet. (Wir werden sie in Kapitel 12 herleiten.) Wenn die Energie des Elektrons vollständig aus der elektrostatischen Energie einer gleichmäßig verteilten Ladung besteht, dann könnten wir aus der Beziehung

$$E_{pS} = \frac{3ke^2}{5R} = mc^2$$

den Radius des Elektrons ermitteln. Aber wir kennen die genaue Struktur des Elektrons nicht. Unsere Modellvorstellung kann nicht ganz befriedigen, denn wodurch soll die Ladung im Elektron zusammengehalten werden? Warum fliegt es nicht aufgrund der Coulomb-Abstoßung gleichnamiger Ladungen auseinander? Im Augenblick haben wir keine Theorie dafür, warum es ein Elektron gibt.

Lassen wir also den Faktor $\frac{3}{5}$ fort. Es wäre anmaßend, den Faktor beizubehalten, weil dadurch der Eindruck entstehen könnte, daß wir sehr genau über das Elektron Bescheid wüßten. Das ist jedoch nicht der Fall. Es ist üblich, eine Länge r_0 durch die Gleichung

$$\frac{ke^2}{r_0} \equiv mc^2; \quad r_0 \equiv \frac{ke^2}{mc^2} = 2{,}82 \cdot 10^{-15} \text{ m}$$

zu definieren. Diese Länge wird *klassischer Radius des Elektrons* genannt. Sie hat etwas mit dem Elektron zu tun, aber wir wissen nicht genau, in welcher Weise! Dennoch wird r_0 als wichtige Länge angesehen und geht in die Ausdrücke für die Streuung von Röntgen-

Bild 9.9
Äquipotentiallinien für zwei gleich-
große Massen

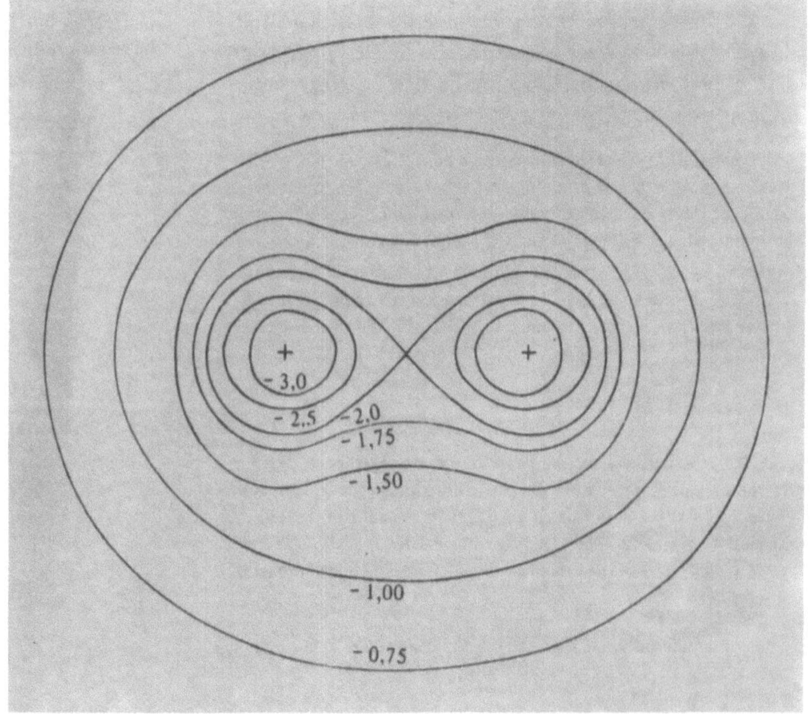

---

[1]) Die Sonnenenergie stammt aus Kernverschmelzungen und nicht aus der Gravitationsenergie. Zu Beginn des 20. Jhdts. kannte man die Kernenergie noch nicht und schätzte daher das Alter des Sonnensystems auf wenige Millionen Jahre.

Bild 9.10
Äquipotentiallinien für vier gleich-
große Massen

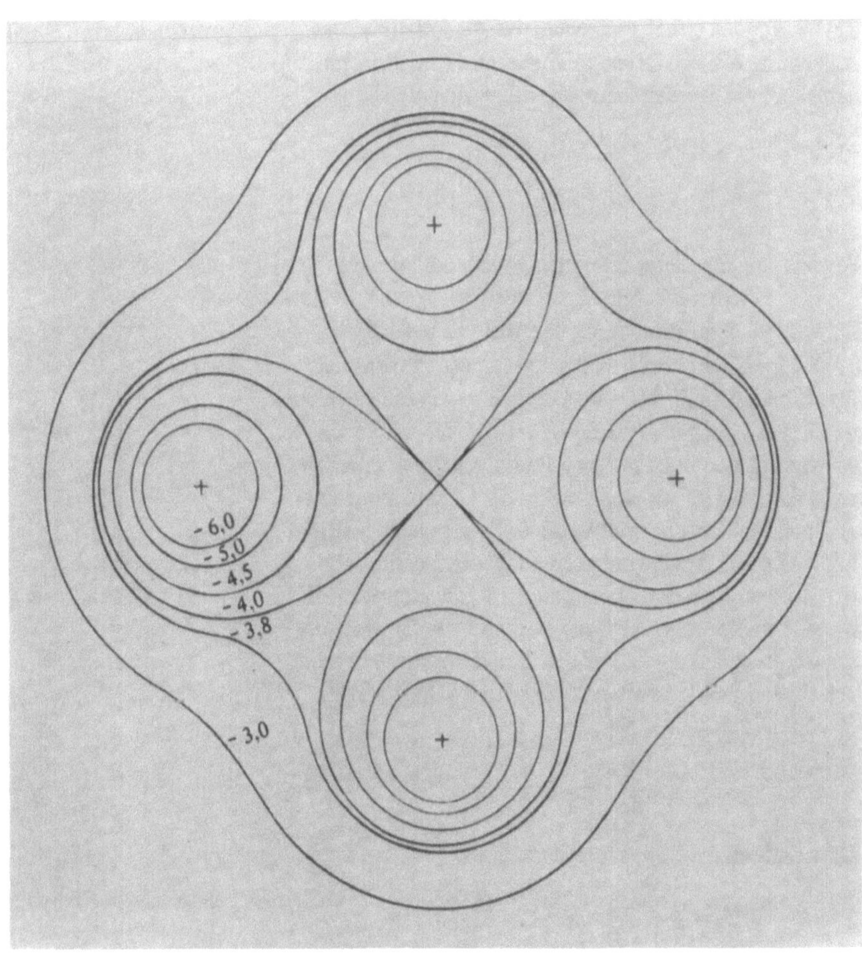

strahlen an Elektronen ein. Es ist aber auch bekannt, daß die elektrische Kraft zwischen Elektronen bis zu Abständen von 10^{-17} m – hundertmal kleiner als r_0 – durch $k e^2/r^2$ gegeben ist. •

$(1/r^2)$-Kraftgesetz und statisches Gleichgewicht. In Band 2 werden wir zeigen, daß es kein *stabiles statisches* Gleichgewicht für eine Gruppe von freien Massenpunkten (oder Punktladungen) geben kann, zwischen denen Kräfte wirken, für die ein $(1/r^2)$-Gesetz gilt. Statisch bedeutet das, daß sich alle Massen in Ruhe befinden. Dieses Ergebnis wird plausibel, wenn wir die Bilder 9.9 und 9.10 betrachten, die die Potentialfelder von zwei bzw. vier gleich großen ruhenden Massen zeigen, wobei Orte mit gleichen Werten der Potentialfunktion durch Linien verbunden sind (Äquipotentiallinien). Die Kreuzungspunkte der Äquipotentiallinien sind Gleichgewichtslagen. Bei geringer Auslenkung aus der Gleichgewichtslage zeigt die Kraft stets in Richtung auf niedrigere Potentialwerte. Im Fall zweier Massen wird eine nach oben verschobene Testmasse eine rücktreibende Kraft in Richtung des Gleichgewichtspunktes erfahren, bei seitlicher Verschiebung ist die Kraft jedoch von diesem Punkt weggerichtet. Für ein stabiles Gleichgewicht müßte die Kraft jedoch für Verschiebungen mit *beliebiger Richtung* rücktreibend sein. Da die Kraft dem

Abstand zwischen den Äquipotentiallinien umgekehrt proportional ist, könnte man beim Übergang von 2 zu 4, 8 und mehr Massen erwarten, daß die Kraft gegen Null geht und vielleicht sogar rücktreibend wird. Aus Gl. (9.14) sehen wir aber, daß die Kraft in diesem Fall gegen Null geht und ein neutrales Gleichgewicht resultiert.

9.4. Bewegungsgleichung und Umlaufbahnen

Das Problem der Kreisbewegung einer Masse in einem anziehenden $(1/r^2)$-Kraftfeld haben wir bereits behandelt. Dabei muß eine spezielle Beziehung zwischen Geschwindigkeit und Bahnradius erfüllt sein. Diese Beziehung wurde in Kapitel 3 (S. 41) hergeleitet. Die Zentripetalkraft $-mv^2\,\hat{\mathbf{r}}/r$ muß gleich der Kraft $C\hat{\mathbf{r}}/r^2$ sein, so daß nur für negative C Kreisbahnen existieren. Für $C = -Gmm_2$ ist $v = (Gm_2/r)^{1/2}$.

Welche Bahnformen treten auf, wenn diese spezielle Bedingung nicht erfüllt ist? Diese Fragestellung wird oft *Keplerproblem* genannt, da *Kepler* die elliptische Form der Planetenbahnen entdeckte, die *Newton* später aus dem Gravitationsgesetz herleitete. Wir behandeln hier zunächst den Fall bei dem das Kraftzentrum in $r = 0$ fixiert ist. Wir werden auf S. 178 sehen, daß die wechselseitige Anziehung zweier Massen auf dieses einfache Problem zurückgeführt werden kann. Die Bewegungsgleichung lautet daher

$$m\mathbf{a} = \frac{C}{r^2}\,\hat{\mathbf{r}}.$$

Wir nehmen hier keine Kreisbahnen an und lassen die Art des $(1/r^2)$-Gesetzes offen. Es ist aber wichtig, daß die Kraft für positive C abstoßend, für negative C anziehend ist.

Welche Koordinaten sind am geeignetsten? Wie viele Koordinaten benötigen wir? Drei? Zwei werden ausreichen, da die Bewegung in einer Ebene erfolgt, die durch den Geschwindigkeitsvektor und den Radiusvektor r der Masse aufgespannt wird. Es ist ja sowohl die Geschwindigkeit als auch die Kraft normal zu dieser Ebene gleich Null. Daher *bleibt* die Geschwindigkeit auch gleich Null. Es ist leicht zu erraten, daß die in Bild 9.11 gezeigten Koordinaten r und θ besser geeignet sind als x und y. Wir müssen die Beschleunigung nun durch diese Koordinaten und die zugehörigen Einheitsvektoren $\hat{\mathbf{r}}$ und $\hat{\boldsymbol{\theta}}$ ausdrücken. Nach Gl. (2.35) gilt

$$\mathbf{a} = (\ddot{r} - r\dot{\theta}^2)\hat{\mathbf{r}} + \frac{1}{r}\frac{d}{dt}(r^2\dot{\theta})\hat{\boldsymbol{\theta}}.$$

Daher lauten die Bewegungsgleichungen

$$m(\ddot{r} - r\dot{\theta}^2) = \frac{C}{r^2}, \qquad \frac{d}{dt}(mr^2\dot{\theta}) = 0.$$

Die zweite Gleichung können wir sofort integrieren

$$mr^2\dot{\theta} = L, \tag{9.21}$$

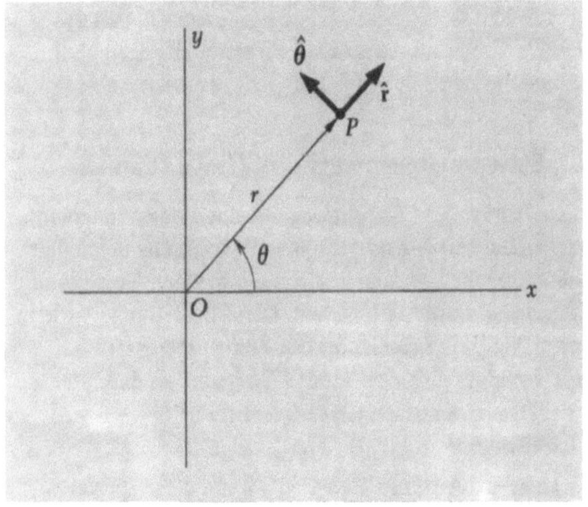

Bild 9.11. Ebene Polarkoordinaten eignen sich zur Beschreibung der Bewegung einer Masse m (Punkt P) im Zentral-Kraftfeld mit Ursprung im festen Punkt O. $\hat{\mathbf{r}}$ und $\hat{\boldsymbol{\theta}}$ sind Einheitsvektoren.

wobei L der in Kapitel 6 definierte Drehimpuls ist. Ersetzen wir $\dot{\theta}$ in der ersten Gleichung durch L/mr^2 so folgt

$$\ddot{r} - r\frac{L^2}{m^2r^4} = \ddot{r} - \frac{L^2}{m^2r^3} = \frac{C}{mr^2}. \tag{9.22}$$

Diese Gleichung ist leider nicht einfach zu lösen. Da wir aber an der Bahnform $r(\theta)$ interessiert sind, eliminieren wir t aus den Gln. (9.21) und (9.22):

$$\frac{dr}{dt} = \frac{dr}{d\theta}\frac{d\theta}{dt} = \frac{dr}{d\theta}\frac{L}{mr^2}$$

$$\frac{d^2r}{dt^2} = \frac{d^2r}{d\theta^2}\left(\frac{L}{mr^2}\right)^2 - \frac{2L}{mr^3}\left(\frac{dr}{d\theta}\right)^2\frac{L}{mr^2}$$

$$= \frac{L^2}{m^2r^4}\left[\frac{d^2r}{d\theta^2} - \frac{2}{r}\left(\frac{dr}{d\theta}\right)^2\right]. \tag{9.23}$$

Auch dies ist noch keine bekannte Gleichung. Wir führen daher die Funktion $w(\theta)$ ein:

$$w(\theta) = \frac{1}{r(\theta)}$$

$$\frac{dw}{d\theta} = -\frac{1}{r^2}\frac{dr}{d\theta}$$

$$\frac{d^2w}{d\theta^2} = -\frac{1}{r^2}\frac{d^2r}{d\theta^2} + \frac{2}{r^3}\left(\frac{dr}{d\theta}\right)^2.$$

Setzen wir dies in Gl. (9.23) ein, so folgt

$$\frac{d^2r}{dt^2} = -\frac{L^2}{m^2r^2}\frac{d^2w}{d\theta^2}$$

und daher, wenn wir $1/r$ durch w ersetzen und Gl. (9.22) verwenden

$$-\frac{L^2}{m^2}\frac{d^2w}{d\theta^2} - \frac{L^2}{m^2}w = \frac{C}{m}$$

oder

$$\frac{d^2w}{d\theta^2} + w = -\frac{Cm}{L^2}.$$

Diese Gleichung haben wir in Kapitel 7 kennengelernt, Gl. (7.1). Ihre Lösung ist

$$w = A\cos(\theta + \varphi) - \frac{Cm}{L^2}.$$

(Man verwendet üblicherweise den cos statt des sin.)

Da die Orientierung der Bahn in der $r\theta$-Ebene unwesentlich ist, setzen wir $\varphi = 0$ und erhalten

$$\frac{1}{r} = -\frac{Cm}{L^2} + A\cos\theta. \tag{9.24}$$

Zur Bestimmung der Integrationskonstanten A zieht man am besten die Energie heran, da die Gesamtenergie E leicht

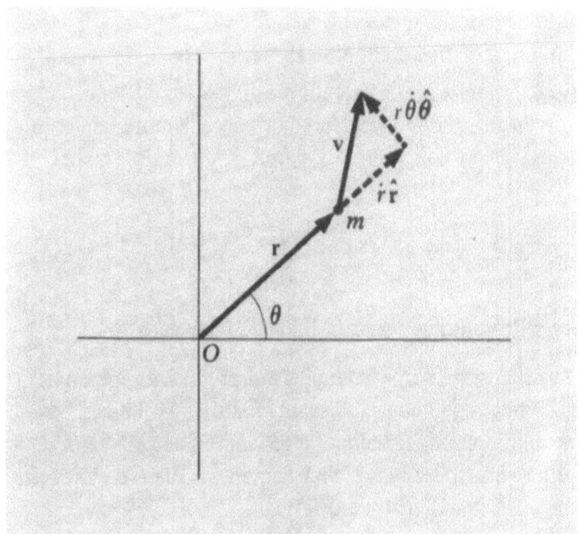

Bild 9.12. Zerlegung der Geschwindigkeit **v** in eine radiale und eine tangentiale Komponente. Die kinetische Energie ist $E_\mathrm{k} = \frac{1}{2} m v^2 = \frac{1}{2} m (\dot{r}^2 + r^2 \dot{\theta}^2)$. Die Gesamtenergie ist $E = E_\mathrm{k} + E_\mathrm{p} = \frac{1}{2} m \dot{r}^2 + \frac{1}{2} m r^2 \dot{\theta}^2 + E_\mathrm{p}$.

mit der Bahnform in Verbindung gebracht werden kann. Nach Bild 9.12 ist

$$E = \frac{1}{2} m v^2 + \frac{C}{r} = \frac{1}{2} m (\dot{r}^2 + r^2 \dot{\theta}^2) + \frac{C}{r}$$

$$= \frac{1}{2} m \left(\frac{L^2}{m^2 r^4} \right) \left[\left(\frac{dr}{d\theta} \right)^2 + r^2 \right] + \frac{C}{r}. \qquad (9.25)$$

Die zweite Zeile folgt dabei aus den Gln. (9.21) und (9.23). Die potentielle Energie C/r ist für abstoßende Kräfte positiv, für anziehende Kräfte dagegen negativ. In Gl. (9.25) ersetzen wir r und $dr/d\theta$ mit Hilfe von Gl. (9.24) und der Ableitung dieser Gleichung. Die entstehende Beziehung lösen wir nach A auf:

$$A = \left(\frac{2mE}{L^2} + \frac{C^2 m^2}{L^4} \right)^{1/2} = \frac{Cm}{L^2} \left(1 + \frac{2EL^2}{C^2 m} \right)^{1/2}.$$

Wir erhalten daher schließlich für die Bahnkurve

$$\boxed{\; \frac{1}{r} = - \frac{Cm}{L^2} \left[1 - \left(1 + \frac{2EL^2}{C^2 m} \right)^{1/2} \cos \theta \right] \;} \qquad (9.26)$$

Für anziehende Kräfte ist C negativ, wie z.B. für die Gravitation, $C = - G m m_2$. In diesem Fall folgt aus Gl. (9.26)

$$\frac{1}{r} = \frac{G m^2 m_2}{L^2} \left[1 - \left(1 + \frac{2EL^2}{G^2 m^3 m_2^2} \right)^{1/2} \cos \theta \right].$$

Gl. (9.26) ist die Darstellung eines Kegelschnitts (Ellipse, Kreis, Parabel, Hyperbel) in Polarkoordinaten. Sie erinnern sich vielleicht daran, daß man in der analy-

tischen Geometrie die allgemeine Gleichung eines Kegelschnittes in der Form

$$\cdot \frac{1}{r} = \frac{1}{se} (1 - e \cos \theta) \qquad (9.27)$$

darstellen kann. Man nennt die Größe e die *Exzentrizität*. Die Konstante s ist ein Maßstabsfaktor. Durch Gl. (9.27) werden vier mögliche Kurvenformen beschrieben:

Hyperbel	$e > 1$
Parabel	$e = 1$
Ellipse	$0 < e < 1$
Kreis	$e = 0$

Es ist nicht schwierig, die wichtigsten Eigenschaften der Bahnkurven für verschiedene Werte von e anzugeben (Bild 9.13). Für $e = 0$ ist r konstant. Für $0 < e < 1$ bleibt r endlich und variiert von $se/(1 - e)$ bis $se/(1 + e)$. Für $e > 1$ gibt es zwei Werte von $\cos \theta$, für die $1 - e \cos \theta = 0$ ist und r unendlich wird, was einer Hyperbel entspricht. Die Parabel mit $e = 1$ gibt nur für $\theta = 0$ unendliches r, aber sowohl im Grenzwert kleiner positiver als auch negativer θ. Aus den Gln. (9.26) und (9.27) folgt

$$e = \left(1 + \frac{2EL^2}{C^2 m} \right)^{1/2}. \qquad (9.28)$$

Aus den Überlegungen zur Energie E und Gl. (9.25) ersehen wir, daß für $C > 0$, also abstoßende Kräfte, E stets positiv sein muß, e daher größer als Eins ist und die Bahnkurve stets die Form einer Hyperbel hat. Für anziehende Kräfte, $C < 0$, ist E positiv, falls die kinetische Energie größer als der Betrag der potentiellen Energie ist; in $r = \infty$

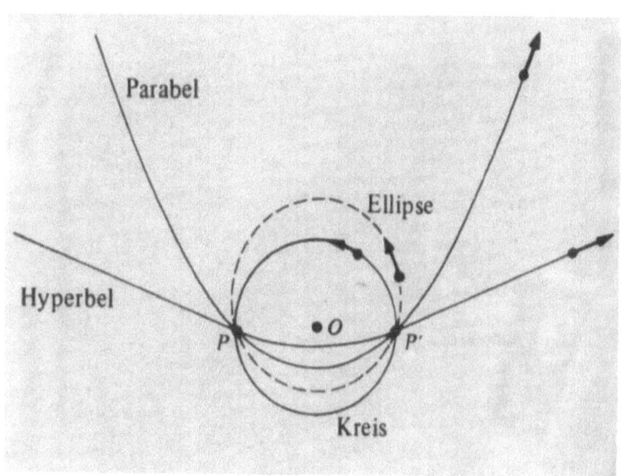

Bild 9.13. Bahnen von Teilchen gleicher Masse und gleichem Drehimpuls L, aber mit verschiedenen Energien E um ein festes Kraftzentrum O. Alle Bahnen verlaufen durch P und P'

Kreis	$e = 0$	$E < 0$
Ellipse	$e = \frac{1}{3}$	$E < 0$
Parabel	$e = 1$	$E = 0$
Hyperbel	$e = 3$	$E > 0$

ist die kinetische Energie noch immer positiv. Im umgekehrten Fall ist E negativ und das Teilchen kann nie ins Unendliche gelangen. Die Parabel entspricht dem Grenzfall $E = 0$. Es ist interessant, daß sich hyperbolische und elliptische Bahnen für anziehende Kräfte nur durch das Vorzeichen von E unterscheiden und der Wert von L keine Rolle spielt. Je größer L für gegebenes r ist, desto größer ist E, aber selbst für beliebig große L sind immer Bahnen mit $E < 0$ möglich.

Ein zwar nicht eleganter, aber doch wirkungsvoller Weg, sich davon zu überzeugen, daß Gl. (9.27) eine Kurve ergibt, die wie eine Ellipse aussieht, besteht darin, r für eine Reihe von Werten θ auszurechnen. Die Werte träg man zweckmäßigerweise in Polarkoordinatenpapier ein. Dieses Koordinatenpapier enthält Linien für konstante Radien und Winkel. Wir haben unsere groben Berechnungen aus Gl. (9.27) für den Fall $s = 1$ und $e = \frac{1}{2}$ in einer Tabelle zusammengefaßt.

Tabelle 9.1

θ	$\cos\theta$	$2\,(1 - \frac{1}{2}\cos\theta)$	r
0°	1,00	1,00	1,00
20°	0,94	1,06	0,94
40°	0,77	1,23	0,81
60°	0,50	1,50	0,67
80°	0,17	1,83	0,55
90°	0,00	2,00	0,50
100°	− 0,17	2,17	0,46
120°	− 0,50	2,50	0,40
140°	− 0,77	2,77	0,36
160°	− 0,94	2,94	0,34
180°	− 1,00	3,00	0,33

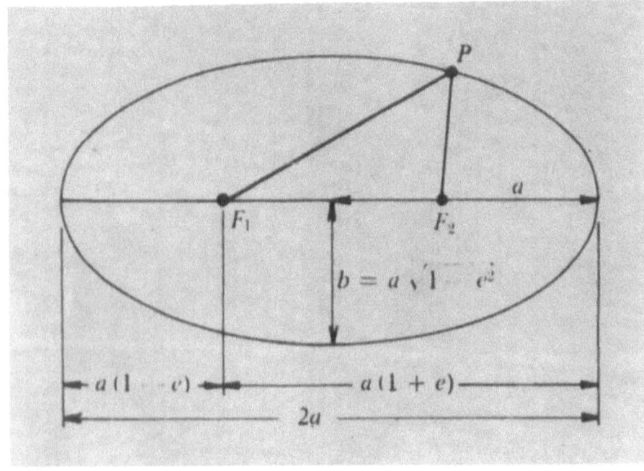

Bild 9.14. Eigenschaften einer Ellipse:
Für alle Ellipsenpunkte P ist $F_1P + F_2P = \text{const} = 2a$.
Ellipsengleichung:

$$r = \frac{a(1 - e^2)}{(1 - e\cos\theta)}, \quad 0 < e < 1.$$

Kleine Halbachse: $b = a\sqrt{1 - e^2}$. Fläche: πab.

Führen Sie ähnliche Rechnungen für $s = 1$ und $e = 2$ durch. Diese Kurve stellt eine Hyperbel dar.

Eine einfache Merkregel für die Exzentrizität einer Ellipse folgt aus der Tatsache, daß sich der minimale bzw. maximale Wert von r für $\theta = \pi$ und $\theta = 0$ ergibt. Daher gilt

$$e = \frac{r_{\max} - r_{\min}}{r_{\max} + r_{\min}} \, . \tag{9.29}$$

Weitere Beziehungen sind in Bild 9.14 gezeigt.

Kreisbahnen. Wir wollen überprüfen, daß unsere früheren Überlegungen über Kreisbahnen zu $e = 0$ führen. Betrachten Sie die Kreisbahn eines Planeten der Masse m um einen Stern der Masse m_2. Setzen wir die Gravitationskraft gleich der Zentripetalkraft:

$$\frac{mv^2}{r} = \frac{Gmm_2}{r^2} \, .$$

Der Drehimpuls beträgt

$$L = mvr = m\sqrt{\frac{Gm_2}{r}}\, r = (Gm^2 m_2 r)^{1/2} \, .$$

Die Gesamtenergie ist

$$E = \frac{1}{2}mv^2 - \frac{Gmm_2}{r} = -\frac{1}{2}\frac{Gmm_2}{r}$$

und daher

$$e = \sqrt{1 + \left(-\frac{Gmm_2}{r}\,\frac{m^2 Gm_2 r}{G^2 m^2 m_2^2 m}\right)} = 0 \, .$$

Manche Leser neigen zu der Vorstellung, daß *alle* geschlossenen Bahnen kreisförmig sein müßten. Um ein Gefühl für elliptische Bahnen zu bekommen, betrachten Sie Bild 9.15. Dort ist eine Schar von Bahnkurven eines Teilchens zu sehen, auf das eine Kraft in Richtung des Ursprungs O wirkt (durch ein Kreuz gekennzeichnet), für die das $(1/r^2)$-Kraftgesetz gilt. Die Schar wurde so gewählt, daß alle Kurven durch einen gemeinsamen Punkt P laufen, in dem die Richtung der Geschwindigkeit senkrecht auf der Verbindungslinie von O und P steht. Die verschiedenen Bahnen sind durch verschiedene Werte der Geschwindigkeit im Punkt P gekennzeichnet. Statt der Geschwindigkeit v_P wird meistens das Verhältnis

$$\alpha \equiv \frac{v_P}{v_0}$$

angegeben, wobei v_0 die Geschwindigkeit auf der Kreisbahn ist, die durch P verläuft und deren Mittelpunkt in O liegt. Für $\alpha = 1$ ergibt sich eine Kreisbahn, für $\alpha < \sqrt{2}$ eine Ellipsenbahn, für $\alpha = \sqrt{2}$ eine Parabelbahn und für $\alpha > \sqrt{2}$ eine Hyperbelbahn; siehe auch Gl. (9.31).

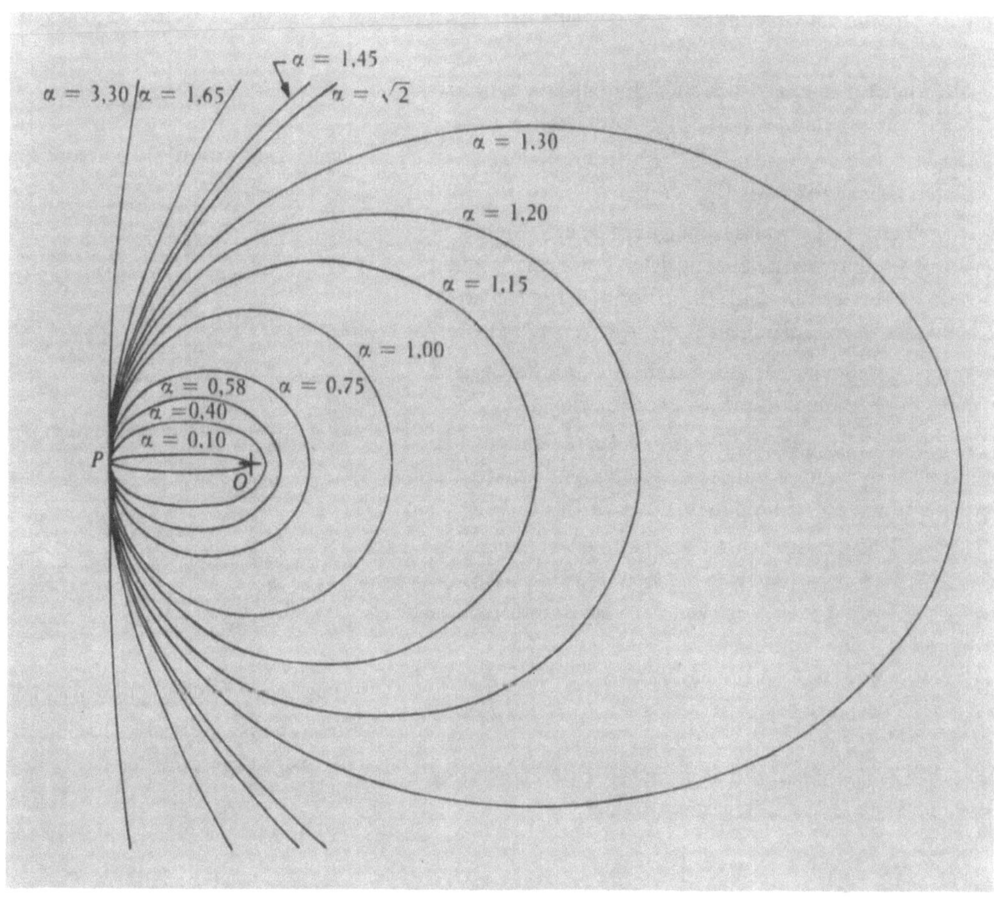

Bild 9.15. Bahnen durch einen gemeinsamen Punkt P und normal zur Geraden OP vom Kraftzentrum in O. Mit der Kreisbahngeschwindigkeit v_0 ist α als $v_P = \alpha v_0$ definiert. In Gl. (9.31) wird $E(\alpha) = (2 - \alpha^2) E_0$ bewiesen.

Durch Berechnung der Energie können wir nachweisen, daß der Übergang von geschlossener und offener Bahn bei $\alpha = \sqrt{2}$ eintritt. Am Punkt P kann die Gesamtenergie beschrieben werden als

$$E = \frac{1}{2} m v_P^2 - \frac{Gmm_2}{r_0} = \frac{1}{2} m \alpha^2 v_0^2 - \frac{Gmm_2}{r_0}$$

$$= \frac{1}{2}(\alpha^2 - 1) m v_0^2 + \frac{1}{2} m v_0^2 - \frac{Gmm_2}{r_0}$$

$$= E_0 + \frac{1}{2}(\alpha^2 - 1) m v_0^2, \qquad (9.30)$$

wobei E_0 und v_0 die Energie bzw. die Geschwindigkeit in der Kreisbahn angeben, r_0 ist die Entfernung zwischen O und P. In der Kreisbahn gilt

$$\frac{m v_0^2}{r_0} = \frac{Gmm_2}{r_0^2}.$$

Auf der linken Seite steht das Produkt aus Masse und Zentripetalbeschleunigung und auf der rechten Seite die Gravitationskraft. Mit diesem Zusammenhang erhalten wir für die Energie der Kreisbahn

$$E_0 = \frac{1}{2} m v_0^2 - \frac{Gmm_2}{r_0} = \frac{1}{2} m v_0^2 - m v_0^2 = -\frac{1}{2} m v_0^2$$

und Gl. (9.30) kann geschrieben werden als

$$E = E_0 - (\alpha^2 - 1) E_0 = (2 - \alpha^2) E_0 = (\alpha^2 - 2)|E_0|. \qquad (9.31)$$

Für $\alpha^2 > 2$ ist die Gesamtenergie positiv und die Bahnkurve ist offen. Für $\alpha^2 < 2$ ist die Gesamtenergie negativ und die Bahn geschlossen, d.h., das Teilchen kann nicht ins Unendliche entweichen.

Die Keplerschen Gesetze. *Keplers* Nachweis, daß die Bahnen der Planeten um die Sonne Ellipsen sind, ist eine der größten Entdeckungen in der Geschichte der Wissenschaft. Mit seiner Formulierung der empirischen Gesetze der Planetenbewegung lieferte *Kepler* den experimentellen Ausgangspunkt für die Newtonschen Gesetze der Mechanik und die Theorie der Gravitation. *Kepler* stellte drei Gesetze auf:

1. Alle Planeten bewegen sich auf Ellipsenbahnen, in deren einem Brennpunkt sich die Sonne befindet.

2. Die Strecke Sonne–Planet überstreicht in gleichen Zeiten gleiche Flächen.

3. Die Quadrate der Umlaufzeiten der Planeten um die Sonne sind proportional zur dritten Potenz der großen Halbachsen der Ellipsen. (Diese Formulierung ist allgemeiner als die ursprünglich von *Kepler* angegebene.)

In unserer gesamten Erörterung wollen wir die Wechselwirkung der Planeten untereinander vernachlässigen.

Wir haben oben gezeigt, daß geschlossene Bahnen elliptisch sind. Das zweite Keplersche Gesetz folgt einfach aus der Erhaltung des Drehimpulses (Gl. (6.36)).

Wir wollen jetzt das dritte Keplersche Gesetz ableiten. Wenn dS die Fläche ist, die in der Zeit dt vom Radiusvektor überstrichen wird, der von der Sonne zum Planeten gerichtet ist, dann ergibt sich

$$\frac{dS}{dt} = \frac{L}{2m} = \text{const.,} \qquad (9.32)$$

wobei L der Drehimpuls und m die Masse ist. Integration über eine Periode T der Bewegung ergibt

$$S = \frac{LT}{2m}$$

oder

$$T = \frac{2Sm}{L} = \frac{2\pi abm}{L} \ . \qquad (9.33)$$

$S = \pi ab$ ist die Fläche einer Ellipse mit der großen Halbachse a und der kleinen Halbachse b.

Bei einer Ellipse ist $2a = r_{\max} + r_{\min}$ und wir erhalten daher mit Gl. (9.27)

$$2a = \frac{se}{1+e} + \frac{se}{1-e} = \frac{2se}{1-e^2} \ .$$

Mit den Gln. (9.26) bis (9.28) geht dieser Ausdruck über in

$$2a = \frac{2}{1-e^2} \cdot \frac{L^2}{Gm^2 m_2} \ . \qquad (9.34)$$

Quadrierung von Gl. (9.33) und Ersetzen von L^2 durch Gl. (9.34) ergibt

$$T^2 = \frac{(2\pi abm)^2}{aGmm_2 m(1-e^2)} = \frac{4\pi^2 ab^2 m}{Gmm_2(1-e^2)} \ . \qquad (9.35)$$

Ferner gilt

$$b^2 = a^2(1-e^2)$$

und damit geht Gl. (9.35) über in

$$T^2 = \frac{4\pi^2 a^3}{Gm_2} \ . \qquad (9.36)$$

Gl. (9.36) kann sehr einfach für eine Kreisbahn verifiziert werden, da dort das Kräftegleichgewicht auf die Gleichung $m\omega^2 r = Gmm_2/r^2$ führt. Daraus folgt, daß $\omega^2 r^3$ konstant ist.

Tabelle 9.2 gibt einen Überblick über die Bahnen der größeren Planeten. Es ist leicht zu erkennen, daß die Erdbahn nahezu kreisförmig ist. Eine *Astronomische Längeneinheit* (A.E.) ist als Mittelwert des größten und kleinsten Abstands der Erde von der Sonne definiert:

$$1 \text{ A.E.} = 1{,}495 \cdot 10^{11} \text{ m.}$$

Verwechseln Sie diese Einheit nicht mit dem *Parsek*. 1 Parsek ist die Entfernung, in der 1 A.E. unter dem Winkel 1 s gesehen wird:

$$1 \text{ Parsek} = 3{,}084 \cdot 10^{16} \text{ m.}$$

Die Entfernung des nächsten Sterns von der Sonne beträgt 1,31 Parsek. Die Inklination, die ebenfalls in der Tabelle aufgeführt wird, ist der Winkel zwischen der Bahnebene eines Planeten und der Bahnebene der Erde (Ekliptik).

Wir wollen das dritte Keplersche Gesetz nachprüfen, indem wir die Bahn des Uranus mit der Erdbahn verglei-

Tabelle 9.2

Planet	große Halbachse, A.E.	Periode, s	Exzentrizität	Inklination	Masse, kg
Merkur	0,387	$7{,}60 \cdot 10^6$	0,205	7° 00	$3{,}28 \cdot 10^{23}$
Venus	0,723	$1{,}94 \cdot 10^7$	0,006	3° 23′	$4{,}83 \cdot 10^{24}$
Erde	1,000	$3{,}16 \cdot 10^7$	0,016	...	$5{,}98 \cdot 10^{24}$
Mars	1,523	$5{,}94 \cdot 10^7$	0,093	1° 51′	$6{,}37 \cdot 10^{23}$
Jupiter	5,202	$3{,}74 \cdot 10^8$	0,048	1° 18′	$1{,}90 \cdot 10^{27}$
Saturn	9,554	$9{,}30 \cdot 10^8$	0,055	2° 29′	$5{,}67 \cdot 10^{26}$
Uranus	19,218	$2{,}66 \cdot 10^9$	0,046	0° 46′	$8{,}80 \cdot 10^{25}$
Neptun	30,109	$5{,}20 \cdot 10^9$	0,008	1° 46′	$1{,}03 \cdot 10^{26}$
Pluto	39,60	$7{,}82 \cdot 10^9$	0,246	17° 7′	$5{,}4 \ \cdot 10^{24}$

Bild 9.16. Doppeltlogarithmische Darstellung des
Zusammenhangs $T \sim a^{3/2}$ für die Planeten des
Sonnensystems

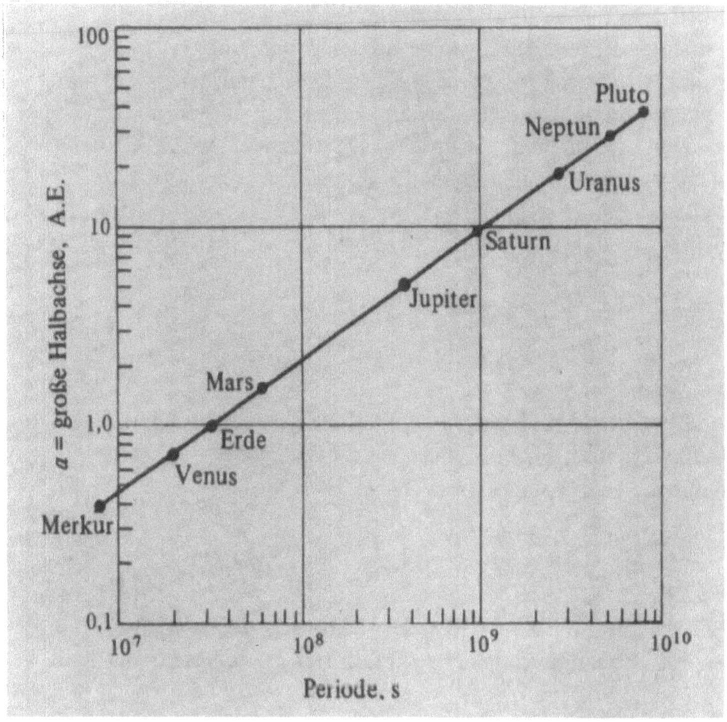

chen. Die dritte Potenz der Längenverhältnisse der großen
Halbachsen ist

$$\left(\frac{19,22}{1}\right)^3 \approx 71,0 \cdot 10^2 \, .$$

Das Quadrat des Verhältnisses der Umlaufzeiten beträgt

$$(84,2)^2 \approx 70,9 \cdot 10^2 \, .$$

Die Werte stimmen innerhalb der hier verwendeten Genauigkeit überein. In Bild 9.16 haben wir die Umlaufzeiten und die großen Halbachsen für alle Planeten doppellogarithmisch aufgetragen. Ein Potenzgesetz erscheint in
doppeltlogarithmischer Darstellung als Gerade. Die Steigung der Geraden gibt den Exponenten des Potenzgesetzes
an. Prüfen Sie das nach!

Das Zwei-Körper-Problem und die reduzierte Masse.
Wir haben bisher die Bewegung einer Masse im Feld einer
im Ursprung ruhenden Masse berechnet. Dies ist näherungsweise richtig, wenn eine der beiden Massen viel schwerer
als die andere ist. Die Lösung kann aber auch auf den Fall
vergleichbar großer Massen angewendet werden. Diese Verallgemeinerung führt uns auf den Begriff der *reduzierten
Masse*.

Wir nehmen an, daß keine äußeren Kräfte wirken, so
daß die Wechselwirkung der beiden Massen die einzige
Kraft darstellt. In Kapitel 6 haben wir gesehen, daß in
diesem Fall die Geschwindigkeit des Schwerpunkts konstant ist und durch eine geeignete Galilei-Transformation
zu Null gemacht werden kann (falls auch äußere Kräfte

vorhanden wären, würde sich der Schwerpunkt beschleunigt bewegen). Bild 9.17 zeigt den Ortsvektor des Schwerpunkts $\mathbf{R}_{\text{M.M.}}$.

$$\mathbf{R}_{\text{M.M.}} = \frac{m_1 \mathbf{r}_1 + m_2 \mathbf{r}_2}{m_1 + m_2}$$

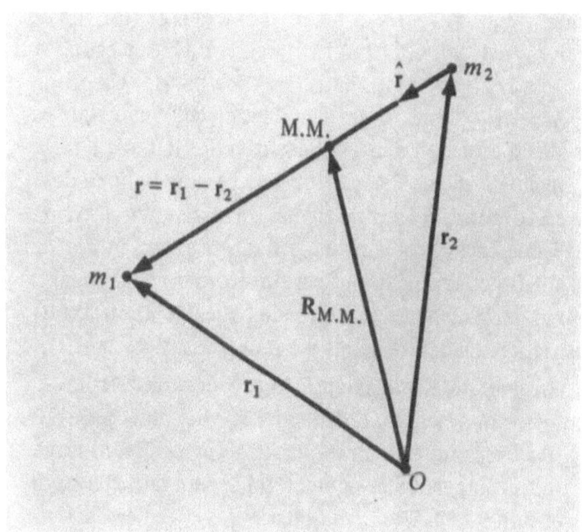

Bild 9.17. m_1 und m_2 wechselwirkend mit einer Zentralkraft
parallel zu $\mathbf{r}$. $\mathbf{r}_1$ und $\mathbf{r}_2$ sind die Ortsvektoren von m_1 und m_2
in einem Inertialsystem mit Ursprung in O. Ohne äußere Kräfte
ist $\mathbf{R}_{\text{M.M.}}$ konstant (siehe S. 108).

Die Kräfte auf m_1 und m_2 sind zum Schwerpunkt hin gerichtet, der notwendigerweise auf der Verbindungsstrecke der beiden Massen liegt. Da die folgenden Überlegungen für beliebige Zentralkräfte gelten, schreiben wir die Kraft auf m_1 in der Form $F(r_{12})\hat{\mathbf{r}}$, wobei r_{12} der Abstand zwischen m_1 und m_2 und $\hat{\mathbf{r}}$ der von m_2 nach m_1 weisende Einheitsvektor ist:

$$m_1 \frac{d^2\mathbf{r}_1}{dt^2} = F(r_{12})\hat{\mathbf{r}}$$

$$m_2 \frac{d^2\mathbf{r}_2}{dt^2} = -F(r_{12})\hat{\mathbf{r}}.$$

Addition dieser Gleichungen führt auf die Konstanz des Gesamtimpulses. Hier dividieren wir die Gleichungen durch die Massen und subtrahieren sie:

$$\frac{d^2\mathbf{r}_1}{dt^2} - \frac{d^2\mathbf{r}_2}{dt^2} = \frac{d^2(\mathbf{r}_1-\mathbf{r}_2)}{dt^2} = \left(\frac{1}{m_1}+\frac{1}{m_2}\right)F(r_{12})\hat{\mathbf{r}}.$$

Bild 9.17 zeigt, daß $\mathbf{r} = \mathbf{r}_1 - \mathbf{r}_2$ der Vektor von m_2 nach m_1 ist. Wir definieren nun die *reduzierte Masse* μ durch

$$\frac{1}{\mu} = \frac{1}{m_1}+\frac{1}{m_2}$$

$$\boxed{\mu = \frac{m_1 m_2}{m_1 + m_2}} \qquad (9.37)$$

Damit erhalten wir $\mu\, d^2\mathbf{r}/dt^2 = F(r_{12})\hat{\mathbf{r}}$. Für Gravitationskräfte ergibt sich

$$\mu\frac{d^2\mathbf{r}}{dt^2} = -\frac{Gm_1 m_2}{r^2}\,\hat{\mathbf{r}}. \qquad (9.38)$$

Diese Gleichung haben wir oben gelöst.

Wir verwenden die Gln. (9.37) und (9.38) folgendermaßen: Wir erinnern uns daran, daß $\mathbf{r}$ der Vektor von m_2 nach m_1 ist. Mit Gl. (9.38) können wir die Bewegung von m_1 relativ zu m_2 bestimmen, als wäre m_2 der Ursprung des Inertialsystems, abgesehen davon, daß wir μ statt m_1 als Masse ansetzen müssen. Beachten Sie, daß die Kraft (9.38) nicht gleich $-G\mu m_2/r^2$ ist! Um die Bahnen des Zwei-Körper-Problems zu finden, brauchen wir also nur das Ein-Körper-Problem zu lösen. Die Zurückführung eines Zwei-Körper-Problems auf ein Ein-Körper-Problem läßt sich in der gleichen Weise für jede beliebige Zentralkraft vollziehen. Dabei tritt stets die reduzierte Masse auf.

Wie sind die Konstanten L und E des Ein-Körper-Problems nunmehr zu definieren? Wir benutzen Bild 9.18, wo der Ursprung im Schwerpunkt liegen soll (Achtung! $\mathbf{r}_1$ und $\mathbf{r}_2$ haben daher nunmehr eine andere Bedeutung als in Bild 9.17). Wie zuvor gilt $\mathbf{r} = \mathbf{r}_1 - \mathbf{r}_2$, aber

$$m_1\mathbf{r}_1 + m_2\mathbf{r}_2 = 0$$

und daher

$$m_1\mathbf{r}_1 = -m_2\mathbf{r}_2 \quad \text{und} \quad m_1\dot{\mathbf{r}}_1 = -m_2\dot{\mathbf{r}}_2,$$

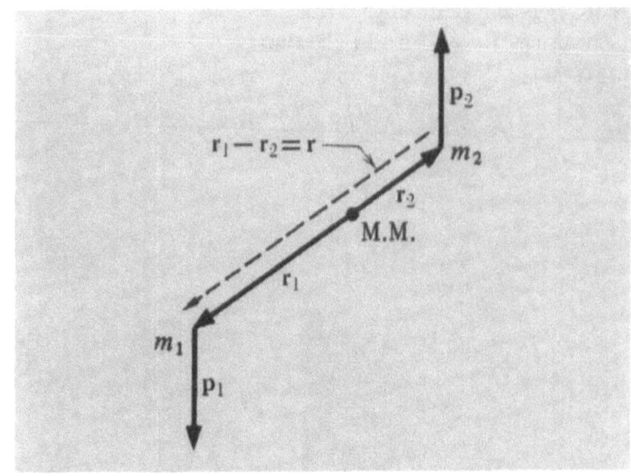

Bild 9.18. In einem Inertialsystem, in dem der Schwerpunkt im Ursprung ruht ist $m_1\mathbf{r}_1 = -m_2\mathbf{r}_2$. Der Drehimpuls von m_1 um den Schwerpunkt plus dem Drehimpuls von m_2 um den Schwerpunkt ist konstant und gleich dem Gesamtdrehimpuls $\mathbf{L}$. Beachten Sie den Unterschied in den Definitionen von $\mathbf{r}_1$ und $\mathbf{r}_2$ zu Bild 9.17.

wie aus der Definition des Schwerpunkts folgt. Der Drehimpuls $\mathbf{L}$ um den Schwerpunkt (oder Ursprung) folgt daher zu

$$\mathbf{L} = \mathbf{r}_1 \times m_1\dot{\mathbf{r}}_1 + \mathbf{r}_2 \times m_2\dot{\mathbf{r}}_2 = (\mathbf{r}_1 - \mathbf{r}_2) \times m_1\dot{\mathbf{r}}_1$$

$$= (\mathbf{r}_1 - \mathbf{r}_2) \times \frac{m_1 m_2}{m_1 + m_2}(\dot{\mathbf{r}}_1 - \dot{\mathbf{r}}_2) = \mathbf{r} \times \mu\dot{\mathbf{r}}.$$

Dabei haben wir folgende Beziehung benutzt:

$$m_1\dot{\mathbf{r}}_1 = \frac{m_1(m_1 + m_2)\dot{\mathbf{r}}_1}{m_1 + m_2}$$

$$= \frac{m_1}{m_1 + m_2}(-m_2\dot{\mathbf{r}}_2 + m_2\dot{\mathbf{r}}_1)$$

$$= \frac{m_1 m_2}{m_1 + m_2}(\dot{\mathbf{r}}_1 - \dot{\mathbf{r}}_2). \qquad (9.39)$$

Man berechnet also den Drehimpuls $\mathbf{L}$ so, als würde die reduzierte Masse μ um die feste Masse m_2 kreisen.

Die Energie E beziehen wir ebenfalls auf das System, in dem der Schwerpunkt ruht:

$$E = \frac{1}{2}m_1\dot{\mathbf{r}}_1\cdot\dot{\mathbf{r}}_1 + \frac{1}{2}m_2\dot{\mathbf{r}}_2\cdot\dot{\mathbf{r}}_2 - \frac{Gm_1 m_2}{r}$$

$$= \frac{1}{2}\left(m_1 + m_2\frac{m_1^2}{m_2^2}\right)\dot{\mathbf{r}}_1\cdot\dot{\mathbf{r}}_1 - \frac{Gm_1 m_2}{r}$$

$$= \frac{1}{2}m_1\left(\frac{m_2 + m_1}{m_2}\right)\left[\frac{m_2^2(\dot{\mathbf{r}}_1 - \dot{\mathbf{r}}_2)\cdot(\dot{\mathbf{r}}_1 - \dot{\mathbf{r}}_2)}{(m_1 + m_2)^2}\right] - \frac{Gm_1 m_2}{r}$$

$$= \frac{1}{2}\mu(\dot{\mathbf{r}}_1 - \dot{\mathbf{r}}_2)\cdot(\dot{\mathbf{r}}_1 - \dot{\mathbf{r}}_2) - \frac{Gm_1 m_2}{r}$$

$$= \frac{1}{2}\mu\dot{\mathbf{r}}^2 - \frac{Gm_1 m_2}{r}. \qquad (9.40)$$

Wieder können wir das Problem so betrachten, als bewegte sich die reduzierte Masse μ um die feste Masse m_2 (siehe auch Übung 11).

Die reduzierte Masse μ ist stets kleiner als die kleinere der Massen m_1 und m_2. Für $m_1 = m_2 = m$ gilt

$$\frac{1}{\mu} = \frac{2}{m}, \qquad \mu = \frac{1}{2}\, m. \tag{9.41}$$

Für $m_1 \ll m_2$ folgt dagegen aus Gl. (9.37)

$$\mu = \frac{m_1 m_2}{m_1 + m_2} = m_1 \frac{1}{(m_1/m_2) + 1} \approx m_1 \left(1 - \frac{m_1}{m_2}\right).$$

Wir haben den Quotienten dabei nach dem Binomialtheorem entwickelt und nur den ersten Term in m_1/m_2 berücksichtigt.

Als Beispiel betrachten wir zunächst atomaren Wasserstoff, bei dem sich ein Elektron (Masse $m_1 = m$) und ein Proton (Masse $m_2 = m_p = 1836\ m$) unter der Wirkung der anziehenden Coulombkraft umeinander bewegen. Die reduzierte Masse ist in diesem Fall

$$\mu \approx m \left(1 - \frac{1}{1836}\right)$$

und weicht nur wenig von der Elektronenmasse ab. Es ist also die leichtere der beiden Massen, die die reduzierte Masse im wesentlichen bestimmt. (Für die *Gesamtmasse* ist selbstverständlich die *schwerere* Masse ausschlaggebend. Verwechseln Sie die reduzierte Masse, die für die Bewegungen *in einem* System wesentlich ist, nicht mit der Gesamtmasse des Systems, die für die Bewegung des Systems *als ganzes* wichtig ist!)

Der Unterschied zwischen der Elektronenmasse und der reduzierten Masse wird besonders klar durch einen Vergleich des Spektrums des atomaren Wasserstoffs mit demjenigen des Positroniums. Bild 9.19 zeigt diese Spektren.

Positronium ist ein wasserstoffähnliches Atom, das aus einem Positron und einem Elektron besteht, aber kein Proton aufweist. Das Positron hat die gleiche Masse wie das Elektron, aber eine positive Ladung e. Im Positronium ist die reduzierte Masse μ daher nach Gl. (9.41) gleich der halben Elektronenmasse, $\mu = m/2$. Da die Coulomb-Wechselwirkung zwischen dem Positron und dem Elektron des Positroniums die gleiche ist wie zwischen dem Proton und dem Elektron des Wasserstoffatoms, ist zu vermuten, daß die Spektren der beiden Atome einander ähnlich sind und sich nur infolge der verschiedenen reduzierten Massen unterscheiden. Bild 9.19 zeigt, daß der Unterschied der Spektren diesen Erwartungen genau entspricht.

- **Beispiel:** *Schwingungen eines zweiatomigen Moleküls.* Zwei Atome, die ein stabiles Molekül bilden, haben eine potentielle Energie, die eine quadratische Funktion ihres Abstands $\mathbf{r} - \mathbf{r}_0$ vom Gleichgewichtsabstand $\mathbf{r}_0$ ist:

$$E_p(r) = \frac{1}{2}\, C\,(r - r_0)^2 + \text{const.} \tag{9.42}$$

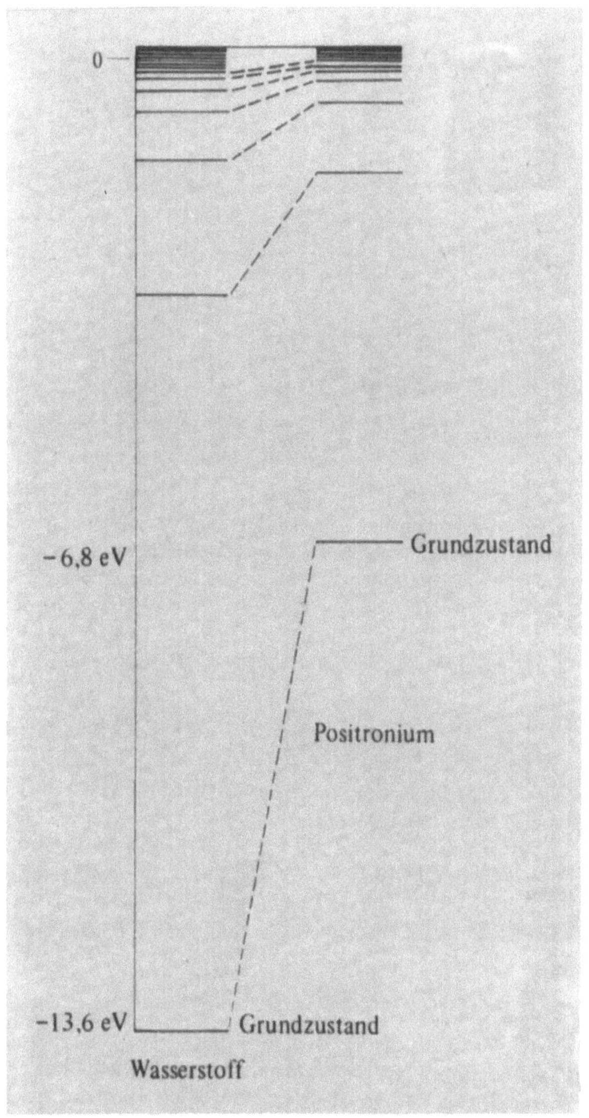

Bild 9.19. Energieniveauschema des Wasserstoffatoms und des Positroniumatoms. Die reduzierte Masse für Wasserstoff ist

$$\mu = m_e / \left(1 + \frac{1}{1836}\right) \approx m_e.$$

Die reduzierte Masse des Positroniums ist $\mu = \frac{1}{2}\, m_e$. Dadurch unterscheiden sich die Energiewerte um den Faktor 2.

sofern $(r - r_0)/r_0 \ll 1$ ist (siehe Bild 9.20). Die Kraft in Richtung der Verbindungslinie der Atome ist für den Fall, daß das Molekül *nicht* rotiert, durch

$$F = - \frac{dE_p}{d(r - r_0)} = - C(r - r_0) \tag{9.43}$$

gegeben. Hierdurch wird ein harmonischer Oszillator mit der Kraftkonstante C beschrieben. Die Massen der Atome sind m_1 und m_2. Wie groß ist die Schwingungsfrequenz?

Bei freier Schwingung bewegen sich beide Atome so, daß der gemeinsame Schwerpunkt in Ruhe bleibt. Die Bewegungsgleichung

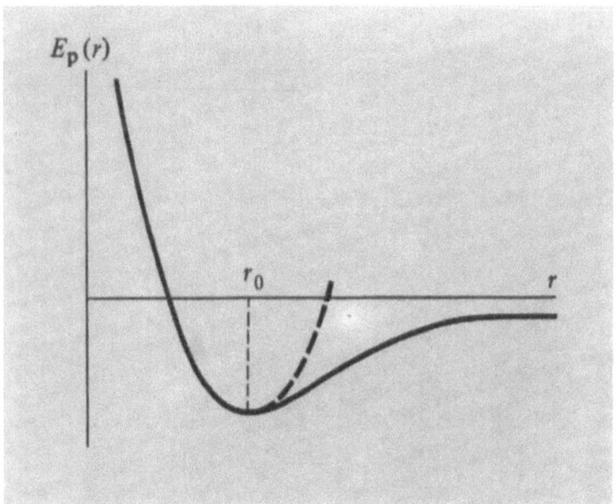

Bild 9.20. Die potentielle Energie als Funktion des Abstands der beiden Atome eines Moleküls. Die Gleichgewichtslage ist r_0. Die gestrichelte Kurve entspricht dem parabolischen Potential der Gl. (9.42).

ist durch Gl. (9.38) gegeben, wobei die Gravitationskraft durch Gl. (9.43) zu ersetzen ist:

$$\mu \frac{d^2\mathbf{r}}{dt^2} = -C(r - r_0)\hat{\mathbf{r}}. \qquad (9.44)$$

Rotiert das Molekül nicht, bleibt die Richtung von $\hat{\mathbf{r}}$ erhalten und es gilt

$$\frac{d^2\mathbf{r}}{dt^2} = \frac{d^2r}{dt^2}\hat{\mathbf{r}}.$$

(Die zeitliche Ableitung von $\mathbf{r}$ nimmt eine kompliziertere Gestalt an, wenn sich die Richtung von $\mathbf{r}$ ändert.) Die Bewegungsgleichung (9.44) lautet daher

$$\mu \frac{d^2r}{dt^2} = -C(r - r_0).$$

Dies ist die Bewegungsgleichung eines harmonischen Oszillators mit der Kreisfrequenz

$$\omega_0 = \left(\frac{C}{\mu}\right)^{1/2}. \qquad (9.45)$$

Man kennt aus spektroskopischen Messungen die Frequenzen der Grundschwingungen der Moleküle HF und HCl:

$$\omega_0\,(\mathrm{HF}) = 7{,}55 \cdot 10^{14}\,\mathrm{s}^{-1},$$
$$\omega_0\,(\mathrm{HCl}) = 5{,}47 \cdot 10^{14}\,\mathrm{s}^{-1}.$$

Wir wollen diese Werte zum Vergleich der Kraftkonstanten C_{HF} und C_{HCl} heranziehen. Die reduzierten Massen errechnen sich in atomaren Masseneinheiten

$$\frac{1}{\mu_{\mathrm{HF}}} \approx \frac{1}{1} + \frac{1}{19} = \frac{20}{19}, \quad \mu_{\mathrm{HF}} \approx 0{,}950$$

und

$$\frac{1}{\mu_{\mathrm{HCl}}} \approx \frac{1}{1} + \frac{1}{35} = \frac{36}{35}, \quad \mu_{\mathrm{HCl}} \approx 0{,}973.$$

(Wir haben hierbei die Masse des häufigsten Chlor-Isotops Cl^{35} benutzt.) Beachten Sie, daß die Werte der reduzierten Massen dicht beieinander liegen. Das liegt daran, daß der Wasserstoff als leichtestes Atom den größeren Beitrag zur Schwingung liefert.

Wir erhalten aus Gl. (9.45) für das Verhältnis der Kraftkonstanten

$$\frac{C_{\mathrm{HF}}}{C_{\mathrm{HCl}}} = \frac{(\mu\omega_0^2)_{\mathrm{HF}}}{(\mu\omega_0^2)_{\mathrm{HCl}}} \approx \frac{54{,}0 \cdot 10^{28}}{29{,}0 \cdot 10^{28}} \approx 1{,}86$$

und

$$C_{\mathrm{HF}} \approx 54 \cdot 10^{28} \cdot 1{,}66 \cdot 10^{-27} \approx 900\ \mathrm{N/m},$$

wobei wir das Ergebnis von atomaren Masseneinheiten in SI-Einheiten umgerechnet haben.

Hätten wir diesen Wert erwarten können? Nehmen wir einmal an, wir würden das Molekül, das eine Länge von $1\ \mathrm{A} = 10^{-10}\ \mathrm{m}$ besitzt, um $0{,}5 \cdot 10^{-10}\ \mathrm{m}$ strecken. Die Arbeit, die wir dazu aufwenden müßten, würde vermutlich nahezu ausreichen, um die Bindung zwischen H und F aufzubrechen. Nach Gl. (9.42) ist sie etwa

$$\tfrac{1}{2} C(r - r_0)^2 \approx \tfrac{1}{2} \cdot 900(0{,}5 \cdot 10^{-10})^2\ \mathrm{J} = 1 \cdot 10^{-18}\ \mathrm{J} = 6\ \mathrm{eV}.$$

Dieser Energieaufwand ist nicht ungewöhnlich für die Zerlegung in getrennte Atome. Mit dieser Abschätzung haben wir jedoch den Gültigkeitsbereich von Gl. (9.42) überschritten. Der tatsächliche Verlauf der molekularen potentiellen Energie ist qualitativ in Bild 9.20 dargestellt.

9.5. Übungen

1. *Gravitationskraft zwischen Punktmasse und unendlich ausgedehnter Linienmasse.* Zeigen Sie, daß eine unendlich lange linienförmige Masse der Liniendichte ρ auf eine Masse m im Abstand R die Gravitationskraft mit dem Betrag $2G\rho m/R$ ausübt. (Beachten Sie die Richtungen der Kräfte von den einzelnen Linienelementen!)

2. *Gravitationskraft zwischen Punktmasse und endlich ausgedehnter Linienmasse.* Eine Punktmasse m befindet sich auf der Mittelsenkrechten einer Geraden der Länge $2l$ und der Masse M. Der Abstand der Punktmasse von der Geraden ist x.

   a) Finden Sie einen Ausdruck für die potentielle Energie mit der Festlegung $E_\mathrm{p} = 0$ in $x = \infty$.
   Lösung: $-(GMm/l)\ln\left\{[l + (x^2 + l^2)^{1/2}]/x\right\}$.

   b) Bestimmen Sie die Gravitationskraft zwischen beiden Massen. Welche Richtung hat die Kraft?

   c) Zeigen Sie, daß sich die Lösung a) vereinfacht zu $E_\mathrm{p} \approx -GMm/x$, wenn $x \gg l$ ist.

   Betrachten Sie einen dünnen Draht der Länge 2 m und der Liniendichte 0,2 kg/m.

   d) Welche Gravitationskraft übt der Draht auf eine Punktmasse $m = 0{,}5$ g aus, die sich auf der Verlängerung der Drahtachse in 3 m Entfernung vom Zentrum des Drahts befindet?
   Lösung: $1{,}7 \cdot 10^{-15}$ N.

   e) Welche potentielle Energie hat die Punktmasse im Gravitationsfeld des Drahts?
   Lösung: $-4{,}6 \cdot 10^{-14}$ J.

3. *Gravitationspotential einer Sternanordnung.* Errechnen Sie das Gravitationspotential eines Systems von acht Sternen, die sich an den Eckpunkten eines Würfels mit der Kantenlänge 1 Parsek befinden. Jeder der acht Sterne habe Sonnenmasse. Die Selbstenergie der Sterne sei vernachlässigt. *Lösung:* $2 \cdot 10^{35}$ J.

4. *Ein Loch durch die Erde.* Ein Loch gehe durch den Erdmittelpunkt und ein Teilchen bewege sich darin. Zeigen Sie, daß die Bewegung eine harmonische Schwingung ist, falls Reibung und Erddrehung vernachlässigt werden können. Berechnen Sie die Periode und überlegen Sie, in welchem Verhältnis dieses Ergebnis zur Umlaufdauer eines Erdsatelliten steht, der knapp über der Erdoberfläche fliegt.

   Anmerkung: Die Erddrehung würde die harmonische Bewegung nicht verhindern, jedoch ihre Periode verändern. Zeigen Sie das.

5. *Bewegung in einer Galaxis.* Eine kugelförmige Galaxis hat den Radius R_0 und die Masse M und besteht aus gleichmäßig verteilten Sternen. Ein Stern der Masse m in einer Entfernung $r < R_0$ vom Mittelpunkt bewegt sich unter dem Einfluß einer Zentralkraft, deren Stärke von der Masse abhängt, die von einer Kugel mit dem Radius r eingeschlossen wird.

   a) Wie groß ist die Kraft im Abstand r?
      Lösung: $F = GMmr/R_0^3$.

   b) Wie groß ist die Bahngeschwindigkeit des Sterns, wenn er sich auf einer Kreisbahn um das Zentrum bewegt?
      Lösung: $v = (Gm^2/R_0^3)^{1/2}$.

6. *Meteorbahn.* Ein Meteor hat im Perihel die Geschwindigkeit $7,0 \cdot 10^4$ m/s und sein Abstand von der Sonne ist $5,0 \cdot 10^{10}$ m. Bestimmen Sie seinen Abstand von der Sonne, seine Geschwindigkeit im Aphel und die Exzentrizität der Bahn aus den Gln. (9.21), (9.25) und (9.28). *Lösung:* $5,5 \cdot 10^{11}$m; $6,3 \cdot 10^3$m/s; $\epsilon = 0,83$.

7. *Bahn eines Erdsatelliten.* Welche Geschwindigkeit muß ein Erdsatellit in einer Höhe von 320 km und in Richtung parallel zur Erdoberfläche haben, damit der oberste Punkt seiner elliptischen Bahn die Mondbahn (300 000 km) erreicht?

8. *Fluchtgeschwindigkeit.* Bestimmen Sie die notwendige Abschußgeschwindigkeit eines Satelliten, der den Punkt zwischen Erde und Mond erreichen soll, wo sich die Beiträge zur Schwerkraft gerade aufheben. Vernachlässigen Sie die Luftreibung. Mit welcher Geschwindigkeit erreicht der Satellit den Mond?

9. *Änderung der Sonnenmasse.* Was würde mit der annähernd kreisförmigen Erdbahn geschehen, wenn die Sonnenmasse plötzlich auf die Hälfte verringert wäre?

10. *Wasserstoff und Helium.* Nehmen Sie an, daß das Energieniveau bei $-13,6$ eV des Wasserstoffatoms einer kreisförmigen Elektronenbahn entspricht.

    a) Berechnen Sie den Drehimpuls.
       Lösung: $1,1 \cdot 10^{-34}$ Js.

    b) Welche Energie und welchen Bahnradius hätte ein Elektron mit gleichem Drehimpuls im Heliumatom (Ladung $2e$)?

11. *Bahnbewegung von Doppelsternen.* Der Stern mit der größten Masse, der im Augenblick bekannt ist, ist der *J. S. Plaskettsche Stern.* Er ist ein Doppelstern, d.h. er besteht aus zwei Sternen, die durch Gravitation aneinander gebunden sind.
    Aus spektroskopischen Befunden weiß man folgendes:

    a) Die Umlaufzeit um den gemeinsamen Schwerpunkt beträgt 14,4 Tage ($1,2 \cdot 10^6$ s).

    b) Die Geschwindigkeit jedes Einzelsterns beträgt 220 km/s. Da beide Sterne nahezu gleich große, aber entgegengesetzte Geschwindigkeiten besitzen, können wir schließen, daß sie nahezu gleich weit vom Schwerpunkt entfernt sind und daß daher auch ihre Massen nahezu gleich groß sind.

    c) Die Bahn ist nahezu kreisförmig.

    Berechnen Sie aus diesen Angaben die reduzierte Masse und den gegenseitigen Abstand der Sterne.
    Lösung: $\mu \approx 0,6 \cdot 10^{32}$ kg, Abstand $\approx 0,8 \cdot 10^{11}$ m.

12. *Form der Wasseroberfläche für eine Erde mit exakter Kugelgestalt.* Eine Erde von gleichmäßiger Kugelgestalt ist mit Wasser bedeckt. Die Wasseroberfläche nimmt die Form eines Geoids an (abgeplattete Kugel), wenn sich die Erde mit der Winkelgeschwindigkeit ω dreht. Finden Sie eine Näherung für den Unterschied der Wassertiefen am Pol und am Äquator unter der Annahme, daß die Wasseroberfläche eine Äquipotentialfläche darstellt. (Warum ist diese Annahme plausibel?) Vernachlässigen Sie die Gravitationskräfte der Wassermassen untereinander.

    Hinweis: Wir benötigen einen Zusatzterm zur potentiellen Energie, der die Erddrehung berücksichtigt. Dieses Zentrifugalpotential finden Sie in Bild 6.21b und in Kapitel 6, Übung 13:

    $$E_{\text{pZ}} = -\omega^2 r^2/2,$$

    wobei sich E_{p} auf die Einheitsmasse bezieht. Mit $F = -E_{\text{p}}/r$ können wir daraus die übliche Zentrifugalkraft herleiten

    $$F_Z = \omega^2 r.$$

    Diesen Ausdruck benötigen wir für r, der nur wenig größer als der Erdradius R_{E} ist.

    An den Polen ist $E_{\text{pZ}} = 0$. Das dortige Gravitationspotential ist gleich der Summe aus Gravitationspotential und E_{pZ} am Äquator. Die Entfernungen der Wasseroberfläche am Pol und am Äquator vom Erdmittelpunkt sind $R_{\text{E}} + D_{\text{P}}$ bzw. $R_{\text{E}} + D_{\text{Ä}}$, mit $D \ll R_{\text{E}}$.
    Lösung: $(D_{\text{Ä}} - D_{\text{P}})/R_{\text{E}} \approx R_{\text{E}}/2g \approx 1/580$. Dies ist näherungsweise gleich dem wirklichen Wert 1/298.

13. *Direkte Berechnung der Kraft.* Beweisen Sie Gl. (9.14) direkt, indem Sie die infinitesimalen Beiträge zur Kraft aufsummieren.
    Hinweis: Verwenden Sie die Symmetrie des Problems, um zu zeigen, daß die Kraft in Richtung der Verbindungslinie zwischen Kugelmittelpunkt und Masse m_1 liegen muß.

14. *Satellit um den Mond.* Bestimmen Sie die Umlaufsdauer eines Satelliten um den Mond aus den Daten, die auf den Buchdeckeln angegeben sind.

9.6. Weiterführendes Problem

Eine andere Behandlung des Keplerproblems. Die Integration der Bewegungsgleichung für das Keplerproblem kann durch die Verwendung einer weiteren Erhaltungsgröße

$$\epsilon = \frac{-1}{mC} \, \mathbf{L} \times \mathbf{p} + \frac{\mathbf{r}}{r} \tag{9.46}$$

vermieden werden. Dabei ist $\mathbf{p} = m\mathbf{v}$ der Impuls und C die Konstante im Kraftgesetz. Wir wollen

$$\frac{d\epsilon}{dt} = 0$$

beweisen:

$$\frac{d\epsilon}{dt} = \frac{-1}{mC}\left[\left(\frac{d\mathbf{L}}{dt} \times p\right) + \mathbf{L} \times \frac{dp}{dt}\right] + \frac{\mathbf{v}}{r} - \frac{1}{r^2}\,\mathbf{r}\,\frac{dr}{dt} .$$

Wegen

$$\frac{d\mathbf{L}}{dt} = 0, \quad \frac{dp}{dt} = \frac{C}{r^3}, \quad \mathbf{L} = m\mathbf{r} \times \mathbf{v}$$

und

$$\mathbf{r} \cdot \mathbf{v} = \mathbf{r} \cdot \left(\frac{dr}{dt}\frac{\mathbf{r}}{r} + r\frac{d\theta}{dt}\,\hat{\theta}\right) = r\frac{dr}{dt}$$

gilt

$$\frac{d\epsilon}{dt} = -\frac{1}{mC}\,\mathbf{L} \times \frac{C\mathbf{r}}{r^3} + \frac{\mathbf{v}}{r} - \frac{1}{r^3}(\mathbf{v} \cdot \mathbf{r})\mathbf{r}$$

$$= -\frac{(\mathbf{r} \times \mathbf{v}) \times \mathbf{r}}{r^3} + \frac{\mathbf{v}}{r} - \frac{(\mathbf{v} \cdot \mathbf{r})\mathbf{r}}{r^3}$$

$$= -\frac{r^2\mathbf{v}}{r^3} + \frac{(\mathbf{r} \cdot \mathbf{v})\mathbf{r}}{r^3} + \frac{\mathbf{v}}{r} - \frac{(\mathbf{r} \cdot \mathbf{v})\mathbf{r}}{r^3} = 0,$$

wobei wir Gl. (2.60) für das dreifache Vektorprodukt verwendet haben.

Aus der Definition Gl. (9.46) von ϵ folgt

$$\epsilon \cdot \mathbf{r} = \epsilon r \cos\theta = \frac{-1}{mC}(\mathbf{L} \times \mathbf{p} \cdot \mathbf{r}) + r$$

und daher

$$r(1 - \epsilon \cos\theta) = -\frac{\mathbf{L} \cdot \mathbf{L}}{mC} = -\frac{L^2}{mC} ,$$

wobei wir

$$\mathbf{L} \times \mathbf{p} \cdot \mathbf{r} = \mathbf{L} \cdot \mathbf{p} \times \mathbf{r} = -\mathbf{L} \cdot \mathbf{r} \times \mathbf{p} = -\mathbf{L} \cdot \mathbf{L}$$

verwenden, oder

$$\frac{1}{r} = -\frac{mC}{L^2}(1 - \epsilon \cos\theta),$$

was gerade Gl. (9.24) entspricht.

Der Betrag des Vektors ϵ ist gleich der Exzentrizität ϵ der Bahn, seine Richtung ist die der großen Halbachse der Keplerellipse (oder der Achse der Hyperbel). Wie zuvor kann ϵ durch die Energie ausgedrückt werden.

10. Die Lichtgeschwindigkeit

10.1. Die Lichtgeschwindigkeit als Naturkonstante

Die Lichtgeschwindigkeit[1] im Vakuum c ist eine der Fundamentalkonstanten der Physik:

1. Sie ist die Geschwindigkeit, mit der sich jede elektromagnetische Strahlung im freien Raum unabhängig von der Strahlungsfrequenz ausbreitet.

2. Ein Signal kann weder im Vakuum noch in Materie mit einer Geschwindigkeit größer als c übertragen werden.

3. Die Lichtgeschwindigkeit im freien Raum ist vom Bezugssystem eines Beobachters unabhängig. Ergibt die Messung der Geschwindigkeit eines Lichtsignals in einem Inertialsystem den Wert $c = 2,997\,93 \cdot 10^{10}$ cm/s, so beobachten wir in einem zweiten Inertialsystem, das sich gegenüber dem ersten parallel zum Signal mit der konstanten Geschwindigkeit V bewegt, den gleichen Wert c (und nicht $c + V$ oder $c - V$).

4. Sowohl in den Maxwellgleichungen der Elektrodynamik als auch in der Gleichung für die Lorentzkraft tritt die Lichtgeschwindigkeit auf. Das wird deutlich, wenn wir sie im CGS-System schreiben.

5. In der dimensionslosen Konstanten

$$\frac{\hbar c}{e^2} \approx 137,04$$

(die den Kehrwert der Sommerfeldschen Feinstrukturkonstanten darstellt,) kommt ebenfalls die Lichtgeschwindigkeit vor.

$2\pi\hbar$ bedeutet das Plancksche Wirkungsquantum und e die Protonenladung. Diese Konstante spielt in der Atomphysik eine wichtige Rolle und wird in Band 4 behandelt. Es gibt bisher keine Theorie, die den Wert der Feinstrukturkonstanten vorhersagt.

In diesem Kapitel befassen wir uns hauptsächlich mit Experimenten und ihren Ergebnissen. Wir behandeln die Messung der Lichtgeschwindigkeit, ferner überzeugen wir uns von der Invarianz der Lichtgeschwindigkeit in einem Inertialsystem mit beliebiger Geschwindigkeit. Fragen bezüglich der elektromagnetischen Natur des Lichts und der Ausbreitung in lichtbrechenden und dispergierenden Medien behalten wir Band 3 vor. (In einem lichtbrechenden Medium ist der Brechungsindex nicht genau gleich Eins. In einem dispergierenden Stoff ist der Brechungsindex eine Funktion der Frequenz.)

10.2. Messungen der Lichtgeschwindigkeit

Von den vielen Methoden, die zur Bestimmung der Lichtgeschwindigkeit verwendet wurden, wollen wir hier einige im Prinzip wiedergeben[1].

Die Laufzeit des Lichts längs eines Durchmessers der Erdumlaufbahn. Bereits mehrere Jahrhunderte vor dem ersten experimentellen Nachweis glaubte man an die Endlichkeit der Lichtgeschwindigkeit. Diesen lieferte *O. Roemer* im Jahre 1676. Er beobachtete, daß die Bewegung des innersten Jupitermondes M nicht völlig regelmäßig ist, da die Verfinsterungen von Io durch Jupiter zeitliche Irregularitäten aufwiesen. Beim Versuch zu dem Zeitpunkt des Bildes 10.1 eine 6 Monate spätere Verfinsterung (Bild 10.2) vorherzusagen, ergab sich ein Fehler von etwa 22 min. *Roemer* postulierte, daß die Fehlerquelle die Laufzeit des Lichts entlang des Durchmessers der Erdbahn war. Seine Schätzung des Erdbahndurchmessers war $D \approx 2,83 \cdot 10^{11}$ m, so daß er c zu

$$c = \frac{2,83 \cdot 10^{11}\,\text{m}}{22 \cdot 60\,\text{s}} = 2,14 \cdot 10^8\,\text{m/s}$$

berechnete. In Anbetracht des damaligen Entwicklungsstandes der Physik stimmt dieser Wert gut mit $3 \cdot 10^8$ m/s überein. Die Bewegung des Jupiters um die Sonne ist langsamer (Umlaufdauer 12 a) als die der Erde, so daß vor allem der Durchmesser der Erdbahn in die Rechnung eingeht. *Roemers* Methode ist nicht sehr genau, sie zeigte aber den Astronomen, daß bei der Analyse der Planeten- und Mondbewegungen die Laufzeit des Lichts zu berücksichtigen ist.

Die Aberration des Sternenlichts. Im Jahre 1725 begann *James Bradley* eine Reihe genauer Beobachtungen einer scheinbaren jahreszeitlich bedingten Veränderung der Lage einiger Sterne, insbesondere des Sterns γ-Draconis. Er beobachtete, daß (nach Berücksichtigung aller notwendigen Korrekturen) ein im Zenit stehender Stern innerhalb eines Jahres eine fast kreisförmige Bahn mit einem Öffnungswinkel von etwa $40,5''$ zu durchlaufen schien. Ferner beobachtete er, daß anders stehende Sterne sich ähnlich bewegten, im allgemeinen auf elliptischen Bahnen.

Das von *Bradley* beobachtete Phänomen ist als *Aberration* bekannt und in den Bildern 10.3 bis 10.5 illustriert. Mit der wirklichen Bewegung des Sterns hat es nichts zu tun; es resultiert aus der Endlichkeit der Licht-

---

[1] Falls nicht anders vermerkt, wollen wir unter dem Begriff *Lichtgeschwindigkeit* die Lichtgeschwindigkeit c im freien Raum verstehen. Die Lichtgeschwindigkeit in einem stofferfüllten Raum ist somit kleiner als c und kann sogar kleiner als die eines geladenen Teilchens im gleichen Medium sein (*Čerenkoveffekt*).

[1] Eine ausgezeichnete Übersicht über die Messungen der Lichtgeschwindigkeit bietet der Artikel von *E. Bergstrand* im Handbuch der Physik, S. Flügge (Herausg.), Band 24, S. 1 bis 43 (Springer-Verlag, Berlin 1956). Die von uns zitierten Werte für c sind diesem Artikel entnommen. Siehe auch *J. F. Mulligan*, Am. J. Phys. **44**, 960 (1976).

Vgl. auch: *Sanders,* Die Lichtgeschwindigkeit, Vieweg, Braunschweig.

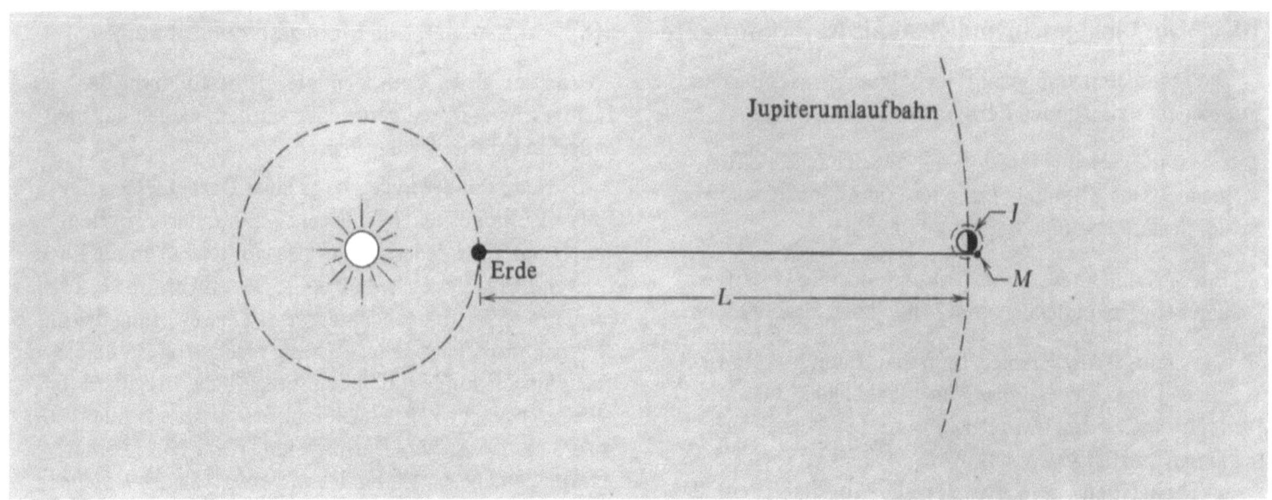

Bild 10.1. Verfinsterung des Jupitermondes M tritt ein, wenn der Mond von der Erde her gesehen durch Jupiter J verdeckt wird. Dieses Ereignis wird von der Erde wegen der Laufzeit des Lichts um L/c später beobachtet. Die Umlaufdauer von M ist etwa 42 h.

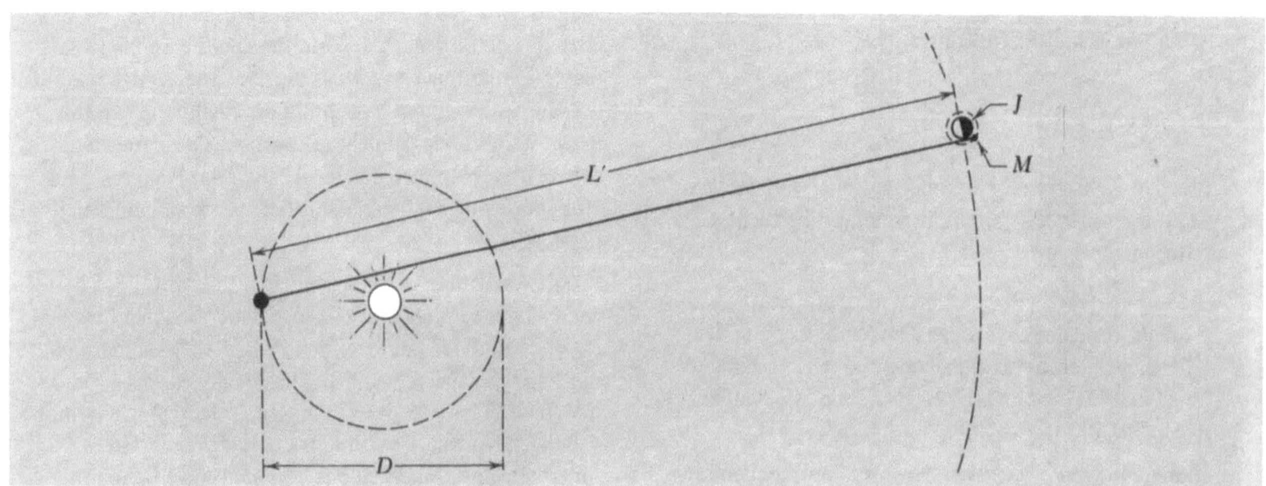

Bild 10.2. Sechs Monate später hat die Erde auf ihrer Bahn einen Halbkreis beschrieben, während Jupiter nur um etwa 15° weitergerückt ist. Die Verfinsterung wird auf der Erde nun um L'/c später beobachtet, wobei $L' \approx L + D$ ist.

geschwindigkeit und aus der Bahngeschwindigkeit der Erde. Aus diesem direkten Experiment ging erstmalig hervor, daß die Sonne ein besseres Inertialsystem als die Erde ist — d.h., es ist wirklichkeitsnäher, sich die Erde als um die Sonne kreisend vorzustellen, anstatt anzunehmen, daß die Sonne um die Erde kreist; denn dieses Experiment zeigt direkt die jährliche Richtungsänderung der Erdgeschwindigkeit relativ zu den Sternen.

Die einfachste Erklärung der Aberration können wir durch einen Vergleich der Lichtausbreitung mit dem Fallen von Regentropfen geben (Bild 10.6). Solange kein Wind weht, fallen die Regentropfen vertikal. Ein auf einer Stelle stehender Mann wird nicht naß, wenn er direkt über seinem Kopf einen Regenschirm aufgespannt hat. Läuft der Mann jedoch und hält den Schirm weiterhin direkt über seinem Kopf, so wird die Vorderseite seines Mantels

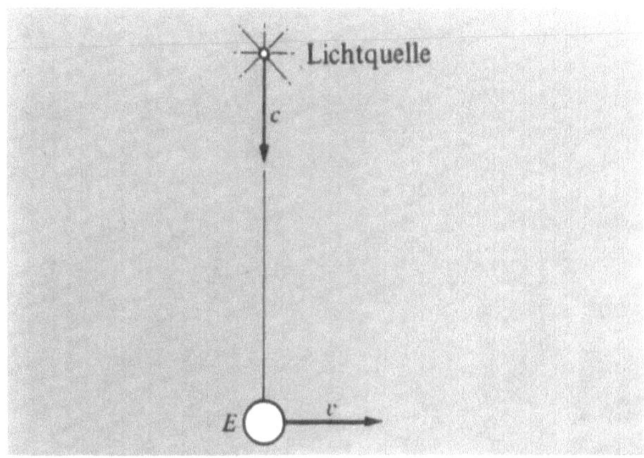

Bild 10.3. *Bradley* benutzte 1725 das Phänomen der Aberration zur Bestimmung von c. Stellen Sie sich vor, das Licht einer entfernten Quelle trifft auf das Objekt E, das senkrecht zum einfallenden Licht die Geschwindigkeit v hat.

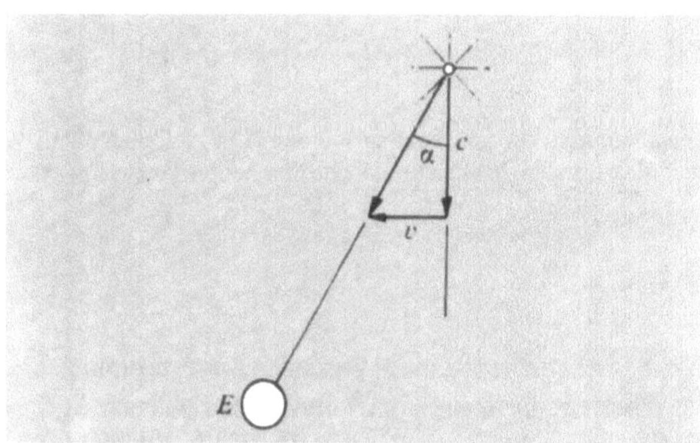

Bild 10.4. Für einen Beobachter in E hat das Licht sowohl die horizontale Komponente v als auch die vertikale Komponente c. Somit erscheint der Lichtstrahl aus der Quelle unter dem Winkel α mit $\tan\alpha = v/c$.

naß. Relativ zur sich bewegenden Person fallen die Regentropfen nicht genau vertikal.

Wir zitieren aus einem unterhaltsamen Bericht[1]), wie *Bradley* auf die Erklärung seiner Beobachtungen stieß: „Als er schon verzweifelt war, das von ihm beobachtete Phänomen nicht erklären zu können, ergab sich eine befriedigende Definition von selbst, als er gar nicht danach suchte[2]). Er nahm an einer Vergnügungsfahrt in einem

---

[1]) *T. Thomson,* „History of the Royal Society", S. 346 (London 1812).

[2]) Viele Erfindungen und Entdeckungen werden gemacht, wenn der Wissenschaftler nach anfänglichen Fehlschlägen sich bereits von dem Problem abgewendet hat. Ein ausgezeichneter Mathematiker beschreibt diesen Effekt in einem fesselnden und wichtigen kleinen Buch: *J. Hadamard,* "An essay on the psychology of invention in the mathematical field" (Princeton Univ. Press, Princeton, N.J., 1945); neue Auflage (Dover, New York 1954).

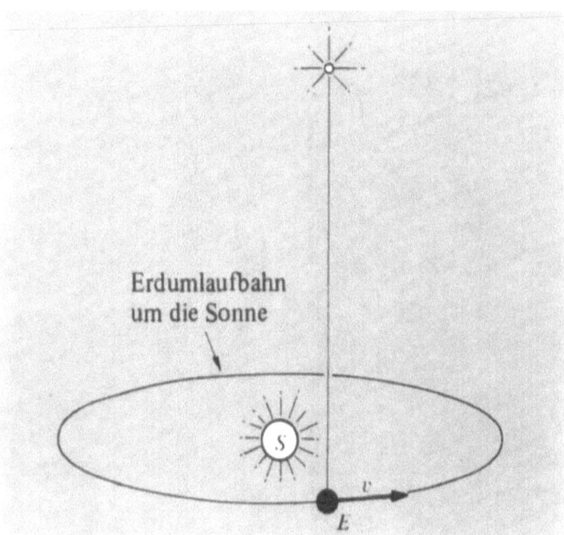

Bild 10.5. *Bradley* benutzte das Licht eines entfernten im Zenit stehenden Sterns und die bekannte Erdgeschwindigkeit (v_e = 30 km/s) zur Bestimmung von c aus Messungen des Winkels α: $\tan\alpha = v_e/c$.

Segelboot auf der Themse teil. Auf der Spitze des Bootsmastes war eine Wetterfahne befestigt. Es wehte eine leichte Brise, und die Gesellschaft segelte einige Zeit auf dem Fluß auf und ab. Dr. *Bradley* bemerkte, daß sich die Fahne auf der Spitze des Bootsmastes jedesmal ein wenig drehte, sobald das Boot wendete, geradeso, als ob die Windrichtung sich geändert hätte. Er beobachtete dies drei- oder viermal, ohne ein Wort zu sagen; schließlich wandte er sich an die Segler und verlieh seinem Erstaunen darüber Ausdruck, daß der Wind sich so regelmäßig mit dem Wenden des Bootes drehen sollte. Die Segler erklärten ihm, daß der Wind sich nicht gedreht hätte, sondern daß die augenscheinliche Änderung durch den Richtungswechsel des Bootes hervorgerufen wurde. Sie versicherten ihm, daß die gleiche Erscheinung in jedem Falle auftrat. Diese zufällige Beobachtung führte Dr. *Bradley* zu dem Schluß, daß das ihn bisher so verwirrende Phänomen durch die kombinierte Licht- und Erdbewegung hervorgerufen werde".

Bradley erklärte die Aberration folgendermaßen[1]): „Ich betrachtete diese Sache wie folgt: Ich stellte mir $\overline{CA}$ (Bild 10.7) als senkrecht auf die Strecke $\overline{BD}$ fallenden Lichtstrahl vor; ruht das Auge in A, muß das Objekt in $\overline{AC}$-Richtung erscheinen, egal ob sich das Licht über eine gewisse Zeit oder momentan ausbreitet. Bewegt sich das Auge jedoch von B in Richtung A, und breitet sich das Licht mit endlicher Geschwindigkeit aus, die sich zur Geschwindigkeit des Auges wie $\overline{CA}$ zu $\overline{BA}$ verhält, dann

---

[1]) *J. Bradley,* Phil. Trans. Roy. Soc. London **35,** 637 (1728).

Bild 10.6. Ein vertrautes Beispiel der Aberration: Dieser Mann wird von Regen überrascht, der senkrecht nach unten fällt. Bleibt der Mann stehen, wird er nicht naß. Aber sobald er losläuft, wird er naß. In seinem neuen Bezugssystem hat der Regen eine Horizontalgeschwindigkeit − v, dabei ist v die Geschwindigkeit des Mannes relativ zum Boden.

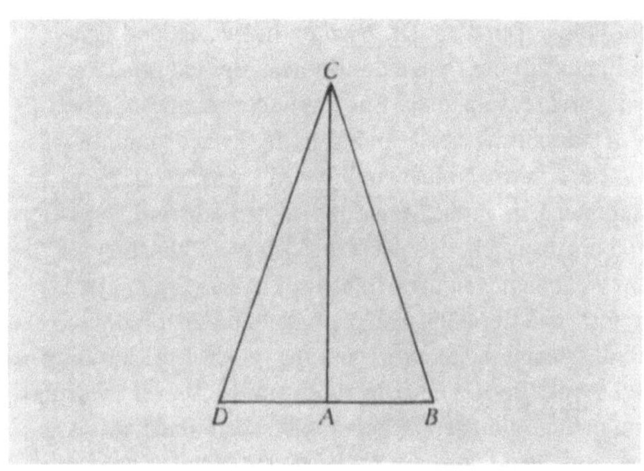

Bild 10.7. Das von Bradley verwendete Geschwindigkeitsdiagramm

gilt folgendes: Ein Lichtteilchen, das sich von C nach A bewegt, während das Auge von B nach A wandert und durch das das Objekt erkannt wird, während das Auge in A ankommt, ist in C, wenn das Auge in B ist. Die Punkte B und C verbindend dachte ich mir die Linie $\overline{CB}$ als einen Schlauch (der mit der Linie $\overline{BD}$ den Winkel DBC einschließt) mit so geringem Durchmesser, daß er nur ein Lichtteilchen hindurchläßt. Danach war es leicht einzusehen, daß das Lichtteilchen von C aus (durch das das

Objekt gesehen werden muß, wenn das Auge, während es sich bewegt, in A ankommt) durch den Schlauch $\overline{BC}$ wandert, wenn dieser mit $\overline{BD}$ den Winkel DBC bildet und das Auge bei seiner Bewegung von B nach A begleitet. Und ferner war es einsichtig, daß es das Auge hinter einem solchen Schlauch nicht erreichen konnte, wenn es irgendeine andere Neigung zur Linie $\overline{BD}$ gehabt hätte."

Ein im Zenit stehender Stern hat die maximale Aberration, wenn die Erdgeschwindigkeit senkrecht zur Beobachtungslinie gerichtet ist. Der Neigungswinkel oder die Aberration des Fernrohrs folgt aus den Bildern 10.4 und 10.5 zu

$$\tan \alpha = \frac{v_e}{c} \qquad (10.1)$$

(mit der Erdgeschwindigkeit v_e). Die Umlaufgeschwindigkeit der Erde um die Sonne beträgt $3{,}0 \cdot 10^4$ m/s; die Rotationsgeschwindigkeit um die eigene Achse, die ungefähr 100 mal langsamer ist, wollen wir vernachlässigen. Der Winkel α in Gl. (10.1) ist die Hälfte des von *Bradley* beobachteten Winkels $40{,}5''$. Setzen wir $\alpha = 20''$ und lösen wir Gl. (10.1) nach c auf, so erhalten wir mit $\tan \alpha \approx \alpha$

$$c = \frac{v_e}{\alpha} = \frac{3 \cdot 10^4 \, \text{m/s}}{\dfrac{20}{3600} \cdot \dfrac{1}{57{,}3}} = 3{,}1 \cdot 10^8 \, \text{m/s}.$$

Dies stimmt gut mit den heutigen Ergebnissen überein.

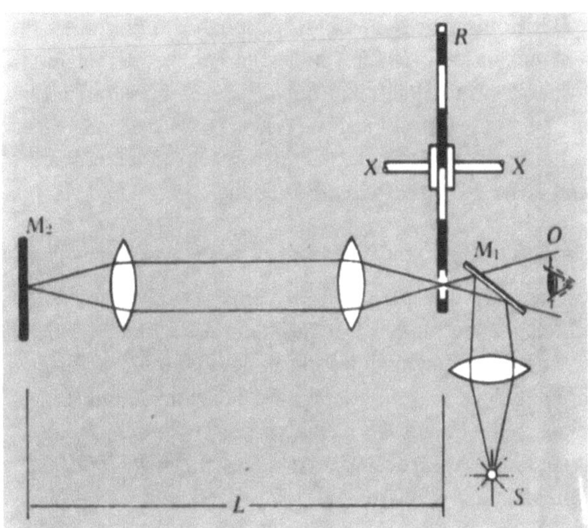

Bild 10.8a. Fizeaus Zahnradgerät, 1849. Das Licht aus der Punktquelle S wird von dem semipermeablen Spiegel M_1 durch das um die Achse X - X rotierende Zahnrad R reflektiert. Das Licht erreicht M_2 und kehrt durch R und M_1 zum Beobachter O zurück.

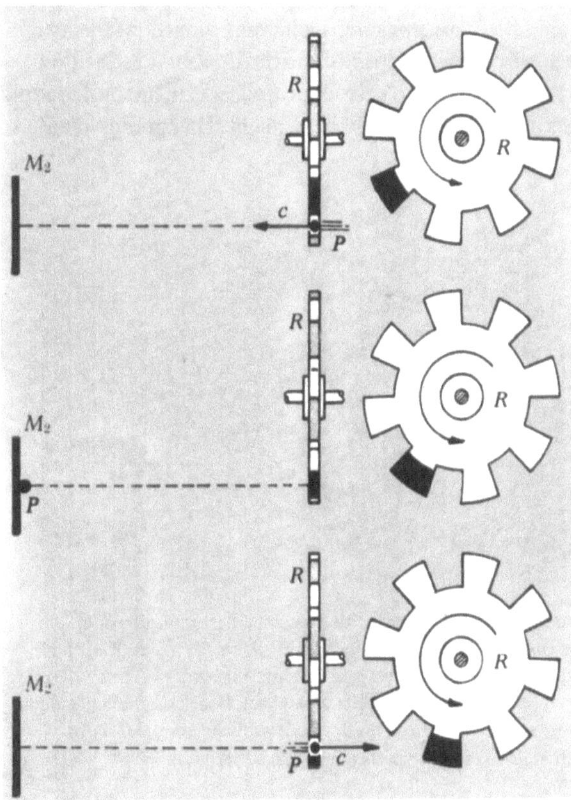

Bild 10.8b. Der Impuls P mit der Geschwindigkeit c muß in der Zeit, in der sich der Zahn eine Stelle weiterbewegt, nach M_2 und zurück nach R (Gesamtentfernung $2L$) gelangen, um nach O durchgelassen zu werden.

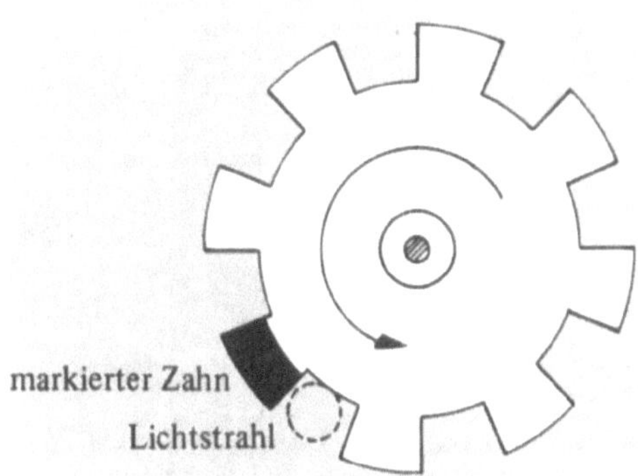

Bild 10.8c. Lichtstrahl und Zahnrad, wie der Beobachter O sie sieht. Durch die Rotation von R wird der von $\overline{SM}_1$ kommende Lichtstrahl in kurze Impulse zerhackt. (Das Licht kann nur von M_1 nach M_2 gelangen, wenn kein Zahn dazwischen liegt.)

Die Fizeausche Zahnradmethode (Bilder 10.8a bis 10.8c). *Fizeau* führte 1849 die erste terrestrische Bestimmung der Lichtgeschwindigkeit durch. Er erhielt für die Lichtgeschwindigkeit in Luft[1]

$$c = (315\ 300 \pm 500)\ \text{km/s}.$$

Er benutzte ein rotierendes Zahnrad als Lichtschalter zur Bestimmung der Durchgangsdauer eines Lichtblitzes über eine Strecke von $2 \cdot 8633$ m.

Die Drehspiegelmethode. Der Zahnradaufbau wurde bald durch die Anordnung eines rotierenden Spiegels verdrängt, der stärkeres Licht und bessere Fokussierung gewährleistete. Die Wirkungsweise des von *Foucault* 1850 benutzten Geräts wird in den Bildern 10.9a bis 10.9c veranschaulicht. Sein genauester Wert (gemessen im Jahr 1862) betrug für die Lichtgeschwindigkeit in Luft

$$c = (298\ 000 \pm 500)\ \text{km/s}.$$

Michelson benutzte 1927 eine Weiterentwicklung des Geräts mit rotierendem Spiegel über eine Länge von 35 km zwischen Mt. Wilson und Mt. San Antonio in Kalifornien. Hierbei lag die Lichtquelle im Brennpunkt einer Linse, so daß sie über eine lange Strecke paralleles Licht lieferte. Er errechnete

$$c = (299\ 796 \pm 4)\ \text{km/s}.$$

Dieser Wert ist gegenüber allen früheren Meßwerten der bei weitem genaueste. Weitere Einzelheiten behandeln wir in Übung 3.

---

[1] Die errechnete Lichtgeschwindigkeit im Vakuum ist um 91 km/s größer als in Luft.

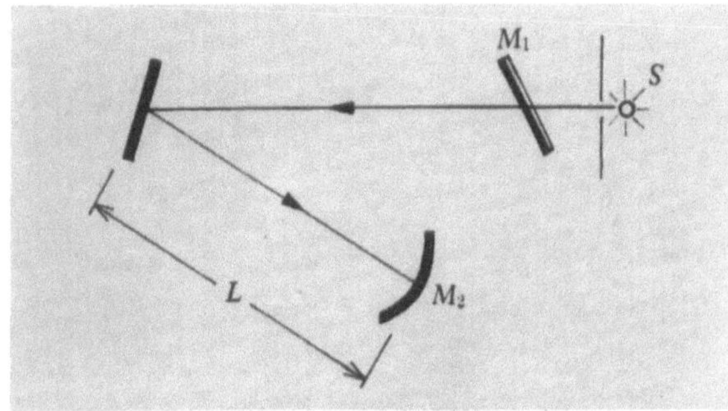

Bild 10.9a. *Foucaults* rotierender Spiegelapparat, 1850, der aus einem Spalt mit dahinter befindlicher Quelle S, einem semipermeablen Spiegel M_1, einem rotierenden Spiegel R (die Rotationsachse steht senkrecht auf der Zeichenebene) und einem Kugelspiegel M_2 bestand. Eingezeichnet ist der Lichtweg von S nach M_2.

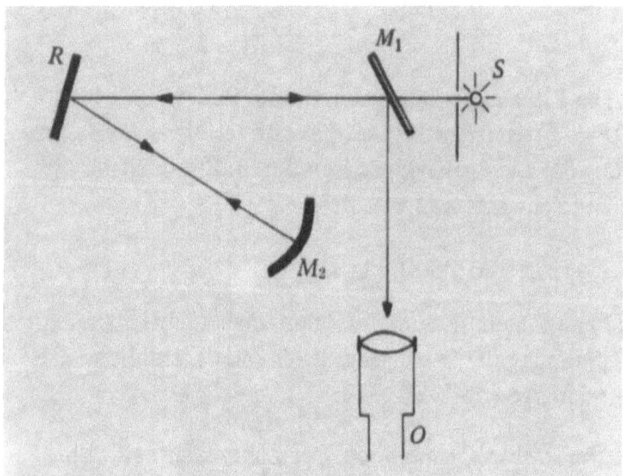

Bild 10.9b. Steht R fest, so wird der Lichtstrahl von M_1 über R nach M_2 entlang des gleichen Weges nach M_1 reflektiert und in O beobachtet.

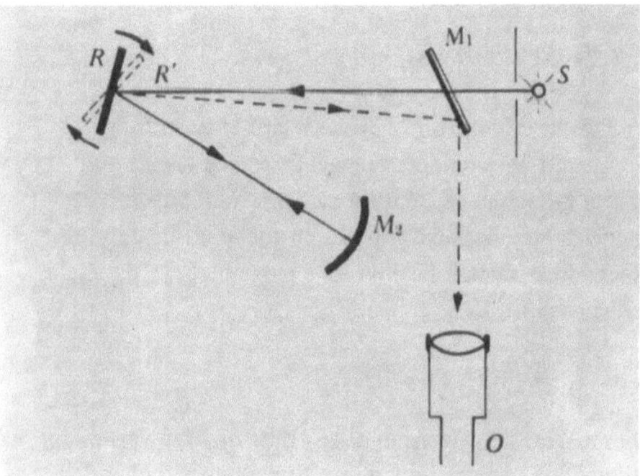

Bild 10.9c. Bei einem rotierenden Spiegel R kehrt das Licht aus S über R nach M_2 zurück, wenn der rotierende Spiegel die neue Lage R' einnimmt. Somit sieht O ein verschobenes Bild auf M_1. *Foucault* bestimmte c aus L, der Bildpunktverschiebung und der Winkelgeschwindigkeit des Spiegels.

Der Hohlraumresonator. Es ist möglich, mit großer Genauigkeit die Frequenz zu bestimmen, bei der ein Hohlraumresonator bekannter Abmessungen (ein Metallkasten) eine bekannte Anzahl Halbwellenlängen elektromagnetischer Strahlung enthält. Die Lichtgeschwindigkeit kann dann aus der theoretischen Beziehung

$$c = \lambda f \tag{10.2}$$

bestimmt werden, die die Wellenlänge λ und Frequenz f miteinander verbindet. Der Hohlraum ist normalerweise evakuiert. Die Innenabmessungen des Hohlraums müssen um die geringe Eindringtiefe[1] des elektromagnetischen Feldes in die Metalloberfläche korrigiert werden. *Essen* führte seine Versuche 1950 mit Frequenzen von 5960 MHz, 9000 MHz und 9500 MHz durch und erhielt

$$c = (299\ 792{,}5 \pm 1)\ \text{km/s}.$$

Die Kerrzelle. Geht polarisiertes Licht durch eine Kerrzelle (sie enthält eine Flüssigkeit, deren Durchlässigkeit für polarisiertes Licht durch Anlegen eines elektrischen Feldes verändert werden kann), so kann die Intensität des durchgelassenen Lichts durch Anlegen einer elektrischen Spannung moduliert werden. Wird auch die Empfindlichkeit einer Photozelle, die das Licht empfängt, mit der gleichen Frequenz moduliert, so kann der in Bild 10.10 skizzierte Apparat zur Messung der Lichtgeschwindigkeit dienen. Das Ansprechvermögen ist maximal, wenn das Licht mit maximaler Intensität die Photozelle D zu einem Zeitpunkt maximaler Empfindlichkeit erreicht. Hierzu muß die Zeit,

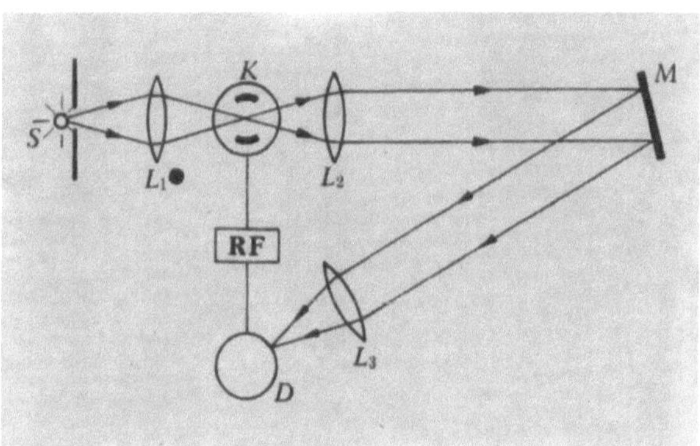

Bild 10.10. Eine moderne Methode zur Bestimmung von c. Aus der Quelle S kommendes Licht wird in der Kerrzelle K amplitudenmoduliert und gelangt durch die Linsen $L_{2,3}$ zum Spiegel M und dem photoelektrischen Detektor D. Die Lichtempfindlichkeit des Photodetektors und der Kerrzelle werden durch den modulierenden Hochfrequenzgenerator RF synchronisiert.

----

[1] Die Eindringtiefe beträgt für Kupfer bei 10^{10} Hz von der Größenordnung 1 μm (1 μm = 10^{-4} cm) bei Raumtemperatur. Es müssen auch noch andere Korrekturen vorgenommen werden.

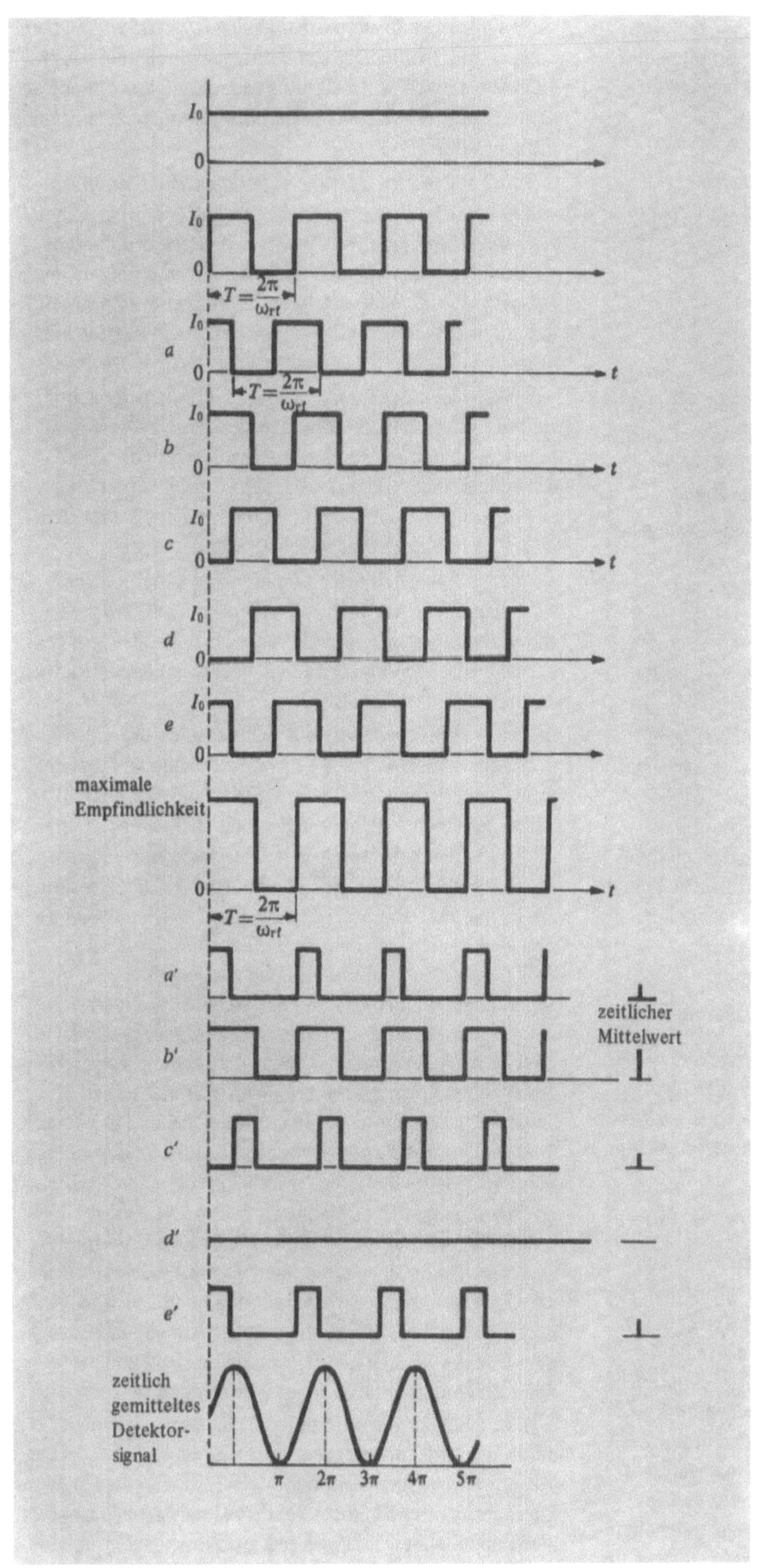

Das ist die Kerrzelle eintretende Licht hat eine konstante Intensität, ...

aber das die Kerrzelle verlassende Licht ist moduliert. Die Übertragungszeit des Lichtes von K nach D kann durch Bewegen von M verändert werden. M kann so justiert werden, daß das Licht in D wie eingezeichnet ankommt.

Wird M nach außen bewegt, kommt das Licht später an, ...

durch stärkeres Abrücken von M kommt das Licht noch später an, ...

durch weiteres Verändern von M nach außen kommt das Licht noch später an, ...

durch weiteres Abrücken von M kommt das Licht noch später an, ...

Nehmen Sie an, die Empfindlichkeit des Empfängers ist wie hier eingezeichnet moduliert.

Der Empfänger spricht nur an, wenn Licht ankommt, während er angeregt ist.

Somit haben wir für a das Empfängersignal a'.

Für b sind das einfallende Licht und die Empfindlichkeit des Empfängers in Phase.

c ergibt dieses Bild.

Bei d sind das einfallende Licht und die Empfindlichkeit des Empfängers um 180° phasenverschoben, es liegt kein Signal vor.

e ergibt dieses Bild.

Kontinuierliches Verändern der Lage von M ergibt das gemittelte Signal.

Die Entfernung zweier aufeinanderfolgender Maxima dieser Kurve entsprechen einer durch die Verschiebung von M hervorgerufenen Lichtwegveränderung $2\,\Delta l$:

Bild 10.11. *Bergstrand*'s Messung der Lichtgeschwindigkeit c basiert auf der Methode der „Phasenempfindlichkeitsdetektion" und verläuft ähnlich wie das hier beschriebene Experiment.

die das Licht zum Zurücklegen der Strecke $\overline{KD}$ benötigt, gleich einem ganzzahligen Vielfachen der n Perioden der modulierenden Hochfrequenz f sein. Somit beträgt die verstrichene Zeit n/f, woraus wir

$$c = \frac{lf}{n}$$

erhalten, wobei l der Abstand $\overline{KD}$ ist (siehe auch Bild 10.11).

Mit dieser Methode hat *Bergstrand*

$$c = (299\ 793{,}1 \pm 0{,}3)\ \text{km/s}$$

gemessen. Beachten Sie, daß der veranschlagte Fehler sehr gering ist. Dieselbe Anordnung wird (zusammen mit einem Standardwert für c) zur Bestimmung geodätischer Längen bis zu einer Entfernung von 40 km benutzt; in diesem Zusammenhang spricht man von einem *Geodimeter*.

Hunderte von Messungen von c sind in den vergangenen hundert Jahren mit diesen und über einem Dutzend anderen Methoden durchgeführt worden. Der zur Zeit akzeptierte Wert beträgt

$$\boxed{c = (299\ 792\ 458 \pm 1)\ \text{m/s.}} \qquad (10.3)$$

Er ist ein Mittelwert aus den zuverlässigsten Messungen mit verschiedenen Methoden, in denen elektromagnetische Wellen im Bereich 10^8 Hz (Hochfrequenz) bis 10^{22} Hz (γ-Strahlen) untersucht wurden. Die Genauigkeit bei höchsten Frequenzen ist nicht so groß wie bei Hoch- oder optischen Frequenzen; doch gibt es zur Zeit keinen Grund anzunehmen, daß c mit der Strahlungsfrequenz variiert.

10.3. Die Lichtgeschwindigkeit in relativ zueinander bewegten Inertialsystemen

Die elementare Anwendung der Galilei-Transformation auf bewegte Empfänger fordert, daß die Lichtgeschwindigkeit im Empfängersystem von c verschieden ist. Wir erwarten für die Lichtgeschwindigkeit c_R relativ zum sich bewegenden Empfänger

$$c_R = c \pm V \qquad (10.4)$$

mit V als der Geschwindigkeit des Empfängers, der sich zur Quelle hin (+) oder von ihr weg (−) bewegt. Dies scheint eine vernünftige Art der Geschwindigkeitsaddition zu sein (Bilder 10.12a und 10.12b). Die gleiche Beziehung müßte gelten, wenn die Quelle und der Empfänger ruhen und das Medium sich mit der Geschwindigkeit V ausbreitet. Die Gl. (10.4) wird augenscheinlich in unzähligen Alltagsexperimenten erfüllt, zumindest solange Licht keine Rolle spielt. Sie gilt für Schallwellen, wenn wir v_s für c schreiben. Aber sie *gilt nicht*, selbst nicht angenähert, für Lichtwellen im freien Raum. Experimentell erhält man (Bilder 10.12c und 10.12d)

$$c_R = c \qquad (10.5)$$

für ein beliebiges System *unabhängig von seiner Geschwindigkeit* und unabhängig von der Geschwindigkeit relativ zu einem gedachten Ausbreitungsmedium. Auf dieser Tatsache beruht die relativistische Formulierung der physikalischen Gesetze.

Wir untersuchen jetzt die experimentelle Grundlage von Gl. (10.5). Von den vielen verschiedenen Experimenten, die die spezielle Relativitätstheorie stützen, bieten die unmittelbar zu Gl. (10.5) führenden einen bequemen Ausgangspunkt. Wir betrachten Experimente, die zeigen, daß die Lichtgeschwindigkeit von der Erdbahngeschwindigkeit $3 \cdot 10^4$ m/s unabhängig ist.

Nehmen wir zuerst an, wie es die Physiker des neunzehnten Jahrhunderts taten, daß sich das Licht als Welle in einem Medium ausbreitet, so wie dies für den Schall als Welle in einer Flüssigkeit, einem festen Körper oder einem Gas gilt. Das Medium, in dem sich die Lichtwellen im freien Raum ausbreiten, nannte man *Äther*.

Was ist Äther? Heute betrachten wir Äther lediglich als anderes Wort für Vakuum. Aber *Maxwell* und viele andere konnten sich ein Feld nicht als selbständige physikalische Erscheinung vorstellen, die sich im leeren Raum ausbreitet. *Maxwell* folgerte:

„Aber in allen Theorien stellt sich natürlich die Frage: – Wenn etwas von einem Teilchen zu einem anderen entfernten übertragen wird, welchen Zustand hat es nach Verlassen des einen Teilchens und vor Erreichen des anderen? Ist dieses Etwas die potentielle Energie zweier Teilchen, wie in Neumanns Theorie? Wie können wir uns diese Energie als in einem Raumpunkt existent vorstellen, wenn sie sich weder mit dem einen noch dem anderen Teilchen deckt? Wenn auch immer Energie von einem Körper zu einem anderen in einer Zeit übertragen wird, muß es tatsächlich ein Medium oder eine Substanz geben, in dem die Energie nach Verlassen des einen Körpers und vor Erreichen des anderen Körpers existiert; denn Energie ist, wie *Toricelli* bemerkt, ‚eine Quintessenz so subtiler Natur, daß sie nicht in einem Schiff gelagert werden kann außer in der innersten Substanz materieller Dinge'. Deshalb führen alle Theorien zu der Annahme eines Mediums, in dem die Ausbreitung stattfindet, und wenn wir dieses Medium als Hypothese zulassen, glaube ich, daß es einen derartig hervorstechenden Platz in unseren Erforschungen einnehmen wird, daß wir uns bemühen sollten, ein geistiges Modell aller Einzelheiten seines Verhaltens zu konstruieren und daß dies mein beständiges Ziel in dieser Abhandlung gewesen ist."

Das naheliegende direkte Experiment zur Prüfung der möglichen Abhängigkeit der Lichtgeschwindigkeit von der Erdbewegung besteht darin, die Laufzeit eines Lichtimpulses in einer Richtung über eine gemessene Strecke zu bestimmen. Man würde dies getrennt voneinander in beiden Richtungen auf einer Nordsüd- und danach auf einer Ostwestverbindungslinie durchführen und schließlich nach sechs Monaten wiederholen, wenn die Erdgeschwindigkeit

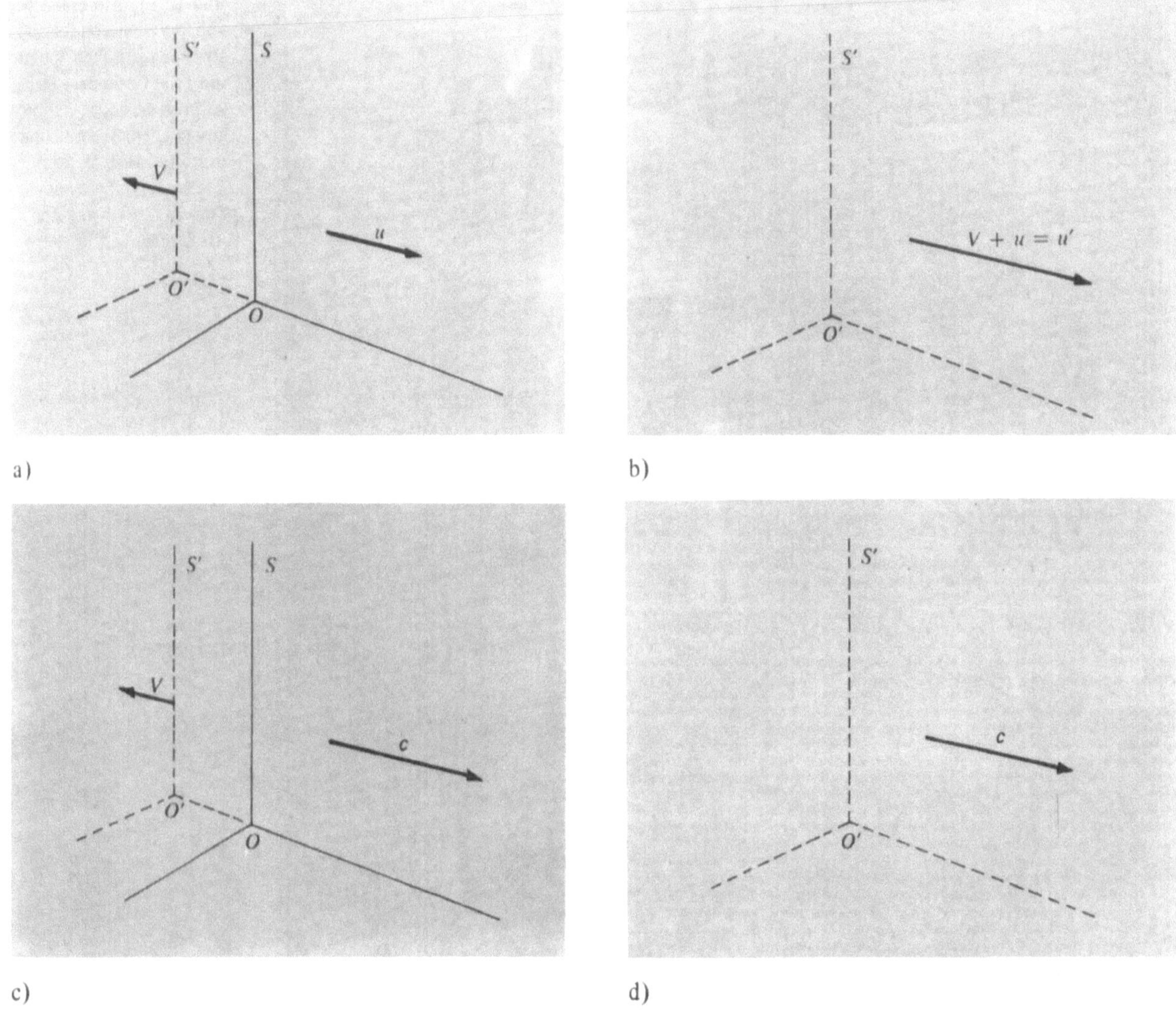

Bild 10.12.

a) Ist u eine im Inertialsystem S beobachtete übliche Geschwindigkeit auf der Erde, so besagt die Galilei-Transformation, daß ...

b) ... wir im Inertialsystem S' $u' = V + u$ beobachten.

c) Jedoch zeigen Experimente, daß ein sich mit der Geschwindigkeit c in S bewegendes Objekt ...

d) ... in S' ebenfalls die Geschwindigkeit c hat.

um die Sonne eine entgegengesetzte Richtung hat. Seit der Entwicklung des Lasers gibt es hinreichend genaue Uhren, die ein derartiges direktes Experiment ermöglichen; gegenwärtig bildet die Anstiegszeit des Impulses den begrenzenden technischen Faktor. Für 10^{-9} s ergibt sich hierdurch ein effektiver Fehler von 10^{-9} s $\cdot c = 30$ cm in der Weglänge. Die Uhren für ein derartiges Experiment müßten am gleichen Ort synchronisiert und dann langsam getrennt in ihre Endlage gebracht werden.

Man hat viele Experimente zur Prüfung von Gl. (10.4) durchgeführt, um eine Ätherdrift nachzuweisen (Bild 10.13 zeigt ein neueres Experiment). Mit keinem Experiment ist es gelungen, eine Bewegung der Erde durch den Äther zu zeigen; die Experimente von *Michelson* und *Morley* waren historisch ausschlaggebend[1].

Das Michelson-Morley-Experiment. Zwei aus einer gemeinsamen monochromatischen Quelle stammende Lichtwellenscharen können je nach ihrer relativen Phasenlage in einem Punkt konstruktiv oder destruktiv interferieren. Die relative Phase kann durch eine unterschiedliche Weglänge der beiden Wellenzüge verändert werden. *Michelson* und *Morley* konstruierten ein kompliziertes Interferometer, dessen wesentliche Teile in den Bildern 10.14 und 10.15a enthalten sind. Ein Lichtstrahl aus einer einzigen Quelle s wird durch einen halbversilberten Spiegel in a aufgespalten. Wir setzen die Beschreibung des Experiments im wesentlichen in den Worten und Aufzeichnungen von

---

[1] Den Einfluß dieser Experimente auf Einsteins Arbeit diskutiert *G. Holton*, Am. J. Phys. **37**, 968 (1969).

Bild 10.13. Ein Präzisions-
apparat zu einem relativistischen optischen Versuch
mit zwei Gaslasern. Der
Apparat befindet sich in
einem ehemaligen Weinkeller
in Round Hill, Massachusetts.
Die beiden Männer sind
Charles H. Townes und
Ali Javan.

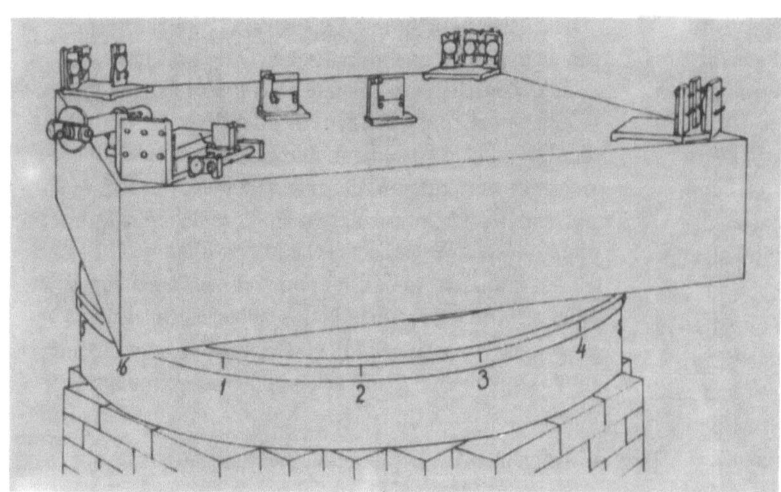

Bild 10.14. Perspektivische Darstellung des
von *Michelson* und *Morley* in ihrem 1887
veröffentlichten Aufsatzes beschriebenen
Apparates.

Michelson und *Morley* fort[1]): „*sa* (Bilder 10.15a bis
10.15b) sei ein Lichtstrahl, der teils in *ab* reflektiert und
teils in *ac* durchgelassen wird, der nach der Reflexion an
den Spiegeln *b* und *c* entlang *ba* und *ca* zurückkehrt.
ba wird zum Teil entlang *ad* durchgelassen und *ca* wird
zum Teil entlang *ad* reflektiert. Sind die Wege *ab* und
ac gleich, so interferieren die beiden Strahlen entlang *ad*.
Angenommen, der Äther ruht und der gesamte Aufbau
bewegt sich in Richtung *sc* mit der Bahngeschwindigkeit
der Erde; die Richtungen der Strahlen und die zurück-
gelegten Strecken ändern sich wie folgt: – Der Strahl *sa*
wird entlang *ab'* (Bild 10.15f) reflektiert; der Winkel
ab'a' ist gleich der Aberration α, der Strahl kehrt entlang
b'a' zurück (*ab'a'* = 2α) und geht durch die Teleskoplinse,
deren Richtung unverändert geblieben ist. Der durchge-
lassene Strahl geht entlang *ac'*, kehrt entlang *c'a'* zurück,
wird in *a'* reflektiert, bildet den Winkel *c'a'd'* gleich
90° – α und fällt deshalb noch mit dem ersten Strahl zusammen. Es muß bemerkt werden, daß die Strahlen *b'a'*
und *c'a'* jetzt nicht exakt im selben Punkt *a'* zusammentreffen, allerdings ist der Unterschied zweiter Ordnung;
dies hat keinen Einfluß auf die Gültigkeit der Schlußfolgerung. Jetzt soll die Differenz der beiden Bahnen
ab'a' und *ac'a'* gefunden werden.

Es bezeichnet

c Lichtgeschwindigkeit,
V Bahngeschwindigkeit der Erde,
D Entfernung *ab* oder *ac*,
T Zeit, die das Licht für die Strecke *ac'* benötigt,
T' Zeit, die das Licht für die Strecke *c'a'* benötigt.

Dann gilt

$$T = \frac{D}{c-V}, \quad T' = \frac{D}{c+V}.$$

Die Gesamtzeit von Hin- und Rücklauf beträgt

$$T + T' = 2D\,\frac{c}{c^2 - V^2},$$

und der in dieser Zeit zurückgelegte Weg ist

$$2D\,\frac{c^2}{c^2 - V^2} \approx 2D\left(1 + \frac{V^2}{c^2}\right),$$

unter Vernachlässigung der Größen vierter Ordnung. Die
Länge der anderen Bahn beträgt offensichtlich

$$2D\,\sqrt{1 + \frac{V^2}{c^2}}$$

oder mit der gleichen Genauigkeit

$$2D\left(1 + \frac{1}{2}\,\frac{V^2}{c^2}\right).$$

Somit erhalten wir für die Differenz

$$D\,\frac{V^2}{c^2}.$$

Drehen wir jetzt den gesamten Aufbau um 90°, so wird
die Differenz entgegengesetzte Richtung haben. Somit
sollte die Abweichung der Interferenzstreifen $2D(V^2/c^2)$
betragen. Berücksichtigt man lediglich die Bahngeschwindigkeit der Erde, so ergibt sich $2D \cdot 10^{-8}$. Erhält man, wie
es im ersten Experiment der Fall war, für $D = 2 \cdot 10^6$ gelbe
Lichtwellen, so würde die erwartete Abweichung das 0,04-
fache der Entfernung zwischen den Interferenzstreifen betragen.

„Im ersten Experiment bestand eine der Hauptschwie-
rigkeiten darin, den Apparat zu drehen ohne Verzerrungen
zu erzeugen; eine andere lag in der extremen Vibrations-
empfindlichkeit. Diese war so groß, daß es bei Arbeiten
in der Stadt, selbst um zwei Uhr morgens, bis auf kurze
Intervalle unmöglich war, die Interferenzstreifen zu sehen.
Schließlich könnte auch, wie schon erwähnt wurde, die zu
beobachtende Größe, nämlich eine Abweichung von etwas
weniger als einem Zwanzigstel des Abstandes zwischen den
Interferenzstreifen, zu klein gewesen sein, um abgelesen
zu werden, wenn sie von Versuchsfehlern verdeckt wird.
Die zuerst genannten Schwierigkeiten wurden vollständig
(im zweiten Experiment) beseitigt, indem wir den Apparat
auf einem in Quecksilber schwimmenden massiven Stein
befestigten; und die zweite Schwierigkeit schalteten wir
aus, indem wir durch wiederholte Reflexion die Länge des
Lichtweges gegenüber dem früheren Wert verzehnfachten.

... Betrachtet man lediglich die Bahngeschwindigkeit
der Erde, sollte man die Abweichung

$$2D\,\frac{V^2}{c^2} = 2D \cdot 10^{-8}$$

erhalten. Die Entfernung D betrug ungefähr 11 m oder
$2 \cdot 10^7$ Wellenlängen des gelben Lichts, somit wäre die
zu erwartende Abweichung das 0,4fache des Streifens
(wenn sich die Erde durch einen Äther bewegt). Die tatsächliche Abweichung war bestimmt geringer als der
20. Teil hiervon, und wahrscheinlich geringer als der
40. Teil (Bild 10.16). Aber da die Abweichung dem Ge-
schwindigkeitsquadrat proportional ist, beträgt die rela-

---

[1]) *A. A. Michelson* und *E. W. Morley*, Am. J. Sci. **34**, 333 (1887).
Dies war eines der bemerkenswertesten Experimente des neunzehnten Jahrhunderts. Einfach im Prinzip rief das Experiment
eine wissenschaftliche Revolution mit weitreichenden Konsequenzen hervor. Bedenken Sie, daß das Verhältnis aus Erdbahngeschwindigkeit und Lichtgeschwindigkeit etwa 10^{-4} beträgt. Beim Abdruck des Auszuges haben wir anstelle von *V*
das Formelzeichen *c* und *V* anstelle von *v* geschrieben; von
uns eingeführte Ergänzungen stehen in Klammern.

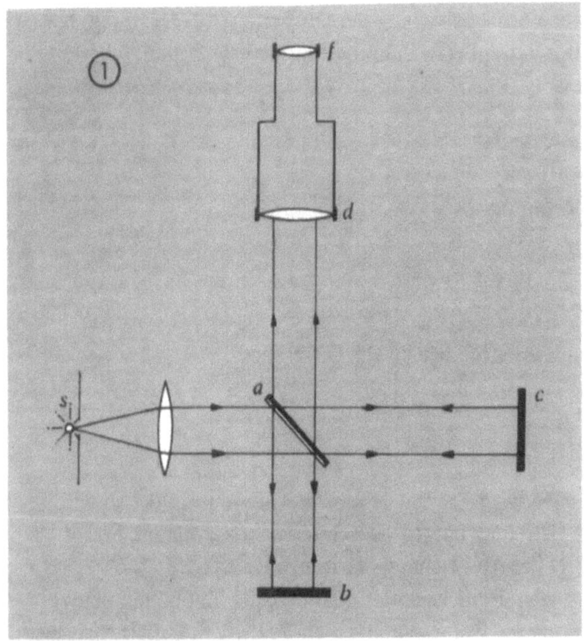

Bild 10.15a. Das *Michelson-Morley-Interferometer* besteht aus einer Lichtquelle s, einem halbversilberten Spiegel a, den Spiegeln b und c und dem Teleskopdetektor d; f gibt den Brennpunkt des Teleskops wieder.

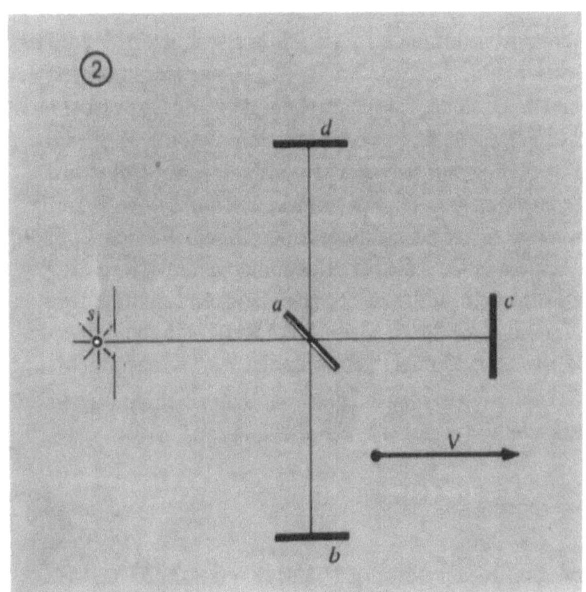

Bild 10.15b. Ruht das Interferometer im Äther, so kann ein Interferenzmuster zwischen den Strahlen *aba* und *aca* in d beobachtet werden. Haben der Apparat (und die Erde) relativ zum hypothetischen Äther die Geschwindigkeit V, müssen wir eine Änderung des Interferenzmusters in d erwarten, da sich jetzt die Zeiten für die Strecken *aba* und *aca* um verschiedene Summen ändern würden.

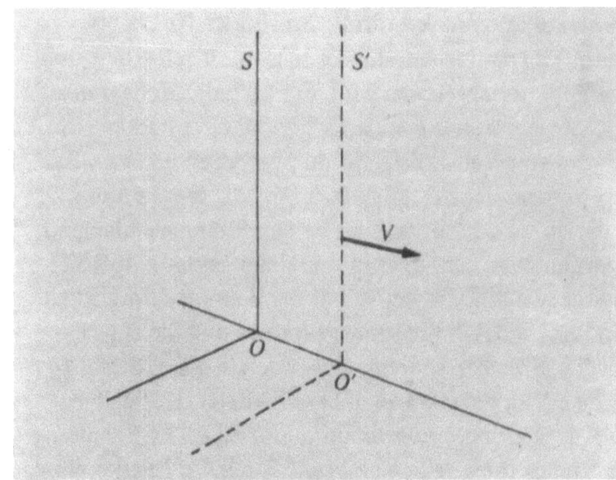

Bild 10.15c. Um das zu sehen, betrachten wir ein sich mit der Erde und dem Interferometer bewegtes Inertialsystem S'. S ist ein im Äther ruhendes Inertialsystem.

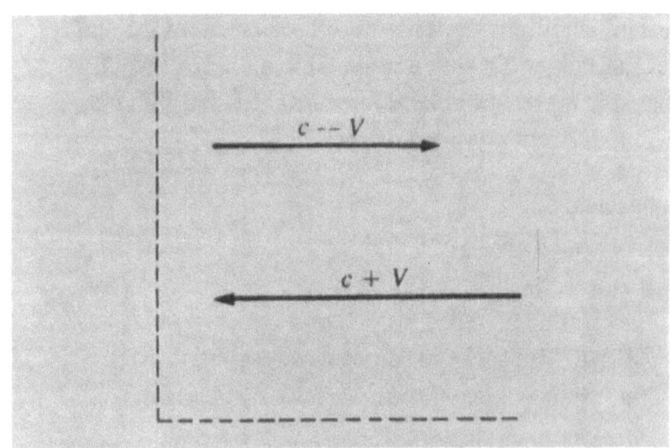

Bild 10.15d. In Übereinstimmung mit der Galilei-Transformation hat nach rechts bewegtes Licht in S' die Geschwindigkeit $c - V$; nach links bewegtes Licht in S' die Geschwindigkeit $c + V$.

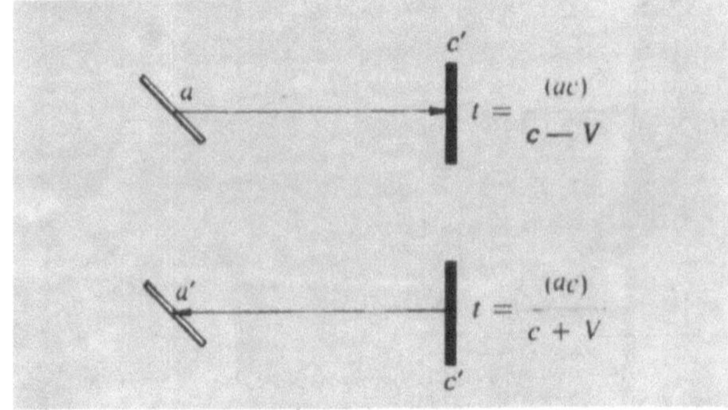

Bild 10.15e. Somit beträgt die Zeit, um von a nach c' und zurück nach a' zu gelangen,

$$\Delta t\,(ac'a') = \frac{(ac')}{c - V} + \frac{(ac')}{c + V}$$

mit der Entfernung (ac') zwischen a und c'.

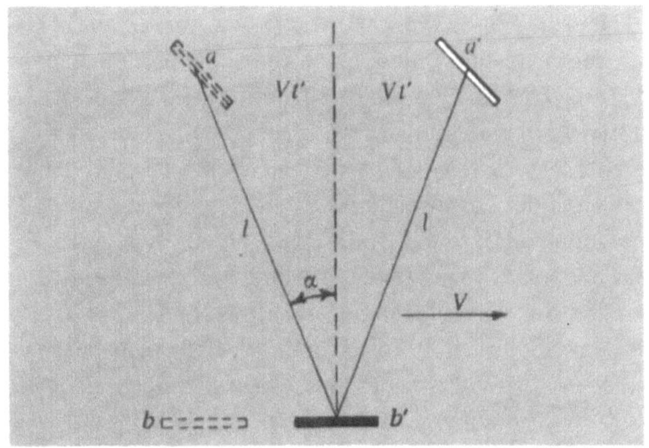

Bild 10.15f. Welche Zeit $\Delta t(ab'a') = 2t'$ verstreicht, um von a nach b und zurück nach a' zu gelangen? Im Inertialsystem S ist die Geschwindigkeit V des Interferometers nach rechts gerichtet; Licht hat die Geschwindigkeit c.

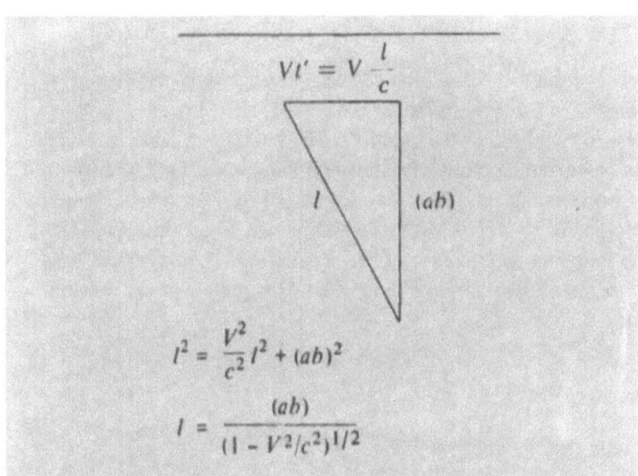

Bild 10.15g. $\Delta t(ab'a') = 2t' = 2(ab)/\sqrt{c^2 - V^2}$. Bis zu Termen der Ordnung V^2/c^2 ist dies gleich

$$\frac{2(ab)\sqrt{1 + (V^2/c^2)}}{c}.$$

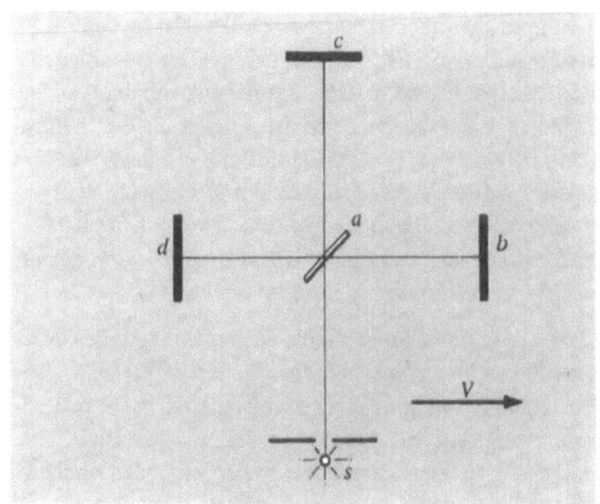

Bild 10.15h. Selbst wenn $(ab) = (ac)$, läßt uns die Galilei-Transformation erwarten, daß sich das Interferenzmuster ändert, wenn das Interferometer relativ zum Äther eine andere Geschwindigkeit einnimmt. Es wurde nichts dergleichen beobachtet. Hier ist der Apparat um 90° gedreht um das Experiment mit Bewegung parallel zu ab statt ac zu wiederholen.

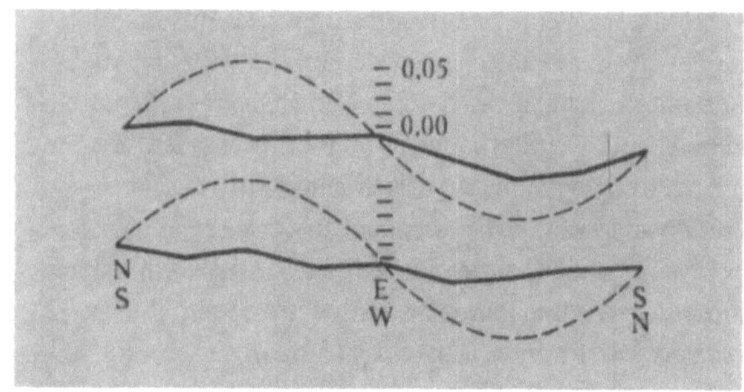

Bild 10.16. „Die Ergebnisse unserer Beobachtungen haben wir graphisch dargestellt. Die obere Kurve ermittelten wir aus unseren Beobachtungen um die Mittagszeit, die untere am Abend. Die gestrichelten Kurven zeigen *ein Achtel* der theoretisch zu erwartenden Abweichung. Man kann aus der Zeichnung schließen, daß eine durch die relative Bewegung der Erde und des Äthers bedingte Abweichung, sofern sie existiert, nicht viel größer als das 0,01fache des Linienabstandes sein kann." (*Michelson* und *Morley*, aus ihrem Aufsatz.) Die vertikale Achse gibt die Abweichung der Linien wieder; die horizontale Achse bezieht sich auf die Lage des Interferometers relativ zu einer Ost-West-Linie.

tive Geschwindigkeit von Erde und Äther zueinander wahrscheinlich weniger als ein Sechstel und mit Bestimmtheit weniger als ein Viertel der Bahngeschwindigkeit der Erde."

Michelsons und *Morleys* experimentelle Ergebnisse widersprechen dem, was wir aufgrund der Galilei-Transformation erwarten würden. Die Experimente sind seitdem über eine Zeit von mehr als 80 Jahren (mit Abwandlungen) mit anderen Lichtwellenlängen, mit Sternenlicht, mit extrem monochromatischem Licht aus einem modernen Laser, in großer Höhe, unter Tage, in verschiedenen Kontinenten und zu verschiedenen Jahreszeiten wiederholt worden. Wir können feststellen: die Ätherdrift ist Null mit einer Genauigkeit, die am besten verdeutlicht

wird, wenn wir sagen, daß die Lichtgeschwindigkeit hin und zurück bis auf weniger als 10 m/s gleich sei oder bis auf ein Tausendstel der Erdbahngeschwindigkeit um die Sonne.

Die Invarianz von c. Das negative Ergebnis des Versuchs von *Michelson* und *Morley* läßt vermuten, daß die Einflüsse des Äthers nicht nachweisbar sind. Das Ergebnis läßt ferner vermuten, daß die Lichtgeschwindigkeit nicht von der Bewegung der Quelle oder des Beobachters abhängt. Der experimentelle Beweis der letzten Aussage ist gut, könnte aber noch verbessert werden. Der in Kapitel 11 zitierte Aufsatz von *Sadeh* zeigt, daß die Geschwindigkeit der γ-Quanten bis auf $\pm 10\,\%$, unabhängig von der Geschwindigkeit der Quelle, genau ist, solange die Geschwindigkeit der Quelle in der Größenordnung $\frac{1}{2}\,c$ liegt. Wir schließen aus den vorliegenden Experimenten, daß *eine von einer Punktquelle in einem Inertialsystem emittierte kugelförmige Lichtwellenfront einem Beobachter in einem anderen Inertialsystem kugelförmig erscheint.*

Aus einem früheren Abschnitt wissen wir, daß die Geschwindigkeit elektromagnetischer Wellen im Bereich $10^8 \ldots 10^{22}$ Hz von der Frequenz unabhängig ist. Genaue Messungen zeigen, daß c nicht von der Lichtintensität und dem Auftreten anderer elektrischer und magnetischer Felder abhängt. Wir beschränken unsere Erörterungen gänzlich auf sich im freien Raum bewegende elektromagnetische Wellen.

10.4. Der Dopplereffekt

Der Dopplereffekt stellt eine Beziehung zwischen der gemessenen Frequenz einer Welle zu den Relativgeschwindigkeiten der Quelle, des Ausbreitungsmediums und des Empfängers her. Für Schall ist der Effekt z.B. von Autorennen her bekannt, wo sich die Motorengeräusche herannahender und wegfahrender Wagen unterscheiden. Kommt die Schallquelle näher, so erreichen die innerhalb einer Sekunde ausgesandten Wellen den Beobachter in weniger als einer Sekunde, da die Quelle bei der Aussendung der letzten Schwingung näher ist, als bei der ersten. Die Frequenz ist daher höher. Entfernt sich dagegen die Quelle, so ist die empfangene Frequenz niedriger. Diese Argumente können auch auf eine feste Quelle und einen bewegten Beobachter angewandt werden. Für Schall gilt

$$f_E = f_Q \frac{1 + v_E/V}{1 - v_Q/V}, \qquad (10.6)$$

wobei V die Schallgeschwindigkeit im ruhenden Medium (wie z.B. in Luft) ist und v_Q die Geschwindigkeit der Quelle ($v_Q > 0$, falls sie sich dem Empfänger nähert), v_E die Geschwindigkeit des Empfängers (positiv bei Annäherung an die Quelle) ferner f_Q die Frequenz der Quelle, die von einem relativ zu ihr ruhenden Beobachter gemessen wird. Schließlich ist f_E die vom Empfänger gemessene Frequenz.

Für $v_Q \ll V$ und $v_E = 0$ gilt

$$f_E = f_Q \left(1 + \frac{v_Q}{V}\right) \qquad (10.7)$$

und

$$\frac{f_E - f_Q}{f_Q} = \frac{\Delta f}{f} = \frac{v_Q}{V}. \qquad (10.8)$$

Für Licht gibt es ähnliche Effekte, wir werden aber auch entscheidende Unterschiede kennenlernen. Bei der Erklärung und Analyse des Dopplereffekts für Schall mußten wir das Medium, in dem sich der Schall ausbreitet, ebenso berücksichtigen, wie die Geschwindigkeit der Quelle und des Empfängers relativ zu diesem Medium. Den Dopplereffekt bei Licht können wir auf diese Art nicht erklären, da das Michelson-Morley-Experiment die Nicht-Existenz eines Mediums für Licht (des Äthers) zeigt. Aus dem Dopplereffekt folgen auch wichtige Tests der speziellen Relativitätstheorie und einige wichtige Ergebnisse der Astronomie. Den Dopplereffekt für Licht behandeln wir in Kapitel 11.

- **Beispiel:** *Die Geschwindigkeits-Rotverschiebung.* Spektrographische Analysen des Lichts entfernter Galaxien zeigen, daß die aus dem Labor bekannten Spektrallinien im sichtbaren Spektrum sehr deutlich zum roten Ende, also zu niedrigen Frequenzen verschoben sind. Diese Verschiebung kann als Dopplereffekt interpretiert werden, bedingt durch die Fluchtgeschwindigkeit der Quelle. Wir wissen ferner, daß die daraus berechnete Geschwindigkeit der Entfernung der Quelle direkt proportional ist.

Die einfachste Erklärung der Entfernung-Geschwindigkeit-Beziehung ist als Urknalltheorie bekannt, nach der das Weltall vor etwa 10^{10} Jahren durch eine Explosion entstand. Die am schnellsten bewegten Explosionsprodukte bilden heute die Außengebiete des Universums. Somit ist die Materie um so weiter entfernt und hat eine um so größere Rotverschiebung, je höher ihre Radialgeschwindigkeit (relativ zu uns) ist. Es gibt auch kompliziertere Erklärungen der Rotverschiebung. Keine konnte bewiesen werden (Bild 10.17).

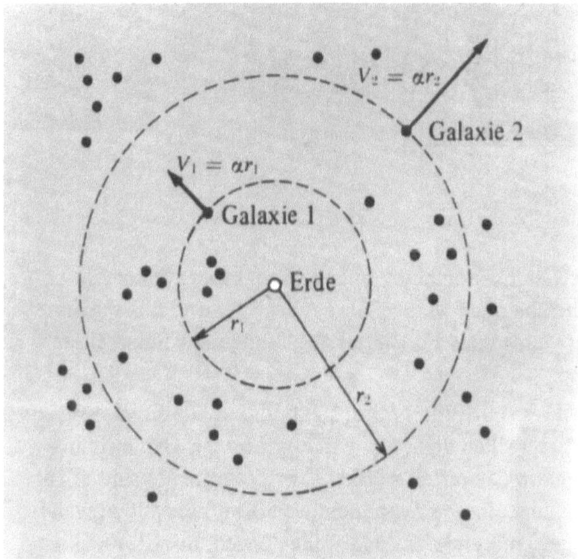

Bild 10.17. Der im Licht von entfernten Sternen beobachtete Dopplereffekt zeigt, daß die Galaxien sich mit einer Geschwindigkeit proportional zu ihrem Erdabstand entfernen. Die Entfernungen r_1 und r_2 der Galaxien werden mit den Methoden der Astronomie, v_1 und v_2 aus der Rotverschiebung bestimmt.

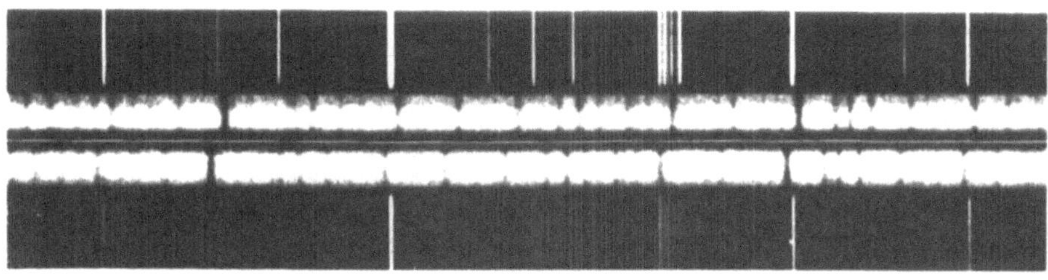

Bild 10.18. Zwei (zu verschiedenen Zeiten aufgenommene) Spektrogramme des Doppelsterns α^1-Geminorum. Nur einer der beiden Sterne emittiert genügend Licht, um aufgenommen zu werden. Beachten Sie bitte, daß die Spektrallinien des Sterns relativ zu den Laborbezugslinien in verschiedene Richtungen verschoben sind, entsprechend den beiden Bewegungsphasen des Sterns. Während einer Phase bewegt sich der Stern auf die Erde zu, die Lichtfrequenz ist größer; in der anderen Phase entfernt sich der Stern von der Erde, die Frequenz nimmt ab. (*Photographie des Lick Observatory*)

Zwei leicht erkennbare Absorptionslinien im Kaliumspektrum (die K- und H-Linie) treten in den Spektren vieler Sterne hervor. In Erdlaboratorien beobachten wir die Linien nahe der Wellenlänge 395 nm. Wir nehmen an, daß Laborbeobachter, die sich im Ruhesystem irgendeines Sterns bewegen, die gleiche Wellenlänge messen würden. Wir beobachten die gleichen Linien im Licht, das aus dem Nebel des Sternbildes Bootes kommt, bei einer Wellenlänge von 447 nm. Somit tritt eine Verschiebung zum Roten von 447 nm — 395 nm = 52 nm auf. Die relative Verschiebung beträgt

$$\frac{\Delta\lambda}{\lambda} = \frac{52}{395} = 0,13 .$$

Indem wir Gl. (10.8) mit v gleich c (wie in Kapitel 11 für Lichtwellen gezeigt wird) anwenden und $f = c/\lambda$ mit c = const. differenzieren[1]), erhalten wir

$$\frac{\Delta f}{f} = -\frac{\Delta\lambda}{\lambda} \quad \text{oder} \quad \frac{\Delta\lambda}{\lambda} \approx -\frac{v_Q}{c} . \qquad (10.9)$$

Wir folgern aus Gl. (10.9), daß sich der Nebel mit der großen relativen Geschwindigkeit $|v| \approx 0,13\,c$ von uns entfernt. Für *größere Geschwindigkeiten* benötigen wir die eine oder andere Beziehung für die Dopplerverschiebung, wie sie durch die Theorie der relativistischen Weltmodelle gefordert wird[2]).

Ähnliche Beobachtungen einer großen Anzahl von Galaxien können mit unabhängigen Entfernungsberechnungen kombiniert werden, um zu einem erstaunlichen Erfahrungsergebnis zu gelangen: Die Relativgeschwindigkeit einer Galaxie im Abstand r kann durch die Gleichung

$$v = \alpha r \qquad (10.10)$$

wiedergegeben werden mit einer empirisch bestimmten Konstante $\alpha = 3 \cdot 10^{-18}\,\text{s}^{-1}$. (Die Abschätzung der Galaxienentfernung ist ein komplexes Thema, zu dem ein Astronomiebuch zu Rate gezogen werden muß.) Der reziproke Wert von α hat die Dimension einer Zeit:

$$\frac{1}{\alpha} \approx 3 \cdot 10^{17}\,\text{s} \approx 10^{10}\,\text{a}. \qquad (10.11)$$

Dies ist die Zeit seit dem Urknall, die der Stern braucht, um seine heutige Lage zu erreichen. Multiplizieren wir $1/\alpha$ mit c, erhalten wir eine Länge:

$$\frac{c}{\alpha} \approx (3 \cdot 10^8\,\text{m/s})\,(3 \cdot 10^{17}\,\text{s}) \approx 10^{26}\,\text{m}. \qquad (10.12)$$

Die Zeit in Gl. (10.11) wird als „Alter des Universums" bezeichnet; die Länge in Gl. (10.12) nennen wir „Radius des Weltalls". Die wirkliche Tragweite dieser Größen ist bis heute unbekannt, obwohl viele verschiedene kosmologische Modelle vorgeschlagen wurden, um die obigen Gleichungen zu erklären.   •

10.5. Die Grenzgeschwindigkeit

Wir haben gesehen, daß sich elektromagnetische Wellen im freien Raum nur mit der Geschwindigkeit c ausbreiten. Kann irgend etwas eine höhere Geschwindigkeit haben als c?

Betrachten Sie die Bewegung geladener Teilchen in einem Beschleuniger. Können Teilchen bis zu einer Geschwindigkeit größer als c beschleunigt werden? Bis jetzt sind wir in diesem Band noch auf kein Prinzip gestoßen, das die Beschleunigung geladener Teilchen bis zu beliebig hohen Geschwindigkeiten verhindert (Bild 10.19).

Das folgende Experiment[1]) verdeutlicht nun den Lehrsatz, daß ein Teilchen nicht auf eine Geschwindigkeit größer als c beschleunigt werden kann. Elektronen werden im *Van de Graaff*-Beschleuniger durch sukzessiv größere elektrostatische Felder beschleunigt, danach driften die Elektronen mit konstanter Geschwindigkeit durch ein feldfreies Gebiet. Ihre Flugzeit und somit ihre Geschwindigkeit über eine gemessene Entfernung $\overline{AB}$ werden direkt bestimmt, ihre kinetische Energie (die am Ende der Strecke in Wärme umgewandelt wird), messen wir mit einem geeichten Thermoelement.

---

[1]) Achten Sie auf folgenden kleinen Rechentrick: Wir nehmen $y = A x^n$ an mit den Konstanten A und n und wollen dy/y durch dx/x ausdrücken. Wir bilden den natürlichen Logarithmus auf beiden Seiten und erhalten $\ln y = \ln A + n \ln x$. Danach differenzieren wir beide Seiten, um $dy/y = n\,dx/x$ zu erhalten. Wir haben hier von der Beziehung $d \ln x/dx = 1/x$ Gebrauch gemacht.

[2]) Siehe *G. C. McVitties*, Physics Today, S. 70 (Juli 1964).

---

[1]) *W. Bertozzi* führte dieses Experiment in Verbindung mit dem PSSC Film „The Ultimate Speed" durch. Unser Bericht stammt direkt aus Kapitel A — 3 des PSSC Advanced Topics Program. Sehen Sie hierzu bitte Am. J. Phys. **32**, 551 (1964) ein.

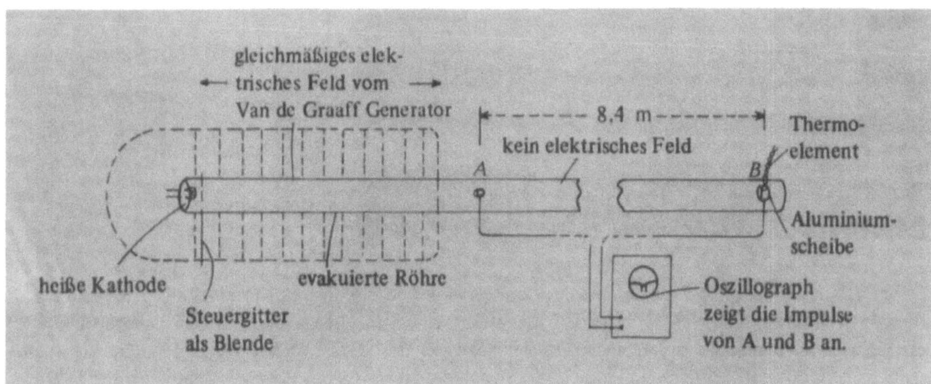

Bild 10.19. Die allgemeine Anordnung des Experiments zur Endgeschwindigkeit. Die Elektronen werden in einem gleichförmigen Feld auf der linken Seite beschleunigt, und ihre Flugzeit wird zwischen A und B mit der Kathodenstrahlröhre gemessen.

Das beschleunigende Potential Φ können wir in diesem Experiment mit großer Genauigkeit bestimmen. Die kinetische Energie eines Elektrons beträgt

$$E_\mathrm{k} = eEl = e\,\Phi,$$

wobei wir mit l die Strecke bezeichnen, in der die Beschleunigung vorgenommen wird, $\Phi = El$ ist die Differenz des elektrischen Potentials am Anfang und am Ende der Beschleunigungsstrecke. Wählen wir $\Phi = 10^6$ V, so hat das Elektron nach der Beschleunigung eine Energie von

$$10^6 \,\mathrm{eV} = 1 \,\mathrm{MeV} = 1{,}6 \cdot 10^{-13} \,\mathrm{J}.$$

Bewegen sich im Strahl n Elektronen pro Sekunde, so beträgt die an die Aluminiumschicht abgegebene Leistung am Ende des Strahls $1{,}6 \cdot 10^{-13}$ J/s $\cdot\, n$. Dies stimmt genau mit der direkt durch das Thermoelement wiedergegebenen Leistungsaufnahme der Schicht überein. Das Elektron gibt also die während der Beschleunigung aufgenommene kinetische Energie an die Schicht ab. Ferner erwarten wir auf der Grundlage der nichtrelativistischen Mechanik

$$E_\mathrm{k} = \tfrac{1}{2}\, m v^2, \tag{10.13}$$

so daß der Graph von v^2 in Abhängigkeit von E_k eine Gerade sein sollte. Bei höheren Energien als etwa 10^5 eV gilt experimentell die lineare Beziehung zwischen v^2 und E_k *nicht* länger. Stattdessen stellen wir fest, daß sich die Geschwindigkeit zu höheren Energien dem Grenzwert $3 \cdot 10^8$ m/s nähert. Wenn die gemessene Geschwindigkeit mit der aus Gl. (10.13) berechneten verglichen wird, so erweist sich der berechnete Wert als zu hoch. Der Graph von v^2 gegen E_k *weist tatsächlich* die in Bild 10.20 gezeigte Krümmung auf und erreicht den Grenzwert $9 \cdot 10^{16}$ m²/s². Wir fassen die experimentellen Ergebnisse zusammen: Die Elektronen absorbieren die erwartete Energie aus dem Beschleunigungsfeld, aber ihre Geschwindigkeit wächst nicht unbegrenzt. Um dies zu verstehen, müssen wir annehmen, daß m in Gl. (10.13) bei hohen Energien E_k keine Konstante ist. Wir behandeln dieses Problem in Kapitel 12. Eine Anzahl anderer Experimente

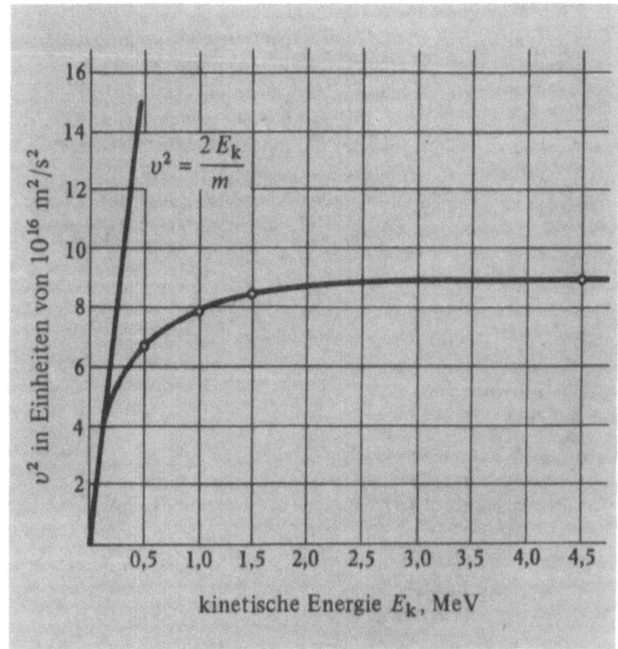

Bild 10.20. v^2 als Funktion von E_k. Die Kreise sind gemessene Werte.

lassen ebenfalls vermuten, daß c die obere Grenze der Teilchengeschwindigkeit bildet. Somit glauben wir mit Bestimmtheit, daß c die maximale Übertragungsgeschwindigkeit für ein Teilchen oder eine elektromagnetische Welle angibt: *c ist die Grenzgeschwindigkeit*.

10.6. Schlußfolgerungen

Wir besitzen nun mit den folgenden aus Experimenten gewonnenen Erkenntnissen das Rüstzeug zum Studium der speziellen Relativitätstheorie in Kapitel 11:

1. c hat in allen Inertialsystemen (d.h. solchen, die sich gleichmäßig relativ zueinander bewegen) den gleichen Wert.

2. c ist die maximale Geschwindigkeit der Energieübertragung.

3. Die absolute Geschwindigkeit eines Bezugssystems ist sinnlos, nur Relativgeschwindigkeiten können experimentell bestimmt werden.

4. Die Galileitransformation ist bei hohen Relativgeschwindigkeiten unzulänglich.

5. Die Newtonsche Formel $mv^2/2$ für die kinetische Energie gilt nicht bei hohen Geschwindigkeiten v.

Wir haben nur einen Bruchteil der Experimente wiedergegeben, die die inzwischen scharf umrissene spezielle Relativitätstheorie unterstützen. Physiker verlassen sich auf diese Theorie wie auf irgendeinen anderen Teil der Physik. Unser Bestreben soll es jetzt sein, die Theorie präzise zu formulieren und einige ihrer Hauptkonsequenzen zu verstehen.

10.7. Übungen

1. *Dopplereffekt.* Ein Raumfahrer will seine Anfluggeschwindigkeit bestimmen, während er sich dem Mond nähert. Er sendet ein Radiosignal mit der Frequenz $f = 5000$ MHz aus und vergleicht diese Frequenz mit ihrem Echo. Dabei stellt er einen Unterschied von 86 kHz fest. Berechnen Sie die Geschwindigkeit des Raumschiffs relativ zum Mond. (Der nichtrelativistische Ausdruck für den Dopplereffekt ist für viele Zwecke hinreichend genau.)
Lösung: $2,6 \cdot 10^3$ m/s.

2. *Rotverschiebung.* Eine Spektrallinie, die im Labor bei der Wellenlänge von 500 nm erscheint, wird im Spektrum eines von einer entfernten Galaxie kommenden Lichts bei 520 nm beobachtet.
   a) Mit welcher Geschwindigkeit entfernt sich die Galaxie?
   Lösung: $1,2 \cdot 10^7$ m/s.
   b) Wie weit ist die Galaxie entfernt?
   Lösung: $4 \cdot 10^{24}$ m.

3. *Lichtgeschwindigkeit. Michelson* ließ zur Messung der Lichtgeschwindigkeit ein oktagonales Reflexionsprisma um die Prismenachse rotieren. Es reflektierte den aus einer entfernten Lichtquelle einfallenden Lichtstrahl zu einem Beobachter in der Nähe der Quelle. Die Einstellung bewirkt, daß die Übertragungszeit des Lichts ein Achtel der Rotationsperiodendauer des oktagonalen Prismas beträgt. Die einfache Entfernung war $l = 35,410 \pm 0,003$ km und die Rotationsfrequenz des Prismas betrug $f = 529$ Hz mit einer Genauigkeit von $3 \cdot 10^{-5}$ Hz.
   a) Berechnen Sie aus diesen Angaben die Lichtgeschwindigkeit: (eine relative Korrektur von der Ordnung 10^{-5} mußte wegen atmosphärischer Einflüsse vorgenommen werden).
   b) Der Winkel zwischen zwei benachbarten Prismen-Stirnseiten betrug $135° \pm 0,1''$. Bestimmen Sie die Gesamtgenauigkeit der Messung von c.

4. *Eklipsen von Io.* Der Jupitermond Io bewegt sich mit der durchschnittlichen Periodendauer von 42,5 Stunden auf einer Umlaufbahn mit dem Radius $4,21 \cdot 10^8$ m. *Roemer* beobachtete, daß sich die Umlaufzeit regelmäßig während des Jahres änderte, wobei die Variationsperiode etwa ein Jahr betrug. Die maximale Abweichung der Periode vom Mittelwert ergab sich zu 15 s und trat etwa alle sechs Monate auf. Vernachlässigen Sie die Bewegung des Jupiters auf der Umlaufbahn.
   a) Schätzen Sie die Entfernung, die die Erde während einer Periode der Bewegung von Io um den Jupiter zurücklegt. *Lösung*: $4,5 \cdot 10^9$ m.
   b) Wann erscheint die Periode von Io am größten?
   c) Berechnen Sie mit dem vorherigen Ergebnis und den angegebenen Daten die Lichtgeschwindigkeit.
   d) Schätzen Sie die in den sechs Monaten angehäufte Verzögerung, die auf den Zeitpunkt der Verzögerung Null folgt, wenn der Jupiter der Erde am nächsten ist.

5. *Stellare Parallaxe. Aristarchus von Samos* (ungefähr 200 v.Chr.) sagte die stellare Parallaxe voraus; sie wurde schließlich von *Bessel* 1838 mit Sicherheit beobachtet. *Bradley* hatte es ohne Erfolg versucht, statt dessen entdeckte er die Aberration des Sternenlichts. Während eines Jahres verschiebt sich die scheinbare Stellung eines Sterns bedingt durch die Aberration zwischen zwei angenähert 40 Bogensekunden auseinanderliegenden Extrema.
   a) Wie groß ist die Entfernung eines Sterns in Parsek, der eine Parallaxe von $20''$ aufweist? Der nächste bekannte Stern ist der α-Centauri mit einem Abstand von etwa 1,3 Parsek.
   Lösung: 0,05 Parsek.
   b) Zeigen Sie, daß die scheinbare jährliche durch die Aberration bedingte Bewegung der Sterne in der Nähe der Sonnenbahn eine gerade Linie bildet, deren Enden einen Winkel von $40''$ einschließen.

(Die Ekliptik ist die Ebene der Erdbahn.)

6. *Die Rotation einer Galaxis.* Bevor die ungeheuren Entfernungen der Nebel (Galaxien) bekannt waren, wurde 1916 über die Spirale M 101 berichtet, daß sie wie ein fester Körper mit einer Periodendauer von 85 000 Jahren rotiert. Der beobachtete Winkeldurchmesser betrug $22'$. Berechnen Sie den maximal möglichen Abstand des Nebels, wenn obige Periodendauer korrekt ist; nehmen Sie an, daß die äußeren Enden des Nebels keine größere Geschwindigkeit als c haben. (Neuere Messungen der Sterne im M 101 geben seine Entfernung mit $8,5 \cdot 10^{22}$ m an. Es ist offensichtlich, daß die 1916 angegebene Rotation zu hoch veranschlagt wurde.)

7. *Pulsierende Sterne.* Das 200-Zoll-Teleskop auf Mt. Palomar kann individuelle Sterne in Galaxien in einer Entfernung von $3 \cdot 10^{23}$ m unterscheiden. Eine Methode zur Eichung von Entfernungen dieser Größenordnung benutzt die Beobachtung der Perioden in der Helligkeit gewisser pulsierender Sterne vom Typ der Cepheiden. Ein solcher Stern hat eine instabile Gravitation; er weist periodische Schwingungen auf, während derer sein Radius sich um vielleicht 5 … 10 % ändern kann. Die Temperatur des Sterns ändert sich mit der gleichen Frequenz wie der Radius, so daß wir eine periodische Helligkeitsänderung beobachten. Es sind Perioden von wenigen Stunden entdeckt worden. Ein Cepheid, dessen Leuchtkraft das $2 \cdot 10^4$-fache der Sonne beträgt, hat in unserer Galaxie eine Periode von 50 Tagen.
   a) Bestimmen Sie aus der Beziehung zwischen Entfernung und Geschwindigkeit die Radialgeschwindigkeit für eine Galaxie in einer Entfernung von $3 \cdot 10^{23}$ m.
   b) Was würden wir für die Periode dieses Cepheids in einer Galaxie in der oben angeführten Entfernung erwarten?
   Lösung: 50,08 Tage.

8. *Novae.* Gelegentlich beobachten wir bei einem Stern eine Explosion, durch die ein Teil der äußeren Schichten mit hoher Geschwindigkeit herausgeschleudert wird. Einen derartigen Stern nennen wir *Nova*. Bei einer neu entstandenen Nova beobachtete man nach der Explosion eine sie umgeben-

de Schale. Der Winkeldurchmesser der Schale nahm jährlich um $0,3''$ zu. Das Spektrum einer Nova sieht aus wie ein normales Sternspektrum mit breiten überlagerten Emissionslinien, deren Breite (in der Wellenlänge) um 1 μm (in der Nähe einer Wellenlänge von 500 μm) konstant bleibt, obwohl die Linien dunkler werden. Die Breite müssen wir als Maß des Dopplereffekts zwischen den sich auf uns zubewegenden und den sich von uns entfernenden Schalenteilchen interpretieren. Schätzen Sie die Entfernung der Nova für eine optisch dünne Schale (so daß wir von der entfernten Hemisphäre genau so viel Licht empfangen wie von der nahegelegenen).

Lösung: $1{,}2 \cdot 10^{19}$ m.

9. *Galaxiengeschwindigkeiten.* Die gemessenen Radialgeschwindigkeiten der Galaxien relativ zur Erde sind nicht isotrop über den Himmel verteilt. Die Anisotropie ergibt sich durch die Sonnenbewegung (Bahngeschwindigkeit) in Bezug auf das Zentrum unserer Galaxie und der eigenen Bewegung unserer Galaxis bezüglich des örtlichen außergalaktischen Ruhsystems. Wir wollen alle Galaxien in einer bestimmten Entfernung, z.B. sagen wir bei $3{,}26 \cdot 10^7$ Lichtjahren, untersuchen.

a) Wie groß ist die mittlere Radialgeschwindigkeit dieser Galaxien?

b) Bei welcher Wellenlänge liegt die Hα-Linie des Wasserstoffs im Mittel? (Im Labor beträgt $\lambda_{\mathrm{H}\alpha} = 656{,}3$ μm.)

In unserem Beispiel finden wir, daß die Geschwindigkeiten in einer bestimmten Richtung 300 km/s höher sind als der durchschnittliche Wert; in genau entgegengesetzter Richtung sind sie um diesen Betrag kleiner.

c) Welche Geschwindigkeit hat die Sonne in diesem Bezugssystem?

d) Ist diese Geschwindigkeit notwendigerweise gleich der Bahngeschwindigkeit der Sonne um den Mittelpunkt unserer Galaxie?

e) Wir nehmen an, sie ist die Bahngeschwindigkeit. Schätzen Sie die Masse unserer Galaxie; denken Sie sich hierzu alle Massen im jeweiligen Mittelpunkt konzentriert und die Umlaufbahn der Sonne kreisförmig (der Abstand zum Mittelpunkt der Galaxis beträgt 35 000 Lichtjahre). Vergleichen Sie ihren Wert mit den in Tabellen angegebenen Werten von $8 \cdot 10^{41}$ kg für die Masse der Galaxie. Erklären Sie den Unterschied.

Lösung:

a) Die mit der Geschwindigkeits-Entfernungs-Beziehung berechnete mittlere Geschwindigkeit der Galaxien beträgt 930 km/s.

b) Die Hα-Linie finden wir im Durchschnitt bei $658{,}4$ μm.

c) 300 km/s.

d) Nein, sie kann in diesem Bezugssystem jede Bewegung unserer Galaxie als Ganzes beinhalten.

e) $4{,}5 \cdot 10^{40}$ kg. Dieser Wert ist kleiner als der normalerweise angegebene, weil ein großer Teil der Masse unserer Galaxie außerhalb des Mittelpunktes liegt – in der Tat befindet sich viel Masse außerhalb zur Sonne dort, wo sie nicht die Sonnenbewegung beeinfußt oder auf diese Weise ermittelt werden kann.

10. *Sternrotation.* Aus der Oberflächenbeschaffenheit der Sonne schließt man auf eine langsame Rotation der Sonne mit einer Periodendauer von 25 Tagen am Äquator. Einige Sterne rotieren jedoch schneller. Wie können wir dies feststellen im Hinblick auf die Tatsache, daß die Sterne so weit entfernt sind, daß wir sie nur als Lichtpunkt sehen?

11. Spezielle Relativitätstheorie und die Lorentz-Transformation

11.1. Grundannahmen

Das negative Ergebnis des Versuchs von *Michelson* und *Morley,* die Drift der Erde im Äther nachzuweisen, und die übrigen Ergebnisse des Kapitels 10 können wir nur durch eine grundlegende Umstellung unseres Denkens verstehen; das erforderliche neue Postulat ist einfach und klar:

> Die Lichtgeschwindigkeit hängt nicht von der Bewegung der Lichtquelle oder des Empfängers ab.

Das heißt, die Lichtgeschwindigkeit ist in allen gleichförmig zur Quelle bewegten Bezugssystemen gleich. Zu diesem neuen Postulat kommen unsere früheren Annahmen hinzu:

> Der Raum ist isotrop und homogen. Die Grundgesetze der Physik sind für zwei gleichförmig zueinander bewegte Beobachter gleich.

Die umfangreichen Konsequenzen der speziellen Relativitätstheorie folgen aus diesen Annahmen.

Nicht nur elektromagnetische Wellen oder Photonen haben eine von der Bewegung der Quelle unabhängige Geschwindigkeit. Wir sind der Ansicht, daß jedes Teilchen der Ruhmasse Null unabhängig von der Bewegung der Quelle die Geschwindigkeit c hat; insbesondere gilt dies für Neutrinos und Antineutrinos. Wir werden hier über Photonen sprechen, da Versuche mit Photonen einfacher sind als solche mit Neutrinos.

Stellen Sie sich zunächst eine von einer punktförmigen Quelle ausgehende Lichtwelle vor. Die Wellenfront (Fläche gleicher Phase) ist eine Kugel, wenn wir sie in dem Bezugssystem betrachten, in dem die Quelle ruht. Doch auf Grund unseres neuen Postulats muß die Wellenfront ebenfalls eine Kugel sein, wenn wir von einem Bezugssystem ausgehen, das sich gleichförmig zur Quelle bewegt; andernfalls könnten wir aus der Form der Wellenfront schließen, daß sich die Quelle bewegt. Die fundamentale Annahme, daß die Lichtgeschwindigkeit nicht von der Bewegung der Quelle abhängt, fordert jedoch, daß es uns nicht möglich sein soll, aus der Form der Wellenfront auf eine gleichförmige Bewegung der Quelle zu schließen.

11.2. Die Lorentz-Transformation

In Kapitel 4 haben wir die Galilei-Transformation zur Beschreibung physikalischer Vorgänge von verschiedenen Inertialsystemen aus eingeführt. Wir gehen wieder von dieser Idee aus und betrachten zwei Inertialsysteme S und S', die sich mit konstanter Geschwindigkeit V relativ zueinander bewegen. Wir suchen eine Koordinatentransformation – die auch die Zeitkoordinate mittransformieren kann – die die Koordinaten in den beiden Systemen so miteinander verknüpft, daß Einklang mit den Postulaten der Relativitätstheorie herrscht. In S ruhe eine Lichtquelle im Ursprung, eine zur Zeit $t = 0$ von ihr ausgesandte kugelförmige Wellenfront genügt der Gleichung

$$x^2 + y^2 + z^2 = c^2 t^2. \tag{11.1}$$

Im System S' mit den Koordinaten x', y', z' und t' muß die Gleichung dieser Wellenfront lauten

$$x'^2 + y'^2 + z'^2 = c^2 t'^2. \tag{11.2}$$

Die Lichtgeschwindigkeit c ist in den Gln. (11.1) und (11.2) gleich.

Wir versuchen zunächst, ob die Galilei-Transformation Gl. (11.1) in Gl. (11.2) überführt und setzen

$$x' = x - Vt; \quad y' = y; \quad z' = z; \quad t' = t \tag{11.3}$$

in Gl. (11.2) ein: Es folgt

$$x^2 - 2xVt + V^2 t^2 + y^2 + z^2 = c^2 t^2.$$

Dieses Ergebnis stimmt offensichtlich nicht mit Gl. (11.1) überein. Die Galilei-Transformation versagt also, und wir müssen eine neue Transformation suchen. Sie muß sich im Grenzfall kleiner Relativgeschwindigkeiten V auf die Galilei-Transformation reduzieren.

Wir versuchen

$$x' = \alpha x + \epsilon t, \quad y' = y, \quad z' = z, \quad t' = \delta x + \eta t.$$

Wir wissen bereits, daß für $x' = 0$, $dx/dt = V$ gelten muß, und für $x = 0$ muß $dx'/dt' = -V$ sein. Daraus folgt

$$V = -\frac{\epsilon}{\alpha}, \quad -V = \frac{\epsilon}{\eta}$$

oder

$$\alpha = \eta.$$

Setzen wir die Transformation in Gl. (11.2), also

$$x'^2 + y'^2 + z'^2 = c^2 t'^2$$

ein, so erhalten wir

$$\alpha^2 x^2 + 2\alpha\epsilon xt + \epsilon^2 t^2 + y^2 + z^2$$
$$= c^2(\delta^2 x^2 + 2\delta\alpha xt + \alpha^2 t^2).$$

Wir vergleichen dies mit Gl. (11.1) und erhalten Übereinstimmung, falls

$$2\alpha\epsilon = 2c^2\delta\alpha$$
$$\alpha^2 - c^2\delta^2 = 1$$

und

$$c^2\alpha^2 - \epsilon^2 = c^2.$$

Wir eliminieren ϵ mit $\epsilon = -V\alpha$ und finden

$$\alpha = \frac{1}{(1-V^2/c^2)^{1/2}}, \quad \epsilon = \frac{-V}{(1-V^2/c^2)^{1/2}},$$

$$\delta = \frac{-V/c^2}{(1-V^2/c^2)^{1/2}}, \quad \eta = \frac{1}{(1-V^2/c^2)^{1/2}}.$$

Die Transformation lautet also

$$x' = \frac{x - Vt}{(1-V^2/c^2)^{1/2}}, \quad y' = y, \quad z' = z$$

$$t' = \frac{t - (V/c^2)x}{(1-V^2/c^2)^{1/2}}. \tag{11.4}$$

Dies ist die *Lorentz-Transformation.* Sie ist in x und t linear, und läßt sich auf die Galilei-Transformation für $V/c \to 0$ zurückführen. Eingesetzt in Gl. (11.2) ergibt sie exakt den gewünschten Ausdruck

$$x^2 + y^2 + z^2 = c^2 t^2,$$

d.h.,

$$x'^2 + y'^2 + z'^2 = c^2 t'^2$$

ist unter einer Lorentz-Transformation *invariant.* Die Form der Gleichung zur Beschreibung der Wellenfront ist dieselbe in allen mit gleichförmiger relativer Geschwindigkeit zueinander bewegten Bezugssystemen. Gl. (11.4) ist die eindeutige Lösung unseres Problems. Die Lorentz-Transformation ist der prägnanteste Ausdruck vieler wichtiger Ergebnisse der Relativitätstheorie, von denen wir einige in der Folge besprechen werden.

Es ist sinnvoll, einige Standardbezeichnungen einzuführen. Wir definieren

$$\beta \equiv \frac{V}{c}. \tag{11.5}$$

Das heißt, β ist die in einem natürlichen Einheitensystem mit $c = 1$ gemessene Geschwindigkeit. Weiter führen wir die Abkürzung

$$\gamma \equiv \frac{1}{(1-\beta^2)^{1/2}} \equiv \frac{1}{(1-V^2/c^2)^{1/2}} \tag{11.6}$$

ein, wobei $\gamma \geq 1$. Für die Lorentz-Transformation (11.4) ergibt sich somit

$$x' = \gamma(x - \beta ct); \quad y' = y; \quad z' = z;$$

$$t' = \gamma\left(t - \frac{\beta x}{c}\right), \tag{11.7}$$

und als Umkehrung erhalten wir sofort

$$x = \gamma(x' + \beta ct'); \quad y = y'; \quad z = z';$$

$$t = \gamma\left(t' + \frac{\beta x'}{c}\right). \tag{11.8}$$

11.3. Die Längenkontraktion

Betrachten Sie einen Stab Bild 11.1a, der entlang der x-Achse liegt und im Bezugssystem S ruht. Da sich der Stab in Ruhe befindet, sind die Endkoordinaten x_1 und x_2 unabhängig von der Zeit t in S. Somit beträgt die *Ruhelänge* des Stabes

$$l_0 = x_2 - x_1.$$

Bild 11.2a zeigt einen zweiten Stab, der in S' entlang der x'-Achse ruht. Hier ist

$$l_0 = x_2' - x_1'$$

die *Ruhelänge* des Stabes in S'.

Wir wollen nun die Längen dieser Stäbe bestimmen, die vom jeweils anderen Bezugssystem aus gemessen werden. Wir betrachten zunächst den Stab in Bild 11.1a vom System S' aus, das sich mit der Geschwindigkeit $V\hat{\mathbf{x}}$ in

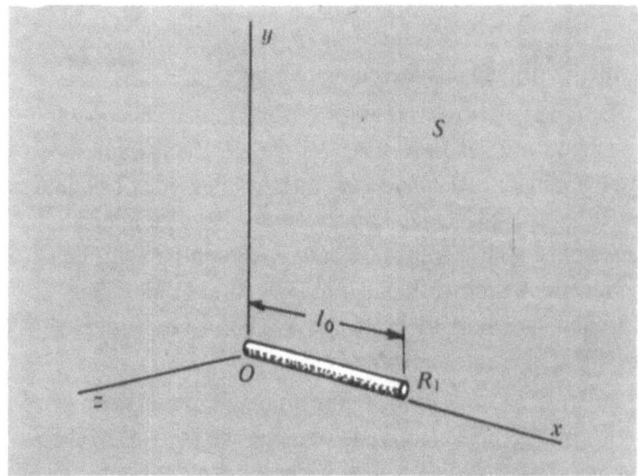

Bild 11.1a. Ein starrer Stab R_1 der Länge l_0 ruht im System S

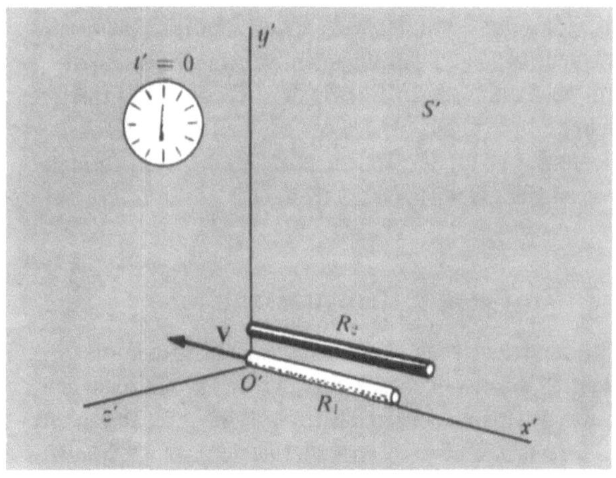

Bild 11.1b. Die Lorentz-Transformation ergibt, daß für R_1 in S' die Länge $l = l_0\sqrt{1 - V^2/c^2}$ gemessen wird, wobei V die Geschwindigkeit von R_1 in S' ist. Im Bild ist $x_1 = x_1' = 0$.

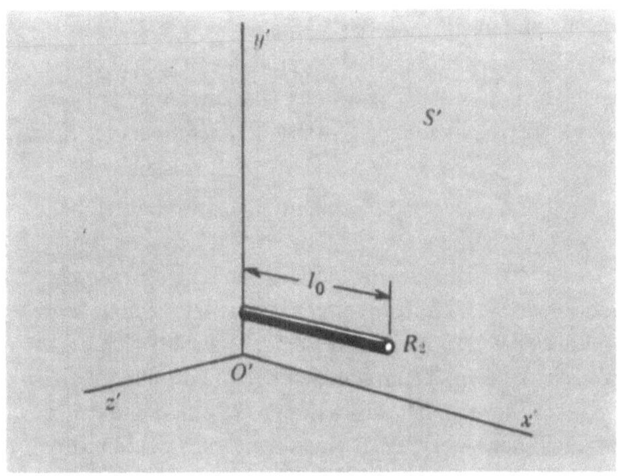

Bild 11.2a. Betrachten Sie einen ähnlichen Stab R_2 mit der Länge l_0 im Ruhsystem S'

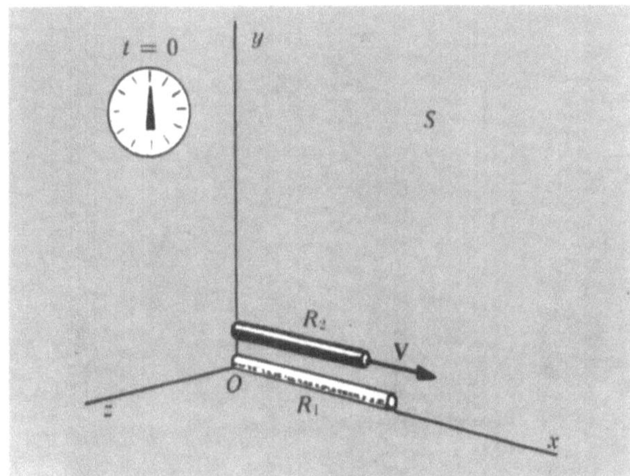

Bild 11.2b. Die Lorentz-Transformation ergibt, daß für R_2 in S die Länge $l = l_0 \cdot \sqrt{1 - V^2/c^2}$ gemessen wird, wobei V die Geschwindigkeit von R_2 in S ist. Dies ist die bekannte Lorentz-Kontraktion bewegter Objekte. Im Bild ist $x_1 = x'_1 = 0$.

bezug auf den in S ruhenden Stab bewegt. (Siehe auch Bild 11.1b, der in Bild 11.2a gezeigte Stab R_2 ruht in S'.) Wir erhalten die Länge des Stabes, von S' betrachtet, indem wir zu einem gegebenen Zeitpunkt t' die mit den Enden des Stabes zusammenfallenden Koordinaten x'_1 und x'_2 bestimmen. Die Strecke zwischen den Punkten x'_1 und x'_2 in S', die (in S') mit den Endpunkten des Stabes *gleichzeitig* zusammentreffen, bietet sich als natürliche Definition der Länge l in dem bewegten System S' an.

Aus der Lorentz-Transformation Gl. (11.8) erhalten wir

$$x_1 = \gamma(x'_1 + Vt'_1)$$
$$x_2 = \gamma(x'_2 + Vt'_2)$$
$$x_2 - x_1 = l_0 = \gamma(x'_2 - x'_1) + \gamma V(t'_2 - t'_1).$$

Die Messung in S' erfordert $t'_2 = t'_1$, so daß

$$l_0 = \gamma(x'_2 - x'_1) = \gamma l$$

oder

$$\boxed{l = \frac{l_0}{\gamma} = l_0(1 - \beta^2)^{1/2},} \qquad (11.9)$$

unter Verwendung unserer Definition $\gamma = (1 - \beta^2)^{-1/2}$. Die vom bewegten System aus gemessene Länge ist also kürzer als die Ruhelänge.

Wir betrachten nun auch den in S' ruhenden Stab des Bildes 11.2a von System S aus, das sich mit der Geschwindigkeit $- V\hat{\mathbf{x}}$ in bezug auf den Stab bewegt. (Siehe Bild 11.2b, der Stab R_1 aus Bild 11.1a ruht in S.) Wir gehen genauso vor wie zuvor, nur ist diesmal die Zeit t bei der Bestimmung der Endpunkte x_1 und x_2 gleich. Aus der Lorentz-Transformation (11.7) folgt

$$x'_1 = \gamma(x_1 - Vt_1)$$
$$x'_2 = \gamma(x_2 - Vt_2)$$
$$x'_2 - x'_1 = l_0 = \gamma(x_2 - x_1) - \gamma V(t_2 - t_1)$$

und für $t_1 = t_2$

$$l_0 = \gamma(x_2 - x_1) = \gamma l$$
$$l = l_0(1 - \beta^2)^{1/2}.$$

Wieder ergibt die Messung der Länge des bewegten Stabes einen Wert unterhalb der Ruhelänge.

Dies ist die berühmte *Lorentz-Kontraktion* eines Stabes, der sich parallel zu seiner Länge in bezug auf den Beobachter bewegt. Hat sich der Stab „wirklich" verkürzt? Im Stab sind offensichtlich keine physikalischen Veränderungen erfolgt, aber die Meßvorschrift für Längen ergibt in jedem System ein unterschiedliches Resultat. Wieder andere Beobachtungen macht man, wenn man einen Stab, oder ein sonstiges bewegtes Objekt, photographiert. Die dabei auftretenden Bilder sind in einem ausgezeichneten Aufsatz von *V. F. Weißkopf*[1] diskutiert. Beispielsweise sieht man die Lorentz-Kontraktion einer bewegten Kugel — die eine Ellipse erwarten lassen würde — auf Photographien nicht, eine rasch bewegte Kugel erscheint wiederum als Kugel[2].

In der vorangehenden Diskussion haben wir betont, daß die Länge des Stabes durch *gleichzeitige* Messung der Lage der Endpunkte im System des Beobachters be-

---

[1] *V. F. Weißkopf*, Physics Today **13**, 24–27 (September 1960).

[2] Beim Photographieren muß das Licht von verschiedenen Teilen des bewegten Objekts gleichzeitig bei der Kamera eintreffen. Die obige Vorschrift zur Längenmessung würde dagegen gleichzeitiger Emission der Lichtstrahlen vom Objekt entsprechen, wobei „gleichzeitig" sich auf das System bezieht, in dem die Messung gemacht wird. *A.d.Ü.*

stimmt wird. Dabei ergibt sich die Länge zu l_0/γ. Die gleichzeitige Messung in S' entspricht aber nicht einer gleichzeitigen Messung in S! Im Gegenteil, gemäß der Lorentz-Transformation unterscheiden sich die Zeitpunkte der Messung der Endpunkte des Stabes, die in S' gleichzeitig waren, in S um

$$t_2 - t_1 = \frac{\beta(x_2 - x_1)}{c}.$$

Bei der Behandlung des Meßstabs parallel zur y-Achse brauchten wir uns keine Gedanken über Fragen der Gleichzeitigkeit beim Vergleich eines bewegten mit einem ruhenden Stab zu machen. Beim Stab parallel zur x-Achse ist die Frage nach der Gleichzeitigkeit entscheidend[1]).

Dies läßt sich an einem anderen Beispiel verdeutlichen. Es ist leicht möglich, eine Anzahl Uhren in S, dem System, in dem der Meßstab ruht, zu synchronisieren. Lassen Sie die Uhren bei $x = 0$ und $x = l_0$ (den Endmarken des Meßstabs) zur Zeit $t = 0$ einen Lichtstrahl in y-Richtung aussenden. Zwei aus einer Reihe entlang der x'-Achse angeordneter Zählwerke empfangen diese beiden Blitze. Wie weit sind diese beiden getriggerten Zählwerke voneinander entfernt? Aus Gl. (11.7) erhalten wir für ihre Lage

$$x_1' = 0 \cdot \gamma - c \cdot 0 \cdot \beta\gamma = 0,$$
$$x_2' = l_0 \cdot \gamma - c \cdot 0 \cdot \beta\gamma = l_0\gamma,$$

so daß ihre Entfernung zueinander

$$x_2' - x_1' = l_0\gamma = \frac{l_0}{(1-\beta^2)^{1/2}} \qquad (11.10)$$

beträgt. Das stimmt nicht mit Gl. (11.9) überein! Wir haben ein *anderes* Experiment ausgeführt und ein *anderes* Ergebnis erhalten. Unser erstes Experiment basierte auf der natürlichen Längendefinition in S'. Hierbei wurde in S' Gleichzeitigkeit gefordert. Das erste Experiment verglich $\Delta x'$ mit Δx für $\Delta t' = 0$, wohingegen das zweite Experiment $\Delta x'$ mit Δx für $\Delta t = 0$ verglich.

Indirekt wissen wir aus dem Ergebnis (11.10) des zweiten Experiments, daß zwei in S gleichzeitige Ereignisse im allgemeinen in S' nicht simultan ablaufen. Somit sehen wir aus Gl. (11.10), daß zwei Ereignisse, die *gleichzeitig* in S ablaufen ($\Delta t = 0$) und räumlich durch Δx getrennt sind, in S' sowohl räumlich als auch zeitlich getrennt sind:

$$\Delta x' = \gamma \Delta x, \quad c \Delta t' = -\beta\gamma\Delta x.$$

Längenmessung senkrecht zur Relativgeschwindigkeit. Aus der Lorentz-Transformation (11.7) ersehen wir

$$y' = y, \quad z' = z,$$

was viel einfacher ist als das Verhalten von Meßstäben in Bewegungsrichtung. Die obigen Beziehungen sind gleichwertig mit der Behauptung, daß die Längenmessung eines Meßstabs unabhängig von seiner Geschwindigkeit ist, *falls* er sich senkrecht zu seiner Längsrichtung bewegt.

Wie können wir diese Behauptung experimentell beweisen? Wir nehmen einen Meßstab und bewegen ihn mit gleichförmiger Geschwindigkeit an einem ruhenden Meßstab vorbei. Dabei bereitet es gedanklich keine Schwierigkeiten, die Anfangspunkte beider Meßstäbe sich exakt kreuzen zu lassen. Dann kreuzen sich ebenso die 1-m-Marken jedes Stabes, oder wir richten es so ein, daß die 1-m-Marke des kürzeren Stabes einen Strich auf dem längeren Stab hinterläßt, falls die Bewegung die Länge ändern sollte. Dies liefert eine eindeutige physikalische Längenregistrierung (Bilder 11.3a bis 11.3c).

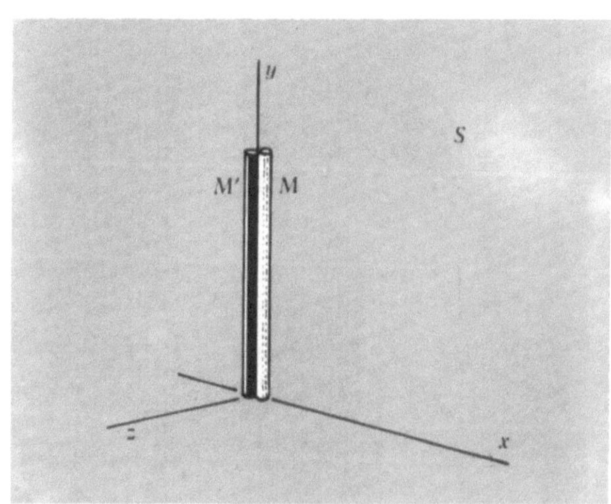

Bild 11.3a. In S ruhen zwei identische Stäbe M' und M

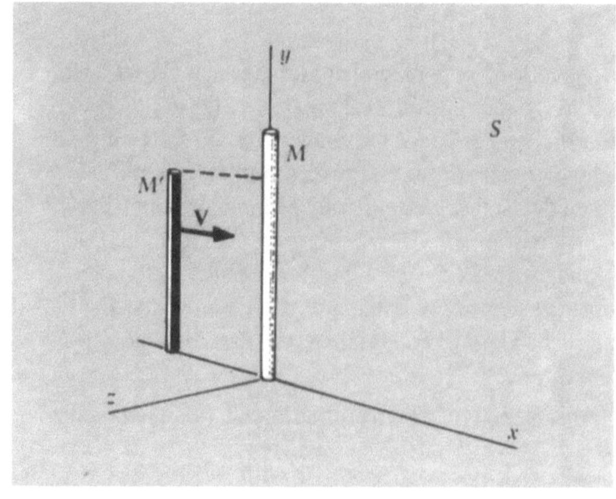

Bild 11.3b. Nehmen Sie an, M' erscheint einem Beobachter in S kürzer, wenn der Stab sich relativ zu S bewegt.

[1]) Dies wird ausführlich bei *Taylor* und *Wheeler* ,,Space-Time Physics – An Introduction'' S. 64–66 diskutiert.

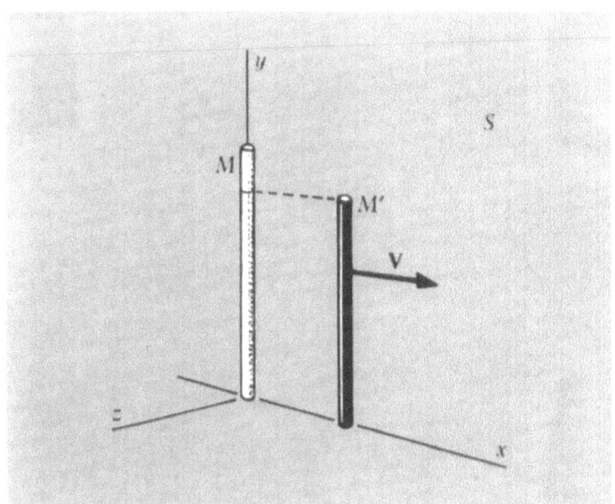

Bild 11.3c. Dann können wir es so einrichten, daß das Ende von M' auf M einen Strich hinterläßt. Dieser Strich ist das physikalische Ergebnis eines Experiments und ...

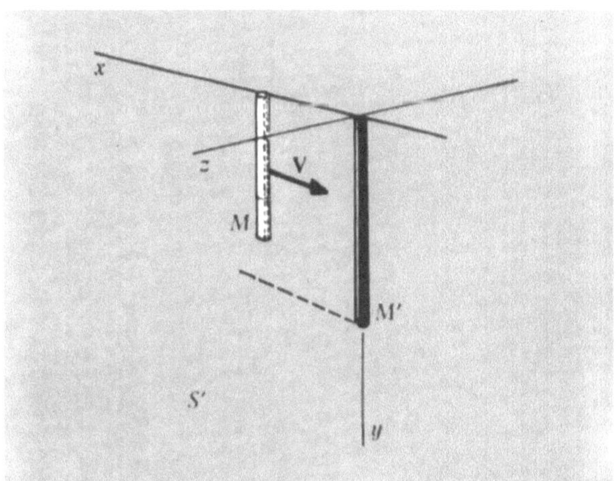

Bild 11.3d. ... muß auch in einem anderen System beobachtet werden können, z.B. auf dem Kopf stehend im System, in dem M' ruht. Aber jetzt muß M *kürzer* als M' erscheinen, da M sich bewegt und M' ruht.

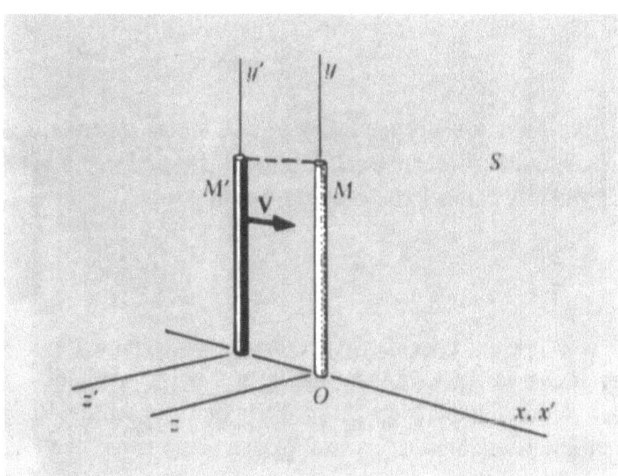

Bild 11.3e. Somit liegt ein Widerspruch vor, der sich nur dadurch lösen läßt, daß M' und M die gleiche Länge haben, auch wenn sich einer der Stäbe bewegt. Somit gilt $y' = y$ und entsprechend $z' = z$.

S ist nun das Ruhesystem des einen Meßstabs und S' das Ruhesystem des anderen Stabs. Nehmen wir an, durch die Bewegung ändere sich die scheinbare Länge, dann muß der Stab, der einem Beobachter in S kürzer erscheint, einem Beobachter in S' länger erscheinen, wenn die Gesetze der Physik sowohl in S als auch in S' übereinstimmen. Aber diese Rollenvertauschung widerspricht unserer physikalischen Feststellung, daß ein Meßstab länger ist als der andere. Daher müssen die Längen, von S oder S' aus betrachtet, gleich sein (Bilder 11.3d und 11.3e). Diese Diskussion bestätigt lediglich, daß $y = y'$ und $z = z'$ ist.

Die Ergebnisse der Längenmessungen parallel und normal zur Bewegungsrichtung haben zur Folge, daß Messungen von Winkeln, die die x-Richtung beinhalten, in den beiden Systemen unterschiedliche Ergebnisse liefern. In Übung 5 sollen diese Winkelbeziehungen ausgearbeitet werden. Man muß dabei berücksichtigen, in welchem System Endpunkte von Längen gleichzeitig gemessen werden.

11.4. Die Zeitdilatation

Allgemein bedeutet *Dilatation* „Vergrößerung über die normale Größe hinaus"; in Verbindung mit einer Uhr bedeutet Dilatation die Dehnung eines Zeitintervalls. Wir betrachten eine im Bezugssystem S ruhende Uhr.

Das im Ruhsystem der Uhr gemessene Zeitintervall

$$\tau = t_2 - t_1$$

heißt *Eigenzeit*. Die Lorentz-Transformation (11.7) liefert

$$t_2' = \gamma\left(t_2 - \frac{\beta x_2}{c}\right) , \qquad t_1' = \gamma\left(t_1 - \frac{\beta x_1}{c}\right)$$

und daher

$$\boxed{\; t_2' - t_1' = \gamma(t_2 - t_1) = \gamma\tau = \frac{\tau}{(1 - \beta^2)^{1/2}} \;,\;} \qquad (11.11)$$

wobei wir $x_1 - x_2 = 0$ gesetzt haben, da die Uhr in S ruht. Dieses Zeitintervall wird mit einer Uhr gemessen, die in einem System S' ruht, das sich mit der Geschwindigkeit $V\hat{x}$ in bezug auf S bewegt. Das in S' gemessene Zeitintervall ist länger als das in S gemessene Intervall. Führen wir aber das in den Bildern 11.4a und 11.4b gezeigte Experiment durch, so finden wir, daß *dabei* ein in S gemessenes Zeitintervall länger ist, als das in S' gemessene Intervall.

Folgende Schlußfolgerung ist unvermeidlich: Zwei Systeme S und S' bewegen sich gleichförmig relativ zueinander. In jedem System ruht ein Beobachter, dem viele im System verteilte Uhren zur Verfügung stehen. Zwei Ereignisse, die in S an einem festen Ort im zeitlichen Abstand Δt (von S aus beurteilt) stattfinden, werden vom

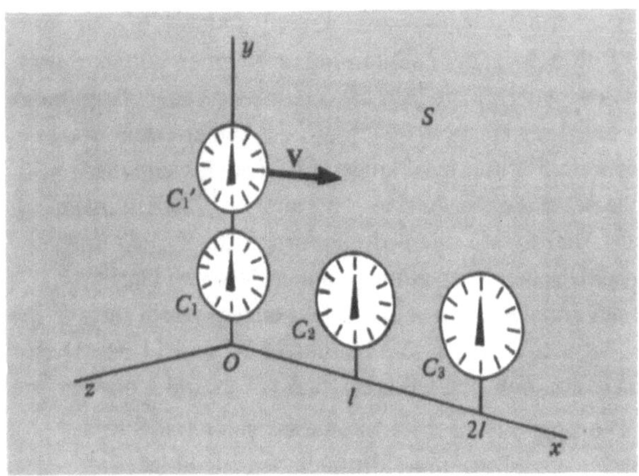

Bild 11.4a. Die in S ruhenden synchronen Uhren C_1, C_2 und C_3 sind in gleichen Abständen entlang der x-Achse aufgestellt. Die Uhr C_1' hat bezüglich S die Geschwindigkeit V. Wie angegeben, soll $t' = 0$ für $t = 0$ sein.

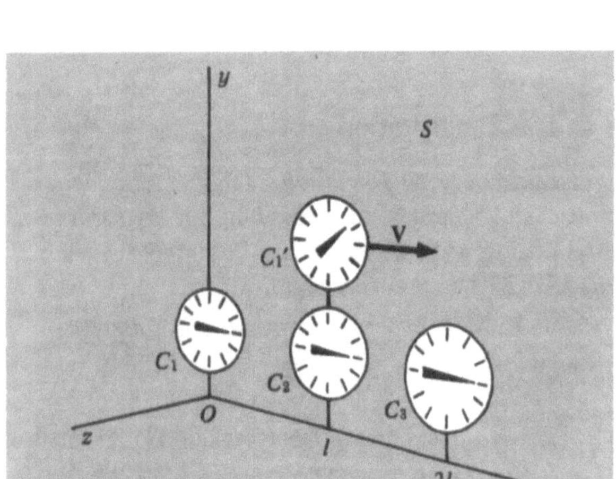

Bild 11.4b. Die Lorentz-Transformation ergibt

$$t' = (t - xV/c^2)\,\gamma = t\,\sqrt{1 - V^2/c^2}\,,$$

da $x = l = Vt$ ist. Für einen Beobachter in S geht die bewegte Uhr C_1' nach.

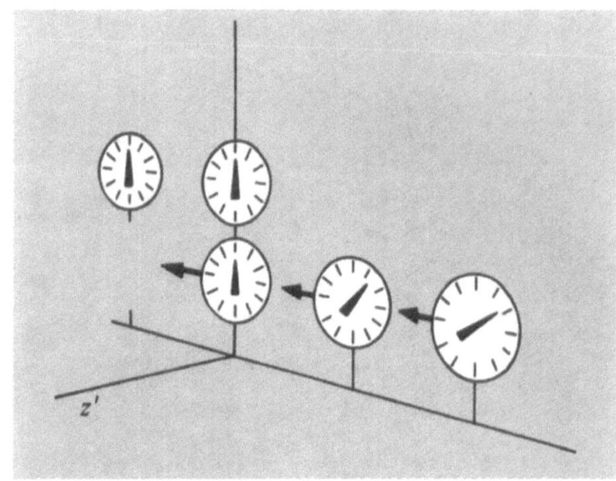

Bild 11.5a. In S' ruhen die synchronisierten, im Abstand l voneinander aufgestellten Uhren C_1', C_2' usw. Einem Beobachter in S' erscheinen die Uhren C_1, C_2, C_3 *nicht synchron*! Was zeigen sie an?

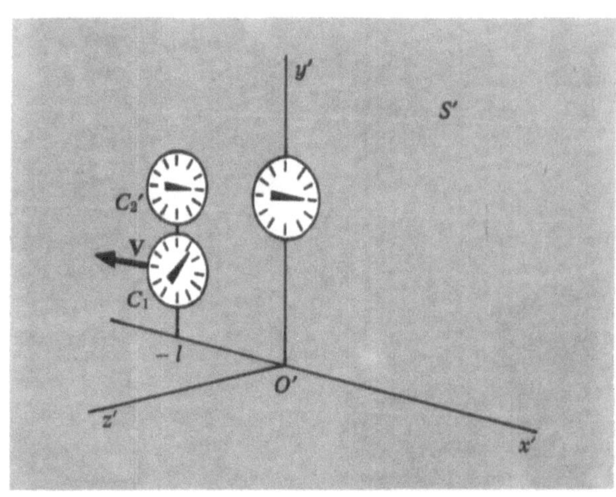

Bild 11.5b. Für einen Beobachter in S' geht die *bewegte* Uhr C_1 nach! Wo sind die Uhren C_2, C_3 und was zeigen sie in diesem Augenblick an?

Beobachter in S' im Zeitabstand $\Delta t' = \gamma \Delta t$ gesehen. Treten umgekehrt in S' zwei Ereignisse am gleichen Ort in einem Zeitabstand $\Delta t'$ auf, so beobachtet man sie von S aus im Zeitabstand $\Delta t = \gamma \Delta t'$ (Bilder 11.5a und 11.5b).

Dieser Effekt wird *Zeitdehnung* oder *Zeitdilatation* genannt. Bewegte Uhren gehen langsamer als Uhren in Ruhe. (Dies ist anschaulich nicht leicht zu begreifen. Die Ursache des scheinbaren Widerspruchs liegt in der Invarianz von c.) Der Effekt muß bei jeder Uhrenart auftreten.

Wir erläutern jetzt einfach und anschaulich, wie die konstante Lichtgeschwindigkeit die Zeitdilatation erzwingt. Dazu führen wir eine Normaluhr im Bezugssystem S ein. Die Uhr kann zur Messung der Zeit τ verwendet werden, die ein Lichtimpuls benötigt, um eine vorgegebene

Strecke l von einer ruhenden Quelle zu einem ruhenden Spiegel und zurück zur Quelle zu durchlaufen. Der Lichtweg verläuft parallel zur y-Achse. Somit gilt

$$\tau = \frac{2\,l}{c}\,. \tag{11.12}$$

Diese Zeit kann auf einem Zifferblatt abgelesen oder auf Papier ausgedruckt werden. Beobachter in irgendeinem System können die gedruckten Werte der Flugzeit des Lichtimpulses ablesen, und sie werden übereinstimmend feststellen, daß eine Uhr im ruhenden System S die Zeit τ registriert hat. Aber was zeigen ihre eigenen Uhren an, die sich nicht in S befinden? Wir betrachten die Situation mit l in der y-Richtung.

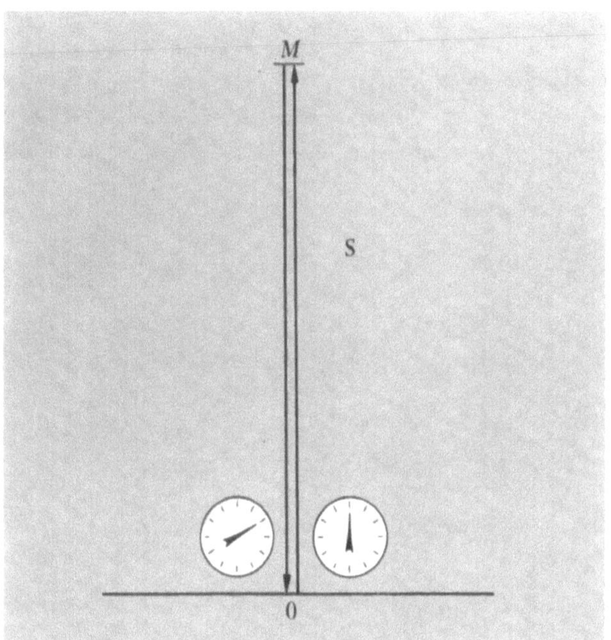
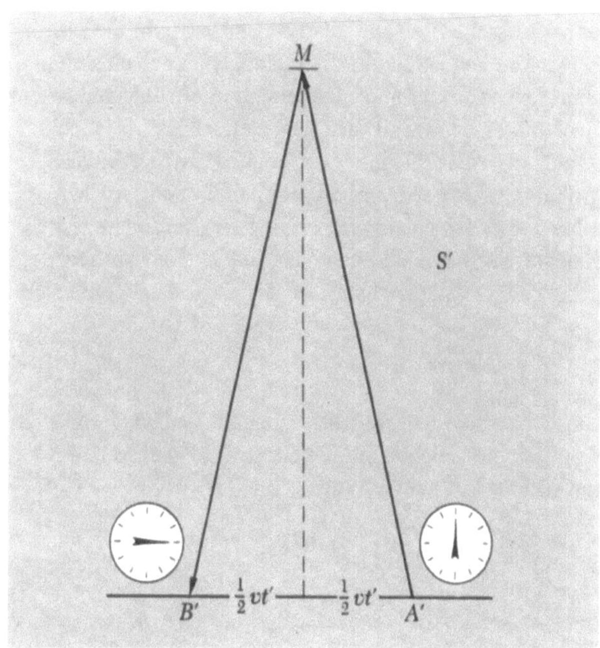

Bild 11.6. Der Lichtweg von den Systemen S und S' aus gesehen. Zum Zeitpunkt der Lichtaussendung ist A' in O. In S' geht das Licht von A' zum Spiegel M und von dort nach B'.

Ein Beobachter in einem System S' (das sich gleichförmig in x-Richtung bezüglich S bewegt) (Bild 11.6) kann ebenfalls das Experiment der Lichtreflexion sehen, während es in S durchgeführt wird. Der Beobachter in S' wird zur Messung einen Satz in S' ruhender synchroner Uhren benutzen. Wir starten zwei in S' ruhende Uhren zum gleichen Zeitpunkt (synchronisiert), indem wir eine in der Mitte zwischen beiden Uhren befindliche Lichtquelle aufblitzen lassen; jede Uhr läuft in dem Zeitpunkt von Null los, in dem der Lichtimpuls sie erreicht. Dieses Verfahren läßt sich auf weitere Uhren ausdehnen. Außerdem können wir eine beliebige Anzahl Uhren in einem Bezugssystem synchronisieren, indem wir sie räumlich gesehen nahe beieinander aufstellen, sie synchronisieren und dann langsam in die gewünschte Position bringen.

Wir können irgendeine Uhr in S' ablesen und sicher sein, daß alle anderen in S' ruhenden Uhren die gleiche Zeit anzeigen. Insbesondere lesen wir in S' die Uhr ab, die sich räumlich am nächsten zu der einen Uhr in S befindet, mit der wir das Reflexionsexperiment durchführen. Eine der Uhren in S' wird am nächsten sein und abgelesen werden, wenn der Lichtimpuls in S ausgesendet wird; eine andere Uhr in S' wird am nächsten sein und abgelesen werden, wenn der Lichtimpuls zurückkehrt und von der Uhr in S registriert wird.

In S legt das Licht die Strecke $2l$ zurück. Von S' betrachtet erscheint die Entfernung größer, da sich das Gerät in S' relativ zu S um $V \cdot \frac{1}{2} t'$ entlang der x-Achse fortbewegt hat, während der Lichtimpuls von der Quelle zum Spiegel hin gelaufen ist. Das Gerät bewegt sich um eine weitere Strecke $V \cdot \frac{1}{2} t'$ während des zurücklaufenden Impulses fort. Dabei ist t' die in S' beobachtete Zeit. Der Impuls legt somit in S' die Strecke

$$2 \left[l^2 + \left(\tfrac{1}{2} V t' \right)^2 \right]^{1/2}$$

zurück; da der Impuls sich stets mit Lichtgeschwindigkeit c ausbreitet, muß die Entfernung gleich $c t'$ sein. Somit gilt

$$(c t')^2 = 4 l^2 + (V t')^2$$

oder

$$t' = \frac{2l}{(c^2 - V^2)^{1/2}} = \frac{2l}{c} \frac{1}{(1 - \beta^2)^{1/2}}$$

oder

$$t' = \frac{\tau}{(1 - \beta^2)^{1/2}}, \tag{11.13}$$

was genau Gl. (11.11) entspricht. Somit scheint für den Zeitnehmer in S' die Uhr in S nachzugehen, da die Uhr in S eine Zeit τ ausgedruckt hat, die kleiner ist als die Zeit t'.

Wir sehen, daß die Zeitdilatation nicht durch geheimnisvolle Vorgänge im Innern der Atome oder der Lichtuhr verursacht wird. Die ruhende Uhr in S gibt die Eigenzeit τ für einen in S ruhenden Beobachter an; eine identische ruhende Uhr in S' wird einem in S' ruhenden Beobachter ebenfalls τ anzeigen. Betrachten wir jedoch von S' ein Zeitintervall τ in S, so sehen wir wegen des größeren Lichtweges eine längere Zeit t'. Jede Art von Uhren wird sich ebenso verhalten. Ist insbesondere τ die Halbwertszeit von Mesonen oder radioaktiven Stoffen, gemessen im Ruhesystem S der Teilchen, dann ergibt sich

$$t' = \frac{\tau}{(1 - \beta^2)^{1/2}} \qquad (11.14)$$

als beobachtete Halbwertszeit in einem System S', in dem sich die Teilchen mit der Geschwindigkeit β bewegen (Bilder 11.7a bis 11.7g).

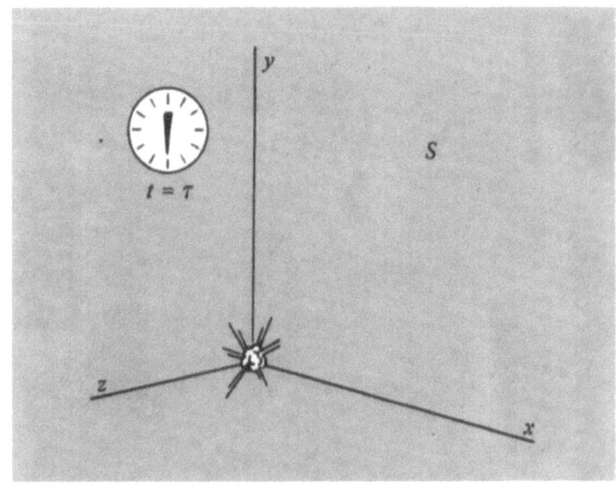

Bild 11.7c. ... und das Teilchen zerfällt zur Zeit $t = \tau$

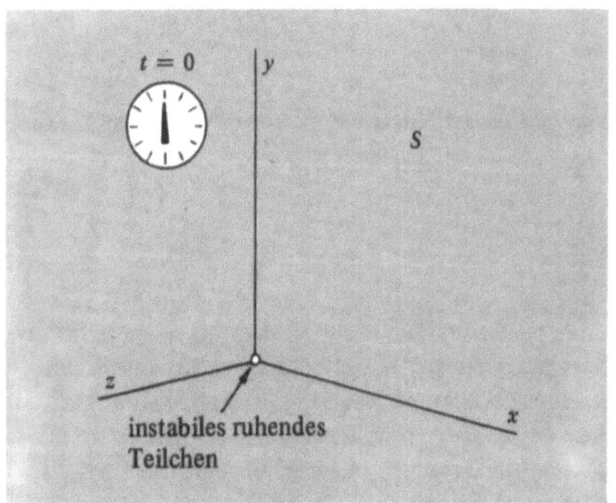

Bild 11.7a. Ein anderes Beispiel für die Zeitdilatation: Ein instabiles Teilchen ruht in S. Wir beobachteten es vom Zeitpunkt $t = 0$ an.

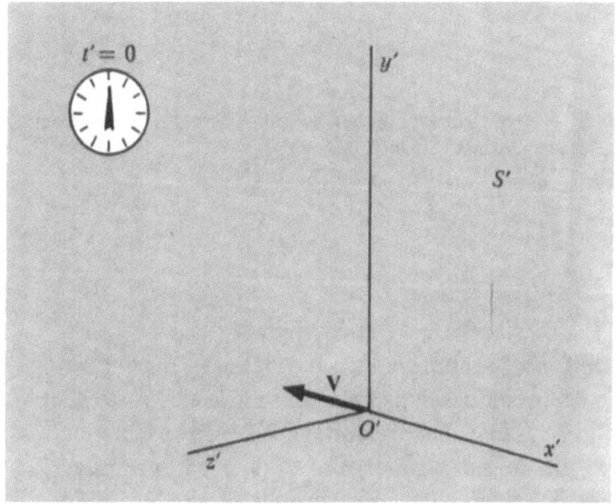

Bild 11.7d. Nun der gleiche Vorgang von S' beobachtet: Jetzt hat das Teilchen die Geschwindigkeit V. Wir beobachten es vom Zeitpunkt $t' = 0 = t$ an.

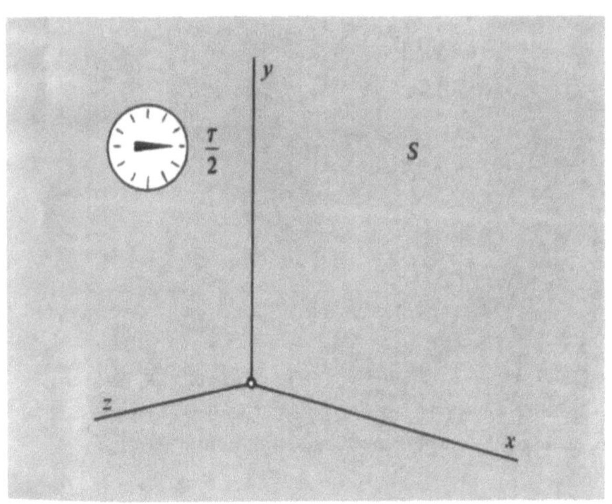

Bild 11.7b. Die Zeit verstreicht ...

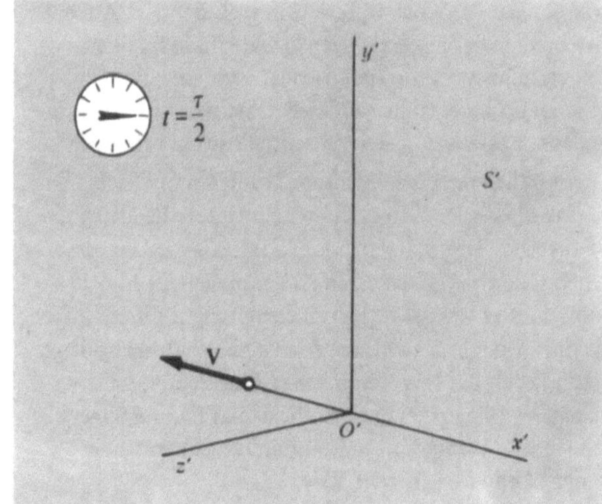

Bild 11.7e. Die Zeit verstreicht ...

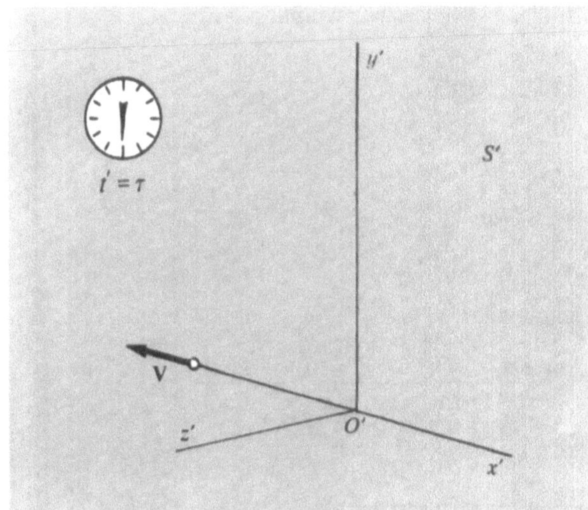

Bild 11.7f. ... Aber bei $t' = \tau$ ist das Teilchen noch nicht zerfallen!

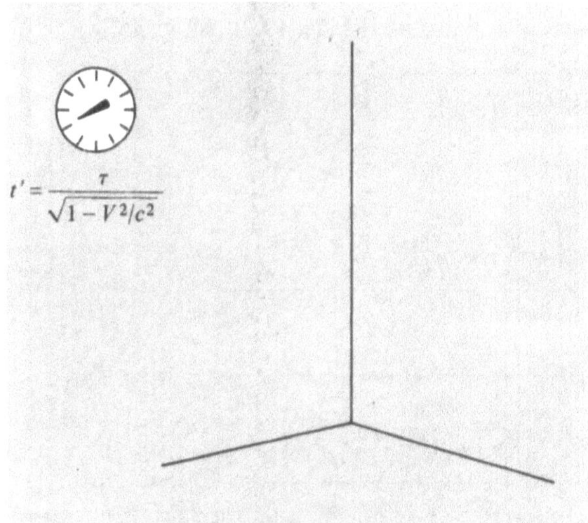

Bild 11.7g. Das Teilchen zerfällt für einen Beobachter in S' nach $t' = \tau(1 - V^2/c^2)^{-1/2}$.

● **Beispiel:** *Lebensdauer der π^+-Mesonen.* Es ist bekannt, daß ein π^+-Meson in ein μ^+-Meson und ein Neutrino zerfällt. Das π^+-Meson hat in einem System, in dem es sich in Ruhe befindet, vor dem Zerfall eine mittlere Lebensdauer von ungefähr $2,5 \cdot 10^{-8}$ s [1]. Wie groß ist im Laborsystem die Lebensdauer von π^+-Mesonen, die mit einer Geschwindigkeit von $\beta \approx 0,9$ erzeugt werden? Ein π^+-Meson ist ein positiv geladenes instabiles Teilchen mit der Masse $273\,m$, wobei m die Masse eines Elektrons ist. Das μ^+-Meson hat eine Masse von ungefähr $215\,m$, das Neutrino die Ruhmasse Null.

Die mittlere Lebensdauer im Ruhesystem τ eines π^+-Mesons beträgt $2,5 \cdot 10^{-8}$ s. Wenn $\beta \approx 0,90$ ist, so gilt $\beta^2 \approx 0,81$, und die erwartete Lebensdauer im Laborsystem beträgt nach Gl. (11.14)

$$t' \approx \frac{2,5 \cdot 10^{-8} \text{ s}}{(1 - 0,81)^{1/2}} \approx 5,7 \cdot 10^{-8} \text{ s}.$$

Somit wird ein Teilchen vor dem Zerfall sich durchschnittlich mehr als doppelt soweit bewegen, wie wir es nichtrelativistisch aus dem Produkt Geschwindigkeit mal Lebensdauer erwarten würden.

Versuche, in denen die Lebensdauer von π^+-Mesonen (positiven Pionen) untersucht wurde, haben *R. P. Durbin, H. H. Loar* und *W. W. Havens jr.* in „Phys. Rev." **88,** 179 (1952) beschrieben. Die Ergebnisse stimmen gut mit der vorausgesagten Zeitdehnung für die entsprechende Geschwindigkeit überein. π^+-Mesonenstrahlen sind mit

$$\beta = 1 - (5 \cdot 10^{-5})$$

erzeugt worden; ihre mittlere Lebensdauer beträgt im Strahl $2,5 \cdot 10^{-6}$ s oder das 100fache der Lebensdauer von ruhenden π^+-Mesonen.

Stellen Sie sich einen Strahl von π^+-Mesonen vor, die sich mit einer Geschwindigkeit nahe c bewegen. Existierte der relativistische Zeitdehnungseffekt nicht, würden sie vor dem Zerfall eine durchschnittliche Entfernung von $2,5 \cdot 10^{-8}$ s $\cdot 3 \cdot 10^{8}$ m/s ≈ 7 m zurücklegen. Tatsächlich bewegen sie sich aufgrund der Zeitdehnung wesentlich weiter. Die Wasserstoffblasenkammer im Lawrence Radiation Laboratory ist etwa 100 m von der Pionenquelle im Bevatron entfernt. Die Strecke, die die Pionen vor dem Zerfall zurücklegen, liegt in der Größenordnung von $2,5 \cdot 10^{-6}$ s $\cdot 3 \cdot 10^{8}$ m/s $\approx 10^{3}$ m; sie ist also etwa 100mal so groß wie die Entfernung, die sie ohne Zeitdehnungseffekt vor dem Zerfall zurücklegen würden. Beim Entwurf von Geräten für Hochenergieversuche in der Teilchenphysik wird der Vorteil der relativistisch verlängerten Zerfallstrecke ausgenutzt. Es wird oft gesagt, daß fast jeder Hochenergie-Physiker täglich die spezielle Relativitätstheorie prüft. Er benutzt die Lorentz-Transformation mit dem gleichen Vertrauen, mit dem die Physiker des neunzehnten Jahrhunderts die Newtonschen Gesetze anwendeten. ●

Wir wiederholen, daß diese Uhren nichts Geheimnisvolles an sich haben. Wenn es irgend etwas Geheimnisvolles in der speziellen Relativitätstheorie gibt, so ist es die Konstanz der Lichtgeschwindigkeit. Alles weitere ergibt sich direkt und verhältnismäßig einfach. Jede neue Situation muß jedoch sorgfältig analysiert werden. Das Gebiet ist reich an scheinbaren Widersprüchen. Der vielleicht bekannteste ist das Zwillingsparadoxon. Am Ende des Kapitels werden klare Formulierungen und Auflösungen des Zwillingsparadoxons gegeben [1].

Die Lorentz-Kontraktion und die Zeitdilatation sind wohl die berühmtesten Folgerungen aus der speziellen Relativitätstheorie. Aber auch viele andere Vorhersagen der Theorie sind experimentell bestätigt worden und wir werden einige davon besprechen.

---

[1] Ist N_0 die Zahl zerfallender radioaktiver Teilchen zur Zeit $t = 0$, so sind zur Zeit t noch $N_0 e^{-\lambda t}$ davon übrig. λ heißt Zerfallskonstante, die mittlere Lebensdauer ist $1/\lambda$.

[1] Darüber gibt es immer wieder Diskussionen, siehe z.B. *M. Sachs,* Physics Today **24,** 23 (Sept. 1971) und die Antworten auf diesen Artikel in Physics Today **25,** 9 (Januar 1972). Ein Buch über das Zwillingsparadoxon, *L. Marder,* "Time and the Space Traveller", gibt fast 350 Literaturzitate an!

Zunächst müssen wir aber die Transformation von Geschwindigkeiten herleiten. Nach der Galilei-Transformation kann man Geschwindigkeiten einfach vektoriell addieren. Dies kann bei Geschwindigkeiten nahe der Lichtgeschwindigkeit nicht der Fall sein, da sonst Überlichtgeschwindigkeiten resultieren würden, die nach unseren Überlegungen in Kapitel 10 nicht auftreten können.

11.5. Das Geschwindigkeits-Additionstheorem

Das Bezugssystem S' bewegt sich mit der gleichförmigen Geschwindigkeit $V\hat{x}$ relativ zum Bezugssystem S. Ein Teilchen bewegt sich mit gleichförmigen Geschwindigkeitskomponenten v_x', v_y', v_z' relativ zum System S'. Wie lauten die Geschwindigkeitskomponenten v_x, v_y, v_z des Teilchens relativ zum System S (Bilder 11.8a und 11.8b)?

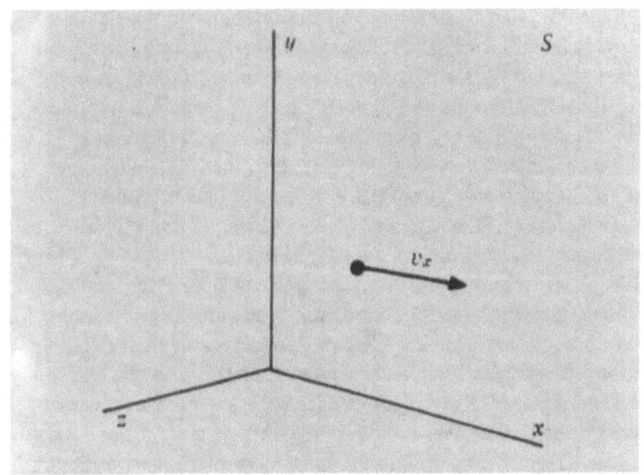

Bild 11.8a. Stellen Sie sich vor, ein Teilchen hat in S die Geschwindigkeit v_x

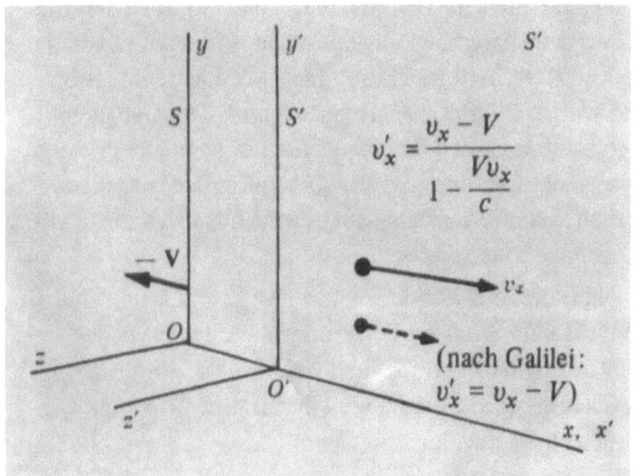

Bild 11.8b. Dann besagt die Lorentz-Transformation für S'

$$v_x' = \frac{(v_x - V)}{(1 - v_x V/c^2)} .$$

Die Galilei-Transformation ergibt $v_x' = v_x - V$.

Aus Gl. (11.8) erhalten wir mit $\beta = V/c$

$$x = \gamma x' + \gamma \beta c t'; \quad t = \gamma t' + \frac{\gamma \beta x'}{c} ,$$

woraus sich

$$dx = \gamma dx' + \gamma \beta c\, dt'; \quad dt = \gamma dt' + \frac{\gamma \beta dx'}{c}$$

ergibt.

Somit gilt

$$v_x = \frac{dx}{dt} = \frac{\gamma dx' + \gamma \beta c\, dt'}{\gamma dt' + \gamma \beta dx'/c} = \frac{v_x' + \beta c}{1 + v_x' \beta/c}$$

oder

$$v_x = \frac{v_x' + V}{1 + v_x' V/c^2} . \qquad (11.15)$$

Dieses Resultat können wir mit dem Galilei-Ergebnis $v_x = v_x' + V$ aus Kapitel 3 vergleichen. Entsprechend gilt wegen $y = y'$ und $z = z'$ (Bilder 11.9a und 11.9b)

$$
\begin{aligned}
v_y &= \frac{dy}{dt} = \frac{dy'}{\gamma dt' + \dfrac{\gamma \beta dx'}{c}} \\
&= \frac{v_y'}{1 + v_x' V/c^2} \left(1 - \frac{V^2}{c^2}\right)^{1/2} \qquad (11.16)
\end{aligned}
$$

und

$$v_z = \frac{v_z'}{1 + v_x' V/c^2} \left(1 - \frac{V^2}{c^2}\right)^{1/2} . \qquad (11.17)$$

Die inversen Transformationen folgen aus Gl. (11.7), oder durch Auflösen der Gln. (11.15) bis (11.17) nach den gestrichenen Geschwindigkeitskomponenten:

$$
\begin{aligned}
v_x' &= \frac{v_x - V}{1 - v_x V/c^2} ; \\
v_y' &= \frac{v_y}{1 - v_x V/c^2} \left(1 - \frac{V^2}{c^2}\right)^{1/2} ; \qquad (11.18) \\
v_z' &= \frac{v_z}{1 - v_x V/c^2} \left(1 - \frac{V^2}{c^2}\right)^{1/2} .
\end{aligned}
$$

Nehmen wir an, es handelt sich bei dem Teilchen um ein Photon mit $v_x' = c$ in S'. Aus Gl. (11.15) ersehen wir, daß (Bild 11.10)

$$v_x = \frac{c + V}{1 + cV/c^2} = c$$

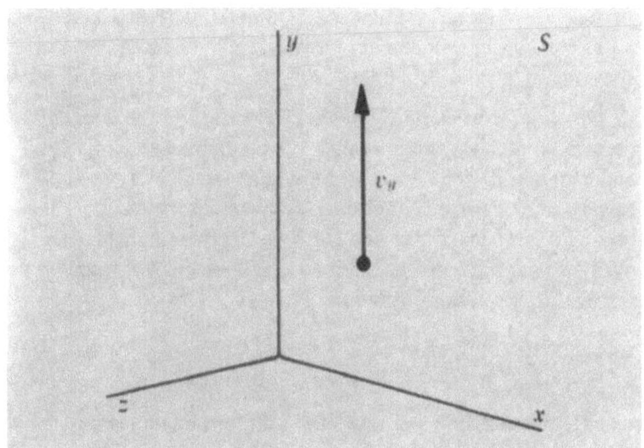

Bild 11.9a. Hat das Teilchen in S in der y-Richtung die Geschwindigkeit v_y, ...

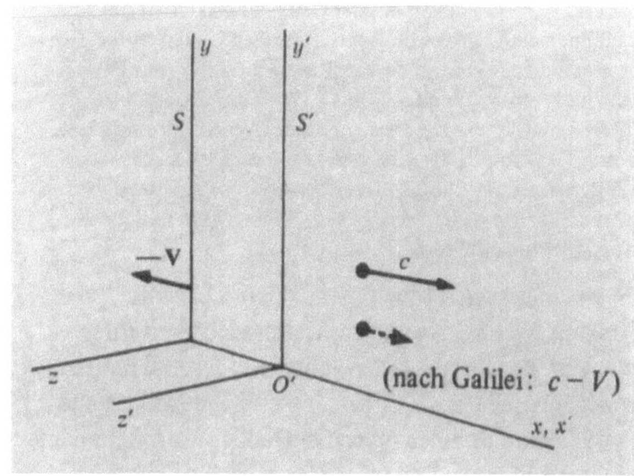

Bild 11.10. Nach der Lorentz-Transformation ist für $v_x = c$ auch $v_x' = c$. *Dies* haben wir von Anfang an in unsere Theorie eingebaut.

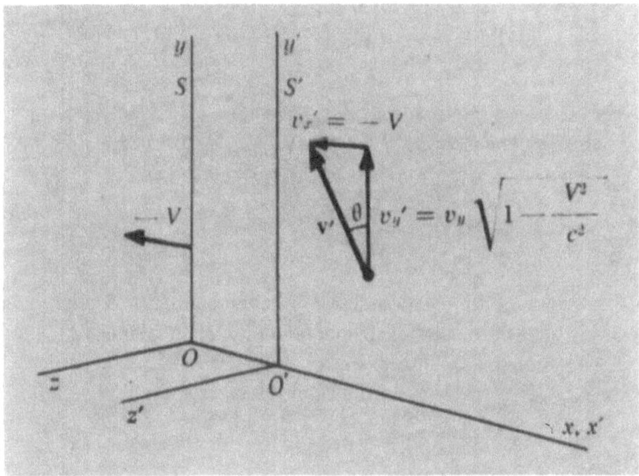

Bild 11.9b. ... so hat es nach der Lorentz-Transformation in S' die gezeigten Komponenten

$$|\tan\theta| = \frac{V}{v_y\sqrt{1 - V^2/c^2}}$$

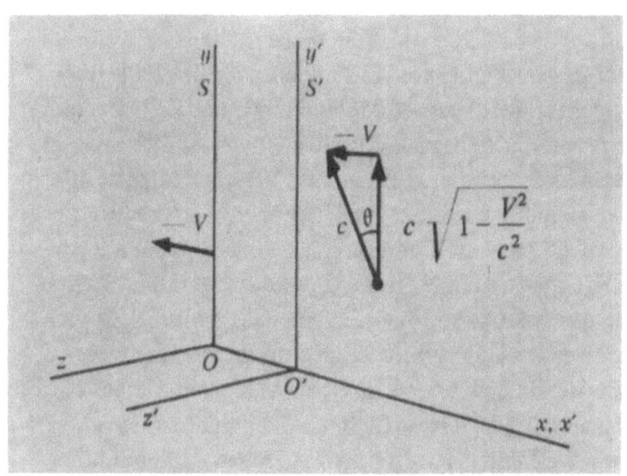

Bild 11.11. Ist insbesondere $v_y = c$ so hat die Resultierende die Größe c in S'. Somit gilt

$$|\tan\theta| = \frac{V}{c\sqrt{1 - V^2/c^2}} \;.$$

Dies ist die relativistische Theorie der Aberration des Lichts.

beträgt. Das Photon bewegt sich somit auch im System S mit der Geschwindigkeit c. Die Lorentz-Transformation sollte dies von ihrer Konstruktion her leisten; das Ergebnis c in beiden Bezugssystemen bestätigt die Richtigkeit der Transformation.

Für $v_y = c$ und $v_x = 0$ (Bild 11.11) ist

$$v_x' = -V \quad \text{und} \quad v_y' = c\left(1 - \frac{V^2}{c^2}\right)^{1/2},$$

so daß

$$\frac{v_x'}{v_y'} = -\frac{V}{c\,(1 - V^2/c^2)^{1/2}}\;,$$

und daher

$$\sqrt{v_x'^2 + v_y'^2} = c.$$

● **Beispiel:** *Geschwindigkeitsaddition.* Wir wollen annehmen, daß sich für einen Beobachter im System S' zwei Teilchen entgegengesetzt zueinander mit der Geschwindigkeit $v_x' = \pm\, 0{,}9\,c$ bewegen. Wie groß ist die relative Geschwindigkeit der beiden Teilchen? Zur Lösung dieses Problems bezeichnen wir mit S das Bezugssystem, in dem das $(-0{,}9c)$-Teilchen ruht. Dann ist $V = 0{,}9\,c$ die Geschwindigkeit von S' relativ zu S und das Teilchen mit der Geschwindigkeit $v_x' = 0{,}9\,c$ in S' hat in S die Geschwindigkeit

$$v_x = \frac{v_x' + V}{1 + v_x'V/c^2} \approx \frac{1{,}8c}{1 + 0{,}9^2} = \frac{1{,}80}{1{,}81}\,c = 0{,}994\,c.$$

Die Relativgeschwindigkeit der beiden Teilchen ist also kleiner als c.

Bewegt sich ein Photon mit der Geschwindigkeit $+c$ in S', und breitet sich S' relativ zu S mit der Geschwindigkeit $+c$ aus, so bewegt sich das Photon für einen Betrachter in S nur mit der Geschwindigkeit $+c$ und nicht mit $+2c$. Dieses Resultat ist in Gl. (11.18) enthalten. Die Existenz einer Grenzgeschwindigkeit folgt aus der Struktur der Gleichung zur Geschwindigkeitsaddition, die wir aus der Lorentz-Transformation hergeleitet haben. Beachten Sie bitte weiter, daß es *kein* System gibt, in dem ein Photon (Lichtquant) ruht.

In einem schönen Experiment zeigte *D. Sadeh*[1], daß γ-Strahlen unabhängig von der Geschwindigkeit ihrer Quelle eine konstante Geschwindigkeit ($\pm\,10\,\%$) haben. Dies gilt für eine Quelle mit einer Geschwindigkeit nahe $\frac{1}{2}\,c$ verglichen mit einer ruhenden Quelle. Wir zitieren aus seiner Arbeit:

„In unseren Experimenten benutzten wir die Vernichtung von Positronen im Flug. Bei der Vernichtung bewegt sich das M.M.-System des Positrons und Elektrons mit einer Geschwindigkeit nahe $\frac{1}{2}\,c$; dabei werden zwei γ-Quanten emittiert. Im Fall der Vernichtung in Ruhe werden die beiden γ-Quanten mit der Geschwindigkeit c unter einem Winkel von $180°$ ausgesandt. Im Falle der Vernichtung im Flug ist der Winkel kleiner als $180°$ und hängt von der Energie der Positronen ab. Addiert man die Geschwindigkeit des γ-Quants zur Geschwindigkeit des Schwerpunkts im Sinne der klassischen Vektoraddition und nicht nach der Lorentz-Transformation, dann hat das γ-Quant mit einer Bewegungskomponente in Richtung der Positronen-Flugbahn eine Geschwindigkeit größer c; das γ-Quant mit einer Komponente in entgegengesetzter Richtung hat eine Geschwindigkeit kleiner c. Erreichen die beiden γ-Quanten die Zähler zur gleichen Zeit bei gleichen Entfernungen zwischen Zählern und Vernichtungsort, so beweist dies, daß sich die beiden γ-Quanten selbst bei einer bewegten Quelle mit gleicher Geschwindigkeit ausbreiten."

● **Beispiele:** *1. Aberration des Lichts.* Wir sahen in Gl. (10.1), daß für einen direkt über uns stehenden Stern (die Erdgeschwindigkeit v_e steht dann senkrecht zur Beobachtungsrichtung) der Neigungswinkel oder die Aberration des Fernrohrs durch

$$\tan\alpha = \frac{v_e}{c} . \qquad (11.19)$$

gegeben ist.

Das in Bild 11.11 gezeigte Bezugssystem S sei das Ruhesystem eines Sterns, der sich in O befindet und Lichtstrahlen in Richtung der y-Achse aussende. Welche Bahn haben diese Lichtstrahlen in S'? In S sind ihre Geschwindigkeitskomponenten $v_x = 0$, $v_y = c$ und $v_z = 0$. Mit der Gl. (11.18) erhalten wir

$$v'_x = -V, \quad v'_y = \frac{c}{\gamma}, \quad v'_z = 0.$$

Die Richtung dieser Strahlen in S' wird also durch den Winkel

$$\tan\alpha = \frac{-v'_x}{v'_y} = \frac{\gamma V}{c} = \beta\,\gamma = \frac{V/c}{\sqrt{1 - V^2/c^2}} \quad \text{oder}$$

$$\sin\alpha = \frac{V}{c} = \beta \qquad (11.20)$$

angegeben. Das Ergebnis stimmt mit dem nichtrelativistischen Resultat (11.19) im Rahmen der Meßgenauigkeit überein, da für die Erde $v_e/c \approx 10^{-4}$ beträgt.

● *2. Longitudinaler Dopplereffekt.* Zwei Lichtimpulse werden von einem im Bezugssystem S bei $x = 0$ ruhenden Sender nacheinander zu den Zeiten $t = 0$ und $t = \tau$ ausgestrahlt. Das System S' bewege sich relativ zu S mit der Geschwindigkeit $V\hat{x}$. Der erste Impuls wird in S' bei $x' = 0$ und zur Zeit $t' = 0$ empfangen. Der Punkt in S', der mit $x = 0$ zur Zeit $t = \tau$ zusammenfällt, wird durch die Lorentz-Transformation (11.4) zu

$$x' = \frac{x - Vt}{(1 - \beta^2)^{1/2}} = \frac{-V\tau}{(1 - \beta^2)^{1/2}}$$

bestimmt, indem man $x = 0$ setzt. Die korrespondierende Zeit in S' ist

$$t' = \frac{t - Vx/c^2}{(1 - \beta^2)^{1/2}} = \frac{\tau}{(1 - \beta^2)^{1/2}} .$$

Der zweite Impuls benötigt, um in S' vom Ort $-V\tau/(1 - \beta^2)^{1/2}$ zum Ursprung zu gelangen, die Zeit

$$\Delta t' = \frac{\tau V/c}{(1 - \beta^2)^{1/2}} ,$$

so daß die zwischen dem Empfang der beiden Impulse bei $x' = 0$ in S' verstrichene Zeit

$$t' + \Delta t' = \tau\,\frac{1 + V/c}{(1 - \beta^2)^{1/2}} = \tau\,\sqrt{\frac{1 + \beta}{1 - \beta}}$$

beträgt.

Die Zeit zwischen beiden Signalen kann ebensogut als der zwischen zwei aufeinanderfolgenden Knoten einer Lichtwelle verstrichene Zeitraum interpretiert werden. Die Frequenz ist der reziproke Wert der Periodendauer der Welle, so daß gilt

$$\boxed{f' = f\,\sqrt{\frac{1 - \beta}{1 + \beta}} .} \qquad (11.21)$$

Hierbei ist f' die in S' empfangene und f die in S gesendete Frequenz. Wenn sich der Empfänger von der Quelle entfernt, dann ist $\beta = V/c$ positiv und f' kleiner als f. Nähert sich der Empfänger der Quelle, so wird β negativ und f' größer als f. Für die Wellenlängen gilt $\lambda = c/f$ und $\lambda' = c/f'$, so daß

$$\lambda' = \lambda\,\sqrt{\frac{1 + \beta}{1 - \beta}} . \qquad (11.22)$$

Gl. (11.21) beschreibt den relativistischen longitudinalen Dopplereffekt für Lichtwellen im Vakuum. Die Frequenzverschiebung stimmt bis zur Ordnung β mit dem in Kapitel 10 hergeleiteten nichtrelativistischen Resultat überein. Der Ausdruck von der Ordnung β^2 in der Reihenentwicklung von f' aus Gl. (11.21) ist experimentell von *Ives* und *Stilwell* bestätigt worden.

H. E. Ives und *G. R. Stilwell*, J. Opt. Soc. Am. 28, 215 (1938), 31, 369 (1941), haben an Wasserstoff-Atomstrahlen in angeregten Elektronenzuständen spektroskopische Experimente durchgeführt. Die Atome wurden als molekulare Wasserstoff-Ionen H_2^+ und H_3^+ in einem starken elektrischen Feld beschleunigt. Atomarer Wasserstoff bildet sich als Ionen-Zerfallsprodukt. Die Geschwindigkeit der Atome lag in der Größenordnung $\beta = 0{,}005$. *Ives* und *Stilwell* suchten nach einer Verschiebung der *mittleren* Wellenlänge einer von den Wasserstoff-Atomen emittierten speziellen Spektrallinie. Das Mittel wurde über die Vorwärts- und Rückwärtsrichtung bezüglich der Flugbahn der Atome gebildet. Aus Gl. (11.22) erhal-

---

[1] *D. Sadeh*, Phys. Rev. Letters **10**, 271 (1963).

ten wir unter Verwendung der Beziehung $\beta_{\text{vorwärts}} = -\beta_{\text{rückwärts}}$ die durchschnittliche Wellenlänge

$$\frac{1}{2}(\lambda_{\text{vorwärts}} + \lambda_{\text{rückwärts}}) = \frac{1}{2}\lambda_0\left(\sqrt{\frac{1-\beta}{1+\beta}} + \sqrt{\frac{1+\beta}{1-\beta}}\right)$$

$$= \frac{\lambda_0}{(1-\beta^2)^{1/2}}. \qquad (11.23)$$

Bezogen auf die von einem ruhenden Atom ausgesandte Wellenlänge λ_0 sind die Linien also im Mittel um die Größenordnung β^2 verschoben. In ihrem 1941 veröffentlichten Aufsatz berichten *Ives* und *Stilwell* über eine in der mittleren Wellenlänge beobachtete Verschiebung von 7,4 pm, vergleichbar mit dem Wert 7,2 pm, der sich für einen aus dem auf die ursprünglichen Ionen angewendeten beschleunigenden Potential abgeleiteten Wert β aus Gl. (11.23) berechnen läßt. Dies ist eine ausgezeichnete Bestätigung der Theorie des relativistischen Dopplereffekts.

Der *transversale* Dopplereffekt bezieht sich auf die rechtwinklig zur Bewegungsrichtung der Lichtquelle, normalerweise eines Atoms, gemachten Beobachtungen. In der nichtrelativistischen Näherung tritt kein transversaler Dopplereffekt auf. Die Relativitätstheorie sagt einen transversalen Dopplereffekt vorher; die Frequenzen müssen sich umgekehrt wie die Zeiten in Gl. (11.11) verhalten, somit gilt

$$f' = f(1-\beta^2)^{1/2},$$

wobei f die Frequenz in dem System ist, in dem das Atom ruht. f' ist die Frequenz, die in dem bezüglich des Atoms mit der Geschwindigkeit $V(=\beta c)$ bewegten System beobachtet wird.   •

Beschleunigte Uhren. Die spezielle Relativitätstheorie beschreibt vom detaillierten Aufbau realer Körper unabhängige Messungen und bringt sie in Beziehung zueinander. Sie sagt nichts über dynamische Effekte der Beschleunigung, z.B. Deformationen, aus. Falls solche Deformationen nicht auftreten oder vernachlässigt werden können, liefert uns die Theorie eine eindeutige Beschreibung der Wirkung der Beschleunigung auf die Uhrengeschwindigkeit. Als Ergebnis scheint eine beschleunigte Uhr zu jedem Zeitpunkt eine andere Ganggeschwindigkeit zu haben, die sich mit der entsprechenden Momentangeschwindigkeit aus Gl. (11.11) berechnen läßt.

Gilt diese Vorhersage, so ergeben sich daraus Konsequenzen:

1. Bleibt die Geschwindigkeit konstant und ändert sich nur die Richtung, so gilt Gl. (11.11) unverändert. Die Uhr befindet sich nicht in einem Inertialsystem.

2. Ist die Geschwindigkeit außer für kurze Beschleunigungs- oder Verzögerungszeiten konstant (diese Zeiten sollen im Vergleich zur Gesamtzeit vernachlässigbar klein sein), dann beschreibt Gl. (11.11) weiterhin exakt die Beziehung zwischen der Eigenzeit und der stationären Laborzeit.

Ein schnelles geladenes Teilchen erfährt in einem konstanten Magnetfeld eine senkrecht zu seiner Bewegung gerichtete Beschleunigung, ohne daß sich die Geschwindigkeit ändert. Bei einem instabilen Teilchen sollte die gemessene Halbwertszeit exakt mit der eines sich mit der

gleichen Geschwindigkeit in gerader Linie oder im Magnetfeld bewegenden Teilchens übereinstimmen. Diese Hypothese wird durch Experimente mit μ^--Mesonen beobachtet, die sich frei oder in einem Magnetfeld spiralförmig bewegen oder zur Ruhe kommen können. Man nimmt an, daß die spezielle Relativitätstheorie eine gute Beschreibung der kreisförmigen (beschleunigten) Teilchenbewegung im Magnetfeld liefert.

11.6. Übungen

1. *Lorentz-Invarianz.* Verifizieren Sie mit Gl. (11.7) $x^2 - c^2 t^2 = x'^2 - c^2 t'^2$. Beachten Sie bitte, daß für $x_1 \equiv x$ und $x_4 \equiv ict$ sich $x^2 - c^2 t^2 \equiv x_1^2 + x_4^2$ ergibt, mit $i = \sqrt{-1}$.

2. *Lorentz-Transformation.* Leiten Sie Gl. (11.8) aus Gl. (11.7) her.

3. *Volumenänderung.* l_0^3 ist das Volumen eines Würfels im Ruhsystem. Zeigen Sie, daß sich von einem Bezugssystem aus gesehen, das sich gleichförmig mit der Geschwindigkeit β in eine Richtung parallel zu einer Würfelkante bewegt, als Volumen des Würfels $l_0^3(1-\beta^2)^{1/2}$ ergibt.

4. *Gleichzeitigkeit.* Zeigen Sie mit Hilfe der Lorentz-Transformation, daß zwei im Bezugssystem S gleichzeitige ($t_1 = t_2$), aber örtlich getrennte ($x_1 \neq x_2$) Ereignisse im allgemeinen im System S' nicht gleichzeitig sind.

5. *Winkeländerungen.* Berechnen Sie die Länge l eines Stabs der Ruhelänge l_0 in einem System S', das sich mit der Geschwindigkeit $V\hat{x}$ relativ zum Ruhsystem S des Stabs bewegt, wenn der Stab einen Winkel θ mit der x-Achse von S einschließt. Wie groß ist θ' in S'?

6. *Addition von Geschwindigkeiten.* Zeigen Sie, daß im System S

$$v_x^2 + v_y^2 = c^2$$

gilt, wenn in dem gegenüber S mit der Geschwindigkeit $V\hat{x}$ bewegten System S' die Geschwindigkeitskomponenten durch $v_y' = c\sin\varphi$ und $v_x' = c\cos\varphi$ gegeben sind.

7. π^+-*Mesonen*

   a) Wie groß ist die mittlere Lebensdauer eines Pulses von π^+-Mesonen mit $\beta = 0,73$. (Die mittlere Lebensdauer τ beträgt $2,5\cdot10^{-8}$ s im Ruhsystem.)
   Lösung: $3,6\cdot10^{-8}$ s.

   b) Welche Entfernung hat der Puls für $\beta = 0,73$ während der mittleren Lebensdauer zurückgelegt?
   Lösung: 8 m.

   c) Welche Strecke hätte er ohne relativistischen Effekt zurückgelegt?
   Lösung: 5 m.

   d) Lösen Sie a), b) und c) erneut für $\beta = 0,99$.

8. μ-*Mesonen.* Die mittlere Lebensdauer der μ-Mesonen beträgt im Ruhsystem angenähert $2\cdot10^{-6}$ s. Stellen Sie sich einen hoch in der Atmosphäre entstandenen großen Puls von μ-Mesonen vor, der sich mit $v = 0,99\,c$ erdwärts bewegt. Die Anzahl der Stöße in der Atmosphäre auf dem Weg abwärts ist gering. Bestimmen Sie die Entstehungshöhe, wenn 1 % der ursprünglichen vorhandenen Mesonen die Erdoberfläche erreicht. (In dem bezüglich der μ-Mesonen ruhenden System beträgt die Anzahl der zum Zeitpunkt t überlebenden Teilchen $n(t) = n(0)\,e^{-t/\tau}$.)
  Lösung: $2\cdot10^4$ m.

9. *Zwei Ereignisse.* Stellen Sie sich zwei Inertialsysteme S und S' vor. S' bewege sich relativ zu S mit der Geschwindigkeit $V\hat{x}$. Ein erstes Ereignis findet zur Zeit t'_1 im Punkt x'_1 statt, ein zweites zur Zeit t'_2 im Punkt x'_2. Beide Systeme haben zur Zeit $t = t' = 0$ den gleichen Ursprung. Berechnen Sie die entsprechenden Zeiten und Entfernungen in S.

10. *π^+-Mesonen.* 10^4 π^+-Mesonen bewegen sich mit $\beta = 0,99$ auf einer kreisförmigen Bahn mit dem Radius $r = 20$ m. Die mittlere Lebensdauer der π^+-Mesonen beträgt $2,5 \cdot 10^{-8}$ s im Ruhsystem.

   a) Wie viele Mesonen kehren zum Ausgangspunkt zurück?
   b) Wie viele ruhende Mesonen würden übrig bleiben?

11. *Fluchtgeschwindigkeit eines Spiralnebels.* Wir stellten im Kapitel 10 fest, daß die Rotverschiebung entfernter Galaxien im nichtrelativistischen Gebiet eine zur Entfernung proportionale Fluchtgeschwindigkeit anzeigt:

$$V = \alpha r; \quad \alpha \approx 3 \cdot 10^{-18}\mathrm{s}^{-1}.$$

   Berechnen Sie die Fluchtgeschwindigkeit eines Spiralnebels in einer Entfernung von $3 \cdot 10^9$ Lichtjahren. Ist diese Geschwindigkeit relativistisch?
   Lösung: $8,5 \cdot 10^7$ m/s.

12. *Galaktische Geschwindigkeiten.* Wir beobachten eine sich in einer bestimmten Richtung mit der Geschwindigkeit $V = 0,3\,c$ entfernende Galaxis und eine zweite sich in entgegengesetzte Richtung mit gleicher Geschwindigkeit bewegende. Welche Relativgeschwindigkeit würde ein Beobachter in einer Galaxis für die andere Galaxis messen?

13. *Gleichzeitigkeit.* Die Quellen zweier Ereignisse sollen in den Punkten A und B mit gleicher Entfernung zum Beobachter O ruhend im System S liegen. Nehmen Sie an, zu dem Zeitpunkt (gemessen vom Beobachter O in S), in dem die beiden Ereignisse auftreten, fielen ein zweiter Beobachter O' und sein dazugehöriges, relativ zu S mit der Geschwindigkeit $V\hat{x}$ bewegtes Bezugssystem S' mit O und seinem System S zusammen (Bild 11.12).

   a) Es sei $V/c = \frac{1}{3}$. Skizzieren Sie die Lage der beiden Systeme und der Punkte A, A', B, B', wenn das von B' kommende Signal den Beobachter O' erreicht. Ist dieses Signal auch beim Beobachter O angekommen? Warum?
   b) Skizzieren Sie die Lage von S und S', wenn beide Signale bei O ankommen.
   c) Skizzieren Sie die Lage von S und S', wenn das Signal von A' bei O' ankommt.
   d) Stellen Sie sich vor, die beiden Ereignisse werden z.B. auf Photoplatten in den Punkten A' und B' physikalisch festgehalten. Zeigen Sie unter Annahme dieser Bedingungen die Gleichheit der Strecken $\overline{A'O'}$ und $\overline{B'O'}$.
   e) Zeigen Sie, daß die beiden Ereignisse für O' nicht gleichzeitig sind. Die Konstanz der Lichtgeschwindigkeit unter allen Umständen wird stillschweigend in der Definition der Gleichzeitigkeit vorausgesetzt. Um sich diesen Zusammenhang klarzumachen, betrachten Sie bitte folgendes:

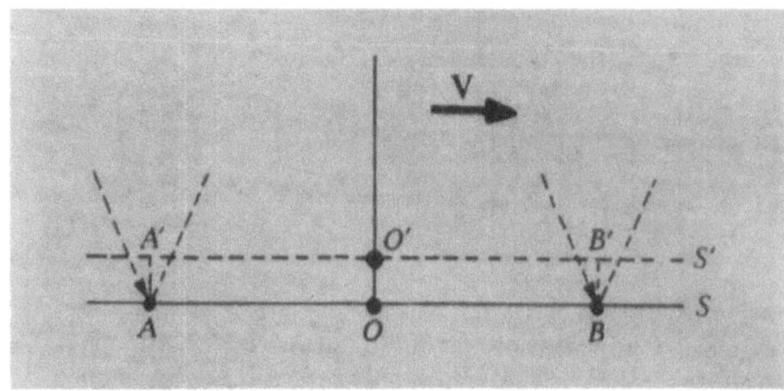

Bild 11.12

Die beiden Ereignisse in A und B sollen von O als gleichzeitige Abstrahlung von Schallimpulsen beobachtet werden. O ruht bezüglich des Mediums, in dem sich der Schall ausbreitet. O' ist ein mit einer Geschwindigkeit V, die ein Drittel der Schallgeschwindigkeit beträgt, bewegter Beobachter.

   f) Benutzen Sie die Galilei-Transformation, um zu zeigen, daß die Geschwindigkeit der Schallimpulse von A' und B' in Richtung O' nicht mit der von O' beobachteten übereinstimmt.
   g) Zeigen Sie, daß durch die Tatsache, daß die Impulse sich mit verschiedenen Geschwindigkeiten ausgebreitet haben, sogar dem Beobachter O' die zwei Signale gleichzeitig erscheinen, obwohl sie in O' zu verschiedenen Zeiten ankommen.

14. *Relativistische Dopplerverschiebung.* Protonen werden in einer 20-kV-Spannung beschleunigt, danach driften sie mit konstanter Geschwindigkeit durch ein Gebiet, in dem Neutralisation zu H-Atomen und die damit verbundene Lichtemission stattfindet. Die H_β-Emission ($\lambda = 486,133$ nm für ein ruhendes Atom) wird mit einem Spektrometer beobachtet. Die optische Achse des Spektrometers liegt parallel zur Ionenbewegung. Das Spektrum ist wegen der Ionenbewegung in Richtung der beobachteten Emission dopplerverschoben. Außerdem enthält das Gerät einen Spiegel, der durch seine Lage eine Superposition des in die entgegengesetzte Richtung emittierten Lichtspektrums ermöglicht.

   a) Wie groß ist die Geschwindigkeit der Protonen nach der Beschleunigung?
   Lösung: $2 \cdot 10^6$ m/s.
   b) Berechnen Sie die von v/c abhängige Dopplerverschiebung erster Ordnung, sowohl in Vorwärts- als auch in Rückwärtsrichtung und zeichnen Sie in einem Diagramm den hier wichtigen Teil des Spektrums.
   c) Betrachten Sie jetzt den durch die relativistische Behandlung sich ergebenden Effekt zweiter Ordnung (v^2/c^2-Effekt). Zeigen Sie, daß die Verschiebung zweiter Ordnung $= 1/2\,\lambda\,(v^2/c^2)$ ist, und berechnen Sie diesen Ausdruck für unser Problem numerisch. Beachten Sie bitte, daß die Resultate für positives und negatives v gleich sind.
   Lösung: 0,010 nm.

12. Relativistische Dynamik: Impuls und Energie

Die grundlegenden Änderungen der Begriffe von Raum und Zeit, die in der Lorentz-Transformation ihren Ausdruck finden, beeinflussen die gesamte Physik. Wir müssen nun die für kleine Geschwindigkeiten ($v \ll c$) entwickelten und gesicherten Gesetze der Physik mit der Relativitätstheorie in Einklang bringen. Die Form dieser Gesetze wird sich bei der Erweiterung ihres Anwendungsbereichs ändern. Im Bereich kleiner Geschwindigkeiten erhalten wir die experimentell gut bestätigten Newtonschen Gesetze als Spezialfälle der relativistischen Gleichungen.

Wie in Kapitel 4 akzeptieren wir als mögliche physikalische Gesetze nur solche, die in allen unbeschleunigten Bezugssystemen identische Form besitzen. Nur tritt an die Stelle der Galilei-Transformation die Lorentz-Transformation, um ein Gesetz von einem Bezugssystem in ein anderes zu übersetzen. Die Lorentz-Transformation geht bei $v/c \ll 1$ in die Galilei-Transformation über. Statt auf Invarianz der physikalischen Gesetze unter der Galilei-Transformation zu bestehen, fordern wir nunmehr ihre Invarianz bezüglich der Lorentz-Transformation.

Zwei Beobachter in verschiedenen Bezugssystemen S und S' stellen physikalische Gesetze auf. Jeder der beiden formuliert sie in Längen, Zeiten, Geschwindigkeiten, Beschleunigungen usw., so wie er sie in seinem System mißt. Die in S-Variablen geschriebenen Gesetze müssen mit den in S'-Variablen geschriebenen übereinstimmen. Wir fordern also, daß bei der Lorentz-Transformation von x, y, z, t in S nach x', y', z', t' in S' jedes in S abgeleitete physikalische Gesetz in die Sprache des Systems S' ohne Änderung seiner Form übersetzt wird. Was das heißt, wollen wir an einigen speziellen Beispielen zeigen.

12.1. Impulserhaltung und die Definition des relativistischen Impulses

Wir möchten den Impuls **p** so definieren, daß er sich im Fall $v/c \ll 1$ auf $m\mathbf{v}$ reduziert, wobei m die Ruhmasse [1] bedeutet. Gleichzeitig muß gewährleistet sein, daß der Impulssatz bei Stoßprozessen mit beliebigen Teilchengeschwindigkeiten und in allen Bezugssystemen gilt. Dazu wollen wir einen besonderen Stoßprozeß betrachten. Zunächst zeigen wir, daß der Newtonsche (nichtrelativistische) Impuls $m\mathbf{v}$ bei Stoßprozessen im *relativistischen* Geschwindigkeitsbereich nicht erhalten bleibt [2].

Die Bilder 12.1a und 12.1b zeigen einen Stoß zwischen Teilchen *gleicher Masse*. Wir wählen ein Bezugssystem S so, daß die beiden Massen darin mit gleich großen und

---

[1] Die Ruhmasse ist definiert als die träge Masse im nichtrelativistischen Grenzfall $v/c \ll 1$.

[2] Ob eine Geschwindigkeit v als relativistisch betrachtet werden muß, hängt von der experimentellen Genauigkeit ab. Falls $(v/c)^2$ gegen Eins vernachlässigt werden kann, dürfen wir die Geschwindigkeit als nichtrelativistisch betrachten.

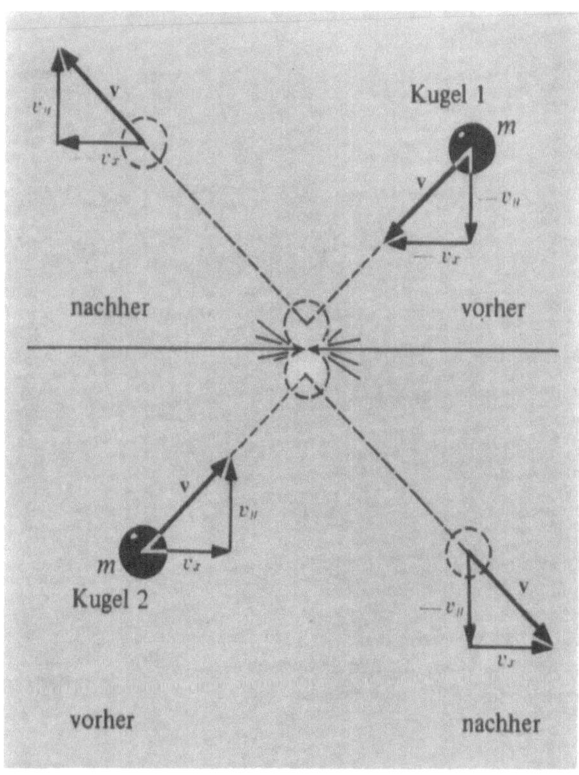

Bild 12.1a. Stoß zweier Kugeln der Masse m in der xy-Ebene. Die Geschwindigkeitskomponenten in x- und in y-Richtung und nach dem Stoß sind dargestellt.

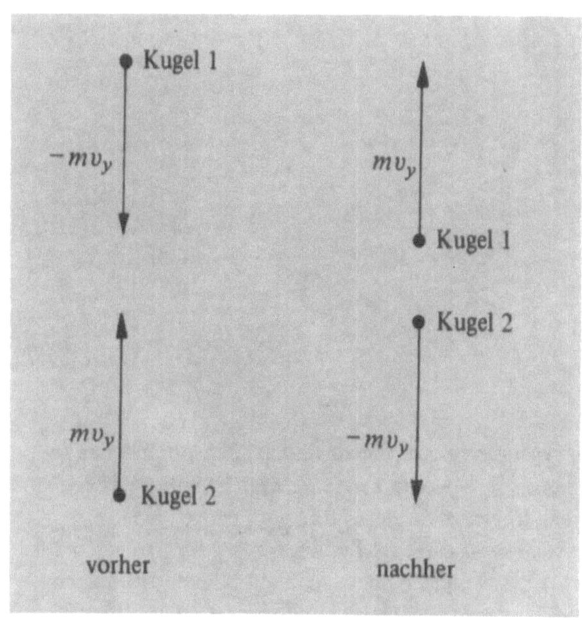

Bild 12.1b. Die jeweiligen nichtrelativistischen Impulse in y-Richtung. Der *Gesamt*impuls in y-Richtung ist Null sowohl vor als auch nach dem Stoß.

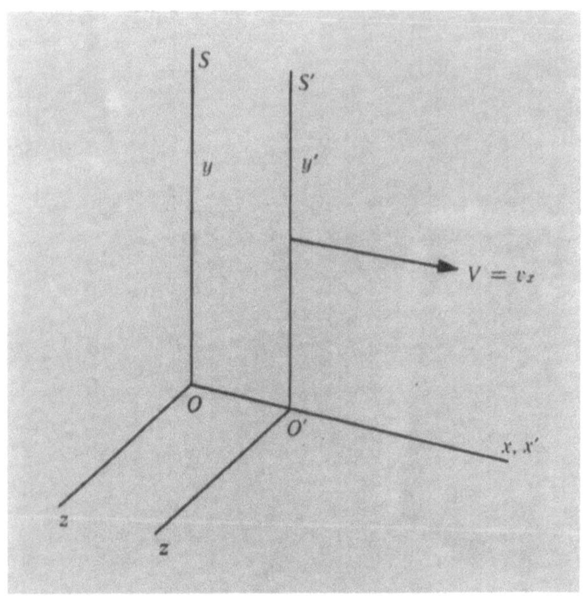

Bild 12.2a. Wir haben den Stoß im System S betrachtet. Was geschieht, wenn wir ihn nun im System S', das gegenüber S die Geschwindigkeit $V = v_x$ hat, betrachten?

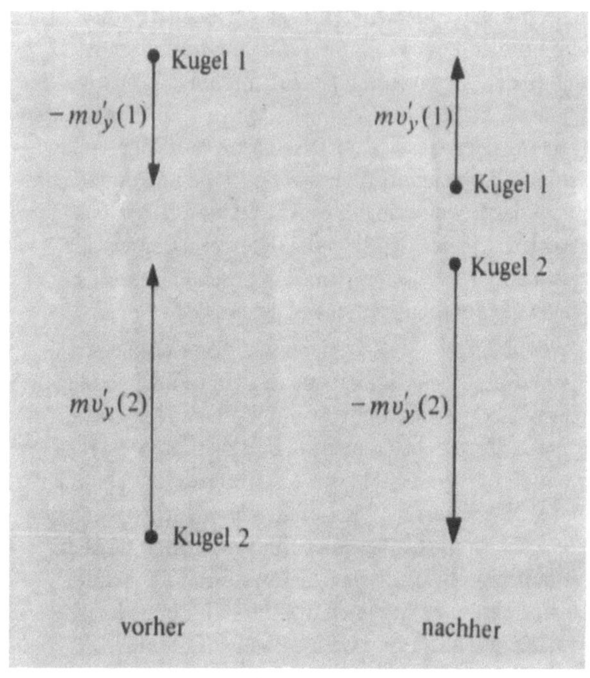

Bild 12.2c. Im neuen System S' bleibt der nichtrelativistische Impuls in y'-Richtung vor und nach dem Stoß *nicht* gleich.

In S' erhalten wir

$$v'_x(1) = -\frac{2V}{1 + V^2/c^2} \; ; \quad v'_x(2) = 0;$$

$$v'_y(1) = \frac{v_y}{1 + V^2/c^2}\left(1 - \frac{V^2}{c^2}\right)^{1/2};$$

und

$$v'_y(2) = \frac{v_y}{(1 - V^2/c^2)^{1/2}} > v'_y(1).$$

Bild 12.2b

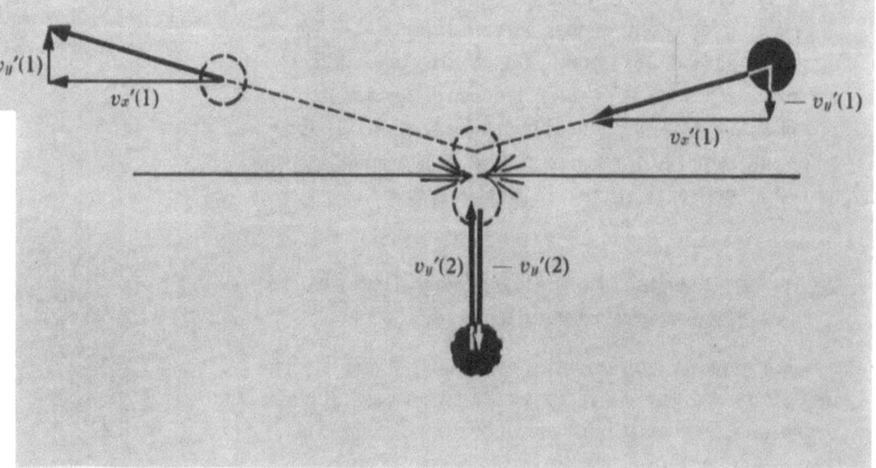

entgegengerichteten Geschwindigkeiten aufeinander zufliegen: Die y-Komponente der Geschwindigkeit des Teilchens 1 beträgt vor dem Stoß $-v_y$, danach $+v_y$. Der Massenmittelpunkt ruht in diesem System. Die y-Komponente des Gesamtimpulses muß aus Symmetriegründen sowohl vor als auch nach dem Stoß Null sein, sofern der ansonsten beliebig definierte Impuls für $\pm v_y$ entgegengesetzte Vorzeichen hat. Die Newtonsche Definition bringt uns bisher noch nicht in Schwierigkeiten: Die Änderung von p_y des Teilchens 1 beträgt $+2mv_y$ und die Änderung von p_y des Teilchens 2 ist $-2mv_y$, so daß die Gesamtänderung der y-Komponente des Newtonschen Impulses verschwindet.

Ein gestrichenes Bezugssystem S' bewegt sich gegenüber S mit der Geschwindigkeit $\mathbf{V} = v_x\hat{\mathbf{x}}$; v_x ist hier die x-Komponente der Geschwindigkeit des Teilchens 2 vor dem Stoß (Bild 12.2a). Wir wissen aus den Gleichungen für die relativistische Geschwindigkeitsaddition (Gl.(11.18)), daß die Geschwindigkeitskomponenten von S' aus gesehen folgende Werte haben (es ist $V = v_x$)

$$v_x'(1) = \frac{-v_x - V}{1 + v_x V/c^2} = \frac{-2v_x}{1 + v_x^2/c^2}$$

$$v_y'(1) = \frac{v_y}{1 + v_x V/c^2} \left(1 - \frac{V^2}{c^2}\right)^{1/2}$$

$$= \frac{v_y}{1 + v_x^2/c^2} \left(1 - \frac{v_x^2}{c^2}\right)^{1/2}. \tag{12.1}$$

$$v_x'(2) = \frac{v_x - V}{1 - v_x V/c^2} = 0,$$

$$v_y'(2) = \frac{v_y}{1 - v_x V/c^2} \left(1 - \frac{V^2}{c^2}\right)^{1/2} = \frac{v_y}{(1 - v_x^2/c^2)^{1/2}}. \tag{12.2}$$

Bild 12.2b zeigt dieses Ergebnis, wobei dort $v_x = V$ bereits berücksichtigt wurde.

Offensichtlich sind die Beträge der y-Komponenten der Geschwindigkeit in S' nicht gleich, obwohl sie in S übereinstimmten. Dieser Unterschied ist darauf zurückzuführen, daß die x-Komponenten der Geschwindigkeiten in S nicht übereinstimmen, sondern entgegengesetzte Richtungen haben. Bild 12.2c zeigt die entstehende Situation. Die Beträge der Impulsänderungen $2mv_y'(2)$ und $2mv_y'(1)$ sind demnach ebenfalls ungleich. Wir sehen also, daß die Newtonsche Definition des Impulses proportional zur Geschwindigkeit nicht die Impulserhaltung in sämtlichen Bezugssystemen gewährleistet. Entweder ist die Erhaltung des Impulses mit der Lorentz-Invarianz unvereinbar oder es gibt noch eine andere Definition des Impulses, so daß er in allen gleichförmig zueinander bewegten Bezugssystemen erhalten bleibt.

Versuchen wir, eine Lorentz-invariante Definition des Impulses zu finden, die die y-Komponente eines Teilchenimpulses unabhängig von der x-Komponente des Bezugssystems läßt, in dem der Stoß beobachtet wird. Eine solche Definition gewährleistet die Erhaltung der y-Komponente des Impulses in allen gleichförmig bewegten Bezugssystemen, sofern dies für ein bestimmtes Bezugssystem gezeigt ist. Wir wissen, daß die Verschiebung Δy in y-Richtung unter der Lorentz-Transformation in allen Bezugssystemen übereinstimmt. Dagegen hängt die beim Durchfliegen der Strecke Δy verstrichene Zeit Δt vom Bezugssystem ab und damit auch die Geschwindigkeitskomponente $v_y = \Delta y/\Delta t$. Anstatt eine laborfeste Uhr zur Messung von Δt zu nehmen, können wir uns auf eine vom Teilchen mitgeführte Uhr beziehen, die das Eigenzeitintervall $\Delta \tau$ des Teilchens mißt. *Alle Beobachter errechnen den gleichen Wert* $\Delta \tau$. Die Größe $\Delta y/\Delta \tau$ stimmt also in allen Bezugssystemen überein.

Wir wissen aus Gl. (11.11), daß sich Δt und $\Delta \tau$ um den Zeitdilatationsfaktor unterscheiden:

$$\Delta \tau = \Delta t \left(1 - \frac{v^2}{c^2}\right)^{1/2}, \tag{12.3}$$

wobei v die Geschwindigkeit des Teilchens relativ zu dem System ist, in dem t gemessen wird. Daraus folgt

$$\frac{\Delta y}{\Delta \tau} = \frac{\Delta y}{\Delta t} \cdot \frac{\Delta t}{\Delta \tau} = \frac{\Delta y}{\Delta t} \frac{1}{(1 - v^2/c^2)^{1/2}}.$$

Die y-Komponente von $v/(1 - v^2/c^2)^{1/2}$ hat also in allen Bezugssystemen den gleichen Wert, die sich nur in der x-Komponente ihrer Relativgeschwindigkeit unterscheiden. *Definieren* wir den relativistischen Impuls zu

$$\boxed{\mathbf{p} \equiv \frac{m\mathbf{v}}{(1 - v^2/c^2)^{1/2}},} \tag{12.4}$$

dann gilt die Erhaltung der y-Komponente des Impulses in jedem Bezugssystem, das gegenüber dem Ruhsystem eine konstante Geschwindigkeit in x-Richtung besitzt. Beachten Sie bitte, daß

$$p = mc \beta \gamma \tag{12.5}$$

aus den in Kapitel 11 eingeführten Definitionen $\beta = v/c$ und $\gamma = (1 - v^2/c^2)^{-1/2}$ folgt. Bild 12.3 zeigt diese neue Definition des Impulses.

Zur Vereinfachung haben wir die Koordinatenachsen so gewählt, daß bei dem betrachteten Stoß die x-Komponenten der Geschwindigkeiten beider Teilchen unverändert bleiben. Damit folgt automatisch die Erhaltung der x-Komponente des in Gl. (12.4) definierten Impulses. Der relativistische Impuls ist also beim Stoß zweier identischer Teilchen eine Erhaltungsgröße. Dem Leser bleibt überlassen, die Gültigkeit der obigen Argumentation auch für Teilchen unterschiedlicher Masse zu zeigen und damit ein vollständiges relativistisches Gesetz der Impulserhaltung herzuleiten. Für $v/c \ll 1$ geht der relativistische Impuls in die Newtonsche Form $\mathbf{p} = m\mathbf{v}$ über. Alle bisherigen Versuche bestätigen die Erhaltung des in Gl. (12.4) definierten relativistischen Impulses.

Wir können Gl. (12.4) auch in der Form

$$\mathbf{p} = m(v)\mathbf{v}$$

schreiben und die Masse geschwindigkeitsabhängig interpretieren:

$$\boxed{m(v) \equiv \frac{m}{(1 - v^2/c^2)^{1/2}} = m\gamma.} \tag{12.6}$$

$m(v)$ bezeichnen wir als die relativistische Masse eines Teilchens der Ruhmasse m und Geschwindigkeit v (Bild 12.4). Mit $v \to c$ wächst $m(v)/m$ über alle Grenzen.

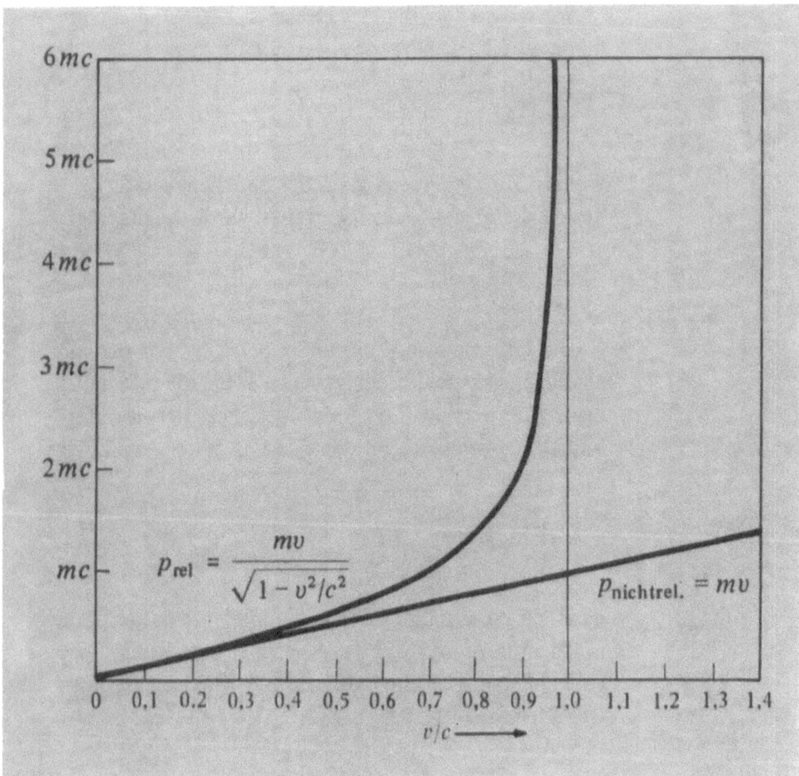

Bild 12.3. Damit die Impulserhaltung in allen Systemen gewährleistet ist, definieren wir **p** neu wie folgt: Für ein Teilchen der Geschwindigkeit **v** und der Ruhmasse m gilt

$$\mathbf{p} = \frac{m\mathbf{v}}{\sqrt{1 - v^2/c^2}} \ .$$

Die Beträge des relativistischen und des nichtrelativistischen Impulses sind in Abhängigkeit von v/c dargestellt.

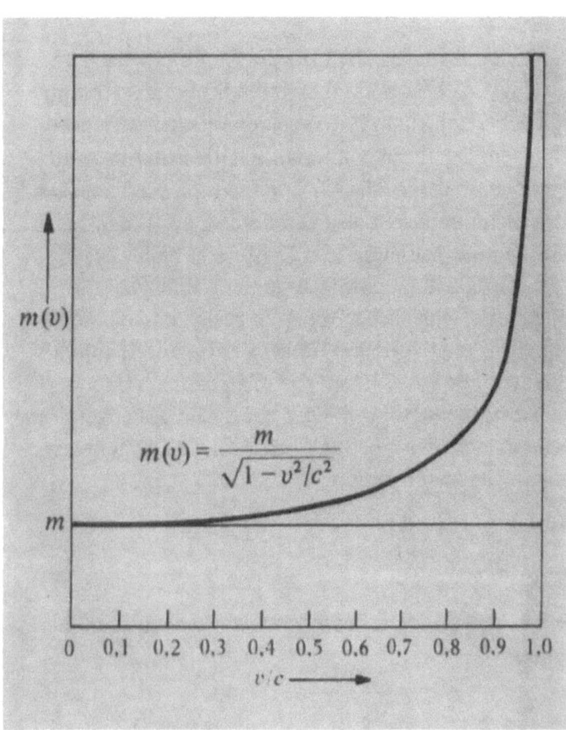

Bild 12.4. Die neue Definition des Impulses führt zu folgendem Verhalten der Masse:

$$m(v) = \frac{m}{\sqrt{1 - v^2/c^2}} \ .$$

Die relativistische Massenzunahme ist in verschiedenen Versuchen zur Elektronenablenkung bestätigt worden; indirekt wird sie beim Betrieb jedes Hochenergieteilchenbeschleunigers nachgewiesen. Die im folgenden angegebene Alternative zu Gl. (12.4) hebt die Beziehung zwischen relativistischer Energie und relativistischem Impuls hervor und ist oft einfacher anzuwenden.

Manchmal wird die variable Masse auch einfach mit m bezeichnet und $m = m_0/\sqrt{1 - v^2/c^2} = \gamma m_0$ gesetzt, wobei m_0 Ruhmasse heißt. Wir werden die Ruhmasse weiterhin m nennen und die variable, relativistische Masse als γm oder $m(v)$ schreiben.

12.2. Die relativistische Energie

Welche Form nimmt die kinetische Energie in der Relativitätstheorie an? In Kapitel 5 haben wir die kinetische Energie folgendermaßen eingeführt: Sie ist die Energie, die ein anfänglich ruhendes Teilchen erhält, wenn die Arbeit W an ihm verrichtet wird. Wir behalten diese Definition bei und schreiben das zweite Newtonsche Gesetz nunmehr in der Form

$$\mathbf{F} = \frac{d\mathbf{p}}{dt} = \frac{d}{dt} \frac{m\mathbf{v}}{\sqrt{1 - v^2/c^2}} \ ,$$

wobei die Zeit t und die Kraft **F** sich auf das System beziehen, in dem der Impuls **p** gemessen wird. Die Transformation der Kraft behandeln wir später. Für eine Kraft $\mathbf{F}$ in x-Richtung erhalten wir als Arbeit W:

$$W = \int F\,dx = \int \frac{d}{dt}\,\frac{mv}{\sqrt{1-v^2/c^2}}\,dx$$

$$= \int \frac{d}{dt}\left(\frac{mv}{\sqrt{1-v^2/c^2}}\right)\frac{dx}{dt}\,dt$$

$$= \int \left[\frac{mv}{\sqrt{1-v^2/c^2}}\,\frac{dv}{dt} + \frac{mv^3 c^{-2}}{\sqrt{(1-v^2/c^2)^3}}\,\frac{dv}{dt}\right]dt$$

$$= \int \frac{mv\,dv/dt}{\sqrt{(1-v^2/c^2)^3}}\,dt = \int \frac{d}{dt}\left(\frac{mc^2}{\sqrt{1-v^2/c^2}}\right)dt,$$

wobei wir $dx/dt = v$ berücksichtigt haben.

Wir setzen die Geschwindigkeit an der oberen Integrationsgrenze gleich v und an der unteren Grenze gleich Null. Damit folgt

$$\boxed{W = \frac{mc^2}{\sqrt{1-v^2/c^2}} - mc^2 = mc^2(\gamma - 1).} \qquad (12.7)$$

Diese Arbeit ist gleich der kinetischen Energie E_k. Sie ist in Bild 12.5 als Funktion von v/c aufgetragen. Mit dieser Definition von E_k erhalten wir Übereinstimmung mit den in Bild 10.20 gezeigten Versuchsergebnissen.

Der neue Ausdruck für E_k wirkt zunächst völlig verschieden von $\frac{1}{2}\,mv^2$. Setzen wir aber $v/c \ll 1$, so ist

$$\gamma = \frac{1}{\sqrt{1-v^2/c^2}} = 1 + \frac{1}{2}\frac{v^2}{c^2}\dots$$

und daher

$$\gamma - 1 = \frac{1}{2}\frac{v^2}{c^2}\;.$$

Tatsächlich ist also

$$mc^2(\gamma - 1)$$

gleich

$$\frac{1}{2}\,mc^2\,\frac{v^2}{c^2} = \frac{1}{2}\,mv^2$$

für kleine Werte von v/c.

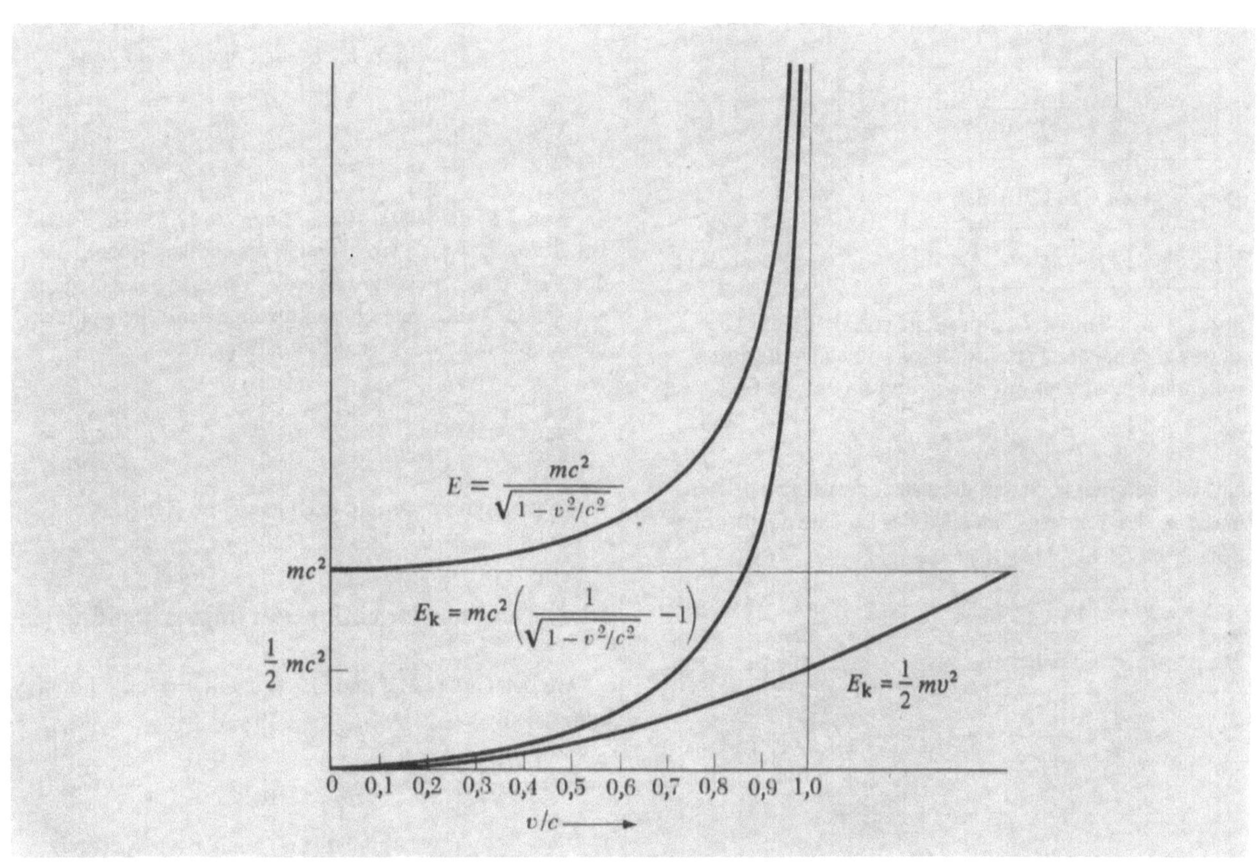

Bild 12.5. Die relativistische Energie $E = mc^2/\sqrt{1-v^2/c^2}$ und die relativistische kinetische Energie $E_k = mc^2/\sqrt{1-v^2/c^2} - mc^2$ und die nichtrelativistische kinetische Energie $E_k = \frac{1}{2}\,mv^2$ als Funktionen von v/c. Für $v/c \ll 1$ stimmen die beiden Ausdrücke für die kinetische Energie fast überein. Für $v/c \approx 1$ nimmt die relativistische kinetische Energie viel rascher zu als $\frac{1}{2}\,mv^2$.

Wir betrachten die relativistische Energie nunmehr von einem formalen Standpunkt aus. Das Quadrat des relativistischen Impulses erhalten wir aus Gl. (12.5) zu

$$p^2 = m^2 c^2 \beta^2 \gamma^2. \tag{12.8}$$

Die Identität

$$\frac{1}{1 - v^2/c^2} - \frac{v^2/c^2}{1 - v^2/c^2} = 1$$

oder

$$\gamma^2 - \beta^2 \gamma^2 = 1$$

ist bereits eine Lorentz-Invariante, denn 1 ist eine Konstante. Wir multiplizieren Gl. (12.8) mit $m^2 c^4$, um eine weitere Lorentz-Invariante,

$$m^2 c^4 (\gamma^2 - \beta^2 \gamma^2) = m^2 c^4$$

zu bilden. Da die *Ruhmasse m* und die Lichtgeschwindigkeit c Konstanten sind, ist dies eine Lorentz-Invariante, die wir mit Gl. (12.8) in die Form

$$m^2 c^4 \gamma^2 - p^2 c^2 = m^2 c^4 \tag{12.9}$$

bringen können. Welche Rolle spielt hier der Term $m^2 c^4 \gamma^2$?

Definieren wir versuchsweise die *relativistische Gesamtenergie E* eines freien Teilchens zu

$$\boxed{E \equiv m c^2 \gamma \equiv \frac{m c^2}{(1 - v^2/c^2)^{1/2}},} \tag{12.10}$$

dann folgt aus Gl. (12.9), daß

$$\boxed{E^2 - p^2 c^2 = m^2 c^4} \tag{12.11}$$

Lorentz-invariant ist. Die Invarianz von Gl. (12.11) bedeutet, daß bei der Transformation von einem Bezugssystem in ein anderes mit $p \to p'$ und $E \to E'$ die Gleichung

$$E'^2 - p'^2 c^2 = E^2 - p^2 c^2 = m^2 c^4$$

gilt. Wir betonen nochmals die Zahleninvarianz der Ruhmasse m des Teilchens bezüglich der Lorentz-Transformation. Nach Gl. (12.11) gilt auch

$$E = \sqrt{p^2 c^2 + m^2 c^4}. \tag{12.12}$$

Für $pc \ll mc^2$ ist daher

$$E = m c^2 \sqrt{1 + \frac{p^2 c^2}{m^2 c^4}} = m c^2 \left(1 + \frac{1}{2} \frac{p^2 c^2}{m^2 c^4} \cdots\right)$$

$$= m c^2 + \frac{1}{2} \frac{p^2}{m} + \dots,$$

wobei $E_k = p^2/2m$ die nichtrelativistische kinetische Energie ist. Für $pc \gg mc^2$ folgt dagegen

$$E = pc.$$

Diese Beziehung wird in der Hochenergiephysik oft verwendet. Wir werden später sehen (S. 224), daß diese Relation für Lichtquanten exakt gilt, da dort $m = 0$ ist.

Zwischen diesen Grenzwerten gibt es keine einfachen Näherungsausdrücke für $E(p), E_k(p)$ oder $E_k(v)$. Nach Gl. (12.7) gelten auch folgende Beziehungen

$$E_k = E - m c^2$$

oder

$$E = m c^2 + E_k. \tag{12.13}$$

Für $v = 0$ ist $E = m c^2$, so daß auch eine ruhende Masse Energie hat. Diese Energie heißt *Ruhenergie*, ihre Bedeutung werden wir noch kennenlernen. Die Differenz zwischen $E(v)$ und der Ruhenergie ist die kinetische Energie E_k.

Nach Gl. (12.10) gilt auch $E = \gamma m c^2$ und da γm die relativistische Masse ist, ist E auch gleich der relativistischen Masse mal c^2. Masse und Energie sind nur verschiedene Namen für dieselbe Größe. Es ist nicht sinnvoll zu fragen: Hat ein Teilchen mehr kinetische Energie, weil es mehr Masse hat, oder hat es mehr Masse, weil es mehr kinetische Energie hat? Mehr Masse und kinetische Energie sind immer miteinander verknüpft.

Die Energieerhaltung bei Stößen nimmt die Form

$$\sum_{i}^{n} E_i = \text{const}$$

an, wobei E_i die relativistische Energie (12.12) ist. Dieser Erhaltungssatz gilt auch bei nicht-elastischen Stößen, da der Verlust an kinetischer Energie (Übergang in Anregungsenergie der Teilchen) sich als Zunahme der Teilchenmassen bemerkbar macht. Die Impulserhaltung wird

$$\sum_{i=1}^{n} \mathbf{p}_i = \text{const},$$

wobei die Summe vor und nach dem Stoß gleich ist.

12.3. Die Transformation von Impuls und Energie

Aus den Gln. (12.3) und (12.4) erhalten wir die Impulskomponenten

$$p_x = m \frac{dx}{d\tau}; \quad p_y = m \frac{dy}{d\tau}; \quad p_z = m \frac{dz}{d\tau}. \tag{12.14}$$

Nach den Gln. (12.10) und (12.3) können wir E schreiben als

$$E = m c^2 \frac{dt}{d\tau}. \tag{12.15}$$

Da m und τ Lorentz-invariant sind, folgt aus den Gln. (12.14) und (12.15), daß p_x, p_y, p_z und E/c^2 sich wie x, y, z und t transformieren. Mit den bereits in Kapitel 11 gegebenen Transformationen für die letzteren gewinnen wir leicht die *Transformationsbeziehungen* für Impuls und Energie:

$$p_x' = \gamma\left(p_x - \frac{\beta E}{c}\right); \quad p_y' = p_y; \quad p_z' = p_z$$
$$E' = \gamma(E - p_x c\,\beta). \tag{12.16}$$

Die inversen Transformationen erhalten wir durch Ersetzen von $-\beta$ durch $+\beta$ und durch Vertauschen der gestrichenen und ungestrichenen Größen:

$$p_x = \gamma\left(p_x' + \frac{\beta E'}{c}\right); \quad p_y = p_y'; \quad p_z = p_z'$$
$$E = \gamma(E' + p_x' c\,\beta). \tag{12.17}$$

Wir können die Geschwindigkeit des Teilchens mit den Gln. (12.14) und (12.15) aus seinem Impuls und seiner Energie bestimmen:

$$v_x = \frac{dx}{dt} = \frac{dx}{d\tau}\cdot\frac{d\tau}{dt} = \frac{p_x}{m}\cdot\frac{mc^2}{E} = \frac{c^2 p_x}{E}$$

oder

$$\mathbf{p} = \mathbf{v}\,\frac{E}{c^2}. \tag{12.18}$$

- **Beispiel:** *Der unelastische Stoß.* Zwei identische Teilchen stoßen zusammen, haften aneinander, und bilden ein drittes Teilchen. Im Bezugssystem S ist der Massenmittelpunkt in Ruhe, so daß definitionsgemäß

$$\mathbf{p}_1 + \mathbf{p}_2 = 0$$

gilt. Das Teilchen ruht also in S. In einem zweiten Bezugssystem S' haben wir

$$\mathbf{p}_1' + \mathbf{p}_2' = \mathbf{p}_3'.$$

Wir können dies mittels der Transformation (12.16) in Beobachtungsgrößen aus S ausdrücken:

$$p_{x1}' + p_{x2}' = \gamma(p_{x1} + p_{x2}) - \frac{\gamma\beta(E_1 + E_2)}{c}$$
$$= p_{x3}' = \gamma p_{x3} - \frac{\gamma\beta E_3}{c}. \tag{12.19}$$

Hier bedeuten E_1 und E_2 die in S gemessenen Energien der ursprünglichen Teilchen; E_3 ist die in S gemessene Energie des produzierten Teilchens. Da p_{x3} sowie $p_{x1} + p_{x2}$ verschwinden, vereinfacht sich Gl. (12.19) zu

$$E_3 = E_1 + E_2.$$

Dieses Ergebnis zeigt, daß die relativistische Energie beim Stoß erhalten bleibt. Das Gesagte wird Sie an unsere Diskussion der Energie- und Impulserhaltung aus Kapitel 4 erinnern.

Nun gilt wegen der Identität der Teilchen $E_1 = E_2$. Mit Gl. (12.10) für E_1 und E_3 erhalten wir

$$m_3 c^2 = \frac{2mc^2}{(1 - v^2/c^2)^{1/2}}. \tag{12.20}$$

Hierbei ist m_3 die *Ruhmasse* des erzeugten Teilchens; v bedeutet die ursprüngliche Geschwindigkeit des Teilchens 1 oder 2, in S gemessen. In diesem Beispiel ist die Ruhmasse m_3 größer als die Summe $2m$ der Ruhmassen der ursprünglichen Teilchen. Die vor dem Stoß vorhandene kinetische Energie hat sich in zusätzliche Ruhmasse des erzeugten Teilchens verwandelt.

Bei der Betrachtung allgemeinster Stoßprozesse ergibt sich, daß der Impuls nur dann erhalten bleibt, wenn die Summe

$$\sum_i \frac{m_i c^2}{(1 - v_i^2/c^2)^{1/2}} = \sum_i E_i \tag{12.21}$$

über alle kollidierenden Teilchen der entsprechenden Summe über alle produzierten Teilchen gleich ist [1]). Das bedeutet, der Impuls bleibt bei einem relativistischen Stoß nur dann erhalten, wenn dasselbe für die relativistische Energie gilt.

Die neue Ruhmasse m_3 ist größer als die Summe $2m$ der ursprünglichen Ruhmassen. Für $\beta \ll 1$ können wir diesen Zuwachs teilweise nichtrelativistisch deuten. Mit

$$\frac{1}{(1 - v^2/c^2)^{1/2}} \approx 1 + \frac{v^2}{2c^2} + \ldots$$

folgt aus Gl. (12.20)

$$m_3 \approx 2\left(m + \frac{1}{2}m\frac{v^2}{c^2}\right) = 2\left(m + \frac{\text{kinetische Energie}}{c^2}\right). \tag{12.22}$$

Die Ruhmasse m_3 besteht also nicht nur aus der Summe der Ruhmassen der ursprünglichen Teilchen, sondern auch aus einem der kinetischen Energie der beiden proportionalen Anteil. In diesem Beispiel eines unelastischen Stoßes zeigt Gl. (12.22), daß eine Umwandlung von kinetischer Energie in Masse stattgefunden hat. [Die getroffene Annahme $\beta \ll 1$ sollte lediglich die Betrachtung vereinfachen. Der Effekt ist für hohe β sogar noch ausgeprägter.] Gl. (12.22) gibt den Zusammenhang zwischen dem Massenzuwachs

$$\Delta m = m_3 - 2m \tag{12.23}$$

und der verschwundenen kinetischen Energie

$$\text{kinetische Energie} = c^2\,\Delta m. \tag{12.24}$$

Aus der Definition (12.7) der kinetischen Energie, $E_k = (\gamma - 1)mc^2$ folgt dieses Ergebnis allgemein, nicht nur für kleine β.

12.4. Die Äquivalenz von Masse und Energie

Albert Einstein betrachtete die Möglichkeit einer Umwandlung zwischen Ruhmasse und Energie wie auch die quantitative Beziehung zwischen ihnen als den bedeutendsten Beitrag zur Relativitätstheorie. Solange ein Teilchen

---

[1]) Wenn Photonen am Stoßprozeß beteiligt sind, können wir Gl. (12.21) nicht direkt anwenden, da für ein Photon $v = c$ gilt. Die Behandlung des Stoßproblems für Photonen und für andere Teilchen mit Ruhmasse Null folgt in den Gln. (12.26) und (12.27).

sich im Geschwindigkeitsbereich $v \ll c$ befindet, dürfen wir die nichtrelativistische Definition der kinetischen Energie verwenden. Aus dieser folgt, daß bei einem Mehrteilchenprozeß — selbst wenn die Anzahlen der zusammenprallenden und der fortfliegenden Teilchen ungleich sind — ein Nettomassenverlust oder -gewinn mit dem c^{-2}-fachen Nettogewinn oder -verlust an kinetischer Energie übereinstimmt. Umgekehrt gilt für einen beobachteten Verlust an kinetischer Energie bei einem unelastischen Stoß, daß die Ruhmassenbilanz positiv sein muß.

Die Gln. (12.6) und (12.10) führen auf die Schreibweise $E = m(v)\,c^2$. Wenn Gl. (12.24) für die Gesamtenergie und ohne Beschränkung auf $v/c \ll 1$ gelten soll, so stellt E die natürliche Definition der Energie in der Relativitätstheorie dar, also

$$\Delta E = \Delta m c^2 .$$

(Eine genaue Herleitung finden Sie in der historischen Anmerkung am Ende des Kapitels.) Die mit der Verwandlung von kinetischer Energie in Ruhmasse verknüpfte Massenänderung Δm bleibt uns bei den Ereignissen des Alltags verborgen, da die Lichtgeschwindigkeit c gewöhnliche Geschwindigkeiten um Größenordnungen übertrifft.

Da Masse und Energie äquivalent sind, gehört zu einem System mit einer relativistischen Gesamtenergie E stets eine träge Masse $m = E/c^2$. Betrachten wir eine masselose Schachtel, die n ruhende Teilchen der Masse m enthält. Ihre träge Masse ist nm. Erteilen wir ihr die Geschwindigkeit $\mathbf{V}$, so besitzt sie den Impuls $nm\mathbf{V}$. Hat aber jedes Teilchen in der Schachtel eine Geschwindigkeit $\mathbf{v}$ und eine kinetische Energie $\frac{1}{2}mv^2$, dann ist die träge Masse der Schachtel gleich $n(m + mv^2/2c^2)$, und der Impuls beträgt $n\mathbf{V}(m + mv^2/2c^2)$. Wir haben in diesem Beispiel angenommen, daß V und v beide klein gegen c sind.

Entsprechend besitzt eine zusammengedrückte Feder eine größere Masse als eine entspannte. Die Differenz ergibt sich aus der durch c^2 geteilten Kompressionsarbeit. Lösen wir die komprimierte Feder vollständig in Säure auf, so ist die Masse der Reaktionsprodukte geringfügig größer als im Fall, daß sie entspannt aufgelöst wird. Dies würde sich in einer leichten Temperaturerhöhung der Lösung bemerkbar machen, die aber unmeßbar klein ist.

● **Beispiele:** *1. Masse-Energie-Umwandlungen*

a) Zwei Teilchen von je 1 g Masse stoßen mit gleich großer, aber entgegengesetzt gerichteter Geschwindigkeit 10^3 m/s zusammen. Für die zusätzliche Ruhmasse Δm des erzeugten Doppelteilchens erhalten wir

$$\Delta m = \frac{\Delta E}{c^2} \approx 2 \cdot \frac{1}{2} m \frac{v^2}{c^2} \approx 1 \cdot 10^{-14} \text{ kg}.$$

Das liegt unter der Meßgenauigkeit, mit der eine Masse von 1 g gemessen werden kann.

b) Ein Wasserstoffatom besteht aus einem Proton und einem Elektron. Seine Ruhmasse m_H ist geringer als die Summe der

Ruhmassen m des freien Elektrons und m_p des Protons. Der Massenüberschuß der freien Teilchen ergibt sich aus der Bindungsenergie geteilt durch c^2. Die Masse m_H eines Wasserstoffatoms beträgt $1{,}673\,38 \cdot 10^{-27}$ kg. Die Bindungsenergie des Elektrons an das Proton ergibt sich aus der Theorie zu 13,6 eV oder $22 \cdot 10^{-19}$ J. Daraus folgt

$$m_p + m - m_H = \frac{22 \cdot 10^{-19}\,\text{J}}{c^2} \approx 2{,}4 \cdot 10^{-35} \text{ kg}.$$

Das ist nur der 10^8-te Teil von m_H. Dieser Wert ist wieder zu klein, um gemessen zu werden [1]).

c) Die Summe der Ruhmassen eines Protons und eines Neutrons beträgt

$$m_p + m_n = (1{,}672\,5 + 1{,}674\,8) \cdot 10^{-27} \text{ kg}$$
$$= 3{,}347\,3 \cdot 10^{-27} \text{ kg}.$$

Die Masse des Deuterons ist aber $3{,}343\,65 \cdot 10^{-27}$ kg. Die Differenz $0{,}003\,96 \cdot 10^{-27}$ kg, entspricht $3{,}56 \cdot 10^{-13}$ J oder 2,23 MeV, was gerade die Energie ist, die zur Dissoziation eines Deuterons in Proton und Neutron erforderlich ist. Sie heißt die *Bindungsenergie* des Deuterons. Bild 12.6 zeigt die Bindungsenergien verschiedener Atomkerne als Funktion der Massenzahl. Mit Hilfe dieser Daten sind auch genaue Bestimmungen der Neutronenmasse möglich. Ein zweiter Weg zur Bestimmung dieser Masse folgt aus dem Zerfall des Neutrons in Proton, Elektron und Neutrino. Die Übereinstimmung ist sehr gut.

d) Tabelle 12.1 vergleicht für mehrere Kernreaktionen die beobachtete Energieabgabe ΔE mit der gemessenen Massenänderung Δm. Eine atomare Masseneinheit u ist gleich einem Zwölftel der Masse eines C^{12}-Atoms.

Tabelle 12.1: Vergleich der berechneten und beobachteten Zerfallsenergien [2])

	Massendefekt u	freigewordene Energie in MeV	
		$\Delta m c^2$	ΔE
$Be^9 + H^1 \rightarrow Li^6 + He^4$	0,002 42	2,25	2,28
$Li^6 + H^2 \rightarrow He^4 + He^4$	0,023 81	22,17	22,20
$B^{10} + H^2 \rightarrow C^{11} + n^1$	0,006 85	6,38	6,08
$N^{14} + H^2 \rightarrow C^{12} + He^4$	0,014 36	13,37	13,40
$N^{14} + He^4 \rightarrow O^{17} + H^1$	− 0,001 24	− 1,15	− 1,16
$Si^{28} + He^4 \rightarrow P^{31} + H^1$	− 0,002 42	− 2,25	− 2,23

● *2. Kernreaktionen in Sternen.* Den größten Teil der Energie bestimmen wir aus der Massenbilanz der Reaktion (Bild 12.7):

$$4m_p + 2m - m\,(He^4)$$
$$= 4\,(1{,}672\,5 \cdot 10^{-27})\,\text{kg} + 2\,(0{,}911 \cdot 10^{-30})\,\text{kg} - 6{,}647 \cdot 10^{-27}\,\text{kg}$$
$$\approx 0{,}045 \cdot 10^{-27}\,\text{kg} \approx 50\,m, \tag{12.25}$$

wobei m wieder die Elektronenmasse ist [3]). Das Ergebnis entspricht 26,7 MeV.

---

[1]) Die Meßgenauigkeit ist gegenwärtig etwa 10 mal geringer. Die Effekte der elektronischen Bindungsenergien wurden aber bei Kernreaktionen beobachtet.

[2]) *S. Dushman*, General Electric Review **47**, 6–13 (Oktober 1944)

[3]) Tabellierte Atommassen enthalten die Masse der normalen Anzahl von Elektronen.

Bild 12.6. Die Bindungsenergie der Kerne in MeV, als Funktion der Massenzahl A des Kerns. 1 MeV ist einer Masse $1{,}76 \cdot 10^{-30}$ kg äquivalent. Nicht alle Kerne sind im Bild berücksichtigt.

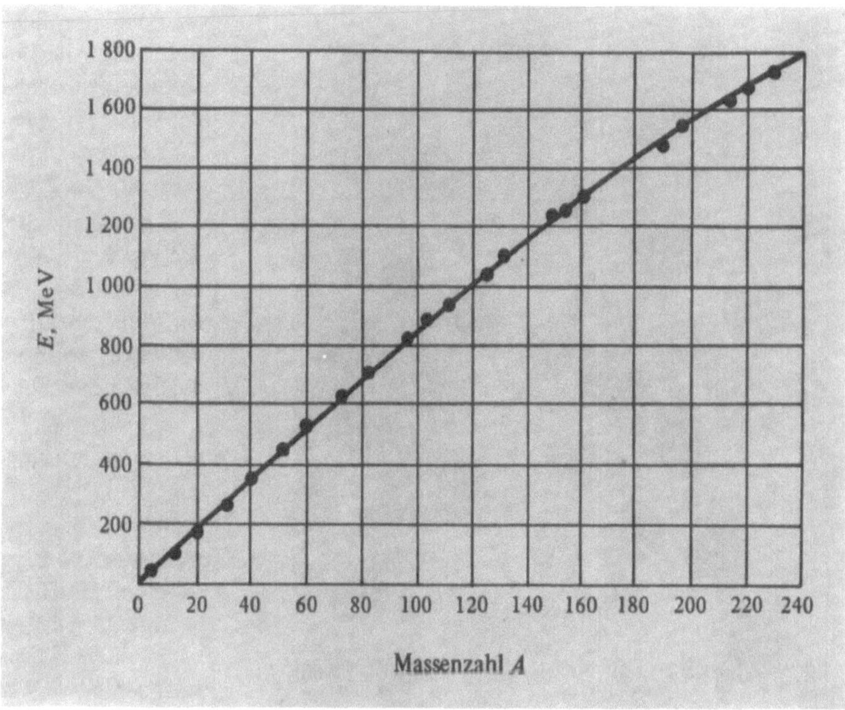

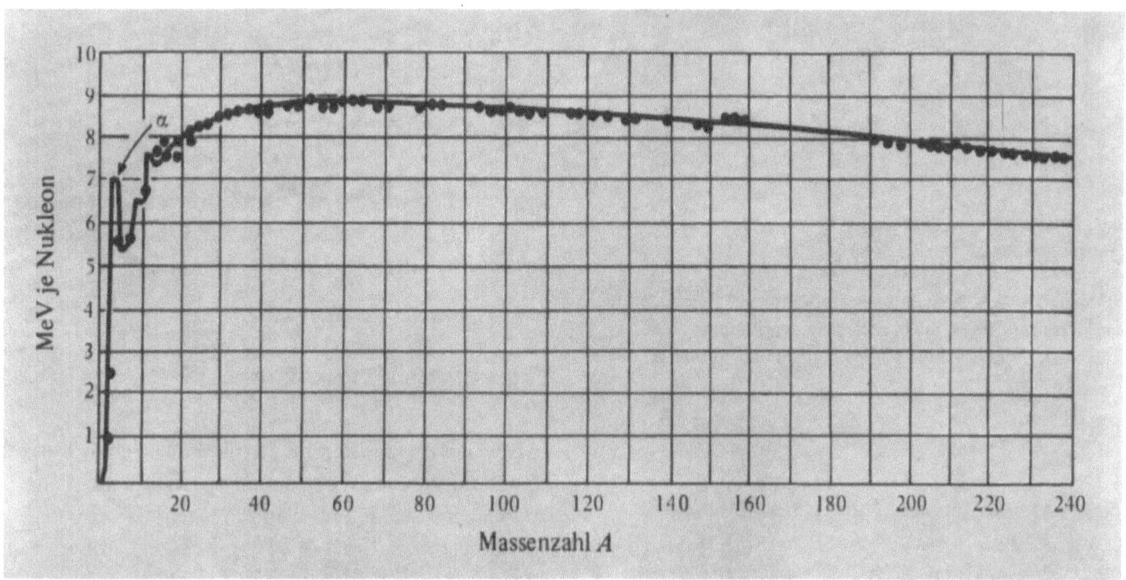

Bild 12.7. Die Bindungsenergie je Nukleon in MeV als Funktion der Massenzahl A. Der mit α bezeichnete Punkt entspricht He^4, das eine relativ hohe Bindungsenergie aufweist.

Die Temperatur der Sonnenmitte liegt bei $2 \cdot 10^7$ K. Man nimmt an, daß bei solchen Temperaturen folgende Kette von Kernreaktionen die dort ablaufenden Kernprozesse beherrscht (Bild 12.8):

$$H^1 + p = H^2 + e^+ + \text{Neutrino};$$
$$H^2 + H^1 = He^3 + \gamma;$$
$$He^3 + He^3 = He^4 + 2\,H^1 \,.$$

Im Endeffekt wird Wasserstoff zur Erzeugung von He^4 verbrannt. (Die Positronen annihilieren mit Elektronen und ergeben γ-Strahlen.)

Beachten Sie, daß nach dem ersten Schritt ein Neutrino (ein masseloses neutrales Teilchen) erscheint; die Sonne ist also eine starke Neutrinoquelle. Neutrinos haben nur sehr schwache Wechselwirkungen mit Materie, so daß fast alle in den Sternen erzeugten Neutrinos in den Weltraum entweichen. Dabei führen sie bis zu 10 % der gesamten abgestrahlten Energie mit sich[1].

---

[1] Eine ausgezeichnete Abhandlung über die Entstehung der Elemente finden Sie bei *William A. Fowler*, Proc. Nat. Acad. Sci **52**, 524 bis 528 (1964).

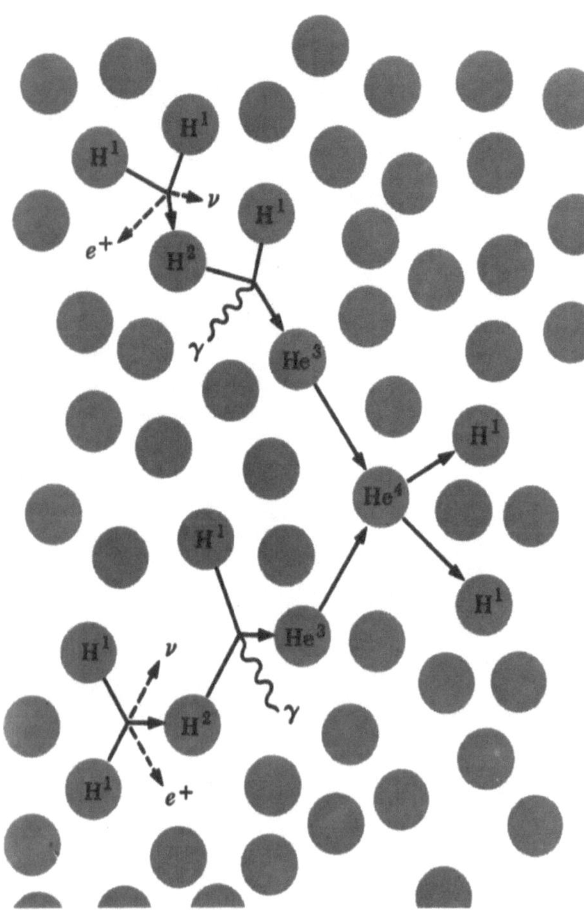

Endbilanz:
4 Wasserstoffkerne   → Heliumkern
freigewordene Energie = $2 \cdot 10^7$ kWh je kg

Bild 12.8. Schematische Darstellung der Fusion von Wasserstoff zu Helium in der *p-p*-Kette, die in Sternen einer Sonnenmasse oder kleiner vorkommt. Dichte: 10^5 kg/cm³. Temperatur: 10^7 K. (Nach *W. A. Fowler*)

Teilchen mit der Ruhmasse Null. Für $m \equiv 0$ erhalten wir aus Gl. (12.11)

$$E = pc, \tag{12.26}$$

so daß sich Gl. (12.18) zu

$$v = c \tag{12.27}$$

vereinfacht. Ein Teilchen mit der Ruhmasse Null bewegt sich also stets mit Lichtgeschwindigkeit. Es besitzt für jeden Beobachter die Geschwindigkeit c und die Ruhmasse Null. Wenn wir auch nicht immer an Licht als Teilchen denken, so hat doch ein Lichtpuls gerade die Eigenschaft $v \equiv c$. Bei vielen Phänomenen, in denen die Quantennatur des Lichts sichtbar wird, stellen wir fest, daß Licht sich wie ein Strahl von Teilchen verhält, die wir *Photonen* oder *Lichtquanten* nennen. Ein Photon hat

die Ruhmasse Null; es ist nicht das einzige Teilchen ohne Ruhmasse. Alle Teilchen mit Ruhmasse Null besitzen die besonders einfache Eigenschaft $E = pc$. Die Energie eines Photons steht in Beziehung zu seiner Frequenz f nach $E = hf$, wobei h das *Plancksche Wirkungsquantum* bezeichnet. Aus $E = hf = pc$ erhalten wir $p = hf/c$.

Mit einem Photon der Energie E ist immer der Impuls E/c verknüpft. Absorbiert ein Atom dieses Photon, so übernimmt das Atom den Impuls E/c. Wird das Photon am Atom reflektiert (genauer gesagt: erst absorbiert und dann in entgegengesetzter Richtung emittiert), so verdoppelt sich der übertragene Impuls auf $2E/c$.

Wir wollen nun den Strahlungsdruck in einem viele Photonen enthaltenden Würfel der Kantenlänge l berechnen. Die Lichtteilchen besitzen die Gesamtstrahlungsenergie je Volumeneinheit U. Wir nehmen an, daß die Bewegungsrichtungen der Photonen zufällig verteilt sind, so daß im Mittel ein Drittel von ihnen parallel zu einer herausgegriffenen Würfelkante verläuft. Im Durchschnitt kollidiert ein Photon demnach $(c/6l)$ mal je Zeiteinheit mit einer gegebenen Würfelfront. Die Impulsübertragung je Stoß beträgt $2E/c$, woraus sich die im zeitlichen Mittel auf die Front wirkende Kraft F zu

$$F = (\text{Anzahl der Stöße je Zeiteinheit}) \times (\text{Impuls-übertragung je Stoß})$$

$$= N\left(\frac{c}{6l}\right)\left(\frac{2E}{c}\right) = N\frac{E}{3l}$$

ergibt. N bezeichnet die Gesamtzahl der Photonen im Würfel. Mit n als Anzahl der Lichtteilchen je Volumeneinheit erhalten wir wegen $N = nl^3$

$$F = nl^2\frac{E}{3} \quad \text{oder} \quad P = \frac{1}{3}U$$

für den Strahlungsdruck P, wobei $P = F/l^2$ und $U = nE$ gilt [1].

Aus den Ausdrücken für p und E, sowie der Lorentz-Transformation (12.16) können wir auch leicht den Dopplereffekt herleiten. Wenn in einem System S die Beziehungen $E = hf$, $p_x = hf/c$ gelten, wie groß sind dann E' und p' in S'? Aus

$$p'_x = \gamma\left(\frac{hf}{c} - \beta\frac{hf}{c}\right), \quad E' = \gamma\left(hf - \beta c\frac{hf}{c}\right)$$

---

[1] Die kinetische Gastheorie ergibt für nicht-relativistische Teilchen

$$P = \frac{Nmv^2}{3l^3} = \frac{2}{3}\left(\frac{1}{2}\frac{Nmv^2}{l^3}\right) = \frac{2}{3} \cdot \text{Dichte der kinetischen Energie.}$$

Der Übergang von $P = \frac{2}{3} \cdot$ kinetischer Energiedichte zu $P = \frac{1}{2} \cdot$ kinetische Energiedichte (dies ist der Druck für $v \approx c$) entspricht dem Übergang von

$$E_k = \frac{p^2}{2m} \quad \text{zu} \quad E_k = E = pc.$$

folgt

$$p'_x = \frac{hf}{c}(1-\beta)\gamma, \qquad E' = hf(1-\beta)\gamma,$$

$$p'_x = \frac{hf}{c}\sqrt{\frac{1-\beta}{1+\beta}}, \quad E' = hf' = hf\sqrt{\frac{1-\beta}{1+\beta}}. \quad (12.28)$$

Wieder ist $E' = p'c$.

Das Sonnenlicht trifft die Erde mit einem Energiestrom von ungefähr $1000\,\text{W/m}^2$. Unter der Annahme, daß die gesamte Energie absorbiert wird, ergibt sich ein Druck von $(1000\,\text{W/m}^2)/c \approx 3 \cdot 10^{-6}\,\text{N/m}^2$. Der Druck verdoppelt sich, wenn die gesamte Strahlung reflektiert wird. Dennoch hat er eine völlig vernachlässigbare Wirkung auf die Erdbewegung. Der kumulative Effekt des Lichtdrucks auf den diffusen Schweif eines Kometen (oder auf einen Echosatelliten) könnte dagegen noch merklich sein, da hier das Verhältnis Oberfläche/Masse viel größer als im Fall der Erde ist. Vermutlich üben jedoch die von der Sonne ausgeschleuderten Materieteilchen einen noch wesentlicheren Druck auf den Kometenschweif (Bild 12.9) aus. Innerhalb eines sehr heißen Sterns niedriger Dichte kann der Strahlungsdruck eine entscheidende Rolle spielen.

Für jedes Teilchen mit genügend hoher Energie $E \gg mc^2$ gelten angenähert die gleichen Impuls- und Energiebeziehungen wie für das Photon. Doch ein Unterschied besteht: Für ein Materieteilchen können wir immer ein Bezugssystem finden, in dem das Teilchen ruht. Das Photon dagegen hat in jedem Bezugssystem genau die Geschwindigkeit $v = c = E/p$, wenn auch Energie und Impuls von einem System zum anderen unterschiedliche Meßwerte ergeben können.

Wir betrachten ein ruhendes Wasserstoffatom, dessen Elektron sich in angeregtem Zustand befindet. Das Atom emittiert ein Lichtquant mit der Energie E und dem Impuls $(E/c)\hat{\mathbf{x}}$ und erfährt dabei den Rückstoß $-(E/c)\hat{\mathbf{x}}$. Folglich kann der Massenmittelpunkt des Systems (Atom plus Lichtquant) nicht in Ruhe bleiben. Wir werden daher dem Photon eine Masse m_γ zuschreiben. Diese Masse erhalten wir aus

$$\dot{\mathbf{R}}_{\text{M.M.}} \equiv \frac{m_\text{H}\dot{\mathbf{r}}_\text{H} + m_\gamma\dot{\mathbf{r}}_\gamma}{m_\text{H} + m_\gamma} = 0.$$

Weiter gilt $m_\text{H}\dot{\mathbf{r}}_\text{H} = -(E/c)\hat{\mathbf{x}}$ und $\dot{\mathbf{r}}_\gamma = c\hat{\mathbf{x}}$, so daß

$$-\frac{E}{c} + m_\gamma c = 0; \quad m_\gamma = \frac{E}{c^2}$$

folgt. Diese Masse folgt auch aus der Einsteinschen Relation. Die Photonenmasse ist nicht eine Ruhmasse, sondern das Massenäquivalent der Energie E. Die Ruhmasse selbst ist Null.

12.5. Transformation der zeitlichen Impulsänderung

Wir wollen bestimmen, wie sich das zweite Newtonsche Gesetz

$$\mathbf{F} = \frac{d\mathbf{p}}{dt} = m\frac{d}{dt}\frac{\mathbf{v}}{\sqrt{1-v^2/c^2}}$$

transformiert. Offensichtlich ist

$$\frac{d\mathbf{p}}{dt} \neq \frac{d\mathbf{p}'}{dt'}.$$

Wir betrachten ein System S' in dem die Masse m momentan ruht. S' bewege sich mit der Geschwindigkeit $v\hat{\mathbf{x}}$ bezüglich S. Aus Gl. (12.16) folgt

$$\Delta p_y = \Delta p'_y, \qquad \Delta p_z = \Delta p'_z$$

und aus Gl. (12.3)

$$\Delta t' = \Delta \tau = \sqrt{1-\frac{v^2}{c^2}}\,\Delta t,$$

wobei $\Delta \tau$ die Eigenzeit ist. Damit erhalten wir

$$\frac{\Delta p_y}{\Delta t} = \frac{\Delta p'_y\sqrt{1-v^2/c^2}}{\Delta t'} = \frac{1}{\gamma}\frac{\Delta p'_y}{\Delta t'}$$

und wegen

$$F_y = \frac{\Delta p_y}{\Delta t} \quad \text{und} \quad F'_y = \frac{\Delta p'_y}{\Delta t'}$$

ergibt sich schließlich

$$F_y = \frac{1}{\gamma}F'_y \quad \text{und} \quad F_z = \frac{1}{\gamma}F'_z.$$

Die x-Komponenten von $\Delta\mathbf{p}/\Delta t$ sind etwas komplizierter zu transformieren

$$p_x = \gamma\left(p'_x + \frac{vE'}{c^2}\right)$$

$$\Delta p_x = \gamma\,\Delta p'_x + \gamma v\frac{\Delta E'}{c^2}. \qquad (12.29)$$

Wir drücken $\Delta E'$ durch $\Delta p'_x$ aus

$$E' = (m^2c^4 + c^2p'^2)^{1/2}$$

$$\Delta E' = \frac{c^2p'\Delta p'}{\sqrt{m^2c^4 + c^2p'^2}}.$$

Wegen $p'_x = p'_y = p'_z = 0$ folgt $\Delta E' = 0$ und nach Gl. (12.29)

$$\frac{\Delta p_x}{\Delta t} = \frac{\gamma\,\Delta p'_x}{\Delta t'}\frac{\Delta t'}{\Delta t} = \frac{\gamma\,\Delta p'_x}{\Delta t'}\frac{1}{\gamma} = \frac{\Delta p'_x}{\Delta t'}$$

oder

$$\frac{dp_x}{dt} = \frac{dp'_x}{dt'} \quad \text{und} \quad F_x = F'_x. \qquad (12.30)$$

Diese Gleichungen werden in Band 2, Kapitel 5 wesentlich sein. Sie sind Spezialfälle allgemeinerer Ergebnisse.

Bild 12.9. Der Komet Mrkos, am 27. August 1957. (*Photographie: Mount Wilson and Palomar Observatories*)

12.6. Die Konstanz der Ladung

Das Bewegungsgesetz $Q\mathbf{E} = \dot{\mathbf{p}}$ eines Teilchens der Ladung Q im elektrischen Feld $\mathbf{E}$ bedarf einer Vervollständigung. Es fehlt noch die Abhängigkeit der Ladung von der Geschwindigkeit und Beschleunigung des Teilchens. Den besten experimentellen Beleg für die Konstanz der Ladung eines Protons oder Elektrons liefert der folgende Versuch: Ein Teilchenstrahl aus Wasserstoffatomen oder Molekülen wird durch ein gleichförmiges, zur Flugbahn senkrecht stehendes elektrisches Feld geschickt. Dabei beobachten wir keine Ablenkung des Strahls. Das Wasserstoffatom besteht aus einem Elektron (e) und einem Proton (p), das H_2-Molekül aus jeweils zwei Elektronen und Protonen. Selbst wenn die Protonen sehr langsam fliegen, besitzen die kreisenden Elektronen noch eine mittlere Geschwindigkeit von ungefähr $10^{-2} c$. Ein nichtabgelenktes Molekül (Atom) besitzt konstanten Impuls, so daß $\dot{\mathbf{p}}_\mathrm{p} + \dot{\mathbf{p}}_\mathrm{e} = 0 = (e_\mathrm{p} + e_\mathrm{e})\,\mathbf{E}$ gilt. Aus dem Versuch folgt also, daß im Atom oder Molekül $e_\mathrm{e} = -e_\mathrm{p}$ ist, trotz der hohen Elektronengeschwindigkeit. Auch die unterschiedliche Bahngeschwindigkeit des Elektrons im Atom und im Molekül führt zu keiner Veränderung der Ladung. Zahlenmäßig sind die Konstanz der Elektronenladung und ihre Übereinstimmung mit der Protonenladung bei Elektronengeschwindigkeit bis zu $10^{-2} c$ mit einer relativen Genauigkeit von 10^{-9} nachgewiesen. Auch tritt die Ladung stets in Vielfachen der Elementarladung auf und kann somit durch einfaches Zählen bestimmt werden, was offensichtlich unabhängig vom Bezugssystem ist.

Die Meßanordnung wird in Band 2 eingehend erörtert. Wir betonen noch einmal das Versuchsergebnis, daß die Ladung unabhängig von der Teilchen- oder Beobachtergeschwindigkeit ist. Ladung und Masse besitzen also ungleiche Transformationseigenschaften.

12.7. Übungen

1. *Relativistischer Impuls.* Welchen Impuls hat ein Proton mit der kinetischen Energie 1 GeV? (Geben Sie den Impuls in GeV/c an!)
   Lösung: 1,7 GeV/c.

2. *Relativistischer Impuls.* Berechnen Sie den Impuls eines Elektrons mit der kinetischen Energie 1 GeV.
   Lösung: 1,000 5 GeV/c.

3. *Impuls des Photons.* Vergleichen Sie den Impuls eines Photons der kinetischen Energie 1 GeV mit dem Impuls eines Protons (Elektrons) gleicher kinetischer Energie.

4. *Energie und Impuls eines schnellen Protons.* Für ein Proton wird in Laborkoordinaten $\beta = 0{,}995$ gemessen; welche relativistische Energie und welchen Impuls besitzt es?

5. *Kosmische Strahlung.* Es ist bekannt, daß Teilchen kosmischer Strahlung Energien bis zu 10^{19} eV und vielleicht darüber haben. Wie groß ist ungefähr
   a) die äquivalente Masse eines dieser Teilchen?
      Lösung: $1{,}8 \cdot 10^{-17}$ kg,
   b) der Impuls?
      Lösung: $5 \cdot 10^{-9}$ kg m/s.

6. *Transformation von Energie und Impuls.* Ein Proton besitzt, in Laborkoordinaten gemessen, die Geschwindigkeit $v = 0{,}999\ c$. Bestimmen Sie Energie und Impuls in einem System, das sich gegenüber dem Labor mit $\beta = 0{,}990$ richtungsgleich mit dem Proton bewegt.

7. *Energie eines schnellen Elektrons.* Berechnen Sie die kinetische Energie eines Elektrons mit $\beta = 0{,}99$.
   Lösung: 3,1 MeV.

8. *Rückstoß bei γ-Emission.* Ein Fe^{57}-Kern strahlt ein 14 keV-Photon ab. Welchen Rückstoß erfährt er, in Laborkoordinaten gemessen?
   Lösung: $7{,}5 \cdot 10^{-24}$ kg m/s.

9. *Rückstoß eines Protons.* Ein γ-Quant der Energie E_γ trifft ein im Laborsystem ruhendes Proton.
   a) Welchen Impuls hat das γ-Quant in Laborkoordinaten?
   b) Zeigen Sie, daß der Massenmittelpunkt im Laborsystem die Geschwindigkeit

   $$\frac{V}{c} = \frac{E_\gamma}{E_\gamma + m_\mathrm{p} c^2} \quad \text{besitzt.}$$

   c) Welche Energie haben das γ-Quant bzw. das Proton im Massenmittelpunktssystem?

10. *Neutronenzerfall.* Benutzen Sie in Kapitel 12 gegebene Zahlenwerte, um die beim Neutronenzerfall (in ein Proton und ein Elektron) frei werdende Energie zu berechnen.
    Lösung: 0,79 MeV.

11. *Lorentz-Invarianz bei einem Zwei-Teilchen-System.* Gesamtimpuls und Gesamtenergie eines Zwei-Teilchen-Systems sind durch $\mathbf{p} = \mathbf{p}_1 + \mathbf{p}_2$ bzw. $E = E_1 + E_2$ gegeben. Zeigen Sie, daß die auf $\mathbf{p}$ und E angewendeten Lorentz-Transformationen mit der Invarianz des Ausdrucks $E^2 - p^2 c^2$ in Einklang stehen.

12. *Transformation von einem Massenmittelpunktsystem in ein Ruhesystem.* Zwei Protonen fliegen in entgegengesetzten Richtungen von einem gemeinsamen Punkt jeweils mit der Geschwindigkeit $v = 0{,}5\ c$ auseinander.
    a) Wie groß sind Energie und Impuls eines Protons, bezogen auf den gemeinsamen Punkt?
    b) Unter Anwendung der Lorentz-Transformation berechnen Sie Energie und Impuls eines Protons im Ruhesystem des anderen. (In Aufgaben dieser Art ist es gewöhnlich vorteilhaft, die Energie als ein Vielfaches irgendeiner Ruhmassenenergie auszudrücken.)

13. *Massenäquivalent der von einem Radiosender ausgestrahlten Energie.* Eine Antenne strahlt 24 h lang mit einer Leistung von 1000 W. Welches Massenäquivalent besitzt die abgestrahlte Radioenergie?

14. *Sonnenenergie.* Unter der Solarkonstante verstehen wir den Fluß der Sonnenenergie je m^2 je Sekunde im Erdabstand von der Sonne. Ihre Messung ergibt den Wert 1400 W/m^2.
    a) Zeigen Sie, daß die Gesamtleistung der Sonne ungefähr $4 \cdot 10^{26}$ W beträgt.
    b) Zeigen Sie, daß 1 kg Sonnenmaterie eine Leistung von etwa $2 \cdot 10^{-4}$ W erzeugt.
    c) Berechnen Sie die Energie der Verwandlung von 1 kg Wasserstoff in He^4.
       Lösung: $6 \cdot 10^{14}$ J $\approx 1{,}3 \cdot 10^8$ kWh.
    d) Berechnen Sie die Strahlungsdauer der Sonne unter den Annahmen, daß sie mit der jetzigen Leistung weiterstrahlt und der jetzige Kernverbrennungsprozeß aufrechterhalten bleibt. Nehmen Sie an, daß die Sonne ungefähr zu einem Drittel aus Wasserstoff besteht.
       Lösung: $3 \cdot 10^{10}$ a.

15. *Lichtantrieb.* Eine mögliche Antriebsform im Weltraum könnte das „Segeln" mit einer großen reflektierenden Metallfolie bieten, die an einem kleinen Raumfahrzeug befestigt wird. Schätzen Sie die vom Lichtdruck erzeugte Beschleunigung für ein Raumfahrzeug kleiner Masse, das $10^{11} \ldots 10^{12}$ m von der Sonne entfernt ist.

16. *Impuls eines Laserstrahls.* Ein großer Laser kann einen Lichtstoß mit einer Energie von 2000 J erzeugen.

   a) Zeigen Sie, daß der Impuls des Lichtstoßes in der Größenordnung von 10^{-5} kg m/s liegt.

   b) Schlagen Sie einen Versuch zur Messung dieses Impulses vor. Die Impulsdauer beträgt ungefähr 1 ms.

12.8. Weiterführendes Problem

Der Mößbauer Effekt. Ein angeregter Atomkern kann durch Aussendung eines γ-Quants in den Grundzustand übergehen. Auch der umgekehrte Vorgang ist möglich (Bild 12.10).

Ein Präparat, das angeregte Atomkerne enthält, sendet Photonen aus. Wir lassen diese Photonen auf ein zweites Präparat fallen, das ähnliche Atomkerne, aber im Grundzustand enthält. Diese Kerne werden die Strahlung absorbieren und später Photonen wieder aussenden. Dieser Vorgang heißt *Kernfluoreszenz*. Die von der Quelle oder dem Absorber ausgesandten Photonen haben Energien in einem Bereich der Breite Γ, wie Bild 12.11 zeigt.

Ein gutes Beispiel für diesen Vorgang bietet Fe^{57}. Dieses Isotop entsteht in einem angeregten Zustand als Zerfallsprodukt von Co^{57} und geht nach Aussendung eines γ-Quants der Energie 14,4 keV in den Grundzustand über.

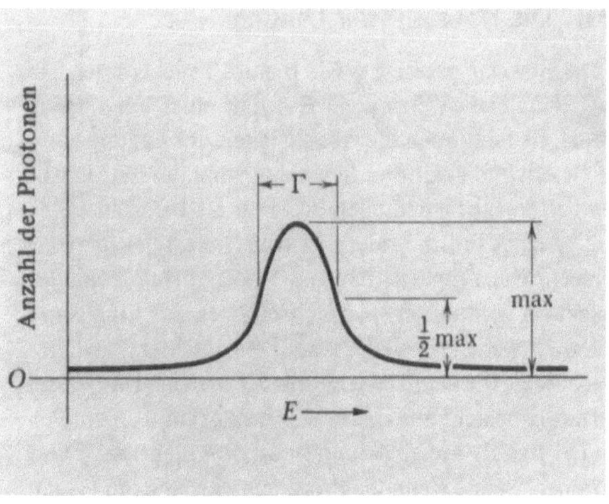

Bild 12.11. Energieverteilung der γ-Strahlen infolge der Breite des Energieniveaus eines Atomkerns

Wir betrachten nun einen ruhenden Fe^{57}-Kern im angeregten Zustand. Bei der Aussendung eines γ-Quants erfährt der Kern einen Rückstoß in einer Richtung entgegengesetzt zum Photon.

a) Welche Frequenz hat ein Photon der Energie 14,4 keV? Aus $E = hf$ erhalten wir $f = 3{,}5 \cdot 10^{18}$ Hz.

b) Der Impuls des Photons ist hf/c. Welchen Rückstoß erleidet der Kern?
Lösung: Impuls $= 7{,}7 \cdot 10^{-24}$ kg m/s.

c) Zeigen Sie, daß die Rückstoßenergie gleich

$$E_R = \frac{E^2}{2mc^2}$$

ist, wobei m die Masse des Kerns und E die Energie des Photons ist. Berechnen Sie E_R.
Lösung: $2 \cdot 10^{-3}$ eV.

Die Energieniveaus von Atomkernen sind nicht vollständig scharf, sondern haben eine Breite, die aus der Unschärferelation

$$\Gamma\tau \approx \frac{h}{2\pi}$$

folgt, wobei τ die mittlere Lebensdauer des Zustands ist. Für niederenergetische γ-Strahlen, wie bei Fe^{57}, kann die Energieunschärfe viel kleiner als die Rückstoßenergie E_R sein. In diesem Fall kann das γ-Quant zumeist nicht wieder von einem Kern im Grundzustand absorbiert werden, da es nicht genau die richtige Frequenz aufweist (Bilder 12.11 und 12.12).

Man kann Quelle und Absorber wieder aufeinander abstimmen, indem man die Quelle relativ zum Absorber bewegt.

d) Wie groß ist die erforderliche Geschwindigkeit für Fe^{57}?

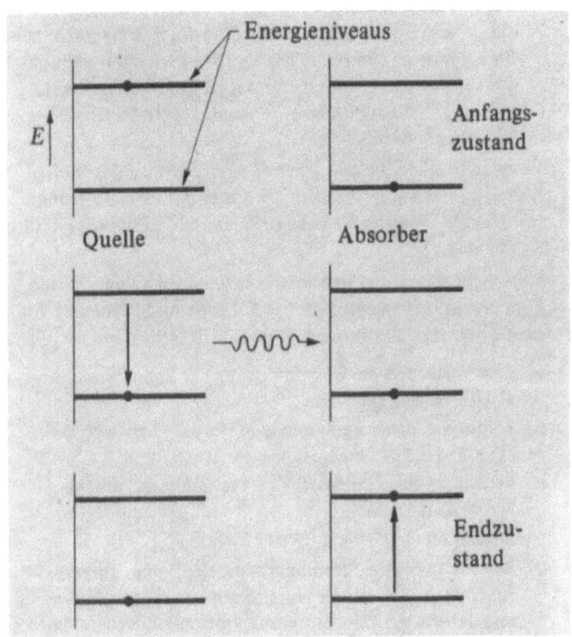

Bild 12.10. Übergänge zwischen den Energieniveaus eines Atomkerns durch Emission und Absorption von Strahlung

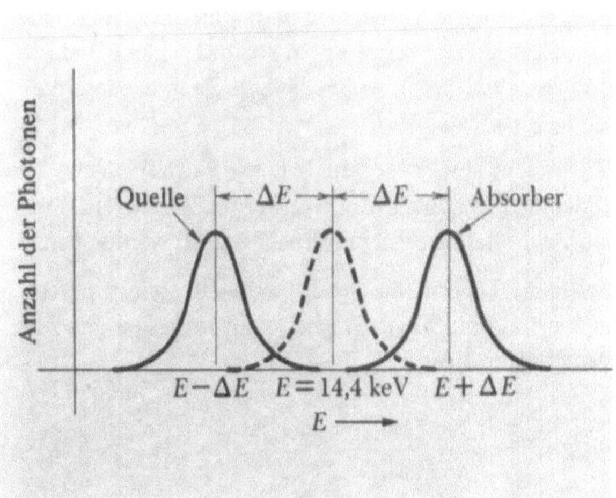

Bild 12.12. Die Verschiebung der Energieverteilung bei Emission und Absorption

e) *Mößbauer* beobachtete, daß bei Einbau der Eisenatome in bestimmte Kristalle der Rückstoßimpuls vom ganzen Kristall und nicht von einem einzelnen Atomkern aufgefangen wird. Bei Zimmertemperatur sind rund 70 % der Photonen von Fe^{57} in diesem Sinn rückstoßfrei. Berechnen Sie E_R für diese Photonen, wenn der Kristall eine Masse von 1 g hat.
Lösung: $2 \cdot 10^{-25}$ eV, was völlig vernachlässigbar ist.

12.9. Historische Anmerkung: Die Beziehung zwischen Masse und Energie

Einsteins erste Veröffentlichung zur speziellen Relativitätstheorie erschien 1905 unter dem Titel „Über die Elektrodynamik bewegter Körper" in den Annalen der Physik **17**, 891 bis 921. Dieser Band der Annalen enthält drei klassische Arbeiten von *Einstein*: eine zur Quanteninterpretation des photoelektrischen Effekts (S. 132 bis 148), eine zur Theorie der Brownschen Bewegung (S. 549 bis 560) und drittens die oben zitierte Arbeit, deren Ergebnisse zum Teil schon von *Larmor*, *Lorentz* und anderen vorweggenommen worden waren. Im selben Jahr erschien in Band **18**, S. 639 bis 641 ein kurzer Aufsatz von *Einstein* unter dem Titel „Hängt die Trägheit eines Körpers von seinem Energieinhalt ab?" Wir geben hier *Einsteins* Gedankengang wieder:

Betrachten Sie (wie in *Einsteins* Abhandlung zur Elektrodynamik) ein Paket oder eine Gruppe ebener Lichtwellen. Das Paket besitzt die Energie ϵ und bewegt sich in positiver x-Richtung im Bezugssystem S. Vom Bezugssystem S' gesehen, das sich gegenüber S mit der Geschwindigkeit $V\hat{x}$ bewegt, besitzt das Wellenpaket die Energie

$$\epsilon' = \epsilon \left(\frac{1-\beta}{1+\beta} \right)^{1/2}; \quad \beta = \frac{V}{c}. \tag{12.31}$$

Dieses Ergebnis leitete *Einstein* in seiner Arbeit zur Elektrodynamik ohne Bezugnahme auf den Begriff des Photons ab. Es folgt unmittelbar aus einem anderen Argument: Wir entnehmen der Gl. (12.28) zum longitudinalen Doppler-Effekt, daß die von S und S' aus beobachteten Frequenzen f und f' durch

$$f' = f \left(\frac{1-\beta}{1+\beta} \right)^{1/2} \tag{12.32}$$

verknüpft sind. Nach der Quantenvorstellung können wir uns einen Lichtstoß aus einer ganzzahligen Anzahl von Lichtquanten oder Photonen zusammengestellt denken, jedes mit der Energie hf (von S aus betrachtet), wobei h das Plancksche Wirkungsquantum bezeichnet. Von S' aus gesehen bleibt zwar die Anzahl der Photonen unverändert, doch die Energie eines Lichtquants beträgt dann hf'. (Wir nehmen dabei an, daß der Wert von h unverändert bleibt.) Aus $\epsilon' = hf'$ folgt also Gl. (12.31).

Wir betrachten nun einen in S ruhenden Körper, dessen Anfangsenergie E_0 bzw. E_0' in S bzw. S' betrage. Wir nehmen an, daß er in positive x-Richtung einen Lichtpuls der Energie $\frac{1}{2}\epsilon$ und in negative x-Richtung einen Lichtpuls der gleichen Energie emittiert. Der Körper bleibt dabei in S in Ruhe. Wir bezeichnen mit E_1 bzw. E_1' die Energie des Körpers in S bzw. S' nach der Emission. Dann gilt nach dem Energieerhaltungssatz

$$E_0 = E_1 + \frac{1}{2}\epsilon + \frac{1}{2}\epsilon;$$
$$E_0' = E_1' + \frac{1}{2}\epsilon \left(\frac{1-\beta}{1+\beta} \right)^{1/2} + \frac{1}{2}\epsilon \left(\frac{1+\beta}{1-\beta} \right)^{1/2} \tag{12.33}$$
$$= E_1' + \frac{\epsilon}{(1-\beta^2)^{1/2}} \tag{12.34}$$

woraus sich durch Subtraktion

$$E_0 - E_0' = E_1 - E_1' + \epsilon - \frac{\epsilon}{(1-\beta^2)^{1/2}} \tag{12.35}$$

ergibt. Nun muß die Energiedifferenz $E_0' - E_0$ gerade gleich der anfänglichen kinetischen Energie E_{k0} des Körpers in S' sein, da der Körper ursprünglich in S ruht. Entsprechend ist $E_1' - E_1$ die kinetische Energie E_{k1} des Körpers nach der Emission, in S' betrachtet. Wir können demnach Gl. (12.35) in der Form

$$E_{k0} - E_{k1} = \epsilon \left(\frac{1}{(1-\beta^2)^{1/2}} - 1 \right)$$

schreiben und erkennen daraus, daß die kinetische Energie des Körpers aufgrund der Lichtemission abnimmt. Der Betrag der Abnahme hängt von den besonderen Eigenschaften des Körpers nicht ab. Ist $\beta \ll 1$, dann gilt näherungsweise

$$E_{k0} - E_{k1} \approx \frac{1}{2}\epsilon\beta^2 = \frac{1}{2}\frac{\epsilon}{c^2}V^2,$$

so daß die Ruhmasse des Körpers um

$$\Delta m = \frac{\epsilon}{c^2}$$

abnimmt.

Aus dieser Beziehung schloß *Einstein*:

„Gibt ein Körper in Form von Strahlung die Energie ϵ ab, so verringert sich seine Masse um den Betrag ϵ/c^2. Die Tatsache, daß die dem Körper entzogene Energie Strahlungsenergie geworden ist, spielt offensichtlich keine Rolle, so daß wir zu dem allgemeineren Schluß gelangen,

daß die Masse eines Körpers ein Maß seines Energiegehalts ist; ändert sich die Energie um ϵ, so ändert sich die Masse ebenso um $\epsilon/(9 \cdot 10^{20})$, wobei die Energie in erg und die Masse in g gemessen wird.

Es ist nicht ausgeschlossen, daß mit Stoffen, dessen Energieinhalt in hohem Grade variiert (z.B. mit Radiumsalzen), die Theorie erfolgreich nachgeprüft werden kann.

Sollte die Theorie mit den Tatsachen übereinstimmen, dann überträgt Strahlung Trägheit vom emittierenden zum absorbierenden Körper."

13. Probleme der relativistischen Dynamik

In Kapitel 3 behandelten wir eine Anzahl von Aufgaben zur nichtrelativistischen Bewegung von Teilchen in elektrischen und magnetischen Feldern. In Kapitel 3 wie in Kapitel 6 befaßten wir uns mit elastischen und unelastischen Stößen zwischen zwei nichtrelativistischen Teilchen. Nun wollen wir einige der früheren Aufgaben relativistisch betrachten. Die neuen Ergebnisse bereiten uns bei ihrer Herleitung meist keine besonderen Schwierigkeiten; manche von ihnen besitzen in der Hochenergieteilchenphysik und in der Astrophysik größte Bedeutung.

Beim Stoß hochenergetischer Teilchen können neue Teilchen durch Umwandlung von Energie in Masse entstehen. Im Massenmittelpunktsystem kann die gesamte kinetische Energie zur Erzeugung neuer Teilchen verwendet werden oder auch zur inneren Anregung dieser Teilchen. Die Erzeugung oder Anregung von Teilchen erfordert stets eine Mindestenergie. Bei relativistischen Teilchen ist der Bruchteil der im Laborsystem gemessenen Energie, der im Schwerpunktsystem zur Erzeugung neuer Teilchen zur Verfügung steht, geringer als bei nichtrelativistischen Teilchen. Dies muß bei Experimenten der Hochenergiephysik stets berücksichtigt werden. Ein Beispiel dazu finden Sie auf S. 236.

Die Tatsache, daß der Impuls eines beschleunigten relativistischen Teilchens über alle Grenzen wächst, wenn nur seine Geschwindigkeit der Lichtgeschwindigkeit genügend nahe gebracht wird, bildet die Grundlage der großen Beschleuniger und der Impulsanalyse durch magnetische Ablenkung hochenergetischer Teilchen. Die Methode der Ablenkung mittels magnetischer Felder ist in der Erforschung kosmischer Strahlen und anderer Teilchen hoher Energie weit verbreitet.

Wir wollen nun die Ablenkung eines relativistischen Teilchens durch ein elektrisches Feld betrachten, um uns mit einigen immer wiederkehrenden Rechenmethoden vertraut zu machen.

13.1. Beschleunigung eines geladenen Teilchens durch ein konstantes longitudinales elektrisches Feld

Die Bewegungsgleichung eines Teilchens der Ladung Q und der Ruhmasse m in einem konstanten elektrischen Feld $\mathcal{E}\,\hat{\mathbf{x}}$ lautet

$$\dot{\mathbf{p}}\,\hat{\mathbf{x}} = Q\,\mathcal{E}\,\hat{\mathbf{x}} \tag{13.1}$$

oder mit $\mathbf{p} = m\mathbf{v}/(1-v^2/c^2)^{1/2}$

$$m\,\frac{d}{dt}\,\frac{v}{(1-v^2/c^2)^{1/2}} = Q\,\mathcal{E}, \tag{13.2}$$

unter der Annahme $v_y = v_z = 0$, wie sie für eine Beschleunigung aus der Ruhe in x-Richtung zutrifft. Integration der Gl. (13.2) über die Zeit ergibt

$$m\,\frac{v}{(1-v^2/c^2)^{1/2}} = Q\,\mathcal{E}\,t,$$

wobei $v(0) = 0$. Wir quadrieren und lösen nach v^2 auf:

$$v^2 = \frac{(Q\,\mathcal{E}\,t/mc)^2}{1+(Q\,\mathcal{E}\,t/mc)^2}\cdot c^2. \tag{13.3}$$

v/c ist gegen t in Bild 13.1 aufgetragen. Für kurze Zeiten [1] $t \ll mc/Q\,\mathcal{E}$ können wir den Nenner in Gl. (13.3) durch Eins ersetzen und erhalten die Näherung

$$v^2 \approx \left(\frac{Q\,\mathcal{E}}{m}\,t\right)^2 = \frac{p^2}{m^2}$$

in Übereinstimmung mit der nichtrelativistischen Näherung aus Kapitel 3.

Für große Flugzeiten $t \gg mc/Q\,\mathcal{E}$ gilt die relativistische Approximation

$$v^2 = \frac{1}{(mc/Q\,\mathcal{E}\,t)^2 + 1}\,c^2 \approx \left[1 - \left(\frac{mc}{Q\,\mathcal{E}\,t}\right)^2\right]c^2,$$

aus der wir c als Grenzgeschwindigkeit für $t \to \infty$ entnehmen. Wir erhalten also bei hoher Flugdauer und mit $\beta \equiv v/c$

$$\frac{1}{(1-\beta^2)^{1/2}} \approx \frac{Q\,\mathcal{E}\,t}{mc}.$$

Setzen wir dies in den Ausdruck für die relativistische Energie E (Gl. (12.10)) ein, so folgt die Näherung

$$E = \frac{mc^2}{(1-\beta^2)^{1/2}} \approx Q\,\mathcal{E}\,ct,$$

wieder für den Fall $t \gg mc/Q\,\mathcal{E}$. Das ist nichts anderes als das Produkt aus der Kraft und der im Zeitintervall t mit Lichtgeschwindigkeit durchflogenen Strecke ct. Für den Impuls p nach langer Flugdauer ergibt sich entsprechend

$$p \approx Q\,\mathcal{E}\,t \approx \frac{mc}{(1-\beta^2)^{1/2}} = \frac{E}{c}.$$

Beachten Sie, daß im relativistischen Fall der Impuls auch dann noch linear wächst, nachdem bereits die Geschwindigkeit sich c asymptotisch genähert hat.

Schreiben wir dx/dt für v, so erhalten wir aus der Quadratwurzel von Gl. (13.3)

$$dx = \frac{(Q\,\mathcal{E}/mc)\,t}{\sqrt{1+(Q^2\,\mathcal{E}^2\,t^2/m^2c^2)}}\,c\,dt \tag{13.4}$$

---

[1] Für ein Elektron ergibt sich bei $\mathcal{E} = 3\cdot10^5$ V/m

$$\frac{m_e c}{e\,\mathcal{E}} \approx \frac{(10^{-30})\cdot(3\cdot10^8)}{(1{,}6\cdot10^{-19})\,(3\cdot10^5)}\,\text{s} \approx 10^{-8}\,\text{s}.$$

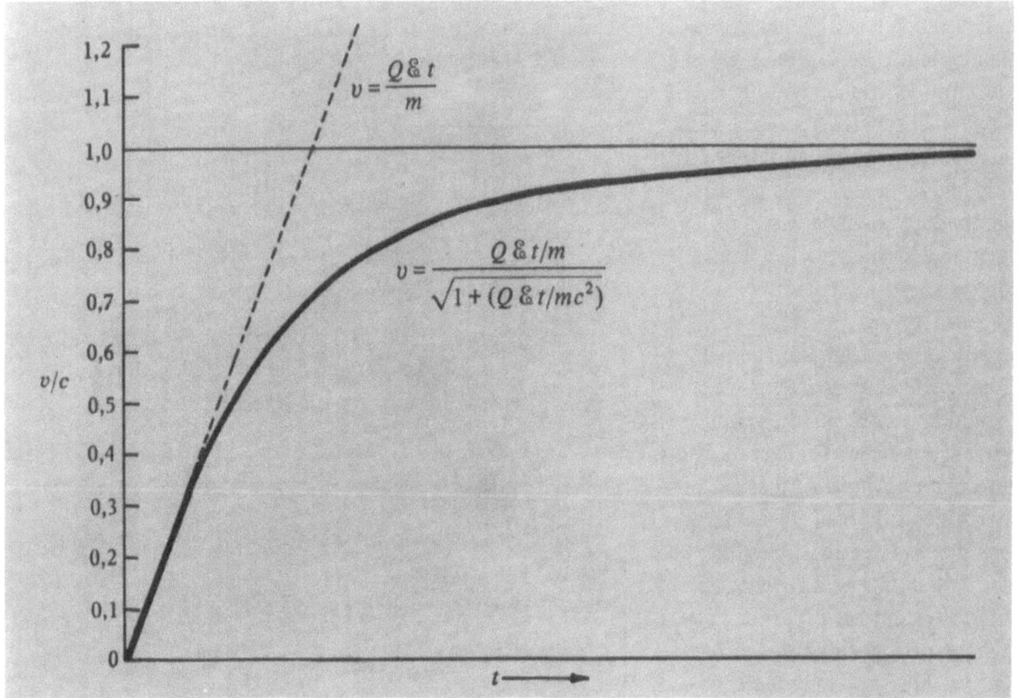

Bild 13.1. Die Geschwindigkeit v einer Ladung Q der Ruhmasse m, die in einem gleichförmigen elektrischen Feld $\mathscr{E}$ aus der Ruhe beschleunigt wird, ist als Funktion der Zeit dargestellt. Im Grenzfall $t \gg 0$ strebt v gegen c. Die gestrichelte Linie gibt die nach der nichtrelativistischen Mechanik erwartete Geschwindigkeit an.

und durch Integration von 0 nach t die Flugstrecke x zu

$$x = \frac{mc^2}{Q\mathscr{E}} \left\{ \left[1 + \left(\frac{Q\mathscr{E}t}{mc} \right)^2 \right]^{1/2} - 1 \right\} \tag{13.5}$$

mit den Anfangsbedingungen $x(0) = 0$ und $v(0) = 0$. Für lange Flugzeiten gilt angenähert $x \approx ct$. Das Teilchen bewegt sich fast mit Lichtgeschwindigkeit.

13.2. Beschleunigung durch ein transversales elektrisches Feld

Wir betrachten ein in x-Richtung fliegendes, hochenergetisches geladenes Teilchen mit dem Impuls p_0, das in ein transversales elektrisches Feld $\mathscr{E}\hat{y}$ der Länge l einmündet (Bild 13.2) und fragen nach dem Winkel, durch den das Teilchen im elektrischen Feld abgelenkt wird.

Die Bewegungsgleichungen lauten

$$\frac{dp_x}{dt} = 0; \quad \frac{dp_y}{dt} = Q\mathscr{E},$$

woraus

$$p_x = p_0; \quad p_y = Q\mathscr{E}t$$

folgt (Bild 13.3). Zuerst benötigen wir die Geschwindigkeit $\mathbf{v}$. Dazu berechnen wir die Energie E; dann folgt die Geschwindigkeit aus der in Kapitel 12 abgeleiteten Beziehung $\mathbf{v} = \mathbf{p}c^2/E$.

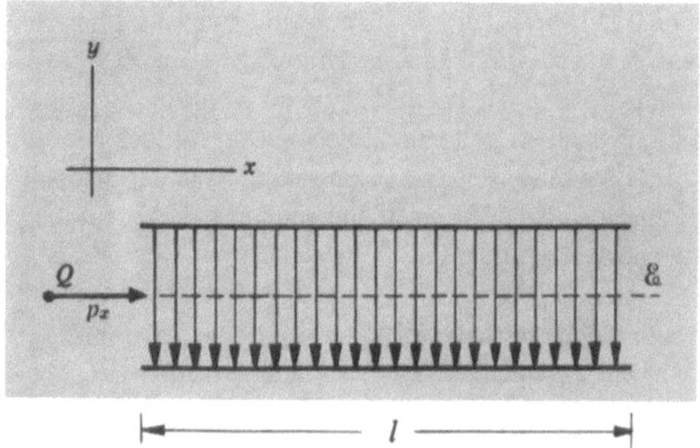

Bild 13.2. Eine Ladung Q mit dem Anfangsimpuls p_x tritt in ein transversales Feld $\mathscr{E}$ ein

Die Energie E erhalten wir aus

$$E^2 = m^2c^4 + p^2c^2 = m^2c^4 + p_0^2c^2 + (Q\mathscr{E}tc)^2$$
$$= E_0^2 + (Q\mathscr{E}tc)^2, \tag{13.6}$$

wobei E_0 die Anfangsenergie bezeichnet. Aus Gl. (13.6) und der Geschwindigkeit-Impuls-Beziehung ergibt sich

$$v_x = \frac{p_0 c^2}{[E_0^2 + (Q\mathscr{E}tc)^2]^{1/2}} ; \tag{13.7}$$

$$v_y = \frac{Q\mathscr{E}tc^2}{[E_0^2 + (Q\mathscr{E}tc)^2]^{1/2}} . \tag{13.8}$$

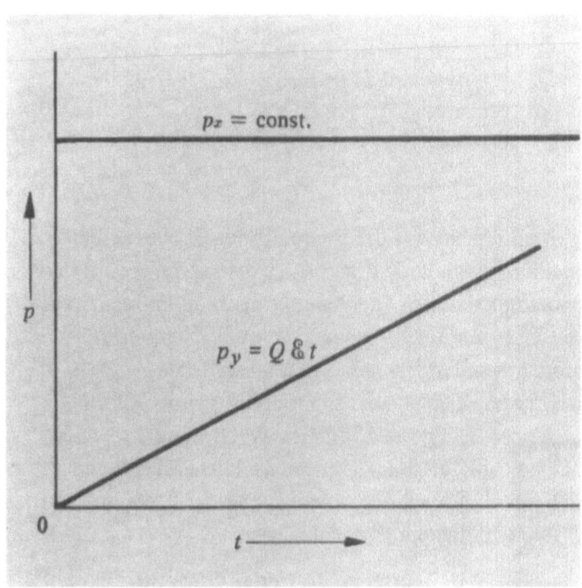

Bild 13.3. In y-Richtung wirkt die Kraft $Q\&$, so daß $p_y = Q\&t$ gilt, während p_x konstant bleibt. Die Energie $E = c\sqrt{(p_x^2 + p_y^2)} + m^2 c^2$ wächst.

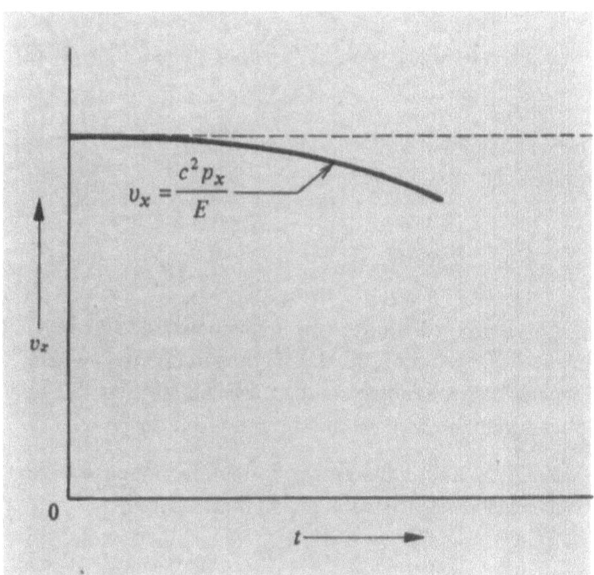

Bild 13.4. Da $v_x = c^2 p_x/E$ gilt, *nimmt* v_x tatsächlich *ab*, wenn das Teilchen in y-Richtung beschleunigt wird. Die nichtrelativistische Mechanik würde natürlich $v_x = $ const. ergeben.

Beachten Sie, daß v_x mit wachsendem t abnimmt (Bild 13.4). Desgleichen stellen wir fest, daß v_y stets kleiner als der nichtrelativistische Wert $Q\&t/m$ bleibt. Zur Zeit t bildet die Flugbahn den Winkel θ mit der x-Achse:

$$\tan\theta(t) = \frac{v_y}{v_x} = \frac{Q\&tc^2}{p_0 c^2} = \frac{Q\&t}{p_0}.$$

Die zum Durchfliegen der Strecke l benötigte Zeit t_l finden wir, indem wir Gl. (13.7) nach dx auflösen und integrieren:

$$\int_0^l dx = p_0 c^2 \int_0^{t_l} \frac{dt}{[E_0^2 + (Q\&tc)^2]^{1/2}}$$

oder

$$l = \frac{p_0 c}{Q\&}\, \text{ar sinh}\left(\frac{Q\&t_l c}{E_0}\right),$$

so daß

$$t_l = \frac{E_0}{Q\&c}\,\sinh\frac{Q\&l}{p_0 c} \qquad \text{folgt.}$$

13.3. Geladenes Teilchen im Magnetfeld

Ein wichtiges Beispiel aus der Praxis ist die Bewegung eines Teilchens der Ladung Q in einem gleichförmigen konstanten Magnetfeld **B**. Die Bewegungsgleichung lautet

$$\frac{d\mathbf{p}}{dt} = Q\mathbf{v} \times \mathbf{B}\,. \tag{13.9}$$

Wie im nichtrelativistischen Problem (Kapitel 3) gilt $dp^2/dt = 0$, da

$$\frac{d}{dt}p^2 = 2\mathbf{p}\cdot\frac{d\mathbf{p}}{dt} = 2Q\mathbf{p}\cdot\mathbf{v}\times\mathbf{B},$$

p ist aber stets parallel zu **v**, so daß das Spatprodukt verschwindet. Folglich bleiben der Betrag des Impulses und damit der Betrag der Geschwindigkeit des Teilchens durch ein konstantes magnetisches Feld unverändert. Wird aber nur die Richtung durch das Feld geändert, so muß der Faktor

$$\frac{m}{(1 - v^2/c^2)^{1/2}} \tag{13.10}$$

konstant sein.

Die Bewegungsgleichung (13.9) können wir nun

$$\frac{d\mathbf{p}}{dt} = \frac{m}{(1 - v^2/c^2)^{1/2}}\frac{d\mathbf{v}}{dt} = Q\mathbf{v}\times\mathbf{B} \tag{13.11}$$

schreiben. Wegen der Konstanz von Gl. (13.10) liefert Gl. (13.11) Lösungen, bei denen das Teilchen Kreisbahnen durchläuft (siehe Kapitel 3). Wir bezeichnen den Radius einer Kreisbahn mit r und die Kreisfrequenz der Bewegung mit ω_c (Bild 13.5). Setzen wir in Gl. (13.11) die Zentripetalbeschleunigung $\omega_c^2 r$ für $d\mathbf{v}/dt$ und $\omega_c r$ für v ein, so erhalten wir

$$\frac{m}{(1 - v^2/c^2)^{1/2}}\,\omega_c^2 r = Q\omega_c rB,$$

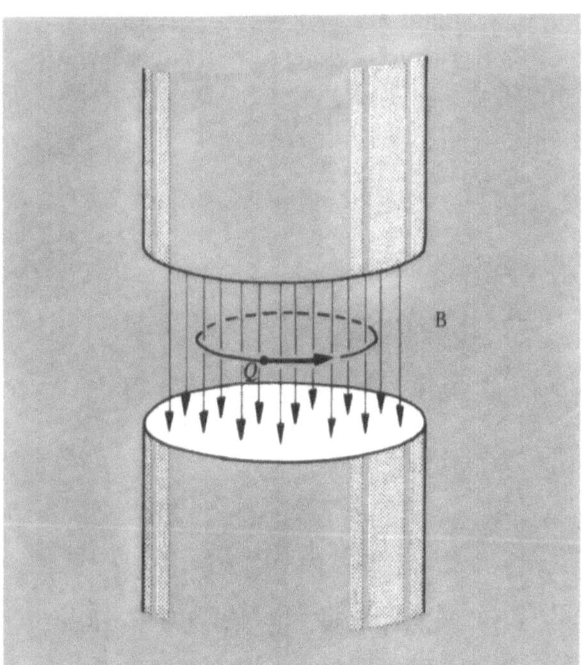

Bild 13.5. Ein Teilchen der Geschwindigkeit v senkrecht zu einem gleichförmigen Magnetfeld beschreibt einen Kreis vom Radius $r = p/QB$.

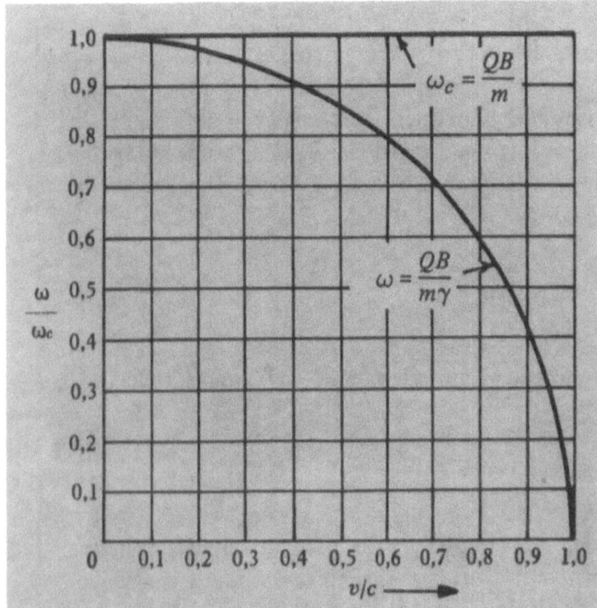

Bild 13.6. Die Zyklotronfrequenz ω einer Ladung Q der Ruhmasse m bei einer Kreisbewegung in einer Ebene senkrecht zu einem gleichförmigen Magnetfeld B, ω ist als Funktion des Geschwindigkeitsquotienten v/c aufgetragen. Die nichtrelativistische Zyklotronfrequenz ω_c ist mit der horizontalen Linie dargestellt.

woraus

$$\omega_c = \frac{QB(1 - v^2/c^2)^{1/2}}{m} \qquad (13.12)$$

folgt.

Wir erkennen, daß die Frequenz der Bewegung bei schnellen Teilchen niedriger ist als bei langsamen. Ein Zyklotron kann also Teilchen nur dann bis zu relativistischen Energien beschleunigen, wenn die Frequenz des beschleunigenden elektrischen Wechselfeldes (oder der magnetischen Feldstärke) so moduliert wird, daß sie bei wachsender Energie der Teilchen synchron mit ω_c aus Gl. (13.12) bleibt (Bild 13.6). Für nichtrelativistische Teilchen können wir die Abhängigkeit der Frequenz von der Geschwindigkeit vernachlässigen.

Aus Gl. (13.12) errechnete Werte für ω_c sind experimentell in Hochenergiebeschleunigern gut bestätigt worden, so z.B. für Elektronen, die im Synchroton ein Verhältnis $1/(1-\beta^2)^{1/2} \approx 12\,000$ erreichen, deren scheinbare Masse also das 12 000-fache ihrer Ruhmasse beträgt. In diesem Zusammenhang interessiert auch die Differenz $c - v$. Es gilt

$$1 - \beta^2 = (1 + \beta)(1 - \beta) \approx 2(1 - \beta) \approx 7{,}0 \cdot 10^{-9} \approx 12\,000^{-2} \qquad (13.13)$$

Hierbei haben wir $1 + \beta \approx 2$ angenommen. Aus Gl. (13.13) erhalten wir

$$1 - \beta = \frac{c - v}{c} \approx 3{,}5 \cdot 10^{-9}; \quad c - v \approx 1 \text{ m/s}.$$

Im Protonenbeschleuniger von Serpuchov (UdSSR) werden die Protonen mit 100 MeV in die Kreisbahn in einem Magnetfeld eingeschossen und auf 80 000 MeV beschleunigt. Dabei nimmt β von 0,43 auf $1 - 6{,}8 \cdot 10^{-5}$ zu.

Mit Gl. (13.12) erhalten wir für den Bahnradius r eines relativistischen Teilchens in einem Magnetfeld B

$$r = \frac{v}{\omega_c} = \frac{mv}{QB(1 - \beta^2)^{1/2}}\,.$$

Die rechte Seite enthält den Impuls p, so daß

$$Br = \frac{p}{Q}$$

folgt. Der Radius r des vom geladenen Teilchen beschriebenen Kreises ist also ein unmittelbares Maß für den relativistischen Impuls. Diese Beziehung stellt die Basis der wichtigsten Methode zur Messung des Impulses geladener relativistischer Teilchen dar.

13.4. Das Mittelpunktsystem und Energieschwellen

Der Energieerhaltungssatz zeigt eine allgemeine Beschränkung der möglichen Kernreaktionen bei einem Zwei-Teilchen-Stoß auf. Beispielsweise kann ein hochenergetisches Photon (γ-Teilchen) nur dann ein Elektron-Positron-Paar nach der Reaktion

$$\gamma \rightarrow e^- + e^+$$

erzeugen, wenn die Energie des γ-Teilchens das Energieäquivalent der Ruhmassen des Elektrons und des Positrons übertrifft. So fordert bereits die Erhaltung der Energie allein, daß die Energieschwelle oder Minimalenergie zur Erzeugung eines Elektron-Positron-Paares

$$E_\gamma = 2mc^2 \approx 1{,}02 \cdot 10^6 \text{ eV}$$

beträgt. Wir erinnern uns, daß die Ruhmassen des Elektrons und des Positrons übereinstimmen.

Diese Reaktion ist jedoch im freien Raum bei keiner noch so großen Energie möglich, da sie den Impulserhaltungssatz verletzt. Wir wissen aus Kapitel 12, daß der Impuls p_γ eines Photons E_γ/c beträgt. Wir wollen nun die Reaktion in einem Bezugssystem betrachten, in dem der Massenmittelpunkt des Elektron-Positron-Paares ruht. Hier muß die Summe aus den Impulsen des Elektrons und des Positrons verschwinden:

$$\mathbf{p}_{e^-} + \mathbf{p}_{e^+} = 0.$$

Doch in diesem System ist der Impuls des Photons nicht Null, weil es *kein* Bezugssystem gibt, in dem man den Impuls eines Photons zum Verschwinden bringen könnte. Im Massenmittelpunktsystem gilt also

$$\mathbf{p}_\gamma \neq \mathbf{p}_{e^-} + \mathbf{p}_{e^+} = 0.$$

Somit kann $\gamma \rightarrow e^+ + e^-$ nicht stattfinden, da der Impuls nicht erhalten bleibt. Folglich kann diese Reaktion in keinem Bezugssystem geschehen.

In der Nähe eines anderen Teilchens, wie z.B. eines Atomkerns, ist die Reaktion möglich, denn jetzt nimmt der Kern die Impulsänderung auf. Er absorbiert den Impuls, indem er mit seinem Coulombfeld die geladenen Teilchen „schiebt". Wir erhalten eine Impulsbilanz in der Form

$$\mathbf{p}_\gamma = \mathbf{p}_{\text{nuc}} = \mathbf{p}'_{\text{nuc}} + \mathbf{p}_{e^-} + \mathbf{p}_{e^+}.$$

Der Impuls des Kerns wird durch die Reaktion geändert: ansonsten bleibt der Kern unverändert und spielt nur die Rolle eines Katalysators. Sein ursprünglicher Impuls kann Null sein.

Ein schweres Teilchen oder ein schwerer Kern eignet sich besonders gut zum Absorbieren überschüssigen Impulses, ohne dabei viel Energie zu schlucken. Das können

wir aus der Gleichung für die nichtrelativistische kinetische Energie E_k ablesen:

$$E_k = \frac{1}{2}\,mv^2 = \frac{p^2}{2m}\,,$$

denn je größer die Masse m, desto kleiner die mit einem gegebenen Impuls verknüpfte kinetische Energie.

● **Beispiel:** *Energieschwelle der Photoproduktion von π^0-Mesonen.* Die Masse des π^0-Mesons ist 135 MeV. Welche Energie muß ein γ-Quant zumindest haben, damit es die Reaktion

$$\gamma + p = \pi^0 + p$$

hervorrufen kann, wenn das Proton anfänglich ruht?

Es ist instruktiv, das Problem sowohl im Laborsystem als auch im Massenmittelpunktsystem zu behandeln.

1. Im Laboratorium (Bild 13.7) trifft das γ-Quant auf ein ruhendes Proton und bei der Mindestenergie entstehen dadurch ein Proton und ein π^0-Meson, die sich mit gleicher Geschwindigkeit βc bewegen und deren Impulssumme gleich dem Impuls des γ-Quants ist. Wir schreiben nun die Erhaltung von Energie und Impuls an. (In den folgenden Formeln ist $\gamma = (1 - \beta^2)^{-1/2}$ und nicht das Symbol für ein hochenergetisches Photon.)

$$\text{Energie:}\quad hf_{\text{Lab}} + m_p c^2 = \frac{(m_p + m_\pi)c^2}{\sqrt{1-\beta^2}} = \gamma(m_p + m_\pi)c^2$$

$$\text{Impuls:}\quad \frac{hf_{\text{Lab}}}{c} = \frac{(m_p + m_\pi)\beta c}{\sqrt{1-\beta^2}} = \gamma(m_p + m_\pi)\beta c. \qquad (13.14)$$

Um hf_{Lab} zu bestimmen, schreiben wir die Gleichungen zunächst als

$$hf_{\text{Lab}} = \gamma(m_p + m_\pi)\beta c^2$$
$$\gamma(m_p + m_\pi)\beta c^2 + m_p c^2 = \gamma(m_p + m_\pi)c^2.$$

Mit $\alpha = m_\pi/m_p$ folgt daraus

$$1 + \gamma\beta(1 + \alpha) = \gamma(1 + \alpha)$$

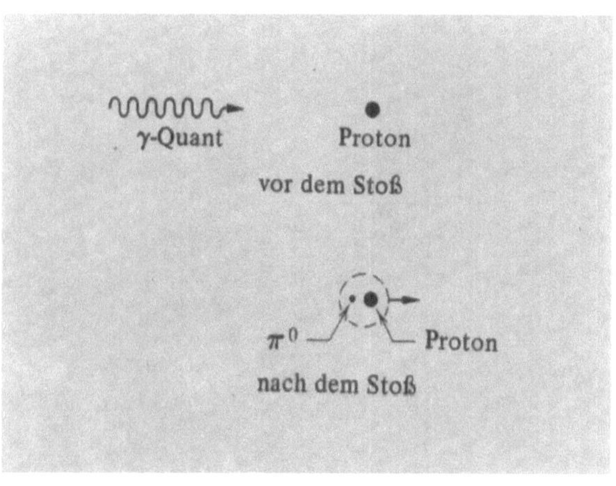

Bild 13.7. Im Laborsystem trifft ein γ-Quant auf ein ruhendes Proton. Bei der Reaktion entstehen ein Proton und ein Meson, die sich gemeinsam in der Richtung des ursprünglichen γ-Quants bewegen, damit der Impuls erhalten ist.

oder

$$\sqrt{1 - \beta^2} = (1 + \alpha)(1 - \beta)$$

und daher

$$\beta = \frac{\alpha(2 + \alpha)}{2 + 2\alpha + \alpha^2} \tag{13.15}$$

sowie

$$\gamma = \frac{2 + 2\alpha + \alpha^2}{2(1 + \alpha)} \ .$$

Wir bestimmen nun hf_{Lab}

$$hf_{\mathrm{Lab}} = \frac{m_p c^2 \alpha(1 + \alpha)(2 + \alpha)}{2(1 + \alpha)} = \frac{m_\pi c^2}{2}(2 + \alpha) \tag{13.16}$$

und daher

$$hf_{\mathrm{Lab}} = 144{,}7 \ \mathrm{MeV},$$

wobei wir

$$\alpha = \frac{135}{938} = 0{,}144$$

eingesetzt haben.

2. Im Massenmittelpunktsystem (Bild 13.8) ist analog

Energie: $hf_{\mathrm{M.M.}} + \gamma m_p c^2 = (m_p + m_\pi) c^2$

Impuls: $\dfrac{hf_{\mathrm{M.M.}}}{c} = \gamma m_p \beta c,$

wobei sich β und γ nun auf die anfängliche Bewegung des Protons im Massenmittelpunktsystem beziehen. Mit den gleichen Bezeichnungen wie vorher folgt

$$\gamma(\beta + 1) = 1 + \alpha \qquad \frac{\beta + 1}{\alpha + 1} = \sqrt{1 - \beta^2}$$

und

$$\beta = \frac{\alpha(2 + \alpha)}{2 + 2\alpha + \alpha^2}$$

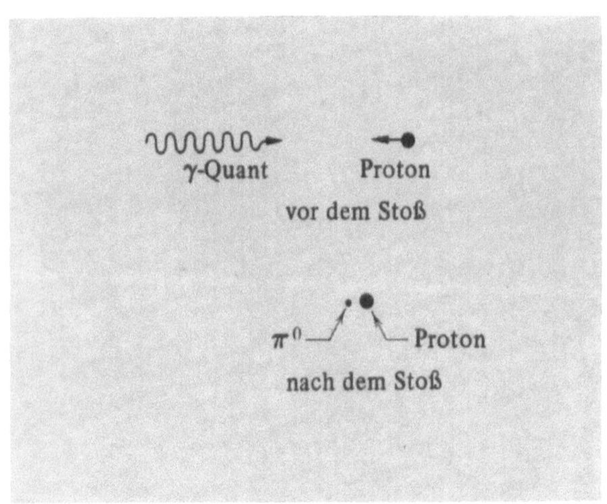

Bild 13.8. Im Schwerpunktsystem bewegen sich das γ-Quant und das Proton mit gleichen Impulsbeträgen aufeinander zu. Nach der Reaktion ruhen das Proton und das π^0-Meson, wenn die Reaktion bei der Energieschwelle erfolgte.

was mit Gl. (13.15) übereinstimmt, wie aus der Tatsache folgt, daß Proton und π^0 im Endzustand im Schwerpunktsystem ruhen. Einsetzen der Zahlenwerte liefert

$$hf_{\mathrm{M.M.}} = m_\pi c^2 \frac{2 + \alpha}{2(1 + \alpha)} = 126{,}5 \ \mathrm{MeV}. \tag{13.17}$$

Wir können die beiden Photonenfrequenzen auch mit Hilfe der Beziehung (12.28) für den Dopplereffekt ineinander umrechnen:

$$hf_{\mathrm{M.M.}} = hf_{\mathrm{Lab}} \sqrt{\frac{1 - \beta}{1 + \beta}} = \frac{m_\pi c^2}{2}(2 + \alpha)\frac{1}{(1 + \alpha)} .$$

Dies stimmt mit Gl. (13.17) überein.

Ein noch einfacherer Weg zur Lösung des Problems geht davon aus, daß $E^2 - p^2 c^2$ eine Invariante ist. Schreiben wir sie für die Situation vor und nach der Reaktion im Laborsystem auf, so wird

$$(hf_{\mathrm{Lab}} + m_p c^2)^2 - \left(\frac{hf_{\mathrm{Lab}} c}{c}\right)^2$$

$$= [\gamma(m_p + m_\pi) c^2]^2 - [\beta\gamma(m_p + m_\pi) c^2]^2 \tag{13.18}$$

und daher

$$2 hf_{\mathrm{Lab}} m_p c^2 + m_p^2 c^4 = (m_p + m_\pi)^2 c^4$$

wobei wir

$$\gamma^2 - \beta^2 \gamma^2 = 1$$

verwendet haben. Wir erhalten schließlich

$$hf_{\mathrm{Lab}} = \frac{m_\pi^2 c^2}{2 m_p} + \frac{m_\pi m_p c^2}{m_p} = m_\pi c^2 \left(1 + \frac{\alpha}{2}\right) .$$

Dies stimmt mit Gl. (13.16) überein. $\bullet$

Bei Stoßprozessen, in denen neue Teilchen entstehen, verbietet es gewöhnlich der Impulserhaltungssatz, daß die gesamte, im Laborsystem gemessene ursprüngliche kinetische Energie in Ruhmasse der neuen erzeugten Teilchen verwandelt wird. Besteht vor der Kollision ein nicht verschwindender Gesamtimpuls, so muß dieser auch nach dem Stoß vorhanden sein. Daher können nicht alle nach dem Stoßprozeß übriggebliebenen Teilchen in Ruhe sein; ein Teil der ursprünglichen kinetischen Energie verwandelt sich demnach in kinetische Energie der Restteilchen.

Die einzige Situation, in der die *gesamte* kinetische Energie für die Reaktion zur Verfügung steht, liegt vor, wenn der Impuls vor dem Stoß verschwindet. Das ist stets dann der Fall, wenn wir die Kollision vom Massenmittelpunktsystem aus betrachten.

$\bullet$ **Beispiele:** *1. Die verwertbare Energie eines bewegten Teilchens.* Wieviel der kinetischen Energie eines bewegten Protons steht beim Stoß mit einem ruhenden Proton zur Erzeugung neuer Teilchen bereit?

Nehmen wir vorerst an, daß die kinetische Energie des aufprallenden Protons sehr viel geringer als $m_p c^2$ ist, so daß der Stoß nichtrelativistisch behandelt werden kann. Besitzt das einfliegende Proton im Laborsystem die Geschwindigkeit v, so beträgt seine kinetische Energie

$$E_{\mathrm{k\ Lab}} = \frac{1}{2} m_p v^2. \tag{13.19}$$

Im Massenmittelpunktsystem besitzt ein Proton die Geschwindigkeit $\frac{1}{2}$ v und das andere die Geschwindigkeit $-\frac{1}{2}$ v. In diesem System steht die gesamte kinetische Energie für die Erzeugung weiterer Teilchen zur Verfügung; sie ergibt sich zu

$$E_{\text{k M.M.}} = \frac{1}{2} m_p \left(\frac{1}{2} v \right)^2 + \frac{1}{2} m_p \left(\frac{1}{2} v \right)^2 = \frac{1}{4} m_p v^2. \qquad (13.20)$$

Aus den Gln. (13.19) und (13.20) erhalten wir das nichtrelativistische Ergebnis

$$\frac{E_{\text{k M.M.}}}{E_{\text{k Lab}}} = \frac{1}{2}.$$

Folglich kann maximal die Hälfte der Energie im Laborsystem verwertet werden. Beschleunigen wir ein Proton auf 200 MeV, so können höchstens 100 MeV bei einem Stoß zur Erzeugung neuer Teilchen verbraucht werden.

Im relativistischen Bereich ist der Wirkungsgrad noch niedriger, wie die folgende Rechnung zeigt:

Wir erhalten die Beziehung zwischen der gesamten relativistischen Energie im Laborsystem und im Massenmittelpunktsystem durch Anwendung der Invarianzeigenschaft Gl. (12.11) auf das Zwei-Protonen-System:

$$\underbrace{(E_1 + E_2)^2 - (\mathbf{p}_1 + \mathbf{p}_2)^2 c^2}_{\text{Lab}} = \underbrace{(E_1 + E_2)^2 - (\mathbf{p}_1 + \mathbf{p}_2)^2 c^2}_{\text{M.M.}}.$$
$$(13.21)$$

Definitionsgemäß gilt $(\mathbf{p}_1 + \mathbf{p}_2)_{\text{M.M.}} = 0$. Ruht Proton 2 im Laborsystem, so folgt $E_{2\,\text{Lab}} = m_p c^2$ und $\mathbf{p}_{2\,\text{Lab}} = 0$. Mit

$$E_{1\,\text{Lab}}^2 - \mathbf{p}_{1\,\text{Lab}}^2 c^2 = m_p^2 c^4$$

vereinfacht sich Gl. (13.21) zu

$$2 E_{1\,\text{Lab}} m_p c^2 + 2 m_p^2 c^4 = E_{\text{tot M.M.}}^2, \qquad (13.22)$$

wobei $E_{\text{tot M.M.}}$ die Summe $E_1 + E_2$ im Massenmittelpunktsystem bezeichnet. Mit $E_{\text{tot Lab}}$ als Gesamtenergie $E_1 + m_p c^2$ im Laborsystem erhalten wir aus Gl. (13.22)

$$2 E_{\text{tot Lab}} m_p c^2 = E_{\text{tot M.M.}}^2$$

oder

$$\boxed{\frac{E_{\text{tot M.M.}}}{E_{\text{tot Lab}}} = \frac{2 m_p c^2}{E_{\text{tot M.M.}}}.} \qquad (13.23)$$

Dies ist ein Maß für den Wirkungsgrad. Um eine Gesamtenergie von 20 GeV im Massenmittelpunktsystem zu erhalten, benötigen wir bei $m_p c^2 \approx 10^9$ eV im Labor

$$E_{\text{tot Lab}} = \frac{E_{\text{tot M.M.}}^2}{2 m_p c^2} \approx 200 \text{ GeV}.$$

Wegen des niedrigen Wirkungsgrades des Stoßes eines relativistischen Teilchens mit einem ruhenden Teilchen wurden in den letzten Jahren einige Speicherringe gebaut, in denen Elektronen mit gleichen, aber entgegengerichteten Impulsen kreisen und miteinander zusammenstoßen (z. B. die Speicherringe „DORIS" am Deutschen Elektronensynchrotron DESY bei Hamburg). Auch Speicherringe für Protonen existieren, z. B. am CERN bei Genf [1]. •

---

[1] CERN bedeutet Conseil Européen pour la Recherche Nucléaire. Dieses Forschungszentrum wird von einigen Europäischen Ländern gemeinsam betrieben.

• *2. Antiprotonschwelle.* Das Bevatron bei *Berkeley* wurde so konstruiert, daß die in ihm erreichten Energien zur Erzeugung von Antiprotonen (mit $\overline{p}$ bezeichnet) ausreichen. Zu dem Zweck werden hochenergetische Protonen auf ruhende Protonen geschossen. Als entsprechende Reaktion gilt

$$p + p \rightarrow p + p + (p + \overline{p}),$$

so daß ein Proton-Antiproton-Paar entsteht. Die Ladung bleibt dabei erhalten, denn ein Antiproton trägt die Ladung $-e$. Welche Energieschwelle muß für diese Reaktion überschritten werden?

Die Ruhenergie eines Proton-Antiproton-Paares beträgt $2 m_p c^2$, da die Ruhmassen der beiden Teilchen übereinstimmen. Im Massenmittelpunktsystem muß die kinetische Energie also mindestens $2 m_p c^2$ betragen ($m_p c^2$ für jedes der ursprünglichen Protonen). Hierzu müssen wir die Ruhenergie $m_p c^2$ jedes der ursprünglichen Protonen hinzufügen, so daß sich die minimale Gesamtenergie im Massenmittelpunktsystem auf

$$E_{\text{tot M.M.}} = 4 m_p c^2$$

beläuft. Die entsprechende Energie im Laborsystem ergibt sich aus Gl. (13.23) zu

$$E_{\text{tot Lab}} = \frac{E_{\text{tot M.M.}}^2}{2 m_p c^2} = \frac{16}{2} m_p c^2,$$

wobei $2 m_p c^2$ auf die Ruhenergie der beiden Protonen und $6 m_p c^2$ auf die kinetische Energie entfallen. Die Energieschwelle beträgt somit

$$6 m_p c^2 = 6 \cdot (0{,}938 \text{ GeV}) \approx 5{,}63 \text{ GeV}.$$

Prallt das einfliegende Proton auf ein Kernproton, so liegt die Energieschwelle niedriger, da das Target-Proton gebunden ist. Die Begründung überlassen wir dem Leser. Der bei Erzeugung von Antiprotonen beobachtete Schwellenwert der Energie liegt bei $4{,}4 \cdot 10^9$ eV, also 1,2 GeV niedriger als der für freie ruhende Target-Protonen berechnete Wert. Diese Schwelle gibt die minimale kinetische Energie des einfliegenden Protons an (im Laborsystem betrachtet), bei der die Reaktion noch möglich ist. •

• *3. Der Compton-Effekt.* Der Compton-Effekt ist einer der überzeugendsten Beweise für die Teilchennatur der elektromagnetischen Strahlung. *Compton* zeigte 1922 (Band 4, S. 94 gibt Details), daß sich elektromagnetische Wellen mit einer Wellenlänge der Größenordnung 10^{-10} m bei Wechselwirkungen mit Elektronen wie Teilchen bei elastischen Stößen verhalten. Wir haben gesehen, daß die Energie der Quanten einer elektromagnetischen Welle mit der Frequenz f gleich hf ist, und der zugehörige Impuls hf/c beträgt. Bild 13.9 zeigt die bei einem Stoß auftretenden Impulse und Winkel. Das Photon wird dabei mit der verminderten Frequenz f' gestreut, wie aus den Erhaltungssätzen folgt:

Longitudinaler Impuls: $\quad \dfrac{hf}{c} = \dfrac{hf'}{c} \cos\theta + \gamma m \beta c \cos\phi$

Transversaler Impuls: $\quad \dfrac{hf'}{c} \sin\theta = \gamma m \beta c \sin\phi$

Energie: $\quad mc^2 + hf = hf' + \gamma mc^2.$

Wir drücken nun f' als Funktion von θ aus, indem wir β und ϕ eliminieren. Wir setzen

$$\frac{hf}{mc^2} = \alpha, \qquad \frac{hf'}{mc^2} = \alpha'$$

$$\alpha = \alpha' \cos\theta + \gamma \beta \cos\phi$$

$$\alpha' \sin\theta = \gamma \beta \sin\phi$$

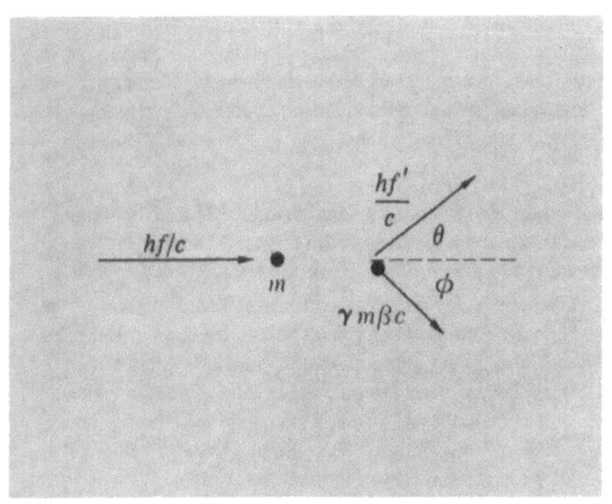

Bild 13.9. Der Compton-Effekt. Die Impulsbilanz

Eine umständlichere Rechnung liefert

$$\alpha - \alpha' = \alpha\alpha' (1 - \cos\theta)$$

$$\frac{hf}{mc^2} - \frac{hf'}{mc^2} = \frac{h^2 f' f}{m^2 c^4} (1 - \cos\theta)$$

$$\frac{1}{f'} - \frac{1}{f} = \frac{h}{mc^2} (1 - \cos\theta)$$

$$\lambda' - \lambda = \frac{h}{mc} (1 - \cos\theta)$$

Das gleiche Ergebnis können wir erhalten, indem wir das Problem zunächst im Massenmittelpunktsystem lösen und dann in das Laborsystem rückübersetzen. Leider sind diese Rechnungen noch langwieriger.

Eine neue Anwendung des Compton-Effekts ist die Verwendung von hochenergetischen Elektronen (aus Beschleunigern) und von Lasern zur Erzeugung von hochenergetischen γ-Strahlen mit

Hilfe des inversen Compton-Effekts. Wir berechnen die Energie des γ-Quants für den in Bild 13.10 gezeigten Stoß. Dazu gehen wir in das Ruhsystem des Elektrons.

Das Doppler-verschobene Laser-Photon hat die Energie

$$hf_c = hf \sqrt{(1 + \beta)/(1 - \beta)}$$

(der Index c bei f_c weist auf Bild 13.10 c hin) und daher ist seine Wellenlänge

$$\lambda_c = \lambda \sqrt{\frac{1 - \beta}{1 + \beta}},$$

wobei $\beta \approx 1$ sich auf das Elektron bezieht. Für die Rückwärtsstreuung des Doppler-verschobenen Photons gilt

$$\lambda' - \lambda_c = \frac{h}{mc} (1 - \cos\pi) = \frac{2h}{mc}.$$

Für $\beta \approx 1$ und folglich[1]

$$\lambda_c \ll \frac{h}{mc}$$

ist

$$\lambda' \approx \frac{2h}{mc}.$$

Wir transformieren nun zurück ins Laborsystem, wobei λ' wieder Doppler-verschoben wird. Daher

$$\lambda_{\text{Lab}} \approx \lambda' \sqrt{\frac{1 - \beta}{1 + \beta}} \approx \frac{2h}{mc} \frac{\sqrt{1 - \beta}}{\sqrt{2}}.$$

Die anfängliche Energie des Elektrons ist näherungsweise

$$E_{\text{Lab}} \approx \gamma mc^2 = \frac{mc^2}{\sqrt{1 - \beta^2}} \approx \frac{mc^2}{\sqrt{2}\sqrt{1 - \beta}}$$

$$\lambda_{\text{Lab}} \approx \frac{2h}{mc} \frac{1}{\sqrt{2}} \frac{mc^2}{\sqrt{2}E_{\text{Lab}}} \approx \frac{h}{mc} \frac{mc^2}{E_{\text{Lab}}}$$

---

[1] Die exakte Lösung wird in Übung 13 gefordert.

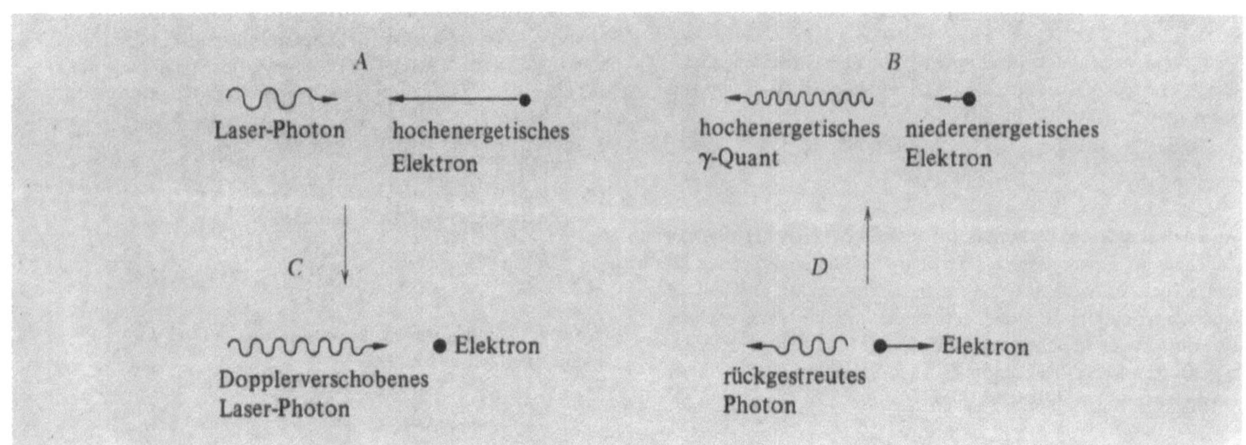

Bild 13.10. Der inverse Compton-Effekt. A und B zeigen Laborsituationen. Die im Text durchgeführte Transformation entspricht $A \rightarrow C$. Beim Compton-Effekt erfolgt $C \rightarrow D$ ($\theta = \pi$). Und die zweite Transformation bewirkt $D \rightarrow B$.

und somit ist auch

$$\frac{c}{\lambda_{\text{Lab}}} \approx \frac{mc^2}{h} \frac{E_{\text{Lab}}}{mc^2} \approx f_{\text{Lab}}$$

$$hf_{\text{Lab}} \approx E_{\text{Lab}},$$

wobei E die Elektronenenergie ist. Fast die gesamte kinetische Energie wird auf das Photon übertragen. Der inverse Compton-Effekt ist besonders in der Astrophysik wichtig (siehe Übungen 12 und 13).

13.5. Übungen

1. *Proton im Magnetfeld.* Berechnen Sie den Bahnradius und die Zyklotronfrequenz eines Protons mit einer gesamten relativistischen Energie $E = 30$ GeV in einem Magnetfeld $B = 1,5$ T.
   Lösung: $\omega_c = 4,5 \cdot 10^6$ rad/s.

2. *Kern-Rückstoß.* Wie groß ist die Rückstoßenergie eines Kerns der Masse 10^{-26} kg nach der Emission eines γ-Quants der Energie 1 MeV?
   Lösung: $1,4 \cdot 10^{-17}$ J; 90 eV.

3. *Elektron-Proton-Stoß.* Ein Elektron der Energie 10 GeV kollidiert mit einem ruhenden Proton.
   a) Wie groß ist die Geschwindigkeit des Massenmittelpunkt-systems?
   b) Welche Energie steht zur Erzeugung neuer Teilchen zur Verfügung? (Drücken Sie diese als Vielfaches von $m_p c^2$ aus.)

4. *Zyklotronfrequenz bei hohen Energien.* Bei hohen Energien hängt die Zyklotronfrequenz von der Geschwindigkeit des beschleunigten Teilchens ab. Um das kreisende Teilchen mit dem alternierenden elektrischen Beschleunigungsfeld synchron zu halten, müssen die angewendete Hochfrequenz oder das Magnetfeld (oder beide) bei fortschreitender Beschleunigung moduliert werden. Zeigen Sie, daß ω proportional zu B/E ist, wobei ω die Hochfrequenz, B das Magnetfeld und E die Gesamtenergie des Teilchens bedeuten.

5. *Nichtrelativistische und relativistische Zyklotronfrequenzen.* Das Berkeley-184-Zoll-Synchrotron arbeitet bei einem konstanten magnetischen Feld von ungefähr 2,3 T.
   a) Berechnen Sie die nichtrelativistische Zyklotronfrequenz eines Protons in diesem Feld.
   Lösung: $2,2 \cdot 10^8$ rad s^{-1}.
   b) Berechnen Sie die für eine kinetische Energie von 720 MeV angemessene Frequenz.

6. *Erhaltungssätze*
   a) Zeigen Sie, daß ein freies Elektron, das sich im Vakuum mit Geschwindigkeit v bewegt, kein Lichtquant aussenden kann. Dieser Vorgang würde die Erhaltungssätze verletzen.
   b) Ein Wasserstoffatom in einem angeregten Zustand kann ein Lichtquant aussenden. Zeigen Sie, daß die Erhaltungssätze dabei erfüllt sind. Wie unterscheiden sich die Situationen a) und b)?

7. Berechnen Sie für die folgenden Fälle den Impuls, die Gesamtenergie und die kinetische Energie eines Protons mit $\beta \equiv v/c = 0,99$.
   a) Im Laborsystem
   Lösung: 6,58 GeV/c; 6,63 GeV; 5,69 GeV.
   b) Im Ruhsystem des Teilchens.
   c) Im Massenmittelpunktsystem des Protons und eines ruhenden Heliumkerns ($m_{\text{He}} \approx 4 m_p$).
   d) Im Massenmittelpunktsystem des Protons und eines ruhenden Protons.

8. *Kosmische Strahlung.* Berechnen Sie den Radius der Bahn eines Teilchens mit der Ladung e und der Energie 10^{19} eV in einem Magnetfeld von 10^{-10} T. (Magnetfelder dieser Größenordnung sind in unserer Galaxis nicht selten.) Vergleichen Sie den Radius mit dem Durchmesser unserer Galaxis. (Teilchen, die „Ereignisse" von so hoher Energie erzeugen, sind in der kosmischen Strahlung entdeckt worden; sie lösen ausgedehnte Luftschauer von Elektronen, Positronen, γ-Strahlen und Mesonen aus.)

9. *Krümmungsradien in elektrischen und magnetischen Feldern.*
   a) Berechnen Sie den Krümmungsradius der Bahn eines Protons mit der kinetischen Energie 10^9 eV in einem transversalen Magnetfeld von 2 T.
   Lösung: 2,84 m.
   b) Welches transversale elektrische Feld erzeugt ungefähr den gleichen Krümmungsradius? Der Krümmungsradius r einer Kurve $y(x)$ ist mit $r = [1 + (dy/dx)^2]^{3/2}/(d^2y/dx^2)$ gegeben. Berechnen Sie r im Eintrittspunkt des Protons in das elektrische Feld, wobei $dy/dx = 0$ ist und d^2y/dx^2 aus d^2y/dt^2 und $x = vt$ berechnet werden kann.
   Lösung: $5,25 \cdot 10^8$ V/m.
   c) Sind elektrische Felder in anbetracht des soeben berechneten Wertes von $\mathcal{E}$ zur Ablenkung von Teilchen geeignet?

10. *Das Deuteron.* Betrachten Sie eine Kernreaktion, in der ein Proton der kinetischen Energie E_{kp} ein ruhendes Deuteron trifft und nach der Formel

$$p + d \rightarrow p + p + n$$

spaltet. In der Nähe der unteren Energieschwelle bewegen sich die beiden Protonen und das Neutronen mit ungefähr gleicher Geschwindigkeit als ungebundener Teilchenstrom. Schreiben Sie die nichtrelativistischen Ausdrücke für Impuls und Energie an und zeigen Sie, daß die Schwelle der kinetischen Energie des einfallenden Protons

$$E_{kp}^0 = \frac{3}{2} E_B$$

beträgt, wobei E_B (≈ 2 MeV) die Bindungsenergie des Deuterons bezeichnet (gegenüber einem freien Neutron und Proton).

11. *Nichtrelativistische π^0-Schwelle.* Berechnen Sie die Schwelle für die Photoerzeugung von π^0-Mesonen mittels der nichtrelativistischen Ausdrücke für Energie und Impuls und vergleichen Sie mit Gl. (13.16). Wie hoch ist die nichtrelativistische kinetische Energie?
   Lösung: $hf_{\text{Schw.}} = m_p c^2 [1 + \alpha - \sqrt{1 - \alpha^2}]$.

12. *Elastischer Stoß von Elektron und Photon.* Wie groß ist die kinetische Energie eines Elektrons, das ohne Energieänderung von einem Photon der Energie 10 keV gestreut wird. (*Hinweis:* Vergleichen Sie mit der elastischen Streuung im Massenmittelpunktsystem.)
   Lösung: 98 eV.

13. *Der inverse Compton-Effekt.* Berechnen Sie die Wellenlänge eines Photons exakt, das von einem Elektron mit der Geschwindigkeit βc nach rückwärts gestreut wird.

13.6. Historische Anmerkung: Das Synchrotron

Das Synchrotronprinzip findet in allen Hochenergiebeschleunigern im Bereich über 1 GeV seine Anwendung mit Ausnahme der linearen Elektronenbeschleuniger wie der in Stanford. Das Synchrotron ist ein Gerät zur Be-

Bild 13.11
Das erste Elektronen-
synchrotron
(*Photographie Lawrence
Radiation Laboratory*)

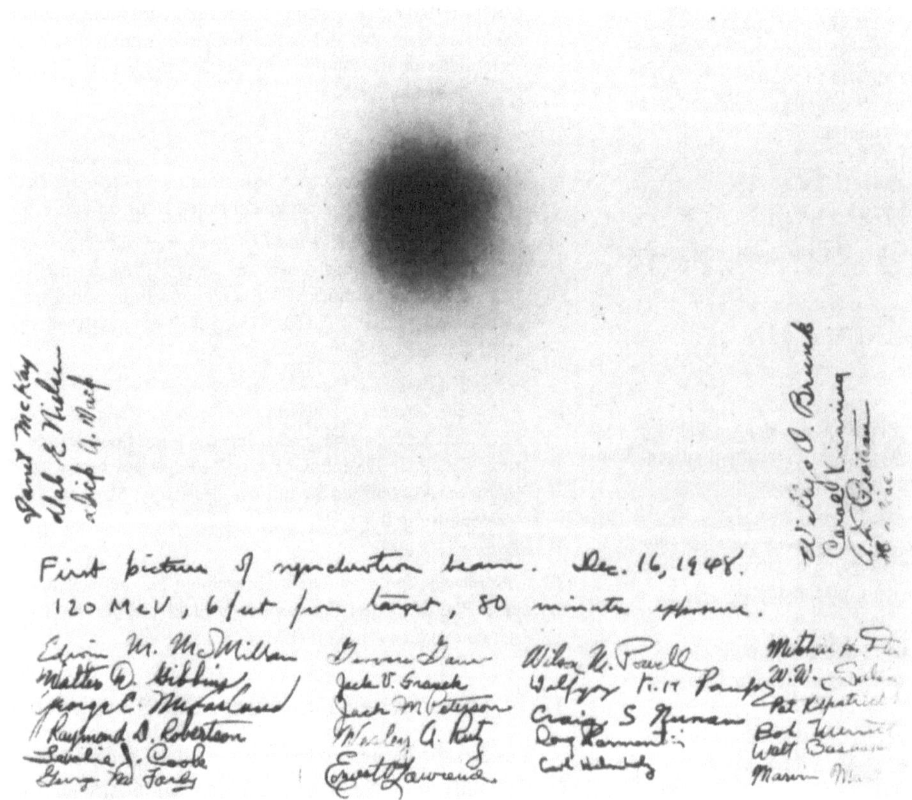

Bild 13.12
Die erste Abbildung des
Synchrotronstrahls
(*Photographie Lawrence
Radiation Laboratory*)

schleunigung von Teilchen auf hohe Energien. Im wesentlichen ist es ein Zyklotron, in dem entweder das magnetische Feld oder die Hochfrequenz während der Beschleunigung variiert werden und in dem die Phase der Teilchen relativ zum beschleunigenden elektrischen Wechselfeld sich automatisch auf den optimalen Wert für die Beschleunigung einregelt. Der Gedanke der Frequenz- oder Feldmodulation war damals nicht neu; das Neue bestand darin, daß die Teilchenbahnen während der Modulation stabilisiert werden konnten. Das Synchrotronprinzip wurde von *V. Veksler* in Moskau entdeckt und unabhängig von ihm etwas später von *E. M. McMillan* in Berkeley. Ein vollständiger Bericht über *Vekslers* Arbeit erschien im Journal of Physics (UdSSR) **9**, 153 bis 158 (1945). *McMillans* Arbeit erschien im Physical Review **68**, 143 (1945). Wir geben hier *McMillans* Veröffentlichung im Original wieder.

The Synchrotron—A Proposed High Energy Particle Accelerator

Edwin M. McMillan
University of California, Berkeley, California
September, 5, 1945

ONE of the most successful methods for accelerating charged particles to very high energies involves the repeated application of an oscillating electric field, as in the cyclotron. If a very large number of individual accelerations is required, there may be difficulty in keeping the particles in step with the electric field. In the case of the cyclotron this difficulty appears when the relativistic mass change causes an appreciable variation in the angular velocity of the particles.

The device proposed here makes use of a "phase stability" possessed by certain orbits in a cyclotron. Consider, for example, a particle whose energy is such that its angular velocity is just right to match the frequency of the electric field. This will be called the equilibrium energy. Suppose further that the particle crosses the accelerating gaps just as the electric field passes through zero, changing in such a sense that an earlier arrival of the particle would result in an acceleration. This orbit is obviously stationary. To show that it is stable, suppose that a displacement in phase is made such that the particle arrives at the gaps too early. It is then accelerated; the increase in energy causes a decrease in angular velocity, which makes the time of arrival tend to become later. A similar argument shows that a change of energy from the equilibrium value tends to correct itself. These displaced orbits will continue to oscillate, with both phase and energy varying about their equilibrium values.

In order to accelerate the particles it is now necessary to change the value of the equilibrium energy, which can be done by varying either the magnetic field or the frequency. While the equilibrium energy is changing, the phase of the motion will shift ahead just enough to provide the necessary accelerating force; the similarity of this behavior to that of a synchronous motor suggested the name of the device.

The equations describing the phase and energy variations have been derived by taking into account time variation of both magnetic field and frequency, acceleration by the "betatron effect" (rate of change of flux), variation of the latter with orbit radius during the oscillations, and energy losses by ionization or radiation. It was assumed that the period of the phase oscillations is long compared to the period of orbital motion. The charge was taken to be one electronic charge. Equation (1) defines the equilibrium energy; (2) gives the instantaneous energy in terms of the equilibrium value and the phase variation, and (3) is the "equation of motion" for the phase. Equation (4) determines the radius of the orbit.

$$E_0 = (300cH)/(2\pi f), \tag{1}$$

$$E = E_0[1 - (d\phi)/(d\theta)], \tag{2}$$

$$2\pi \frac{d}{d\theta}\left(E_0 \frac{d\phi}{d\theta}\right) + V \sin \phi = \left[\frac{1}{f}\frac{dE_0}{dt} - \frac{300}{c}\frac{dF_0}{dt} + L\right] + \left[\frac{E_0}{f^2}\frac{df}{dt}\right]\frac{d\phi}{d\theta}, \tag{3}$$

$$R = (E^2 - E_r^2)^{\frac{1}{2}}/300H. \tag{4}$$

The symbols are:

E = total energy of particle (kinetic plus rest energy).
E_0 = equilibrium value of E,
E_r = rest energy,
V = energy gain per turn from electric field, at most favorable phase for acceleration,
L = loss of energy per turn from ionization and radiation,
H = magnetic field at orbit,
F_0 = magnetic flux through equilibrium orbit,
ϕ = phase of particle (angular position with respect to gap when electric field = 0),
θ = angular displacement of particle,
f = frequency of electric field,
c = light velocity,
R = radius of orbit.

(Energies are in electron volts, magnetic quantities in e.m.u., angles in radians, other quantities in c.g.s. units.)

Equation (3) is seen to be identical with the equation of motion of a pendulum of unrestricted amplitude, the terms on the right representing a constant torque and a damping force. The phase variation is, therefore, oscillatory so long as the amplitude is not too great, the allowable amplitude being $\pm\pi$ when the first bracket on the right is zero, and vanishing when that bracket is equal to V. According to the adiabatic theorem, the amplitude will diminish as the inverse fourth root of E_0, since E_0 occupies the role of a slowly varying mass in the first term of the equation; if the frequency is diminished, the last term on the right furnishes additional damping.

The application of the method will depend on the type of particles to be accelerated, since the initial energy will in any case be near the rest energy. In the case of electrons, E_0 will vary during the acceleration by a large factor. It is not practical at present to vary the frequency by such a large factor, so one would choose to vary H, which has the additional advantage that the orbit approaches a constant radius. In the case of heavy particles E_0 will vary much less; for example, in the acceleration of protons to 300 Mev it changes by 30 percent. Thus it may be practical to vary the frequency for heavy particle acceleration.

A possible design for a 300 Mev electron accelerator is outlined below:

peak H = 10,000 gauss,
final radius of orbit = 100 cm,
frequency = 48 megacycles/sec.,
injection energy = 300 kv,
initial radius of orbit = 78 cm.

Since the radius expands 22 cm during the acceleration, the magnetic field needs to cover only a ring of this width, with of course some additional width to shape the field properly. The field should decrease with radius slightly in order to give radial and axial stability to the orbits. The total magnetic flux is about $\frac{1}{2}$ of what would be needed to satisfy the betatron flux condition for the same final energy.

The voltage needed on the accelerating electrodes depends on the rate of change of the magnetic field. If the magnet is excited at 60 cycles, the peak value of $(1/f)(dE_0/dt)$ is 2300 volts. (The betatron term containing dF_0/dt is about $\frac{1}{2}$ of this and will be neglected.) If we let $V = 10,000$ volts, the greatest phase shift will be 13°. The number of turns per phase oscillation will vary from 22 to 440 during the acceleration. The relative variation of E_0 during one period of the phase oscillation will be 6.3 percent at the time of injection, and will then diminish. Therefore, the assumptions of slow variation during a period used in deriving the equations are valid. The energy loss by radiation is discussed in the letter following this, and is shown not to be serious in the above case.

The application to heavy particles will not be discussed in detail, but it seems probable that the best method will be the variation of frequency. Since this variation does not have to be extremely rapid, it could be accomplished by means of motor-driven mechanical tuning devices.

The synchrotron offers the possibility of reaching energies in the billion-volt range with either electrons or heavy particles; in the former case, it will accomplish this end at a smaller cost in materials and power than the betatron; in the latter, it lacks the relativistic energy limit of the cyclotron.

Construction of a 300-Mev electron accelerator using the above principle at the Radiation Laboratory of the University of California at Berkeley is now being planned.

14. Das Äquivalenzprinzip

In diesem Kapitel besprechen wir weitere Aspekte der Relativitätstheorie, wobei wir von der bisher behandelten speziellen Relativitätstheorie zu den Grundideen der Allgemeinen Relativitätstheorie übergehen.

14.1. Träge und schwere Masse

Zur Definition der Masse eines Körpers kann das zweite Newtonsche Gesetz herangezogen werden. Dazu unterwirft man eine Reihe von Körpern der gleichen Kraft und mißt ihre Beschleunigungen:

$$m(1)\,a(1) = F = m(2)\,a(2)$$

$$\frac{m(2)}{m(1)} = \frac{a(1)}{a(2)} .$$

Setzen wir $m(1) = 1$, so ist $m(2)$ eindeutig bestimmt. Die so definierte Masse heißt *träge Masse* m_i. Wir können die Masse eines Körpers auch dadurch bestimmen, daß wir die Gravitationskraft messen, die ein anderer Körper, z.B. die Erde, auf ihn ausübt:

$$\frac{G m_g m_E}{R_E^2} = F, \quad m_g = \frac{F R_E^2}{G m_E} . \tag{14.1}$$

Die so bestimmte Masse heißt *schwere Masse* m_g. In Gl. (14.1) bedeutet m_E die Masse der Erde und R_E den Radius der Erde.

Es ist bemerkenswert, daß die träge Masse aller Körper innerhalb der Meßgenauigkeit ihrer schweren Masse proportional ist. (Durch eine geeignete Wahl des Faktors G läßt sich erreichen, daß m_i und m_g numerisch gleich sind.) Am einfachsten prüfen wir dies durch Vergleich der Fallbeschleunigung verschiedener Körper. In der Nähe der Erdoberfläche gilt für einen Körper 1

$$m_i(1)\,a(1) = \frac{G m_E m_g(1)}{R_E^2} ; \tag{14.2}$$

und für einen Körper 2

$$m_i(2)\,a(2) = \frac{G m_E m_g(2)}{R_E^2} . \tag{14.3}$$

Wir teilen Gl. (14.2) durch Gl. (14.3) und erhalten

$$\frac{m_i(1)\,a(1)}{m_i(2)\,a(2)} = \frac{m_g(1)}{m_g(2)} ;$$

$$\frac{m_i(1)}{m_g(1)} = \frac{m_i(2)}{m_g(2)} \cdot \frac{a(2)}{a(1)} .$$

Da der Versuch ergibt, daß verschiedene Körper im Vakuum mit der gleichen Fallbeschleunigung fallen, also innerhalb der Meßgenauigkeit $a(2) = a(1)$, erhalten wir für das Verhältnis von träger zu schwerer Masse

$$\frac{m_i(1)}{m_g(1)} = \frac{m_i(2)}{m_g(2)} . \tag{14.4}$$

Solange dieses Massenverhältnis konstant bleibt, können wir immer den Wert der Quotienten in Gl. (14.4) durch geeignete Wahl von G zu Eins machen. Es ist eine experimentelle Aufgabe festzustellen, ob Schwankungen des Verhältnisses m_i/m_g für verschiedene Teilchen, Stoffarten oder Objekte möglich sind.

Eine klassische Bestimmungsmethode stammt von *Newton*, der ein Pendel wie in Übung 1 verwendete. Zu anderen berühmten Bestimmungen gehört auch die von *Eötvös*, die er um 1890 begann und etwa 25 Jahre lang fortsetzte. Zum Verständnis seiner geistreichen Methode wollen wir ein Pendel auf der Erdoberfläche bei 45° nördlicher Breite betrachten (Bild 14.1). Auf das Pendel wirkt die Schwerkraft $m_g g$ in Richtung des Erdmittelpunkts. Ferner wirkt die Zentrifugalkraft $m_i \omega^2 R_E / \sqrt{2}$ auf das Pendel [1], wobei der Faktor $1/\sqrt{2}$ als $\cos 45°$ eingeht; $R_E/\sqrt{2}$ ist der senkrechte Abstand des Pendels von der Rotationsachse der Erde. Die Zentrifugalkraft steht senkrecht zur Rotationsachse. Die Resultierende der beiden Kräfte bildet einen Winkel

$$\theta \approx \frac{m_i \omega^2 R_E/2}{m_g g - \frac{1}{2} m_i \omega^2 R_E} \approx \frac{m_i \omega^2 R_E}{2 m_g g}$$

mit dem Lot zur Erdoberfläche. Wir haben hier die Tatsache benutzt, daß $m_i \omega^2 R_E / m_g g$ sehr klein ist, so daß wir $\tan \theta \approx \theta$ setzen durften. Setzen wir die am Anfang des Kapitels 4 angegebenen Daten ein, so erhalten wir für diesen Quotienten einen Wert von ungefähr 0,003.

Bild 14.2 zeigt eine Torsionsaufhängung. Die beiden Kugeln bestehen aus unterschiedlichem Material, haben aber gleiche schwere Massen, so daß $m_g(1) = m_g(2)$. Falls $m_i(1)$ gleich $m_i(2)$ ist, wird kein Drehmoment den Faden verdrillen, wie Bild 14.3 zeigt. Ist aber $m_i(1)$ größer als $m_i(2)$, so ist die horizontale Komponente der Zentrifugalkraft auf $m(1)$ größer als auf $m(2)$ und das resultierende Drehmoment verdrillt den Faden, wie Bild 14.4 zeigt. Die Messung wird nach einer Drehung des Apparates um 180° wiederholt, wodurch man die Nullage der Drehwaage bestimmt. Der Versuch ist ein gutes Beispiel eines Nullexperiments: Nur für $m_i(1) \neq m_i(2)$ tritt ein Effekt auf. *Eötvös* verglich acht verschiedene Materialien mit Platin (Pt) als Standard. Er fand, daß die relative Abweichung in

$$\frac{m_i(1)}{m_g(1)} = \frac{m_i(\mathrm{Pt})}{m_g(\mathrm{Pt})}$$

kleiner als 10^{-8} ist. Neuere Experimente von *Dicke* [2] ergaben einen relativen Fehler kleiner als 10^{-10}.

---

[1] Wir benutzen ein Bezugssystem, das mit der Erde rotiert.

[2] *P. G. Roll, R. Krotkov, R. H. Dicke,* Ann. Phys. (N.Y.) **26,** 442 (1964).

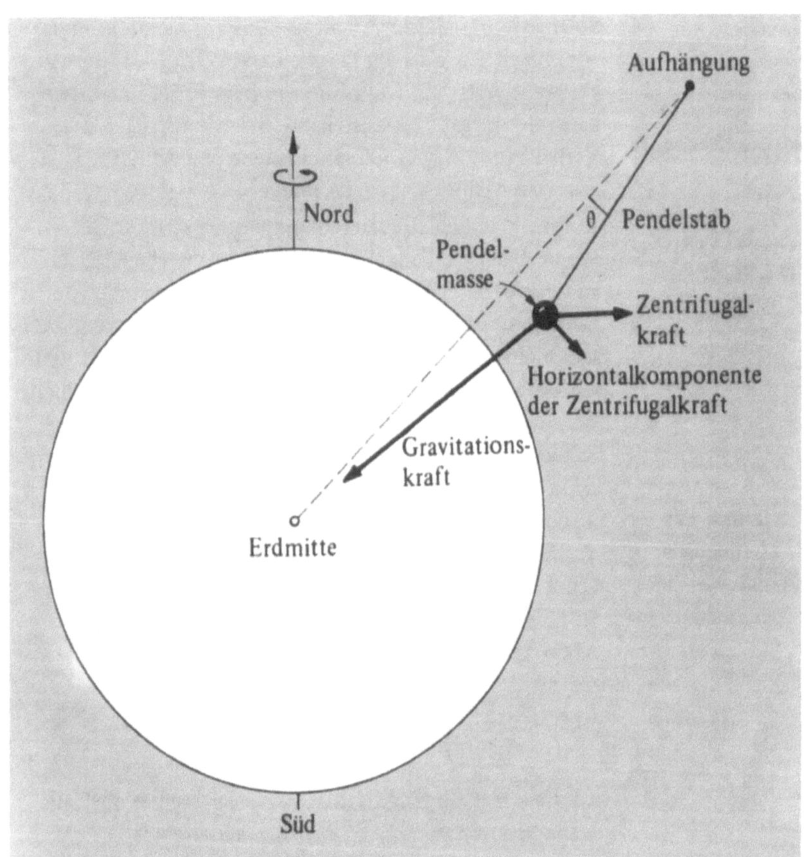

Bild 14.1. Darstellung der Ablenkung eines Pendels aus der Vertikalen um einen kleinen Winkel θ aufgrund der Zentrifugalkraft, die von der Erddrehung herrührt.

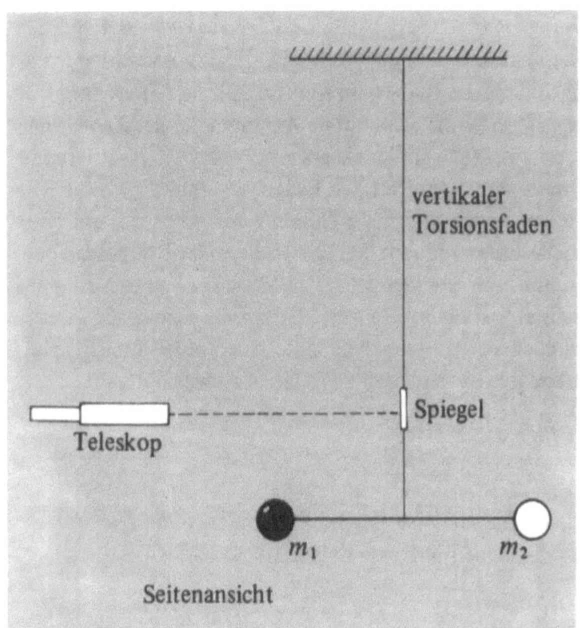

Bild 14.2. Seitenansicht einer Apparatur ähnlich der Eötvösschen Torsionswaage zur Bestimmung des Verhältnisses von träger zu schwerer Masse. m_1 und m_2 sind ungleiche Gegenstände mit gleicher schwerer Masse.

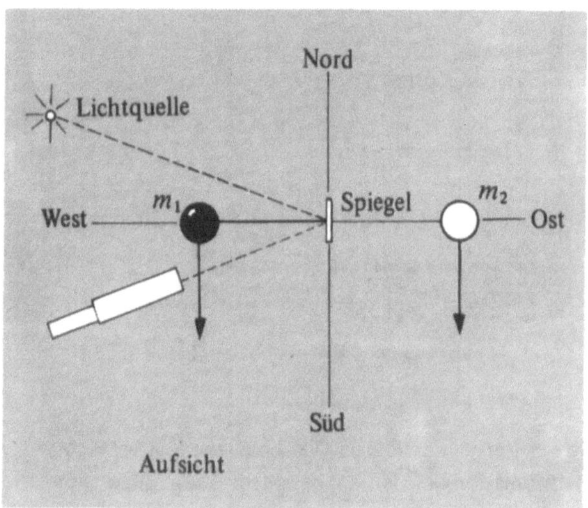

Bild 14.3. Sind die trägen Massen m_1 und m_2 gleich, so sind die Horizontalkomponenten der Zentrifugalkraft gleich, so daß die gesamte auf den Faden wirkende Torsion verschwindet.

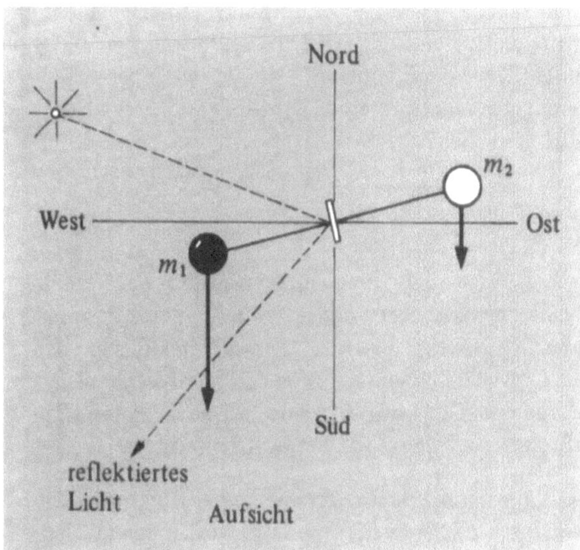

Bild 14.4. Ist die träge Masse m_1 größer als m_2, so wird der Faden verdrillt und der am Faden befestigte Spiegel gedreht.

Die gegenwärtige experimentelle Situation läßt sich wie folgt zusammenfassen:

Bezeichnen wir das Massenverhältnis m_g/m_i mit Q, so ist

a) der Q-Wert eines Elektrons plus eines Protons bis auf eine Genauigkeit von 10^{-7} gleich dem Q-Wert eines Neutrons; (Dieser Vergleich folgt unmittelbar aus einem Vergleich leichter und schwerer Elemente aus dem Periodischen System; schwere Elemente haben einen größeren Anteil an Neutronen als leichte.)

b) der Q-Wert des mit der Bindungsenergie verknüpften Teils der Kernmasse bis auf 10^{-5} gleich den obigen Q-Werten;

c) der Q-Wert des mit der Bindung der Bahnelektronen verknüpften Teils der Atommasse bis auf $1/200$ gleich den obigen Q-Werten;

d) der Q-Wert für Aluminium mit einer Genauigkeit von $3 \cdot 10^{-11}$ mit dem Q-Wert für Gold überein.

14.2. Die schwere Masse der Photonen

Aus Kapitel 12 wissen wir, daß ein Photon mit der Energie hf, wobei f die Frequenz bedeutet, eine träge Masse vom Betrag hf/c^2 besitzen muß. Hat das Photon auch schwere Masse? Experimentelle Ergebnisse lassen stark vermuten, daß das Photon Schwere besitzt und einen Q-Wert hat, der den obigen Werten entspricht. (Die *Ruhmasse* des Photons ist natürlich Null.)

Betrachten wir ein Photon, das in der Höhe L über der Erdoberfläche die Frequenz f und somit die Energie hf

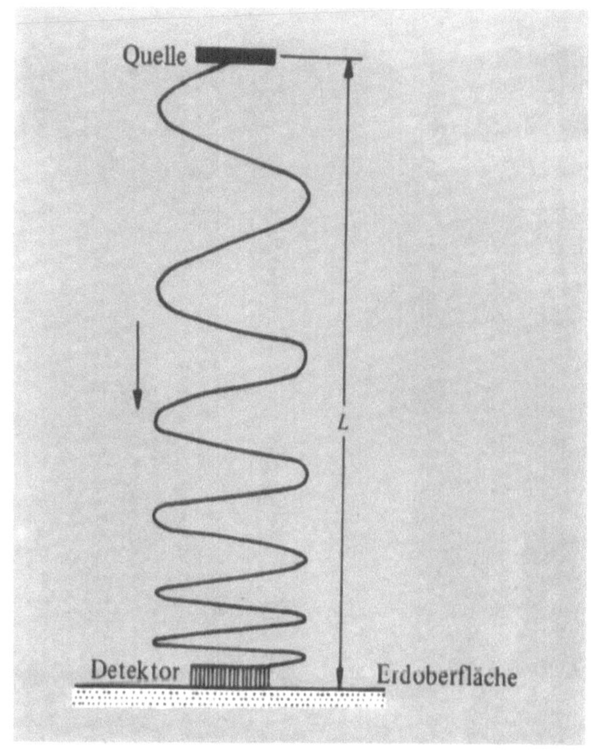

Bild 14.5. Schematische Darstellung des Experiments zur Bestimmung der Rotverschiebung durch Gravitation. Ein Photon der Frequenz f das von der Quelle in Richtung Erdmitte emittiert wird, verliert die „potentielle Energie" $\Delta E_p = (hf/c^2)gL$ und gewinnt beim Durchfallen der Strecke L den gleichen Betrag an kinetischer Energie. Die Photonenfrequenz f' am Detektor ist $f' = f(1 + gL/c^2)$. (Der beschriebene Effekt ist eine Blauverschiebung. Die Rotverschiebung ergibt sich, wenn das Photon aufsteigt.

besitzt (Bild 14.5). Die Energie des Photons wird beim Durchfallen der Höhe L um mgL vergrößert. Seine neue Energie ist hf entsprechend der Gleichung

$$hf' \approx hf + \frac{hf}{c^2}\,gL. \tag{14.5}$$

(Wir haben hier angenommen, daß die Masse hf/c^2 des Photons während des Falls praktisch konstant bleibt, da f und f' sich kaum unterscheiden.) Aus Gl. (14.5) ergibt sich für die Frequenz f' des Photons *nach* dem Fall

$$f' \approx f\left(1 + \frac{gL}{c^2}\right). \tag{14.6}$$

Für $L = 20$ m folgt eine relative Frequenzverschiebung von

$$\frac{\Delta f}{f} = \frac{gL}{c^2} \approx \frac{10 \cdot 20}{(3 \cdot 10^8)^2} \approx 2 \cdot 10^{-15}. \tag{14.7}$$

Ein Photon, das von einer unendlich fernen Quelle mit der Frequenz f emittiert wird, hat nach Erreichen der Erdoberfläche die Frequenz f', die sich aus einer naheliegenden Verallgemeinerung der Gln. (14.5) und (14.6) ergibt:

$$f' \approx f \left(1 + \frac{Gm_{\mathrm{E}}}{R_{\mathrm{E}}\, c^2}\right). \tag{14.8}$$

Beachten Sie, daß die Frequenzverschiebung das Verhältnis der „gravitationellen Länge" Gm_{E}/c^2 der Erde zum Radius R_{E} der Erde enthält[2]). Dieses Verhältnis hat den Wert $6 \cdot 10^{-10}$. Der größere Effekt ist hier von der gleichen Art, wie er in Gl. (14.6) betrachtet wurde, aber nun ist die Lichtquelle viel weiter von der Erde entfernt.

Die gravitationelle Rotverschiebung. Ein Photon der Frequenz f, das einen Stern verläßt, wird in unendlicher Entfernung von diesem Stern eine Frequenz (Bild 14.7)

$$f' \approx f \left(1 - \frac{Gm_{\mathrm{s}}}{R_{\mathrm{s}}\, c^2}\right) \tag{14.9}$$

besitzen, wobei m_{s} die Masse und R_{s} den Radius des Sterns bedeuten. Das Minuszeichen zeigt an, daß das Photon beim Verlassen des Sternschwerefeldes Energie verloren hat. So wird die Frequenz eines Photons aus dem blauen Bereich des sichtbaren Spektrums in Richtung des roten Endes verschoben. Die Rotverschiebung durch Gravitation darf nicht mit der Dopplerverschiebung weit entfernter Sterne verwechselt werden. Wie bereits in Kapitel 10 besprochen, nimmt man an, daß ihre Ursache in der hohen Geschwindigkeit liegt, mit der sich diese Sterne radial von der Erde entfernen.

Weiße Zwerge besitzen ein großes Verhältnis $m_{\mathrm{s}}/R_{\mathrm{s}}$ und erzeugen eine entsprechend große Rotverschiebung durch Gravitation. Die für Sirius B berechnete relative Verschiebung $\Delta f/f$ beträgt

$$\frac{\Delta f}{f} \approx -5{,}9 \cdot 10^{-5};$$

der beobachtete Wert beträgt $-6{,}6 \cdot 10^{-5}$. Die Diskrepanz liegt innerhalb der Unsicherheit bei der Bestimmung von m_{s} und R_{s}.

Für

$$\frac{Gm_{\mathrm{s}}}{R_{\mathrm{s}}\, c^2} > 1$$

Bild 14.6. Das untere Ende der Apparatur von *Pound* an der Harvard-Universität. Das Bild zeigt *G. A. Rebka*, jr. bei der Annahme von Instruktionen aus dem Kontrollzentrum zum Justieren der Photomultiplier. In einer späteren Version des Experiments sind die Temperaturen der Quelle und des Absorbers regelbar. Die gesamte gemessene Schwereverschiebung beträgt nur etwa 1/500 der Linienbreite. Eine derart genaue Messung ist nur mit Hilfe einiger besonderer Tricks möglich. (*Mit freundlicher Genehmigung von R. V. Pound.*)

Dieser unglaublich kleine Effekt wurde tatsächlich von *Pound* und *Rebka*[1]) unter Verwendung einer γ-Strahlquelle beobachtet (Bild 14.6). Mit $\Delta f = f' - f$ erhalten sie

$$\frac{\Delta f_{\mathrm{erwartet}}}{\Delta f_{\mathrm{gerechnet}}} = 1{,}05 \pm 0{,}10,$$

wobei der gerechnete Wert aus Gl. (14.6) folgt.

[1]) *R. V. Pound* und *G. A. Rebka, Jr.,* Phys. Rev. Letters **4**, 337 (1960). *R. V. Pound* und *J. L. Snider,* Phys. Rev. **140**, B788 (1965).

[2]) Definiert in Analogie zum Elektronenradius (Kapitel 9):

$$m_e c^2 = \frac{Gm_e^2}{R}; \quad R = \frac{Gm_e}{c^2}$$

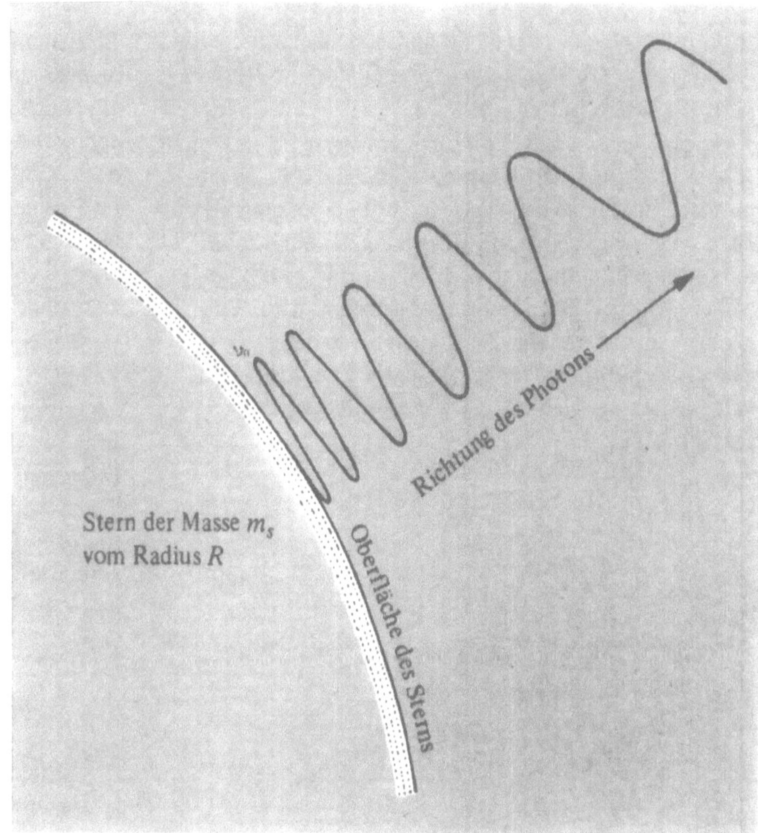

Bild 14.7. Ein Photon, das die Oberfläche eines Sterns nach außen verläßt, gewinnt soviel an „potentieller Energie" wie es an „kinetischer Energie" einbüßt. Ist die Photonenfrequenz an der Oberfläche gleich f, so beträgt sie in unendlichem Abstand des Photons vom Stern

$$f' = f(1 - Gm_s/R_s c^2).$$

wäre die Frequenz f' in Gl. (14.9) negativ, was natürlich nicht der Fall sein darf. Wenn aber $Gm_s/R_s c^2$ von der Größenordnung Eins ist, werden die einfachen Argumente, die wir hier verwendet haben, unanwendbar und die allgemeine Relativitätstheorie muß zur Berechnung des Effekts herangezogen werden. Aus ihr folgt, daß für

$$\frac{2Gm_s}{R_s c^2} \geqslant 1 \tag{14.10}$$

Licht von der Sternoberfläche nicht entweichen kann. Ein Stern für den dies zutrifft heißt *Schwarzes Loch.* Die Suche nach Schwarzen Löchern ist eine der interessantesten Aufgaben der relativistischen Astrophysik[1].

Ablenkung von Photonen durch die Sonne (Bild 14.8). Wie groß ist die Ablenkung eines Lichtstrahls oder eines Photons, das die Sonne randnah passiert?

In diesem Problem ist die Bewegung eines Photons in einem Gravitationsfeld zu berechnen. Eine exakte Rechnung erfordert die Heranziehung der allgemeinen Relativitätstheorie, da die Newtonschen Ideen nicht ohne weiteres auf mit Lichtgeschwindigkeit bewegte Teilchen angewen-

---

[1] Siehe z.B. *K. Thorne,* Sci. American **217**, Heft 5, Seite 88 (1967), *R. Ruffini* und *J. A. Wheeler,* Phys. Today **28**, 340 (1971) oder *R.* und *H. Sexl,* Weiße Zwerge, Schwarze Löcher, Rowohlt 1975.

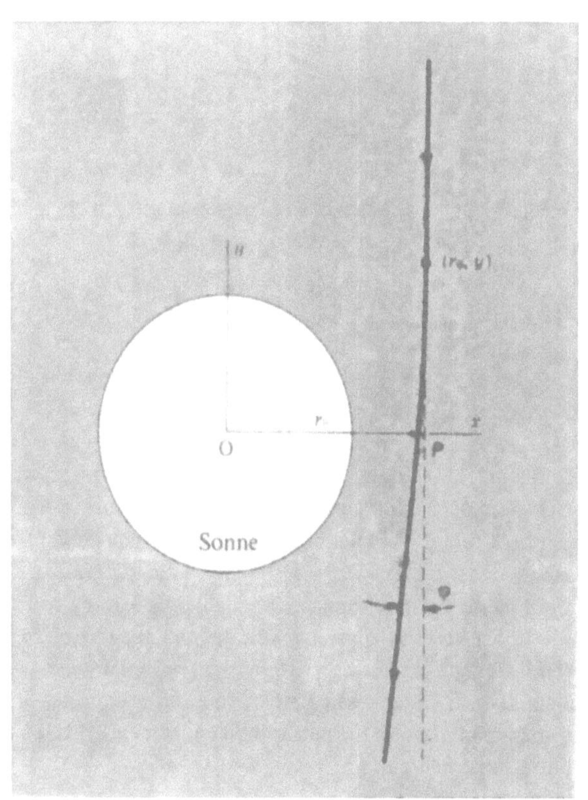

Bild 14.8. Ablenkung eines Photons im Gravitationsfeld der Sonne

det werden können. Die Größenordnung des Effekts können wir jedoch einfacher ermitteln (tatsächlich wurde die erste derartige Rechnung bereits von *Söldner* im Jahre 1801 angestellt).

Angenommen das Photon habe eine Masse m_L; es wird sich herausstellen, daß diese Masse in das Endergebnis nicht eingeht, so daß wir sie nicht festlegen müssen. Der Lichtstrahl komme auf seiner Bahn der Sonne bis auf die Mindestentfernung r_0 nahe, wie Bild 14.8 zeigt, wobei r_0 von der Sonnenmitte aus gemessen wird. Wir nehmen an, daß die Ablenkung klein ist, so daß r_0 fast den gleichen Wert wie für den unabgelenkten Lichtstrahl hat. Die transversale Kraft F_x auf das Photon ist im Punkt (r_0, y)

$$F_x = - Gm_s\, m_L\, \frac{r_0}{(r_0^2 + y^2)^{3/2}} ,$$

wobei y vom Punkt P aus gemessen wird, wie das Bild zeigt.

Der Endbetrag der transversalen Geschwindigkeitskomponente v_x des Photons beträgt

$$m_L\, v_x = \int F_x\, dt = \int F_x\, \frac{dy}{v_y} \approx \frac{1}{c} \int F_x\, dy ,$$

so daß

$$v_x \approx - \frac{Gm_s\, r_0}{c} \int\limits_{-\infty}^{\infty} \frac{dy}{(r_0^2 + y^2)^{3/2}}$$

$$v_x \approx - \frac{2\,Gm_s\, r_0}{c} \int\limits_{0}^{\infty} \frac{dy}{(r_0^2 + y^2)^{3/2}} \approx - \frac{2\,Gm_s}{c\,r_0} .$$

Wenn r_0 gleich dem Radius R_s der Sonne ist, so erhalten wir für die Lichtablenkung (siehe Bild 14.8)

$$\tan \varphi \approx \varphi \approx \frac{|v_x|}{c} \approx \frac{2\,Gm_s}{R_s\,c^2} \;\mathrm{rad}.$$

Die Rechnung ergibt $\varphi = 0{,}87''$. Die allgemeine Relativitätstheorie sagt demgegenüber einen doppelt so großen Wert, $1{,}75''$, voraus. Messungen der Lichtablenkung gehörten jahrzehntelang zu den schwierigsten Experimenten, da Sterne in der Sonnenumgebung nur bei Sonnenfinsternissen beobachtet werden können. Die Meßgenauigkeit erreichte daher nur etwa 20 %. Erst die Radioastronomie brachte hier deutliche Fortschritte, da die Ablenkung von Radiowellen (die von künstlichen Statelliten oder natürlichen Radioquellen ausgesendet werden) mit einer Genauigkeit von 1 % gemessen werden konnte [1]). Die Ergebnisse stimmen mit den Vorhersagen der allgemeinen Relativitätstheorie überein.

Wenn wir ein Stoßproblem lösen, indem wir bei der Berechnung der aufgeprägten Kraft eines Teilchens annehmen, daß dieses sich geradlinig bewegt, dann erhalten wir lediglich eine Näherung, eine sogenannte *Impulsapproximation*. Die Beziehung zwischen $\int F_x\, dt$ und der x-Komponente der Impulsänderung wurde in Kapitel 5 behandelt. Die Impulsapproximation ist oft sehr nützlich, vorausgesetzt, daß die wirkliche Bahn des Teilchens nicht sehr von der Geraden abweicht, die das Teilchen ohne Wechselwirkung verfolgen würde.

Shapiro [1]) hat einen anderen Effekt der allgemeinen Relativitätstheorie theoretisch vorhergesagt und auch experimentell überprüft. Wird ein Radarsignal von der Erde zur Venus gesandt, dort reflektiert und auf der Erde empfangen, so sagt die Theorie eine Laufzeit des Signals voraus, die um $2\,\mu$s länger ist als nach der Newtonschen Theorie, falls der Radarstrahl am Sonnenrand vorbeiläuft. Auch dieser Effekt konnte mit einer Genauigkeit von 3 % bestätigt werden.

14.3. Die Perihelverschiebung des Merkur

Die drei klassischen Tests der allgemeinen Relativitätstheorie sind die Rotverschiebung (S. 246), die Lichtablenkung im Gravitationsfeld der Sonne (S. 247) und die Perihelverschiebung des Merkur. Die Vergrößerung der Laufzeit von Radarsignalen im Schwerefeld der Sonne wird als *vierter Test* der allgemeinen Relativitätstheorie bezeichnet (Shapiro Experiment).

Hier können wir zumindest die Größenordnung der Perihelverschiebung abschätzen. Nach den Berechnungen des Kapitels 9 sollte die Gerade von der Sonne zum sonnennächsten Punkt der Merkurbahn — dem Perihel — bei jedem Umlauf die gleiche Richtung im Raum haben [2]).

Bild 14.9 zeigt die tatsächliche Bahn, wobei die Periheldrehung und die Exzentrizität stark übertrieben dargestellt sind. Die Periheldrehung entsteht dadurch, daß v/c, oder genauer v^2/c^2, nicht vernachlässigbar klein ist. Welche Größe könnte proportional zu v^2/c^2 sein? Es ist zu vermuten, daß das Vorrücken des Perihels bei jeder Drehung dividiert durch 2π von der Größenordnung von v^2/c^2 ist. Wir können v/c aus Tabelle 9.2 schätzen. Wir nähern die Bahn durch einen Kreis mit dem Radius gleich der großen

---

[1]) Siehe *C. M. Will*, Phys. Today Oct. 1972, S. 23.

[1]) *I. I. Shapiro*, Phys. Rev. Lett. **13**, 789 (1964); **26**, 1132 (1971).

[2]) Die Störungen durch das Gravitationsfeld der anderen Planeten müssen dabei allerdings berücksichtigt werden. Diese Störungen können berechnet und mit dem Experiment verglichen werden. Die beobachtete Drehung der Linie zum Perihel unterscheidet sich von der theoretisch berechneten um $43''$ pro Jahrhundert. Den sonnennächsten Punkt der Bahn eines Planeten bezeichnet man als Perihel, den sonnenfernten als Aphel.

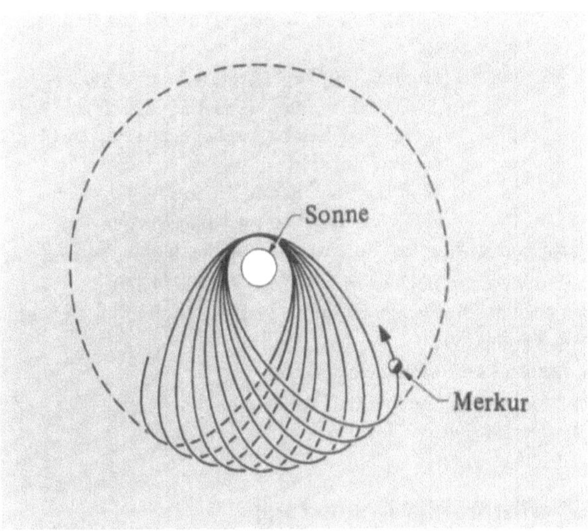

Bild 14.9. Die Drehung der Bahnellipse des Planeten Merkur wird durch die allgemeine Relativitätstheorie erklärt. Die Exzentrizität der Bahn wurde hier stark übertrieben; ohne Periheldrehung wäre die Bahn eine raumfeste Ellipse.

Halbachse der Ellipse an. Mit Hilfe der Umlaufdauer T erhalten wir

$$v = \frac{2\pi r}{T} = \frac{(2\pi \cdot 0{,}39 \cdot 1{,}5) \cdot 10^{11}\,\mathrm{m}}{7{,}6 \cdot 10^6\,\mathrm{s}} \approx 4{,}8 \cdot 10^4\,\mathrm{m/s},$$

$$v/c \approx 1{,}6 \cdot 10^{-4}, \quad v^2/c^2 \approx 2{,}6 \cdot 10^{-8} \approx \delta\theta/2\pi,$$

$$\delta\theta \text{ (in Graden)} \approx 360 \cdot (2{,}6 \cdot 10^{-8}) \approx 9 \cdot 10^{-6},$$

$$\delta\theta \approx 3 \cdot 10^{-2} \text{ Bogensekunden pro Umlauf.}$$

Üblicherweise gibt man die Periheldrehung pro Jahrhundert an. Da die Umlaufdauer $T = 0{,}24$ a ist, erwarten wir

$$\delta\theta \approx \frac{100}{0{,}24}(3 \cdot 10^{-2}) \approx 13 \text{ Bogensekunden pro Jahrhundert}$$

Der experimentelle Wert ist $42{,}9''$ und die allgemeine Relativitätstheorie sagt $43''$ voraus, was innerhalb des Meßfehlers mit den Beobachtungen übereinstimmt [1].

14.4. Das Äquivalenzprinzip

Die in diesem Kapitel angeführten experimentellen Befunde deuten darauf hin, daß in einem bestimmten Sinne Gravitation und Beschleunigung äquivalent sind. Betrachten wir einen Beobachter in einem Fahrstuhl, der frei mit der Beschleunigung g fällt.

Das Äquivalenzprinzip besagt, daß für einen Beobachter in einem frei fallenden Fahrstuhl die Gesetze der Physik dieselben sind wie in den Inertialsystemen der speziellen Relativitätstheorie (zumindest in der unmittelbaren Nachbarschaft des Fahrstuhlmittelpunktes). *Die durch die beschleunigte Bewegung und die von den Gravitationskräften verursachten Wirkungen heben sich gegenseitig auf.* Ein Beobachter, der in einem geschlossenen Fahrstuhl sitzt und scheinbare Schwerkräfte mißt, kann nicht entscheiden, welcher Anteil dieser Kräfte auf eine Beschleunigungsursache und welcher auf eine tatsächliche Gravitationsursache zurückgeht. Wenn außer der Gravitationskraft keine anderen Kräfte am Fahrstuhl angreifen, so wird er überhaupt keine Auflagekräfte spüren. Insbesondere fordert das postulierte Äquivalenzprinzip für den Quotienten aus träger und schwerer Masse, daß $m_i/m_g \equiv 1$. Die „Gewichtslosigkeit" eines Astronauten in einem Satelliten mit abgestelltem Triebwerk ist eine Konsequenz des Äquivalenzprinzips.

Die mathematische Formulierung des Äquivalenzprinzips ist der Ausgangspunkt der allgemeinen Relativitätstheorie, weiterführende Literatur finden Sie in der Buchliste.

14.5. Gravitationswellen

Genauso wie schwingende elektrische Ladungen elektromagnetische Wellen ausstrahlen, sollten nach den Vorhersagen der allgemeinen Relativitätstheorie auch oszillierende

Bild 14.10. Ein Aluminiumzylinder von 96 cm Durchmesser zur Suche nach Gravitationswellen. Die Länge des Zylinders ist 151 cm, seine Resonanzfrequenz beträgt 1661 Hz. Die Richtungsabhängigkeit der Empfindlichkeit des Zylinders ist die einer Quadrupolantenne. (*Photographie: J. Weber*)

---

[1] Eine ausführliche Diskussion der klassischen Experimente zur allgemeinen Relativitätstheorie finden Sie bei *L. Witten*, Gravitation: An Introduction to Current Research, J. Wiley, N.Y. 1962, oder bei *S. Weinberg*, Gravitation and Cosmology, J. Wiley, N.Y. 1972.

Massen, z.B. Doppelsterne, Gravitationswellen abstrahlen. Wegen des kleinen Werts der Gravitationskonstante G sind diese Wellen schwer experimentell nachzuweisen. Eine Reihe von Empfängern für Gravitationswellen wurden in den letzten Jahren konstruiert, wobei die Grundideen *J. Weber* zu verdanken sind. Bild 14.10 zeigt den von ihm gebauten Empfänger. Gesicherte Ergebnisse der Suche nach Gravitationswellen, mit der sich derzeit 17 Laboratorien beschäftigen, stehen noch aus.

14.6. Übungen

1. *Schwere und träge Masse beim Pendel.* Zeigen Sie, daß die Frequenz f eines mathematischen Pendels durch

$$f = \frac{\omega}{2\pi} = \frac{1}{2\pi}\left(\frac{m_g}{m_i}\frac{g}{L}\right)^{1/2}$$

gegeben ist, wobei m_g und m_i die schwere bzw. die träge Masse bedeuten. (*Bessel* führte seinerzeit sehr sorgfältige Pendelversuche aus und wies nach, daß m_g bis auf $6 \cdot 10^{-4}$ mit m_i übereinstimmt.)

2. *Die Rotverschiebung.* Stellen Sie einen Ausdruck für die Rotverschiebung infolge der Gravitation auf, wobei Sie nicht die Annahme $\Delta f/f \ll 1$ verwenden. (Vernachlässigen Sie Raumkrümmungseffekte.) Beginnen Sie mit

$$h\,\Delta f = -(hf/c^2)\,(m_s G/r^2)\,\Delta r$$

und integrieren Sie über r von R_s nach ∞ und über df von f nach f'.

Lösung: $f' = f e^{-Gm_s/R_s c^2}$.

3. *Rotverschiebung durch die Galaxis.* Schätzen Sie die Rotverschiebung durch Gravitation von Licht, das das Zentrum unserer Galaxis verlassen hat, weit außerhalb der Galaxis. (Betrachten Sie die Massenverteilung als homogen innerhalb einer Kugel mit einem Radius von 10 000 Parsek. Die Masse der Galaxis ist $\approx 8 \cdot 10^{41}$ kg.)

Lösung: $\Delta f/f = -3 \cdot 10^{-6}$.

4. *Quasare.* Im Jahre 1962 wurde eine intensive extraterrestrische Radioquelle optisch als ein sternähnliches Objekt mit einem Winkelradius von etwa $\frac{1}{2}$ Bogensekunde identifiziert (Quasar). Zuerst hielt man sie für einen Radiowellen emittierenden Stern unserer Galaxis. Später wurde ihr Spektrum vermessen, und die Spektrallinien erwiesen sich als beträchtlich rotverschoben. Beispielsweise wurde eine atomare Sauerstofflinie mit einer gewöhnlichen Wellenlänge $\lambda = 3{,}727 \cdot 10^{-5}$ cm bei $\lambda = 5{,}097 \cdot 10^{-5}$ cm identifiziert. Bei einem Deutungsversuch nahm man an, daß hier ein extrem schwerer Stern vorliegt mit einem *gravitationell rotverschobenen* Spektrum. Ist dieser hypothetische Radiostern noch innerhalb unserer Galaxis, so kann sein Abstand von der Erde maximal 10^{20} m betragen.

   a) Berechnen Sie aus dem Winkeldurchmesser und der Rotverschiebung die Masse und die mittlere Dichte des Sterns unter obiger Hypothese und unter der Annahme, daß der Abstand 10^{20} m beträgt. Ist das Ergebnis noch vernünftig?

   b) Ein anderer Vorschlag ging dahin, daß die Quelle eine besondere „Radiogalaxis" sein muß, mit einer Doppler-Rotverschiebung, wie sie in Kapitel 10 angegeben wird. Berechnen Sie den Abstand der Galaxis von der Erde unter dieser Hypothese.

   c) Führt das Ergebnis von b) auf einen vernünftigen Radius für die Galaxis?

   Lösungen: a) Masse 10^{41} kg, Dichte $1{,}7 \cdot 10^{-3}$ kg/m³. Die Masse würde etwa 10 % der Gesamtmasse der Galaxis entsprechen, was nicht akzeptabel ist.
   b) $3 \cdot 10^9$ Lichtjahre.
   c) Ja, etwa 10^{20} m, wie für Galaxien üblich.

5. *Schwarze Löcher.* Welchen Radius hätte die Sonne, wenn sie zum schwarzen Loch würde? Siehe dazu Gl. (14.10). Vergleichen Sie die Dichte der Sonne in diesem Fall mit der Dichte von Kernmaterie.

   Lösung: 3 km; etwa gleiche Dichte.

14.7. Historische Anmerkung: Die Pendel von Newton

Aus Newtons Principia zitieren wir einen Teil seines Berichts über Pendelversuche. Sie sollten mögliche Schwankungen in dem Verhältnis von schwerer zu träger Masse aufdecken.

„Aber es ist schon vor langer Zeit von anderen beobachtet worden, daß (unter Berücksichtigung der geringen Luftreibung) alle Körper in gleichen Zeiten durch gleiche Strecken fallen; und mit der Hilfe von Pendeln läßt sich diese Gleichheit der Fallzeiten sehr genau feststellen.

Ich versuchte die Sache mit Gold, Silber, Blei, Glas, Sand, gewöhnlichem Salz, Holz, Wasser und Weizen. Ich benutzte zwei gleiche Holzkästen. Ich füllte den einen mit Holz und befestigte die gleiche Gewichtsmenge Gold im Oszillationszentrum des anderen, so genau ich es konnte. An gleichen Fäden von 11 Fuß Länge aufgehängt, bildeten die beiden Kästen zwei nach Gewicht und Form völlig gleiche Pendel, mit gleichem Luftwiderstand: Ich beobachtete ihr gemeinsames Bewegungsspiel lange Zeit; sie schwangen gemeinsam. Und deshalb (aufgrund von Cor. I und VI, Prop. XXIV, Buch II) verhält sich die Menge von Materie im Gold zur Menge Materie im Holz wie die Wirkung der Bewegungskraft auf das gesamte Gold zur Wirkung derselben auf das gesamte Holz; d.h. wie das Gewicht des einen zum Gewicht des anderen.

Und mit diesen Experimenten hätte ich bei Körpern gleichen Gewichtes einen Materieunterschied geringer als ein tausendstel des Ganzen feststellen können."

Literatur

0. Allgemeine Nachschlagewerke zur Physik

Zur schnellen Orientierung über Grundbegriffe der Physik und der Mathematik kann eines der folgenden Nachschlagewerke dienen:

N. I. Koschkin, M. G. Schirkjewitsch, Elementarphysik griffbereit, Vieweg, Braunschweig 1975. Eine einfache Übersicht über Grundgesetze und Tabellenwerte wichtiger Konstanten.

B. M. Jaworski, A. A. Detlaf, Physik griffbereit, Vieweg, Braunschweig 1972. Eine ausgezeichnete Sammlung physikalischer Begriffe, Gesetze und Theorien mit ausführlichen Erläuterungen.

H. Ebert (Hrsg.), Physikalisches Taschenbuch, Vieweg, Braunschweig 1976. Größen, Formelzeichen, mathematische Hilfsmittel, die Teilgebiete der Physik in Grundgesetzen und Tabellenwerten sind hier zu finden.

J. Bruhn, Physik in Stichworten, Hirt, Kiel 1965/66. Enthält Grundgesetze und auch einige Tabellen zur Physikgeschichte. Einfach und übersichtlich.

M. J. Wygodski, Höhere Mathematik griffbereit. Vieweg, Braunschweig 1976.

1. Kapitel

Die folgenden Werke werden auf der Sekundarstufe II bzw. in den Anfangssemestern der Hochschule verwendet:

W. Kuhn, Physik III, Teilbände A–E, Westermann, Braunschweig 1975. Ein anspruchsvolles Werk für die Sekundarstufe II.

R. Sexl, I. Raab, E. Streeruwitz, Physik, Teil 1–6. Überreuter, Wien 1976–1978. Ein einführendes, reich bebildertes Werk für die Sekundarstufe II, welches besonders historische Zusammenhänge betont.

PSSC Physik, Physical Science Study Comittee. Vieweg, Braunschweig 1976. Viele Kapitel der PSSC Physik eignen sich besonders als Einführung in die Lektüre des vorliegenden Buches.

F. Gönnenwein, Experimentalphysik, Rowohlt, Hamburg 1975. Eine vierteilige Einführung in die Grundlagen.

Zur Astronomie und Kosmologie:

A. Unsöld, Der neue Kosmos, 2. Aufl., Springer, Berlin 1974. Betont die neuen Entdeckungen der letzten Jahre.

E. L. Schatzmann, Die Grenzen der Unendlichkeit, Fischer, Frankfurt 1972. Eine Einführung in die Kosmologie, die besonders auf die Methoden der Distanzmessung eingeht.

R. und H. Sexl, Weiße Zwerge – Schwarze Löcher, Rowohlt, Hamburg 1977. Eine elementare Einführung in die relativistische Astrophysik und Kosmologie.

Meyers Handbuch über das Weltall, 5. Aufl. BI, Mannheim 1975. Ein umfangreiches Nachschlagewerk.

Biologie – und ihre Verbindung zur Physik:

W. Laskowski, W. Pohlit, Biophysik, 2. Bd., Thieme, Stuttgart 1974. Zeigt die zahlreichen Zusammenhänge zwischen Physik und Biologie auf.

R. Dickerson und *I. Geis*, Struktur und Funktion der Proteine, Verlag Chemie, Weinheim 1971. Eine auch graphisch hervorragend gestaltete Einführung.

J. Watson, Die Doppel-Helix, Rowohlt, Hamburg 1971. Gibt einen Einblick in die Entdeckungsgeschichte der Molekularbiologie.

Zur Geschichte der Physik:

A. Hermann, Die Jahrhundertwissenschaft, dva 1977. Eine Biographie der modernen Physik.

W. Heisenberg, Schritte über Grenzen, 4. Aufl. Piper, München 1977.

W. Heisenberg, Der Teil und das Ganze, dtv. München 1973. Die gesammelten Aufsätze und die Autobiographie Heisenbergs geben einen Einblick in die Entstehung der modernen Physik.

P. A. Schilpp (Hrsg.), Albert Einstein als Philosoph und Naturforscher, Kohlhammer 1952, Vieweg Reprint Braunschweig 1979. Enthält Einsteins Autobiographie.

R. W. Clark, Albert Einstein, Heyne, München 1976. Eine ausgezeichnete Biographie, die Einsteins Einfluß auf Physik, Philosophie und Politik unserer Zeit zeigt.

A. Hermann (Hrsg.), Lexikon Geschichte der Physik, Aulis, Köln 1972. Ein Standardwerk.

2. Kapitel

J. Cunningham, Vektoren, Vieweg, Braunschweig 1974.

Bourne, Kendall, Vektoranalysis, Teubner, Stuttgart 1973.

G. Gerlich, Vektor- und Tensorrechnung für die Physik, Vieweg, Braunschweig 1977.

A. Jeffrey, Mathematik für Naturwissenschaftler und Ingenieure, Verlag Chemie, Weinheim 1973, 1975 (2 Bd.).

H. Teichmann, Physikalische Anwendungen der Vektor- und Tensorrechnung, 3. Aufl. BI, Mannheim 1975.

S. Valentiner, Vektoren und Matrizen, 11. Aufl. de Gruyter, Berlin 1967.

M. R. Spiegel, Vektoranalysis, McGraw Hill, Düsseldorf 1977.

3. Kapitel

E. Mach, Die Mechanik, historisch kritisch dargestellt, Wiss. Buchgesellschaft, Darmstadt 1976.

S. Sambursky, Der Weg der Physik, Artemis, Zürich 1975. Dieses umfangreiche Buch enthält zahlreiche Auszüge aus den wichtigsten Werken zur Physik von der Antike bis heute.

W. Stegmüller, Probleme und Resultate der Wissenschaftstheorie und analytischen Philosophie II: Theorie und Erfahrung. Springer, Berlin 1970. Enthält eine ausführliche Diskussion der wissenschaftstheoretischen Stellung der Newtonschen Axiome. Auch für Physiker gut lesbar.

Differentialgleichungen:

A. Jeffrey, Mathematik für Naturwissenschaftler und Ingenieure, Band 2, Verlag Chemie, Weinheim 1973.

4.–6. Kapitel

H. Goldstein, Klassische Mechanik, 4. Aufl., Akademische Verlagsgesellschaft, Wiesbaden 1976. Ein Standardlehrbuch der Mechanik, das die theoretischen Zusammenhänge klarstellt.

Landau, Lifschitz, Theoretische Physik kurzgefaßt, Hanser, Stuttgart 1975. Band 1 dieser Kurzfassung des berühmten neunbändigen Lehrbuches der Physik enthält Mechanik und Elektrodynamik. Als Zusatzlektüre zum vorliegenden Buch empfehlenswert.

M. Wagner, Elemente der theoretischen Physik, Vieweg, Braunschweig 1976. Band 1 enthält Mechanik und Quantenmechanik.

E. Schmutzer, Symmetrien und Erhaltungssätze der Physik, Vieweg, Braunschweig 1972.

Th. S. Kuhn, Die Entstehung des Neuen, Studien zur Struktur der Wissenschaftsgeschichte, Suhrkamp, Frankfurt 1977. Unter den Aufsätzen dieses Bandes ist „Die Erhaltung der Energie als Beispiel gleichzeitiger Entdeckungen" besonders für Kapitel 5 wesentlich.

7. Kapitel

M. Kulp, Elektronenröhren und ihre Schaltungen, Vandenhoek & Ruprecht, Göttingen 1961. Ein Buch für den Praktiker.

K. Magnus, Schwingungen. Eine Einführung in die theoretische Behandlung von Schwingungsproblemen. B. G. Teubner Verlagsgesellschaft, Stuttgart 1961. In diesem Buch ist auf gelungene Weise die Vielfalt der Schwingungserscheinungen dargestellt.

H. Lippmann, Schwingungslehre, BI Mannheim 1968. Mathematisch orientiert. Sehr empfehlenswert für den theoretisch interessierten Studenten.

K. W. Wagner, Einführung in die Lehre von den Schwingungen und Wellen. Dieterich'sche Verlagsbuchhandlung, Wiesbaden 1947. Ein klassisches Werk.

8. Kapitel

Die Mechanik starrer Körper wird in allen Lehrbüchern der theoretischen Physik behandelt, siehe z. B. die zu den Kapiteln 4 bis 6 angegebene Literatur. Einige Beispiele enthält auch

H. Dietze, Grundkurs in theoretischer Physik 1, Vieweg, Braunschweig 1974. Interessant ist z. B. das Problem des aufrecht schwingenden Pendels.

9. Kapitel

Die mathematische Herleitung der Ellipsenbahnen unterscheidet sich in einzelnen Lehrbüchern nur unwesentlich voneinander. Die Planetenbewegung bietet aber einen Einstieg in zahlreiche Querverbindungen der Physik mit anderen Wissensgebieten.

F. Becker, Geschichte der Astronomie, 3. Aufl., BI, Mannheim 1968.

S. Sambursky, Der Weg der Physik, Artemis, Zürich 1975.

A. Köstler, Die Nachtwandler, Vollmer, Wiesbaden 1963. Diese drei Bücher geben verschiedene Einführungen in die Geschichte des Planetenproblemes.

R. Descartes, Die Prinzipien der Philosophie, 7. Aufl., F. Meiner, Hamburg 1965.

I. Newton, Mathematische Prinzipien der Naturphilosophie, Wissenschaftliche Buchgesellschaft, Darmstadt 1963. Descartes Buch gibt die Vorstellungen über die Planetenbewegungen wieder, die vor Newton herrschten. Newtons Buch war – auch vom Titel her – die Antwort auf Descartes.

Th. Kuhn, The Copernican Revolution, Harvard Univ. Press 1962 (dt. Übersetzung bei Vieweg, Wiesbaden in Vorbereitung). Enthält eine meisterliche Analyse der Bedeutung von Kopernikus.

G. W. Leibniz, Hauptschriften zur Grundlegung der Philosophie, Bd. 1, 3. Aufl., F. Meiner, Hamburg 1966. Enthält den Briefwechsel Leibniz – Clark (der für Newton steht) mit einer faszinierenden Diskussion, ob Gott die Planeten periodisch auf ihre richtigen Bahnen zurückstoßen müsse.

Th. Kuhn, Die Struktur wissenschaftlicher Revolutionen, Suhrkamp, Frankfurt 1973. Analysiert die Vorgänge, die sich bei Revolutionen im Weltbild der Wissenschaft (wie der kopernikanischen Revolution) abspielen und bedeutete selbst eine Revolution in der Wissenschaftstheorie.

10. und 11. Kapitel

A. P. French, Die spezielle Relativitätstheorie, Vieweg, Braunschweig 1971. Betont auch die Beobachtungsdaten, die zur Relativitätstheorie geführt haben.

H. Melcher, Relativitätstheorie in elementarer Darstellung, 5. Aufl., Deutscher Verlag der Wissenschaften, Berlin 1976. Eine einfache Einführung mit vielen Beispielen.

R. Sexl, H. Schmidt, Raum, Zeit, Relativität, Rowohlt, Hamburg 1978. Diskutiert die Historische Wandlung der Grundbegriffe der Physik und enthält neues Beobachtungsmaterial über Atomuhren.

M. Born, Die Relativitätstheorie Einsteins, 5. Aufl., Springer, Berlin 1969. Ein Klassiker.

H. A. Lorentz, A. Einstein, H. Minkowski und *H. Weyl*, Das Relativitätsprinzip. 7. Aufl., Teubner, Stuttgart 1974. Eine Sammlung – auch heute noch gut lesbarer – Originalarbeiten.

12. Kapitel

A. Einstein, Grundzüge der Relativitätstheorie, Vieweg, Braunschweig 1973.

A. Einstein, Über die spezielle und die allgemeine Relativitätstheorie, Vieweg, Braunschweig 1973.

R. und H. Sexl, Weiße Zwerge – Schwarze Löcher, Rowohlt, Hamburg 1977.

Filmliste

Es gibt viele ausgezeichnete Filme, die Bereiche der Mechanik behandeln. Einen Überblick über 16 mm Filme gibt The Resource Letter, BSPF-1, Physics Films by W. R. Riley, Am. J. Phys., 36: 475 (1968), wo auch Informationen über Kataloge und Lieferfirmen zu finden sind. Diese Filme sind jedoch in Europa meist schwer erhältlich.

In den letzten Jahren wurden auch viele 8 mm Filmstreifen zur Physik produziert. Diese nützlichen „Single Concept Filme" können auch leicht für individuellen Unterricht eingesetzt werden. Die „Commission on College Physics" hat einen Katalog der Kurzfilme herausgegeben, der bei AIP, Division of Education and Manpower, Information Pool, State University of New York, Stony Brook, N.Y. 11790 erhältlich ist. In Europa sind viele Filme bei den entsprechenden Landesbildstellen erhältlich. Eine Reihe ausgezeichneter Kurzfilme gibt es auch bei Ealing GmbH, Postfach 1226, D-6128 Höchst/Odw. bzw. bei Firma Walter de Gruyter & Co., Genthiner Str. 13, D-1 Berlin 30 (Kataloge anfordern).

Viele der folgenden Filme sind im Zusammenhang mit dem PSSC Projekt entstanden und daher auf etwas elementarerem Niveau als der Berkeley Physik Kurs. Trotzdem können diese Filme auch sinnvollerweise zusammen mit dem Berkeley-Kurs eingesetzt werden.

Kapitel 1

The Evolution of Physical Ideas (49 min). *P. A. M. Dirac;* SUNY. Diracs persönlicher Zugang zur theoretischen Physik. *Dirac* vertritt darin die Meinung, daß die Versuche zur Verbesserung physikalischer Theorien der Suche nach mathematischer Schönheit entsprechen.

Measuring Large Distances (29 min). *F. Watson;* PSSC MLA 01030. Zeigt wie die Abstände zum Mond und den Sternen durch Dreiecksmessungen und parallaxen Messungen gewonnen werden können.

Change of Scale (23 min). *R. W. Williams;* PSSC MLA 01060. Enthält instruktive Beispiele von Modellversuchen.

Kapitel 2

Measurement (21 min). *William Siebert;* MLA. Messung der Geschwindigkeit einer Gewehrkugel unter Berücksichtigung der Meßgenauigkeit.

Symmetry (10 min). *P. Stapp, J. Bregman, R. Davisson, A. Holden;* BTL. Interessante Darstellung der Spiegelung, Drehung und Translationssymmetrie.

Uniform Circular Motion (8 min). MCII. Zeigt die Veränderung des Geschwindigkeitsvektors und erklärt, warum die Bewegung beschleunigt ist, obwohl der Geschwindigkeitsbetrag konstant bleibt. Die Zentripetalkraft wird mit verschiedenen Trickdarstellungen veranschaulicht.

Vector Kinematics (16 min). *Francis Friedman;* PSSC MLA 0109. Auf einem Bildschirm werden die Computerrechnungen der Geschwindigkeit und Beschleunigungsvektoren aufgetragen, die verschiedenen Bewegungstypen entsprechen.

Straigt Line Kinematics (34 min). *E. M. Hafner;* PSSC MLA. Darstellungen der Wegstrecke, Geschwindigkeit und Beschleunigung als Funktion der Zeit werden mit Hilfe eines Testautos gewonnen.

The Relation of Mathematics to Physics (57 min). *Richard Feynman;* EDC. Betont die Rolle der Mathematik in den Naturgesetzen.

Kapitel 3

Force, Mass and Motion (10 min). *F. W. Sinden;* Bell and EDC. Ein Computererzeugter Film illustriert die Bewegung von Körpern unter dem Einfluß der Schwerkraft und anderer Kräfte.

Forces (23 min). *Jerrold Zacharias;* PSSC MLA 0301. Diskutiert die Kräfte, die in der Natur auftreten. Enthält das Cavendish Experiment.

Electrons in a Uniform Magnetic Field (11 min). *Dorothy Montgomery;* PSSC MLA 0412. Zeigt das Verhalten von Elektronen.

Coulomb's Law (30 min). *Eric Rogers;* PSSC MLA 0403. Analysiert die Abhängigkeit elektrischer Kräfte von Ladung und Abstand.

Coulomb Force Constant (34 min). *Eric Rogers;* PSSC MLA 0405. Ein großformatiger Millikan-Apparat dient zur Bestimmung des Proportionalitätsfaktors im Coulomb Gesetz.

Mass of the Electron (18 min). *Eric Rogers;* PSSC MLA 0413. Zeigt wie die Beobachtung der Elektronenbewegung zur Massenbestimmung herangezogen wird.

The Law of Gravitation, an Example of Physical Law (55 min). Ausgezeichnete Darstellung der Entdeckung des Gravitationsgesetzes.

Inertia (26 min). *E. M. Purcell;* PSSC MLA 0302. Bewegung einer Trockeneisscheibe unter der Wirkung verschiedener Kräfte.

Inertial Mass (19 min). *E. M. Purcell;* PSSC MLA 0303. Bewegung verschiedener Massen unter der Wirkung einer Kraft.

Free Fall and Projectile Motion (27 min). *Nathaniel Frank;* PSSC MLA 0304. Untersuchung des freien Falles.

Kapitel 4

Frames of Reference (28 min). *Patterson Hume* and *Donald Ivey;* PSSC MLA 0307. Ausgezeichnete Darstellung der Bewegung in bezug auf Inertialsysteme und beschleunigte Bezugssysteme.

Inertial Forces-Centripetal Acceleration ($3\frac{1}{4}$ min). *Franklin Miller,* Jr.; OSU 16-mm loop. Zeigt Fahrt auf einem Ringelspiel.

Inertial Forces-Translational Acceleration (2 min). *Franklin Miller,* Jr.; OSU 16 mm loop. Zusammenhang zwischen Kraft und Beschleunigung.

Kapitel 5

Energy and Work (28 min). *Dorothy Montgomery;* PSSC MLA 0311. Diskutiert die Arbeit, die von konstanten und variablen Kräften verrichtet wird.

Elastic Collisions and Stored Energy (28 min). *James Strickland*; PSSC MLA 0318. Quantitative Darstellung der Transformation von kinetischer und potentieller Energie bei elastischen Stößen.

The Great Conservation Principles (56 min). *Richard Feynman*; EDC. Interessante Diskussion von Erhaltungssätzen.

Kapitel 6

Vorticity (44 min). *Ascher H. Shapiro*; EBEC. Interessanter Film, der auch Material über Drehimpulse enthält.

Kapitel 7

Periodic Motion (33 min). *Patterson Hume* and *Donald Ivey*; PSSC MLA 0306. Ausgezeichneter Film über einfache harmonische Bewegung.

Simple Harmonic Motion (10 min). MGH. Bewegung einer Masse an einer Feder.

Tacoma Narrows Bridge Collapse (4 min, 40 s). OSU. Spektakulärer Film über die wind-angeregten Schwingungen einer Brücke.

The Wilberforce Pendulum (5 min). *Franklin Miller*, Jr.; OSU. Interessante Resonanz zwischen Torsions- und Translationsschwingungen.

Kapitel 8

Angular Momentum, a Vector Quantity (27 min). *Aaron Lemonick*; ESI MLA 0451. Zeigt, daß Drehimpulse vektoriell addiert werden.

Moving with the Center of Mass (26 min). *Herman Branson*; PSSC MLA 0320. Die Gültigkeit der Energieerhaltung und Impulserhaltung wird für Wechselwirkungen zwischen magnetisierten Scheiben dargestellt.

Kapitel 9

Elliptic Orbits (19 min). *Albert Baez*; PSSC MLA 0310. Geometrische Demonstration der ersten beiden Keplergesetze.

Measurement of „G"-Cavendish Experiment (4 min, 25 s). *Franklin Miller*, Jr.; OSU. Kurzer Film über die Torsionswaage.

Universal Gravitation (31 min). *Patterson Hume* and *Donald Ivey*; PSSC MLA 0309. Das Gravitationsgesetz wird aus Beobachtungen von Satelliten und eines Planeten hergeleitet.

Kapitel 10

Measurement of the Speed of Light (8 min). MGH. Sehr gute Erklärung verschiedener terrestrischer Methoden der Bestimmung der Lichtgeschwindigkeit.

Doppler Effect (8 min). MGH. Klare Darstellung bewegter Quellen und Beobachter.

Doppler Effect and Shock Waves (8 min). *James Strickland*; MLA 0464. Zeigt Versuche in der Wellenwanne.

The Ultimate Speed, an Exploration with High-energy Electrons (38 min). *William Bertozzi*; ESI MLA 0452. Die Beziehung zwischen kinetischer Energie und Geschwindigkeit von Elektronen wird untersucht.

Speed of Light (21 min). *William Siebert*; PSSC MLA. Zwei Methoden der Messung der Lichtgeschwindigkeit.

Kapitel 11

The Large World of Albert Einstein (60 min). *Edward Teller*; SUNY. Diskutiert die Bedeutung der speziellen Relativitätstheorie für die Physik.

Time Dilatation, an Experiment with Mμ-Mesons (36 min). *David Frisch* and *James Smith*. Zeigt die Zeitdilatation an Hand des Zerfalls von Mμ-Mesonen.

Sachwortverzeichnis

Aberration 183 ff.
– des Lichts 211 f.
Abklingzeit 132
absolute Beschleunigung 68
– Geschwindigkeit 71
– Rotation 68
Achse, Theorem orthogonaler 151
A.E. (Astronomische Längeneinheit) 176
Alter des Universums 197
Ampere 41
Amperesekunde 41
Amplitude 124
analytische Geometrie 35
Anfangsbedingung 57
anharmonischer Oszillator 138 f.
Antiprotonschwelle 237
Aphel 248
Äquipotentiallinie 171
Äquivalenzprinzip 249
Arbeit 84 f., 89 f., 103
Aristarchus von Samos 199
Astronomische Längeneinheit 176
Äther 190
Atwoodsche Fallmaschine 50
Auslöschung des Bahndrehimpulses 118
äußere Kraft 85

Bahndrehimpuls, Auslöschung des 118
Bertozzi, W. 197
Betrag 15
Beschleunigung 28 f., 33
– absolute 68
beschleunigte Uhren 213
Beschleunigungsmesser 69
Bessel 199
bewegte Ladung 42
Bewegung, harmonische 130 f.
–, kräftefreie 37
Bewegungsgleichung 38, 149
Bewegungsgleichungen, Newtonsche 37 ff.
Bezugssystem 62 ff.
– Galileisches 65
– inertiales 65
Bindungsenergie 222
Bradley, J. 183, 185, 199
Bridgman, P. W. 67

Cavendish, H. 40
Čerenkoveffekt 183
Ceres, Entdeckung des 105
CGS-System 38
chemische Reaktionen 75 f.
Compton, A. H. 237
Compton-Effekt 237 f.
Coriolisbeschleunigung 78 f.

Corioliskraft 79
Coulomb 41
– -Kraft 165
Coulombsches Gesetz 41, 165

Dämpfung, kritische 134
Dämpfungskoeffizient 141
Dicke, R. H. 40, 243
Differentialgleichung 56 f.
Dimension 39
Dimensionsbetrachtung 39
DNS-Molekül 1 f.
Dopplereffekt 196 f.
–, longitudinaler 212
–, transversaler 213
Dopplerverschiebung, relativistische 214
Drall 114
Drehimpuls 114, 151
– des Sonnensystems 120 f.
–, innerer 116
–, Erhaltung 8, 107 ff.
Drehimpulserhaltungssatz 115
Drehmoment 25, 114, 149
Drehspiegelmethode 187 f.
Drehungen, endliche 17
Dynamik, relativistische 231 ff.
– starrer Körper 149 ff.

Ebenengleichung 21
Eigenzeit 205
einfaches Pendel 125 ff.
Einheitsvektor 15
Einstein, A. 8, 68, 221, 229 f.
Ekliptik 176
elastischer Stoß 50, 108 f.
elektrische Feldstärke 21, 42
– Feldkonstante 41
– Ladungen 41 ff.
– Kraft 41 ff.
– Spannung 99
elektrischer Schwingkreis 130
elektrisches Feld 38, 42, 98 f.
elektromagnetische Welle 21
Elektron, klassischer Radius 170
Elektronenmasse 43
Elektronvolt 102
elektrostatische Kraft 165
– Selbstenergie 169 ff.
elektrostatisches Feld 101
– Potential 99, 102
Elementarladung 41
Ellipse 173 f.
Endgeschwindigkeit 133, 145
Energie, kinetische 44, 84 f., 90, 218 ff.
–, potentielle 84, 86 f., 91, 96, 165 ff.
–, relativistische 218 ff.

Energieerhaltungssatz 74 f., 84 ff.
Energiefunktion 87
Energiesatz 97
Energieschwelle 235
Eötvös, L. von 40, 243
Erhaltung des Drehimpulses 8, 107 ff.
– des Impulses 8, 37, 49 ff., 74, 107 ff., 217
Erhaltungssätze 84
erzwungene harmonische Schwingung 139 ff., 147 f.
– Schwingung 135 f.
euklidische Geometrie 3
Eulersche Gleichungen 159
Exzentrizität 173

Fall, freier 90
fallende Kette 113
Fallmaschine, Atwoodsche 50
Feder, nichtharmonische 103
Federkonstante 91, 124
Federkraft 145 f.
Federpendel 124 f.
Feinstrukturkonstante, Sommerfeldsche 183
Feld, elektrisches 38, 42, 98
–, elektrostatisches 101
–, skalares 30
Feldkonstante, elektrische 41
Feldkraft 85
Feldstärke, elektrische 21, 42
–, magnetische 21, 42
Fixsterne 65
Fizeau, H. 187
Fizeausche Zahnradmethode 187
Fluchtgeschwindigkeit 100
Forminvariante 29 f.
Foucault, L. 69, 188 f.
Foucaultsches Pendel 69 f.
Frequenz 29, 124
–, natürliche 139
freier Fall 90

Galaxis 65, 119
Galilei, G. 66
Galilei-Invarianz 71
Galilei-Transformation 72 ff.
Galileisches Bezugssystem 65
Galle, M. 105
Gattung 1
Gauß, C. F. 5, 105
gedämpfte Lösung, kritisch 146
gedämpfter harmonischer Oszillator 133 ff.
gemischtes Vektorprodukt 24
Geodimeter 190

Geometrie 3 ff.
–, analytische 35
–, euklidische 3
Gesamtenergie 96
Gesamtimpuls 107
Geschoß 101
Geschwindigkeit 26 ff., 33
–, absolute 71
–, relative 71
Geschwindigkeits-Rotverschiebung
   196 f.
Gibbs, J. W. 15
Gradientenoperator 97
Gramm 38
Gravitation 38
gravitationelle Rotverschiebung 246 f.
Gravitationsbeschleunigung 39
Gravitationsfeld 38 ff., 98
Gravitationskonstante, Newtonsche 40
Gravitationskraft 40, 165
Gravitationswellen 249 f.
Gravitations-Selbstenergie 169
Grenzgeschwindigkeit 198
Grundfrequenz 139
Gruppe, lokale 65
Güte 135
Gütefaktor 135
Gyroradius 47

Haftreibungskoeffizient 52
Harmonische 138 f.
harmonische Bewegung 130 f.
  – Schwingung, erzwungene 139 ff.,
    147 f.
harmonischer Oszillator 124, 131, 144
  – Oszillator, gedämpfter 133 ff.
Haufen 65
Hauptachse 159
Heaviside, O. 15
Hertz 128
Hohlraumresonator 188
Hookesches Gesetz 91
Hyperbel 173 f.

Impuls 37, 49 ff., 112, 215, 217 ff.
–, relativistischer 217
Impulsapproximation 248
Impulserhaltung 8, 37, 49 ff., 74,
   107 ff., 217
Impulserhaltungssatz 75 f.
Impulssatz 50, 75
Impulsselektor 47
inelastischer Stoß 75
inertiales Bezugssystem 65
Inertialsystem 63 ff.
Inklination 176
innere Kraft 107
innerer Drehimpuls 116
Interferometer, Michelson-Morley-
   191 ff.
Invarianz 8, 29 ff.
  – der Lichtgeschwindigkeit 195 f.
Integrationskonstante 57
Ives, H. E. 212

Joule 49, 85

Kepler, J. 171, 175 f.
Keplerproblem 171
Keplersche Gesetze 175 ff.
Kernfluoreszenz 228
Kerrzelle 188 ff.
Kette, fallende 113
Kilogramm 38
kinetische Energie 44, 84 f., 90,
   218 ff.
klassischer Radius des Elektrons
   170
Klein, F. 149
Komponenten, eines Vektors 20
komplexe Zahlen 147
konservative Kraft 93 ff.
Kontaktkraft 38, 51
Kontraktion 119
Koordinatensystem, rechtshändiges
   23
–, rotierendes 78 ff.
Körper, starrer 149
Kosinussatz 21
Kosmologie 7
Kraft, äußere 85
–, elektrische 41 ff.
–, elektrostatische 165
–, innere 107
–, konservative 93 ff.
–, magnetische 41 ff.
kräftefreie Bewegung 37
Krafteinheit 38
Kraftkonstante 91
Kraftstoß 85
Kreis 173 f.
Kreisbahn 174 f.
Kreisbewegung 28 f.
Kreisel 160
Kreisfrequenz 127 f.
kritisch gedämpfte Lösung 146
kritische Dämpfung 134
Krotkov, R. 40
Kugelkoordinaten 35

Laborkoordinaten 110
Laborsystem 75
Ladung, bewegte 42
Lampedusa, G. 105
Länge, reduzierte 163
Längeneinheit 38
–, Astronomische 176
Lawrence, E. O. 57 f.
Leben 1
Lebensdauer der π^+-Mesonen 209
–, mittlere 209
Leistung 21 f., 103
Leistungsabsorption 143 f.
Leistungsverlust, eines schwach
   gedämpften harmonischen
   Oszillators 134 f.
Leverrier, U. J. 105
Licht, Aberration des 211 f.
Lichtantrieb 228
Lichtgeschwindigkeit 43, 183 ff.
–, Invarianz der 195 f.

Lichtquant 224
lineare Rückstellkraft 91 f.
Linienintegral 90
Livingston, M. S. 57
Loch, schwarzes 247
lokale Gruppe 65
longitudinaler Dopplereffekt 212
Lorentz, H. A. 43
Lorentz-Funktion 144
  – -Kontraktion 203
  – -Transformation 202
Lorentzkraft 43, 94
Loschmidsche Zahl 1

Machsches Prinzip 68
Magnetfeld 42
magnetische Feldstärke 21, 42
  – Kraft 41 ff.
Masse, reduzierte 177 f.
–, relativistische 217
–, schwere 40, 243 ff.
–, träge 40, 243 ff.
Masseneinheit 38
Massenmittelpunkt 107 ff., 116
Massenmittelpunktsystem 75, 110
mathematisches Pendel 125 ff.
Maxwell, J. C. 190
Meter 38
Michelson, A. A. 188, 191 ff.
Michelson-Morley-Experiment 191 ff.
  – – Interferometer 191 ff.
mittlere Lebensdauer 209
M.M.-System 110
Morley, E. W. 191 ff.
Mößbauer, R. 229
Mößbauer Effekt 229

natürliche Frequenz 139
Neptun, Entdeckung des 105
Neutronenzerfall 227
Newton, I. 68, 171, 243, 250
Newton 37
Newtonsche Bewegungsgleichungen
   37 ff.
  – Gesetze 37, 50
  – Gravitationskonstante 40
nichtharmonische Feder 103
Normalkraft 51
Nova 199

Olbers, W. 105
orthogonaler Achse, Theorem 151
Ortsfunktion, skalare 30
Ortsvektor 25
Oszillator, anharmonischer 138 f.
Oszillator, gedämpfter harmonischer
   133 f.
–, harmonischer 124 ff., 131, 144
Oszillagrap 104

Parabel 173 f.
Parallaxe 9
–, stellare 199
–, trigonometrische 6

Parallelogrammgesetz der Vektor-
addition 16
Parsek 120, 176
Pendel, einfaches 125 ff.
–, Foucaultsches 69 f.
–, mathematisches 125 ff.
–, physikalisches 156 f.
Perihel 248
Perihelverschiebung des Merkur
248 f.
Periode 29, 124
Pferdestärke 103
Phase 124, 140
Photon 224, 245 ff.
physikalisches Pendel 156 f.
π^+-Mesonen, Lebensdauer der 209
Plancksches Wirkungsquantum 224
Positronium 179
Potential, elektrostatisches 99, 102
Potentialdifferenz 99, 102
Potentialfeld 171
potentielle Energie 84, 86 f., 91,
96, 165 ff.
Pound, R. V. 246
Präzession 161
Produkt von Vektoren 19
Protonenmasse 43
Protonenstreuung 118
Pseudokraft 69
Punktprodukt 19

Quasar 250

Radiant 34, 128
Radius des Universum 1
– – Weltalls 197
Raumkrümmung 5 f.
Raumschiff 113
Reaktionen, chemische 75 f.
Rebka, G. A. 246
Rechte-Hand-Regel 22 f.
rechtshändiges Koordinatensystem
23
reduzierte Länge 163
reduzierte Masse 177 f.
Reibung 51, 131 ff.
Reibungskoeffizient 131
Reibungskraft 52, 94, 144 f.
Reihenentwicklung 34 f.
relative Geschwindigkeit 71
relativistische Dopplerverschiebung
214
– Dynamik 231 ff.
– Energie 218 ff.
– Masse 217
relativistischer Impuls 217
Relaxationszeit 132
Resonanz 141
Resonanzkurve 136
Resonanzschärfe 144
Resonanzüberhöhung 144
Restitutionskoeffizient 122
Reversionspendel 163
Richtung 15
Richtungskosinus 20

Roemer, O. 183
Roll, P. G. 40
rotierendes Koordinatensystem 78 ff.
Rotation 17, 29
Rotation, absolute 68
Rotationsinvarianz 118
Rotverschiebung, Geschwindigkeits- 196 f.
–, gravitationelle 246 f.
Rückstellkraft, lineare 91 f.
Ruhelänge 202
Ruhenergie 220
Ruhmasse 215

Sadeh, D. 212
Satellit 112 f.
Scheinkraft 68 f.
Schnelligkeit 26
Schwarzes Loch 247
Schwarzschild, K. 6
schwere Masse 40, 243 ff.
Schwerelosigkeit 69
Schwerpunkt 116
Schwerpunktsystem 77, 110
Schwingung, erzwungene 135 f.
–, – harmonische 139 ff., 147 f.
Schwingkreis, elektrischer 130
Sekunde 38
Selbstenergie 169 ff.
Shapiro, I. I. 8, 248
Shapiro Experiment 248
Sinussatz 24
SI-System 38
skalare Ortsfunktion 30
skalares Feld 30
Skalarprodukt von Vektoren 19
Skalar 16
Söldner 248
Sommerfeld, H. 149
Sommerfeldsche Feinstruktur-
konstante 183
Spannung, elektrische 99
Spatprodukt 24
Spin 116
Stabhochsprung, Energieumwand-
lung beim 93 f.
starrer Körper 149
Steinerscher Satz 150 f.
stellare Parallaxe 199
Stilwell, G. R. 212
Stokes, G. G. 132
Stokessches Gesetz 132
Störungslösung 138
Stoß 108 ff., 215 ff.
–, elastischer 50, 108 f.
–, inelastischer 75
–, unelastischer 109, 221
Stoßparameter 118
Streuprozeß 118
Superpositionsprinzip 136 f.
Synchrotron 239 ff.
Systemkraft 85

Taylor-Reihe 34 f.
Tensor 15
Tesla, N. 42

Tesla 42
Theorem orthogonaler Achsen 151
träge Masse 40, 243 ff.
Trägheitsmoment 150 ff.
transversaler Dopplereffekt 213
trigonometrische Parallaxe 6

Uhren, beschleunigte 213
Ultrazentrifuge 62
Umkehrpendel 163
unelastischer Stoß 109, 221
Universum 1
–, Alter des 197
–, Radius des 1
Urknalltheorie 196

Vektor 15 ff.
Vektoren, Skalarprodukt von 19
Vektoraddition 16 ff.
–, Parallelogrammgesetz der 16
Vektorfeld 30
Vektorfläche 24
Vektorgleichheit 16
Vektoridentitäten 36
Vektornotation 15
Vektorprodukt 19 ff.
–, gemischtes 24
Vektorsubtraktion 17
Viskosität 137
Volt 99

Wasserfall, Energieumwandlung am
93
Watt 103
Weber, J. 250
Wechselwirkung 38
Weißkopf, V. F. 203
Welle, elektromagnetische 21
Weltall, Radius des 197
Winkelbeschleunigung 119
Winkelgeschwindigkeit 28, 34
Wirkungsquantum, Plancksches 224
Wurf 39 f., 89
Wurfweite 40

Zahnradmethode, Fizeausche 187
Zeitdehnung 266
Zeitdilatation 205 ff.
Zeiteinheit 38
Zentimeter 38
Zentralkraft 40, 93, 95
– $(1/r^2)$- 165 ff.
Zentrifugalkraft 63, 69, 79
Zentripetalbeschleunigung 29, 69,
79
Zentrifugalpotential 120
Zerfallskonstante 209
Zwei-Körper-Problem 177 f.
Zwillingsparadoxon 209
Zykloide 82 f.
Zyklotron 57 f., 78
Zyklotronbeschleunigung 48
Zyklotronfrequenz 45, 47
Zyklotronradius 45

Umrechnung von SI-Einheiten in cgs-Einheiten

physikalische Größe	cgs	SI	Umrechnung
Länge	cm	m	1 m $\quad$ = 100 cm
Masse	g	kg	1 kg $\quad$ = 1000 g
Zeit	s	s	
Kraft	dyn	N	1 N $\quad$ = 10^5 dyn
Druck	dyn/cm^2	Pa	1 Pa $\quad$ = 10 dyn/cm^2
Arbeit, Energie	erg	J	1 J $\quad$ = 10^7 erg
Leistung	erg/s	W	1 W $\quad$ = 10^7 erg/s
Viskosität	P	kg/ms	1 kg/ms = 10 P
elektrische Ladung	esE	C	1 C $\quad$ = $3 \cdot 10^9$ esE
elektrische Stromstärke	esE/s	A	1 A $\quad$ = $3 \cdot 10^9$ esE/s
elektrische Feldstärke	dyn/esE	V/m	1 V/m $\quad$ = $\dfrac{1}{30\,000}$ dyn/esE
elektrische Spannung	erg/esE	V	1 V $\quad$ = $\dfrac{1}{300}$ erg/esE
magnetische Feldstärke	G	T	1 T $\quad$ $\hat{=}$ 10^4 G

Bemerkung: Unter dem Begriff „magnetische Feldstärke" verstehen wir hier das Feld B, das in der technischen Literatur zumeist mit „magnetische Induktion" oder „magnetische Kraftflußdichte" bezeichnet wird.

Verzeichnis der Abkürzungen:

N	Newton
Pa	Pascal (1 bar = 10^5 Pa)
J	Joule
W	Watt
P	Poise
esE	elektrostatische Einheit
C	Coulomb
A	Ampere
V	Volt
G	Gauß
T	Tesla